COARELLI · LA ROCCA · DE VOS

POMPEJI

POMPEJI

ARCHÄOLOGISCHER FÜHRER

Herausgegeben von Filippo Coarelli

Verfaßt und aktualisiert von Eugenio La Rocca,
Mariette de Vos Raaijmakers
und Arnold de Vos

Ins Deutsche übersetzt und bearbeitet von
Agnes Allroggen-Bedel

Bechtermünz Verlag

Titel der italienischen Originalausgabe:
Guida archeologica di Pompei

Lizenzausgabe mit Genehmigung
der Gustav Lübbe Verlag GmbH für
Bechtermünz Verlag im
Weltbild Verlag GmbH, Augsburg 1997

Umschlagmotiv Vorderseite: Gegeißelte Frau/Tanz einer Bacchantin,
Ausschnitt aus einem Wandgemälde über die Einweihung der Frauen
in den Dionysoskult, Fresko, um 60 n. Chr.;
AKG/Werner Forman
Umschlaggestaltung: Zero, München
Gesamtherstellung: Clausen & Bosse, Leck
Printed in Germany
ISBN 3-86047-780-3

INHALT

VORWORT ZUR ERSTEN AUFLAGE

Die Veröffentlichung eines neuen Führers durch Pompeji bedarf vielleicht einiger erklärender Worte. Nach allgemein verbreiteter Meinung ist die berühmteste und wichtigste Grabung des Mittelmeerraumes hinreichend dokumentiert, und zwar nicht nur für den spezialisierten Wissenschaftler, sondern auch in populärwissenschaftlichen Darstellungen. So unglaubhaft es scheinen mag, ist doch zum augenblicklichen Zeitpunkt das Gegenteil wahr. So gut wie kein Monument der Stadt ist wissenschaftlich publiziert; viele Häuser sind verfallen und von Sträuchern überwuchert, zahlreiche Wandbilder sind völlig verblaßt, ohne daß sie auch nur notdürftig in photographischen Aufnahmen dokumentiert worden wären. In jüngster Zeit sind die Diebstähle zu einer wahren Plage geworden; dabei kam es zu einzelnen aufsehenerregenden Fällen wie der Plünderung des Antiquariums.

Auf der anderen Seite gibt das mächtig wiederbelebte Interesse für das antike Pompeji, das wir in den letzten Jahren erleben konnten, Anlaß zu schönster Hoffnung. Davon zeugen, neben anderem, die Ausstellungen in Tokio, Paris, Essen, London und Den Haag, die von Hunderttausenden von Besuchern besichtigt wurden. Auf dem Gebiet der archäologischen Forschung ist an den Kongreß in Essen zu erinnern, dessen Vorträge veröffentlicht wurden, und an das Kolloquium in Neapel, das sich mit Hausgerät im alten Pompeji beschäftigt hat. Eine Reihe wichtiger archäologischer Forschungsarbeiten, in jüngster Zeit beispielsweise die von Castrén und Andreau, sowie Eschebachs erste vollständige kartographische Aufnahme der Grabungen haben ein Forschungsgebiet entscheidend gefördert, das fast ausschließlich von hochspezialisierten Wissenschaftlern, den sogenannten »Pompejanisten«, gepflegt wird.

Diese neuen Forschungsergebnisse sind bislang dem sogenannten »großen Publikum« noch nicht in angemessener Form zugänglich gemacht worden. Die vorhandenen Führer durch Pompeji geben dem Besucher schöne Bilder und manchmal unterhaltend geschriebene Erläuterungen an die Hand, sind aber für eine ernsthafte Auseinandersetzung mit dem Gegenstand denkbar ungeeignet.

Es galt also, die Tradition wieder aufzugreifen, die Fiorelli, Mau und Overbeck um die Jahrhundertwende mit ihren wertvollen Führern durch Pompeji begründet hatten. Freilich sind diese Werke nicht nur sämtlich vergriffen, sondern auch überholt, weil sie selbstverständlich den Stand der Grabungen zum Zeitpunkt ihrer Veröffentlichung beschreiben. Der Führer von A. Maiuri hat die bestehende Lücke nur zum Teil ausgefüllt; dieses Büchlein ist sehr knapp gehalten und kommt den Bedürfnissen eines eiligen Touristen entgegen, verhilft aber nicht zu einem vollständigen und genauen Überblick.

Der vorliegende Band soll nun zum ersten Mal die antike Stadt vollständig beschreiben: alle öffentlichen Baudenkmäler sowie die Häuser, Werkstätten und Läden, die auch nur das mindeste Interesse auf sich ziehen, sind in diesem Buch zu finden, das nicht nur dem gebildeten Besucher, sondern auch dem Studenten, ja dem Forscher hilfreich sein soll: tatsächlich werden viele Gebäude hier zum ersten Mal beschrieben. Der Text des Buches stammt von drei jungen, auf diesem Gebiet besonders ausgewiesenen Wissenschaftlern. Eugenio La Rocca hat den Teil übernommen, der sich mit den öffentlichen Baudenkmälern beschäftigt, Mariette und Arnold de Vos schreiben über die Privathäuser. Nach demselben Gesichtspunkt sind auch die einzelnen Abschnitte der Einleitung unterteilt.

Dieses Buch zu schreiben, bedeutete mühevolle, ins einzelne gehende Arbeit. Oftmals konnten die Autoren auf keinerlei wissenschaftliche Vorarbeit zurückgreifen und mußten selber sozusagen bei Null anfangen und in zahllosen Arbeitsaufenthalten vor Ort das grundlegende Material über ganze, bislang unerschlossene Teile der Stadt zusammentragen. Wo immer es möglich war, wurde der ursprüngliche Zustand im Augenblick der Ausgrabung rekonstruiert, der oft genug nicht mehr besteht, sei es, weil Inschriften, Mosaiken oder Wandgemälde ins Nationalmuseum nach Neapel gebracht wurden, sei es, daß Material durch schlichte Verwahrlosung zugrunde gegangen ist.

Das Ergebnis der Arbeit ist, wie mir scheint, ein umfassendes und lebendiges Bild der Stadt, das nicht nur das tägliche Leben seiner Bewohner vor Augen führt, welches stets das vordergründige Interesse der Besucher in Anspruch nimmt, sondern auch wirtschaftliche, politische und soziologische Gesichtspunkte berücksichtigt. In vielen Spezialstudien der »Pompejanisten«, aber auch anderer Forscher, wird Pompeji als isoliertes Phänomen gesehen, losgelöst vom größeren Zusammenhang in Staat und Wirtschaft des antiken Rom. Dieser Fehler wurde in dem vorliegenden Buch vermieden. Die gegenwärtige lebhafte wissenschaftliche Diskussion über die gesellschaftlichen Zustände Pompejis wird so aus Bibliotheken und Hochschulen hinausgetragen und einer größeren Öffentlichkeit zugänglich gemacht.

Die einzelnen Beschreibungen werden mit einer reichen Ausstattung durch Grundrisse und Zeichnungen ergänzt und bereichert. Der große Gesamtplan der Stadt von H. Eschebach wurde in 13 Abschnitte aufgeteilt und den entsprechenden Kapiteln des Buches beigegeben. Für die Genehmigung zum vollständigen Wiederabdruck seines Stadtplans danken Autoren und Verlag Herrn Dr. H. Eschebach herzlich. Für die besonderen Zwecke dieses Führers wurden die Bezeichnungen der wichtigsten Denkmäler darin eingetragen und durch Grundierung in zwei verschiedenen Farben die in diesem Buch beschriebenen Bauten hervorgehoben und zugleich danach unterschieden, ob es sich um private oder öffentliche Bauten handelt. Jeder Bau von einiger Wichtigkeit wird durch einen für dieses Buch neu gezeichneten Detailplan erschlossen. Die Numerierung in den Grundrissen der öffentlichen Gebäude wurde dem Führer von Overbeck und Mau entnommen, die der Privathäuser dem Handbuch von Schefold (vgl. das Literaturverzeichnis S. 463 ff.). Alles in allem enthält dieser Band das vollständigste Kartenmaterial, das von Pompeji bis heute existiert.

Der Band ist unter zwei Gesichtspunkten gegliedert. Die ersten vier Kapitel enthalten eine ausführliche Darlegung der Geschichte und der politischen Verhältnisse, des öffentlichen und privaten Lebens, der städtebaulichen Entwicklung, der Architektur sowie der Bautechniken und -materialien, der Wandmalereien sowie vor allem eine kurze, aber erschöpfende Abhandlung über das Leben in Pompeji unter allen denkbaren Gesichtspunkten. Im Anschluß an das erste Kapitel finden sich in deutscher Übersetzung die berühmten Briefe des jüngeren Plinius an Tacitus, in denen er als Augenzeuge den Vulkanausbruch und die Zerstörung der Stadt schildert und vom Tode seines Oheims, des älteren Plinius, berichtet – ein Zeitdokument, das keine moderne Darstellung der Vorgänge ersetzen könnte.

Die folgenden Kapitel enthalten sieben Rundgänge durch Pompeji mit genauen Beschreibungen der Stadt, die bei einem Aufenthalt von einer Woche absolviert werden können. Wer sich zwei solcher Rundgänge pro Tag zumuten kann, vermag selbstverständlich die nötige Zeit entsprechend abzukürzen.

Im Text sind die wichtigsten Denkmäler durch ein schwarzes Quadrat in der Überschrift gekennzeichnet; ein eiliger Besucher kann sich auf diese unverzichtbaren Objekte beschränken.

Die Unterteilung des Stadtgebietes in *regiones* (Viertel) und *insulae* (Häuserblocks) wurde von F. Fiorelli im Jahre 1858 vorgenommen.

Die Bezeichnungen der einzelnen Häuser wurden im Lauf der Zeit von den jeweiligen Ausgräbern nach verschiedenen Gesichtspunkten gewählt. Meist versuchte man, das Haus nach seinem letzten Bewohner zu benennen, der nicht immer zugleich der Eigentümer war. Solche Zuweisungen sind gut gesichert, wenn im Haus bronzene Siegel mit eingraviertem Namen gefunden wurden. Weniger sicher sind Benennungen mittels auf die Hauswand gekritzelter Namen, Namen aus Wahlaufrufen, die an die Fassaden gemalt wurden, oder aufgrund von Adressen auf Amphoren, die im Haus lagerten.

Es gibt auch Fälle, in denen der Name eines prominenten Besuchers der Grabungen mit einem Haus in Verbindung gebracht wurde, an dessen Freilegung man gerade arbeitete. Wenn jeglicher Hinweis auf die Bewohner fehlte, benannte man die Häuser nach Fundgegenständen oder nach Wandmalereien, die darin ans Licht gekommen waren.

Für freundliche Unterstützung bei der Vorbereitung dieses Führers gebührt unser Dank Frau Dr. Giuseppina Cerulli Irelli, der Grabungsleiterin in Pompeji, sowie der American Academy of Rome und dem Deutschen Archäologischen Institut in Rom. Für die freundliche Mitteilung seiner Beobachtungen zum Heizungssystem der Thermen danken wir dem *Ingegnere* A. Jorio.

Filippo Coarelli (Hrsg.)

VORWORT ZUR ÜBERARBEITETEN NEUAUSGABE

Diesen Führer durch Pompeji nach fast 15 Jahren in einer überarbeiteten Fassung erneut vorzulegen, bedarf einer Erklärung und gibt Anlaß zu einigen Überlegungen.

Sinn und Nutzen einer Aktualisierung sind klar: auch wenn die eigentliche Ausgrabungstätigkeit während der letzten Jahre eingeschränkt wurde, hat die Zahl punktueller Grabungen zur Klärung einzelner, zumeist chronologischer Fragen zugenommen. Man denke nur an die wichtigen Untersuchungen von Stefano de Caro zu den ältesten Phasen der Stadtbefestigung oder an die von Maria Bonghi Jovino zur Casa della colonna tuscanica. Neben diesen Feldforschungen nahmen jedoch die Arbeiten über Pompeji insgesamt außerordentlich zu: dies gilt ebenso für die nicht mehr länger aufschiebbare Veröffentlichung von Corpora (etwa das Verzeichnis der Malereien und Fußböden), wie für die Erforschung einzelner Komplexe und Fragestellungen. Als besonders wertvoll erwiesen sich die vom Istituto Centrale del Restauro betreuten Bände, deren Nützlichkeit jeder kennt, der sich den Problemen der pompejanischen Archäologie stellen muß.

Unter diesem Gesichtspunkt hat sich die Situation gegenüber früher grundlegend verbessert. Die Erforschung von Pompeji scheint endlich dem noch bis vor kurzem herrschenden Provinzialismus entzogen, den man mit dem Schlagwort »Pompejanismus« charakterisieren kann: eine der vielen, meist feierlich-hochtrabenden Formen lokaler Gelehrsamkeit, geprägt von der Altertumswissenschaft des 18. Jahrhunderts.

Hat sich die Situation hier entschieden verbessert, so läßt sich dies vom Schutz und der Erhaltung der Stadt leider nicht behaupten. Nachdem das Problem eine Zeitlang in angemessener Weise angegangen worden war, nämlich breit angelegt und sorgfältig geplant, mußte man in den letzten Jahren leider eine Wende beobachten: die Entscheidung für sensationelle Werbeeffekte auf Kosten ernsthafter, kontinuierlicher Erhaltungs- und Restaurierungsmaßnahmen bewirkte die jetzt für alle sichtbaren Zerstörungen. Verwahrlosung und Verfall waren noch nie so fortgeschritten und so offensichtlich. Ganze Stadtviertel sind nicht mehr zugänglich, zugewuchert und halbverfallen sind sie fast unwiderbringlich dem Untergang geweiht. Diese Situation, die sich inzwischen über den größten, vor allem aber den weniger bekannten und weniger erforschten Teil der Stadt erstreckt, steht in krassem Widerspruch zu unnötigen Ausgrabungen in noch unerforschten Gebieten, die ohne Schaden auf einen günstigeren Zeitpunkt verschoben werden könnten – Grabungen, die natürlich über sämtliche Medien, von der Tagespresse bis zum Fernsehen, in aufsehenerregender Weise verbreitet werden.

Auch wenn es in diesem Rahmen unpassend erscheinen mag, ist der Hinweis auf diese verhängnisvolle Situation eine Verpflichtung. Der aufmerksame Besucher wird bei der Benutzung des – gegenüber anderen viel ausführlicheren – Führers gar nicht umhin können, selbst zu bemerken, in wie vielem die Beschreibungen nicht mehr der Wirklichkeit entsprechen. Außerdem kann nur ein möglichst breites Bewußtsein für die unmittelbar drohende schwere Gefahr, der ein kulturelles Erbe von der Bedeutung Pompejis ausgesetzt ist, Reaktionen und einen internationalen Druck bewirken, der die verantwortlichen Institutionen zu einer anderen Haltung veranlaßt.

Filippo Coarelli (Hrsg.)

1 GESCHICHTE POMPEJIS

1.1 Historischer Überblick

Pompeji wurde auf einem Plateau errichtet, das durchschnittlich ungefähr 30 Meter über dem Meeresspiegel liegt und aus einem Strom vulkanischer Lava besteht. Über die Entstehung der Stadt gibt es keine zuverlässigen Nachrichten. Das Plateau war in vorgeschichtlicher Zeit für eine Besiedlung nicht geeignet, weil es an Wasser fehlte. Es ist bezeichnend für den Zusammenhang zwischen Wasservorkommen und Besiedlung, daß die wichtigsten kampanischen Siedlungen in der frühen Eisenzeit, also in den ersten Jahrhunderten des 1. Jahrtausends v. Chr., in der Nähe von Wasserläufen liegen. So wurde im Sarnotal, nicht weit von Pompeji, eine Nekropole entdeckt, die – nach dem Fundmaterial zu schließen – auf die Zeit noch vor der Gründung der griechischen Kolonie Pithekusai in dem Jahrzehnt zwischen 780 und 770 v. Chr. auf der Insel Ischia zurückgeht.

Die Siedlungen im Sarnotal gehören zur sogenannten »Fossa-Gräber-Kultur«, einer vorgeschichtlichen Kulturgruppe, die nach der Art ihrer Bestattungen benannt ist: die Toten wurden in Erdgräbern beigesetzt. Diese Kultur war über ein sehr weites Gebiet verbreitet, wobei es durchaus unterschiedliche Ausprägungen gab. Sie war praktisch an der gesamten kampanischen Küste vertreten, ihre Ausläufer reichten im Norden bis nach Rom, im Süden bis nach Lukanien und Kalabrien. Im Innern Kampaniens gab es dagegen eine Kultur mit Brandbestattung, die Asche der Toten wurde in besonders geformten, bikonischen Gefäßen aufbewahrt, sogenannten »Villanova-Urnen«, die von der Emilia bis ins Innere Kampaniens, in Pontecagnano und Sala Consilina, verbreitet waren. Für die weitere Geschichte Pompejis ist von Bedeutung, daß die Vertreter der »Villanova-Kultur« die unmittelbaren Vorgänger der Etrusker waren, denn Capua und Nola, die beiden größten Städte des kampanischen Hinterlandes, gehörten zu dieser »Villanova-Kultur«.

In Pompeji gibt es in der Gegend des Foro Triangolare einige spärliche Reste der »Fossa-Gräber-Kultur«; von einer eigentlichen Siedlung kann jedoch nicht die Rede sein. Anders liegt der Fall möglicherweise bei dem Gelände unterhalb des Plateaus in der Ebene, wo bei Sant'Abbondio zahlreiche Fragmente von Gefäßen gefunden wurden, die für diese Kultur typisch sind. Auf dem Plateau selbst muß der Mangel an Wasser die Entstehung einer Siedlung vor der zweiten Hälfte des 7. Jahrhunderts v. Chr. verhindert haben, denn nur durch tiefe Bohrungen konnte Wasser gewonnen werden.

Neuere Untersuchungen an den Befestigungsanlagen haben die bisher anerkannte Chronologie verändert. Die Überprüfung der vorhandenen Daten ergab ein städtebauliches Entwicklungsmodell, das zwar komplizierter ist, jedoch besser mit den neueren archäologischen Erkenntnissen übereingeht.

Wahrscheinlich hat sich die Stadt nicht, wie bisher vermutet, aus einem ersten befestigten Kern, einer um das Forum herum in den Regionen VII und VIII gelegenen Art »Altstadt« entwickelt. Zwischen den in diesem Teil der Stadt gefundenen Materialien und denen aus anderen stratigraphisch untersuchten Stadtteilen, z. B. der *regio* VI, scheint es keine wesentlichen zeitlichen Unterschiede zu geben. In den am besten dokumentierten Fällen reichen die ältesten Funde vom Ende des 7. bis zur ersten Hälfte des 6. Jahrhunderts v. Chr. Dies stimmt im wesentlichen mit der ersten Befestigungsanlage aus sogenanntem Pappamonte-Tuff überein, die mehr oder weniger dem Umkreis der Hochfläche folgte und eine Fläche von etwa 60 Hektar einschloß.

Es ist deshalb anzunehmen, daß es eine Art dichter besiedelte Akropolis gab (etwa der Bereich der Regionen VII und VIII um das Forum), die innerhalb eines sehr viel größeren befestigten Geländes lag. Diese zunächst nur dünn besiedelten und vor allem als Acker- und Weideland genutzten Flächen wurden erst in einer zweiten Phase seit dem Ende des 4. Jahrhunderts v. Chr. aufgegliedert und bebaut, und zwar nach einem regelmäßigen Bebauungsplan, wie ihn die *regio* VI deutlich zeigt.

Kern der Stadtanlage war vermutlich das Heiligtum des Apoll, der ursprünglichen Schutzgottheit des neuen städtischen Zentrums. Die rasche Entwicklung der Stadt, die sich anscheinend verhältnismäßig schnell innerhalb von wenig mehr als einer Generation vollzog, könnte die Hypothese stützen, ihre Gründung sei auf starken wirtschaftlichen und politischen Druck hin durch »Synoikismus« (Zusammenschluß bereits vorhandener Siedlungen an einem neuen Standort) erfolgt. Tatsächlich ist nicht zu übersehen, daß der Aufstieg Pompejis mit dem plötzlichen Ende der am nächsten gelegenen Dörfer im Sarnotal, bei S. Marano und S. Valentino Torio, zusammenfällt. Die Wahl des Standorts auf dem großen Plateau in Meeresnähe, an der einzigen erhöht gelegenen und deshalb leicht zu verteidigenden Stelle in dieser Gegend, und die rasche Errichtung der Befestigungsmauern hängen möglicherweise unmittelbar mit der Ausbreitung der Etrusker in Kampanien zusammen. Sie beherrschten das Land hinter dem Vesuv und wünschten einen Stützpunkt am Meer, außerhalb der unter direktem griechischem Einfluß stehenden Gebiete. Wie Strabon erwähnt, galt Pompeji als Hafen der etruskischen Städte Nola, Acerra und Nuceria. Wahrscheinlich trifft dies vor allem für die frühaugusteische Zeit zu. Natürlich heißt dies nicht, daß Pompeji eine etruskische Stadt gewesen wäre; die Mehrzahl der Bevölkerung muß aus den Dörfern der Umgebung gekommen sein. Es handelte sich um Angehörige der sogenannten »Fossa-Gräber-Kultur«, vielleicht um die in der Antike als *Opici* bekannten Stämme.

Einem bekannten Entwicklungsmodell zufolge hätten die herrschenden aristokratischen Schichten einer Mischkultur Raum gegeben, in der die immer vorhandenen lokalen Kulturen mit den vielfältigeren Erfahrungen der griechischen und etruskischen Kultur verschmolzen.

Die historische Situation war für das Wachstum und die Entwicklung des ersten Siedlungskerns günstig. Pompeji war durch seine Lage an der Mündung des Sarno dazu bestimmt, zur Hafenstadt für alle jene Städte des kampanischen Hinterlandes zu werden, die keinen Zugang zum Meer hatten und deshalb gezwungen waren, sich an die griechischen oder graezisierten Küstenstädte, vor allem an das mächtige Cumae, anzuschließen. Im 7. Jahrhundert v. Chr. war Nola die bedeutendste unter den Städten, denen Pompeji als Hafen diente. Wie Capua, dessen Geschichte sehr ähnlich verlief, muß auch Nola enge Kontakte zu den etruskischen Städten in Latium gehabt haben. Grundlage dürfte nicht nur die gemeinsame Herkunft von der »Villanova-Kultur« gewesen sein, sondern auch das Bestreben einiger etruskischer Städte, das Handelsmonopol Cumaes in Kampanien zu beseitigen und die Stellung der starken chalkidischen Stadt zu untergraben. Der etruskische Einfluß drang auch bis nach Pompeji, das zumindest bis in die Mitte des 5. Jahrhunderts v. Chr. die Oberherrschaft der Etrusker zu erdulden hatte. In der Umgebung des Apollotempels wurden zahlreiche Bucchero-Scherben mit Graffiti in etruskischer Sprache gefunden, weitere Bucchero-Scherben kamen bei den Stabianer Thermen zum Vorschein, wo eine Nekropole aus dem 6. Jahrhundert v. Chr. festgestellt wurde, deren wichtigstes Zeugnis ein in die Thermen verbautes unterirdisches Kammergrab ist.

Im 6. Jahrhundert v. Chr. gab es anscheinend noch keinen Plan für eine geregelte Bebauung in der damals recht kleinen Stadt. Die Siedlung um das Forum, die mit ihrer unregelmäßigen Anlage noch den archaischen Stadtplan widerspiegelt, scheint ohne irgendeine bestimmte Ordnung erbaut worden zu sein. Ob es zu dieser Zeit schon eine richtige Stadtbefestigung gab, ist nicht festzustellen. Sicher ist, daß die Gegend um die Stabianer Thermen schon außerhalb des Siedlungsgebiets lag, da dort ja die Nekropole war. Ebenfalls außerhalb der Stadt lag der Dorische Tempel, der anscheinend ursprünglich dem Herakles und später auch der Athena geweiht war. Er stand am Rand des Plateaus, das hier etwas niedriger ist als in der Gegend um das Forum, von wo man aber – was keineswegs nebensächlich war – die Straße nach Stabiae und die Talebene überblicken konnte.

Im 6. Jahrhundert verstärkte sich auch der Einfluß der griechischen Städte, der jetzt allerdings nur kultureller, nicht politischer Natur war. Möglicherweise kam der Apollokult durch Vermittlung Cumaes nach Pompeji. Bei Ausgrabungen unter dem Apollotempel fand man importierte korinthische Keramik. Die aus der zweiten Hälfte des 6. und aus den ersten Jahrzehnten des 5. Jahrhunderts stammenden architektonischen Terrakottaverzierungen vom Dorischen Tempel und vom Apollotempel sind aus Ton, der von der Insel Ischia stammt, und zumindest ein Teil von ihnen wurde in Cumae hergestellt. Der Grundriß des Dorischen Tempels ist bedauerlicherweise nicht bekannt, erhalten sind lediglich einige Bruchstücke der Säulen und Kapitelle, deren ausladender Echinus an die Formen des Tavole Palatine (»Tische der Ritter«) genannten Tempels in Metapont erinnert (um 520 v. Chr.).

In dieser Anfangszeit hatte das Forum wohl noch nicht die Ausdehnung, die es im 2. Jahrhundert v. Chr. erreichte. Die wichtigsten Straßen der Stadt waren anscheinend die von Westen nach Osten führende Via Marina und die von Norden nach Süden verlaufende Via del Foro mit der Fortsetzung der Via delle Scuole. Die Via Marina mußte sich auf der Höhe des Forums nach Nordosten verlagern, um dann im weiteren Verlauf an der Nordseite der Stabianer Thermen entlangzuführen. Vor den Thermen, vielleicht auf der Höhe des Vicolo del Lupanare, müssen die Stadtmauern und das Osttor gelegen haben, bei dem einer der ältesten, jetzt in ein Zimmer der Casa della Regina d'Inghilterra (VII 15,5) eingebaute Brunnen war. Die im Norden an der Stadtmauer entlangführende Straße muß ungefähr denselben Verlauf gehabt haben wie die Via dei Soprastanti und die Via degli Augustali. Damals muß auch der Apollotempel noch zum Forum gehört haben.

Die Niederlage der etruskisch-kampanischen Stämme im Jahre 525 v. Chr. und der Sieg der mit Syrakus verbündeten Cumaner über die im Norden lebenden Etrusker im Jahre 474 v. Chr. beendete die Beziehungen zwischen den größten Städten Latiums und denen des kampanischen Hinterlandes. Während dieser Zeit, über die nur sehr wenig bekannt ist, muß ein ständig stärker werdendes Vordringen der samnitischen Stämme, die damals in dem gebirgigen kampanischen Hinterland entlang dem Apennin wohnten, stattgefunden haben. Es ist nicht feststellbar, ob das oskische Element durch eine regelrechte militärische Invasion in die kampanischen Städte eindrang, oder ob es auf friedlichem Wege kam, vielleicht durch ein ständiges Anwachsen des samnitischen Teils der Bevölkerung, weil immer mehr Samniten durch das wesentlich leichtere Leben in den fruchtbaren Ebenen um Capua und Nola angezogen wurden. Als am Ende des 5. Jahrhunderts auch Cumae, und in diesem Fall durch militärische Gewalt, unter die Herrschaft der Samniten kam und seine Bewohner nach Neapel umsiedeln mußten, war ganz Kampanien oskisch geworden; Neapel war das letzte griechische Zentrum in Kampanien.

Von all diesen Ereignissen gibt es in Pompeji kaum irgendwelche Spuren. Vielleicht geht die Umfassung des gesamten Plateaus mit einer Stadtmauer auf das 5. Jahrhundert v. Chr. zurück. Diese Befestigung, die aus einer besonderen Tuffsorte, dem sogenannten »Pappamonte-Tuff«, errichtet wurde, lief an dem Rand der Terrasse, auf der die Stadt liegt, entlang und umschloß ein Gelände von 63,5 Hektar, während die ursprüngliche Stadt nur ein Gelände von höchstens 9,3 Hektar umfaßt haben dürfte. Da die Befestigungsmauern ganz vom Gesichtspunkt der Verteidigung her geplant sind, mußten sie auch eine sehr weite, unbebaute und nur landwirtschaftlicher Nutzung dienende Fläche mit einschließen. Der Dorische Tempel und seine Umgebung, das sogenannte Foro Triangolore, wurden auf diese Weise mit in das Stadtgebiet einbezogen. Kulturell erlebten die Samniten einen tiefgreifenden griechischen Einfluß, der allerdings seit der Gründung der griechischen Kolonien in Süditalien immer vorhanden war. Im 4. Jahrhundert v. Chr. drängten erneut samnitische Stämme aus den Bergen des Apennin in die Ebenen und an die Küste, wo die inzwischen völlig verstädterten Samniten der früheren Einwanderungsperiode lebten. In dem rasch entflammten Streit ergriff auch Rom Partei, das dann am Ende der Samnitenkriege (343–290 v. Chr.) die absolute Vorherrschaft in ganz Kampanien besaß. Wahrscheinlich wurden um 300 v. Chr. die alten Befestigungsanlagen aus Pappamonte-Tuff durch neue Bauten aus Sarnokalk ersetzt. Die Bautechnik könnte vom samnitischen Cumae übernommen sein.

Noch im 4. Jahrhundert v. Chr. war das Gebiet nördlich der Via dei Soprastanti und östlich der Via Stabiana nur schwach besiedelt. Schichtengrabungen in der *regio* VI haben gezeigt, daß dort, wo im 4. und 3. Jahrhundert v. Chr. die großen Häuser mit den aus Kalkstein erbauten Atrien entstanden, vorher überhaupt keine Bebauung war. Die städtebauliche Ausdehnung Pompejis nahm demnach im 4. Jahrhundert ihren Anfang, und zwar zunächst in dem Gebiet nördlich vom *forum civile*, später auch östlich davon. Die Anordnung der Häuser folgt einem städtebaulichen Konzept, das auf griechische Vorbilder zurückgeht; möglicherweise war der regelmäßige Stadtplan Neapels das Vorbild. In jener Zeit wurde es üblich, für die Verkleidung von öffentlichen und privaten Gebäuden große, regelmäßige Platten aus Sarnokalk zu verwenden.

Beim Ausbruch des Zweiten Punischen Krieges schlug sich ein großer Teil Kampaniens auf die Seite Hannibals, der den italischen Stämmen die Befreiung vom Joch der römischen Herrschaft versprach. Wahrscheinlich wurde damals die Befestigungsanlage an den Stellen, wo die alte Kalkmauer einem möglichen Angriff nicht standzuhalten drohte, mit Tuff aus Nocera verstärkt. Da Pompeji im 3. Jahrhundert v. Chr. noch keine sonderlich bedeutende Stadt gewesen sein dürfte, hatte es unter den Folgen des römischen Sieges wohl weniger zu leiden als beispielsweise Capua und Nola, die damals ihre letzten Freiheitsrechte einbüßten und unter die politische und wirtschaftliche Kontrolle Roms gerieten. Die veränderten politischen Umstände veranlaßten viele reiche Familien, in Gegenden mit günstigeren Lebensbedingungen auszuwandern. Manche verließen Italien ganz, andere zogen es vor, sich nicht so weit von den ursprünglichen Zentren ihres Widerstandskampfes gegen Rom zu entfernen, und ließen sich in benachbarten italischen Städten nieder. Die neue politische Situation, die durch die Herrschaft Roms über das Mittelmeer entstanden war, begünstigte in Pompeji die Entstehung eines lebhaften Handels, dessen Grundlage die Ausfuhr von Öl und Wein bildete. Die Anbaumethoden der landwirtschaftlichen Betriebe im Umland müssen vorbildlich gewesen sein. Es sei hier nur an die *gens Holconia* erinnert, eine aus Pompeji stammende Familie von berühmten Weinbauern, nach denen auch eine Rebsorte benannt war.

Es ist deshalb nicht weiter verwunderlich, daß im 2. Jahrhundert v.Chr. in Pompeji ein wahrer Bauboom herrschte. Alle öffentlichen Gebäude in der Stadt wurden damals entweder umgebaut oder überhaupt neu errichtet, wie etwa die Basilika und der Jupitertempel. Auch in den luxuriösen, bisweilen prunkvollen Wohnhäusern zeigt sich der beachtliche Wohlstand der Stadt; die Casa del Fauno übertrifft mit ihren 2940 Quadratmetern sogar den königlichen Palast der Attaliden in Pergamon. Der ständige enge Kontakt mit den hellenistischen Königreichen im Orient schuf außerdem die Voraussetzung für städtebauliche und architektonische Veränderungen nach griechischem Vorbild. Hierzu gehört beispielsweise der ganz außergewöhnliche Baukomplex des Foro Triangolare mit den Theatern und dem dahintergelegenen Portikus oder die elegante Umgestaltung des *forum civile* mit den angrenzenden Bauten. In dieser Zeit muß sich die Stadt nach Osten hin gewaltig ausgedehnt haben. Trotz späterer Veränderungen zeugen hier noch Reste von Wanddekorationen des sogenannten Ersten Stils für diese Erweiterungen. Weitere Reste dieses Ersten Pompejanischen Stils finden sich in Häusern der Regionen VI, V, IX und I, woraus zu schließen ist, daß diese Regionen schon vor der sullanischen Epoche bewohnt waren.

Von der Verwaltung der Stadt in samnitischer Zeit weiß man, abgesehen von den Namen einiger Magistratspersonen, nur sehr wenig. Sicher bezeugt ist das wichtigste Amt, das des *meddix tuticus*. Die Funktion dieses Magistratsbeamten muß ähnlich gewesen sein wie die der römischen Konsuln. Neben ihm dürfte es Quästoren gegeben haben, denen die Finanzverwaltung anvertraut war, sowie Ädilen, deren Aufgabe die Überwachung und Pflege der privaten und öffentlichen Bauten war. Ob die Römer die Verwaltung der italischen Städte nach dem Vorbild der Hauptstadt veränderten, ist schwer zu sagen. Ein den Senatoren vergleichbarer Stand kann kaum gefehlt haben.

Beim Ausbruch der Bundesgenossenkriege schloß sich Pompeji den anderen kampanischen Städten beim Kampf gegen Sulla um die Erlangung des römischen Bürgerrechts an. Nicht alle kampanischen Städte wandten sich jedoch gegen Rom. Nuceria zum Beispiel, das von der übermächtigen Familie der Sittii beherrscht wurde, blieb während der ganzen Kriegszeit Sulla treu. Im Jahre 89 v. Chr. eroberte und plünderte Sulla die Stadt Stabiae, der es in der Folgezeit nie wieder gelang, sich von dieser Katastrophe zu erholen. Der Diktator wandte sich nun auch gegen Pompeji, wo man jedoch schon vorsorglich für die Verstärkung der Befestigungsanlage gesorgt hatte, indem auf der schlechter geschützten Nordseite eine Reihe von Türmen erbaut worden war. Zur Unterstützung Pompejis traf ein Kontingent ausgewählter Soldaten unter der Führung von Lucius Cluentius, einem der Anführer des Aufstandes, ein. In den Kämpfen zwischen Sulla und Cluentius war das Glück auf der Seite Sullas, Cluentius verlor bei dem Versuch, sich nach Nola zurückzuziehen, sein Leben. Die Nolaner wollten ihm nämlich die Stadttore nicht öffnen, aus Furcht, auch die verfolgenden Römer könnten in die Stadt eindringen, und beschworen so das tragische Ende herauf. Wahrscheinlich kapitulierte Pompeji ebenfalls in diesem Jahr, wie es scheint, ohne ernsthaft Schaden zu erleiden.

Wie die politische Situation in der Stadt war und wie sie verwaltet wurde, ist nicht recht klar. Sulla war nach Kleinasien abgereist, um dort gegen Mithridates zu kämpfen. Einige kampanische Städte, darunter Nola, konnten eine Zeit der Ruhe genießen, da die Macht in die Hände Cinnas, eines Gegners von Sulla, übergegangen war, der die Ausweitung des Bürgerrechts auf alle italischen Stämme befürwortete. Die in einigen pompejanischen Inschriften erwähnte Amtszeit eines *interrex* (»Zwischenkönig«) könnte sich auf diesen Zeitabschnitt beziehen. Bisweilen werden auch *quattuorviri* (»Viermänner«) genannt, eine Art der Verwaltung, wie sie später nicht mehr vorkommt, bei der es sich aber um die normale Verwaltungsform für *municipia* und römische Kolonien handelte; sie bestand aus zwei *duumviri iure dicundo* (Beamte mit Gerichtsbarkeit) und zwei Ädilen. Mit der Rückkehr Sullas wurden die letzten aufflackernden Unruhen des Aufstandes beseitigt. Kampanien als das Zentrum des Sturms mußte sich in einem besonders schlechten Zustand befinden. Sulla begründete 80 v. Chr. in Pompeji eine Kolonie, um die Veteranen, die mit ihm gekämpft hatten, durch die Zuweisung enteigneter Ländereien zu belohnen. Die Kolonie erhielt den Namen *Colonia Cornelia Veneria Pompeiana.* Dieser Name bezieht sich auf das *nomen* des Diktators, der Lucius Cornelius Sulla hieß, und auf den der Venus, die er besonders verehrte und die so zur Hauptgottheit des römischen Pompeji wurde. *Deductor* der Kolonie war ein Neffe Sullas mit Namen Publius Cornelius Sulla, ein Politiker von beachtlichen Fähigkeiten und eine der hervorragendsten Persönlichkeiten der ciceronianischen Zeit. Unter seiner Kontrolle wurde der erste *ordo decurionum* gebildet, ein lokaler Senat, und es wurden die neuen Amtsinhaber benannt, wobei man ausdrücklich und ganz offen bestrebt war, die neuen Familien mit den alteingesessenen zu verschmelzen, in deren Besitz bis dahin die Herrschaft gewesen war. Nach dieser ersten Umbildung des Magistrats verschwanden jedoch die Namen der wichtigsten Familien aus der pompejanischen Oligarchie, um Emporkömmlingen Platz zu machen. Häufig handelte es sich bei diesen *homines novi* um Generäle oder Freunde Sullas, die während der Bundesgenossenkriege schnell zu Reichtum gekommen waren, wie jener Caius Quinctius Valgus, der ganz Hirpinia beherrschte, und dessen Name durch Ciceros Rede gegen seinen Schwiegersohn Publius Servilius Rullus weiterlebt.

Wie war man bei der Beschlagnahme der Länder, die dann an die neuen Siedler verteilt wurden, vorgegangen? Sicher ist, daß sie zu Lasten der Familien ging, die gegen die Politik Sullas gewesen waren. Das Ackerland um Pompeji wurde in Landgüter unterteilt *(villae rusticae)*, zu denen jeweils ungefähr 100 Morgen Land gehörten. Mit Sicherheit wurden den Veteranen keine 100 Morgen Land pro Kopf zugewiesen, sondern sehr viel weniger; es scheint, als sei die Landverteilung aus verschiedenen Gründen nie zu Ende geführt worden. Es ist durchaus wahrscheinlich, daß viele Siedler die Ländereien an die früheren Besitzer zurückverkauften und niemals pompejanischen Boden betraten. Denkbar wäre auch, daß das beschlagnahmte Gelände nie vollständig aufgeteilt wurde, sondern im Besitz der Kolonie blieb. Soviel ist jedoch gewiß: die neuen Familien beherrschten den Magistrat nur kurze Zeit. Seit der Zeit Cäsars betrat die alte Oligarchie erneut die politische Bühne und riß die Macht wieder an sich.

Bei der Gründung der Kolonie betrieb man auch die Erneuerung der Verfassung nach römischem Vorbild. Die Mitglieder des Stadtrates hießen *decuriones* und entsprechen auf Gemeindeebene den römischen Senatoren. Diese 80 bis 100 Männer wurden alle fünf Jahre von den *duumviri iure dicundo* benannt, dem Zwei-Männer-Collegium, das außer mit der Rechtsprechung auch mit der Kontrolle über eine eventuelle Neubesetzung des Stadtrates betraut war. Das Dekurionenamt wurde auf Lebenszeit ausgeübt. Gewählt werden konnten nur freie Männer mit gutem Leumund und einem ehrbaren Beruf, vor allem aber mit einem Einkommen, das nicht unter 100000 Sesterzen lag. In besonderen Fällen konnten auch die Söhne von Freigelassenen und Kaufleuten Dekurionen werden, doch blieben dies Ausnahmen. Die Dekurionen trugen die mit einem Purpurstreifen gesäumte *toga praetexta* und hatten bei Schauspielen Anspruch auf die besten Plätze. Außerdem waren sie mit großen Machtbefugnissen ausgestattet, denn auch die *duumviri* unterstanden ihrer Kontrolle. Dies geht aus den zahlreichen Inschriften hervor, in denen nach den Amtshandlungen des Magistrats jeweils die Schlußformel *ex decurionum decreto* oder *ex decurionum sententia* (»auf Beschluß der Dekurionen«) folgt. Jedes Jahr fanden im März in den *comitia*, den Wahllokalen, die Wahlen der *duumviri* und der Ädilen statt, an denen alle Bürger teilnehmen durften, die das volle Bürgerrecht besaßen. Die Magistrate traten ihren Dienst am 1. Juli an.

Die Ädilen waren im allgemeinen sehr jung, sie hatten keine besonders verantwortungsvollen Aufgaben zu erfüllen. Sie mußten die öffentlichen Gebäude und Märkte, die Tempel und die Theatergebäude überwachen und kontrollieren. Um das Amt eines *duumvir* übernehmen zu können, mußte man zunächst Ädil gewesen sein. Deshalb werden in Graffiti und Inschriften so viele Ädilen wegen ihrer Freigebigkeit gepriesen; sie war nötig, um bei der Bürgerschaft in guter Erinnerung zu bleiben. Zwischen der Amtszeit eines Ädils und der des *duumvir* mußten drei bis fünf Jahre liegen.

Die *duumviri* vertraten die Exekutive. In den Inschriften werden sie als *duumviri iure dicundo* bezeichnet, also als ein Zwei-Männer-Collegium, das mit der Rechtsprechung betraut war; es scheint aber, als hätten sie während der Kaiserzeit viele ihrer Vorrechte verloren. Im allgemeinen verkündeten sie die Beschlüsse der Dekurionen und trugen der Ratsversammlung die Anträge der Bevölkerung vor. Alle fünf Jahre erhielten die *duumviri* als *duumviri quinquennales* das Recht, die neuen Dekurionen zu ernennen, was ihnen eine besondere Macht verlieh. In speziellen Fällen, wenn keine Wahl stattgefunden hatte, ernannten die Dekurionen einen Sonderbeamten, den *praefectus*. Er wurde als *praefectus iure dicundo ex decurionum decreto lege Petronia* bezeichnet, da ihn die Dekurionen auf der Grundlage eines *lex Petronia* genannten Gesetzes gewählt und mit der Rechtsprechung beauftragt hatten. Eine vollständige Trennung der Priesterämter von den öffentlichen Ämtern hat es nie gegeben. Dennoch konnten die Priester die öffentlichen Angelegenheiten in keiner Weise kontrollieren und hatten deshalb bei den Römern nie besondere Bedeutung. Immerhin wurden auch die Priester in öffentlichen Wahlen bestimmt; die wichtigsten Ämter waren im allgemeinen den großen, alteingesessenen Familien vorbehalten. Dazu gehörte das des *flamen*, aber auch das des *pontifex* war eng mit der Aristokratie verbunden; zumindest in Pompeji blieb es Mitgliedern von Familien mit Beziehungen zum Kaiserhaus vorbehalten. Auch Auguren muß es in Pompeji gegeben haben.

Bei den weiblichen Priesterämtern waren das einer Priesterin der Venus *(sacerdos publica Veneris)* und der Ceres *(sacerdos publica Cereris)* am bedeutendsten. Diese Priesterinnen wurden nur aus der obersten sozialen Schicht gewählt, wie die berühmte Eumachia. Venus war, wie bereits erwähnt wurde, die Schutzgottheit der sullanischen Kolonie, wobei sie sicherlich mit der schon im samnitischen Pompeji verehrten *Venus Fisica* identifiziert und verschmolzen wurde. Erstaunlich ist, daß der Tempel der Ceres in Pompeji noch nicht gefunden wurde; möglicherweise lag das Heiligtum, wie es im griechischen Einflußbereich nicht selten vorkommt, außerhalb der Stadt.

Das Territorium Pompejis war in *vici* und *pagi* (Stadtviertel und Gaue) untergliedert und wurde von den *magistri vicorum* und den *magistri pagorum* verwaltet, die zumeist Freigelassene waren. Sie unterstanden zwar dem Magistrat der Stadt, besaßen jedoch eine gewisse Unabhängigkeit. Ihre Macht wurde wohl nicht zuletzt dadurch erweitert, daß es sich zumeist um sehr reiche Leute handelte, denen man erhebliche Unterstützung bei der Errichtung öffentlicher Bauten verdankte. Einflußreich war auch das Amt des *augustalis* oder *sevir augustalis*, dem die Ausstattung des Kaiserkultes oblag, und das in einigen Municipien dem eines römischen Ritters entsprach.

Obwohl freie Männer Augustalen werden konnten, so wurden sie doch oft aus dem Kreis der Freigelassenen gewählt, die in der Kaiserzeit zu beachtlichem Einfluß gelangt waren. Ein guter Teil des Handels lag in den Händen der Freigelassenen, da bekanntlich der römische Adel fast ausschließlich aus Grundbesitzern bestand. So kamen einige Freigelassene zu großem Reichtum, oft mit der Unterstützung ihrer früheren Herren, denen sie weiterhin eng verbunden blieben. Petronius hat in seinem SATYRICON einen Vertreter dieser neuen Schicht unsterblich gemacht; der berühmte Trimalchio lebte ja in einer der Städte Kampaniens. Zweifellos hatte Petronius irgendeinen reichen Freigelassenen, vielleicht aus Puteoli (Pozzuoli) oder Neapel, vor Augen, als er die Gestalt des Trimalchio schuf.

Es folgte noch eine Gruppe von Priesterämtern, die mit dem Kaiserkult verbunden waren, die sogenannten *ministri Augusti*. Mit ihnen verwandt waren die *ministri Fortunae Augustae*, denen der Kult der dem Kaiser besonders zugeordneten, im Tempel der Fortuna Augusta verehrten Glücksgöttin oblag.

Auf wirtschaftlichem Gebiet scheinen die kriegerischen Ereignisse keine besonders großen Umwälzungen im Leben der Stadt verursacht zu haben. Plinius der Ältere preist die kampanischen Weine, und ganz besonders den pompejanischen, der aus einer Rebe gewonnen wurde, die man ihrer hohen Qualität wegen sogar in Etrurien einführte. Die Villa dei Misteri war in einen jener landwirtschaftlichen Betriebe umgewandelt worden, in denen dieser Wein produziert wurde. Die Frage, wie weit der pompejanische Wein verbreitet war, ist nicht leicht zu beantworten. Sie hängt eng zusammen mit dem ebenfalls sehr komplizierten Problem der Weinamphoren mit den Stempeln »M. PORCI« und »L. EUMACHI«. Marcus Porcius soll identisch sein mit dem Marcus Porcius, der den Bau des Amphitheaters finanzierte, während L. Eumachius wohl zu der Familie gehörte, der auch Eumachia, die Erbauerin des nach ihr benannten Gebäudes am Forum, entstammte. Amphoren des Marcus Porcius wurden in Gallien, in der Gegend von Narbonne, Toulouse und Bordeaux gefunden, Amphoren des Lucius Eumachius in Afrika, zum Beispiel auf dem Forum von Karthago. Auch wenn die Identifizierung des Marcus Porcius aus Pompeji mit dem durch die Amphorenstempel bekannten Weinproduzenten nicht mehr haltbar ist, da die Amphoren rund 40 Jahre später, in die Zeit am Ende der Republik, zu datieren sind, so scheint es doch unzweifelhaft, daß die kampanischen Weine ferne

Märkte erreichten. Eine jüngere Hypothese möchte eine Verbindung zwischen den mit M. PORCI gekennzeichneten Amphoren und der Gegend um Tarragona in Spanien herstellen, was bedeuten würde, daß die kampanischen Weine weniger verbreitet waren, als bisher angenommen. Da jedoch die antiken Quellen keinerlei Belege für eine Verbreitung des tarragonesischen Weines im 1. Jahrhundert v. Chr. liefern, wird diese Ansicht nicht von allen geteilt. Der auf den Amphoren genannte Porcius könnte durchaus ein Nachkomme des zur Zeit Sullas lebenden Porcius sein. Wie bereits erwähnt wurde, waren auch die Holconii berühmte Weinproduzenten; diese Familie erreichte in augusteischer Zeit ihren höchsten Glanz mit Marcus Holconius Rufus und Marcus Holconius Celer, möglicherweise zwei Brüdern.

Mit dem Ende der Kriege und der Gründung der *colonia* war die Zuwanderung neuer *gentes* keineswegs abgeschlossen. Gegen Ende der Republik tauchen die Familien der Clodii, der Tillii, der Lucretii und der Herennii auf. Schon bald bekleideten sie die höchsten Ämter, sei es, weil sie auf Grund ihres großen Reichtums persönliches Ansehen besaßen, sei es wegen ihrer Beziehungen zu Cäsar und später zu Augustus.

In dieser Zeit erhielt die Stadt ihr späteres Gepräge. Die im 2. Jahrhundert v. Chr. eingeleiteten Arbeiten wurden weitergeführt und abgeschlossen, zahlreiche öffentliche Bauten und Privathäuser restauriert oder neu errichtet. Der Osten Pompejis, um die Via dell' Abbondanza, war weiterhin das Gebiet, in dem die Stadt sich noch innerhalb der Mauern ausdehnen konnte. Ganz am Rand erbaute man das Amphitheater und später, unter Augustus, die Palästra.

In der Zeit nach den Bundesgenossenkriegen und dem Spartacus-Aufstand, der in Kampanien schwere Schäden hinterließ, gab es in Pompeji keine bemerkenswerten Ereignisse, jedenfalls nicht bis zur Zeit des Claudius. Die Inschriften sind bedauerlicherweise ärmer denn je an präzisen historischen Angaben. Festzustellen ist, daß es gegen Ende der Regierungszeit des Caligula in Pompeji zu einer nicht näher erklärbaren Krise gekommen war, so daß die Dekurionen gezwungen waren, im Jahre 40 n. Chr. den Kaiser selbst als *duumvir quinquennalis* einzusetzen. Beim Tod des Caligula im Jahre 41 n. Chr. überstürzten sich die Ereignisse. Unter der Herrschaft des Claudius sind in den Jahren zwischen 41 und 52 n. Chr. in Pompeji keinerlei Magistratspersonen irgendwelcher Art bezeugt. Darüber hinaus wurde auch nicht, wie es üblich war, mit der Zustimmung des Magistrats dem Kaiser eine Statue im Tempel der Fortuna Augusta geweiht; man stellte lediglich zwei Basen aus Marmor auf, die zudem nicht von den *ministri Fortunae Augustae* geweiht wurden, sondern von einem *quaestor*, der noch dazu von Sklaven abstammte.

Außerhalb der Porta Nocera fand man Inschriften, die sich auf Wahlen in der Stadt Nuceria beziehen, und in denen Ämter genannt werden, die es schon seit längerer Zeit nicht mehr gab, wie *praetor* und *tribunus plebis* (Volkstribun). Diese Inschriften wurden in claudische Zeit datiert, und man hat die – allerdings schwer beweisbare – Vermutung aufgestellt, daß Claudius in jener Krisenzeit alte, längst versunkene Organisationsformen des samnitischen Bündnissystems wiederbeleben wollte, wie zum Beispiel den nucerischen Bund, eine auf das 4. Jahrhundert v. Chr. zurückgehende Vereinigung mit militärischem Charakter, in der sich Nuceria mit seinen Nachbarstädten zusammengeschlossen hatte.

Unter Nero scheint sich die Krise wie von selbst aufgelöst zu haben. Bis zum Jahre 59 n. Chr., dem Jahr, in dem Nero seine Mutter Agrippina bei Bacoli ermorden ließ, verlief das Leben in Pompeji anscheinend ruhig. In diesem Jahr entbrannte im Amphitheater von Pompeji ein Streit zwischen den Pompejanern und den Bewohnern von Nuceria. Dieses Ereignis muß auch in Rom große Beachtung gefunden haben, denn Tacitus berichtet darüber in seinen Annalen, allerdings ohne zu erklären, was die wirklichen Motive der Schlägerei waren und welche Gründe Nero zu einem so harten Durchgreifen veranlaßten. Nuceria war im Jahre 57 n. Chr. vom Kaiser zur *colonia* ernannt worden. Es wäre nun denkbar, daß die Gründung einer neuen Kolonie für Pompeji wirtschaftliche Nachteile gebracht hatte, vielleicht weil sein Territorium zugunsten von Nuceria verkleinert worden war. Aber aus der Stelle bei Tacitus (zum Text und dem gesamten Vorfall vgl. die Beschreibung des Amphitheaters) scheint hervorzugehen, daß hinter diesem Ereignis wichtigere politische Gründe standen; möglicherweise handelte es sich um die Anfänge einer gegen Nero selbst gerichteten Verschwörung. Das Eingreifen des Kaisers stellte in der Tat den Frieden wieder her, es mußten jedoch alle »illegalen« Vereinigungen, über die bedauerlicherweise nichts bekannt ist, aufgelöst und das Amphitheater für zehn Jahre geschlossen werden.

Wenig später, im Jahre 62 n. Chr., überraschte eine Erdbebenkatastrophe Pompeji und einige andere kampanische Städte, darunter auch Herculaneum. Die berühmten Reliefs vom Lararium im Haus des Caecilius Iucundus schildern die Folgen der Katastrophe für einige öffentliche Bauten am Forum und in der Umgebung der Porta Vesuvio auf sehr anschauliche und volkstümliche Weise. Aus den Reliefs kann man auch die Hauptrichtung der Erdstöße erschließen, die von Osten nach Westen verlief. Das Erdbeben richtete fürchterliche Zerstörungen an. Noch zum Zeitpunkt der endgültigen Katastrophe im Jahre 79 n. Chr. waren die Ausbesserungsarbeiten und der Wiederaufbau in vollem Gange, trotzdem lagen noch fast alle öffentlichen Gebäude in Trümmern. Die Reichen waren wohl in ihre Villen außerhalb der Stadt gezogen, während die übrigen sich notdürftig in den provisorischen Unterkünften einrichteten.

Wie festgestellt wurde, verwandelte sich die Stadt während dieser Periode aus einem wirtschaftlichen und finanziellen Zentrum des von ihr abhängigen Umlandes in eine riesige Baustelle; der Handel war sicherlich nicht mehr die Grundlage aller Aktivitäten. Viele dürften sich mit Bauspekulation oder Wohnungsvermietung bereichert, andere wieder bei der Vergabe von Wiederaufbauarbeiten hohe Einnahmen erzielt haben. Eine Untersuchung der in Pompeji zwischen 62 und 79 n. Chr. ausgeführten Arbeiten hat zu dem Schluß geführt, daß sich das Zentrum des wirtschaftlichen Lebens allmählich zu der Kreuzung von Via di Stabia und Via dell'Abbondanza hin verlagerte; dort wurden zahlreiche Geschäfte wiederhergestellt oder völlig neu gebaut, während die Häuser noch nicht eingerichtet waren. Für den Bau der luxuriösen neuen Thermen *(terme centrali)* riß man sogar eine ganze *insula* ab. Dagegen waren die Restaurierungsarbeiten in der *regio* VI, einem Wohnviertel von gewissem Wohlstand, in dem es kaum Geschäfte gab, schon in einem fortgeschritteneren Stadium. Mit großer Wahrscheinlichkeit kann deshalb angenommen werden, daß die Via dell'Abbondanza zum neuen Zentrum des geschäftlichen Lebens werden sollte und deshalb ihren Charakter als Wohnstraße allmählich verlor.

Vom Sozialen her gesehen ist die Tatsache, daß der Isistempel als einziger von allen sakralen Bauten bereits vollendet war, von besonderer Bedeutung; der Wiederaufbau war zum größten Teil von einem Privatmann finanziert worden, einem Freigelassenen, der damit seinem Sohn den Weg zu den höchsten städtischen Ämtern freimachte.

Ob und wie zunächst Nero und später Vespasian am Wiederaufbau beteiligt waren, ist nicht bekannt. Pompeji war eine reiche Stadt, in der für den augenblicklichen Bedarf genügend Geldmittel zur Verfügung standen. Das zeigt der Luxus, mit dem die Wiederherstellung zahlreicher Gebäude durchgeführt wurde, unter weitgehender Verwendung von farbigem Marmor, wie im – ganz neu errichteten – Tempel der Laren. Sicherlich gab es auch politische und verwaltungstechnische Schwierigkeiten, was daraus hervorgeht, daß Vespasian seinen Tribun Titus Suedius Clemens nach Pompeji schicken mußte; er hatte die Aufgabe, dort die Streitigkeiten um den Besitz der städtischen Ländereien, die von Privatleuten unrechtmäßig besetzt worden waren, zu schlichten.

Als der 24. August 79 n. Chr. anbrach, war Pompeji noch eine riesige Baustelle. Selbst das *castellum aquae* an der Porta Vesuvio, das wichtigste Wasserreservoir der Stadt, war noch nicht wieder in Betrieb; in den Häusern an der Via dell'Abbondanza, in den Stabianer Thermen und in der Palästra gab es noch kein Wasser.

Am Morgen des 24. August sahen die Pompejaner eine pinienförmige Wolke über dem Vesuv schweben. Gegen zehn Uhr explodierte die festgewordene Lava, die wie ein riesiger Pfropf den Krater verschloß, durch den Druck von Gasen. Sie flog in die Luft, wo sie in winzige Stücke auseinanderbrach und in *lapilli*, kleine Bimssteine, verwandelt wurde, die, vom Wind weggetrieben, dann auf die Gegend südöstlich vom Vesuv in einem Umkreis von 70 Kilometern niederfielen. Weder Sorrent noch Herculaneum wurden von diesem Lapilli-Regen berührt, der jedoch auf Pompeji niederfiel. Er hinterließ eine 260 Zentimeter hohe Schicht aus Bimsstein, die wiederum aus einer 120 Zentimeter hohen Schicht mit weißen Lapilli (phonolitisches Gestein) und einer 140 Zentimeter hohen mit grauen Lapilli (phonolitisch-tephritisches Gestein) besteht. Der Regen dauerte bis zum 28. August. Er war begleitet von ausströmenden Giftgasen, und zum Schluß fiel Asche herab, die sich aus dem Staub am Rand des Kraters gebildet hatte, von wo er immer wieder in die Tiefe zurückfiel und von den Gasen erneut hochgeschleudert wurde. Heftige Erdstöße kamen hinzu und zerstörten auch die bisher vom Lapilli-Regen verschonten Städte wie Nola, Neapel und Sorrent. Herculaneum dagegen wurde nicht von Lapilli, sondern von einer Schlammlawine, einem Gemisch aus Asche und Wasser, unter einer gut 20 Meter hohen Schicht begraben.

Pompeji hatte schon am ersten Tag des Ausbruchs aufgehört zu existieren. Welcher Schrecken die Bewohner beim Herannahen der

Katastrophe erfaßte, kann man sich ausmalen; die in Gips ausgegossenen Körperabdrücke derjenigen, denen die rechtzeitige Flucht aus der Stadt nicht mehr gelang, zeigen einen Teil der Tragödie. Viele erstickten an den giftigen Gasen. Andere wurden von den Dächern, die unter der Last der Lapilli zusammenbrachen, erschlagen. Ein Hebräer kritzelte auf die Wand eines Hauses (IX 1, 26) die Worte »*Sodoma Gomora*«; und sicherlich besaß der Anblick der Stadt unter dem dunklen Mantel der Lapilli, den die Lichtstrahlen der Eruptionen durchbrachen, durchaus Verwandtschaft mit der in der Bibel beschriebenen Katastrophe.

Es ist schwer zu sagen, wie viele Menschen durch den Vulkanausbruch ums Leben kamen. Kaiser Titus kam den Überlebenden sofort zu Hilfe und setzte eine eigens gegründete Hilfskommission in Kampanien ein. Der Besitz von Verstorbenen, die keine Erben hatten, sollte den zerstörten Städten für ihren Wiederaufbau zufallen. Aber Pompeji wurde nicht wieder besiedelt, abgesehen von einigen wenigen, unbedeutenden Bauten, die es in den Randzonen gegeben haben dürfte.

1.2 Die Briefe Plinius' des Jüngeren über den Vesuvausbruch im Jahre 79 n. Chr.

Epistulae VI, 16

C. Plinius grüßt seinen Tacitus

Du bittest mich, das Ende meines Onkels zu schildern, damit Du es recht wahrheitsgetreu für die Nachwelt darstellen kannst. Ich danke Dir, denn ich sehe, daß seinem Tode unvergänglicher Ruhm winkt, wenn er von Dir verherrlicht wird. Denn wenn er auch bei der Verwüstung der schönsten Landschaften, wie die Bevölkerung und die Städte durch ein denkwürdiges Naturereignis den Tod gefunden hat und schon deshalb sozusagen ewig fortleben wird, wenn er auch selbst viele bleibende Werke geschaffen hat, so wird doch die Unvergänglichkeit Deiner Schriften sein Fortleben wesentlich fördern. Ich halte jeden für glücklich, dem die Götter die Fähigkeit verliehen haben, Darstellungswürdiges zu vollbringen oder Lesenswertes darzustellen, für doppelt glücklich, wem beides gegeben ist. Zu ihnen wird mein Onkel durch seine und Deine Schriften gehören. Um so lieber nehme ich auf mich, ja fordere geradezu, was Du mir auferlegst.

Er war in Misenum und führte persönlich das Kommando über die Flotte. Am 24. August etwa um die siebente Stunde ließ meine Mutter ihm sagen, am Himmel stehe eine Wolke von ungewöhnlicher Gestalt und Größe. Er hatte sich gesonnt, dann kalt gebadet, hatte liegend einen Imbiß genommen und studierte jetzt. Er ließ sich seine Sandalen bringen und stieg auf eine Anhöhe, von der aus man das Naturschauspiel besonders gut beobachten konnte. Es erhob sich eine Wolke, für den Beobachter aus der Ferne unkenntlich, auf welchem Berge (später erfuhr man, daß es der Vesuv war), deren Form am ehesten einer Pinie ähnelte. Denn sie stieg wie ein Riesenstamm in die Höhe und verzweigte sich dann in eine Reihe von Ästen, wohl weil ein kräftiger Luftzug sie emporwirbelte und dann nachließ, so daß sie den Auftrieb verlor oder auch vermöge ihres Eigengewichtes sich in die Breite verflüchtigte, manchmal weiß, dann wieder schmutzig und fleckig, je nachdem ob sie Erde oder Asche mit sich emporgerissen hatte.

Als einem Mann mit wissenschaftlichen Interessen erschien ihm die Sache bedeutsam und wert, aus größerer Nähe betrachtet zu werden. Er befahl, ein Boot bereitzumachen, mir stellte er es frei, wenn ich wollte, mitzukommen. Ich antwortete, ich wolle lieber bei meiner Arbeit bleiben, und zufällig hatte er mir selbst das Thema gestellt.

Beim Verlassen des Hauses erhielt er ein Briefchen von Rectina, der Frau des Cascus, die sich wegen der drohenden Gefahr ängstigte (ihre Villa lag am Fuß des Vesuv, und nur zu Schiffe konnte man fliehen); sie bat, sie aus der bedenklichen Lage zu befreien. Daraufhin änderte er seinen Entschluß und vollzog nun aus Pflichtbewußtsein, was er aus Wissensdurst begonnen hatte. Er ließ Vierdecker zu Wasser bringen, ging selbst an Bord, um nicht nur Rectina, sondern auch vielen anderen zu Hilfe zu kommen, denn die liebliche Küste war dicht besiedelt. Er eilte dorthin, von wo andere flohen, und hielt geradewegs auf die Gefahr zu, so gänzlich unbeschwert von Furcht, daß er alle Phasen, alle Erscheinungsformen des Unheils, wie er sie mit den Augen wahrnahm, seinem Sekretär diktierte.

Schon fiel Asche auf die Schiffe, immer heißer und dichter, je näher sie herankamen, bald auch Bimsstein und schwarze, halbverkohlte, vom Feuer geborstene Steine, schon trat das Meer plötzlich zurück, und das Ufer wurde durch Felsbrocken vom Berge her unpassierbar. Einen Augenblick war er unschlüssig, ob er umkehren solle, dann rief er dem Steuermann, der dazu geraten hatte, zu: »Dem Mutigen hilft das Glück, halt auf Pomponianus zu!« Dieser befand sich in Stabiae, am anderen Ende des Golfs – das Meer drängt sich hier in sanft gekrümmtem Bogen ins Land –; dort hatte er, obwohl noch keine unmittelbare Gefahr bestand, aber doch sichtbar drohte und, wenn sie wuchs, unmittelbar bevorstand, sein Gepäck auf die Schiffe verladen lassen, entschlossen zu fliehen, wenn der Gegenwind sich legte. Dorthin fuhr jetzt mein Onkel mit dem für ihn günstigen Winde, schloß den Verängstigten in die Arme, tröstete ihn, redete ihm gut zu, und um seine Angst durch seine eigene Ruhe zu beschwichtigen, ließ er sich ins Bad tragen. Nach dem Bade ging er zu Tisch, speiste seelenruhig oder – was nicht weniger großartig ist – anscheinend seelenruhig. Inzwischen leuchteten vom Vesuv her an mehreren Stellen weite Flammenherde und hohe Feuersäulen auf, deren strahlende Helle durch die dunkle Nacht noch gehoben wurde. Um das Grauen der anderen zu beschwichtigen, erklärte mein Onkel, Bauern hätten in der Aufregung ihre Herdfeuer brennen lassen, und nun ständen ihre unbeaufsichtigten Hütten in Flammen. Dann begab er sich zur Ruhe und schlief tatsächlich ganz fest, denn seine wegen seiner Leibesfülle ziemlich tiefen, lauten Atemzüge waren vernehmlich, wenn jemand an seiner Tür vorbeiging. Aber der Boden des Vorplatzes, von dem aus man sein Zimmer betrat, hatte sich, von einem Gemisch aus Asche und Bimsstein bedeckt, schon so weit gehoben, daß man, blieb man noch länger in dem Gemach, nicht mehr hätte herauskommen können. So weckte man ihn denn; er trat heraus und gesellte sich wieder zu Pomponianus und den übrigen, die die Nacht durchwacht hatten. Gemeinschaftlich berieten sie, ob sie im Hause bleiben oder sich ins Freie begeben sollten, denn infolge häufiger, starker Erdstöße wankten die Gebäude und schienen, gleichsam aus ihren Fundamenten gelöst, hin- und herzuschwanken. Im Freien wiederum war das Herabregnen ausgeglühter, allerdings nur leichter, Bimsstein-Stückchen bedenklich, doch entschied man sich beim Abwägen der beiden Gefahren für das letztere, und zwar trug bei ihm eine vernünftige Überlegung über die andere den Sieg davon, bei den übrigen eine Befürchtung über die andere. Sie stülpten sich Kissen über den Kopf und verschnürten sie mit Tüchern; das bot Schutz gegen den Steinschlag.

Schon war es anderswo Tag, dort aber Nacht, schwärzer und dichter als alle Nächte sonst, doch milderten die vielen Fackeln und mancherlei Lichter die Finsternis. Man beschloß, an den Strand zu gehen und sich aus der Nähe zu überzeugen, ob das Meer schon gestatte, etwas zu unternehmen. Aber es blieb immer noch rauh und feindlich. Dort legte mein Onkel sich auf eine ausgebreitete Decke, verlangte hin und wieder einen Schluck kalten Wassers und nahm ihn zu sich. Dann jagten Flammen und als ihr Vorbote Schwefelgeruch die andern in die Flucht und schreckten ihn auf. Auf zwei Sklaven gestützt, erhob er sich und brach gleich tot zusammen, vermutlich weil ihm der dichtere Qualm den Atem nahm und den Schlund verschloß, der bei ihm von Natur schwach, eng und häufig entzündet war. Sobald es wieder hell wurde – es war der dritte Tag von dem an gerechnet, den er als letzten erlebt hatte –, fand man seinen Leichnam unberührt und unverletzt, zugedeckt, in den Kleidern, die er zuletzt getragen hatte, in seiner äußeren Erscheinung eher einem Schlafenden als einem Toten ähnlich.

Derweilen hatten ich und meine Mutter in Misenum – doch das ist belanglos für die Geschichte, und Du hast ja auch nur vom Ende meines Onkels hören wollen. Also Schluß! Nur eines will ich noch hinzufügen: ich habe alles, was ich selbst erlebt und was ich gleich nach der Katastrophe – dann kommen die Berichte der Wahrheit noch am nächsten – gehört hatte, aufgezeichnet. Du wirst das Wesentliche herauspicken, denn es ist nicht dasselbe, ob man einen Brief schreibt oder Geschichte, ob man an einen Freund oder für die Allgemeinheit schreibt.

Leb' wohl!

Epistulae VI, 20

C. Plinius grüßt seinen Tacitus

Du schreibst mir, der Brief, in welchem ich Dir auf Deinen Wunsch vom Tod meines Onkels berichtet habe, wecke in Dir das Verlangen zu erfahren, welche Ängste, welche Gefahren ich, in Misenum zurückgeblieben, ausgestanden habe; denn als ich darauf zu sprechen kam, habe ich abgebrochen. Sei's denn, wie sehr auch die Erinnerung mir die Seele schaudernd mag empören!

Als mein Onkel fort war, verwendete ich den Rest des Tages auf meine Studien (weswegen ich ja daheimgeblieben war); dann Bad, Abendessen, kurzer, unruhiger Schlaf. Vorangegangen waren mehrere Tage lang nicht eben beunruhigende Erdstöße – Kampanien ist ja daran gewöhnt –; in jener Nacht wurden sie aber so stark, daß man glauben mußte, alles bewege sich nicht nur, sondern stehe auf dem Kopfe. Meine Mutter stürzte in mein Schlafzimmer, ich wollte gerade aufstehen, um sie zu wecken, falls sie schliefe. Wir setzten uns auf den Vorplatz des Hauses, der in mäßiger Ausdehnung das Meer von den Baulichkeiten trennte.

Ich weiß nicht, ob ich es Gleichmut oder Unüberlegtheit nennen soll (ich war ja erst 18 Jahre alt); ich lasse mir ein Buch des Titus Livius bringen, lese, als hätte ich nichts Besseres zu tun, exzerpiere auch, wie ich begonnen hatte. Da kommt ein Freund meines Onkels, der kürzlich bei ihm aus Spanien eingetroffen war, und als er mich und meine Mutter dasitzen sieht, mich sogar lesend, schilt er ihre Gleichgültigkeit, meine Unbekümmertheit; trotzdem blieb ich bei meinem Buche.

Es war bereits um die erste Stunde, und der Tag kam zögernd, sozusagen schläfrig herauf. Die umliegenden Gebäude waren schon stark in Mitleidenschaft gezogen, und obwohl wir uns auf freiem, allerdings beengtem Raum befanden, hatten wir eine starke und begründete Furcht, daß sie einstürzen könnten.

Jetzt schien es uns ratsam, die Stadt zu verlassen. Eine verstörte Menschenmenge schließt sich uns an, läßt sich – was bei einer Panik beinahe wie Klugheit aussieht – lieber von fremder statt von der eigenen Einsicht leiten und stößt und drängt uns in endlosem Zuge mit sich fort.

Als wir die Häuser hinter uns hatten, blieben wir stehen. Da sahen wir allerlei Sonderbares, Beklemmendes geschehen. Die Wagen, die wir hatten herausbringen lassen, rollten hin und her, obwohl sie auf ganz ebenem Terrain standen, und blieben nicht einmal auf demselben Fleck, wenn wir Steine unterlegten. Außerdem sahen wir, wie das Meer sich in sich selbst zurückzog und durch die Erdstöße gleichsam zurückgedrängt wurde. Jedenfalls war der Strand vorgerückt und hielt zahllose Seetiere auf dem trockenen Sande fest. Auf der anderen Seite eine schaurige, schwarze Wolke, kreuz und quer von feurigen Schlangenlinien durchzuckt, die sich in lange Flammengarben spalteten, Blitzen ähnlich, nur größer. Da drängte wieder der Freund aus Spanien heftiger und dringender: »Wenn dein Bruder, dein Onkel noch lebt, möchte er auch euch lebend wiedersehen; ist er tot, war es gewiß sein Wunsch, daß ihr am Leben bliebet. Was säumt ihr also, euch zu retten?« Wir erwiderten, wir könnten es nicht über uns gewinnen, an uns zu denken, solange wir über sein Schicksal im ungewissen seien. Er ließ sich nicht länger halten, stürzte davon und entzog sich im gestreckten Lauf der Gefahr.

Nicht lange danach senkte sich jene Wolke auf die Erde, bedeckte das Meer, hatte bereits Capri eingehüllt und unsichtbar gemacht, hatte das Kap Misenum unseren Blicken entzogen. Da bat und drängte meine Mutter, befahl mir schließlich, mich irgendwie in Sicherheit zu bringen; ich als junger Mann könne es noch, sie, alt und gebrechlich, werde ruhig sterben, wenn sie nur nicht meinen Tod verschuldet habe. Ich dagegen: ich wolle nur mit ihr zusammen am Leben bleiben; damit faßte ich sie bei der Hand und nötigte sie, ihre Schritte zu beschleunigen. Widerstrebend fügte sie sich und machte sich Vorwürfe, daß sie mich aufhalte.

Schon regnete es Asche, doch zunächst nur dünn. Ich schaute zurück: Im Rücken drohte dichter Qualm, der uns, sich über den Erdboden ausbreitend, wie ein Gießbach folgte. »Laß uns vom Wege abgehen«, rief ich, »solange wir noch sehen können, sonst kommen wir auf der Straße unter die Füße und werden im Dunkeln von der mitziehenden Masse zertreten.« Kaum hatten wir uns gesetzt, da wurde es Nacht, aber nicht wie bei mondlosem, wolkenverhangenem Himmel, sondern wie in einem geschlossenen Raum, wenn man das Licht gelöscht hat. Man hörte Weiber heulen, Kinder jammern, Männer schreien; die einen riefen nach ihren Eltern, die anderen nach ihren Kindern, wieder andere nach ihren Männern oder Frauen und suchten sie an den Stimmen zu erkennen; die einen beklagten ihr Unglück, andere das der Ihren, manche flehten aus Angst vor dem Tode um den Tod, viele beteten zu den Göttern, andere wieder erklärten, es gebe nirgends noch Götter, die letzte, ewige Nacht sei über die Welt hereingebrochen. Auch fehlte es nicht an Leuten, die mit erfundenen, erlogenen Schreckensnachrichten die wirkliche Gefahr übersteigerten. Einige behaupteten, in Misenum sei dies und das eingestürzt, anderes stehe in Flammen – blinder Lärm, aber sie fanden Glauben.

Dann hellte es sich ein wenig auf, doch es war anscheinend nicht das Tageslicht, sondern ein Vorbote des nahenden Feuers. Aber das Feuer blieb in ziemlicher Entfernung stehen; es wurde wieder dunkel, wieder fiel Asche, dicht und schwer, die wir, fortgesetzt aufstehend, abschüttelten; wir wären sonst verschüttet und durch die Last erdrückt worden. Ich könnte damit prahlen, daß sich mir trotz der furchtbaren Gefahr kein Seufzer, kein verzagtes Wort entrungen hatte, hätte ich nicht – ein schwacher, aber für uns Menschen immerhin ein im Tode wirksamer Trost – fest geglaubt, ich ginge mit allem und alles mit mir zugrunde.

Endlich wurde der Qualm dünner und verflüchtigte sich sozusagen zu Dampf oder Nebel. Bald wurde es richtig Tag, sogar die Sonne kam heraus, doch nur fahl wie bei einer Sonnenfinsternis. Den noch verängstigten Augen erschien alles verwandelt und mit einer hohen Ascheschicht wie mit Schnee überzogen.

Wir kehrten nach Misenum zurück, machten uns notdürftig wieder zurecht und verbrachten eine unruhige Nacht, schwankend zwischen Furcht und Hoffnung. Die Furcht überwog, denn die Erdstöße hielten an, und viele Leute, wie wahnsinnig von schreckenerregenden Prophezeiungen, witzelten über ihr und der anderen Unglück. Wir konnten uns, obwohl wir die Gefahr aus eigener Erfahrung kannten und weiter auf sie gefaßt waren, nicht entschließen wegzugehen, ehe wir nicht Nachricht von meinem Onkel hatten.

Dies alles gehört gewiß nicht in ein Geschichtswerk, und so wirst Du es lesen, ohne Gebrauch davon zu machen; aber Du hast ja danach gefragt und hast es somit Dir selbst zuzuschreiben, wenn es Dir nicht einmal einen Brief zu verdienen scheint.

Leb' wohl!

2 DIE STÄDTEBAULICHE ENTWICKLUNG

Zwei Fundgruppen von Scherben aus der Bronzezeit, die eine unter dem Haus des M. Lucretius Fronto, die andere in der Nordostecke des Platzes um den Venustempel gefunden, bezeugen, daß sich im Gebiet des späteren Pompeji schon im 2. Jahrtausend v. Chr. Menschen aufgehalten haben. Der erste bewohnte Kern von Pompeji entstand auf einem zungenförmigen, etwa 30 Meter über dem Meeresspiegel gelegenen Plateau, das sich aus dem Lavastrom eines vorgeschichtlichen Vesuv-Ausbruchs gebildet hatte. In der Nähe kreuzt die große Handelsstraße von Neapel nach Süden das Sarnotal, den natürlichen Verbindungsweg zum Hinterland. Eine Flußmündung begünstigt immer den Handelsaustausch und die Begegnung verschiedener Kulturen: in diesem Falle bedeutete dies für Pompeji im 6. Jahrhundert v. Chr. die Begegnung zwischen den Griechen aus dem Küstengebiet und aus Ischia, den Etruskern aus Capua, Cales und Nola und der einheimischen Bevölkerung.

Wie oben bereits erwähnt wurde, haben neuere Grabungen bei der Porta Nocera gezeigt, daß der aus brüchigem Pappamonte-Tuff errichtete Mauergürtel um das antike Pompeji nicht nur die sogenannte Altstadt mit dem – erst in späterer Zeit entstandenen – Forum umschloß, sondern die gesamte hellenistisch-römische Siedlung, also eine Fläche von 63,5 Hektar mit einem Umfang von 3,2 Kilometern.

Ein Blick auf den Stadtplan macht deutlich, daß der unregelmäßige Straßenverlauf beim Forum auf eine Anlage zurückgeht, die älter ist als die Aufteilung in regelmäßige, der Orientierung des *decumanus maximus* folgende *insulae* in der übrigen Stadt. Im ursprünglichen Kern beim Forum siedelten die Händler und das Personal der beiden im 6. Jahrhundert v. Chr. gegründeten und von den Mauern geschützten Tempel, des Dorischen Tempels und des Apollotempels.

Die Verstärkung der Maueranlagen mit einem Wall *(agger)*, die Gräber und die örtliche Produktion von schwarzgefirnister Keramik lassen auf ein Ansteigen der Bevölkerungszahl und auf eine durchorganisierte Gesellschaft schließen, die sich in der Folge der zweiten samnitischen Einwanderungswelle entwickelte. Damals wanderten die Samniten nach dem Sieg der Etrusker bei Cumae aus den Bergen von Samnium und Irpinia in die fruchtbare Ebene Kampaniens *(campus)* hinunter.

Erst gegen Ende des 3. und 2. Jahrhunderts v. Chr. nimmt Pompeji, bis dahin ein ländliches Zentrum, städtische Formen an. Durch die militärische und wirtschaftliche Machterweiterung Roms im Mittelmeer und durch die Stärkung des Seehandels mit Spanien und dem Orient war ein neues Klima entstanden. Dies spiegelt sich nicht nur in den Funden – von den Balearen, aus Kos, Rhodos und Ägypten stammende Münzen und Fragmente von Keramik und Gegenständen aus Knochen, auch von Mäusen und Ratten –, die in vorrömischen Schichten ausgemacht wurden, sondern auch in der hellenistischen Prägung der neuen Stadtanlage, der Architektur und ihrer Dekoration.

Die Einwohnerzahl Pompejis war bei den ersten Berechnungen auf 18000 bis 20000 geschätzt worden, wobei die Anzahl der Sitzplätze im Amphitheater als Grundlage diente; nach der Entdeckung der unbebauten Grundstücke sind die Schätzungen inzwischen auf 8000 bis 10000 Einwohner, von denen 40 Prozent Sklaven und 35 Prozent erwachsene Freie und Freigelassene waren, gesunken. Von der 63,5 Hektar großen Grundfläche innerhalb der Stadtmauern waren nur 40 Hektar überbaut. Dabei ist zu berücksichtigen, daß erst 60 Prozent von Pompeji bekannt sind; der Rest – die *regio* IV und Teile der Regionen III, V und IX – wurden noch nicht freigelegt, so daß man über ihre Bebauung noch nichts weiß.

Die Parzellierung wurde von den *agrimensores* (Landvermesser) vorgenommen, die den Verlauf der Straßenzüge mit dem *groma* bezeichneten. Eines dieser Instrumente wurde an der Via dell'Abbondanza in der Werkstatt eines *faber aerarius* (Schmied) gefunden, wohin man es zur Reparatur gebracht hatte (I 6, 3).

Das vor der Porta Nocera gefundene, dort in der Gräberstraße wiederverwendete Grabrelief des Landvermessers Nikostratos, eines Freigelassenen der Popidier, zeigt das für seinen Beruf typische Handwerkszeug: das *groma*, die Schnur mit dem gedrehten Faden und dem Blei, sowie die beiden zylindrischen, mit der zusammenfaltbaren Meterschnur verbundenen Stäbe oder Meßlatten.

2.1 Die Wasserversorgung

Die Wasserversorgung war für Pompeji das schwierigste und hinderlichste Problem. In der ersten Zeit sammelte man das Regenwasser in Becken, die in den Gärten und Atrien der Privathäuser aufgestellt wurden. Es steht außer Zweifel, daß die Form des Atriums mit der Öffnung im Dach, durch die das Regenwasser in das *impluvium* fließen konnte, aus praktischen Gründen entstand. Für die Bewässerung der Felder und für sonstige Bedürfnisse mußte man jedoch in die dicke Schicht aus Lava und Tuff, auf der die Stadt liegt, Brunnen graben, bis man den Grundwasserspiegel erreichte.

Bis jetzt fand man insgesamt fünf Brunnen für den öffentlichen Gebrauch und zwei weitere für die Thermen. Auch in den Privathäusern wurden zahlreiche Brunnen ausgegraben. Von den öffentlichen Brunnen ist der bei der Porta Vesuvio, neben dem *castellum aquae*, am besten erforscht. Seine Tiefe beträgt bis zum Wasserspiegel 35,75 Meter, bis zum Grund sind es 39,25 Meter. Der erste Abschnitt unter der Erdoberfläche ist mit Tuff- und Kalksteinquadern verkleidet. Der Brunnen hatte ursprünglich eine Öffnung mit einer Seitenlänge von 2,07 Metern, später verschloß man sie mit einem halbrunden, aus keilförmig zugehauenen Tuffblöcken gemauerten Gewölbe mit einem schmaleren Ausschnitt von nur 90 Zentimetern Seitenlänge in der Mitte. Bis zum Grundwasser führte der Brunnenschacht von oben nach unten zunächst durch eine unergiebige Schicht vulkanischen Gesteins, dann durch eine steinharte, 10,80 Meter hohe Lavabank, eine Aschenschicht, eine dicke Schicht aus trachytischem, gelbem und schließlich eine noch dickere aus grauem trachytischem Tuff. Der Brunnen, der neben einem Stadttor liegt, kann mit großer Wahrscheinlichkeit noch an das Ende des 4. Jahrhunderts v. Chr. datiert werden.

Die anderen Brunnen sind zwar noch nicht erforscht, sie dürften jedoch ähnlich gebaut sein. Der zweite Brunnen liegt an der Via Consolare, gegenüber der *insula* I in der *regio* VI, der dritte an der Ostseite der Via del Foro, unter dem Fußboden des Ladens Nr. 7. Der vierte ist der bekannteste von allen, er steht auf dem Foro Triangolare. Im 2. Jahrhundert v. Chr. ließ der *meddix tuticus* Numerius Trebius über ihm ein *puteal*, eine runde Brüstung um den Brunnenrand, erbauen und einen eleganten Monopteros (Rundbau) darüber setzen. An der Südwestecke der Casa della Regina d'Inghilterra befindet sich ein fünfter Brunnen. Noch im 4. Jahrhundert v. Chr. muß diese Gegend nur dünn besiedelt gewesen sein.

Die beiden Brunnen bei den Stabianer und den Forums-Thermen dienten lediglich der Versorgung dieser Anlagen mit Wasser. Die Innenseiten des Brunnens bei den Forums-Thermen sind mit *opus incertum* (unregelmäßige, fest zusammengefügte Steine) verkleidet. Wenn er, wie es scheint, früher schon als öffentlicher Brunnen an der Via Consolare in Betrieb war, so ist anzunehmen, daß er beim Bau der Forums-Thermen restauriert wurde. Der Brunnen bei den Stabianer Thermen ist an der uralten, später offengelassenen Straße gelegen, die als Fortsetzung der Via Marina mit einem von der späteren Via dell'Abbondanza etwas abweichenden Verlauf in die Via Stabiana einmündete. Wie bei dem Brunnen der Forums-Thermen, so muß auch hier zu dem Zeitpunkt der Einbeziehung des Brunnens in das Thermengebäude die Verkleidung des Brunnenschachtes mit *opus incertum* stattgefunden haben.

Über die Art, wie diese Brunnen benutzt wurden, können nur Vermutungen angestellt werden. Zumindest drei von ihnen, der bei den Forums-Thermen, der bei den Stabianer Thermen und der in der Casa della Regina d'Inghilterra, besaßen auf der Höhe des oberen Abschlusses ein Becken, das eine beachtliche Wassermenge aufnehmen konnte. Wahrscheinlich schöpfte man das Wasser nach dem einfachen, uralten System mit einem Wasserrad, das entweder von Hand oder mit Zugtieren betrieben wurde. Bei dem Brunnen auf dem Foro Triangolare ist die Einfassung so, daß man hier kein Wasserrad, sondern nur gewöhnliche Eimer hatte benutzen können. Es ist deshalb anzunehmen, daß es sich bei diesem Bau um gar keinen richtigen Brunnen handelte.

Eine klare Verbesserung der problematischen Wasserversorgung trat mit dem Bau der augusteischen Wasserleitung ein, die von den Quellen des Acquaro, in der Nähe von Serino, gespeist wurde. Von dort durchquerte die Leitung nach ungefähr 14 Kilometern die Berge bei Forino und führte dann an San Severino, Lanzara und Palma vorbei. In Palma zweigte eine Leitung nach Nola und Pompeji ab, die andere wurde durch Pomigliano d'Arco und Afragola geleitet und erreichte Neapel bei Capodichino und den Ponti Rossi, den »Roten Brücken«, die ihren Namen den aus Ziegelsteinen gebauten Bögen des Aquädukts verdanken. Ein recht gut erhaltener Abschnitt des Aquädukts in der Gegend von Sarno weist verschiedene Mauertechniken auf, die jedoch, wie oft auch in Pompeji, keine Indizien für unterschiedliche Bauphasen oder Restaurierungen sein müssen. Der Kern besteht aus *opus caementicium*, einem Gemisch aus Mörtel und groben Kalksteinbrocken, die Verkleidung bisweilen aus *opus latericium* (Ziegelmauerwerk), bisweilen aus *opus reticulatum* (Netzmauerwerk) und Tuffsteinschichten an den Pfeilern und Bögen. In Kampanien waren beide Techniken schon in augusteischer Zeit verbreitet, und als Erbauer des Aquäduktes wird in einer Inschrift Augustus genannt.

Der pompejanische Zweig der Wasserleitung erreichte die Stadt bei der Porta Vesuvio, wo das Wasser in einem Reservoir, dem *castellum aquae*, gesammelt und in dreierlei Richtungen verteilt wurde. Zwei Leitungen, von denen die eine durch den Vicolo dei Vetti, die andere durch die Via di Stabia führte, bildeten die Hauptadern der städtischen Wasserversorgung, die dritte muß einen öffentlichen Brunnen gespeist haben. Er ist nicht mehr vorhanden, jedoch fand man bei der Porta Vesuvio einen Löwenkopf, durch den das Wasser geflossen sein muß.

Weitere *castella* von kleineren Ausmaßen sind über die ganze Stadt verstreut. Im allgemeinen bestehen sie aus kleinen, gemauerten Pfeilern von 1 bis 1,5 Metern Seitenlänge und etwa 6 Metern Höhe mit einer senkrechten Eintiefung für ein bleiernes Leitungsrohr, in dem das Wasser von der Hauptleitung zu einem kleinen Bassin aus Blei *(castellum plumbeum)* geführt und dort gesammelt wurde. Von hier aus verteilten kleinere Leitungen das Wasser in die Privathäuser. Die Leitungsrohre waren alle aus Blei und hatten unterschiedliche Maße. Ihr Querschnitt ist elliptisch, sie sind nur an einer Seite geschweißt und tragen bisweilen Inschriften. Am häufigsten ist die Aufschrift: »*(usibus) publ(icis) Pompe(ianorum)*«, »zum allgemeinen Gebrauch der Pompejaner«. Die *castella plumbea* stehen in der Regel an Straßenkreuzungen.

Der tägliche Wasserverbrauch in Pompeji war beachtlich. Nur die ärmsten Häuser besaßen keine Wasserleitungen, für sie wurden auf Kosten der Stadt, bisweilen auch von Privatleuten, öffentliche Brunnen erbaut, die normalerweise ebenfalls an Wegkreuzungen aufgestellt waren. Der gebräuchlichste Typus besteht aus einem Becken mit Wänden aus Lava vom Vesuv und einem kleinen, innen ausgehöhlten Pfeiler mit Wasserhahn. Im allgemeinen ist auf dem Pfeiler ein Relief dargestellt. Häufig steht hinter dem Brunnen ein *castellum* von der eben beschriebenen Art.

Eine interessante Brunnenanlage ist an der Gabelung der Via Consolare und des Vicolo di Narciso aufgestellt. Hinter dem Brunnen selbst, der aus groben Lavasteinen gebaut ist, steht ein *castellum*, das aus einem tonnenüberwölbten Raum besteht und auf einer Seite eine Fensteröffnung hat. Wahrscheinlich befand sich auf der Vorderseite des *castellum* eine Wandmalerei mit der Darstellung der *Lares Compitales*, der Schutzgottheiten der Straßen und Wanderer, denen oft an den Straßenkreuzungen kleine Heiligtümer errichtet wurden.

Es gibt nur einen einzigen Brunnen, der ganz aus Marmor bestand; auf dem Pfeiler ist ein kleiner Hahn dargestellt. Der Brunnen bei dem Gebäude der Eumachia, der namengebend war für die Via dell'Abbondanza, da auf ihm eine weibliche Gestalt mit einem Füllhorn dargestellt ist, nach früherer Ansicht die Göttin des Überflusses, aber wohl eher die Concordia Augusta, ist aus Travertin. Aus demselben Material besteht ein Brunnen an der Kreuzung der Via di Stabia mit der Via di Nola, auf dem ein Silen dargestellt ist. Nur der Brunnen bei der Porta di Stabia ist aus Tuff, einem Material, das für diesen Zweck nicht fest genug war.

Nach dem Erdbeben im Jahre 62 n.Chr. entschloß man sich, das Wassernetz zu erneuern und zu erweitern. Schichtuntersuchungen beim *castellum aquae* und bei den Stabianer Thermen haben erwiesen, daß ein Teil der Bleirohre vor dem Vesuvausbruch des Jahres 79 n.Chr. weggeschafft worden war, offensichtlich weil sie ersetzt werden sollten. Mithin waren weder das *castellum* noch die Thermen im Jahre 79 n.Chr. in Betrieb, wenn auch die Aufbauarbeiten an den Gebäuden mit großem Eifer betrieben wurden. Diese Grabungsergebnisse lassen für die gesamte Südostzone der Stadt einen ähnlichen Befund erwarten.

2.2 Baumaterialien und -techniken

Pompeji, das auf einer Lavabank errichtet wurde, hatte keine brauchbaren Baumaterialien zur Verfügung. In der unmittelbaren Umgebung konnte nur das an der Oberfläche liegende Lavagestein, die *cruma*, abgebaut werden, das sehr locker und porös und deshalb leicht zu bearbeiten ist. In samnitischer und spätrepublikanischer Zeit war der Gebrauch dieses Materials für die Herstellung des *opus caementicium* weit verbreitet. Für gewichtigere Bauwerke, die ein härteres Baumaterial erforderten, benutzte man anfangs einen schwarzen Tuff von geringer Qualität, der aus angeschwemmter Asche besteht. Dieser im allgemeinen »Pappamonte« genannte Tuff wurde höchstwahrscheinlich bei der ersten Befestigungsanlage von Pompeji verwendet. Mit dem trachytischen Lavagestein, das sehr hart und deshalb für Gebäude ungeeignet ist, pflasterte man die Straßen und stellte daraus auch deren Begrenzungssteine her. Bald begann man aber in Pompeji mit der Verwendung eines dem Travertin verwandten Konglomeratgesteins, das fälschlich als Kalkstein bezeichnet wird und das im Sarnotal an den Ufern des gleichnamigen Flusses vorkommt. Dieses Konglomeratgestein besteht aus Sedimenten des Flusses, es sieht rauh und porös aus, ist aber außerordentlich widerstandsfähig gegen Witterungseinflüsse, da es dazu neigt, sich beim Kontakt mit Luft zu verhärten. Es wird gewöhnlich als »Sarnokalk« bezeichnet. Die frühesten erhaltenen Bauteile aus diesem Material sind einige dorische Kapitelle vom Tempel auf dem sogenannten Foro Triangolare. Der »Sarnokalk« gab einer ganzen Phase der pompejanischen Baugeschichte den Namen, und zwar der Zeit vom 4. bis 3. Jahrhundert v. Chr., in der die ältesten Atriumhäuser, wie etwa die Casa del Chirurgo (VI 1, 10), entstanden.

Für feinere Bauformen, beispielsweise für stärker ausgearbeitete Kapitelle oder Architekturprofile, war der Sarnokalk jedoch nicht geeignet. Man begann deshalb auch Tuff zu verwenden, der in ganz Kampanien in vielen verschiedenen Qualitäten und großen Mengen vorhanden ist. Hervorzuheben sind der gelbe Tuff von den Campi Flegrei und der graue Tuff aus Nocera. Der letztere wurde in Pompeji verwendet, einerseits wegen der Nähe Noceras, andererseits wegen der Handelsbeziehungen, mit denen die beiden Städte, wie Strabon bezeugt, in samnitischer Zeit verbunden waren. Einige Bruchstücke von den Säulen des Dorischen Tempels sind bereits aus Nocera-Tuff, dessen Verwendung jedoch erst im 3. Jahrhundert v. Chr. Verbreitung fand. Im 2. Jahrhundert v. Chr., als an den bedeutendsten Bauwerken der Stadt die Fassaden mit großen regelmäßigen Platten aus Nocera-Tuff verkleidet wurden, war ein Höhepunkt erreicht. Die Restaurierung der Stadtmauern mit einer neuen Ummantelung aus Tuff muß auf die Zeit Hannibals zurückgehen.

Im 3. Jahrhundert v. Chr. verbreitete sich in Kampanien der Gebrauch von Zementmasse. In der sogenannten »Grotte der Sibylle« in Cumae, einem tonnenüberwölbten Thermengebäude, das auf die zweite Hälfte des 2. Jahrhunderts v. Chr. zurückgeht, wurde diese Technik bereits angewendet. In Pompeji war sie schon im 2. Jahrhundert v. Chr. allgemein verbreitet; man begann damals, die Hauswände in *opus caementicium* – also einer Mischung aus Mörtel und *caementa*, Bruchstücken von Steinen und Tuff – zu bauen und an der Außenseite mit Platten aus Nocera-Tuff zu verkleiden. Seit der zweiten Hälfte des 2. Jahrhunderts v. Chr. verwendete man jedoch an Stelle der bisher üblichen Verkleidung mit Tuffplatten eine neue Bauweise, bei der die Oberfläche des *opus caementicium* sichtbar blieb. Man achtete dabei aber sorgfältig darauf, daß die zum größten Teil aus weicher Lava bestehenden Steine, die *caementa*, so angeordnet wurden, daß auf der sichtbaren Vorderseite die regelmäßiger geschnittenen Steine mit gleichmäßigerer Oberfläche und dichter nebeneinandergesetzt angebracht wurden. Dieser Verkleidung gab man den Namen *opus incertum*. In sullanischer Zeit bekamen die *caementa* einen polygonalen Zuschnitt und wurden gleichmäßiger angeordnet. Diese Art der Mauerung, die als *opus quasi reticulatum* bezeichnet wird, fand zwar vor allem in den ersten Jahrzehnten der römischen Koloniegründung Verwendung, doch blieb sie auch in späterer Zeit noch üblich.

Als *opus reticulatum* (Netzmauerwerk) bezeichnet man den Mauertyp, bei dem die *caementa* eine quadratische Oberfläche besitzen und zu einem regelmäßigen geometrischen Muster, das aussieht wie ein Netz, angeordnet sind. Diese Technik verbreitete sich in der zweiten Hälfte des 1. Jahrhunderts v. Chr. und erfreute sich auch in der Kaiserzeit noch einer gewissen Beliebtheit, da sie in Verbindung mit dem *opus latericium* reizvolle Farbwirkungen hervorbringt.

Die Verwendung von Backsteinen als Baumaterial ist in Großgriechenland, zum Beispiel in Velia, schon seit dem 4. Jahrhundert v. Chr. bekannt. In Pompeji verwendete man seltener die normalen Backsteine, sondern mehr die zugeschnittenen und bearbeiteten Ziegelsteine. Schon die mittleren Säulen in der Basilika aus der zweiten Hälfte des 2. Jahrhunderts v. Chr. sind in *opus latericium* gebaut, doch verbreitete sich sein Gebrauch als Außenverkleidung erst seit der sullanischen Zeit, in der es zunächst auch nur selten vorkommt, bis es dann in augusteischer Zeit verstärkt auftritt. Die ersten Beispiele für die Verwendung von *opus latericium* an einer Fassade sind in Pompeji die Bühne des *odeion* und die Einrahmung der Türen an den Forums-Thermen.

Es gibt eine Unzahl von Mischtechniken *(opus mixtum)*, die vor allem seit der sullanischen Zeit verwendet werden. Die Tuffblöcke wurden nicht mehr in große Platten, sondern in kleine Quader *(tufelli)* geschnitten, die zusammen mit Ziegelsteinen, jeweils schichtweise abwechselnd, an Mauerverkleidungen oder an Bogengewölben angebracht wurden. Eines der frühesten Beispiele für diese Mauertechnik, das sogenannte *opus listatum*, ist die Porta di Ercolano, die mit Sicherheit spätestens in augusteischer Zeit gebaut wurde.

Travertin und Marmor werden in Pompeji erst seit der frühen Kaiserzeit in größerem Umfang benutzt. Die Inschriften allerdings, auch die ältesten, sind häufig in Travertin oder Marmor gehauen. Aus griechischem Marmor ist die aus den ersten Jahren der sullanischen Kolonie stammende Verkleidung des Apollotempels, aus Travertin sind die *mensa ponderaria*, der Eichtisch, und die neuen Portiken am Forum. Mit dem Pulver von Ziegelsteinen, das gut gepreßt und mit Mörtel vermischt wurde, stellte man die einfachsten Fußböden für öffentliche Gebäude und Privathäuser her; diese Technik nennt man *opus signinum*.

2.3 Die Wohnhäuser

In Pompeji werden fast zwei Drittel des Stadtgebiets von Privatbauten wie Wohnungen, Geschäfte, Werkstätten oder Hotels eingenommen. Der Typ der Häuser ist unterschiedlich, je nachdem welcher sozialen Schicht ihre Bewohner angehören.

1. Die wohlhabende Klasse des einheimischen Adels, die Grundbesitzer und die bürgerliche Mittelschicht der begüterten Kaufleute (Vitruv VI, 5, 2 bezieht sich auf die *fenatoribus et publicanis*, die Steuerpächter und Bankiers, *forensibus et disertis*, die Anwälte und Redner, und schließlich die Adligen, *nobilibus*), also die Klasse der politisch Herrschenden, wohnt in vornehmen Häusern von 2950 bis 450 Quadratmeter Grundfläche, vorwiegend in der *regio* VI. Diese Häuser gehören zum »italischen Typus«, bei dem die Wohnräume um das Atrium gruppiert sind. In der folgenden Zeit, im Laufe des 2. Jahrhunderts v. Chr., wurden sie durch zusätzliche, von der Hausarchitektur des hellenistischen Ostens beeinflußte Elemente erweitert wie *peristylium, triclinium, oecus* usw., deren griechische Bezeichnungen beibehalten wurden.

Im südwestlichen Teil der Stadt (*regio* VIII), wo das Gelände steil zum Sarnotal und zum Meer hin abfällt, erhielten die Häuser durch ihre malerische Anordnung in zwei oder drei dem natürlichen Abfall des Geländes folgenden, übereinandergesetzten Terrassen einen besonderen Reiz. Dieser Haustyp ist mit Repräsentationsräumen ausgestattet, die eigens für die Empfänge und Bankette, wie sie diese Schicht zu veranstalten pflegte, eingerichtet waren:

»... fürstliche, hohe Vorhallen, sehr weiträumige Atrien und Peristyle, Gartenanlagen und geräumige Spazierwege, die der Würde angemessen angelegt sind; außerdem Bibliotheken, Gemäldesammlungen und basilikenähnliche Hallen, die in ähnlicher Weise prunkvoll ausgestattet sind wie die staatlichen Gebäude, weil in den Häusern dieser Männer öfter politische Beratungen abgehalten und Urteile und Entscheidungen in privaten Angelegenheiten gefällt werden ...« (Vitruv VI, 5, 2)

Manche Häuser verfügten über einen Sommer- und einen Wintersalon. Für die Sklaven gab es abgetrennte Wohnräume, die, so gut es eben ging, in den Randzonen oder im Keller des Hauses untergebracht wurden. Seit sullanischer Zeit richtete man sogar private Bäder ein, auch solche mit mehreren Räumen und Fußbodenheizung, außerdem Gästezimmer *(hospitalia)* sowie eigene Räume für die Frauen *(gynaecea)*.

Es ist eine Klasse, die für den Konsum, den Luxus und den Prunk lebt, da sie wegen des niedrigen Ertrages, den der Grundbesitz abwirft, nicht zu Investitionen oder zum Sparen ermutigt wird. Trotz ihres Charakters als herrschaftliche Wohnungen besaßen diese Häuser auch Läden mit breiten Öffnungen in der Fassade zur Straße hin. Zumeist waren sie an Freigelassene vermietet, die dort als Einzelhändler die auf den Landgütern ihres Herrn produzierten Güter verkauften, bisweilen wurden sie, wie in der Casa del Fauno, von Sklaven geführt. Auf dem Gebiet des Großhandels, des Warentransportes auf dem Meer – in der Antike ein besonders risikoreiches Unternehmen (vgl. Petronius, SATYRICON, 76) – entwickelten sich spezifische Geschäftsinteressen.

Es ist wohl überflüssig, darauf hinzuweisen, daß die Malereien und Mosaiken in diesem Häusertyp von hoher Qualität sind.

2. Die bescheidenere Klasse der Freigelassenen, der kleinen Kaufleute, Handwerker usw.: »... Daher sind für Leute, die nur durchschnittliches Vermögen besitzen, prächtige Vorhallen, Empfangs-

säle, Atrien nicht notwendig, weil diese Leute anderen durch ihren Besuch ihre Aufwartung machen, selbst aber keinen Besuch empfangen.« (Vitruv VI, 5, 1)

Diese Klasse schaffte es jedoch, vor allem in der letzten Periode Pompejis nach dem Erdbeben von 62 n. Chr., führende Ämter zu besetzen, indem sie dann Kandidaten zur Wahl stellte, wenn hierfür keine Patrizier zur Verfügung standen. Diese Mittelschicht wohnte in Häusern von geringeren Ausmaßen (etwa 350–120 Quadratmeter), die häufig zu Gruppen aneinandergereiht sind. Die Ausnutzung des zur Verfügung stehenden Raumes ist bezeichnend für die hohen Kosten von Bauland. Die Wohnräume gruppieren sich um ein überdachtes Atrium *(atrium testudinatum)* ohne *impluvium*, eine Treppe und eine umlaufende Galerie aus Holz führen zu den Zimmern im Obergeschoß. Diesen Haustyp, zu dem nur selten Werkstätten oder Läden gehören, trifft man in Nebenstraßen. Die Dekorationen der Wände und Fußböden sind weniger luxuriös, doch fehlt es nicht an Anlagen von auffallender Eleganz.

3. Wenn Wohnung und Laden oder Werkstatt eine Einheit bildeten (Gesamtfläche etwa 50–16 Quadratmeter), so besteht der Wohnraum zumeist aus irgendeinem Hinterzimmer des Ladens und einem Halbgeschoß – bisweilen war dies auch der einzige Raum – auf einem Zwischenboden über dem Laden *(pergula)*, den man über eine hölzerne Treppe erreichte. Dieses *habitare in pergulis* (»Wohnen auf dem Hängeboden«) galt als besonders armselig:

»... wer in ärmlichen Verhältnissen geboren ist, träumt nicht von einem Palast ...« (Petronius, SATYRICON, 74)

Die Wände in diesen Wohnungen waren unverputzt oder mit einer groben Putzschicht überzogen, die Fußböden bestanden aus gestampftem Lehm oder einer Mischung von Mörtel und Ziegelbruchstücken *(cocciopesto)*.

Diese Art von Wohnungen findet sich sowohl neben als auch innerhalb der herrschaftlichen Häuser oder öffentlichen Gebäude oder auch, eine neben der anderen, entlang den Hauptgeschäftsstraßen. Im allgemeinen kommen in allen Vierteln sämtliche Gattungen von Häusern und Wohnungen nebeneinander vor, wie es in einer Wohn- und Handelsstadt natürlich ist.

Pompeji bietet die einzigartige Möglichkeit, das Privathaus unter verschiedensten Gesichtspunkten in seiner historischen und sozialen Entwicklung durch mehr als vier Jahrhunderte zu untersuchen.

In samnitischer Zeit, im 4. Jahrhundert v. Chr. – Wohnungen aus der Zeit vorher wurden bisher noch nicht gefunden –, bestand das Haus nur aus dem Atrium, das damals kein *impluvium* hatte, und den rings um das Atrium angeordneten Zimmern: Schlafzimmer und Räume für die Bediensteten, die beiden *alae* rechts und links am Atrium, in denen der Kult der Ahnenbilder (der den aristokratischen Familien vorbehalten war) seinen Platz hatte, das mit einer hölzernen Trennwand gegen das Atrium hin abgeschlosse *tablinum* mit dem Ehebett und ein kleiner, abgeschlossener Garten wie zum Beispiel in der Casa del Chirurgo (VI 1, 10) und dem Haus des Sallust (VI 2, 4).

Während der Blütezeit vor den Bundesgenossenkriegen im 2. Jahrhundert, also in der zweiten samnitischen Periode, war die samnitische Bevölkerung besonders empfänglich für die hellenistischen Einflüsse, die sich von dem nahegelegenen Hafen Puteolis (Pozzuoli) aus – dem Hauptumschlagplatz von Importgütern aus dem Osten, die für Kampanien oder Rom selbst bestimmt waren – verbreiteten; damals errichtete man regelrechte Paläste als herrschaftliche Wohnhäuser. Bisweilen sind es Doppelhäuser mit zwei Atrien, von denen das eine repräsentativen Zwecken diente, während das andere privat genutzt wurde; Beispiele hierfür sind die Casa del Fauno (VI 12), die *insula* Arriana Polliana (Haus des Pansa, VI 16) und das Haus des Obellius Firmus (IX 14, 4).

Diese luxuriösen Wohnsitze wurden mit Kapital errichtet, das in der Landwirtschaft, der Viehzucht und der damit zusammenhängenden Industrie – Leder, Wolle, Amphoren zur Aufbewahrung landwirtschaftlicher Produkte – erwirtschaftet worden war. Zu diesem Zweck entstanden auf den Besitzungen zahlreiche Bauernhöfe *(villae rusticae)*, die in Abwesenheit des Besitzers von dem *vilicus* verwaltet wurden: einem vertrauenswürdigen Sklaven oder einem bevollmächtigten Freigelassenen, dem die Landarbeiter, ebenfalls Sklaven, unterstanden. Die Bedeutung der Landwirtschaft als Basis der antiken Wirtschaft ist die Wurzel einer gewissen Verachtung gegenüber jeder gewinnbringenden Tätigkeit, die mit Handel und Gewerbe zusammenhängt.

Die Stadthäuser dieser Herren sind bisweilen größer als die Königspaläste des hellenistischen Ostens, zum Beispiel als der Palast in Pergamon. Nur der Palazzo delle Colonne in Ptolemais in Libyen mit 3300 Quadratmetern und der Palast der Makedonen-Könige in Pella mit 5240 Quadratmetern Grundfläche übertreffen diese pompejanischen Baukomplexe an Größe.

Zu Beginn der Kaiserzeit schließlich räumte man dem Atrium immer weniger Platz ein; es galt als überholt und wenig praktisch, seit das *impluvium* durch den Bau der öffentlichen Wasserleitung unnötig geworden war und die Einführung von Glas für die immer größer werdenden Fenster die Funktion des Atriums als einzige Lichtquelle aufgehoben hatte. Das Atrium reduzierte sich auf eine Eingangshalle. Mit der schrittweisen Urbanisierung der römischen Städte verschwindet allmählich das Atriumhaus als Wohnhaus für eine einzige Familie. Es wurde durch neue Formen mit zahlreichen Einzelwohnungen ersetzt, die sich unterschiedlich entwickelten und in denen die Typen der oben erwähnten Wohnungen (2 und 3) miteinander vermischt sind, die ja ebenfalls älteren Ursprungs sind.

3 ZUR GESCHICHTE DER BAU- UND DEKORATIONSSTILE

Der Architekt Vitruv, ein Zeitgenosse von Cäsar und Augustus, stellte ein Architekturhandbuch (DE ARCHITECTURA) zusammen, in dem er alle Einzelheiten des römischen Hauses, Fachausdrücke, die Herkunft und die Ausmaße, Bautechniken und Dekorationsweisen eingehend beschrieb. Die Verbindung dieses Textes mit dem archäologischen Befund, wie er sich in den erhaltenen pompejanischen Häusern darstellt, ist bisweilen nicht ganz einfach; die von Vitruv gesammelten Daten sind jedoch eine unentbehrliche Quelle für ein besseres Verständnis dessen, was zu der höchst komplizierten Entstehung und Entwicklung der vielfältigen Ausdrucksformen römischer Architektur gehört, die gerade in Pompeji fast vollständig überliefert sind. Wertvolle Beiträge finden sich auch in der Enzyklopädie über die Naturgeschichte (NATURALIS HISTORIA) von Plinius dem Älteren, einem der Opfer des Vesuvausbruchs von 79 n. Chr., und in Varros Buch über die lateinische Sprache (DE LINGUA LATINA), das er nur wenige Jahre nach der Mitte des 1. Jahrhunderts v. Chr. verfaßte.

3.1 DIE ERSTE SAMNITISCHE PERIODE, DIE »KALKSTEIN-PERIODE« (425–200 V. CHR.)

Im nördlichen Gebiet der pompejanischen *neapolis* und an der alten Via Consolare stehen die ältesten aus der ersten samnitischen Periode bekannten Häuser. Sie vertreten den Typus des herrschaftlichen Hauses, wie die Casa del Chirurgo (VI 1, 10) mit der strengen, geschlossenen Fassade aus großen rechtwinkligen Kalksteinblöcken, die aus dem Sarnotal südlich der Stadt stammen, also auf pompejanischem Territorium gebrochen wurden. Es ist die Gesteinsart, die den Archäologen einen Namen für diese Epoche lieferte: die »Kalkstein-Periode«, von der man annimmt, sie habe von der Eroberung durch die Samniten bis zum Zweiten Punischen Krieg, also ungefähr von 425 bis 200 v. Chr. gedauert.

Bei dem Gestein handelt es sich um ein Karbonat aus Kalzium, das der Sarno von den Bergen des Apennin herunter mitgeschwemmt und in dem seichten Flußbett abgelagert hat. Der Stein ist von heller Farbe, porös und leicht zu bearbeiten; wenn er lange Zeit der Luft ausgesetzt ist, wird er härter und bekommt eine gelbliche Patina. Er ist reich an Abdrücken von Halmen und anderen Pflanzen, die während der Entstehung der festen Kalksteinschicht allmählich versteinerten. Die Entstehungsart ist also dieselbe wie die des Travertins, der vom Anio in der Umgebung von Tivoli abgelagert wurde, jedoch eine feinere Struktur und eine hellere Farbe hat als das Gestein aus dem Sarnotal.

Die rechtwinklig geschnittenen Blöcke wurden in einer als *opus quadratum* bezeichneten Weise angeordnet, und zwar »isodom«, das heißt mit gleich hohen Blöcken; wenn die übereinandergeschichteten Quaderreihen unterschiedlich hoch sind, werden sie »pseudoisodom« genannt (Vitruv II, 8, 6). Man benutzte keinen Mörtel, sondern Ton. Das *opus quadratum* ist eine Technik, die im allgemeinen nur bei großen Befestigungsanlagen oder monumentalen Baukomplexen angewendet wurde. Man hat die Hypothese aufgestellt, die schönen rechtwinkligen Blöcke stammten von der ursprünglichen griechischen Stadtmauer aus der zweiten Hälfte des 6. Jahrhunderts v. Chr., die von den Samniten abgetragen worden sei, um während ihres erbitterten Kampfes gegen die Römer das griechische Verteidigungssystem an die Form des italischen *agger* (Erdwall) anzupassen. Auch die Herkunft von anderen Bauwerken aus vorsamnitischer Zeit wurde erwogen. Auf einigen Blöcken, die in den Fundamenten der Casa del Chirurgo (VI 1, 10) verwendet sind, fand man Reste einer Stuckverkleidung, also Überbleibsel von der ersten Anbringung der Blöcke, die bei ihrer Wiederverwendung unter die Erde kamen. Die Trennmauern im Inneren der Häuser bestehen aus einem Gerüst von horizontalen und vertikalen großen Quadern, zwischen denen unregelmäßige Blöcke aus Kalkstein und Lava, mit nur wenig Ton verbunden, eingefügt sind; man bezeichnet diese Technik als »Webrahmentechnik«. Die Lava, die während dieser Periode verwendet wird, ist rötlich und sehr porös, sie stammt aus der oberen Schicht der Terrasse, auf der Pompeji errichtet ist. Im Lauf der Jahrhunderte erreichte man weiter unten gelegene Schichten der harten, schwarzen (trachytischen) Lava, die in den Bauten des 2. und 1. Jahrhunderts v. Chr. Verwendung fand.

Die bescheideneren Häuser und die *tabernae* (Läden) baute man zu dieser Zeit in derselben Webrahmentechnik, die in diesen Fällen auch an der Fassade angewendet wird. Die Fußböden bestanden einfach aus dem festgestampften Erdboden oder aus einem Estrich, bei dem die Erde mit Kalk und Asche vermischt wurde (Vitruv VII, 4, 5). Die Wände verkleidete man mit einer Schicht aus weißem Stuck, die gerade dick genug war, um die grobe Oberfläche der darunterliegenden Mauer zu verdecken. Schichtengrabungen haben gezeigt, daß es in der Kalkstein-Periode noch keine Impluvien gab; diese tauchen erst in der anschließenden Tuff-Periode auf. Das Atrium war demnach überdacht, *testudinatum*, wie es Vitruv nennt (Vitruv VI, 3, 2). Hier standen der Herd und der Tisch für das Geschirr *(cartibulum)* vor den Bildnissen der Vorfahren. Im 1. Jahrhundert n. Chr. konnte sich alten Adels rühmen, wer das Atrium seines Hauses voller rauchgeschwärzter Ahnenbilder hatte (Seneca, EPISTULAE V, 44, 5). In dem zwischen Atrium und Garten gelegenen *tablinum*, das zum Atrium und häufig auch zum Garten hin offen stand, wurden ursprünglich die Mahlzeiten eingenommen. Hier hatten der *lectus genialis* oder *adversus*, das gegenüber vom Eingang aufgestellte Ehebett, und das Familienarchiv, die *tabulae*, ihren Platz. Hinter diesen um das Atrium gruppierten Räumen lag, von einem Vordach am *tablinum* geschützt, der Garten, das alte *heredium* (»ererbter Besitz«). Er war als ursprüngliches Zentrum des Hauses beziehungsweise des Grundstücks nicht weniger bedeutend.

Das Wasser sammelte man in Zisternen oder schöpfte es aus Brunnen, die bis zu 36 Meter tief gegraben werden mußten, aber ein so hartes und säuerliches Wasser gaben, daß man es mit dem Regenwasser mischen mußte. Die verwendeten Maßeinheiten sind oskisch (100 oskische Fuß entsprechen 93 römischen Fuß), sie blieben so lange in Gebrauch, bis Augustus die Vereinheitlichung aller Münzen, Maße und Gewichte im römischen Imperium verlangte. Allerdings benutzte man schon vorher in republikanischer Zeit, gleich nach der Gründung der Kolonie, bei der Errichtung öffentlicher Gebäude den römischen Fuß.

3.2 Die zweite samnitische Periode, die »Tuff-Zeit« (200–80 v. Chr.)

Während der zweiten samnitischen Periode – vom Zweiten Punischen Krieg bis zur Gründung der sullanischen Kolonie – machte sich der hellenistische Einfluß, der von Pozzuoli, Cuma und Neapel ausstrahlte, stärker bemerkbar. Der Reichtum, der dem vulkanischen Boden von der auf bestimmte Produkte (Wein, Öl) spezialisierten Landwirtschaft abgewonnen wurde, vermehrte sich noch durch den Handel mit dem hellenistischen Orient, nachdem die Ausdehnung der römischen Macht und die damit verbundene Befriedung der Meere den Handel erleichtert und Investitionen im Ausland ermöglicht hatten. Von daher bezogen die Kaufleute die Vorbilder für weitere Verfeinerungen, die sie in ihre ausgedehnten Privatwohnungen einführten, sowie die dazu nötigen finanziellen Mittel.

Die einheimischen Patrizier wetteiferten mit den Römern, die hierher gezogen waren, um in ihren Villen an der kampanischen Küste das *otium* zu pflegen, in einem Luxus, den die neuen, aus dem Osten stammenden Reichtümer ermöglichten. Zu diesem Zweck entstand ein neuer Bautypus, die Vorstadtvilla, und in die vornehmen Paläste innerhalb der Stadt wurden neue architektonische Elemente mit griechischen oder graezisierenden Namen eingefügt, zum Beispiel das Peristyl (notfalls durch eine Krypta oder einen Kryptoportikus ersetzt), das den Kern des hellenistischen Hauses, das kein Atrium kennt (z.B. in Priene, Pergamon und Delos), gebildet hatte. Bei dieser Verpflanzung erhält das Peristyl neue Werte auch dadurch, daß es den einheimischen Garten, das *heredium*, ersetzt; es ist nicht mehr der zentrale Hof wie im Osten, sondern es wird ein Garten, eingefaßt durch das Viereck der dorischen oder ionischen Säulenreihen und eingegliedert in die Abfolge von Atrium und *tablinum*, wobei es möglichst in die Achse des Hauseingangs gelegt wurde. Diese Verlängerung schafft eine eindrucksvolle architektonische Perspektive, die auf den Raum zentriert ist, in dem auch die Liebe zur Natur (einer domestizierten, also künstlichen Natur) ihren Ausdruck findet. In Häusern bescheideneren Ausmaßes tröstet man sich mit einem als *xystus* (ursprünglich »Rennbahn« oder »Palästra« im Gymnasium) bezeichneten Gartentyp, zu dem ebenfalls immer ein oder zwei Portiken gehören. Der Geschmack, der sich in den Säulenfluchten des Peristyls ausdrückt, ließ neben dem alten toska-

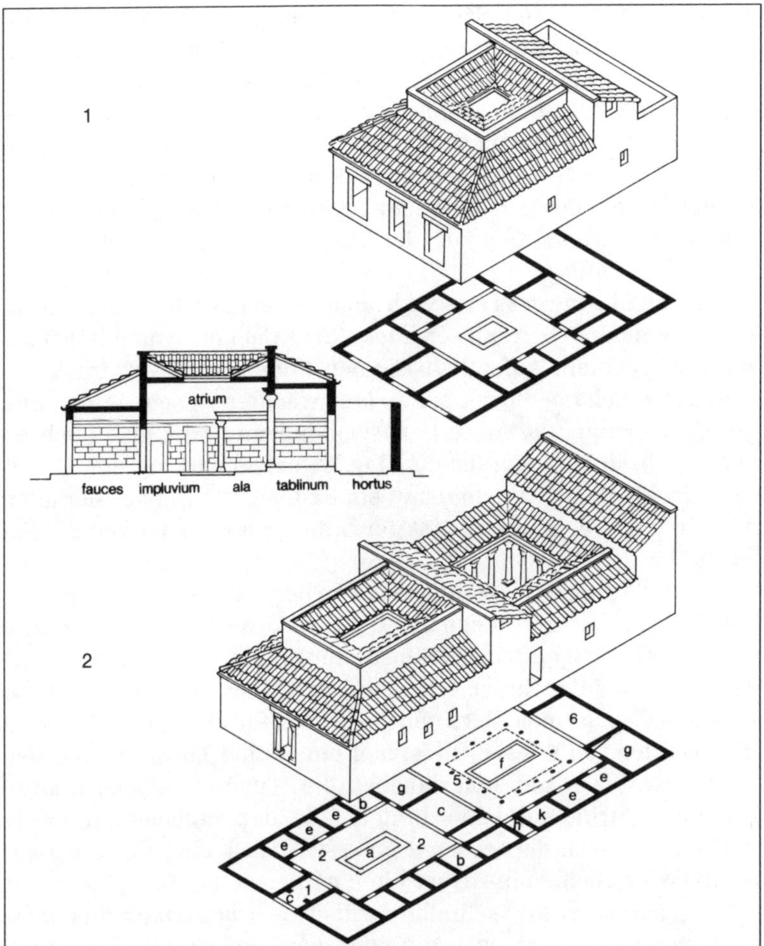

1 Pompejanisches Atriumhaus. Perspektivische Darstellung, Grundriß und Schnitt

2 Pompejanisches Haus mit Atrium und Peristyl. Perspektivische Darstellung, Grundriß und Schnitt

nischen Atrium – ohne Säulen, mit einem Dach, das getragen wird von horizontalen und schrägen, in die Seitenwände eingelassenen Balken – zwei neue Typen entstehen: das *atrium tetrastylum* mit je einer korinthischen oder ionischen Säule an jeder Ecke des *impluvium*, und das *atrium corinthium* mit mehreren dorischen Säulen entlang den Rändern des *impluvium*, ein Atrium also von gewaltigen Ausmaßen und deshalb auch sehr selten. In Pompeji gibt es drei davon: in der Casa dei Dioscuri, der Casa del Centauro und dem Haus des Epidius Rufus.

Die Einführung des Peristyls brachte neue Erweiterungsmöglichkeiten. Man umgab es mit *conclavia*, die axial und symmetrisch angeordnet wurden: Aufenthaltsräumen (*diaetae* und *exedrae*), Eßzimmern (*triclinia*, die doppelt so lang wie breit zu sein hatten) und Empfangsräumen *(oeci)*. In Luxuswohnungen findet man auch Bibliotheken, Ruheräume für den Tag, Schlafzimmer mit einem Vorraum (*coeton* mit *procoeton*) und ein Bad, allerdings nach der alten Art, ein finsterer, enger Raum, der mit einem Kohlebecken geheizt wurde.

Die Verlegung des Eßzimmers in den Bereich des Peristyls machte eine Verlagerung der Küche und der Speisekammer *(cella penaria)* in den rückwärtigen Teil des Hauses notwendig. Die Küche ist im allgemeinen nicht mehr als ein Loch mit einer gemauerten Bank, manchmal auch einem Herd und bestenfalls mit einem Gußstein zum Wegschütten von Wasser. Oft ist hier ein zweites Lararium, das den Herd beschützen soll, und daneben die – mehr symbolisch abgetrennte – Latrine mit dem schräg abfallenden Fußboden. In dieser Zeit werden auch die *cenacula* im ersten Stock eingeführt, die zur Straße oder auch zum Atrium hin eine Loggia besitzen. Varro (De lingua latina V, 162) schreibt darüber: »... *posteaquam in superiore parte coenitare ceperunt, superioris domus universa coenacula dicta* ...« (»... nachdem man damit angefangen hatte, im oberen Geschoß zu speisen, wurde das ganze Obergeschoß des Hauses als Speisezimmer bezeichnet ...«).

Auch im Baudekor sind neue Ornamentformen bemerkbar; griechische Vorbilder werden aufgenommen, angeglichen und von griechischen Handwerkern in den italischen Hellenismus eingeführt, wobei Kampanien als Zentrum für die Aufnahme und Verbreitung in Latium, Etrurien und darüber hinaus diente. Der kompakte graue Nocera-Tuff, der dieser Blütezeit des samnitischen Pompeji den Namen »Tuff-Periode« gab, begünstigte die Ausarbeitung der in Mode gekommenen Schmuckformen aus dem Osten an den ionischen, korinthischen, den mit Figuren geschmückten und den Kompositkapitellen, an den Türen, in Atrien und Peristylen, an Gesimsen mit Profilen und Zahnschnitten, den Friesen mit pflanzlichen oder figürlichen Motiven. Der lokale »Pappamonte-Tuff« war von minderer Qualität und mußte in zu großer Tiefe abgebaut werden. Zu Nocera bestanden alte wirtschaftliche und politische Beziehungen, und die pompejanischen Kalksteinbrüche waren möglicherweise damals schon nahezu erschöpft. Wo diese 79 n. Chr. verschütteten Steinbrüche lagen, wurde noch nicht entdeckt; wahrscheinlich waren sie nicht allzu weit von der Sarnomündung entfernt.

Aus Tuff waren auch die typischen kubischen Kapitelle samnitischer Herkunft, die neben dem hellenistischen Typus, der von ihnen übrigens die Maße und Proportionen übernahm, weiter gebräuchlich blieben. Außerdem wurde er verwendet für die Pilaster an den Fassaden, mit denen die großen, nach oben hin enger werdenden Fenster- und Türöffnungen geschmückt sind, für die Fassaden aus *opus quadratum*, dessen Blöcke außerordentlich dicht gefugt sind und die einen nur leicht angedeuteten, wenig erhobenen Spiegel haben, wie man ihn auch im Inneren der Häuser in den Dekorationen des Ersten Stils sieht. Ebenfalls aus Tuff gearbeitet waren auch die Becken der Impluvien mit ihren profilierten Einfassungen und die hinter dem Impluvium angebrachte Zisternenmündung.

Für die Innenmauern wurde das *opus incertum* verwendet, eine Mauertechnik, die gefördert worden war durch die Erfindung des Mörtels und durch die Erfahrungen, die man in Kampanien damit gemacht hatte, wo das nötige Rohmaterial – der vulkanische Sand, der einen besseren Zusammenhalt der Zementmischung sichert als Meeres- oder Flußsand – im Überfluß zur Verfügung stand. Diese Pozzolan-Erde, die in Pozzuoli, wo es die beste Qualität gibt, abgebaut wird, erleichtert mit ihrer vollkommenen Gleichmäßigkeit die Verwendung weniger großer Blöcke *(caementa)*, die billiger waren, da sie auch von ungelernten Arbeitern zugehauen oder einfach dem Gebäudeschutt entnommen werden konnten, und deren Transport weniger Mühe bereitete. Dieser Mörtel, der widerstandsfähiger war als die bis dahin benutzten Sorten, begünstigte den Bau von Bögen, von Gewölben und Kuppeln, die aus leichtem Bimsstein errichtet werden konnten.

Die Trennmauern bestanden aus einem Kern mit einzelnen Steinen, die von einem Mörtel minderer Qualität zusammengehalten wurden, während die Außenmauern, die den Kern auf beiden Seiten verkleiden, mit einem härteren und festeren Mörtel errichtet sind. Im Verlauf des 2. Jahrhunderts v. Chr. werden die Kalksteinblöcke allmählich verdrängt zugunsten von Blöcken aus schwarzer, harter Lava von den untersten und kompaktesten Schichten; sie ist weniger porös als das früher verwendete Lavagestein. Außerdem begann man, Säulen aus gebrannten, eigens für diesen Zweck geformten Ziegelsteinen zu bauen, die dann mit einer kannelierten (geriefelten) Stuckschicht verkleidet wurden.

Als Fußbodenbelag wurde das *opus signinum* am häufigsten verwendet, das die Bewohner von Signia, dem heutigen Segni im südlichen Latium, erfunden haben sollen, wo man den besten Kalk abbaute, der mit Ziegel- und Amphorenscherben vermischt wurde und einen festen, angenehm wirkenden Fußbodenbelag ergab.

Die rote Farbe des Untergrundes konnte noch verstärkt werden, indem man eine Schicht aus rotem Stuck darüberlegte. In vornehmeren Räumen verzierte man diesen *cocciopesto* noch mit weißen Steinchen (Palombino-Marmor), die zu Mustern aus Punkten oder Linien zusammengestellt waren und das Knüpfwerk von Teppichen mit Mäandern, Netz- und Schuppenmustern nachahmten und zusätzlich, oder auch statt dessen, mit bunten Steinen von den Bergen hinter dem Vesuv. In gewöhnlichen Räumen und dort, wo eine starke Beanspruchung zu erwarten war, legte man einfache Fußböden aus gestampfter Lava, die es ja im Überfluß gab, oder aus zerstoßenem Travertin, die mit verschiedenfarbigen, unregelmäßig verstreuten Steinen belebt wurden. Mosaikfußböden im engeren Sinn, also aus Mosaiksteinchen von regelmäßiger, einheitlicher Form, finden sich in dieser Zeit nicht in Pompeji. Als Vorläufer dieser Mosaiken mit regelmäßigen Steinchen können jedoch die Fußböden gelten, die nur aus weißen, unregelmäßig zugehauenen und ziemlich groben Steinen bestehen. Diese werden eng aneinandergesetzt und poliert, bisweilen beleben einige bunte Steine dazwischen die einfarbige Fläche.

In derartigen Fußböden erscheinen die ersten *emblemata*, kleine Mittelbilder. Sie werden als *vermiculati* bezeichnet, da die außerordentlich feinen (1–5 Millimeter) farbigen Steine, aus denen diese – Gemälde nachahmenden – Figurenszenen zusammengesetzt sind, an ein Gewimmel winziger Würmer erinnern. Um die Fugen zwischen den Steinen zu verbergen und um der malerischen Wirkung möglichst nahezukommen, wurde der Kitt im Ton der umliegenden Steinchen eingefärbt. Das Ergebnis ist von einem Naturalismus, wie er für den späten Hellenismus typisch ist: lebhafte Farben und zarte Übergänge mit kaum wahrnehmbaren Abschattierungen.

Die *emblemata* sind zum größten Teil Werkstattarbeiten, die auf einer Travertinplatte oder einem Ziegel mit aufgebogenen Rändern als Unterlage zusammengesetzt und dann in der Mitte der Mosaikkomposition eingefügt wurden (ἐμβάλλω, daher *emblema*). In Pompeji sind gut 30 solcher *emblemata* erhalten.

Die Schwellen sind aus Lavagestein, seltener aus Palombino. Die Wanddekoration entfaltet die ganze Pracht des sogenannten Ersten Stils, der nicht – wie man oft behauptet – typisch pompejanisch, sondern griechischen Ursprungs ist. Er entstand als eine Nachahmung der äußeren Mauerstruktur des isodomen, mit Spiegeln versehenen *opus quadratum*, wie es in der Architektur von Staats- und Kultbauten im dorischen Stil verwendet wird, und das nun im Inneren der Häuser mit farbigem, plastischem Stuck nachgebildet wird. Bei diesem Typus von Marmorarchitektur wurden die verschiedenen gliedernden Teile, wie die Plinthe (Fußplatte einer Säule oder eines Pfeilers), der Sockel mit den Orthostaten (vertikal angebrachte Rechteckplatten) und die Gesimse, durch die Verwendung von dunklerem Marmor hervorgehoben. Im hellenistischen Westen wird diese Ordnung leicht abgeändert durch eine Erhöhung des Sockels, auf den die Orthostatenreihe gesetzt wird, die im Osten, wie es auch statisch logischer ist, wirklich die Basis der Wand bildet. Man betont die Vertikale mit Hilfe von plastisch vorspringenden Pilastern, die direkt auf dem Fußboden stehen (im Zweiten Stil sind sie über dem Sockel dargestellt). Immer mehr ging der Sinn für das Material und die Struktur der in Stuck nachgebildeten gemauerten Wand verloren, so als habe man es mit einer Marmorverkleidung zu tun, wie sie Vitruv beschreibt: »*Ex eo antiqui, qui initia expolitionibus instituerunt, imitati sunt primum crustarum marmorearum varietates et conlocationes, deinde coronarum siliculorum, cuneorum inter se varias distributiones.*« (»Daher ahmten die Alten, die mit der Wandmalerei begannen, zunächst die Buntheit und das Anbringen von Marmorplatten nach, sodann Gesimse, *silicula* und keilförmige Streifen, die untereinander mannigfaltig verteilt waren«, Vitruv VII, 5, 1.)

Ein auf 78 v. Chr. datiertes Graffito in der Dekoration der Basilika bietet einen chronologischen Anhaltspunkt, da die Dekoration ja früher entstanden sein muß. Die Bauelemente werden durch lebhafte Farben hervorgehoben: der Sockel hat einen einheitlich gelben Grund, darüber folgt eine einfache vorspringende Leiste von violetter Farbe, dann die Mittelzone mit den violetten, gelben oder grünen oder aber Marmor, Granit oder Alabaster nachahmenden Orthostaten. Die Oberzone bleibt dagegen häufig ungegliedert und unbemalt, wie es ja auch der konstruktiven Logik entspricht; die Basis mußte fest gebaut sein, aus Marmor oder anderem Gestein, die Oberzone dagegen leicht, zum Beispiel aus ungebrannten Ziegeln.

Dieser Erste Stil also ist im Grunde genommen nichts anderes als der Gipsabguß einer Architektur. Er ist kein Malereistil, und auch kein weniger kostspieliger Ersatz für eine Marmorverkleidung, die ja ihrerseits eine Nachbildung der gemauerten Wandstruktur ist. Da die Ausführung dieser Wanddekoration sehr mühsam ist, erforderte sie Spezialisten. Der Erste Stil findet sich in den Häusern der Reichen ebenso wie in denen der weniger Begüterten. Zu einem späteren Zeitpunkt, als der Sinn für das Plastische allmählich abnahm, wurden bestimmte Motive gemalt und nicht mehr mit Stuck modelliert;

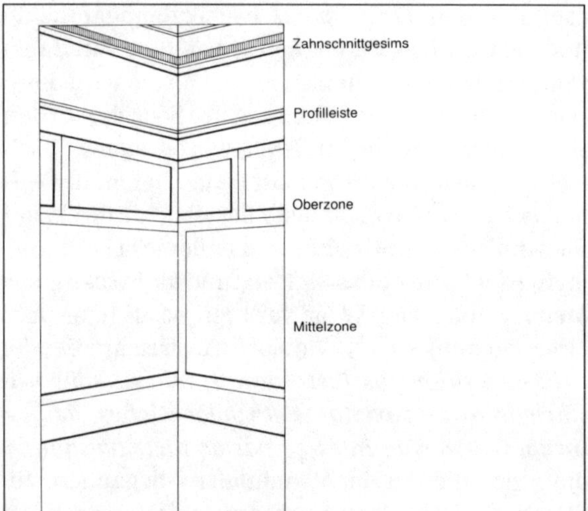

3 Schema einer Wanddekoration aus dem Ersten Stil

zum Beispiel Eierstäbe, Mäander und in einigen wenigen Fällen auch einfarbige Figurenszenen, die so wirken sollten, als seien sie durch ein Spiel der Natur aus den Äderungen des Marmors entstanden. Die Zurückhaltung bei den figürlichen Motiven wird durch die *emblemata*, die Mittelbilder der Fußböden, ausgeglichen.

Daß in jener Zeit schon fast das ganze Stadtgebiet mehr oder weniger dicht bebaut war, geht daraus hervor, daß in fast jeder *insula* Reste von Dekorationen aus dem Ersten Stil – insgesamt ungefähr 40 Beispiele dieser Art – erhalten sind. Die *luxuria* fand Eingang in die reichen Wohnhäuser in den Städten und auf dem Land, wo eine Blüte des geistigen Lebens, der *otia*, eingesetzt hatte. Die Kunst nimmt immer mehr privaten Charakter an, eine Erscheinung, die mit der Verpflanzung – beziehungsweise dem Raub – bedeutender Kunstwerke aus den eroberten Gebieten ihren Anfang genommen hatte, die nun immer wieder kopiert wurden, um die steigende Nachfrage auf dem Kunstmarkt befriedigen zu können.

3.3 Die republikanische Zeit, von der Gründung der Kolonie bis zur Herrschaft des Augustus (80–27 v. Chr.)

Nach der Gründung der Kolonie durch Sulla im Jahre 80 v. Chr. wurden die oskischen Besitzungen enteignet und, zumindest zum Teil, zwischen den 4000 bis 5000 Veteranen Sullas in Besitzungen von zehn bis 20 Joch (*iugera*: 2,5–5 Hektar) aufgeteilt, um so die Pompejaner für ihre antirömische Haltung während der Bundesgenossenkriege zu bestrafen. Die einheimischen Osker wurden darüber hinaus vom passiven Wahlrecht für den Magistrat ausgeschlossen, da es zwischen der alten und der neuen Oberschicht zu Streitigkeiten gekommen war, wie Cicero berichtet. Die Veteranen dürften im *Pagus Augustus Felix Suburbanus*, einem außerhalb der Mauern im Norden Pompejis gelegenen Vorort, angesiedelt worden sein. Möglicherweise wurde dieses Viertel, in dem vermutlich Einheimische und Kolonisten wohnten, von Sulla nicht gegründet, sondern lediglich umgestaltet. Seine genaue Lage ist noch unbekannt, man weiß nur, daß es von Augustus ein zweites Mal neu organisiert wurde.

Die einheimische Schicht konnte sich jedenfalls trotz aller Wechselfälle bis zur Verschüttung halten, möglicherweise durch den Rückkauf ihrer alten Besitztümer von den Veteranen. Einige Familien, die

»kollaboriert« hatten, gelangten eine Generation später sogar wieder in führende politische Positionen. Offizielle Sprache wurde das Lateinische, ohne jedoch das Oskische ganz verdrängen zu können; auch Graffiti in griechischer Sprache sind erhalten. Als Gewichtseinheit wurde noch ein halbes Jahrhundert lang das oskische Maß verwendet, während beim Bau neuer öffentlicher Anlagen schon der römische Fuß, der etwas länger ist als der oskische (100 oskische Fuß entsprechen 93 römischen), als Maßeinheit diente.

Weder auf wirtschaftlichem noch auf kulturellem Gebiet gibt es grundsätzliche Veränderungen. Der Weinexport in das südliche Gallien ist durch einige Amphorenstempel der Familien der Lassii und der Eumachii bezeugt. Wahrscheinlich stammen auch die Fußbodeninschriften in den Hauseingängen oder den Atrien aus dieser Zeit: *»Salve lucrum«* (»Willkommen, Gewinn!« in VI, 14, 39), *»Lucrum gaudium«* (»Gewinn macht Freude»), *»Lucru(m) ac(c)ipe«* (»Nimm den Gewinn an!«) oder *»Cras credo«* (»Morgen verleihe ich Geld«, in II, 8, 6).

Auch auf dem Gebiet des Wohnungsbaus gibt es wenig Neuerungen. Es ist eine fieberhafte Bautätigkeit festzustellen, wobei einerseits Kriegsschäden ausgebessert, andererseits schon vorhandene Bauten erweitert wurden. Diese Erweiterungen waren teils durch

4 Haus des Obellius Firmus (IX 14, 4), axonometrische Darstellung

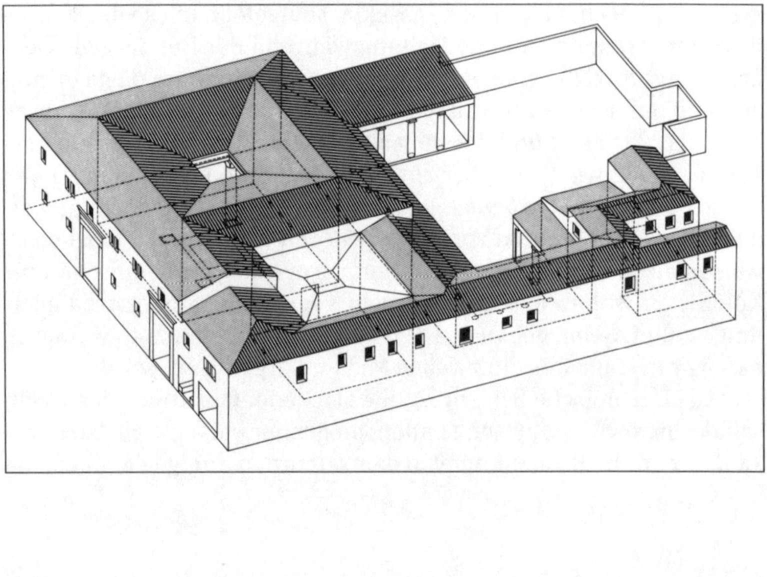

höhere Ansprüche an die Ausstattung der Häuser – Bäder, Gärten, abgeschlossene Wohnungen für die Gäste *(hospitalia)* wurden angebaut oder verschönert –, teils durch praktische Bedürfnisse bedingt. Dazu gehörte die Notwendigkeit, den vorhandenen Raum besser auszunutzen, da er durch den wachsenden Wohlstand und die Bevölkerungszunahme kostbarer geworden war. Indem man die außerordentlich hohen Räume unterteilte, gewann man Zwischen- oder Obergeschosse mit Galerien oder Balkonen. Die Verwendung von Fensterglas, das in flachen Formen gegossen wurde – eine Erfindung, die Seneca den Sklaven zuschreibt (EPISTULAE XIV, 90, 25) –, ermöglichte eine Erweiterung der Fensteröffnungen, wodurch die Innenräume ihren geschlossenen, ganz nach innen gerichteten Charakter verloren. Noch immer diente das Haus jedoch einer einzigen Familie, die Sklaven eingeschlossen, als Wohnung.

Der Badetrakt wurde in den wohlhabenden Häusern um einen Umkleideraum *(apodyterium)*, einen Raum für lauwarme und einen für heiße Bäder (*tepidarium* und *caldarium*) erweitert. Im *caldarium* stand in einer halbrunden, in die Mauer eingeschnittenen Nische das Becken *(labrum)*. Alle diese Räume waren mit einem Heizsystem ausgestattet, den *suspensurae*, die Sergius Orata, ein bekannter kampanischer Geschäftsmann, gegen 100 v. Chr. aus Griechenland einge-

5 Haus des Paquius Proculus (I 7, 1). a. Querschnitt durch das Atrium, b. Längsschnitt durch das Haus

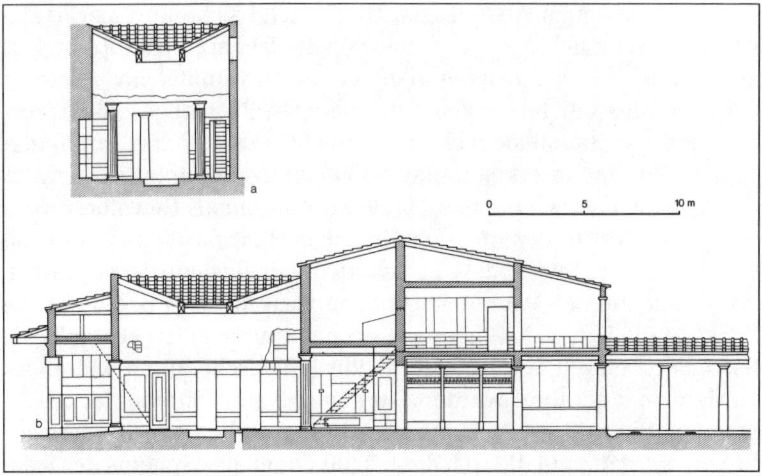

führt hatte. Sie bestehen aus zylindrischen, 50 Zentimeter hohen Terrakottarohren, die später durch kleine Pfeiler aus quadratischen Ziegelsteinen von 20 Zentimeter Seitenlänge *(laterculi bessales)* ersetzt wurden und die den Fußboden des zu beheizenden Raumes trugen. In dem so entstandenen Raum zirkulierte der Rauch aus dem *praefurnium*, einem Ofen, der häufig in der danebenliegenden Küche untergebracht war, so daß eine Raumtemperatur von bis zu 30 Grad entstand. Nach seiner Erprobung in Privatbauten wurde dieses Heizungssystem auch in den öffentlichen Bädern eingeführt. – In Pompeji fand man insgesamt 21 private Bäder.

Auf der südlichen und der westlichen Stadtmauer (Regionen VI, VII und VIII), die nach der römischen Eroberung nutzlos geworden waren, errichtete man städtische Villen, die in zwei oder drei Terrassen übereinander angelegt wurden, gestützt von Bögen und Gewölben, über Kellerräumen, Zisternen, Heizungsanlagen und Bädern, die mit einem System gewölbter Gänge untereinander verbunden sind. In diesen Labyrinthen begann man zum ersten Mal damit, die bis dahin innerhalb der Häuser mehr zufällig verteilten Treppen zu zentralisieren und mit einer gewissen Logik anzuordnen. Von den Terrassen aus genießt man einen herrlichen Rundblick auf das Panorama des Sarnotals mit den dahinter liegenden Monti Lattari sowie auf das Meer.

Der architektonische Schwerpunkt verlagert sich zum Peristyl hin, von dem aus mannigfaltigere Durchblicke möglich waren als von dem geschlossenen Atrium aus. Hierin zeigt sich ein neuer, malerischer Geschmack. Nachdem man von der früheren Weiträumigkeit abgekommen war, wurden nun die hohen Türöffnungen verkleinert oder geschlossen, die Decken mit Scheingewölben abgesenkt *(camerae)* und der Raumeindruck durch Gestelle und Balken, an denen Teppiche in den Interkolumnien aufgehängt sind, unterbrochen. In den Triclinien errichtete man Säulen mit Basen als Gewölbestützen (*triclinium corinthium*, mit dem Grundriß einer Basilika), um so teilweise verstellte Durchblicke zu schaffen, ein illusionistischer Effekt, wie er auch in den Wanddekorationen verwendet wird. Malerische Blicke in die Landschaft oder auf Architekturen galten ebenfalls als besonders reizvoll, wenn sie durch illusionistische Architekturen im Vordergrund gerahmt wurden. Man genoß sie während der Mußestunden, die mit Lesen, Schreiben, Essen, Ruhen oder Baden verbracht wurden, und die sich die Reichen dank des Systems der Sklavenhaltung erlauben konnten: »... nur die verstehen zu leben, deren Geld man in schön gebauten Villen angelegt sieht« (*Vos sapere et solos aio bene vivere, quorum conspicitur nitidis fundata pecunia villis.* Horaz, EPISTULAE I, 15, 45–46). Damals wurde die Anlage mehrerer Speiseräume in einem Haus gebräuchlich, die man dann je nach ihrer Lage als Frühlings-, Sommer-, Herbst- oder Winter-Triklinium bezeichnete (*triclinium vernum, aestivum, autumnale aut hibernum*; Vitruv VII, 4, 4 und 5, 1).

Die Mauertechnik war inzwischen regelmäßiger geworden: die Maße der kleinen Lavablöcke in der Schauseite der Mauer wurden vereinheitlicht und reduziert, ihre Anordnung war nicht mehr willkürlich wie beim *opus incertum*, sondern sie erfolgte in mehr oder weniger gewellten diagonalen Linien *(opus quasi reticulatum)*. Diese Technik wurde nach der Mitte des 1. Jahrhunderts v. Chr. noch weiter verfeinert, bis die kleinen, pyramidenförmig zugeschnittenen Blöcke im *opus reticulatum* mit ihren Basisflächen ein diagonal gestelltes Schachbrettmuster ergaben. Die Spitze der Pyramiden, die aus Tuff oder Kalkstein geschnitten wurde, da die Lava für solche geometrischen Formen weniger geeignet ist, fand inm Mörtel des Mauerkerns Halt. In diesem Mauertypus wurden große, rechteckige Flächen errichtet, eingefaßt von Pfosten und Steinlagen aus kleinen Tuff- oder Kalksteinquadern oder aus Ziegeln, die bisweilen auch in Reihen miteinander abwechselnd verwendet wurden. Wenn die Flächen aus *opus reticulatum* durch dazwischengelegte Ziegelschichten verstärkt werden, spricht man von *opus mixtum* oder *compositum*, einer Technik, in der auch Säulen gemauert wurden. Die Verwendung von Ziegeln für das Mauerwerk wurde damals neu eingeführt. Zisternenmündungen und Schwellen sind häufig aus Travertin.

Der Erste Stil der Wanddekoration mit seinen Stuckreliefs wurde vom Zweiten, zu dessen Einführung die römische Kolonisierung den Anstoß gegeben hatte, schrittweise ersetzt. Der Zweite Stil ist zunächst nichts anderes als eine illusionistische Wiedergabe mit Lichtern und Schatten von Mauerstrukturen oder Marmorverkleidungen, wie sie der Erste Stil im Relief dargestellt hatte. Der Illusionismus dieses Zweiten Stils hatte Erfolg. Er bezog seine Vorbilder aus der »barocken«, phantastischen Bühnendekoration des hellenistisch-römischen Theaters; die vorgetäuschten Mauerstrukturen bekommen durch Podien, Säulenstellungen, vor- und zurückspringende Gebälke scheinbar Tiefe, die einzelnen Elemente werden

6 Schematische Darstellung einer Wand des frühen Zweiten Stils in der Casa di Cerere (I 9, 13)

übereinandergestellt und hintereinander gestaffelt. Das Zimmer verwandelt sich in einen Portikus, einen Saal mit Säulen oder eine Art von dreischiffiger Basilika, in der Vorhänge und Trennwände den herumschweifenden Blick festhalten. Die Struktur der Mauer oder die der Marmorverkleidung verliert ihre Bedeutung. Man fühlt sich von einem imaginären Raum umgeben, zwischen Prachtfassaden, die mit vielfarbigen metallischen Verzierungen prächtig geschmückt sind, so, als sei man zwischen Kulissen. Der Mittelteil der Wand öffnet sich, so daß sich der Blick durch eine Ädikula verliert in weite, perspektivisch dargestellte Fernen, häufig mit Architekturen, oder in Traumbilder von Heiligtümern, Landschaften oder Städten – eine phantastische Flucht vor der Alltagswirklichkeit, die jederzeit in der Enge eines Zimmers möglich ist.

Die Komposition wird allmählich abwechslungsreicher, die Durchblicke entwickeln sich weiter, und Attribute aus dem Bereich des Dionysoskultes oder des Theaters werden innerhalb dieser phantastischen Fassaden an allen nur denkbaren Stellen angebracht, zum Beispiel kleine, zuklappbare Bilder (*pinakes*, Abbilder der als Beute besonders geschätzten, in großer Menge aus Griechenland importierten Bilder), Masken, Statuen oder menschliche Gestalten, die zum Teil in riesigem Maßstab dargestellt wurden, Vögel und Gefäße mit Früchten oder Blumen, Girlanden usw. Diese Stilstufe ist die erste Phase des Zweiten Stils.

In der zweiten Phase verhärtete sich die Komposition zu schlichteren Schemata mit einer Tendenz zur Zentralisierung, und zwar sowohl in der Komposition als auch im Ornament. Dessen Übergewicht wird so stark, daß es den Sinn für das Architektonisch-Plastische immer mehr unterdrückt. Der Illusionismus bemächtigt sich auch der Maltechnik: die Pinselstriche werden impressionistischer. Leichte, phantastische Formen heben die festen, architektonischen Strukturen auf: Säulen bekommen pflanzliche Formen und werden zu Sten-

7 Schema einer Wanddekoration des reifen Zweiten Stils im *frigidarium* der Casa del Criptoportico (I 6, 2)

geln, oder sie werden ersetzt durch Hermen oder Kandelaber, auf denen zarte Flügelgestalten schweben, die *monstra*, denen Vitruvs herbe Kritik galt:

»Für die übrigen Zimmer, das heißt die, die im Frühling, Sommer und Herbst benutzt werden, auch für die Atrien und Peristyle, ist von den Alten die Benutzung ganz bestimmter Bildmotive nach genau festgesetzten Vorbildern vorgeschrieben worden. Denn durch Malerei wird ein Abbild dessen geschaffen, was ist oder sein kann, zum Beispiel Menschen, Gebäude, Schiffe und andere Dinge. Von diesen ganz festumrissenen und bestimmten Dingen werden ähnlich gebildete Nachbildungen entlehnt ... (vgl. oben S. 59) ... Später gingen sie dann dazu über, auch Gebäude und Ausladungen von Säulen und Giebeln nachzuahmen, in offenen Räumen aber, wie zum Beispiel in Exedren, wegen der Größe der Wände, Bühnendekorationen abzumalen, wie sie in Tragödien, Komödien oder Satyrspielen vorkommen, in Wandelgängen aber begannen sie, die Wände wegen ihrer Länge mit verschiedenartigen Landschaftsbildern auszuschmücken, wobei sie die Gemälde nach den ganz bestimmten Eigenarten der Örtlichkeiten schufen. Es werden nämlich Häfen, Vorgebirge, Gestade, Flüsse, Quellen, Meerengen, Heiligtümer, Wälder, Gebirge, Viehherden, Hirten abgemalt. Ebenso gibt es einige Wände, die große Gemälde tragen: Götterbilder oder die wohlgeordnete Darstellung von Mythen, aber auch die Kämpfe um Troja und die Irrfahrten des Odysseus von Land zu Land und anderes, was wie dies in der Natur ein Vorbild hat.

All dies, das als Nachbildung von wirklichen Dingen entlehnt wurde, wird jetzt infolge eines entarteten Geschmacks abgelehnt; denn auf den Verputz malt man lieber Ungeheuerlichkeiten als naturgetreue Nachbildungen von ganz bestimmten Dingen. An die Stelle von Säulen setzt man kannelierte Rohrstengel, mit gekräuselten Blättern und Voluten, an Stelle von Dachgiebeln künstliche Arabesken, ferner Kandelaber, die kleine Tempel tragen, über deren Giebeln sich zarte Blumen aus Wurzeln mit Voluten erheben, auf denen sinnlos kleine Figuren sitzen, ferner Pflanzenstengel mit Halbfiguren, von denen die einen Menschen-, andere Tierköpfe haben. So etwas aber gibt es nicht, kann es nicht geben, hat es nicht gegeben.

Wie kann nämlich ein Rohr ein Dach oder ein Kandelaber den Schmuck eines Giebels oder ein so zarter und biegsamer Stengel ein darauf sitzendes Figürchen tragen, oder wie können aus Wurzeln und Stengeln bald Blumen, bald Halbfiguren hervorsprießen? Aber obwohl die Menschen diese Fehlgriffe sehen, tadeln sie sie nicht, sondern erfreuen sich daran und fragen nicht danach, ob es so etwas geben kann oder nicht. Also hat so eine neue Geschmacksrichtung dazu geführt, daß Kritiker mit geringer Urteilskraft vorzügliche Kunstwerke für Verirrungen der Kunst hinstellen. Der durch geringe Urteilsfähigkeit getrübte Sinn aber vermag nicht zu entscheiden, was vorbildlich und angemessen – in Übereinstimmung mit den Regeln der Dekoration – sein kann. Denn man darf nicht Gemälde gutheißen, die nicht der Wirklichkeit ähnlich sind und, sind sie auch von ihrer künstlerisch-technischen Seite her gesehen fein ausgeführt, so darf man deswegen noch nicht sofort ein Urteil über sie aussprechen wie ›gut gemacht!‹, wenn nicht ihre Darstellungen bestimmte, naturwahre Verhältnisse wiedergeben, die ohne Verstoß gegen die Wirklichkeit dargestellt sind.

Als nämlich Apaturius aus Alabanda mit kunstgeübter Hand in Tralles in dem kleinen Versammlungsraum, der bei ihnen als »Haus der Volksversammlung« bezeichnet wird, eine Dekoration gemalt hatte, hatte er darauf Säulen, Statuen, Kentauren, die Gebälke stützen, Kuppeldächer von Rundbauten, vorspringende Ecken von Giebeln, Gesimse, die mit Löwenköpfen geschmückt waren, deren Mäuler das Regenwasser vom Dach ableiten, gemalt, außerdem darüber ein Obergeschoß, in welchem Rundbauten, Tempelvorhallen, Halbgiebel und der mannigfache Schmuck eines ganzen Daches bildlich dargestellt waren. Als daher der Anblick dieser Dekoration wegen ihrer Kontrastwirkung allen ausnehmend gefiel und sie schon bereit waren, diese Arbeit beifällig zu beurteilen, da trat der Mathematiker Licymnius auf und sagte, die Einwohner von Alabanda würden in politischer Hinsicht für ziemlich vernünftige Leute gehalten, aber wegen eines nicht einmal groben Verstoßes gegen das Angemessene habe man sie als unverständig beurteilt, weil nämlich alle Statuen in ihrem Gymnasium Rechtsanwälte darstellten, die auf dem Markt jedoch Diskuswerfer, Wettläufer oder Ballspieler. So brächte die unangemessene, im Widerspruch zu der besonderen Zweckbestimmung der Anlagen stehende Aufstellung der Statuen allgemein der Bürgerschaft den Vorwurf der Geschmacklosigkeit ein. ›Laßt uns jetzt deshalb darauf sehen, daß uns die Dekoration des Apaturius nicht zu Alabandern oder Abderiten macht! Wer von Euch kann auf Ziegeldächern Häuser oder Säulen oder die Anlage von Giebeln haben? Diese letzteren nämlich setzt man auf Balken, nicht auf Ziegeldächer. Wenn wir also Dinge, die nicht in der Wirklichkeit den Grund für ihr Aussehen haben, auf Gemälden billigen, dann stellen wir uns in die Reihe der Gemeinden, die man wegen dieser Verstöße als unverständig beurteilt hat.‹ Apaturius hatte nicht den Mut, darauf etwas zu erwidern, sondern er beseitigte das Gemälde, änderte es entsprechend der Wirklichkeit um und lieferte es später verbessert zur allgemeinen Befriedigung ab. O daß doch die unsterblichen Götter den Licymnius wieder zum Leben erweckten und ihn diesen Wahnsinn und die auf Abwege geratene Wandmalerei wieder auf den echten Weg bringen ließen!« (Vitruv VII, 5, 1–6).

Der ironischere Horaz teilte diesen Wunsch zwar nicht, schloß sich aber in seinem berühmten Brief an die Pisonen über die Dichtkunst den Klagen Vitruvs an:

»*Humano capiti cervicem pictor equinam iungere si velit et varias inducere plumas undique collatis membris, ut turpiter atrum desinat in piscem mulier formosa superne, spectatum admissi risum teneatis, amici?*« (»Wenn ein Maler an ein menschliches Haupt den Hals eines Pferdes anfügen würde, dann die Glieder verschiedener Tiere, bunt mit Federn geschmückt, um schließlich eine Frau, die oben so schön ist, in einem schwärzlichen Fischleib enden zu lassen – Freunde, würdet ihr bei einem solchen Anblick nicht lachen?« – EPISTULAE II, 3, 1–5.)

Sämtliche Motive und Gegenstände, von denen Vitruv spricht, findet man tatsächlich in der Wandmalerei, auch die drei Typen der *scaenae frons*, der Bühnendekoration, die er beschreibt. Der Typus für die Tragödie mit Königspalästen, Säulenfluchten und Statuen, der für die Komödie mit den Ansichten von Wohnhäusern und der für das Satyrspiel mit Grotten, Gebirgen und anderen landschaftlichen Motiven (vgl. Vitruv V, 6, 9). Sie alle sind in den Wanddekorationen aus der Villa von Boscoreale (jetzt New York, Metropolitan Museum) dargestellt. Der Text von Vitruv bestimmt den Zeitpunkt des Übergangs vom Zweiten zum Dritten Stil der Wandmalerei, in dem die phantastischen, von ihm geschmähten Motive – die ja schon im Zweiten Stil vorkommen – sich dann besonderer Beliebtheit erfreuen sollten: zwischen 30 und 20 v. Chr.

Die Wand wird jetzt wieder zur Fläche, ein Wesenszug, den sie auf dem Höhepunkt des illusionistischen Stils verleugnet hatte. Die erst kürzlich entdeckten Dekorationen im Saal (15) und im Triklinium (14) der Villa von Oplontis (Abb. 69) in Torre Annunziata sind wohl die am weitesten entwickelten Beispiele jener illusionistischen Stilstufe. Die neue Tendenz zur Flächigkeit zeigt sich in den Mosaiken aus der Zeit des späten Zweiten Stils. In der Malerei besitzt die Wandmitte weniger perspektivische Tiefe, sie reduziert sich auf ein Bild, das keineswegs illusionistisch ist, sondern Mythologisches darstellt, häufig auf sehr hellem Hintergrund.

Die Farben sind in den Malereien aus dem Zweiten Stil im allgemeinen so verteilt, daß die dunklen Töne wie Braun oder Violett in der unteren Zone vorherrschen, die im Ersten Stil ja hell war, in der mittleren und oberen Zone überwiegen dagegen immer mehr die helleren. Es dominiert das lebhafte Rot, das in den reicheren Häusern aus *cinabrum* (Zinnober) gewonnen wurde. Die Architekturelemente strahlen häufig in Goldgelb oder Cremefarbe an Stelle des Weiß im Ersten Stil, die Schatten sind braun gemalt. Blau und Grün sind ergänzende Farbtöne, die häufig zur Darstellung von Einzelheiten verwendet werden. Man begegnet auch einfarbig roten und gelben Dekorationen von erlesenem Geschmack. In untergeordneten Räumen oder in den Häusern der einfacheren Leute sind die Malereien bescheidener, häufig ohne figürliche Szenen und mit schlichteren architektonischen Systemen, aber immer von einer gewissen Feinheit.

In den Mosaiken aus der Zeit des ausgehenden Zweiten Stils findet man die gleiche barocke Perspektive und Farbigkeit. Hier gibt es verschiedene Typen: Mosaiken aus rechteckigen Steinchen, die mehr lang als breit sind und paarweise angeordnet wurden; Mosaiken aus würfelförmigen (oder fast würfelförmigen) Steinchen, auf denen die Einteilung der Kassettendecke mit Hilfe verschiedener, leicht abgestufter Farbtöne plastisch nachgebildet zu sein scheint.

Der gleiche Illusionismus läßt die Seiten der Mäanderbänder plastisch erhaben erscheinen, perspektivisch dargestellte Würfel, Schuppen- und Rautenmuster bedecken die gesamte Bodenfläche. Man findet die Fußböden aus *cocciopesto* mit komplizierten Mustern aus weißen und schwarzen Mosaiksteinchen. Auch das *emblema* in der Mitte des Fußbodens gibt es, jedoch immer nur in Räumen ohne figürliche Darstellungen auf den Wänden. Es ist erkennbar, daß sich der Schwerpunkt von dem figürlichen Mosaik, das im Ersten Stil der Hauptschmuck eines Raumes war, sehr rasch auf die Wand mit ihren Figurenbildern verlagerte. Der Zweite Stil ist in dieser Hinsicht noch eine Zeit des Übergangs, später sollten die *emblemata* dann ganz verschwinden. Bei den Fußböden aus bunten, unregelmäßig geformten Steinen geht die Tendenz zu einer größeren Gleichförmigkeit. Die Steine haben immer häufiger geometrische Formen. Als Material wird statt des Kalksteins Marmor verwendet.

In der zweiten Phase des Zweiten Stils tritt zum ersten Mal eine neue Art von Mosaikfußböden auf: die mit geometrischen Mustern in Schwarz und Weiß. Sie ersetzen allmählich die bunten Fußböden mit den plastischen Effekten, deren Repertoire sie jedoch übernehmen. Einige Motive kommen neu hinzu, zum Beispiel die miteinander verbundenen Kreise, die Sanduhren, die hellenistische Rosette, der Stern aus acht Rhomben (der auch in den Kassetten wiederkehrt), alles Motive, die jetzt den ganzen Fußboden überziehen, während an den Rändern Mauern mit Zinnen, Wellenbänder, Dreiecke, Schachbrett- und Zahnschnittmuster dargestellt sind. Bei den ältesten Mosaiken dieser Art sind die Steinchen häufig schräg angeordnet und werden nur von den verzierten Rändern oder Streifen schwarzer Steinchen unterbrochen. – Die Schwellen bestehen immer öfter aus Travertin.

Nur wenige Häuser wurden während dieser Zeit ganz neu erbaut; der Zweite Stil, von dem ungefähr 30 Beispiele erhalten sind, findet sich immer in Häusern, in denen auch der Erste Stil vertreten ist.

3.4 Die erste Kaiserzeit, von Augustus bis Claudius (27 v. Chr. – 54 n. Chr.)

Für Pompeji beginnt mit der Machtergreifung des Augustus im Jahre 27 v. Chr. eine Periode der Romanisierung des sozialen und kulturellen Lebens, auch der Tradition. Verstärkt wurde diese Entwicklung durch die Auswechslung der sullanischen gegen augusteische Truppen und durch den Zuzug neuer, dem Augustus ergebener Familien aus dem Hinterland; nach der samnitischen Zeit war dies eine weitere Einwanderungswelle aus dem Landesinneren. Die alteingesessenen Familien, die schon zuvor auf der Seite der Römer gestanden hatten, fraternisierten mit den Hinzugezogenen durch politisch motivierte Eheschließungen und Adoptionen. Wie zuvor schon die inzwischen etablierten Familien der Kolonisten, machten nun die neuen Familien die politischen Ämter, den Landbesitz und die industriellen Betriebe den Einheimischen streitig. Diese neuen Familien waren eng mit dem Kaiserhaus verbunden, von dem sie auch in den Ritterstand erhoben worden waren; sie richteten einen von ihren Freigelassenen oder Sklaven verwalteten Kaiserkult ein. Die augusteische Friedenspolitik begünstigte erneut den Außenhandel, vor allem die überseeischen Verbindungen. Mit der daraus entstandenen Ausbreitung des Wohlstands wurden nun auch ausländische Produkte eingeführt, während bis dahin der Handel nur in einer Richtung, von Italien in die Provinzen, abgewickelt worden war, wie es die Amphorenstempel der Lassii und der Eumachii in Gallien und in Afrika zeigen. Jetzt jedoch wurden Wein und Keramik auch aus dem griechischen Osten importiert. Der Bedarf an Geräten aus Silber, Bronze und Glas wuchs ständig, obwohl diese Materialien damals im Verhältnis sehr viel teurer waren als heute (am Goldpreis gemessen war Silber damals dreimal so teuer wie heute). Die Gegenstände aus Bronze wurden wahrscheinlich in Capua, einem alten Zentrum des Bronzehandwerks, hergestellt, die aus Glas – das auch nach einer neueren syrischen Erfindung geblasen wurde – vermutlich in Sorrent oder in Pozzuoli, wo ein Stadtviertel nach diesem Handwerk benannt war *(clivus vitrarius)*. Die gute Qualität und die Verfeinerung dieser Produkte ist typisch für das Kunsthandwerk in augusteischer Zeit.

Die Vornehmen, die das *ius imaginum* besaßen, also das Recht, die Bildnisse ihrer Vorfahren im Atrium aufzustellen, ersetzten die alten Wachs- oder Holzbilder durch neue aus Bronze oder Marmor. Diese Porträts wurden zum Teil nach den in der Hauptstadt üblichen Leitbildern geschaffen, mit veristischen Zügen, aber in einem klassizistischen Stil, der ihnen höfischen Charakter verleiht; zum anderen Teil folgten sie der guten, hellenistischen Lokaltradition und betonten die naturalistischen Elemente ganz ausdrücklich.

Wie bei der Gestaltung der Mauern, so zeigt sich auch bei den Mosaiken eine immer stärkere Regelmäßigkeit und Geometrisierung als Abwendung von der malerischen Farbigkeit des Hellenismus. Die Steinchen wurden immer winziger (bis zu acht Millimeter Seitenlänge), das Repertoire, das fast nur aus Schwarz-Weiß-Mosaiken besteht, wurde um einige Ornamente mit gebogenen Formen, wie Pelten (halbrunde Schilde) oder Flechtbänder, bereichert. Es ist die Zeit des Dritten Stils in der Wandmalerei, in der auch bei den Mosaikfußböden der Gebrauch von Farben und bewegten Formen sparsamer wird oder sogar ganz aufhört. Die Perspektive wird flacher, dafür zeigt sich ein gewisses Überhandnehmen miniaturistischer Details. Das Blütenmotiv, das zu einer ornamentalen Ausformung neigt, wie sie für den klassizistischen Geschmack der augusteischen Zeit bezeichnend ist, bleibt im Gebrauch, während die figürlichen Darstellungen auf die Wände beschränkt werden. Mit der Nutzung der neuen Marmorbrüche bei Luni (Carrara) verbreitet sich unter Augustus auch in Pompeji der Gebrauch des weißen Marmors für Schwellen, Impluvien (die nach der Einführung der öffentlichen Wasserleitungen nur noch dem Schmuck dienten) und für die dazugehörigen Tische und Zisternenmündungen. Für die kostbareren Fußböden mit Marmor-Intarsien wurden farbige Marmorsorten verwendet, die aus den kaiserlichen Steinbrüchen in den Provinzen (Numidien, Ägypten, auf den griechischen Inseln usw.) stammten.

Ein anderes Zeichen der Romanisierung ist die Einführung des Dritten Stils in der Malerei, der am stärksten vom römischen Geschmack geprägt ist. Die Reaktion auf die unruhigen architektonischen Schemata des Zweiten Stils ist ganz offensichtlich; die Wand erscheint jetzt als eine vollständig geschlossene Fläche, die in große, einfarbige Felder unterteilt wird: den schwarzen Sockel, die rote Mittel- und die weiße Oberzone. Das dabei entstehende streng symmetrische Nebeneinander ist recht einförmig; es wird belebt und aufgelockert durch zarte, an Bronzekandelaber erinnernde Gebilde, auf denen zwischen Zweigen Figürchen stehen. Sie ersetzen nun die schweren Säulen der früheren Dekorationen. Es herrscht eine klare horizontale und vertikale Dreiteilung vor, wobei lange Wände auch in fünf oder mehr Felder vertikal gegliedert werden konnten.

Die illusionistische Perspektive verschwindet dabei völlig; der kühle akademische Geschmack der augusteischen Zeit führt zum Manierismus, zu Archaismen und einer weiteren Schematisierung der wenigen Ornamente, unter denen auch ägyptische Elemente beliebt sind. Die Figurenszenen in der Wandmitte mit ihren wenigen, genau gezeichneten Gestalten, die vor hellem Hintergrund im Raum verteilt und nach dem Schema der horizontalen und vertikalen Dreiteilung angeordnet werden, sind Ausdruck klassischer Ausgewogenheit. Der dem Klassischen und Archaistischen zugewandte Geschmack ist typisch für die herrschende Klasse der augusteischen Zeit; wie jede privilegierte Gruppe verhielt sie sich Neuerungen gegenüber äußerst mißtrauisch. Der Dritte Stil gehört zur höfischen Kunstrichtung. Die Landschaften werden zu miniaturistischen Vignetten in der Mitte einfarbiger Wandfelder oder zum Gegenstand eines Mittelbildes, mit einigen leicht hingeworfenen Linien gemalt oder nur angedeutet mit einem sehr freien »Impressionismus«, der einen starken Gegensatz zur Strenge der übrigen Dekoration darstellt. Das Mittelbild wird in eine Ädikula mit gebogenem oder dreieckigem Giebel, den anmutig verzierte Säulchen aus Elfenbein oder Metall tragen, eingefügt und gehört zum festen Bestandteil der Wanddekoration. Sein Thema ist entweder mythologisch, eine Kopie oder römische Nachbildung eines griechischen Originals, oder sakral-idyllisch. Daß auch die Römer diesen letzteren Typus, die *amoenissimam parietum picturam*, für ein erst kürzlich eingeführtes Genre hielten, geht aus Plinius (NATURALIS HISTORIA XXXV, 116) hervor; hier wird die Erfindung dem augusteischen Maler Ludius oder Studius (der Name ist unterschiedlich überliefert) zugeschrieben, obwohl man schon vorher gemalte Landschaften kannte, deren Anliegen jedoch völlig anders war. Dabei wurden auch die niedrigen Kosten *(minimo impendio)* solcher Malereien als wichtiger und erfreulicher Gesichtspunkt *(blandissimo aspectu)* hervorgehoben, eine

8 Schema einer Wand des frühen Dritten Stils, sog. Kandelaber-Stil (I 11, 12)

Verbindung des Nützlichen mit dem Angenehmen, wie sie das Goldene Zeitalter hervorgebracht hatte. Die »impressionistische« Auffassung erklärte man als »Art der *compendiaria*«, also *facilitas* (Leichtigkeit), *brevitas* (Abkürzung) und *celeritas* (Schnelligkeit), ein rasches Hinwerfen, das die verwegenen Alexandriner erfunden haben sollen (*Aegyptiorum audacia*: Petronius, SATYRICON 2).

Der Dritte Stil entstand durch die Verbindung der hellenistischen Tradition mit der römischen, hieraus erklärt sich seine Eigenart. In Pompeji gibt es nur 50 Beispiele von Malereien aus dem Dritten Stil; etwa 80 Prozent des gesamten dieser Stilstufe zuzurechnenden Materials, das im Verlauf von zwei Jahrhunderten ausgegraben worden war, sind verloren.

Auch dieser Stil läßt sich in zwei Phasen unterteilen. Die erste reicht etwa von 20 v. Chr. bis 25. n. Chr., ihre Datierung wird durch einen Ziegelstempel aus dem Jahre 11 v. Chr. in der Gladiatorenkaserne (V 5, 3) und ein Graffito von 15. n. Chr. in einer Dekoration im Kandelaber-Stil in der Casa del Centenario (IX 8, 6) bestätigt. Trotz ihrer Strenge – häufig sind einfarbige schwarze, weiße oder rote Wände – zeigt sich hier noch die Herkunft vom Zweiten Stil. Die zweite, von 25

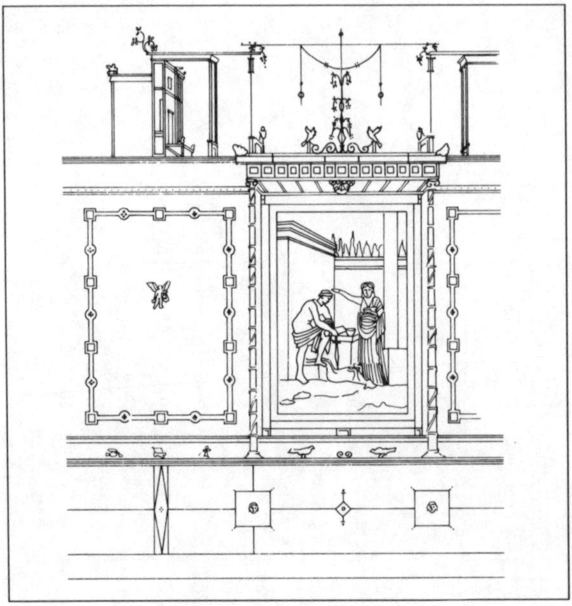

9 Wanddekoration des strengen Dritten Stils im Haus des Spurius Mesor (VII 3, 29)

bis 45 n. Chr. dauernde Phase zeichnet sich durch die allmähliche Auflösung der Kompositionselemente aus, durch die lebhafteren und unausgeglicheneren Farbkontraste – als neue Farben treten nun Blau, Blaugrün und Goldgelb hinzu –, durch die Einführung von Beiwerk wie Thyrsen (laubumkränzte Stäbe, Zeichen des Dionysos-Kults), die häufig gekreuzt dargestellt werden, dünne, gewellte oder an den äußeren Enden herabhängende Girlanden und eine Art von Kandelabern, die aus übereinandergestellten phantastischen Elementen bestehen. Der barocke Charakter des Vierten Stils wird in dieser zweiten Phase des Dritten bereits vorbereitet: in den diagonal angelegten Kompositionen (auch der Figurenbilder), in den ovalen und runden Bildformen, den konkaven und konvexen Elementen und in der erneuten Öffnung einzelner Teile der Mittel- und Oberzone, schließlich auch des Sockels.

Falls im Dritten Stil überhaupt noch ein Rest von Perspektive geblieben war, so war die Oberzone immer noch am ehesten zu einem imaginären Raum »hinter« der gemalten Wand offen geblieben; von hier ging nun der Anstoß für die Gestaltung der zarten, bewegten Architekturen aus, die gegen Ende des Dritten Stils auch in die Mittelzone, vor allem neben der Mittel-Ädikula, einzudringen beginnen: mit seitlichen Durchblicken, die erneut vor blauem, weißem oder schwarzem Hintergrund angeordnet sind und zwischen überlängten Konstruktionen in die Tiefe führen. Die Oberzone wird zunehmend unabhängiger und beginnt, eine eigenständige, beherrschende Rolle zu spielen, eine Tendenz, die im Vierten Stil noch ausgeprägter ist.

Zu den festen Bestandteilen des Dritten Stils gehörten während seiner gesamten Dauer die ägyptisierenden Elemente, die hellen, mit Lotosblüten, Sternchen und Rosetten besetzten Bänder, die vielfarbigen, immer zu mehreren nebeneinandergesetzten Streifen und die zwischen Sockel und Mittelzone eingeschobene Predella, auf der Stilleben, Vögel oder eingezäunte Gärtchen dargestellt wurden und die ihre Entsprechung in dem Fries zwischen Mittel- und Oberzone hatte.

Die neue, vom Hellenismus beeinflußte Mode der Gartenkunst *(ars topiaria)* macht sich auch in Pompeji bemerkbar; der Garten wird zu einem Ort mit heiligem Charakter, was neue architektonische und dekorative Formen bedingt. Bis dahin hatte der *hortus* unter der Aufsicht der Hausfrau gestanden (Plinius, NATURALIS HISTORIA XIX, 57), jetzt ging er in die Obhut eines *topiarius* über, eines Gärtnermeisters, der bisweilen fast die Aufgaben eines Architekten zu übernehmen hatte. Indem »Grotten«, künstliche, mit Marmor verkleidete Wasserfälle und Bäume, die den heiligen Charakter unterstreichen sollten, in Szene gesetzt werden, bezieht man sich auf Naturmythen; der alte, nur als Gemüsegarten dienende *hortus* wird so in einen anmutigen Ort der Ruhe und des Vergnügens verwandelt, der keinerlei praktischen Zwecken, sondern höchstens dem Prestige und der Repräsentation dient, hergeleitet von den architektonischen Anlagen der großen Villen. Statuetten und Gemälde von Fruchtbarkeitsgöttern (auch solche mit apotropäischem Charakter gegen den bösen Blick und die Spatzen), von Gestalten aus dem dionysischen Bereich und solche dekorativen Charakters waren in großer Fülle um marmorne Becken zu einer idyllisch-sakralen Einheit versammelt. In einer Zeit, die ihre Kenntnisse über Ägypten zur Schau stellte, wurden solche Becken auch in der Form von *euripi* angelegt, schmalen Kanälen, die den Nil oder die Bewässerungskanäle für die Blumenzucht in den Villen am Nilstrand darstellen sollten.

Nahezu immer gehörte auch ein Nymphäum dazu, das mit Schwammsteinen ausgekleidet wurde, um ihm den urwüchsigen Reiz einer Höhle zu verleihen; es war ein Ort, der sich für die sinnende Betrachtung und Verehrung der Naturkräfte, des Reichs der Nymphen und der Musen, besonders eignete. Hier spielte das Wasser die wichtigste Rolle als geheiligte Quelle des Lebens: Es floß als »naturalistischer« kleiner Bach über Marmortreppchen und bot dabei auch einen akustischen Reiz, oder es entsprang in grottenähnlichen, halbrunden Nischen, die mit figürlich verzierten Mosaiken ausgekleidet sind. Das Becken in diesen Nischen hat häufig die Form der Muschel, eines weiteren Symbols der Fruchtbarkeit. Es spielt auf die Geburt der Venus an, die hier oft dargestellt wurde als alte Gottheit des Blühens und Gedeihens und als Beschützerin des Gartens, eines der Liebe geweihten Ortes. Sie genoß vor allem in Pompeji eine ganz besondere Stellung, da sie die Schutzgöttin der Kolonie war. Sulla hatte sie besonders verehrt, sie war außerdem die Beschützerin der Seeleute, und sie verkörperte zugleich die samnitische Venus Fisica.

Diese künstliche und sich poetisch gebende, idyllische und mystische Atmosphäre, die jedoch auch sehr konkrete und realistische Züge hatte – Dionysos und der Kult des Weines wurden miteinbezogen –, mußte die Ironie der zeitgenössischen Schriftsteller herausfordern. Es sei nur an Horaz' Ausspruch: »Auch wenn man die Natur mit Gewalt vertreibt, kommt sie doch wieder zurück« (»*Naturam expellat furca, tamen usque recurret*«, EPISTULAE I, 10, 24) erinnert oder an Iuvenal, der darüber klagt, daß die Quelle der Nymphe Egeria an der Via Appia (bei der Porta Capena) mit Marmor verkleidet wurde (SATURAE III, 17–20).

Es entstand so ein typisches Phantasieprodukt dieser Zeit, die mit Mosaik verzierte Brunnennische, von der in Pompeji elf Beispiele gefunden wurden. Sie stehen alle vor – nicht in – der Rückwand des Gartens, vorwiegend in der Achse des Eingangs und, falls nicht irgendein Hindernis den Blick versperrte, von der Straße aus sichtbar. Ein solcher Brunnen nimmt die Stelle des alten Larariums ein, das hier das *heredium* (das Erbgut) bewachte. Zugrunde liegt die Idee einer Grotte, die hier verkleinert, gewissermaßen für den Hausgebrauch zusammengeschrumpft ist. Das Beispiel zeigt den verarmten Sinn für die Natur, der die Großartigkeit einer Grotte in eine rot, grün und blau glitzernde Nische übertragen wollte.

Das Wandmosaik aus vielfarbigen Steinen ist eine Neuerung dieser Jahre. Es überwiegen die künstlichen, häufig aus Glaspaste hergestellten Farben wie Blau und Grün, auch Gold (Blättchen, die zwischen zwei Platten aus Glasfluß eingelegt wurden, die man dann zerschlug). Die »Steinchen« sind sehr viel leichter als die aus Kalkstein, wie sie für Fußböden verwendet wurden, und sie haften besser in dem Stuck, was bei der feuchten Umgebung wichtig war. Ihre Form ist unregelmäßig, mehr oder weniger würfelförmig, mit unbearbeiteten Ecken. Sie wurden in eine Stuckschicht eingebettet, aber nicht geschliffen, so daß ihre Oberfläche unregelmäßig blieb und die Steinchen das Licht unter jedem Winkel reflektieren konnten, wenn sie von dem Widerschein des Wassers getroffen wurden. Nebeneinander aufgereihte Muscheln, die vor allem an den Kanten angebracht wurden, betonten die architektonische Gliederung.

Das Wandmosaik unterscheidet sich vom Fußbodenmosaik auch in motivischer Hinsicht, da sein Repertoire von den Wanddekorateuren geschaffen oder zumindest von ihren Skizzenbüchern übernommen wurde. Dieser neue Luxus, der als übertrieben galt, wurde im Jahre 58 v. Chr. von dem Ädil M. Scaurus für die Dekoration seines Theaters in Rom eingeführt. Nach Pompeji gelangte er in claudischer Zeit, als auch die Verkleidungen *(crustae)* aus Marmor schon so gebräuchlich waren, daß Plinius sie als »Erklärung« für die Dekadenz heranzog, die nach seiner Meinung in der Malerei herrschte (NATURALIS HISTORIA XXXV, 1).

Einer typisch römischen Vermischung von Heiligem und Profanem, von *decor* (Schmuck) und *utilitas* (Nützlichkeit), von Strenge, die von den Vätern ererbt war, und epikureischem Lebensgenuß entstammt die Schöpfung des Trikliniums (oder auch *biclinium*) in der Grotte eines Nymphäums oder im Freien. Von solchen Sommer-Triklinien sind bis jetzt 44 Beispiele bekannt. Wenn sie auf den Brunnen als das heilige, aber auch dekorative und nützliche Element hin ausgerichtet sind, liegen sie jeweils in der Achse. Auch die Mahlzeiten hatten eine sakrale Bedeutung, die in der Praxis jedoch wohl recht schnell vergessen wurde. Kleine Altäre aus Bronze und Terrakotta, die in großer Anzahl gefunden wurden, bezeugen den sakralen Charakter der Mahlzeiten, bei denen man jeweils einen kleinen Teil der Speisen den Hausgöttern opferte.

Die Liebe zu der Natur »nach Maß« und zur idyllischen Landschaft, die ja auch keine eigentlich unberührte Natur mehr ist, gehört zu den Gemeinplätzen der gleichzeitigen Literatur und spiegelt sich auch in der Wandmalerei. Seit der augusteischen Zeit entwickelt sich neben dem bekannten Dekorationsschema mit geschlossenen Wänden und strengen, fast geometrischen Mustern ein neuer Typus großflächiger Malereien, die den Hintergrund eines bukolischen Gartens bilden. In Pompeji gibt es sie vor allem in kleinen, engen Höfen, die dadurch verlängert erscheinen sollten. Hinter einem Staketenzaun oder einer Balustrade mit rechteckigen und halbrunden Nischen, in denen Brunnen und Statuetten stehen, erstrecken sich *silvae* (Haine) mit Sträuchern, kleinen und großen Bäumen, belebt von zahlreichen Vögeln. Die Blumenzucht scheint, wenn man diesen Darstellungen vertrauen kann, nicht besonders entwickelt gewesen zu sein. Wie beliebt diese Art von Malerei war, bezeugt Plinius der Jüngere. An der einzigen Stelle seiner ausführlichen Villenbeschreibungen, an der er überhaupt Kunstwerke erwähnt, schreibt er: »... der Anmut des Marmors gibt ein Gemälde, das Zweige und auf Zweigen sitzende Vögel darstellt, nichts nach« (»... *nec cedit gratiae marmoris ramos insidentes ramis aves pictura.*« EPISTULAE V, 6, 22).

In Dekorationen des »geschlossenen« Typus ist der *hortus conclusus* häufig als miniaturistisches Bildmotiv, gelb auf schwarzem Grund, gemalt. Es ist eine Neuerung der augusteischen Gartenkunst: streng symmetrisch und axial angelegt, mit wenigen Bäumen, dafür um so mehr Pergolen, Brünnchen, Wasserbecken, Säulchen, auf denen winzige Vasen stehen, und kleinen Portiken. Für die Rekonstruktion der *ars topiaria* geben diese Darstellungen wertvolle Hinweise.

3.5 Die letzte Phase Pompejis, von Nero bis zum Ausbruch des Vesuv (54–79 n. Chr.)

In claudischer Zeit hatte eine Krise in der Politik und Verwaltung Pompejis stattgefunden, über die man nur wenig weiß. Bei der Thronbesteigung Neros im Jahre 54 n. Chr. wurde sie durch Einschreiten des Kaisers beendet. Von da an treten im *ordo* der Magistratsbeamten nur Unbekannte auf oder Angehörige von Familien, die während der ersten Zeit der Kolonie nach Pompeji gekommen waren. Nachdem sie ein halbes Jahrhundert lang ausgeschlossen gewesen waren, da die Gruppe der von Augustus besonders begünstigten Familien sie verdrängt hatte, treten sie nun wieder in den Vordergrund.

Nach dem Erdbeben von 62 n. Chr., das einen großen Teil der öffentlichen und privaten Anlagen zerstörte – Pompeji war das Epizentrum des Bebens – und so das Leben in der Stadt erschwerte, beispielsweise durch den Wassermangel, zogen die Aristokraten auf ihre Güter außerhalb der zerstörten Stadt. Mehrere Söhne von Freigelassenen und Kaufleuten traten nun legitim in den *ordo* ein. Sie übernahmen die Ansprüche der alten Aristokratie, deren Verhalten und Geschäftsgebaren sie nachahmten. Praktisch fand lediglich ein »Wachwechsel« statt, bei dem die Plutokratie den Platz der Oligarchie der Grundbesitzer in der Verwaltung übernahm.

Die Bevölkerungsstruktur wandelte sich in sozialer und wirtschaftlicher Hinsicht; die Zahl der Armen war im Verhältnis zur Gesamtbevölkerung gestiegen, da jeder, der es sich leisten konnte, geflohen war und die Stadt in den Händen der beim Wiederaufbau beschäftigten Arbeiter und Handwerker zurückließ. Obwohl Pompeji als Kolonie unter dem Schutz Neros stand, erhielt es aus der Staatskasse keine Sondermittel für den Wiederaufbau. Die Arbeiten schritten infolgedessen nur langsam voran, wobei ein Gesamtkonzept für die Beseitigung aller Schäden fehlte. Vor dem Ausbruch im Jahr 79 n. Chr. bereits abgeschlossen waren die von Privatpersonen durchgeführten Arbeiten am Isistempel und am Amphitheater. In vielen Häusern fand man Kalk und Ziegel aufgehäuft – Amphorenscherben und Gefäße mit feinem Stuck, die alle für Restaurierungsarbeiten bereitlagen; 17 Jahre nach dem Erdbeben war der Wiederaufbau immer noch nicht abgeschlossen. Die Wirtschaft befand sich in einer Krise; da es an Lebensmitteln und Unterkünften fehlte, stiegen die Preise. Die große Masse mußte sich zwischen Ruinen einrichten. Man kann sich die Trostlosigkeit der Situation vorstellen.

Sicherlich fehlte es auch nicht an Spekulationen seitens der Besitzenden, die der Verwaltung angehörten oder sich dort von ihren Freigelassenen als Bevollmächtigten vertreten ließen, die in ihren Diensten in der Stadt zurückgeblieben waren. Es ist keineswegs so, daß man eine soziale Revolution oder den Aufstieg einer neuen Klasse anzunehmen hätte; wenn die Freigelassenen nicht einfach nur Statthalter waren, so paßten sie sich rasch dem Adel an. Zu den Spekulationsobjekten gehörten die Wiederaufbauarbeiten, der Wohnungsmarkt und die Einrichtung von Werkstätten in Wohnungen, aber auch der Verleih von Geld *(fenus)* zu Zinsen von 20 bis 40 Prozent p.a. an jene, die sich die Beseitigung der Schäden andernfalls nicht hätten leisten können.

In den wohlhabenden Häusern war der Wiederaufbau zum Zeitpunkt der Verschüttung zumeist ganz oder fast ganz abgeschlossen, vor allem in den Regionen VI und VII. Geschäfte und Werkstätten wurden schneller erneuert als Häuser und Wohnungen. Das Handelszentrum verlagerte sich vom Forum vor allem in die Via Stabiana und die Via dell'Abbondanza, an denen zahlreiche Läden, Werkstätten und Hotels eröffnet wurden. Diese beiden Verkehrsadern, die an die alten Handelsstraßen erinnern, an deren Kreuzung Pompeji entstand, bekamen Bedeutung, nachdem Pompeji nun nicht mehr wie zuvor das Zentrum von Politik, Landwirtschaft und Handel war. Nach der Zerstörung des gesamten pompejanischen Ackerlandes wurden viele landwirtschaftliche Produkte aus Nocera eingeführt, wie Seneca bezeugt (QUAESTIONES NATURALES IV, 1, 1: »*Vexatis quaecumque adiacebant regionibus*« (»Auch die Umgebung wurde in Mitleidenschaft gezogen«), und VI, 1, 2: »*Nucerinum colonia ut sine clade non sine querela est*« (»Die Kolonie von Nuceria erlitt zwar keinen Schaden, hat sich aber zu beklagen«). Die verschlechterten Lebensbedingungen müssen bei den Allerärmsten zur Entwicklung eines gewissen Klassenbewußtseins geführt haben, denn in einem Wahlprogramm aus den letzten Jahren tritt eine Gruppe von *pauperes* als

Anhänger eines bestimmten Kandidaten auf. Es gab Importe von Öl aus Afrika, von *garum*, einer sehr gefragten Fischsoße, aus Spanien, von Wein aus verschiedenen Anbaugebieten in Kampanien, in Sizilien und in der Ägäis, von Keramik aus dem südlichen Gallien und dem östlichen Griechenland – alles Produkte, die auch in Pompeji und seiner Umgebung erzeugt wurden. Diese Einfuhren scheinen nicht durch einen Rückgang der Landwirtschaft oder der Industrie bedingt zu sein, obwohl man im Fall der Vesuvstädte an eine vorübergehende Krise nach dem Erdbeben von 62 n. Chr. denken könnte, denn gleichzeitig nimmt die Ausfuhr kampanischer Produkte nicht ab. Anscheinend reichte das Angebot der lokalen und regionalen Märkte nicht mehr aus, um die vielfältiger gewordene Nachfrage zu befriedigen.

Es ist festzustellen, daß die – aus Capua stammenden – Bronzegeräte nicht mehr das Niveau des augusteischen Kunsthandwerks erreichen, es tritt vielmehr eine Vereinfachung und Standardisierung ein. Sie sind zu Gebrauchsgegenständen geworden, die in großer Anzahl serienmäßig hergestellt werden. Das Phänomen ist nicht auf diesen Industriezweig beschränkt, sondern es zeigt sich auch auf dem Gebiet der Keramik und des gesamten übrigen Kunsthandwerks, und zwar in ganz Italien; der Beitrag des Hellenismus war allmählich aufgebraucht.

Die beim Wiederaufbau nach der Katastophe gebräuchlichen Mauertechniken sind dieselben wie früher, nur daß sie jetzt vermischt angewandt werden, was darauf zurückzuführen ist, daß man den Gebäudeschutt aus den alten, zusammengestürzten oder später abgerissenen Mauern zur Verfügung hatte. Einige Häuser wurden in regelrechte Lager für Abbruchmaterial verwandelt, oder sie dienten als eine Art Steinbruch wie vor allem in der *regio* VIII, wo mit Ausnahme der *insula* 2 fast nichts restauriert wurde. Typisch für diese Zeit ist die häufige Verwendung von brüchigem gelbem Tuff für *opus mixtum* und *reticulatum* und von dreieckigen Backsteinen, die ungestempelt sind und aus einer anderen Fabrik stammen als die Ziegel (vielleicht aus Pozzuoli). Eine kaiserliche *figlina* (Ziegelei) im Besitz der Poppaea, der zweiten Frau Neros, ist für das pompejanische Gebiet auf einem Wachstäfelchen aus Herculaneum bezeugt. Bögen, Pfeiler, Kanten und Verstärkungen wurden aus Ziegeln gemauert. Unbrauchbares Material wurde außerhalb der Stadt in der Nähe der Mauern abgeladen.

Eine städtebauliche Neuordnung mit Maßnahmen zum Schutz vor Erdbeben, etwa wie in Messina nach dem Erdbeben von 1908, fand nicht statt. Die Zentral-Thermen nahmen nun sogar den Bürgersteig ein, so daß der schmale Durchgang noch enger wurde. Andere Straßen und Gassen wurden für den Verkehr geschlossen. Die Häuser wurden um ein oder zwei Stockwerke erhöht, zu große Türen und Fenster im Erdgeschoß ganz oder teilweise zugemauert, um das Obergeschoß besser tragen zu können. Zur Verstärkung dienten einige Bögen oder Pfeiler aus Ziegeln mit Tuff- oder Kalksteinblöcken dazwischen. Das vulkanische Gestein des *opus incertum* erlaubt keine Aufstockungen ohne eine beträchtliche Verbreiterung der Mauern. Die oberen Stockwerke wurden deshalb in dem leichten *opus craticium* erbaut, einem Fachwerk aus Holz, das mit geflochtenem Stroh und darübergeschmiertem Mörtel ausgefüllt wird. Die Wohnungen haben meist einen eigenen Eingang, den man von der Straße über eine – ohne allzu viele Umbauten angelegte – Treppe erreicht. Solche Wohnungen kosteten wenig, waren rasch zu errichten und nahmen den übrigen Mieträumen kaum Platz weg. Daneben fehlt es nicht an wertvollen Beispielen der Baukunst, an Mosaiken und Malereien, deren Eigenart in der Verbindung und Vermischung überlieferter, bisweilen banalisierter Formen liegt.

Bei den Mosaiken ging man dazu über, große Felder in einer Art von *horror vacui* mit Ornamenten auszufüllen. Die Steinchen wurden größer, die Ausführung weniger sorgfältig. Nach dem Erdbeben wurden in viele Mosaiken *emblemata* eingesetzt, die aus dünnen, geometrisch geschnittenen Marmorplättchen in verschiedenen Farben zusammengesetzt waren (bei Bruchmaterialien eben so gut es ging). Diese Technik des *opus sectile* wurde auch in verfeinerter Form eingeführt: mit Plättchen, die in der Form von Pflanzen zugeschnitten waren (für Fußböden) oder solchen in Form von Figuren (für Wanddekorationen). Solche Plättchen gibt es auch aus Glas in Rot, Blau, Grün, Weiß und vergoldet; sie glänzen stärker und sind besser gearbeitet als die geometrisch geformten Beispiele. Plinius beschreibt diese neue, wahrscheinlich aus Alexandria stammende Dekorationsform, die in claudischer Zeit entstand, und beschuldigt sie, wie schon gesagt wurde, als Ursache für den Niedergang der Malerei: *»Pictura, arte quondam nobili, nunc in totum marmoribus pulsa; coepimus et lapide pingere«* (»… die Malerei, einst eine edle Kunst, jetzt vom Marmor ganz vertrieben; man beginnt sogar damit, aus Stein zu malen«, NATURALIS HISTORIA XXXV, 1). Die claudische Datierung, die aus dieser Plinius-Stelle zu erschließen ist, wird durch die Mosaikdekorationen der Brunnennischen bestätigt; fast die Hälfte davon, und zwar die weniger prächtigen, stammt aus der Zeit vor dem Erdbeben. Die späteren sind monumentaler und entsprechen der Entwicklung der gleichzeitigen Wandmalerei.

Private Bäder erbaute man nicht mehr; drei der 25 republikanischen Privatbäder, von denen man weiß, daß sie noch in Benutzung waren, wurden abgeschafft.

Die Malerei dieser Zeit, der sogenannte Vierte Stil, entwickelt sich schrittweise aus den Wandmalereien der »barocken« Endphase des Dritten Stils. Es lassen sich zwei stilistisch und zeitlich unterschiedene Gruppen feststellen. Die erste, claudisch-neronische Phase, die von 41 bis 68 n.Chr. dauerte, die in Pompeji aber praktisch mit dem Erdbeben von 62 n.Chr. abgeschlossen ist, findet man vor allem auf den Wänden, die nach dem Erdbeben keine Restaurierung erfuhren, z.B. in der Villa Imperiale, der Villa des Fabius Rufus, in den *alae* des Vettier-Hauses, im Atrium und im Peristyl der Casa di Paquio Proculo. Die zweite, flavische Phase dauerte von 69 bis 79 n.Chr..

10 und 11 Beispiele von Dekorationen aus der Blütezeit des Vierten Stils, Casa delle Vestali (VI 1, 7)

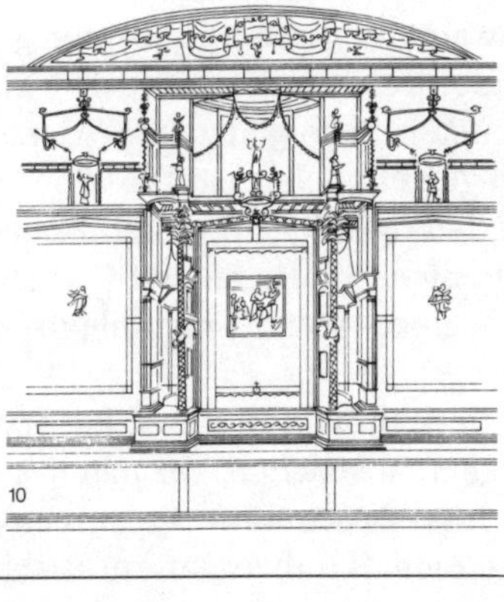

Bei der ersten Phase ist die Grundlage des Dritten Stils deutlich zu erkennen: in der Anlage der Systeme, die jetzt fast ausschließlich aus aufgehängten Teppichen bestehen mit den typischen textilen Mustern an den Rändern, die – wenn auch vereinfacht und banalisiert – zum Formenschatz des gesamten Vierten Stils gehören, und in der Sorgfalt, mit der die Details leicht und gefällig ausgeführt sind. Neu ist die Dezentralisierung der Wand, die harmonische Verteilung großer, aneinandergereihter Tücher oder Teppiche (die sich »im Freien« im Wind blähen), die abwechseln mit schmalen Durchblikken auf zarte, leuchtende architektonische Luftgebilde, die sich in dem weißlichen Hintergrund auflösen. Auf die Mitte dieser Teppiche, die den Blick abschließen und zwischen diesen zweistöckigen Pavillons mit ihren komplizierten, bisweilen gerundeten Formen und zarten Farben aufgehängt zu sein scheinen, sind kleine Bildchen oder schwebende Gestalten gemalt.

Dieses Wandsystem erinnert an den hellenistischen Brauch, Bilderteppiche aufzuhängen. Vom ägyptischen Herrscher Ptolemäus Philadelphos (um 250 v. Chr.) weiß man, daß sein Prunkzelt so ausgeschmückt war, und auch die gesamte Ausstattung mit ornamentalem Beiwerk wie leichten Pfosten, Säulchen mit Palmstämmen, Dreifüßen und Adlern, die auf den Akroteren (Giebelverzierungen) sitzen, kennt man. Die Wandmalereien atmen die gleiche dionysische Atmosphäre, die dann Fabullus (oder Famulus, je nach den Handschriften) so meisterhaft bei der Ausstattung der *Domus Aurea* zur Geltung brachte (Plinius, NATURALIS HISTORIA XXXV, 120).

Die Malereien des Vierten Stils sind in einem wärmeren Ton gehalten; für das Beiwerk wie Säulen, Kandelaber und Gebälke benutzt man statt des zarteren Cremeweiß des Dritten Stils einen goldgelben Ton. Durch das Nebeneinander der großen rot-, gelb-, blau- oder schwarzgrundigen Flächen entsteht eine glänzende Wirkung, die zugleich aber auch simpler und gewöhnlicher ist. Dieselbe Wirkung berechneter Gegensätze ist in den figürlichen Szenen zu beobachten mit ihrer Fülle von Gestalten, die in kräftigen, mit Glanzlichtern schimmernden Farben in bewegten heroisch-mythologischen Szenen dargestellt sind.

Die Figurenbilder, deren Anzahl verhältnismäßig groß ist, erweisen sich als getreue Kopien ihrer hellenistischen Vorbilder, auch wenn sie bisweilen dem römischen Geschmack entsprechend schwerfällig erscheinen oder von einem Handwerker verunstaltet sind. Es besteht hier ein gewisser Gegensatz zu der Spontaneität und Geschicklichkeit, die bei den ornamentalen Teilen der Wand hervortreten, wo der Maler und seine Mitarbeiter ihren Einfällen freieren Lauf lassen konnten. Atmosphärische Wirkungen, verschwimmende Durchblicke zwischen kühnen Architekturen und der impressionistische, lockere Pinselstrich bei den zusätzlichen Ornamenten, die auf den warmen Farbgrund der Felder gemalt sind, verwandeln die Wand in eine verzauberte Welt jederzeit verfügbarer Träume. Dieses komplizierte Gesamtwerk aus – alles in allem – luftiger Leichtigkeit, Elementen, die im Licht flimmern, einer unruhig schweifenden Phantasie muß aus einer gewissen Entfernung gesehen werden, während die Dekorationen aus dem Dritten Stil zu einem Blick aus der Nähe einladen, um durch die Feinheit der mit äußerster Zartheit ausgeführten Details zu verblüffen.

In der zweiten, der flavischen Periode, während der letzten zehn Lebensjahre der Stadt, zeigt sich einerseits eine gewisse Verhärtung, eine Verflachung und ein Überwiegen der horizontalen und vertikalen Elemente anstelle der vielseitigen Elastizität der neronischen Phase. Es entsteht ein Malereitypus mit weißen, roten oder rotbraunen Feldern (»Felderstil«) ohne illusionistische Veduten und mit stereotypen Ornamenten. Daneben blüht ein anderer Typus, in dem der Illusionismus vorherrscht, in dem die architektonischen Elemente Teppiche oder Felder verdrängen und sich zu regelrechten Szenographien zusammenschließen, die die gesamte Wandfläche bedecken, belebt von allegorischen und heroischen Gestalten – Apollon mit den Musen, Zeus und seine Geliebten, Dionysos und seine Gefährten – oder von Athleten, die dadurch einen Hauch von Unsterblichkeit bekommen. Hier beginnt der Vierte Stil sich wirklich vom Dritten zu lösen. Nachdem er sich einmal von diesem Erbe befreit hat, wächst seine Bereitschaft, sich des Zweiten Stils zu erinnern, jedoch immer durch den Filter des Dritten.

In der Vielfalt der Systeme, die geschlossen oder teilweise oder ganz geöffnet sein können, die einmal auf den Dritten, einmal auf den Zweiten Stil zurückgreifen, spiegelt sich der eklektische Geschmack der Römer, der eine Unterscheidung in homogene Gruppen oder Arbeiten bestimmter Werkstätten erschwert. Die Zahl der Werkstätten muß groß gewesen sein; man denke nur an die vielen Quadratmeter, die während der 17 Jahre nach dem Erdbeben bemalt worden waren, wobei noch zu berücksichtigen ist, mit welcher Langsamkeit die Wiederaufbaumaßnahmen in Angriff genommen wurden und daß man erst nach der Erneuerung oder Verstärkung einer Mauer an ihre neue Bemalung gehen konnte. Die Bilder und die übrige Dekoration waren das Werk verschiedener Maler, die Bildermaler wurden häufig von einem Bauunternehmer an den anderen weitergegeben.

Die bereits erwähnte Farbigkeit zeigt sich auch in der Verzierung der vorspringenden Stuckgesimse zwischen Wand und Decke. Vor dem Vierten Stil waren sie glatt und weiß, wie es Vitruv vorschreibt, um die Reinigung, die besonders im Winter wegen des Rußes nötig war, zu erleichtern (VII, 3, 4: *»Corona … pura fieri debent, ut ea facilius extergeantur«*). Jetzt verziert man sie mit Lotos- und Palmettenreliefs, die mit einem Stempel eingedrückt und dann rot und blau bemalt wurden. Allgemein ist ein neues Interesse an Stuckreliefs festzustellen, die in den Bädern ganze Wände oder auch die Decken überziehen. Auch hier greift man auf einen im Zweiten Stil verbreiteten Brauch zurück, den der Dritte abgelehnt hatte, da er ihm zu bewegt und plastisch erschien.

Auch die Nilszenen mit Pygmäen erscheinen wieder als eine auf größeren Maßstab gebrachte Neufassung der miniaturistischen Beispiele im Zweiten Stil, wo sie eine recht untergeordnete Rolle gespielt hatten. Neu ist die Einführung großer Landschaften mit wilden Tieren *(paradeisoi)* – ursprünglich, in den großen Gärten der kleinasiatischen Paläste, ein Vorrecht der Könige – und der mythologischen Landschaften; sie werden auf die Rückwand des Peristyls gemalt, wo sie von der Eingangstür aus gut sichtbar waren.

Neben dieser in ihrer Herkunft und ihrem Anspruch höfischen Malerei, die voller literarischer, philosophischer und fremdartiger Anspielungen steckt, gibt es eine volkstümliche Richtung, in der die intellektualistische Note fehlt, die aber mehr über das alltägliche Leben aussagt. Ihr lokaler und aktueller Inhalt band den Maler nicht an die Fesseln von Musterbüchern, auch nicht an die Kompositionsmuster von Proportionen und Harmonie. Diese Richtung findet man in den Malereien auf den Häuserfassaden, den Ladenschildern, den Lararien und in den »journalistischen« Darstellungen wie der Rauferei im Amphitheater (aus dem Peristyl des Hauses I 3, 23; jetzt im Neapler Nationalmuseum) oder den Gelage-, Gasthaus- und Bordellszenen. Es handelt sich fast immer um Malereien aus der letzten Phase, da sie meist an Stellen angebracht waren, wo der Verputz nicht lange hielt, aber auch, weil sie aktuell zu sein hatten; auch wer nicht lesen konnte, mußte genau verstehen, um was für einen Laden es sich handelte oder welche religiösen Anspielungen oder Ermahnungen in einem Heiligtum gegeben wurden. Leider sind die vielen phallischen Priapos-Bilder fast völlig verschwunden, die in der Nähe der Eingangstür dargestellt waren und eindeutig apotropäische Funktion – gegen den bösen Blick – hatten. Sie sind im allgemeinen weißgrundig, in einigen seltenen Fällen auch gelbgrundig und mit breiten Pinselstrichen in wenigen Farben recht unbefangen gemalt.

Diese Malereien gehören zur sogenannten »Volkskunst«, sie zeigen ganz deutlich ihre Herkunft von der »original« römischen Malerei.

4 DIE HANDWERKER

Trotz der reichen Überlieferung in den Vesuvstädten, die sozusagen eine Momentaufnahme des römischen Lebens am Ende des 1. Jahrhunderts vermittelt, gibt es nur wenige und bruchstückhafte Hinweise auf die Organisation, die Herkunft und die soziale Stellung der Handwerker, die das schufen, was man heute noch sieht. Man pflegte die Werke nicht zu signieren, und in den Widmungsinschriften der öffentlichen Gebäude werden im allgemeinen nur die Namen der Auftraggeber und der Geldgeber genannt.

4.1 Die Architekten

Anläßlich der Restaurierung des Teatro Grande in augusteischer Zeit wird jedoch der Name des Architekten erwähnt: M. Artorius Primus, ein Freigelassener der oskischen Familie der Artorii. Er wird auch in einer Inschrift, die sich auf die Restaurierung der Basilika bezieht, genannt.

Dann kennt man einen Freigelassenen namens Diomedes, der Architekt und Maler war (bekannt aus einer im vorigen Jahrhundert publizierten Inschrift im Neapler Museum). Im Haus VII 7, 5 kratzte ein gewisser *Cresce(n)s architectus* in den Verputz, wobei er das Wort *architectus* zu einem Schiff umformte. Er hatte hier ein Fenster ausgebessert. Schließlich gab es im Atrium des Hauses IX 6, 5 die Inschrift *Gratus architec(tu)s* im Fußbodenbelag aus *opus signinum*. Dieses 1879 mit 117 Arbeitern ausgegrabene Haus gehört mit seinen fast 500 Quadratmetern zu den bescheideneren der ersten Gruppe (vgl. S. 46 ff.). Zur Zeit der Verschüttung wurde es gerade restauriert. Es ist nicht gesagt, daß Gratus der Eigentümer war; die Inschrift besagt, daß Gratus den Fußboden aus (ziemlich schlechtem) *opus signinum* auf seine Kosten *(p(ecunia) s(ua))* herstellen ließ. Vielleicht handelt es sich um ein gemietetes Haus, das Gratus restaurierte. Im Haus fand man einen Zirkel *(circinus)*, was dafür spricht, daß hier ein Architekt wohnte, außerdem ein Versteck mit Geld, insgesamt 241 Sesterzen (das Barvermögen eines pompejanischen Mittelständlers belief sich im allgemeinen auf etwa 200 Sesterzen). Der Name – und der seiner Quartilla – deuten auf eine Herkunft aus dem Sklavenstand.

Der Architekt war im allgemeinen auch der Bauunternehmer, in diesem Fall haftete er auch für die Dauer der Bauarbeiten; bei öffentlichen Aufträgen galt dies bis zur Bauabnahme *(probatio)* durch den Magistrat, der dann die Verantwortung übernahm. Der Auftraggeber konnte die Baumaterialien auswählen und Ratschläge erteilen, ebenso die Arbeiter, aber nur der Architekt kann sich vorstellen, wie die Wirkung des vollendeten Baus sein wird (vgl. Vitruv VI, 8, 9–10). Von den Maurern kennt man zwei, die ihre Namen in eine Tuffplatte meißelten, die in die Mauer eingefügt wurde. Die eine mit dem Namen eines *Mario structor* wurde in der Villa von Boscoreale gefunden, die andere, mit dem Namen eines *Diogenes structor* und der Darstellung seines Werkzeugs – Spaten, Maurerwaage, Maßstab, Spatel, Steinmetzhammer, Kelle: alle beschützt von einem Phallos – in der Umfassungsmauer des Hauses VII 15, 2 in Pompeji (jetzt im Antiquarium). Wahrscheinlich handelt es sich bei diesen beiden um Maurermeister.

Die Baumaterialien stammen zum größten Teil aus Pompeji. Die Fabriken des L. Eumachius und des L. Saginius stellten Ziegel her, unter Verwendung von Meeressand, wodurch die Oberfläche körnig wurde. Wegen der minderen Qualität des einheimischen Tons importierte man auch aus anderen Teilen Kampaniens Ziegel. Die dreieckigen roten Ziegel, die glatt und von bester Qualität sind, kommen wohl aus Pozzuoli, das berühmt war für seinen roten vulkanischen Sand.

4.2 Die Mosaizisten

Die Arbeit an den Mosaiken wurde geteilt zwischen den *museiarii*, die die figürlichen oder dekorativen Teile ausführten, und zwar nach Kartons, die ihrerseits von spezialisierten Zeichnern vorbereitet wurden, und den *tessellarii*, die dann den Rest des Fußbodens ausführten.

Der feste Aufbau des Fußbodens wurde sorgfältig vorbereitet; Vitruv (VII, 1, 3–5) und Plinius (NATURALIS HISTORIA XXXVI, 186–187) geben hierzu genaue Anweisungen: Über einem gut geebneten und trockenen Untergrund beginne man mit dem *statumen*, einer Schicht von faustgroßen Steinen. Diese bedecke man mit dem ¾ Fuß hohen *rudus* (Mörtel), der zu drei Vierteln aus Bruchsteinen und zu einem aus Kalk bestehen muß. Schließlich streiche man darüber den *nucleus* (»Kern«), der zu drei Vierteln aus zerstoßenen Tonziegeln und zu einem aus Kalkstein gemischt wird, in einer Dicke von sechs Fingern (zwölf Zentimeter). In diese Schicht werden die Linien eingeritzt, nach denen dann die Mosaiksteine gelegt werden, wobei man sie in eine darübergelegte dünne Stuckschicht eindrückt. Die Oberfläche wurde mit Schnur und Wasserwaage *(ad regulam et libellum)* sorgfältig geebnet, geschliffen und mit einer Schutzschicht aus Kalk und Sand bestrichen.

Da diese Arbeit von Freigelassenen oder Sklaven ausgeführt wurde, die als gewöhnliche Arbeiter galten, ist es selten, daß die Namen der Ausführenden, der Mosaizisten oder der Maler, genannt werden. Es ist klar, daß es sich hier nicht um große Kunst, sondern um Handwerk handelt, und zwar auch bei den *emblemata*, deren Ausführung einer ganzen Schar von Handwerkern verdankt wird, Kopisten, die zum Teil hervorragend waren, denen jedoch die schöpferische Eigenständigkeit fehlt. Es ist andererseits auch zu bedenken, daß der Begriff »Kopie« nicht diesen abwertenden Sinn hatte, den wir ihm heute zulegen, und man muß sich vor Augen halten, daß der Auftraggeber nichts anderes erwartete, sondern ausdrücklich eine Kopie bestellt hatte. Die etwa 30 in Pompeji gefundenen *emblemata*, die in der Werkstatt auf einer Travertinplatte oder einem Ziegel mit aufgebogenen Rändern gearbeitet wurden, können aus dem Orient importiert sein, wahrscheinlich ist jedoch, daß sie aus einer kampanischen oder pompejanischen Werkstatt stammen. Einige scheinen an Ort und Stelle ausgeführt zu sein, da die Unterlage fehlt. Der farbige Kalkstein, der seine Färbung verschiedenen metallischen Oxyden oder Hydroxyden in den Felsen verdankt, findet sich in der Umgebung des Vesuv. Eine petrographische Untersuchung des Alexandermosaiks aus der Casa del Fauno ergab, daß auch hier Mosaiksteinchen aus der Umgebung verwendet wurden.

Zwei in der sogenannten Villa des Cicero gefundene *emblemata*, die Szenen der Neuen Komödie darstellen, tragen den Namen des Dioskurides von Samos, der sicherlich der Kopist war. Es ist jedenfalls eine Bestätigung für kulturelle Beziehungen zwischen Kampanien und dem griechischen Osten. Andere in Pompeji gefundene »Signaturen« von Mosaizisten sind nicht zweifelsfrei zu erklären, *Festus cum Torquato* im Haus II 5, 9–19 müssen nicht notwendigerweise der Meister und sein Gehilfe sein, es könnte auch der dargestellte *bestiarius* und eines der ihn umgebenden wilden Tiere sein. Leider wurde das Mosaik gleich nach seiner Entdeckung im vorigen Jahrhundert verkauft. Felix, der im Hause des Architekten Gratus vorkommt, ist jedenfalls kein *museiarius*, da sein Name in einem Fußboden aus *opus signinum* erscheint.

Häufig arbeiteten Mosaizisten, Maler und eventuell der Architekt beim Entwurf der Räume und der Dekorationen zusammen, und zwar so, daß zum Beispiel in einem *cubiculum* mit Alkoven oder einem Triklinium mit Vorzimmer Fußboden und Wände die Gliederung des Raumes berücksichtigen, sie widerspiegeln und betonen. Der Mosaizist zerstörte jedoch nie die Regelmäßigkeit seines Entwurfs, um ihn an eventuelle Unregelmäßigkeiten des Raumes anzugleichen. Für die Brunnen benutzten die Mosaizisten dieselben Kartons oder Musterbücher wie die Wandmaler. Die Funktion eines Raumes kann selbstverständlich auch das Thema der Dekoration bestimmen, in Bädern stellt man Schwimmer, am Hauseingang einen Wachhund dar. Es ist nicht gesagt, daß sich die im Eingangsraum dargestellten Motive immer auf den Beruf des Hausherrn beziehen; die dort häufig vorkommenden Themen aus dem Bereich des Meeres – Anker, Steuerruder, Leuchtturm, Delphine, Seepferde, Dreizack und ähnliches – können nicht alle bedeuten, daß der Hausherr Seehandel betrieb, auch wenn dies ein wichtiger Geschäftszweig in Pompeji war. Es handelt sich vielmehr um gebräuchliche Motive, die zum ornamentalen Repertoire einer – zumindest in Pompeji – zeitlich eng begrenzten Periode (zuerst findet es sich in Delos) gehören und die auch in anderem Zusammenhang ohne bestimmte Anspielungen verwendet werden, da sie reine Schmuckformen sind.

Der Auftraggeber entschied natürlich über das Material – *opus signinum*, Mosaik, Einlegearbeiten aus neuen oder wiederverwendeten Marmorplättchen – und die Wahl der Motive – geometrisch oder mit Figuren –, immer im Rahmen dessen, was dem Mosaizisten an Vorbildern zur Verfügung stand und den wirtschaftlichen Möglichkeiten und dem persönlichen Geschmack entsprach. Wenn er sich ein *emblema* leistete, so wollte er eine haltbare Kopie nach einer Malerei besitzen; auch juristisch galt es als eine eigene Gattung.

4.3 Die Maler

Der in Pompeji erhaltene Bestand an Wandmalereien bestätigt die – in den Schriftquellen überlieferte – Unterteilung der Maler in die Gruppen der *imaginarii* und der *parietarii*, von denen erstere das Doppelte verdienten. Wahrscheinlich waren sie in Gruppen organisiert, entweder ein Meister mit seinen Gehilfen oder ein Unternehmer mit seinen Untergebenen, Sklaven oder Freigelassenen. Man weiß, daß ein Sklave, der Maler war, viel kostete *(pretiosus pictor)*. Er gehörte zur Werkstatteinrichtung und konnte mit ihr verkauft werden. Der Arbeitstag dauerte von Sonnenaufgang bis Sonnenuntergang, ohne Pause. Von Fabullus oder Famulus wird ausdrücklich berichtet, daß er nur wenige Stunden am Tag auf dem Gerüst der *Domus Aurea* stand (Plinius, Naturalis historia XXXV, 120). Aus Ostia kennt man eine Grabinschrift, die von den *collegae pingentes* einem ihrer Arbeitskollegen geweiht wurde. In Pompeji konnte bis jetzt noch keine Malerwerkstatt ausgemacht werden, vielleicht deshalb, weil solche Werkstätten nur wenig charakteristisch sind: Die Ausstattung *(instrumentum)* ist spärlich und wenig haltbar, außerdem wurden die Arbeiten im Haus des Auftraggebers durchgeführt. In den Wahlprogrammen, die weit sichtbar auf die Hauswände gemalt wurden, fehlen Hinweise auf Vereinigungen von Mosaizisten oder Malern, während zahlreiche andere Berufsgruppen erwähnt werden.

In der Werkstatt ausgeführte, auf Stuck gemalte und in eine Kassette aus Holz eingefügte Bilder (*picturae excisae … inclusae in ligneis formis*; Vitruv II, 8, 9), die dann in eine Wand eingesetzt wurden, finden sich selten; dieses System wurde fast nur bei Restaurierungen angewendet, um besonders wertvolle Bilder zu retten. Das Verfahren wurde übrigens aus ähnlichen Gründen entwickelt, als nämlich die Römer in Großgriechenland und in Griechenland selbst berühmte oder ihnen sonst irgendwie zusagende Bilder raubten, die sie aus den Wänden lösten und in einen Rahmen setzten, um sie an den Mauern der Tempel in Rom anzubringen. Von den zehn in Pompeji bezeugten Beispielen haben sich nur die erhalten, bei denen die Kassette nicht aus Holz war; von den anderen blieb nichts als die Aussparung, da das morsche, zu Staub zerfallene Holz die Malereien herabstürzen ließ. In den weniger kompakten Schichten in Pompeji, das von einem Regen aus Bimssteinchen und Asche begraben wurde, blieb das Holz nicht erhalten, während es in Herculaneum von dem

Schlammstrom, der dann zu einer festen Masse aus Tuff erstarrte, eingeschlossen wurde und sich in Kohle verwandelte. Hier fand man eine solche Holzkassette, die ein Fresko mit Putten enthält, und andere Spuren von verkohltem Holz in derartigen Einlassungen.

Von der Tafelmalerei ist nichts erhalten außer den Widerspiegelungen, die sie in der Wandmalerei hinterlassen hat. Dabei war es gerade sie, die für Plinius die große Malerei darstellte: »*Sed nulla gloria artificum est nisi qui tabulas pinxere*« (»Aber nur die Tafelmaler verdienen Ruhm«, NATURALIS HISTORIA XXXV, 118). Als Bewunderer von Originalbildern unterschätzte er die ornamentale und architektonische Funktion der Wandmalerei, deren Nachteil es war, daß sie bei Bränden nicht weggeschafft werden konnte. Selbstverständlich waren die Dekorationen nicht das Werk großer Künstler, sondern fähiger Handwerker, die mit erfinderischer Begabung – von der einer mehr, ein anderer weniger besaß – die in ihren Musterbüchern enthaltenen Vorlagen ausarbeiteten und dabei ihre Virtuosität und die Verfeinerung ihrer Technik mehr im Dekorativen als in den Bildern selbst bewiesen.

Man kennt nur den Namen eines einzigen Malers; er hatte in der letzten Phase Pompejis den *paradeisos* im Haus des Octavius Quartio (II 2, 2) gemalt und mit »*Lucius pinxit*« signiert. Von ihm könnten auch andere, ähnliche Dekorationen stammen, beispielsweise in der Casa dell'Efebo (I 7, 11) oder im Haus des M. Lucretius Fronto (V 4, 11).

Als mit dem Ende des Ersten Stils, der mehr das Werk von Stukkateuren als von Malern war, die Blütezeit der architektonischen Wandmalereien begann, trugen die *pictores scaenarii* (Bühnenbildner) wohl nicht wenig zur Ähnlichkeit des Zweiten Stils mit Theaterdekorationen bei, indem sie vermutlich die ersten Trupps der Wanddekorateure ausbildeten. Man weiß von einem Bühnenmaler namens Serapion (aus Alexandria?), der die *maeniana* (Balkone) auf dem Platz unter den *tabernae veteres* am Forum Romanum mit einem einzigen Bild, ohne menschliche Figuren, ausmalte (Plinius, NATURALIS HISTORIA XXXV, 112–113).

In technischer Hinsicht waren die Wandfresken besser als die des Mittelalters und der Renaissance. Vitruv (VII, 3, 3–9) legt besonderen Wert auf die sorgfältige Vorbereitung des Untergrundes, der bis zu sieben Schichten haben konnte und nach der Stukkatur der Decke und der Gesimse angebracht werden mußte. Je nach der Wichtigkeit des Raumes konnten auch Ziegel oder Bleiplatten mit Klammern an den Wänden befestigt werden, um durch den so entstandenen Zwischenraum das Eindringen von Feuchtigkeit und damit die Beschädigung der Fresken zu vermeiden. Oder man konnte in die unterste, grobe Mörtelschicht, mit der die unregelmäßige Oberfläche des Mauerwerks eingeebnet wurde, Terrakottascherben mischen. Die drei folgenden groben Schichten aus Kalk und Sand wurden in der Praxis oft zu einer einzigen zusammengefaßt, ebenso wie die drei nächsten. Sie bestanden aus Marmorstuck, wobei das Marmorpulver in der Praxis häufig durch Kalzit ersetzt oder mit pulverisierten Tonscherben vermischt wurde. Die Schichten wurden zur Oberfläche hin immer dünner aufgetragen, die Körnung blieb jedoch immer dieselbe. Die oberste Schicht war nur ein dünner Film von weniger als einem Millimeter; alle zusammen waren im Durchschnitt ungefähr acht Zentimeter dick. Danach wurde, falls nötig, eine Vorzeichnung angefertigt. Für die Architekturen des Zweiten Stils verwendete man Okkerfarbe, ein traditionelles, von den Griechen übernommenes Verfahren, das nach dem Zweiten Stil aber nicht mehr angewendet wurde. Handelte es sich um feinere Motive, so wurden sie mit einem Stäbchen oder einem Zirkel vorgeritzt – auch bei den Figurenbildern des Vierten Stils – oder mit einer Schnur, die oft vorher in Farbe getaucht worden war, in den noch weichen Ton gedrückt, wobei für die Vertikalen ein Faden mit einem Bleigewicht verwendet wurde. Danach trug man die Farben auf den noch frischen Verputz *(udo tectorio)* auf, »... damit sie sich nicht ablösen, sondern immer daran haften bleiben« (»*ideo non remittunt sed sunt perpetua permanentes*«: Vitruv VII, 3, 7), da sie dann von einem durchsichtigen Film aus kohlesaurem Kalk festgehalten werden, der durch die Reaktion des gelöschten Kalks im Verputz auf die Berührung mit Luft entsteht und die Farben überzieht.

Die Technik, die Perfektion und die Jahrhunderte dauernde Widerstandskraft der römischen Wandmalereien waren seit der Entdeckung Pompejis Gegenstand gelehrter Erörterungen, doch sind die Probleme immer noch nicht eindeutig geklärt. Die Spezialisten sind in zwei Lager geschieden. Die eine Gruppe unterstützt die Theorie einer Temperamalerei auf trockenem Verputz, wobei den Farben irgendein Bindemittel beigemischt wurde. Für die andere Gruppe handelt es sich um Malereien, die auf frischen Verputz *(a fresco)* gemalt wurden, ohne den Farben organische Bindemittel beizumengen (abgesehen von einigen Ausnahmefällen), da diese durch Mikro-Organismen während der 2000 Jahre, in denen Feuchtigkeit auf den Verputz einwirken konnte, eine Auflösung der Farben bewirkt hätten. Die zweite These dürfte richtig sein; sie wird auch bestätigt durch den zuvor zitierten Vitruv-Text. Eine genaue Betrachtung der Oberfläche zeigt im Verputz Spuren von Eintiefungen durch Pinselstriche, Ritzungen und in den noch feuchten, weichen Verputz eingedrückte Walzen. Eine weitere Bestätigung sind die Nahtstellen zwischen den »Tagewerken«, den frisch aufgetragenen Flächen, die jeweils von einem Handwerker bemalt wurden.

Diese »Nähte«, die bei der Bemalung und der darauffolgenden Glättung sorgfältig verborgen wurden, stimmen mit der horizontalen Dreiteilung der Dekorationen überein. Die letzte Schicht wurde von oben nach unten in verschiedenen Arbeitsgängen aufgetragen, da sie für die Bemalung jeweils ganz frisch sein mußte (vgl. die unvollendete Dekoration in der Casa del Sacello Iliaco, I 6, 4). Vielleicht begünstigte diese technische Notwendigkeit die horizontale Dreiteilung der Wand, die sich jahrhundertelang hielt. Die Oberfläche, die wie ein Spiegel wirkte – (Vitruv VII, 3, 9: *»Tectoria ... imagines expressas aspicientibus ex eo opere remittunt«*, »Der Verputz ... wirft den Betrachtern ihr Spiegelbild zurück«) –, erhielt ihren Glanz durch das sorgfältige Auftragen der Schichten mit einem Spachtel und die anschließende Bearbeitung mit einem Schlagholz (beides Werkzeuge, die auf dem Relief des *Diogenes structor* dargestellt sind, vgl. S. 91), wodurch die Schichten noch kompakter und härter wurden, sowie durch energisches Druckschleifen vor und nach der Bemalung. Die letzte Glättung wurde noch perfekter, wenn man die Wand mit Marmorstaub polierte, der in alle Poren der Oberfläche eindrang. Auch als Beimengung zu den Farben – vorausgesetzt, daß es sich nicht um tonhaltige Substanzen *(politiones)* oder Kreide *(bolus)* handelte – bewirkte er einen schimmernden Glanz (*»nitidos splendores«*, Vitruv VII, 3, 7), ein Effekt, der niemals erreicht wurde, wenn die Farben trocken aufgetragen wurden (*»in arido«*, Vitruv VII, 3, 8).

Um auf den schon bemalten Wandfeldern einzelne Motive anbringen zu können, polierte man erneut. Dadurch wurden die Feuchtigkeit und das Kalkhydrat an die Oberfläche gezogen, so daß wieder *a fresco* gearbeitet werden konnte. Die aufgemalten Motive wurden dann ihrerseits wieder poliert, um die Farben in den schon bemalten Grund eindringen zu lassen. Die Mittelbilder und die seitlichen Medaillons malte man oft auf eine neue Schicht aus frischem Kalk, nachdem man eventuell den Verputz bis auf die untersten, groben Schichten abgenommen hatte. Die Nahtstellen zwischen dem Stuck der Bilder und der Wand selbst wurden mit einem darübergemalten Rahmen getarnt.

Wachs wurde als Politur lediglich für das Firnissen nach dem Stuckieren und Bemalen verwendet, und zwar über der Farbschicht, in die das Wachs nie eindrang. Vitruv (VII, 9, 1–4) und Plinius (NATURALIS HISTORIA XXXIII, 122) beschreiben die Malerei mit heißem Wachs – die »enkaustische Malerei«, die zu so vielen Spekulationen Anlaß gegeben hatte –, aber ausschließlich für das *cinnabrum* (Zinnober), eine rote Farbe, die wegen der Wirkung des kohlensauren Kalks im Verputz nur schwer hielt. Sie raten davon ab, diese Farbe an Stellen zu verwenden, die dem Licht der Sonne oder des Mondes ausgesetzt sind, da sie sich sonst schwarz verfärbt – wie es im Haus des Schreibers Faberius auf dem Aventin schon nach 30 Tagen passiert war. Der archäologische Befund bestätigt diese Warnung: In geschlossenen Räumen, wie dem Mysterien-Saal der gleichnamigen Villa, hat sich das Zinnoberrot gut erhalten (wie ja auch in dem berühmten *oecus* des Vettier-Hauses), während es sich im Atrium der Mysterien-Villa völlig verändert hat. Allein in Pompeji gibt es eine ganze Reihe solcher Beispiele.

Trotzdem benutzte man diese schwierige und teure Farbe, weil sie – sachgemäß angewendet – ein lebhafteres und strahlenderes Rot ergab, als man es auf der Basis von Ocker erreichen konnte. Sie bestand im wesentlichen aus Quecksilber, das in den Bergwerken bei Ephesos in Kleinasien oder in Sisapo in Betica (Spanien) abgebaut wurde. Diese spanischen Bergwerke standen unter staatlicher Kontrolle, der Quecksilberpreis war auf 70 Sesterzen für ein (römisches) Pfund festgesetzt, der Abbau auf 2000 Pfund jährlich begrenzt. Das Unternehmen wurde von einer Gesellschaft geführt, deren Mitglieder Staatspächter waren und das Monopol besaßen. Das Material wurde in einer Werkstatt in Rom raffiniert, aber auch mit Bleirot, das nur 24 Sesterzen pro Pfund kostete, mit Ziegenblut und zerdrückten Vogelbeeren verfälscht – zum Schaden der Gesellschaft und zum eigenen Gewinn *(unde praeda societatis)*. Die Arbeiter schützten Nase und Mund vor den giftigen Quecksilberdämpfen mit Blasen, die nur den Blick freiließen (Plinius, NATURALIS HISTORIA XXXIII, 122: »*Qui minium in officinis poliunt, faciem laxis vesicis inligant, ne in respirando pernicialem pulverem trahant et tamen super illas spectant*«).

Ein Gesetz verordnete, daß der Auftraggeber die kostbaren Farben *(colores floridi)* dem Maler oder Unternehmer zur Verfügung zu stellen hatte (Vitruv VII, 5, 8); daraus geht hervor, daß die billigeren *(austeri)* wie Ocker, Schwarz *(atramentum)* usw. bei einem Auftrag im Preis inbegriffen waren *(locatio operarum)*. In der alten Zeit benutzte man das Zinnoberrot sparsam, als handle es sich um ein Medikament, aber jetzt – so Vitruv (VII, 5 7–8) – legt man es darauf an, mehr mit den hohen Kosten der Farben, die so außerordentlich schimmerten, daß man sich in ihnen spiegeln konnte, Wirkung zu erzielen als mit dem künstlerischen Wert der Dekorationen. Tatsächlich findet man im Ersten Stil gar kein Zinnober, während es im Zweiten, von dem Vitruv spricht, auf ganzen Wänden erstrahlt und sich bis zum Vierten Stil behauptet. Dann gebrauchte man es – abgesehen von Ausnahmen wie in der üppigen Casa dei Vettii – nur noch für Details. Die Gründe hierfür waren praktischer und ökonomischer Art, und der Geschmack hatte sich gewandelt: »... sie malten auch mit dem Zinnoberrot aus Ephesos, das jetzt nicht mehr benutzt wird, da seine Wartung zu aufwendig ist. Außerdem ... gilt es als zu lebhaft« (Plinius, NATURALIS HISTORIA XXXV, 117: »... *pinxerunt et Ephesio minio, quod derelictum est, quia curatio magni operis erat. Praeterea ... nimis acre existimabatur*«).

Auch bei der blauen Farbe weiß man, woher sie stammt, wie sie gehandelt und bearbeitet wurde. Es ist eine der künstlichen Farben, die aus der Mischung oder Behandlung mit anderen Substanzen gewonnen werden, im Gegensatz zu den natürlichen, die keine solche Bearbeitung brauchen. Man erhält die gewünschte blaue Farbe, indem man Sand mit Salpeter zerreibt, mit Kupfer aus Zypern mischt und zu Spänen zerkleinert, schließlich zu Kügelchen formt und kocht. Die Erfindung stammt wahrscheinlich aus Alexandria – obwohl sie schon vor dessen Gründung, in der Zeit der ersten Pharaonen, bezeugt ist – und wurde von Vestorius, einem Freund Ciceros und bekannten Bankier, importiert. Er ließ den Farbstoff in seiner Werkstatt in Pozzuoli bearbeiten und dann unter dem Namen *vestorianum* zum Preis von elf Denaren (in den Quellen schwanken die Angaben zwischen I, XI, XXI und XLI Denaren) verkaufen. In Pozzuoli, wo es eine *Regio vici Vestoriani* gab, fand man im westlichen Teil der heutigen Stadt Scherben, an denen noch blaues Pigment haftete, mit dem auch der Boden völlig durchsetzt war. Man exportierte das *vestorianum* unter anderem nach Gallien, wo es vor einigen Jahren in einem Schiff gefunden wurde, das kurz nach der Mitte des 1. Jahrhunderts n. Chr. vor der Küste von Marseille gesunken war. In der Malerei war das *vestorianum* seit dem Zweiten Stil in Gebrauch; wahrscheinlich wurden auch die berühmten blauen Gläser im Neapler Museum und die Steinchen für die Wandmosaiken damit hergestellt.

Andere, weniger komplizierte Farben konnten am Ort hergestellt werden, beispielsweise das künstliche Schwarz *(atramentum)*, das man aus Harz, harzigen Holzspänen oder Weinhefe, die im Herd verbrannt und dann mit Leim gebunden wurde, gewann. Es ist dies der einzige Fall, wo Vitruv (VII, 10, 1–4) den Gebrauch eines Bindemittels vorschreibt, das im übrigen auch auf dem frischen Verputz angewendet werden konnte. Außerdem gab es zahlreiche Surrogate, die aus färbenden Säften pflanzlicher oder tierischer Herkunft zubereitet wurden.

In Pompeji fand man bis jetzt zwei Werkstätten und einen Laden dieser Art. Die Werkstatt in der Via Castricio (I 8, 15–16), die man dem N. Fufidius Successus zuweist, ist mit einem Ofen ausgestattet, in dem es – obwohl er vor der Verschüttung fertiggebaut war – keinerlei Farbspuren gibt; dagegen fand man hier Mörser und Vorrichtungen zum Reiben der Farben. In der anderen Werkstatt, an der Via Stabiana (IX 2, 11–12), wurden vier Klumpen weißer Farbe mit dem Stempel »Attiu« – vielleicht der von Cicero (AD FAMILIARES XV, 17, 2) erwähnte bekannte Farbenhändler Attius? – entdeckt, ferner die gepreßten Rohmaterialien für Farben, Gewichte und Mörser. Ob diese Farben für die Textilindustrie oder die Wandmalerei bestimmt waren, weiß man nicht; ein Vergleich mit den Farben, die in der Werkstatt der *offectores* (VII 2,11) gefunden wurden, wo ausgebleichte Stoffe und Kleider wieder eingefärbt wurden, wäre aufschlußreich. Der Farbenladen (I 9, 9) im Handwerkerviertel, nicht weit von der Werkstatt des Successus, verfügte über 150 Schälchen mit verschiedenen Farben in pulverisiertem Zustand.

Eine weitere Gruppe von Malern war auf Wahlprogramme spezialisiert, die mit Hilfe des *dealbator*, der den nötigen Platz auf den Fassaden mit einer Kalkschicht weißelte, und des *lanternarius*, der bei ihrer nächtlichen Arbeit leuchtete, auf die Wände gemalt wurden. Der *lanternarius* hielt außerdem die Leiter (»*lanternari tene scalam*«) – mancher schaffte es aber auch ohne Hilfe: »*Aemilius Celer singulus ad luna(m)*« (»Aemilius Celer allein bei Mondschein«). Straßenbeleuchtung gab es noch nicht.

Diese Programme sind im allgemeinen mit gleichmäßigen, korrekten Buchstaben schön gemalt und sogar signiert (Astylus, Issus), so als seien die Ausführenden auf ihr Werk stolz oder als ob sie sich eventuellen zukünftigen Auftraggebern empfehlen wollten. Natürlich war dies nur Saisonarbeit während der Wahlkampagnen. Die Propaganda wurde von Privatleuten für den Kandidaten ihrer Wahl finanziert. Im Hof des Hauses I 7, 16, ebenfalls im Handwerkerviertel, gibt es eine ganze Reihe von Programmen, Aufrufen und Anweisungen, die jedoch nicht vollständig ausgeführt sind und von denen zwei den Namen des Astylus tragen – vielleicht lag hier eine Agentur der *scriptores*?

4.4 Die Bildhauer

Auch wenn die *marmorarii*, die Marmorbildhauer, die ungefähr soviel wie ein *museiarius* (Mosaizist) verdienten, und die *statuarii*, die Bronzebildbauer, inschriftlich in Pompeji nicht belegt sind, so spricht doch einiges dafür, daß es einheimische Bildhauer gab. An Nachfrage kann es nicht gefehlt haben; das zeigt sich an der großen Anzahl der in den Häusern gefundenen Skulpturen und an den vielen leeren Basen auf dem Forum und in öffentlichen Gebäuden. Von den 130 öffentlich aufgestellten Statuen fehlt der größte Teil, weil sie beim Erdbeben von 62 n. Chr. zerstört wurden oder noch nicht restauriert waren oder nach der Verschüttung im Jahre 79 n. Chr. von den in die Ruinen zurückgekehrten Überlebenden weggeschafft wurden. Beweise für die sofort einsetzende und lange andauernde Schatzsuche sind Lampen und Münzen vom Ende des 1. Jahrhunderts, aber auch aus dem 2. bis 6. Jahrhundert, außerdem zahlreiche Mauerdurchbrüche und Stollen, die in der Antike und im Mittelalter gegraben wurden. Man fand auch Bauelemente, an denen die Verzierungen nur angelegt oder noch nicht vollendet waren, und die an Ort und Stelle ihre endgültige Ausarbeitung erhalten sollten. Umgearbeitete und ausgebesserte Statuen lassen vermuten, daß es einheimische Arbeitskräfte gab. Die Reliefs mit Darstellungen lokaler Themen, die Wahrzeichen der Läden und die Grabreliefs überliefern alle dieselbe einförmige Linearität und Freude am Detail. Sie gehören zur Volkskunst, in der das Symbolische die naturalistische Haltung überwiegt. Dem Bildhauer kam es auf den Aussagewert des Werkes mehr an als auf logische und wirklichkeitsgetreue Proportionen; was wichtig erschien, wurde in größerem Maßstab ausgeführt.

In dem zwischen 1796 und 1798 ausgegrabenen Haus VIII 7, 24 neben dem Tempel des Zeus Meilichios an der Via Stabiana fanden sich Anzeichen dafür, daß hier ein Bildhauer gewohnt hatte. Man fand z. B. eine Säge, die in einer Marmorplatte steckte, eine Reihe von Statuetten, von denen eine schon in der Antike gebrochen war, etwa 30 Hämmer, gerade und gebogene Zirkel, Meißel verschiedener Größen, Steinmetzhämmer, Sägen usw. Das Haus gehört mit seinen 330 Quadratmetern Grundfläche zu den größten der mittleren Kategorie. Es ist auf zwei verschiedenen Ebenen angelegt: eine vordere mit dem Atrium, das als Geschäftsraum benutzt wurde und das *instrumentum* (Handwerkszeug) beherbergte, und eine höher gelegene mit dem Peristyl, in der die eigentliche Wohnung lag. Das Haus geht auf die samnitische Zeit zurück, wurde jedoch nach dem Erdbeben restauriert und vielleicht erst in den Jahren danach von dem Bildhauer bezogen, der mithin über ausreichende finanzielle Mittel verfügt haben muß.

Außerhalb der Porta Vesuvio gibt es Hinweise auf eine Werkstatt von Bronzebildhauern, die 1899 entdeckt, aber nur zum Teil ausgegraben wurde. Hier fand man die Bronzestatue eines Epheben, zehn kleine Ambosse für Reliefarbeiten und zwei Modelle aus Gips, die in Bronze übertragen werden sollten.

In einer der *villae rusticae* in Boscoreale fand man ein Sieb aus Bronze mit der Inschrift *»Pertudit Pompeis Felicio«* (»Felicio hat es in Pompeji durchlöchert«), was beweist, daß es in Pompeji eine Werkstatt gab, in der Bronze bearbeitet wurde. Andere Hinweise fehlen bis jetzt noch. In dem Laden VII 7, 11 in der Nähe des Forums verkaufte man kleine Gegenstände, die aus Knochen oder Elfenbein geschnitzt waren. Diese und die Gemmen (harte, geschnittene Steine), die im Haus des Pinarius Cerialis in unfertigem Zustand, erst teilweise bearbeitet und geglättet, gefunden wurden, sind Zeugnisse für die Tätigkeit eines *gemmarius* in Pompeji. Es gibt ein Graffito, in dem der *caelator* (Ziseleur) Priscus dem *gemmarius* Campanus seine Grüße vermittelt. Auch Goldschmiede fehlen nicht; von ihnen stammt ein Wahlprogramm.

Die Skulpturen, das Silbergeschirr und die Schmuckstücke zeigen jedoch keinen einheitlichen Stil, aus dem man auf eine lokale Schule oder Werkstatt von Bedeutung schließen könnte. Vieles wird aus den kampanischen Zentren mit jahrhundertelanger hellenistischer Tradition auf dem Gebiet der Metall- und Steinbearbeitung importiert worden sein.

4.5 Die Töpfer

Bis jetzt wurden drei Brennöfen lokalisiert. Zwei davon liegen am Ende einer Reihe von Magazinen mit gewölbten Portiken an der Gräberstraße vor der Porta Ercolano. Dort wurden 1836 und 1860 Gefäße und Tonscherben gefunden. Der dritte, bescheidenere liegt im Handwerkerviertel an der Via Nocera (I 20, 2–3), er enthielt einfaches Material, Lampen, auch solche mit zwei Schnauzen, aber ohne Stempel, sowie einige minderwertige Abdruckformen.

In Kampanien, wo es nur an wenigen Plätzen gute Tonerde gab, wurde immer sehr viel Keramik importiert. In Pompeji benutzte man gern die aus Arezzo importierten Gefäße aus *terra sigillata* (gefirnister Ton), die dort zwischen 50 v. Chr. und 40 n. Chr. hergestellt wurden, oder die Nachahmungen aus Pozzuoli oder dem südlichen Gallien. In der prächtigen Casa del Menandro, in der unter dem Bad in einem Kellerraum ein Silberschatz mit 118 Stücken, die zusammen 24 Kilogramm wiegen, gefunden wurde, benutzte man ein Service aus nachgemachter aretinischer Keramik sowie Gläser und Glasflaschen. Im Haus VIII 5, 9 an der Via dell'Abbondanza, beim Forum, fand man 1881 eine hölzerne Kiste mit 90 Bechern aus La Graufesenque (Aveyron) und 30 norditalischen Lampen, die während des Transports noch dazugepackt worden waren. Aus dem östlichen Griechenland importierte man feinste Keramik, die sogenannte »samische« und »pergamenische«, zusammen mit den geschätzten Weinen aus dem Osten. Die bescheideneren Gefäße für den Gebrauch im Haushalt oder in der Werkstatt wurden in Pompeji selbst hergestellt: die *dolia*, große, häufig halb in die Erde eingegrabene Vorratsgefäße für Lebensmittel, von den Iulii, kaiserlichen Freigelassenen, und von den Freigelassenen der Vibii; Amphoren dagegen von den Eumachii und ihren Freigelassenen. Auch die Schälchen mit Gesichtern, die als »Relief« mit einigen Linien eingeritzt sind, könnten aus einheimischer Produktion stammen. Das gemalte Ladenschild eines Töpfers in der Nähe des Amphitheaters (II 3, 8, jetzt im Antiquarium) zeigt den *figulus* an der Töpferscheibe, wie er gerade einige kleine Gefäße formt. Die Werkstatt stand 79 n. Chr. leer, vielleicht schon seit dem Erdbeben von 62 n. Chr.; ihre Einrichtung wäre eine wertvolle Quelle für die Erforschung der Töpferei gewesen.

Ein anderer Laden an der Via dell'Abbondanza (III 4, 1), der von Zosimus geführt wurde, machte Reklame für *vasa faecaria*, die Gefäße, in denen die eingedickte Fischsoße aufbewahrt wurde. Das gläserne Geschirr bezog man aus Pozzuoli, in dessen Umgebung es den richtigen Sand für die Herstellung von Glas gab, und wo auch ein *clivus vitrarius* existierte. Die Formen sind von denen der Metallgefäße, auch der kostbareren, übernommen; auch dieses Handwerk verdankt seine Entstehung der Notwendigkeit, einen weniger kostspieligen Ersatz zu liefern, genauso wie es bei der Keramik der Fall war. Raffiniertere Gefäße importierte man aus Sorrent und solchen kampanischen Orten, die enger mit der hellenistischen Tradition verknüpft waren, während, wie man von Cicero (Pro Rabirio, 40) weiß, große Mengen an billigem Glas aus Alexandria nach Pozzuoli kamen. In einem der Läden an den Forums-Thermen war eine große Anzahl von Glasgefäßen gelagert, noch in Stroh verpackt, so daß sie erhalten blieben.

4.6 Nahrung und Bekleidung

Für den Nahrungs- und Bekleidungssektor sowie für die anderen Zweige des Handels wird auf die Beschreibung der verschiedenen Läden und Werkstätten verwiesen.

Von den ungefähr 20 Bäckereien, die zum Zeitpunkt der Verschüttung in Betrieb waren – die neuen sind in den Regionen um das Forum und an der Via Stabiana konzentriert –, sollen die neben dem Haus des Popidius Priscus (VII 2, 22, vgl. S. 390–392) und die des Sotericus (I 12, 1–2, vgl. S. 298 f.) besucht werden. Einschließlich der Feinbäckereien gibt es insgesamt 31 Bäckereien, die über die ganze Stadt verstreut sind, mit etwa 20 an die Werkstätten angeschlossenen Verkaufsläden.

Unter den vielen *cauponae*, die Erfrischungen und Unterkünfte anboten, werden die der Asellina (IX 11, 2, S. 270), die des Euxinus (IX 1, 10, S. 292) und die des Sotericus (I 12, 3, S. 299) beschrieben. Auch der Betrieb der Umbricii an der Via Castricio (I 12, 8, S. 296 f.), wo *garum* (Fischsoße) hergestellt wurde, soll besichtigt werden.

Die Bedeutung der Wolle für das Wirtschaftsleben wird durch die große Anzahl (38) spezialisierter weiterverarbeitender Manufakturen belegt. Von den 23 *fullonicae* (Walkereien) konzentrieren sich aus Transport- und Verkehrsgründen die größten an der Via dell' Abbondanza und der Via Stabiana, den beiden Hauptverkehrsadern der Stadt. Die Manufakturen des Freigelassenen Stephanus (I 6, 7, S. 251–254) und des Vesonius Primus (VI 14, 20, S. 412) werden beschrieben. Von den fünf Webereien sollen die im Haus IX 12, 1–2 und 3–5 (S. 283 f.) sowie die des Minucius (I 10, 8, S. 224) besichtigt werden; von den sechs Färbereien – es gab die der *offectores*, die auf das Nachfärben ausgeblichener Stoffe spezialisiert waren, und die der *infectores*, die neue Stoffe oder die unbearbeitete Wolle färbten – wird die der *infectores* (IX 7, 2, S. 267), beschrieben, von den vier *officinae quactiliariae*, zur Herstellung von Filz, die Werkstatt des Freigelassenen Verecundus (IX 7, 5–7, S. 264–267), und schließlich die *officina lanifricaria* neben dem Bordell (VII 12, 17, S. 405–407), eine Walkerei für unbearbeitete Wolle.

5 RUNDGANG 1

5.1 Die Befestigungsanlagen und benachbarte Bauten

Pompeji liegt auf einem Felsplateau, das sich wie ein Schiffsschnabel nach vorne schiebt. Die Nordseite ist am schwierigsten zu verteidigen; von eben dieser Seite griff im Jahr 89 v. Chr. Sulla die Stadt an. Die Verteidigungssysteme der Stadt lassen sich hier, aus dem gleichen Grund, besser als an jedem anderen Mauerabschnitt beobachten. Um der Klarheit willen sollen trotzdem zunächst kurz die Ergebnisse der Ausgrabungen dargelegt und die verschiedenen Bauphasen der pompejanischen Befestigungen aufgeführt werden.

Der Gesamtumfang der Mauern beträgt 3220 Meter. Darin öffnen sich sieben bereits bekannte Tore, die Existenz eines achten, der Porta di Capua, hat man vermutet, da man davon ausging, daß die Tore symmetrisch angelegt gewesen seien. Als Baumaterialien wurden in der Hauptsache Sarnokalk und Nocera-Tuff verwendet. Neuere Schichtengrabungen haben das Bild der historischen Entwicklung der Stadt und ihrer Befestigungsanlagen teilweise verändert. Sämtliche bisherigen Hypothesen zum Ursprung der Stadt sind auf der Grundlage der neuen Entdeckungen zu überprüfen.

Die ersten Stadtmauern aus Pappamonte-Tuff gehen vermutlich auf die erste Hälfte des 6. Jahrhunderts v. Chr. zurück und hatten, abgesehen von geringen Abweichungen, den gleichen Verlauf wie die späteren, mit hochrechteckigen Platten (Orthostaten) aus Sarnokalk erbauten Anlagen.

Die Mauern aus Blöcken von Sarnokalk folgten ihrerseits mehr oder weniger genau dem Verlauf der sogenannten samnitischen Stadtmauern aus Sarnokalk und Nocera-Tuff. Als doppelter Mauerzug errichtet, blieb die innere Mauer vom *agger* (Wall), der während der ersten samnitischen Periode errichtet worden war, bedeckt. Die äußere, häufig bis auf die Grundmauern reduzierte Mauer befand sich dagegen kaum weiter vorne als die äußere Fassade der neuen.

Maiuris Datierung zwischen 474 und 425 kann gehalten werden, mit Tendenz zu einem früheren Datum. Die samnitischen Mauern sind aufgrund der Untersuchungen im *agger* an das Ende des 4. Jahrhunderts v. Chr. zu datieren.

Wann man sich dazu entschloß, auch einen inneren Mauerring zu erbauen, der den äußeren überragte, ist schwer zu sagen, es muß aber im 3. Jahrhundert v. Chr. gewesen sein. Zwischen den beiden Mauerringen erbaute man einen Wehrgang und verlegte den Wall an die Rückseite der neuen Mauer, die ebenfalls an der Stadtseite kräftige Strebepfeiler aufweist. Der neue Mauerring wurde aus Kalkstein und Nocera-Tuff erbaut. Offensichtlich in Erwartung der Ankunft Hannibals entschloß man sich dann, die Mauern an ihren schwächeren Stellen zu restaurieren. Man erneuerte deshalb einige Teile des äußeren, aus Kalkstein erbauten Mauerrings mit Blöcken aus leichter zu bearbeitendem Tuff.

Die letzte Bauphase geht auf die Zeit kurz vor der sullanischen Belagerung zurück. An den exponierteren Stellen baute man in unregelmäßigen Abständen widerstandsfähige Wachttürme aus *opus incertum* und erneuerte in derselben Technik einige Abschnitte der inneren Mauer.

■ Von der Porta Ercolano bis zur Porta Vesuvio
Pläne 9, 13

Dieser Abschnitt der pompejanischen Befestigungsanlage ist wohl der interessanteste. Das Herkulaner Tor liegt in der Nord-West-Ecke der Stadt. Es hat drei Durchgänge, deren Gewölbe teilweise eingestürzt sind. Die beiden seitlichen Torbögen sind niedriger als der mittlere. Die Bautechnik ist eine Mischung aus *opus incertum* mit Schichten von Ziegeln und kleinen Tuffblöcken. Das Tor, das sicherlich später entstand als die übrige Befestigungsanlage, muß in den ersten Jahrzehnten der römischen Kolonie erneuert worden sein.

Der äußere Mauerring auf der Ostseite ist mit isodom angeordneten Blöcken aus Nocera-Tuff erbaut, seine Höhe beträgt ungefähr sieben Meter. Das Glacis war mit ungefähr einen Meter hohen Zinnen ausgerüstet, um den Wehrgang besser verteidigen zu können. In regelmäßigen Abständen waren außerdem für den Abfluß des Regens Wasserspeier in Form von Adlerschnäbeln mit einer Eintiefung in der Oberfläche angebracht. Unmittelbar neben der Porta Ercolano ist die innere Mauer durch eine abgestufte Böschung aus Sarnokalk ersetzt, die einen raschen Aufstieg zu dem Wehrgang ermöglichen sollte. Auf dem anschließenden Abschnitt zeigt die innere Mauer die bereits geschilderten Merkmale des 3. Jahrhunderts v. Chr.

Die drei schönen Türme sind in *opus incertum* erbaut. Bemerkenswert ist der Turm Nr. XI, die sogenannte Torre di Mercurio, deren Inneres man besichtigen kann. Außer dem Erdgeschoß gibt es zwei weitere Stockwerke und den Durchgang auf den Wehrgang. Die Treppen führen, im rechten Winkel abbiegend, an den Wänden entlang und sind mit Tonnengewölben überdacht. Der innere Mauerring, der den äußeren überragt, ist ebenfalls mit Zinnen ausgestattet. Der ganze Abschnitt bis zur Porta Vesuvio ist, abgesehen von den Türmen natürlich, in die Zeit vor Hannibal zu datieren.

Über die Porta Vesuvio läßt sich wenig sagen, da sie bei dem Erdbeben von 62 n. Chr. einstürzte. Erhalten ist – wenn man die Stadt verläßt, auf der rechten Seite – ein Stück des doppelten Mauerrings aus Tuff, und neben dem *castellum aquae* eine einfache Tuffmauer, die sich nach Norden zu an einen Mauerabschnitt aus Kalksteinen anschließt. Diese wiederum biegt um und fügt sich in eine Bastion aus Tuff mit einem Wall ein. Östlich von dem Tor entdeckte man einen schönen Mauerabschnitt mit Kalksteinorthostaten, der vermutlich, wie schon gesagt wurde, auf das Ende des 5. Jahrhunderts v. Chr. zurückgeht. Daran wurde zu einem späteren Zeitpunkt als äußerer Bering eine Kalksteinmauer gebaut, deren Reste bei Suchgrabungen in nördlicher Richtung gefunden wurden. Offensichtlich war diese Orthostatenmauer noch gegen Ende des 4. Jahrhunderts v. Chr., während der samnitischen Kriege, dazu imstande, die Verteidigung der Stadt zu gewährleisten. Später lehnte man an diese Mauer auf der Stadtseite einen terrassierten Wall an mit einer Mauer, deren unterste Steinreihen aus Kalk errichtet sind. In der Nähe der Porta Vesuvio ist ein Teil dieser Mauer, wie bei der Porta Ercolano, abgetreppt, jedoch aus Nocera-Tuff gemauert.

■ Die Porta di Nola mit den anschließenden Mauerzügen
Plan 12

Die am östlichen Ende des *decumanus maximus* gelegene Porta di Nola hat für jünger zu gelten als die anderen Tore, da kein Element in der Mauerstruktur auf die Existenz eines Tores vor dem 3. Jahrhundert v. Chr. schließen läßt. Doch sagt dieser Befund noch nichts Endgültiges, da in dieser Gegend bisher keine genaueren Tiefengrabungen unternommen wurden. Das Tor besteht großenteils aus Tuff, abgesehen von einem Stück der äußeren Mauern außerhalb der Stadt, die aus Kalkstein gemauert sind und ein Bauwerk aus Tuff verkleiden, das wie eine Bastion den Eingang zur Stadt auf beiden Seiten flankiert. Das Konstruktionssystem dieses Tores ist im Grunde sehr einfach und, besonders bei einem feindlichen Angriff, praktisch. Vor dem eigentlichen Tor, einem ungefähr quadratischen, tonnenüberwölbten Raum, stehen außerhalb der Stadt zwei Mauern entlang der Straße. Die äußere Umfassungsmauer endet an den beiden Bastionen. Um das Stadttor zu erreichen, hätten die Feinde zuerst ungeschützt diesen äußerst gefährlichen Engpaß überwinden müssen. Die beiden doppelt geführten Mauerzüge an den Seiten, die innen mit Strebepfeilern verstärkt sind, haben Zugänge zu den Mauern: rechts und links vom Tor wurden Treppenstufen gefunden.

Das Tor selbst ist aus Kalkstein, Tuff und *opus caementicium* erbaut. Das Tonnengewölbe aus *opus caementicium* mit Lava- und Tuffbrocken ist charakteristisch für Bauwerke aus der vorsullanischen Zeit. Eine oskische Inschrift, die irgendwann an der Fassade des Tors angebracht wurde, erwähnt den *meddix tuticus* Vibius Popidius, den Sohn des Vibius, der den Bau ausgeschrieben und abgenommen hatte. Die Bögen in der Fassade des Tors sind aus radial angeordneten Steinen gemauert. Der Schlußstein auf der Stadtseite ist mit einem Minervakopf aus Tuff geschmückt, ein Brauch, der im italischen Bereich weit verbreitet ist und der vermutlich aus der Notwendigkeit entstand, die Stadttore dem direkten Schutz der Götter zu unterstellen.

Die Umfassungsmauern der Befestigungsanlage schließen an die beiden Tor-Bastionen an, wobei sie auf der Südseite einen stumpfen, auf der Nordseite einen spitzen Winkel bilden. Die Südseite ist auf einer Länge von etwa 100 Metern völlig erneuert, und zwar in *opus caementicium*, vermutlich in der Zeit vor Sulla. Nicht so der innere Mauerzug, der im ersten Abschnitt eine ganz andere Richtung verfolgt, um dann wieder parallel zu der äußeren Mauer zu verlaufen. Warum er zunächst nicht in derselben Richtung verläuft, ist schwer zu erklären; jedenfalls stand der frühere Außenring auf einer weiter zurückliegenden Linie. Der innere Mauerring aus Kalkstein und Tuff stammt aus der Zeit vor Hannibal. An der Nordseite dagegen ist der doppelte Mauerring bis zum Anschluß an das Tor parallel geführt. Die untersten Steinschichten sind aus Kalkstein, der Oberbau aus Tuff, die Innenseite zur Stadt hin zeigt die klassischen Strebepfeiler aus Kalkstein und Tuff.

■ Die Mauern bei der Porta di Sarno
Plan 6

Während die Mauern bei der Porta Vesuvio und der Porta di Nola noch längst nicht vollständig freigelegt sind, kann man an der Südseite, zum Sarno-Tor hin, die Außenseite der Mauern wenigstens teilweise sehen. In diesen Abschnitt war ein Turm eingebaut. Das Konstruktionssystem entspricht dem zuvor beschriebenen.

Die Porta di Sarno ist vollständig zerstört, an Ort und Stelle blieben keinerlei Elemente erhalten, die eine auch nur annähernde Rekonstruktion erlauben würden.

Gleich hinter dem Tor nähern sich die Mauern dem Amphitheater, das sich mit seiner Ostseite an den hinter der Mauer aufgeschütteten Wall anlehnt. Das Besondere an diesem Mauerabschnitt, der keinen inneren Mauerring hat, ist die Tatsache, daß er vollständig aus Kalkstein erbaut ist. Offensichtlich bestand auf dieser Seite, wie an der gesamten Südflanke der Befestigungsanlagen, nicht die Notwendigkeit, vor dem Eintreffen Hannibals größere Umbauten durchzuführen.

In diesen Mauerabschnitt waren zwei Türme aus *opus incertum* eingefügt.

■ Die Mauern bei der Porta Nuceria
Plan 8

Die erst kürzlich ausgegrabene Porta Nuceria zeigt insgesamt eine bemerkenswerte Ähnlichkeit mit dem Nolaner und dem Stabianer Tor. Auch hier gibt es auf der Stadtseite einen tonnenüberwölbten Raum, das eigentliche Tor, woran sich ein Korridor mit zwei Bastionen an den äußeren Enden anschließt. Wie bei der Porta di Nola ist das Tor auf der gesamten Länge von einem doppelten Mauerzug flankiert, in dem auf der Südseite Reste einer kleinen Treppe erhalten blieben. Zwischen den beiden Mauerzügen sieht man noch die Strebepfeiler. Die innere Mauer besteht aus Tuff- und Kalksteinblöcken, in die bisweilen oskische Schriftzeichen eingemeißelt sind.

An diese Mauer lehnt sich, wie man in dem Geländeschnitt auf der Westseite noch sehen kann, eine andere, ganz aus Kalkstein errichtete Mauer. Der äußere Ring aus Kalksteinblöcken ist hervorragend erhalten, die Gesamtwirkung, von der Nekropole vor der Porta Nuceria aus gesehen, ist wirklich eindrucksvoll. Der Mauergürtel lehnt sich an den Südhang des Höhenrückens, auf dem Pompeji liegt. Wahrscheinlich fügte man diesem, vielleicht noch auf die Zeit vor den Samniten-Kriegen zurückgehenden Mauergürtel wenig später eine innere Mauer hinzu, die ebenfalls aus Kalkstein bestand, jedoch in der folgenden Zeit, als man sich zu einer Erweiterung des Walls auf der Stadtseite entschloß, mit Tuff und Kalkstein neu erbaut wurde.

Das Tor wurde mehrmals in verschiedenen Epochen restauriert. Widerlager aus Tuff und Kalkstein lassen darauf schließen, daß es schon vor dem erhaltenen Tonnengewölbe ein noch älteres gegeben haben muß. Außerdem ist das Straßenniveau im Verhältnis zu der Basis des ursprünglichen Tores stark abgesenkt, so daß dieses jetzt erheblich höher erscheint als die anderen Tore. Die Widerlager aus Tuff stützen sich auf Konglomerate aus Lava, Tuff und Kalkstein, die mit Mörtel verbunden sind und die bei der Absenkung der Straße angemauert wurden, um den Einsturz des Bogens zu verhindern.

■ Die Porta di Stabia und die angrenzenden Mauerzüge
Plan 4

Die Porta di Stabia ist das älteste in Pompeji erhaltene Tor. Der Gesamtplan der Anlage ist der gleiche wie bei der Porta di Nola und der Porta Nuceria, es läßt sich lediglich ein Unterschied in der Struktur feststellen, der auf eine frühere Entstehung hindeutet. Dies läßt sich leicht erkennen, wenn man die Innenverkleidung der mittleren, jetzt unter freiem Himmel liegenden Toröffnung untersucht. Die beiden Mauerzüge bestehen aus einer hohen Verkleidung mit Orthostaten, ähnlich den vor dem Ende des 4. Jahrhunderts v.Chr. entstandenen Befestigungsanlagen, beispielsweise der Porta Vesuvio. Auch auf der Stadtseite setzt sich diese Verkleidung fort, wo sie hinter einer vorgeblendeten Mauer aus *opus incertum*, der Basis des eigentlichen Tores verläuft. Dieses ist mit der gleichen Technik überwölbt wie die Porta Nuceria und die Porta di Nola. Eine Absenkung der Straße, wie bei der Porta Nuceria, ist hier nicht festzustellen; außerhalb der Stadt mußte man jedoch eine kleine Brücke bauen. Sie hat keine Stützbögen und ist aus *opus caementicium*, mit *opus reticulatum* verkleidet, was auf eine Datierung ans Ende der Republik oder den Anfang der Kaiserzeit deutet. Das Brückchen muß ein Ergebnis jener Baumaßnahmen gewesen sein, die auf der Südseite durchgeführt wurden, um die Anfahrt für Wagen durch das Beseitigen allzu steiler Steigungen zu erleichtern.

Der Orthostatenverkleidung im Inneren des Tores wurden in späterer Zeit zwei, diesmal aus Kalksteinblöcken gemauerte Bastionen hinzugefügt. Zwei Treppchen auf den beiden Seiten des Tores ermöglichten den Zutritt zum Wehrgang. Der doppelte Mauerzug, der das Tor flankiert, wurde nach dem gleichen System wie bei der Porta di Nola und der Porta Nuceria errichtet. Die Außenmauern zeigen nach Westen hin zunächst einen Abschnitt aus *opus quadratum* in Kalkstein und daran anschließend eine Ausbesserung mit *opus incertum* aus der Zeit vor Sulla, die, inzwischen von kaiserzeitlichen Häusern verdeckt, bis zur Porta Marina reicht. Ausführliche Suchgrabungen brachten Reste der Befestigungsanlage mit Kalksteinorthostaten ans Licht, die im Verhältnis zu der hellenistischen Befestigungslinie etwas zurückgesetzt war, sie liegt ein wenig weiter hinten als die Bollwerke des Tores.

Seltsam ist, daß die gepflasterte Straße nicht auf das Tor zuführt; der Plan zeigt, daß die Straße ein ganzes Stück unter dem Westteil des Tores zu verlaufen scheint, während sie auf der ganzen Ostseite ungepflastert blieb.

■ Die Mauern bei der Porta Marina
Plan 1

Der letzte Mauerabschnitt bis zur Porta Marina zeigt deutliche Spuren einer vollständigen Erneuerung in der Zeit vor Sulla. Während der langen Friedenszeit nach der Gründung der Kolonie im Jahre 80 v. Chr. wurden an dieser Seite auf die Befestigungsanlagen Villen gebaut, die einen herrlichen Ausblick auf die Küste bieten.

Die Porta Marina kann als das jüngste Stadttor von Pompeji gelten. Sie ist vollständig aus *opus incertum* errichtet und besteht aus einem tonnenüberwölbten Gang. Am Eingang zur Stadt erhebt sie sich als ein mit Zinnen bewehrter, aus der Mauer hervorragender Torturm mit zwei Durchgängen, einem breiteren für Fahrzeuge und einem anderen für Fußgänger. Erst in späterer Zeit wurden die beiden Bögen zur Stadtseite auf einem Stück der Via Marina vereinigt und mit dem oben erwähnten Tonnengewölbe überdacht.

■ Die Vorstadt-Thermen
Plan 1

Links vom Durchgang zur Porta Marina sieht man knapp unterhalb der Mauern die Reste der Vorstadt-Thermen und etwas unterhalb davon die Reste einer Schiffsanlegestelle: In der Mauer aus *opus reticulatum* sind in regelmäßigen Abständen Tuffblöcke mit ringförmigen Öffnungen zum Festmachen der Schiffe angebracht. Diese Mauer gehörte zu einer Hafenanlage am Verbindungskanal zum großen Stadthafen am Meer, der etwa einen Kilometer von der Porta Marina entfernt beim heutigen Mulino del Bottaro lag: Hier wurden Reste von Lagerhäusern und ein kleiner, vermutlich dem Neptun geweihter Tempel gefunden.

Eine Treppe führte vom Kanalhafen zu einem höhergelegenen, mit Portiken eingefaßten Platz, an dem sich eine ursprünglich über drei Stockwerke reichende Thermenanlage wie eine Bühnenwand erhebt. Zur eigentlichen Thermenanlage gehörte ein Bordell mit einer Reihe von Kammern, über deren Türen erotische Darstellungen angebracht sind. Sie beschreiben wohl die von den Prostituierten hier angebotenen sexuellen Dienstleistungen. Die Abhängigkeit derartiger Bilder von entsprechenden griechisch-hellenistischen Schöpfungen, die nur literarisch bezeugt sind, ist sehr wahrscheinlich.

Der Umkleideraum *(apodyterium)* hatte eine prachtvolle Stuckdekoration. Er öffnet sich mit einem großen Fenster auf ein Nymphäum mit einem stufenförmig angelegten Brunnen. Die Grotte in der Rückwand zeigt ein Mosaik aus Glaspasten und Muscheln; dargestellt ist Mars, umgeben von fliegenden Eroten, die seine Waffen tragen. Das Bildmotiv scheint einer größeren Komposition mit Mars und Rhea Silvia entnommen; vielleicht stand ursprünglich in der Nische die Statuette einer schlafenden Rhea Silvia. Der Fries zeigt Meerwesen zwischen Villen am Meer, im bekrönenden Giebel sind die Attribute Jupiters, Adler, Blitz und Kugel, dargestellt.

Im Portikus, der zur Porta Marina führt, stand über der Sitzbank eine merkwürdige Botschaft: »Wer sich hierher setzt, soll vorher dies alles lesen: falls er bumsen will, soll er nach Attice fragen, für 16 Asse« – offensichtlich ein Hinweis auf das benachbarte Bordell.

■ Die Villa Imperiale
Plan 1

Daß die sogenannte »Villa Imperiale« in kaiserlichem Besitz war, ist durch nichts belegt, und auch die Anlage ist nicht typisch für eine Villa, von der nur die vielen Portiken und Säulen übernommen sind.

Man steigt zu dieser prächtigen »kaiserlichen« Wohnung bei dem Gitter herab, auf halbem Weg zwischen dem Eingang zu den Grabungen neben dem Postamt und der Porta Marina. Die »Villa« ist eines der vielen Häuser, die in römischer Zeit auf und an die Stadtmauern gebaut wurden. Ein davorgebauter Mauerabschnitt aus Kalkstein- und Tuffquadern ist noch hinter dem Portikus sichtbar, entlang dem Garten, der wiederum eine ältere, damals aufgefüllte Straße bedeckte. So konnte die Villa den Blick auf das Meer ganz ausnutzen.

Nach ihrer Zerstörung beim Erdbeben von 62 n. Chr. war die Villa wohl verlassen; die Entfernung einiger Fußböden und Wandmalereien kann zum Teil allerdings auch auf borbonische Zeit zurückgehen. Das Gelände wurde als Abladeplatz für den Gebäudeschutt, der bei den Restaurierungsarbeiten in der Stadt anfiel, benutzt. – Man entdeckte die Villa 1943 nach der Bombardierung des darübergebauten Antiquariums.

Die Säulen des Portikus waren aus Ziegeln gemauert und mit kanneliertem weißem Stuck überzogen. Die Wanddekoration dieses Komplexes stellt eine wichtige Stufe des frühen Dritten Stils dar, der hier, wenn auch mit einigen Reminiszenzen an den Zweiten, allmählich seine eigentliche Gestalt bekommt. Diese Phase ist in das letzte Jahrzehnt des 1. Jahrhunderts v. Chr. zu datieren. Die Dekoration des Portikus ist die fortschrittlichste innerhalb des gesamten Komplexes. In einer rhythmischen Komposition, wie sie für lange Wände sehr geeignet ist, reihen sich zierliche Ädikulen mit figürlichen Akroteren aneinander, abwechselnd mit linearen, aber sehr komplizierten Pergolen. Das Ganze bildete einen Rahmen für kleine Bilder und Medaillons, die miteinander abwechselten, sie wurden im 18. Jahrhundert aus der Wand gebrochen.

Der Vorraum und das Gewölbe des großen Trikliniums, das sich hinter dem Portikus öffnet, wurden im Vierten Stil, vielleicht noch vor dem Erdbeben, restauriert. Der Fußbodenbelag aus achteckigen, vielleicht bunten Marmorplättchen, die mit Streifen weißen Marmors (Palombino) eingefaßt waren, fehlte schon zum Zeitpunkt der

Ausgrabung. Man sieht nur noch den Abdruck der Platten im Estrich und in der Nähe der Wände einige Bruchstücke. Der Sockel ist mit einem Mäandermuster verziert, auf der Predella wechseln zierliche Figuren mit Akanthusbüschen, von denen Zweige ausgehen, und die Felder der Mittelzone sind mit kostbarem Zinnoberrot bemalt. Die drei großen Mittelbilder spielen auf die kretische Sagenwelt an: auf der Rückwand erscheint Theseus, der den Minotauros erschlagen hat, mit seiner Heimatstadt Athen und einer Bronzestatue der Göttin Athena im Hintergrund; auf der linken Wand verläßt Theseus die schlafende Ariadne und auf der rechten ist der Flug des Dädalos und der Sturz des Ikaros dargestellt. Dieses Bild ist die schönste Replik von den zehn, die sich in Pompeji erhalten haben, es ist die getreueste Wiedergabe des hellenistischen Originals und auch die älteste, die möglicherweise den anderen als Vorbild diente. Die Namen der Dargestellten sind auf griechisch angegeben.

Das ornamentale Beiwerk ist außerordentlich fein: die Säulen, die mit vergoldeten Zweigen umwickelt sind, und die gesamte obere Zone, in der Klapptafelbildchen *(pinakes)* mit »Porträts« von Dichtern, darunter Sappho und Alkaios, dargestellt sind, weibliche Gestalten, die Girlanden halten, und Ädikulen mit stilisierten Bäumen. Die obere Zone der Rückwand ist restauriert und wie der unterhalb davon befindliche Fries mit hängenden Lotosblüten recht gut imitiert. Die Restaurierung wurde wahrscheinlich um die Mitte des 1. Jahrhunderts n. Chr. ausgeführt, als die oberen Teile der Wand erneuert wurden, ebenso wie das mit Stuckreliefs verzierte Tonnengewölbe, in dessen Mitte in einem achteckigen Medaillon ein schwebendes Paar (Mars und Venus?) dargestellt ist.

Verläßt man das Triklinium auf der linken Seite, so gelangt man in ein Schlafzimmer *(cubiculum)* mit einem Alkoven und zwei breiten Fenstern, die einen Ausblick auf das Meer boten. Es ist weißgrundig, mit zarter Bemalung, die den Alkoven besonders hervorhebt; auf seinen beiden Seitenwänden sind neben einem hohen Räuchergefäß jeweils zwei kleine Bilder dargestellt, deren eines den Helden Meleager zeigt, der vor dem von Atalante erlegten Eber sitzt, während sie mit einem Jagdhund daneben steht. – Schon bei der Ausgrabung fehlten einige Figuren aus der Predella und einige der Eroten, die in der Mitte der Wandfelder dargestellt waren.

Das dahinter gelegene Triklinium wird durch ein dreiteiliges Fenster beleuchtet, durch das man auf einen weiteren, an der Seite gelegenen Garten blickt. An der ursprünglich im Dritten Stil bemalten Wand lassen sich interessante antike Restaurierungen beobachten. So ist das wirkungsvolle Landschaftsbild mit einem Satyr und einer Bacchantin an der linken Wand auf eine neue, in die Mittelzone eingefügte Stuckschicht gemalt. Das gleiche geschah auch in der Oberzone, wo Schäfte der seitlichen Säulen jetzt in Palmen enden.

■ Der Venustempel
Plan 1, Abb. 12

Der Venuskult existierte in Pompeji zwar schon vor der Gründung der sullanischen Kolonie, hatte jedoch keine große Bedeutung. Es handelte sich um die Venus Fisica, deren Beiname eine gewisse Verwandtschaft mit der griechischen Aphrodite Urania und der phönizischen Astarte vermuten läßt, der Großen Mutter, Schutzherrin und Schöpferin des Universums, die als himmlische und zugleich chthonische Gottheit über Leben und Tod herrschte. Dieser mächtigen Göttin weihten die Pompejaner gleich nach der Gründung der römischen Kolonie einen Tempel im Südwesten der Stadt auf einer Terrasse zwischen der Porta Marina und der Basilika, von wo er das Meer beherrschte. Man mußte das Gelände und frühere Bauten, sicherlich Privathäuser, erst einebnen, mit Ausnahme der am Südhang gelegenen Häuser, die auch später noch von Priestern des Venuskultes bewohnt wurden.

Vom Tempel und von den Portiken sind nur ganz wenige Spuren erhalten. Hier sieht man deutliche Anzeichen für die Plünderungen, denen Pompeji nach der Verschüttung im Jahre 79 n. Chr. ausgesetzt war. Auch wenn der Bau nach dem Erdbeben von 62 n. Chr. noch nicht wiederhergestellt war, so könnte dies nicht das völlige Fehlen von Marmor erklären, von dem nur armselige Reste erhalten sind.

Der Tempel ist, wie der Apollotempel, nach einer Nord-Süd-Achse ausgerichtet und wendet der Via Marina, von der er durch eine hohe Retikulat-Mauer aus der letzten pompejanischen Bauphase getrennt wird, die Rückseite zu. Wenn man sich vor das Podium des Tempels stellt, so kann man mit Hilfe des Plans doch noch – wenn auch etwas mühsam – die Geschichte dieses Baus erkennen. Der Tempel selbst hat ein 29,15 Meter langes und 15,05 Meter breites Podium. Der innere Kern ist aus *opus caementicium* und mit robusten Blöcken aus trachytischer Vesuv-Lava in *opus quadratum* verkleidet, von dem an der Westseite fünf Reihen bis zum Niveau des Fußbodens erhalten sind. Eine Mauer aus Basalt durchschneidet den inneren Kern, sie muß die Substruktion der Cellamauern gebildet haben. Eine Untersuchung des Podiums ergab, daß es ein schon vorhandenes kleineres Podium einschloß. Nachdem die Außenmauern aus Basalt errichtet waren, füllte man zwischen das Podium und die neue Einfassung eine Masse aus *opus caementicium*, um die beiden Bauteile miteinander zu verschmelzen. Zum alten Tempel gehört der Fußboden, von dem Reste erhalten sind. Er bestand aus einem äußeren Streifen mit weißen Steinchen und einem breiten, den halben Raum einnehmenden Band mit bunten Marmorplättchen und einem Mittelbild, das entweder völlig zerstört oder nach dem Erdbeben von 62 n. Chr. wegen seines künstlerischen Wertes herausgebrochen wurde. Bei der

12 Venustempel, Plan mit Angabe der verschiedenen Bauphasen

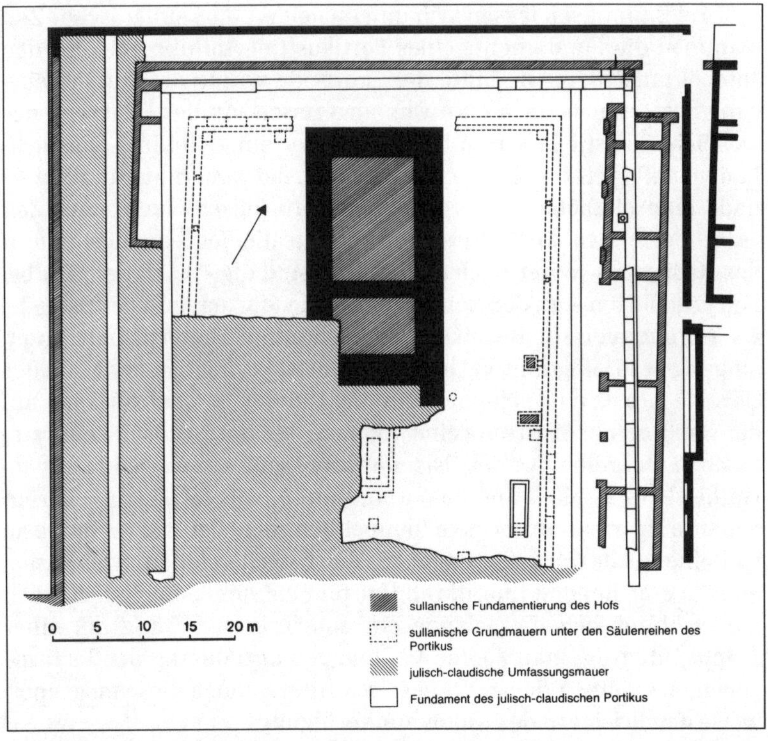

Ausgrabung stellte man fest, daß die Cella von einem niedrigen Mäuerchen eingefaßt war, und daß es im Fußboden eine Eintiefung mit vier Löchern gab für eine Dielung und vier Stützen. Man hat ganz richtig vermutet, daß nach dem Erdbeben von 62 n. Chr., als man die vollständige Erneuerung des Tempels und seine Erweiterung in Angriff nahm, in der Cella eine vorläufige Ädikula für den Kult errichtet wurde. Von dem Tempel aus der Zeit vor 62 n. Chr., der ganz aus Marmor bestand, sind Reste des Architravs, des Giebels und der Säulen, die einen Durchmesser von 80 Zentimeter hatten, erhalten. Ein Marmorpilaster, dessen untere Hälfte mit Rundstäben, dessen obere mit Kanneluren verziert ist, gehörte wohl zur Dekoration des Tempels, der auf Grund der erhaltenen Elemente in julisch-claudische Zeit zu datieren ist. Von dem sullanischen Tempel sind keine Spuren übrig, abgesehen von den Resten des oberen Abschlußgesimses aus Tuff am Podium. Der Tempel war an der Ost-, Nord- und Westseite mit Portiken eingefaßt; wie es sich an der Südseite verhielt, weiß man nicht.

Drei Bauphasen lassen sich unterscheiden. Aus sullanischer Zeit stammen die Fundamente eines Portikus mit Abflußrinne, der den Tempel umschloß. Die Mitte der Nordseite wurde bei der Erweiterung des Tempels nach 62 n. Chr. abgerissen. An der Rückseite des westlichen Portikus waren nebeneinander einige Räume, vielleicht Läden, aufgereiht. Um die anderen Seiten lief wohl hinter der Kolonnade eine einfache Umfassungsmauer. In julisch-claudischer Zeit vergrößerte man die Terrasse und verlegte die Begrenzungsmauern des Heiligtums weiter nach außen. Dies sind die – nach dem Erdbeben erneuerten – an der Nordseite, zur Via Marina, und der Ostseite, als Trennmauer zur Basilika, noch sichtbaren Mauern. Der Haupteingang des Heiligtums lag in der Nordostecke, auch in der Mitte der Ostseite gab es eine schmale Öffnung. Um den Tempel verliefen auf der Ost- und der Westseite eine doppelte, auf der Nordseite eine einfache Säulenreihe. An der Ostseite wurde eine schöne Säule mit korinthischem Kapitell und einem im unteren Drittel unkannelierten Schaft aufgerichtet. Vor dem Tempel befinden sich spärliche Reste von einem Altar aus Travertin. An der Ostseite stehen zwei Basen, eine für eine Reiterstatue, die andere für eine stehende Figur. Südlich davon öffnet sich im Gelände ein unterirdischer Gang mit einer Treppe, über die man zu den Wohnungen am Abhang der Terrasse gelangen konnte. Wie bereits gesagt wurde, standen diese möglicherweise den Priestern des Kultes zur Verfügung.

Aus der dritten Phase, der flavischen, stammen die in *opus reticulatum* mit Pfeilern aus Ziegeln errichteten Umfassungsmauern an der Nord- und Ostseite.

■ Der Apollotempel
Plan 2, Abb.13

Wie die meisten öffentlichen Gebäude in Pompeji wurden auch der Tempel des Apollo und seine Umgebung nach dem Erdbeben des Jahres 62 n.Chr. einer gründlichen Wiederherstellung unterzogen, die beim Untergang der Stadt noch nicht abgeschlossen war. Es erscheint gesichert, daß Apollo ursprünglich die Hauptgottheit Pompejis war. Sein Tempel stand unmittelbar am Forum und bildete den religiösen Mittelpunkt der Stadt. Obschon griechischen Ursprungs, fand der Apollokult doch weite Verbreitung im italischen Bereich und besonders in den Gegenden, die direkten Kontakt mit den griechischen Kolonien hatten. In Kampanien ist der Apollokult in Cumae und Neapolis bezeugt, den beiden Städten mit dem größten kulturellen Einfluß auf die gesamte Region. Bei Suchgrabungen, die innerhalb des heiligen Bezirks durchgeführt wurden, fand man zahlreiche Fragmente korinthischer und attischer rot- und schwarzfiguriger Keramik, die den Apollokult bis in die erste Hälfte des 6. Jahrhunderts v.Chr. zurückverfolgen lassen. In dieselbe Zeit gehören einige Trinkschalen aus Bucchero-Keramik mit Weihinschriften in etruskischer Sprache, die für die Bestimmung einer »etruskischen« Periode Pompejis von großer Bedeutung sind.

Der auf das 6. Jahrhundert v.Chr. zurückgehende Kult galt mit ziemlicher Sicherheit Apollo, bis zur Gründung des Jupitertempels am Forum Beschützer der Stadt. Nach Ausweis der Suchgrabungen in diesem Bereich erlitt er einen plötzlichen Stillstand um das zweite Viertel des 5. Jahrhunderts v.Chr.

Das Heiligtum scheint bis ins 2. Jahrhundert v.Chr. immer weniger frequentiert worden zu sein, bis der alte Tempel abgebaut und die neuen, noch heute sichtbaren Bauten errichtet wurden. Als die ursprüngliche Bedeutung des Kults zugunsten des neuen Tempels am Forum zurückgegangen war, mußte der Tempelbezirk einen Teil an den anschließenden Platz im Osten und das Haus des Triptolemos im Westen abgeben. Die räumlichen Veränderungen entspringen zum Teil dem Wunsch nach einer harmonischen Gestaltung des inneren

Tempelbezirks. Wie die ursprünglich vorhandenen zehn Öffnungen des östlichen Umgangs zum Forum beweisen, hatte er weiterhin eine wichtige Aufgabe.

Die Chronologie kann auf 130–120 v. Chr. festgesetzt werden, der Türdurchbruch auf der südlichen Längsseite dürfte aus augusteischer Zeit sein.

Man betritt das Heiligtum an der Südseite durch ein Tor (B) von der Via Marina aus. Der eigentliche Tempel steht in einem Peristyl mit neun Säulen aus Nocera-Tuff an den Schmal- und je 17 an den Längsseiten. Zum Zeitpunkt der Erbauung hatte der Portikus vollständig kannelierte Säulen mit vierseitigen ionischen Kapitellen, die einen eleganten dorischen Architrav aus Tuff mit Metopen und Triglyphen trugen. Wahrscheinlich stand auf diesem Architrav eine zweite Säulenreihe, die aus kleineren Säulen, vielleicht mit korinthischem Kapitell, bestand, von der jedoch keinerlei Reste erhalten sind. Nach dem Einsturz beim Erdbeben von 62 n. Chr. muß sie, vielleicht im Hinblick auf eine vollständige Erneuerung, ganz entfernt worden sein. Die untere Säulenreihe dagegen wurde bei der Restau-

13 Apollotempel

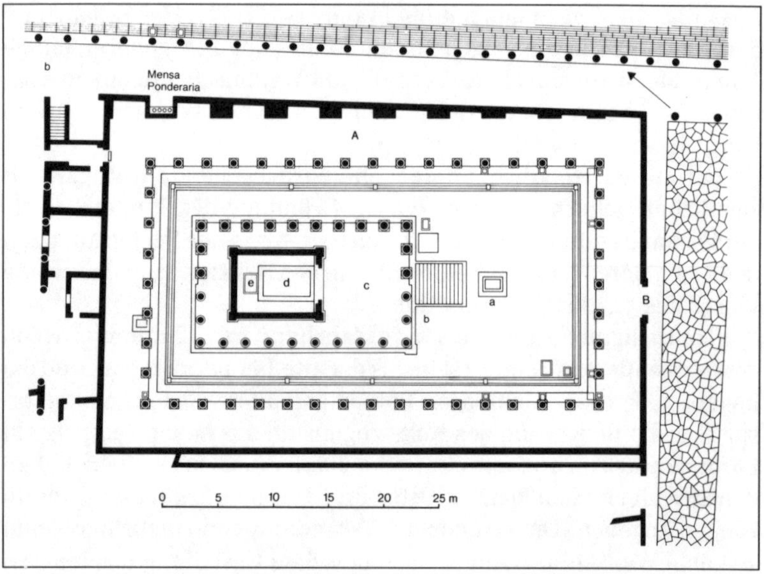

rierung mit einer dicken Stuckschicht überzogen, die ihre Formen schwerfälliger erscheinen ließ. Von der Basis an zeigen die Säulen im unteren Drittel statt der normalen Kannelierung kleine Rundstäbe in goldgelber Farbe. Die ebenfalls mit Stuck überdeckten Kapitelle wurden in korinthische, von gedrungener Form, verwandelt und mit Rot, Blau und Gelb bemalt. Der Architrav schließlich wurde, nachdem Metopen und Triglyphen unter dem Stuck verschwunden waren, mit Greifen, die Blattgirlanden halten, geschmückt. Von dieser neuen Dekoration sind außer den bei der Auffindung angefertigten Zeichnungen nur noch spärliche Reste übrig.

Die Umfassungsmauern des Portikus sind aus *opus incertum*, die elegant profilierten Türeinfassungen und Eckpfeiler aus Tuff. Auf der Ostseite, wo sich jetzt eine Reihe von Nischen befindet (A), müssen ursprünglich die Haupteingänge gewesen sein, die vor der Erbauung des Popidius-Portikus den Besuchern des Forums unmittelbar Zutritt zum Heiligtum gewährten. Es müssen mindestens zehn Türen gewesen sein, die nach der Neuordnung des Forums und der Erbauung des *capitolium*, das zum neuen religiösen Mittelpunkt der Stadt bestimmt war, vermauert wurden. In die dabei entstandenen Nischen wurden nach 62 n. Chr. im Vierten Stil Szenen aus dem Trojanischen Krieg gemalt, von denen nur ganz spärliche Reste erhalten sind.

Ursprünglich muß auch die Westseite zu einer später beseitigten Straße, deren Verlauf auf dem Stadtplan jedoch noch zu erkennen ist, geöffnet gewesen sein. Kurz vor 2 v. Chr. ließen die Duumvirn M. Holconius Rufus und C. Egnatius Postumus, nach Erstattung von 3000 Sesterzen, die Lichtöffnungen der an dieser Seite des Heiligtums gelegenen Räume schließen, wie eine Inschrift besagt: »*M. Holconius Rufus d(uo) v(ir) i(ure) d(icundo) tert(ium) C. Egnatius Postumus d. v. i. d. iter(um) ex d(ecurionum) d(ecreto) ius luminum opstruendorum HS ∞ ∞ ∞ redemerunt, parietemque privatum Col(oniae) Ven(eriae) Cor(neliae) usque ad tegulas faciundum coerarunt*« (»Marcus Holconius Rufus, zum dritten Mal Duumvir mit Gerichtsbarkeit, und Gaius Egnatius Postumus, zum zweiten Mal Duumvir mit Gerichtsbarkeit, lösten auf Beschluß der Decurionen das Recht ein, für 3000 Sesterzen die Lichtöffnungen zu schließen, und ließen eine bis zum Dach reichende Mauer erbauen, die Eigentum der *Colonia Veneria Cornelia* ist«). M.Holconius Rufus, ein Mitglied der seit dem Ende der sabinischen Zeit bekannten, als Weinhändler berühmten *gens Holconia*, war in den Jahren 2 und 1 v. Chr. zum vierten Mal Duumvir; die Inschrift muß mithin einige Jahre älter sein. Mit der von den Duumvirn angeordneten Schließung war das Heiligtum ein abgeschlossener Bezirk; seine ursprüngliche Gestalt, die Muster aus dem griechischen und asiatischen Hellenismus des 2. Jahrhunderts v. Chr. wiederholt, wurde dadurch jedoch verfälscht.

Vor der dritten Säule auf der linken Seite (vom Eingang gezählt) befand sich eine Venus-Statue mit einem Altar, vor der dritten Säule rechts ein Hermaphrodit, jedoch ohne Altar. Auf der rechten Längsseite stand vor der dritten Säule eine Bronzestatue des Apollo als Bogenschütze (das Original befindet sich wie alle hier erwähnten Statuen im Neapler Nationalmuseum; statt dessen ist eine Kopie aufgestellt), ohne Altar, da die ihm zu Ehren dargebrachten Opfer auf dem großen Altar vor dem Tempel stattfanden. Auf die Basis der Statue ist in oskischer Sprache der Familienname Mummius eingeritzt.

Man könnte annehmen, die Bronze sei von dem Censor Lucius Mummius nach der Zerstörung Korinths im Jahre 146 v. Chr. geweiht worden; man weiß, daß die Kriegsbeute so groß war, daß Mummius auch in den mit Rom verbündeten Städten Kunstwerke stiften konnte. Gegen diese verlockende Hypothese spricht jedoch die inoffizielle Art, mit der das *gentilitium* in einer der römischen Ideologie völlig widersprechenden Weise hier eingeritzt ist; andere Weihinschriften des Mummius sind wesentlich eleganter und komplizierter. Selbst wenn man die Statue, im Einklang mit der damals in Griechenland herrschenden neoattischen Strömung, ins 2. Jahrhundert v. Chr. datieren könnte, so wäre es doch schwierig, sie mit der durch die Zerstörung Korinths im Jahre 146 v. Chr. gegebenen zeitlichen Grenze in Übereinstimmung zu bringen. Vor der fünften Säule stand, ebenfalls auf der rechten Seite, eine Herme des jugendlichen Hermes, der in ein weites, auch über den Kopf gezogenes Himation gehüllt ist.

Auf der linken Seite wurden vor der dritten Säule die Reste einer Artemis mit Bogen gefunden. Von der Bronzestatue blieb nur die – hier in einer Kopie aufgestellte – Büste erhalten. Vor der Göttin stand ein Opferaltar. Vor der fünften Säule war vielleicht eine Herme aufgestellt, von der jedoch keine Spuren vorhanden sind.

Der Apollotempel (c) steht im rückwärtigen Teil des Hofes, mit der Fassade nach Südosten und in der Achse des Eingangs von der Via Marina. Er ruht auf einem Podium mit Stufen (b) in der Mitte der Fassade. Der Tempel ist ein Peripteros mit sechs korinthischen Säulen an den Schmal- und neun an den Längsseiten. Die eher kleine Cella – der

Kultraum für das Götterbild – (d) befindet sich nicht in der Mitte des Säulenumgangs; ihre Fassade steht etwa auf der Höhe der fünften Säule der Längsseiten. Insgesamt zeigt der Grundriß eine Mischung griechischer und italischer Elemente, auch wenn die Anzahl der Säulen bei einem griechischen Tempel keineswegs kanonisch ist.

Der Fußboden in der Cella (d) besteht aus einem Mittelfeld mit Rauten aus grünem und weißem Stein sowie aus Schiefer. Es wird eingefaßt von zwei Streifen, einem aus Schiefer und einem aus rotem Stein, und schließlich noch einem breiteren Band mit einem eleganten Mäandermuster. Auf dem Schieferstreifen ist noch die Weihinschrift in oskischer Sprache zu erkennen, die eingetieft und mit Metall ausgegossen war: *»U. Kamp(aniis ... kvaíss)tur kúmbenn(ieís tanginud) Appelluneís eítiu(vad ... úps)annu aaman(aff)ed«* (»Der Quästor Oppius Campanus ... förderte den Bau ... auf Beschluß der Versammlung, mit dem Apoll dargebrachten Geld«). Das Amt des Quästors war eines der höchsten im samnitischen Pompeji. Der Familienname Oppius scheint aus Preneste (Palestrina) zu stammen, unter anderem ist er auch in Capua und auf Delos belegt. Der Fußboden, für den es nicht nur in Pompeji selbst, wie in der Casa del Fauno, sondern auch in Pergamon und Rom Vergleichbares gibt, kann mit absoluter Sicherheit in die zweite Hälfte des 2. Jahrhunderts v. Chr. datiert werden.

Links von der Cella ist ein ovaler Tuffblock zu sehen, bei dem es sich offensichtlich um den *omphalos* (Nabel), das delphische Symbol Apolls, handelt. Die Basis, auf der die Statue des Gottes stand, befindet sich an der Rückseite der Cella, etwas von der Mauer abgerückt, so daß man dahinter durchgehen kann. Die Kultstatue wurde nicht gefunden; wahrscheinlich waren die Restaurierungsarbeiten nach dem Erdbeben von 62 n. Chr. noch im Gang.

Tatsächlich ist die Dekoration der Cella noch unfertig. Es gibt Spuren eines weißen Stucküberzugs, der die ursprüngliche, vielleicht noch auf die erste Phase des Tempels im 2. Jahrhundert v. Chr. zurückgehende Dekoration des Ersten Stils mit nachgeahmten Marmorinkrustationen überdeckt. Derselbe Wandschmuck ist an den Außenwänden der Cella noch teilweise sichtbar. Das Tempelpodium besteht aus *opus incertum* und einer Verkleidung mit Orthostaten aus Nocera-Tuff.

Grabungen an den Seiten des Podiums brachten Klarheit über eine frühere Bauphase mit einer Verkleidung aus Sarnokalk, von der noch zwei ungefähr 21 Meter lange Reihen von Blöcken erhalten sind. Der innere Kern des Podiums bestand aus Blöcken, die als Raster angeordnet waren, das mit Erde ausgefüllt war. Hierfür wurden wiederverwendete Blöcke benutzt, unter anderem zwei Quader aus Vesuv-Lava, die an drei Seiten ein archaisches Profil aufweisen. Es könnte sich um die Reste eines alten, dem Apollo geweihten Altars handeln, der vielleicht noch auf das 6. Jahrhundert v. Chr. zurückgeht.

Vor dem Tempel steht ein einfacher Altar (a) aus griechischem Marmor mit einer Travertinbasis und der Weihinschrift: »*M. Porcius M. f., L. Sextilius L. f., Cn. Cornelius Cn. f., A. Cornelius A. f. IIII vir(i) d(e) d(ecurionum) s(ententia) f(aciundum) locar(unt)*« (»Marcus Porcius, der Sohn des Marcus, Lucius Sextilius, der Sohn des Lucius, Cnaeus Cornelius, der Sohn des Cnaeus, und Aulus Cornelius, der Sohn des Aulus, vergaben den Auftrag als *quattuorviri* auf Beschluß der Decurionen«). Die Bezeichnung *quattuorviri* – zwei *duumviri* und zwei *aediles* – ist nur für die ersten Jahrzehnte nach der Besetzung Pompejis durch Sulla und der daraufhin erfolgten Gründung der *Colonia Cornelia Veneria Pompeianorum* bezeugt. Von den vier erwähnten Persönlichkeiten ist zweifellos die bedeutendste M. Porcius, der mit seinem Kollegen C. Quinctius Valgus das kleine Theater *(odeion)* und das Amphitheater erbauen ließ. Er war ein Parteigänger Sullas und – einer den Tatsachen möglicherweise nicht entsprechenden Theorie zufolge – ein tüchtiger Weinhändler (vgl. die Einführung S. 27). Als treuer Freund Sullas wurde er während der Proskriptionen reich entschädigt durch großzügige Schenkungen von Landbesitz. Sowohl Cnaeus Cornelius als auch Aulus Cornelius können Mitglieder der Familie des Sulla, dessen Name Lucius Cornelius Sulla lautete, gewesen sein. Wie Marcus Porcius könnten sie zum Zeitpunkt der Koloniegründung nach Pompeji gekommen sein, als die neu zugezogenen *coloni* die gesamte politische Macht in der Stadt innehatten.

Die von *homines novi* (Emporkömmlingen) in den ersten Jahren nach der politischen Neuordnung Pompejis abgefaßte Weihinschrift des Altars in lateinischer Sprache hat mithin einen besonderen Stellenwert.

Links von der Treppe zum Tempel steht eine ionische Säule mit folgender Inschrift: »*L. Sepunius L. f. Sandilianus, M. Herennius A. f. Epidianus duovir(i) i(ure) d(icundo) d(e) s(ua) p(ecunia) f(aciundum) c(urarunt)*« (»Lucius Sepunius Sandilianus, der Sohn des Lucius, und Marcus Herennius Epidianus, der Sohn des Aulus, *duumviri* mit Gerichtsbarkeit, ließen auf eigene Kosten errichten«). Alte Zeichnungen zeigen auf der Säule eine Sonnenuhr, wodurch die Weihinschrift erklärt würde. Den beiden *duumviri*, die wahrscheinlich in augusteischer Zeit tätig waren, ist auch die Errichtung eines halbrunden Sitzplatzes auf dem Foro Triangolare zu verdanken. M. Herennius Epidianus entstammt der Familie der Herennier, die sabinischen Ursprungs war; einer ihrer Abkömmlinge war Titus Herennius, der während der Bundesgenossenkriege Anführer der Marser und Picener war.

5.2 Das Forum und seine Umgebung

■ Die Platzanlage
Plan 2, Abb. 14

Das Forum war der Mittelpunkt des bürgerlichen, religiösen und wirtschaftlichen Lebens in Pompeji. An dem Platz liegen die wichtigsten öffentlichen Gebäude und Heiligtümer; hier sind auch das *macellum* (Fleisch- und Gemüsemarkt) und die *mensa ponderaria* (Eichamt). Es ist übrigens bekannt, daß das Forum als ein Treffpunkt für den Warenhandel im allgemeinen dort entsteht, wo große Handelsstraßen sich kreuzen. Noch heute wird in vielen Orten der Hauptplatz wenigstens einmal in der Woche zum Markt; noch heute heißt im Italienischen der Viehmarkt *foro boario* (*forum boarium*: Rindermarkt). In Pompeji, das am Schnittpunkt einiger wichtiger, von Neapel, Nola und Stabiae kommender Straßen entstand, muß etwas ähnliches geschehen sein. Wie der Hauptplatz der Stadt ursprünglich aussah, der sich heute als eines der prächtigsten Beispiele einer durchdachten, eleganten städtebaulichen Anlage darstellt, kann man sich kaum vorstellen. Bei der Verschüttung im Jahre 79 n. Chr. war das Forum zu einem Platz geworden, der von seiner Umgebung völlig isoliert wurde durch den weiten Portikus, der es von allen Seiten – abgesehen von der Nordseite mit dem *capitolium* und den zwei Ehrenbögen – umschließt. Um jeden nur möglichen Fahrzeugverkehr zu vermeiden, wurde darüber hinaus der Portikus gegenüber dem Platz um zwei Stufen erhöht.

Im 7. und 6. Jahrhundert v. Chr. muß dies völlig anders gewesen sein. Das Forum zeigt heute eine strenge Nord-Süd-Orientierung, die nicht mit der von der Via dei Soprastanti und der Via degli Augustali gebildeten Linie übereinstimmt. Eine Mauer, die bei Schichtengrabungen hinter dem *capitolium* gefunden wurde, verläuft parallel zur Via dei Soprastanti, was zeigt, daß die Orientierung des Forums zumindest bis zur Mitte des 2. Jahrhunderts v. Chr. anders gewesen sein muß. Darauf deutet auch der Tempel des Apollo, der vor der Gründung der sullanischen Kolonie wichtigsten Kultstätte. Der Tempel liegt schräg zu der von der Säulenhalle am Forum gebildeten Linie, so daß man später, um diese Unregelmäßigkeit zu beseitigen, eine Umfassungsmauer errichtete, deren Pfeiler von Süden nach Norden fortschreitend dicker werden. Dies muß am Ende des 2. oder zu Anfang des 1. Jahrhunderts v. Chr. geschehen sein. Ursprünglich war der Apollotempel sicherlich zum Platz hin offen, und der Platz selbst muß kleiner gewesen sein, auch wenn die Schichtengrabungen darüber keine Auskunft geben.

Im Süden könnte die Via Marina die Begrenzung gebildet haben. Sie verlief einst unter dem Gebäude der Eumachia hindurch nördlich von den Stabianer Thermen, mit einer von der Via dell'Abbondanza leicht abweichenden Straßenführung. Die Ostseite war durch die Linie von der Via del Foro zur Via delle Scuole begrenzt. Beide waren einst miteinander verbunden und bildeten einen Straßenzug, der zumindest teilweise durch die Entdeckung einer Reihe von Läden unter der Vorhalle des Gebäudes der Eumachia belegt ist. Die eher ärmlichen Gebäude sind aus Blöcken weicher Lava und aus Bruchsteinen erbaut, Kalk- und Tuffbrocken, die mit Tonmörtel befestigt und mit großen, vertikal angeordneten Steinplatten verbunden sind. Diese Mauertechnik gehört zu den ältesten, die in Pompeji bekannt sind, und könnte auf das 4. Jahrhundert v. Chr. zurückgehen. Die Rückwand dieser Läden verläuft nicht parallel zu der Achse des Forums, sondern weicht etwas nach Nordosten beziehungsweise Südwesten ab. Der ursprüngliche Platz muß mithin eine unregelmäßige Form gehabt haben, seine Ausmaße lassen sich jedoch nicht bestimmen. Auch eine Untersuchung der verschiedenen Pflasterungen bringt darüber wenig Aufschluß. Der jetzt sichtbare Belag ist aus weißlichem Kalkstein, dem sogenannten Travertin, und in julisch-claudische Zeit zu datieren, auch wenn er 79 n. Chr. noch unvollständig war. Diese Pflasterung geht auf die gleiche Zeit zurück wie die angefangene Erneuerung der ursprünglich aus Tuff erbauten Portiken in Travertin. Aus der Phase der Tuffkolonnaden stammt die Pflasterung mit großen Tuff- und Kalksteinplatten, die ungefähr 40 Zentimeter unter dem Travertinpflaster liegt. Der frühere Bodenbelag, der aus festgepreßten Kalkablagerungen vom Sarno bestand, ist in die Zeit vor der Mitte des 2. Jahrhunderts zu datieren.

An verschiedenen Stellen wurden unter dem Travertinfußboden Schichtengrabungen durchgeführt, und A. Maiuri kam dabei zu dem Schluß, das Forum habe immer diese gestreckte, rechteckige Form gehabt. Wie man sieht, ist die Frage nach den Ausmaßen des ursprünglichen Platzes nicht leicht zu beantworten. Sicher ist, daß die östliche Verlängerung der Via Marina, die unter dem Gebäude der Eumachia hindurchführte, nach Süden verlegt wurde, wo heute die

14 Gesamtplan des Forums

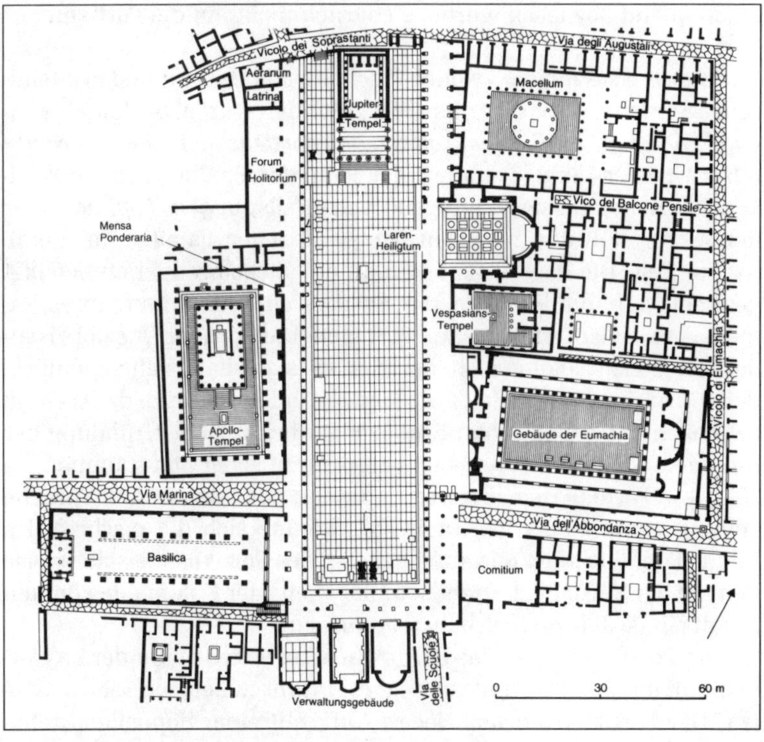

Via dell'Abbondanza verläuft. Zu welcher Zeit dies geschah, ist ungeklärt, sicher jedoch vor dem Ende des 4. Jahrhunderts, als die Läden und die erste Badeanlage der Stabianer Thermen gebaut wurden. Vielleicht erhielt der Platz damals seine endgültige Länge, wenn auch noch nicht seine regelmäßige Form.

Es ist auch schwer zu bestimmen, wann das Forum vom Straßenverkehr abgeschnitten wurde. Der erste Portikus aus Nocera-Tuff muß zusammen mit der Anlage des *capitolium* geplant worden sein, also am Ende des 2. Jahrhunderts v. Chr. Es wurden zwei Inschriften gefunden, die sich auf das Forum beziehen könnten. Die erste, aus Travertin und in oskischer Sprache, wurde in der Casa dello Scheletro an der Via dell'Abbondanza gefunden, die den Popidiern gehörte. Sie lautet: *»V(ibis) Púpidiis V(ibieís) med(díss) túv(tiks) passtata ekak úpsan(nam) deded, ísídu prúfatt(e)d«* (»Vibius Popidius, der Sohn des Vibius, der *meddix* der Stadt, ließ diesen Portikus errichten und nahm ihn selbst ab«). Diese Inschrift bezieht sich jedoch, wie erschöpfend bewiesen wurde, sicherlich nicht auf die Portiken am Forum.

Anders ist es mit der zweiten Inschrift, aus Marmor und in lateinischer Sprache, die vor der Basilika gefunden wurde. Sie lautet: *»V(ibius) Popidius Ep(idi) f(ilius) q(uaestor) porticus faciendas coeravit«* (»Der Quästor Vibius Popidius, der Sohn des Epidius, ließ die Portiken erbauen«). Dieser Vibius gehört ebenfalls zur *gens Popidia*, einer der wichtigsten und reichsten pompejanischen Familien in samnitischer Zeit. Die Popidier müssen an der Ziegelproduktion beteiligt gewesen sein, da die Ziegel der Basilika eine Abkürzung ihres Namens, mit oskischen Buchstaben, tragen. Das Amt des Quästors ist in der römischen Kolonie nicht bezeugt; es ist deshalb wahrscheinlich, daß die Inschrift in die Zeit zwischen 89 und 80 v. Chr. zu datieren ist, also nach der sullanischen Eroberung, aber vor der Gründung der Kolonie. Die Inschrift kann nicht aus samnitischer Zeit stammen, da für diese Periode der offizielle Gebrauch der lateinischen Sprache völlig auszuschließen ist. Immerhin könnte sich die Inschrift des Vibius Popidius auch nur auf einen Teil des Portikus, beispielsweise den auf der Südseite, beziehen; andere Teile der Kolonnade könnten schon einige Zeit zuvor erbaut worden sein.

Der Portikus umgab das Forum an allen Seiten außer der im Norden. Auf der Südseite und vor dem *comitium* stehen noch einige Säulen. Der Portikus war aus Nocera-Tuff, mit einer doppelten, unten

Pompeji. Blick nach Südosten

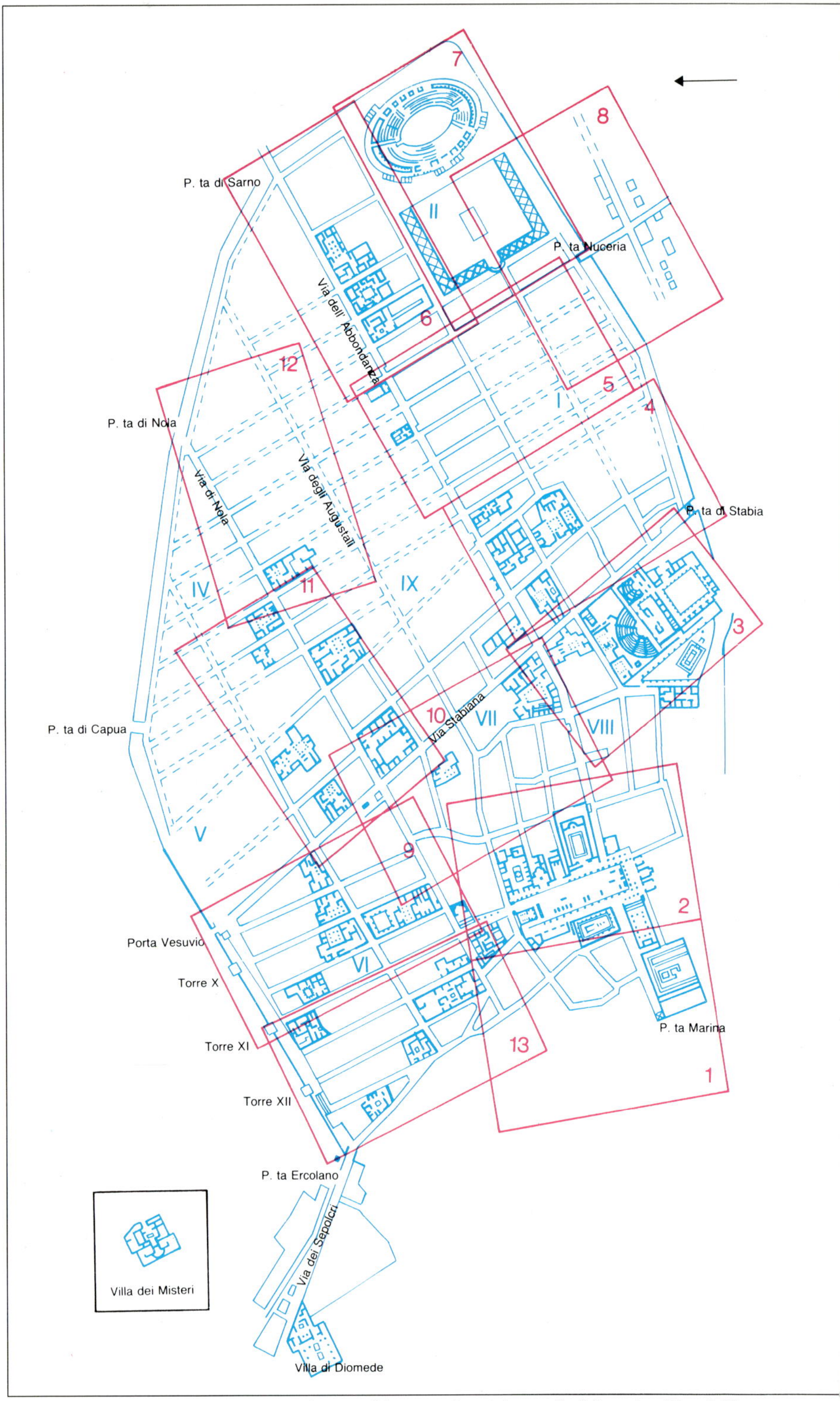

Gesamtplan der Stadt. Die rot umrandeten Felder 1–13 bezeichnen die folgenden Einzelpläne.

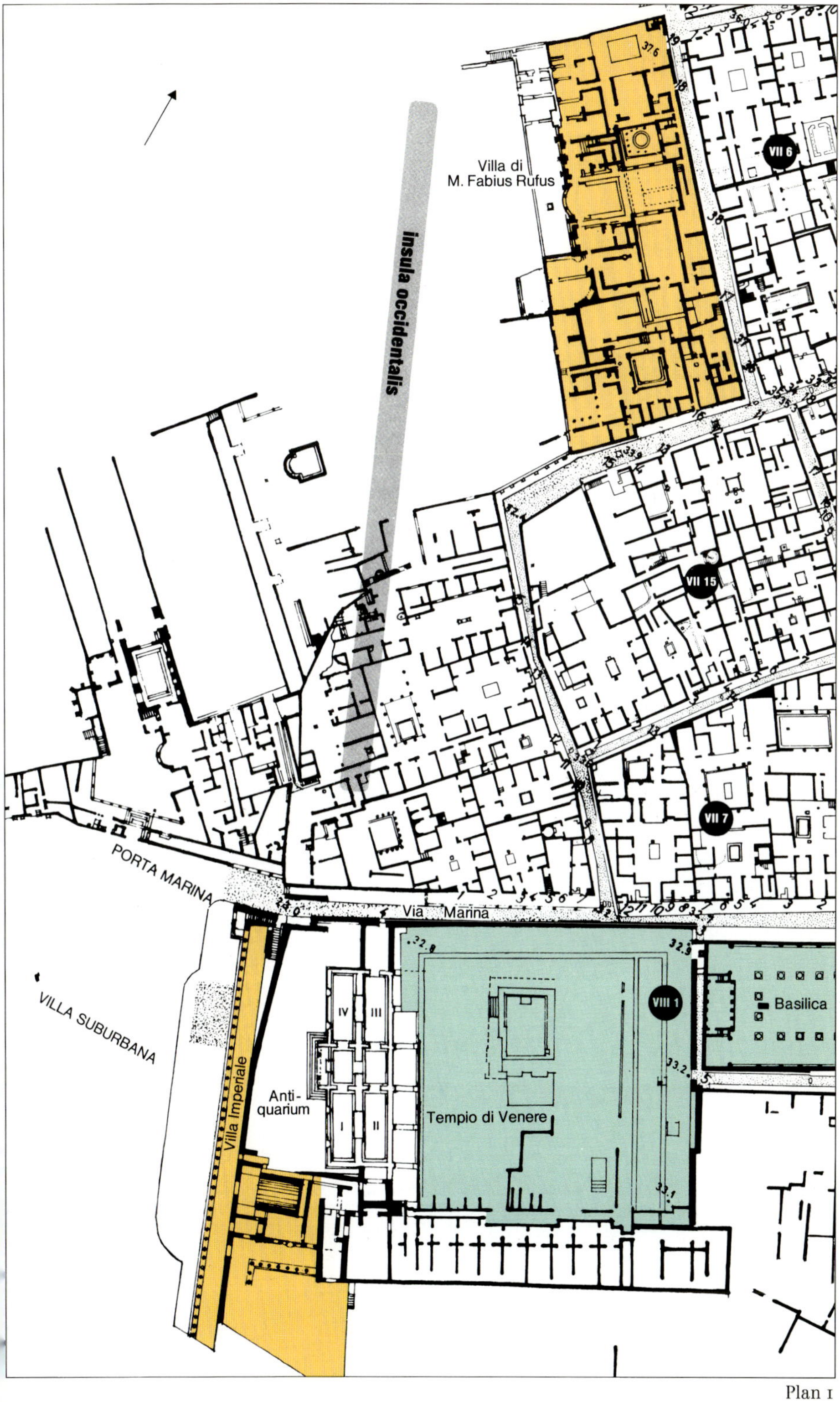
Villa di
M. Fabius Rufus
VII 6
insula occidentalis
VII 15
VII 7
PORTA MARINA
Via Marina
VILLA SUBURBANA
Villa Imperiale
Anti-
quarium
IV
III
I
II
Tempio di Venere
VIII 1
Basilica

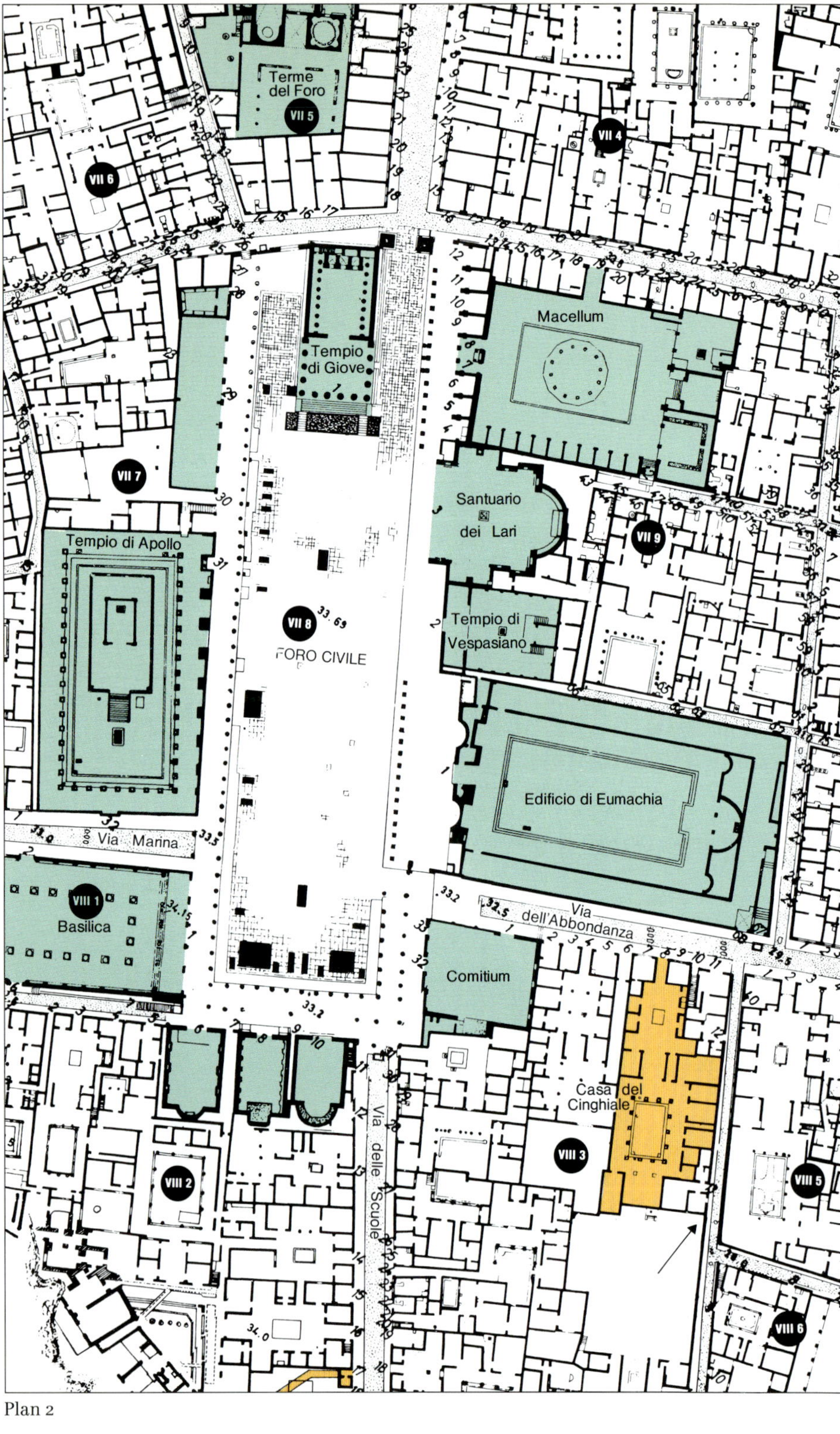
Terme del Foro
VII 5
VII 6
VII 4
Macellum
Tempio di Giove
VII 7
Santuario dei Lari
VII 9
Tempio di Apollo
VII 8
FORO CIVILE
Tempio di Vespasiano
Edificio di Eumachia
Via Marina
VIII 1
Basilica
Via dell'Abbondanza
Comitium
Via delle Scuole
Casa del Cinghiale
VIII 3
VIII 2
VIII 5
VIII 6

Plan 2

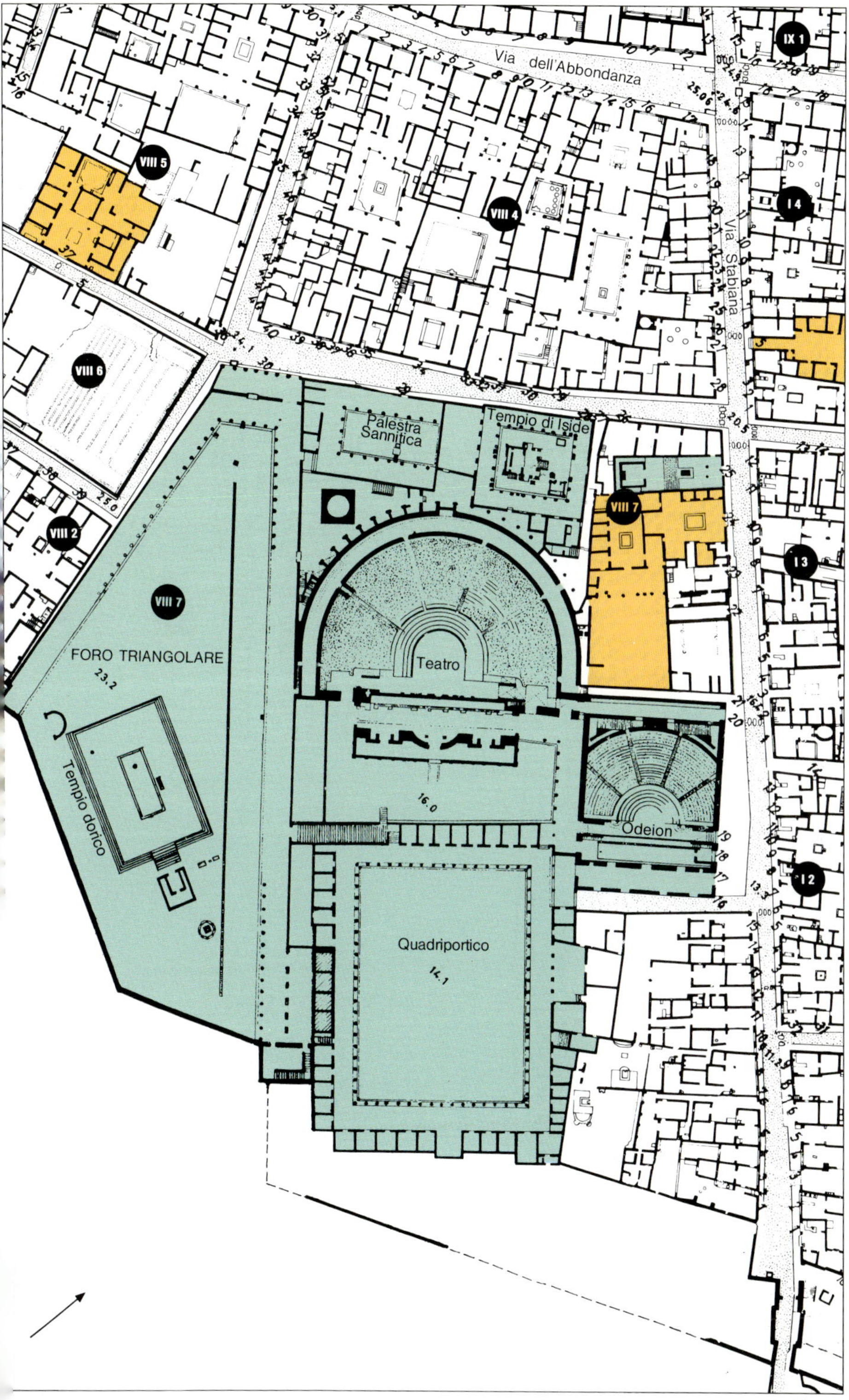

Via dell'Abbondanza
Via Stabiana
IX 1
VIII 5
VIII 4
I 4
VIII 6
Palestra Sannitica
Tempio di Iside
VIII 7
VIII 2
I 3
VIII 7
FORO TRIANGOLARE
Teatro
Tempio dorico
Odeion
I 2
Quadriportico

Via dell'Abbondanza
I 4
Casa del Citarista
I 6
Casa del Criptoportico
I 7
I 8
I 3
Casa del Menandro
I 10
I 19
I 18
I 19
I 2
I 1
I 5
PORTA DI STABIA

Plan 4

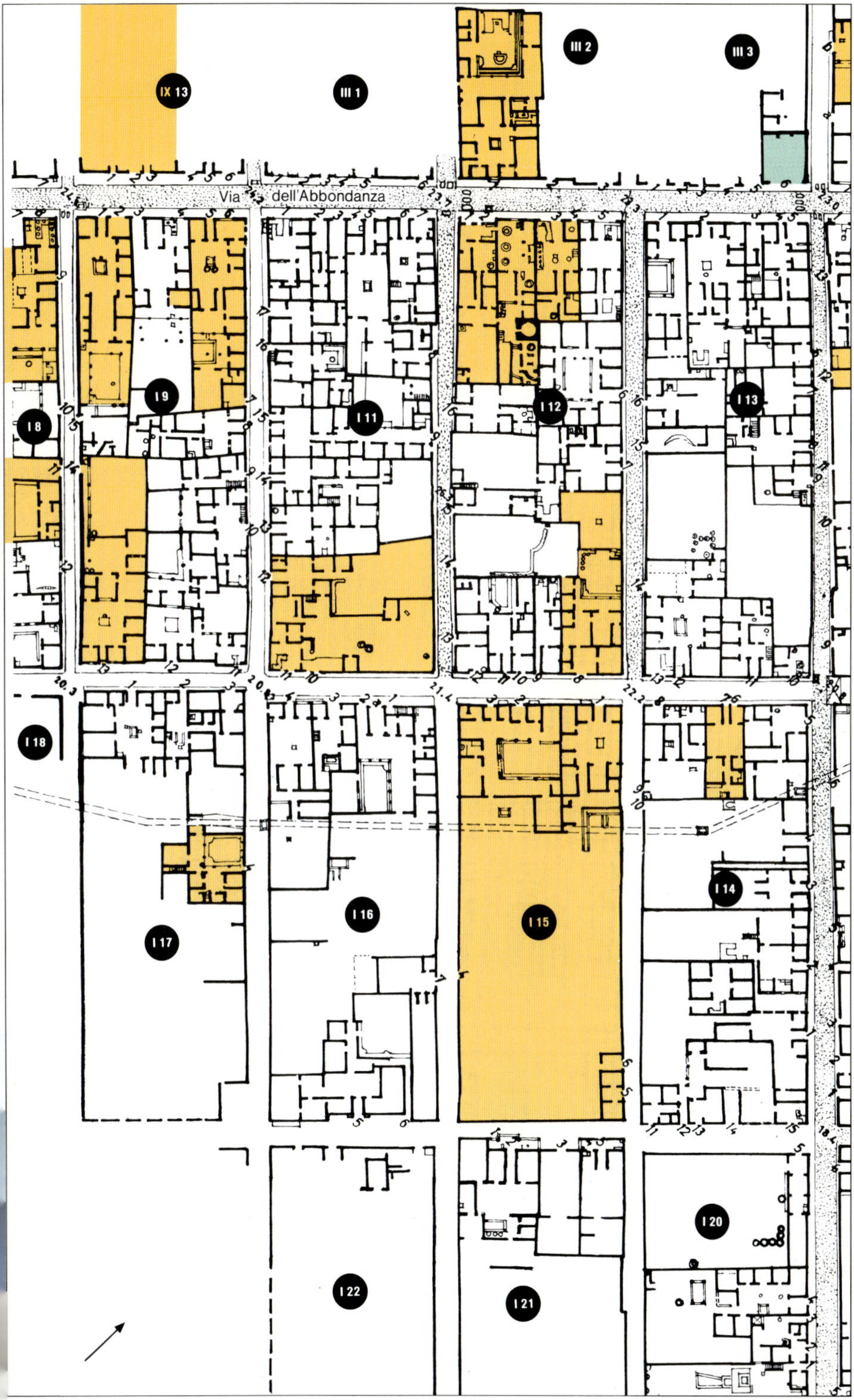
IX 13
III 1
III 2
III 3
Via dell'Abbondanza
I 8
I 9
I 11
I 12
I 13
I 14
I 15
I 16
I 17
I 18
I 20
I 21
I 22

Plan 5

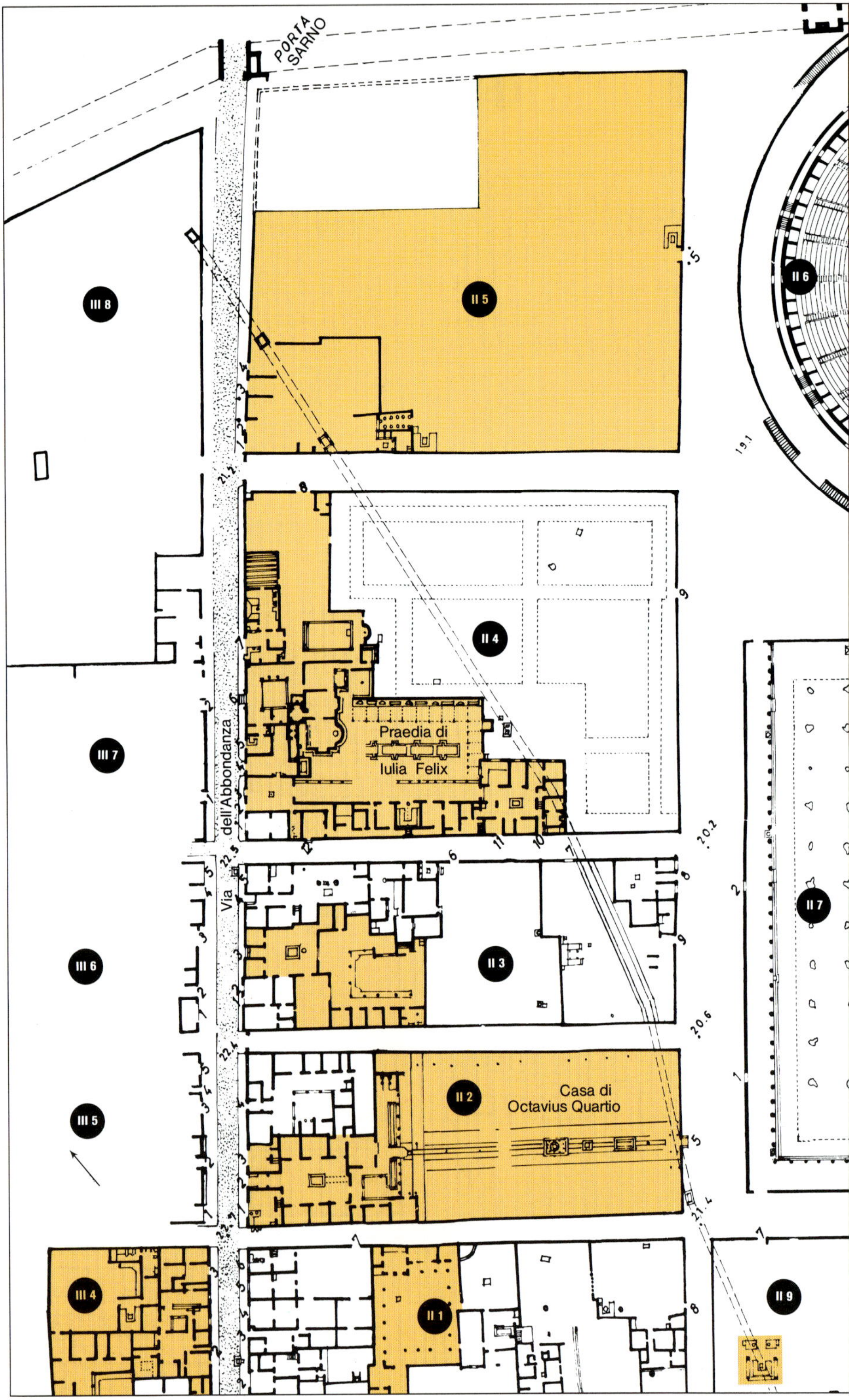
PORTA SARNO
III 8
II 5
II 6
II 4
Praedia di
Iulia Felix
III 7
dell'Abbondanza
Via
III 6
II 3
II 7
III 5
II 2
Casa di
Octavius Quartio
III 4
II 1
II 9
Plan 6

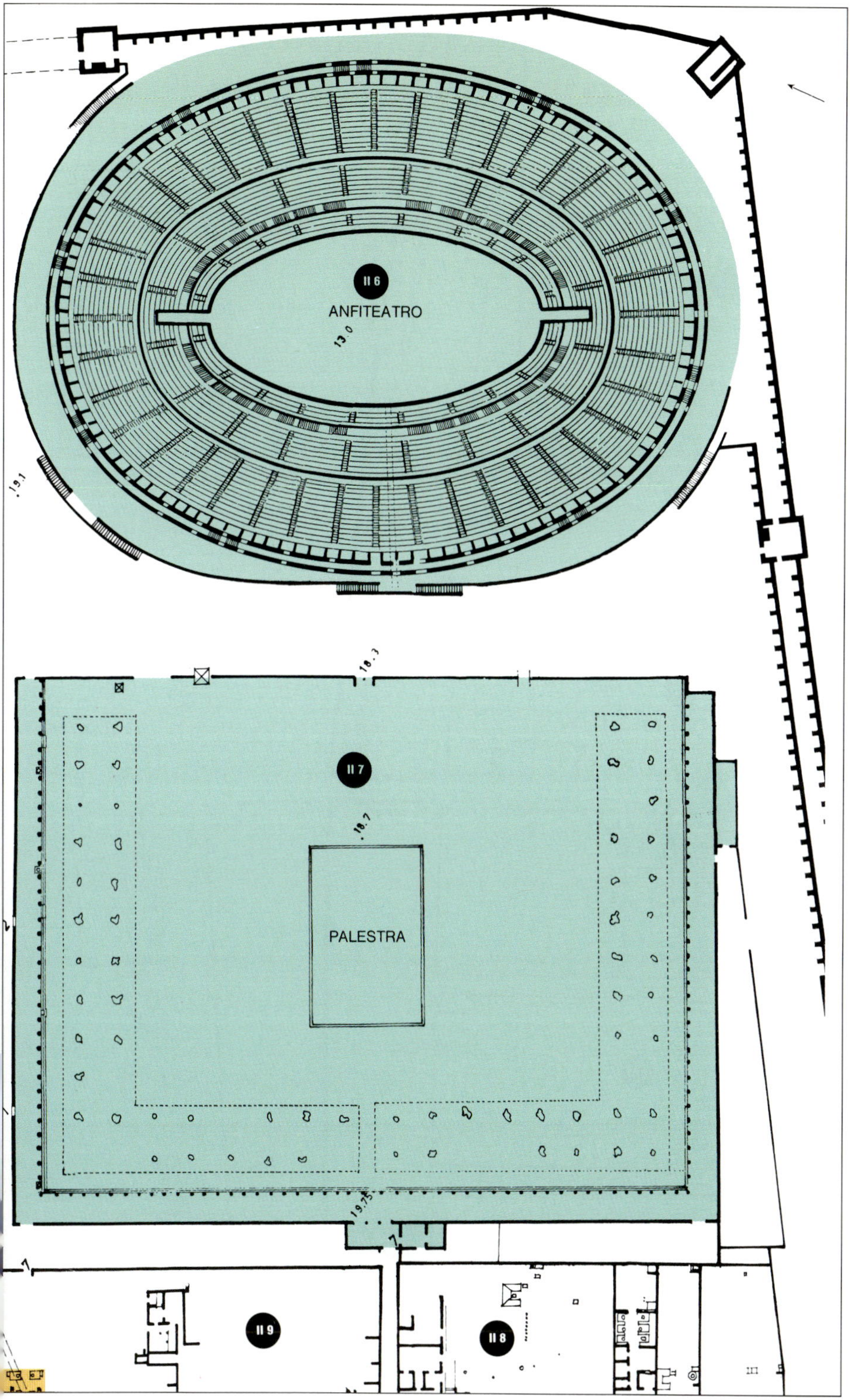

Plan 7

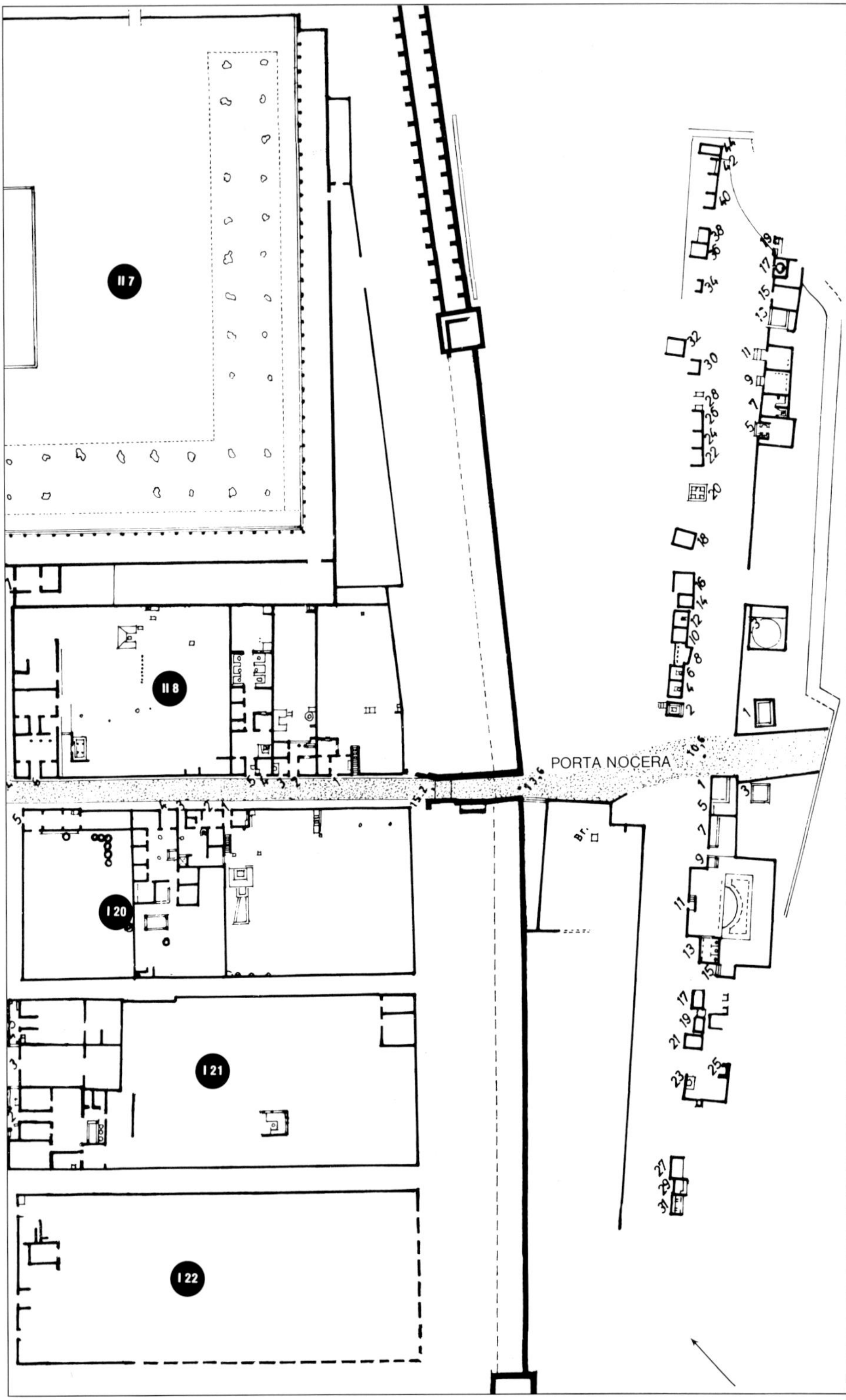

Plan 8

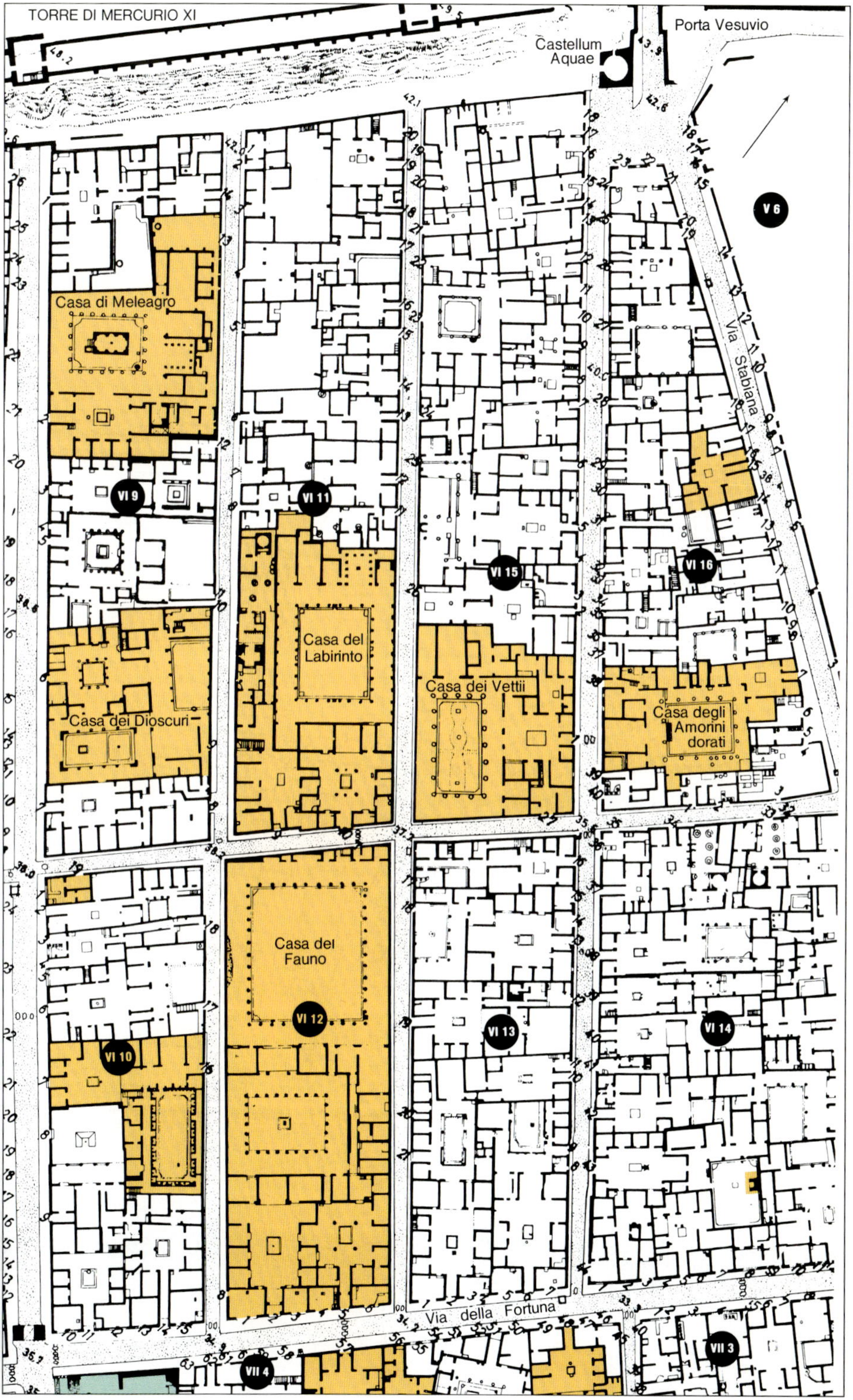

TORRE DI MERCURIO XI
Castellum Aquae
Porta Vesuvio
V 6
Via Stabiana
Casa di Meleagro
VI 9
VI 11
VI 15
VI 16
Casa del Labirinto
Casa dei Vettii
Casa degli Amorini dorati
Casa dei Dioscuri
Casa del Fauno
VI 12
VI 13
VI 14
VI 10
Via della Fortuna
VII 4
VII 3

Plan 9

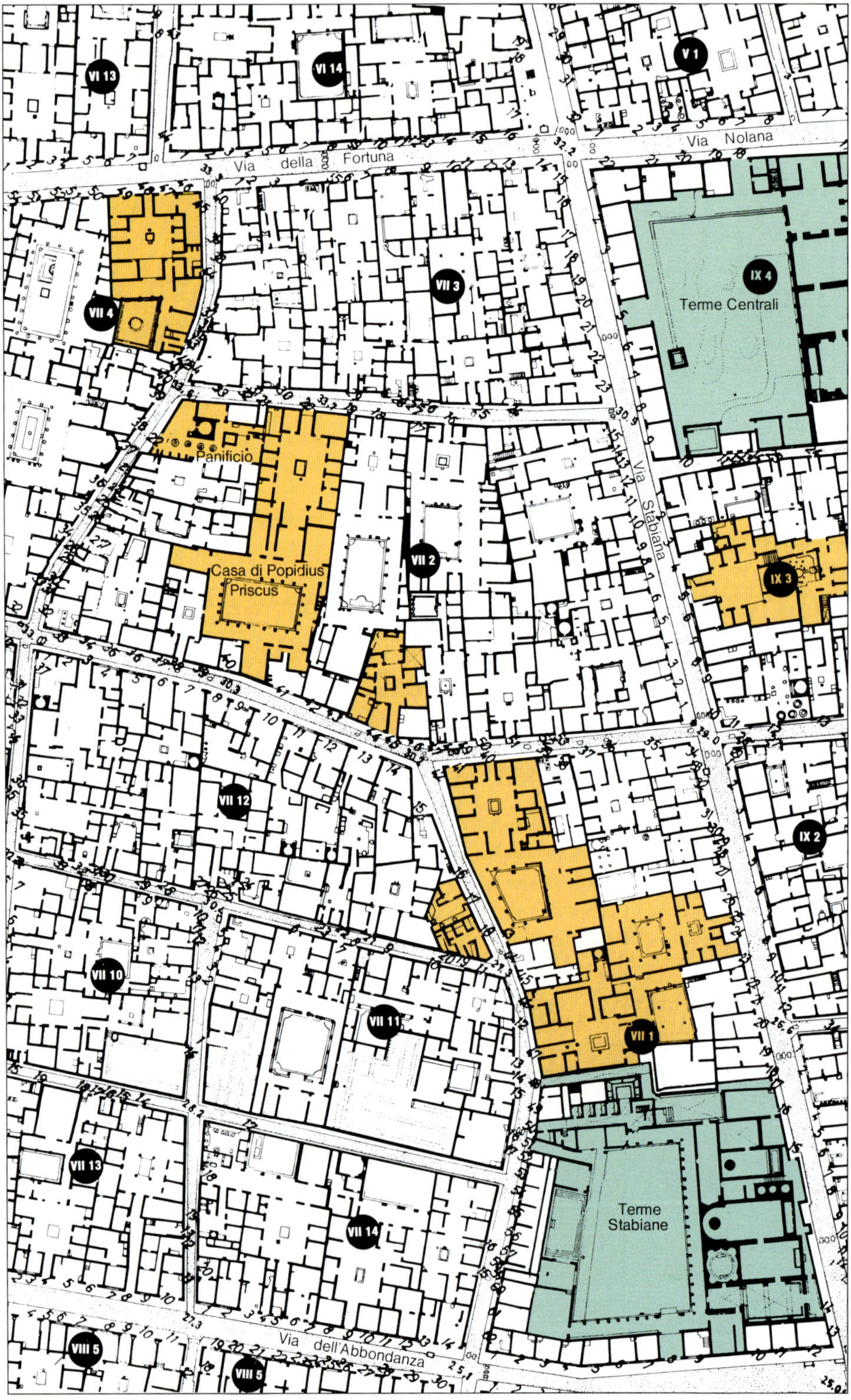

VI 13
VI 14
V 1
Via Nolana
Via della Fortuna
VII 4
VII 3
IX 4
Terme Centrali
Panificio
Via Stabiana
Casa di Popidius
Priscus
VII 2
IX 3
VII 12
IX 2
VII 10
VII 11
VII 1
VII 13
VII 14
Terme
Stabiane
VIII 5
Via dell'Abbondanza
VIII 5

Plan 10

Caserma dei Gladiatori
V 5
IX 10
Casa di M. Lucretius Fronto
V 4
IX 9
Casa del Centenario
IX 8
V 3
IX 5
Via Nolana
Casa delle Nozze d'Argento
V 2
Terme Centrali
IX 4
V 1
Casa di Caecilius Iucundus
Via Stabiana

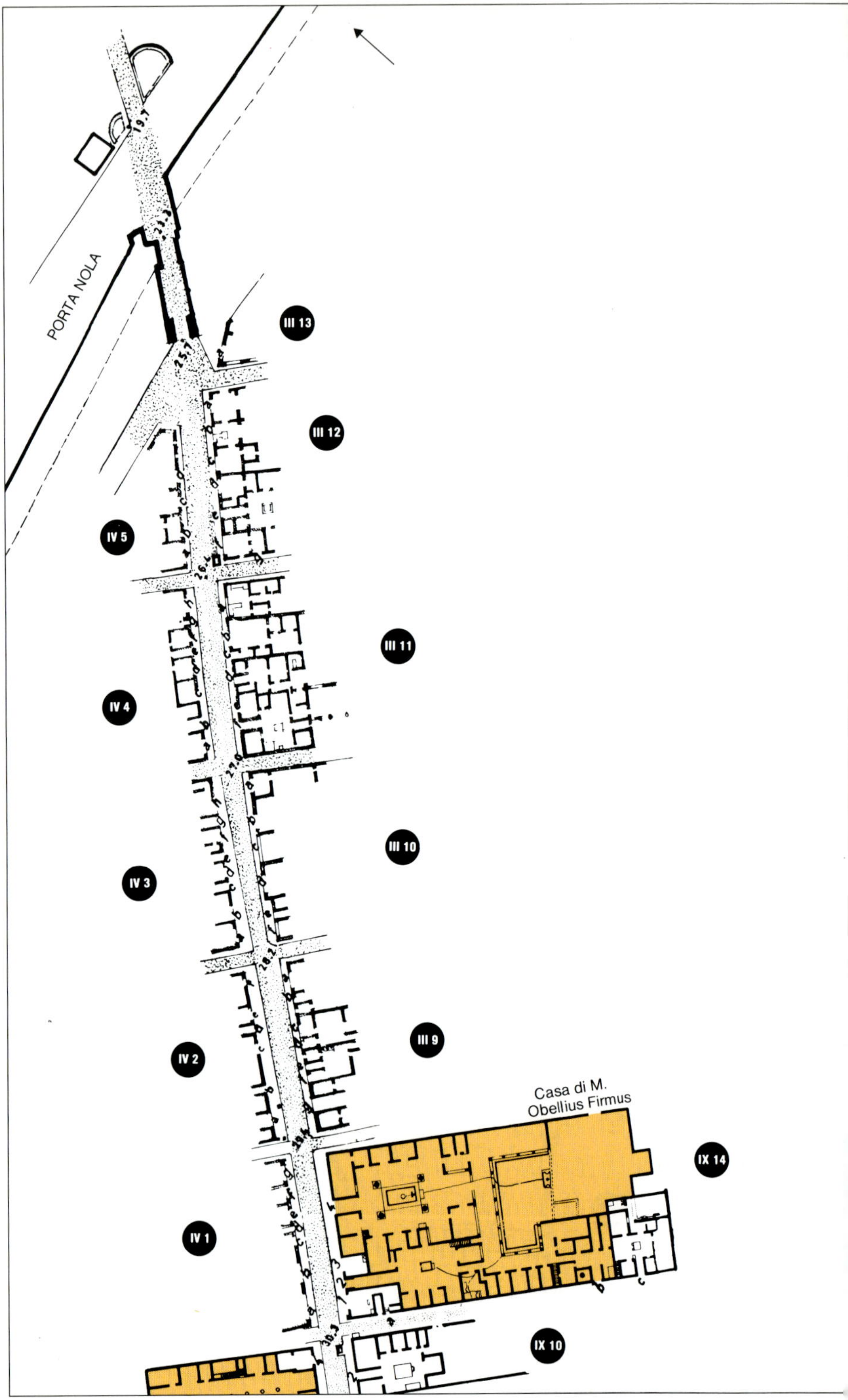
PORTA NOLA
III 13
III 12
IV 5
III 11
IV 4
III 10
IV 3
III 9
IV 2
Casa di M. Obellius Firmus
IX 14
IV 1
IX 10

Plan 12

TORRE XII
Casa di Apollo
VI 1
Casa del Chirurgo
Via Consolare
VI 2
VI 5
VI 7
Casa di Sallustius
Insula Arriana Polliana
VI 6
VI 8
VI 3
insula occidentalis

Pompeji. Blick nach Nordwesten

dorischen und oben ionischen Säulenordnung. Dazwischen lag ein eleganter Architrav mit Metopen und Triglyphen. Zu dem oberen Umgang konnte man über Treppen gelangen, die jeweils an den äußeren Ecken und in der Mitte eines Säulengangs angebracht waren. Reste dieser Treppen sind auf der Westseite noch sichtbar. An der Süd- und der Ostseite – hier jedoch nur bis zur Via dell'Abbondanza – verlief eine doppelte Säulenreihe. In der Tuffzeit war der Platz stärker eingetieft; zwischen dem Niveau der Portiken und dem des Platzes verliefen damals drei Stufen und nicht, wie jetzt, nur zwei.

In julisch-claudischer Zeit entschloß man sich, den Portikus in Travertin zu erneuern. Reste der Travertin-Kolonnaden sieht man auf der Westseite und auf der Ostseite vor dem Gebäude der Eumachia. Die Säulenreihe vor dem *macellum* weicht von dem übrigen Portikus ab; die Säulen sind schon kanneliert, im unteren Drittel mit Rundstäben, sie haben korinthische Kapitelle, an denen die Blätter jedoch noch unausgearbeitet sind, und sie stehen auf attischen Basen mit doppeltem Toros. Die Säulen vor dem Gebäude der Eumachia sind dagegen noch nicht kanneliert, ihre Basis hat nur einen Toros, und der Architrav trägt eine Weihinschrift. Die Säulen auf der Ostseite sind ähnlich gestaltet. Es scheint jedenfalls, daß der neue Portikus aus Travertin zwar eine doppelte Säulenordnung, aber keine zwei Stockwerke hatte, da im Architrav keinerlei Spuren von Gebälk vorhanden sind. Der neue Portikus bekam auch einen neuen Fußboden: die heute noch sichtbare Pflasterung mit Travertinplatten, die auf einem höheren Niveau verlegt wurden als das frühere Tuffpflaster.

Es ist bemerkenswert, daß der Platz wie auch die Basilika nicht den Vorschriften Vitruvs entsprechen, für den beim idealen Forum das Verhältnis der Breite zur Länge 2:3 betragen mußte. Da auf den italischen und römischen Plätzen, wie bekannt ist, oft religiöse Feste oder Schauspiele – zu denen auch die Gladiatorenkämpfe zu rechnen sind – stattfanden, mußten die Kolonnaden der italischen Foren für die Zuschauermenge weite Zwischenräume zwischen den Säulen haben. Obwohl dies vielleicht die Regel war, scheint das Forum von Pompeji in seiner Anlage eher von hellenistischen Bauwerken des rein griechischen Bereichs beeinflußt zu sein, die in einer Seehandel treibenden Stadt nicht unbekannt gewesen sein dürften. Dieselbe Herkunft haben die Anlagen der Theater und des Foro Triangolare.

Von den Ehrenstatuen, die das Forum geschmückt haben müssen, ist nicht eine einzige überliefert, wahrscheinlich weil infolge des Erdbebens von 62 n. Chr. viele zerstört waren und andere, wie überhaupt der gesamte Platz, noch restauriert wurden. Erhalten sind nur die Sockel. Vor dem nördlichen Teil des westlichen Portikus stehen in einer Reihe die Basen von Reiterstatuen, von denen eine, deren Verkleidung aus buntem Marmor zum Teil erhalten ist, eine Inschrift mit der Widmung an Quintus Sallustius enthält, der *duumvir, duumvir quinquennalis* und Patron der Kolonie war. Die Inschrift könnte spätrepublikanisch sein, dieser Sallustius ist jedoch sonst nicht bekannt.

Auf der Westseite stehen weitere Sockel für einzelne Statuen und für Reitergruppen, außerdem das Fundament des unvollendeten *suggestum* (Tribüne), das aus *opus incertum* und *opus reticulatum* mit Ecken aus Tuffplatten erbaut ist.

Ein Fresko aus dem Haus der Iulia Felix (II 4, 3), auf dem Alltagsszenen dargestellt sind, bezieht sich vielleicht auf diese Seite des Forums. Bei einem Portikus, vor dem Reiterstatuen stehen, sind Schuhmacher und Verkäufer von Hausgerät dargestellt, und an der Basis einer Statuengruppe sieht man ein Holzbrettchen mit einer öffentlichen Bekanntmachung.

An der Südseite wurden nach 62 n. Chr. die Sockel ähnlicher Reiterstatuen versetzt, um drei großen Basen Platz zu machen. Die mittlere hat die Form eines Bogens und ist in *opus incertum* mit Ziegelsteinkanten erbaut, die östliche und die westliche sind aus *opus reticulatum* mit *opus listatum* an den Ecken. In derselben Technik ist eine kleinere, längliche Basis erbaut, die vor der mittleren steht und sicherlich eine Reiterstatue trug. Wenn auf der mittleren, was sehr wahrscheinlich ist, eine Statue des Augustus stand, so können auf den anderen drei, die aus derselben Zeit, nach 62 n. Chr., stammen – sie ruhen auf der Travertin-Pflasterung, die in dieser Gegend gerade vervollständigt wurde –, nicht die Standbilder des Claudius, der Agrippina und des jungen Nero gestanden haben, wie früher vermutet wurde.

Bei der Ecke zur Via dell'Abbondanza steht eine guterhaltene, mit Marmor verkleidete Basis für eine Reiterstatue. Eine weitere befindet sich vor dem *capitolium*, gegenüber der angeblich zu einer Nero-Statue gehörenden Basis. Vor dem westlichen Portikus stehen gegenüber dem Gebäude der Eumachia und dem *macellum* weitere Sockel.

Zu seiten des *capitolium* schließen zwei Ehrenbögen den Platz ab, so daß die Nordseite wie ein Theaterprospekt erscheint. Sie sind aus *opus latericium* und hatten eine Marmorverkleidung, die jedoch bis auf die beiden marmornen Säulenbasen am nordöstlichen Bogen fehlt. Dieser hat in der nach Süden schauenden Fassade zwei Statuen-Nischen, in denen vermutlich die beiden Söhne des Germanicus, Nero und Drusus, dargestellt waren, die seit dem Tod von Tiberius' Sohn, Drusus Minor, Thronerben waren.

Daß auf dem Bogen eine Reiterstatue stand, kann man in Analogie zum anderen Bogen erschließen, der diesem gegenüber am Anfang der Via Mercurio steht: Hier fand man die Fragmente einer Reiterstatue, vermutlich des Caligula.

■ Die Basilika
Plan 2, Abb. 15, 16

Die Basilika steht in der Südwestecke des Forums, dem sie eine ihrer Schmalseiten zuwendet. Wegen ihrer Mauertechnik muß sie gleichzeitig mit der Erneuerung des Portikus und der ersten Phase des *capitolium* entstanden sein.

Diese frühe Datierung – in die zweite Hälfte des 2. Jahrhunderts v. Chr. – wird indirekt durch eine Inschrift bezeugt, die in die Stuckschicht auf den Innenwänden der Basilika gekratzt ist. *»C(aius) Pu-*

15 Basilika, Grundriß

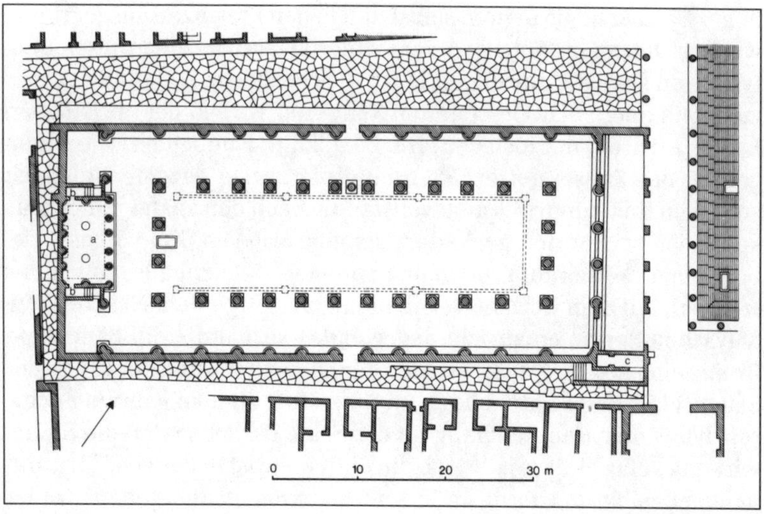

midius Dipilus heic fuit a(nte) d(iem) V nonas octobreis M(arco) Lepid(o) Q(uinto) Catul(o) co(n)s(ulibus)« (»Caius Pumidius Dipilus war hier am 3. Oktober im Konsulatsjahr des Marcus Lepidus und des Quintus Catulus«). Dies war im Jahr 78 v. Chr. Ein anderer, indirekter Beweis für die frühe Datierung stützt sich auf Graffiti mit oskischen Buchstaben, die in den ersten Wandverputz eingekratzt sind. Außerdem weisen einige Ziegel der Basilika Stempel in oskischer Sprache auf: *»Ni. Pupie«* (»Numerius Popidius«). Er war in samnitischer Zeit Magistrat in Pompeji.

Die Basilika gehört mithin zu den ältesten bekannten Beispielen dieses Gebäudetypus, dessen Bedeutung in der römischen Welt beachtlich war. Daß es sich mit Sicherheit um eine Basilika handelt, wird erneut durch die vielen in die Wände gekratzten Inschriften bestätigt, in denen das Wort *basilica* häufig vorkommt.

Ein solches Gebäude war vor allem für wirtschaftliche Transaktionen und die Justizverwaltung bestimmt. Hier müssen sich die Geschäftsleute versammelt oder auch Anwälte Verabredungen mit ihren Klienten getroffen haben.

Über die Anlage der römischen Basiliken besitzen wir eine inhaltsreiche Abhandlung im Werk des Vitruv, der als Architekt für die Stadt Fanum eine Basilika entwarf und erbaute und sie dann ausführlich und in allen Einzelheiten beschrieb. Mit Hilfe der typologischen Normen Vitruvs und der unmittelbaren Kenntnis verschiedener Basiliken, die in Rom selbst und in den Provinzen ausgegraben wurden, hat man mehrfach versucht, die Entwicklung dieses Bautypus von seinen Ursprüngen bis in die christliche Zeit hinein, als er zu einem noch nicht bestimmten Zeitpunkt Vorbild der christlichen Basilika wurde, darzustellen. Die Basilika in Pompeji ist, wie schon gesagt, das älteste gut erhaltene Beispiel dieser Art, sie ist jedoch vor allem im Grundriß schon vollständig nach den später von Vitruv kodifizierten Normen gegliedert. Es gibt, wie von ihm vorgeschrieben, einen Mittelraum, umgeben von einer Säulenhalle, sowie das *tribunal*, auf dem Gerichtsverhandlungen stattfanden. Nicht den Vitruvschen Regeln entspricht dagegen das Verhältnis von Länge und Breite, ebensowenig das zwischen der Säulenhöhe und der Breite der Seitenschiffe. Außerdem liegt, im Gegensatz zu dem gebräuchlicheren Typus, der Haupteingang an der Schmalseite, so daß die Raumwirkung völlig anders ist. Auch die Einteilung ist in der von Vitruv erbauten Basilika in Fanum anders, da das *tribunal* dort genau in einer

Achse mit dem Eingang an einer Längswand steht. Seltsamerweise erinnert die Basilika von Pompeji gerade wegen ihrer Abweichungen von den Vorschriften Vitruvs an die Anlage christlicher Basiliken. Der Haupteingang befindet sich an der Ostseite, wo sich, in einer

16 Basilika. Oben: Querschnitt auf der Höhe der Fassade.
Unten: Querschnitt durch die Mitte des Innenraumes

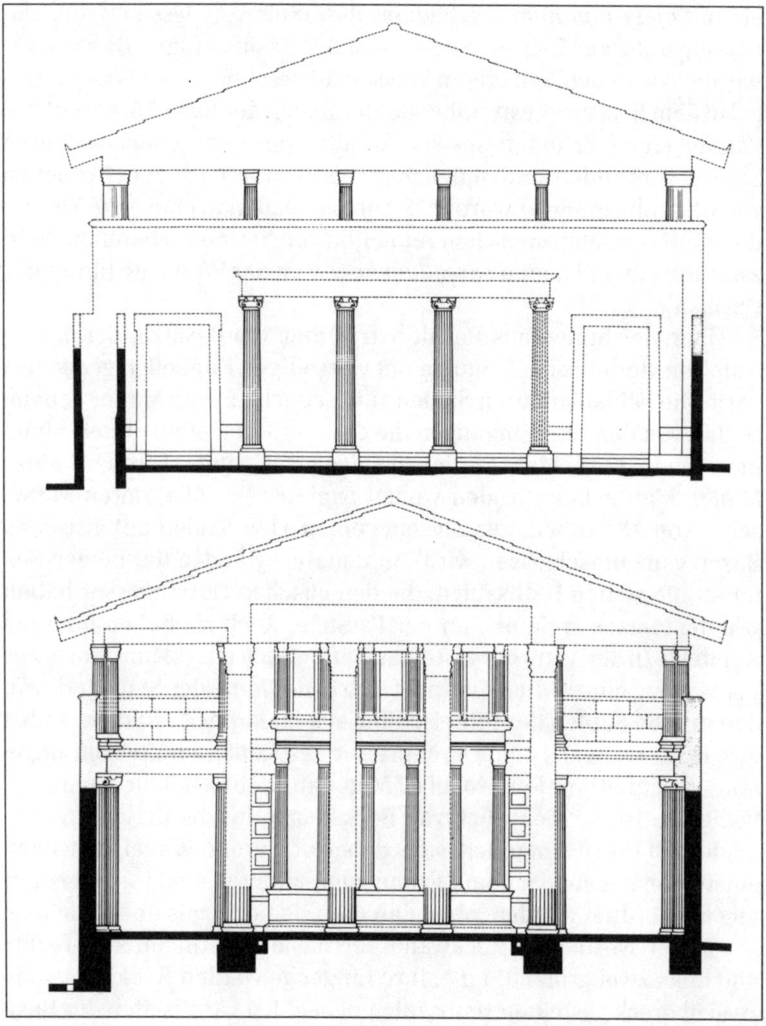

Fluchtlinie mit dem Portikus um das Forum, zwischen Tuffpfeilern fünf Türen öffnen, durch die man auf einen offenen Platz, das *chalcidium* (Vorhalle) der Basilika gelangt. Hier befindet sich auf der linken Seite ein enger, länglicher Raum (c), der höher liegt als die Grundfläche der Basilika selbst. In dem Raum gibt es einen Brunnenschacht, der bis zu einer Tiefe von 20,55 Metern (von der Mündung) erforscht ist, aber sicherlich noch tiefer war. Neben dem Schacht befindet sich ein mit *opus signinum* verkleidetes Reservoir, von dessen Grund ein Leitungsrohr aus Blei zur Südostecke der Basilika führt. Das Wasser wurde, wie üblich, mit einem Wasserrad geschöpft. Der Wasserspiegel in dem Reservoir war höher als der Boden der Basilika, so daß das Wasser einen Brunnen speisen konnte, von dem jedoch keinerlei Spuren vorhanden sind; möglicherweise war er nach dem Erdbeben von 62 n. Chr. entfernt worden. Sicher ist, daß man eine neue Verbindung mit dem augusteischen Aquädukt von Serino vorbereitete, und zwar mit einem kleinen *castellum aquae* an der Westseite hinter der Basilika.

Über vier Stufen aus Basalt betritt man die Basilika, deren Fassade von vier ionischen Säulen mit vierseitigen Kapitellen gegliedert wird. Die beiden äußeren Säulen sind seitlich an eine Mauer gebaut, so daß von den fünf Eingängen die drei mittleren offene Interkolumnien sind, die beiden seitlichen dagegen richtige Türen in einer Mauer. Man gelangt in den weiten Saal der Basilika, deren Mittelschiff von 28 großen, aus Ziegeln gemauerten Säulen mit attischen Basen ganz umschlossen wird. An den Rückwänden der beiden Seitenschiffe stehen Halbsäulen, die den gleichen Durchmesser haben wie die ionischen Säulen an der Fassade. Auch sie haben ionische Kapitelle. In der Mitte der Nordwand öffnet sich eine kleine Pforte zur Via Marina, eine weitere befindet sich in der Mitte der Südwand. Von den großen Säulen des Mittelschiffs ist kein Kapitell erhalten, selbst ihre Höhe kann aus dem Durchmesser des Säulenschaftes nur ungefähr errechnet werden, wobei elf Meter am wahrscheinlichsten sind. Völlig neu ist der Gebrauch von Backsteinen für die Errichtung der Säulenschäfte. Es handelt sich dabei um große Ziegel, die nach einem polygonalen Schema genau zugeschnitten sind und sternförmig angeordnet wurden, ohne daß man sie nochmals überarbeitete.

An der westlichen Rückwand der Basilika befinden sich rechts und links zwei große Räume. Ihre Eingänge werden flankiert von je zwei übereck gestellten Halbsäulen neben den Längsseiten der Basilika und auf der anderen Seite von je einer in die Mauer des Podiums (a), das in der Mitte der Westseite steht, eingebundenen Säule. Dieser seltsame Vorbau besteht aus einem knapp zwei Meter hohen Podium mit sechs Säulen darauf, wobei die zwei äußeren jeweils in die Nord- beziehungsweise Südwand des Vorbaus eingebunden waren. Zwischen den beiden seitlichen Räumen und dem Aufbau in der Mitte gibt es zwei Zwischenräume, in denen zwei Treppen (b) zu einem tonnenüberwölbten Raum unter dem Podium führten. Er wird durch zwei kleine Fenster in der Rückwand der Basilika erleuchtet.

Das schwierigste Problem besteht jedoch darin, daß es, zumindest bis jetzt, noch nicht gelang, eine befriedigende Rekonstruktion des Aufbaus und der Überdachung, mithin auch der Beleuchtung des Innenraumes, vorzulegen. Entlang der Nord- und der Südseite kann man zahlreiche korinthische Kapitelle und Fragmente von Säulen, freistehenden und in Mauern eingebundenen, sehen; wo sie in der Basilika angebracht waren, ist jedoch ungewiß. Außerdem ist festzustellen, daß die obere Säulenreihe in dem Vorbau bei einer neueren, möglicherweise nicht in allen Einzelheiten genauen Restaurierung aufgestellt wurde.

Bei Schichtengrabungen wurde immerhin eine wesentliche Frage geklärt, daß nämlich die Basilika vollständig überdacht war. Der schmale Kanal, der noch um das Mittelschiff läuft, hätte auf keinen Fall das Regenwasser in Abflußschächte leiten können, einerseits weil er zu klein war, andererseits weil es keine entsprechende Abwasseranlage gab. Der Kanal wurde mithin nach 62 n. Chr. angelegt, als man nach dem Erdbeben an die Restaurierung des Gebäudes ging. Wahrscheinlich sollten hier Bleirohre verlegt werden. Seltsam ist auch, daß es keinerlei Indizien für das Vorhandensein von gemauerten Architraven oder Gebälken gibt.

Bei einer neueren Untersuchung der Basilika kam der Architekt K. F. Ohr zu den im folgenden dargelegten Schlüssen, die – auch wenn sie unter einigen Gesichtspunkten verwirrend sind – jedenfalls im Augenblick am ehesten einleuchten; immerhin erklären sie jedes erhaltene Bauelement im einzelnen.

Nach Ohr überragten die Nord- und die Südwand um ein ganzes Stück die ionischen Halbsäulen. In diesem oberen Mauerabschnitt befanden sich korinthische Säulen, deren untere Hälfte vor die Mauer gesetzt war. Die doppelte Säulenordnung an den Wänden muß die gleiche Höhe gehabt haben wie die Säulen des Mittelschiffs. Der offene Raum oberhalb der Wände, der durch die obere Hälfte der korinthischen Säulen untergliedert wurde, diente der Beleuchtung des Gebäudes, das im Innenraum keine Galerien hatte. Der Vorbau in der Mitte der Westwand besaß eine zweite, ebenfalls korinthische Säulenordnung, die rein dekorativen Wert hatte. Zwischen den Halbsäulen verliefen niedrige Balustraden. Die Überdachung schließlich bestand aus einem einheitlichen Dachstuhl. Die Antefixe an den Außenseiten hatten unten Akanthusblätter, aus denen eine Blüte *(anthemion)* aufwächst, deren Mittelteil von volutenförmig gebogenen Stengeln eingerahmt wird. Einige der Ziegelsteine sind erhalten, sie tragen einen oskischen Stempel: *»N. Pupie.«*

Sicherlich war der Gesamteindruck, den die Basilika mit der unorganischen Partie der oberen Säulenordnung, mit den zur Hälfte eingemauerten, zur Hälfte freistehenden Säulen bot, nicht gerade harmonisch. Aber die Ausstattung des Innenraumes mit stuckierten und bemalten Dekorationen des Ersten Stils dürfte das Unorganische einiger baulicher Lösungen gemildert haben.

Der Vorbau in der Mitte der Westwand (a) wurde früher für den Sitz des *tribunal* gehalten. Man hat jedoch festgestellt, daß das Podium überhaupt nicht betretbar ist, da die Treppen in den beiden seitlichen Zwischenräumen zu der Krypta unter dem Podium führen.

Man vermutet deshalb, daß die *tribunalia* ihren Sitz in den beiden recht großen und für einen solchen Zweck besser geeigneten Räumen zu seiten des Vorbaus hatten. Dieser selbst wäre demnach nichts anderes gewesen als eine Ädikula, in der die Statue einer Gottheit aufgestellt war. Es ist aber auch möglich, daß hier doch das *tribunal* war, zu dem man auf einer tragbaren Holztreppe hinaufstieg, um auf diese Weise von den übrigen abgetrennt zu sein.

Die Mauern der Basilika waren buchstäblich bedeckt mit Kritzeleien verschiedenster Art, mit politischen, erotischen oder witzigen. Zwei der interessantesten seien hier übertragen: *»L. Istacidi! At quem non ceno barbarus ille mihi est«* (»Lucius Istacidius! Wer mich nicht zum Essen einlädt, ist für mich ein Barbar«) und *»Quisquis amat veniat. Veneri volo frangere costas / Fustibus et lumbos debilitare deae: / Si pot(is) illa mihi tenerum pertundere pectus, / Cu(r) ego non possim caput ill(i) frangere fuste?«* (»Wer liebt, komme hierher. Ich will der Venus die Rippen brechen mit Prügeln und der Göttin die Lenden lähmen: wenn sie mein zartes Herz treffen kann, warum kann ich ihr nicht den Kopf mit einem Prügel einschlagen?«)

■ Gebäude der Gemeindeverwaltung
Plan 2, Abb. 14

Die drei fast gleich großen, gegenüber dem Niveau der Straße erhöht stehenden öffentlichen Gebäude, die den Platz an der Südseite abschließen, dienten wahrscheinlich den städtischen Beamten zur Abwicklung ihrer Verwaltungsgeschäfte. Wegen ihrer Wichtigkeit waren diese Gebäude nach dem Erdbeben des Jahres 62 n. Chr. fast völlig erneuert worden, wenn auch unter Beibehaltung der ursprünglichen Anlage. Nur bei dem östlichen Gebäude, neben dem die Via delle Scuole entlangführt, sind die seitlichen und rückwärtigen Mauern noch in der Technik des *opus incertum* aus der Zeit vor 62 n. Chr. errichtet. Dagegen wurde die Fassade ganz aus *opus latericium* erbaut, nachdem sie – wie Schichtengrabungen erwiesen haben – um mindestens 1,50 Meter weiter nach vorne versetzt worden war. Das westliche Gebäude ist ganz aus Ziegeln, während das mittlere sowohl *opus incertum* als auch *opus latericium* aufweist. Die Untersuchung der Schichten erbrachte, daß auch diese beiden Gebäude ursprünglich weiter zurückstehende Fassaden hatten. Der östliche Raum hat einen rechteckigen Grundriß und eine weite Apsis. Es scheint, als sei hier die Ausstattung des Innenraumes schon weiter fortgeschritten gewesen; vielleicht weil es an den Mauern weniger auszubessern gab. Die Wände waren für eine Marmorverkleidung vorbereitet, und entlang dem Sockel der Außenwände war Marmor bereitgestellt. Unmittelbar unter der Schwelle sind Spuren eines Fußbodens aus *opus signinum* erhalten. Was die Aufgabe dieses Gebäudes angeht, so vermutet man, daß hier die *duumviri*, die wichtigsten, mit Gerichtsbarkeit ausgestatteten Beamten der Stadt, ihren Sitz hatten.

Die eigenartigste Form hat der mittlere Raum. Der aus der letzten Phase stammende Fußboden liegt im Verhältnis zum Niveau des Forums recht hoch. Man betrat das Gebäude über eine Treppe mit zwei Rampen und einer Plattform in der Mitte. Im Innern läuft an den Seitenwänden ein Podium mit Pilastern entlang, dessen Funktion unklar ist. Anfangs dachte man, das Gebäude, das ja eine zentrale Stellung einnimmt, sei die eigentliche *curia* gewesen, also der Versammlungsort der Dekurionen; dann hätte das Podium mit den Pfeilern eine rein dekorative Funktion gehabt, indem es Säulen und ein Gebälk zur Verzierung getragen hätte. Mehr Beachtung verdient eine Hypothese Maiuris, der unter Hinweis auf die sogenannte *schola armaturarum* (vgl. S. 303) die Vermutung äußerte, es handle sich um ein *tabularium*, also ein Verwaltungsarchiv. Das Podium und die Pfeiler hätten dann die schweren Holzschränke, in denen die städtischen Akten und Dokumente gesammelt waren, getragen. Die Nische im Hintergrund des Saales ist nicht halbrund, sondern rechteckig; sie beherbergte möglicherweise eine Minerva-Statue. Auch hier gibt es unter dem jetzigen Niveau Reste früherer Fußböden. Der erste befindet sich in einer Tiefe von 25 Zentimetern, der zweite, aus *opus signinum* mit Fragmenten farbiger Steine, liegt 1,05 Meter tief. Auf diesen Fußboden waren Fragmente von Dekorationen des Ersten Stils herabgestürzt; die erste Bauphase muß deshalb auf die zweite Hälfte des 2. Jahrhunderts v. Chr. zurückgehen.

Der westliche Raum ist am größten und am elegantesten. In ihm ist der Marmorfußboden aus der Zeit vor dem Erdbeben von 62 n. Chr. noch erhalten, nur entlang den Wänden wurde er abgeschnitten, um die Mauern vollständig in *opus latericium* zu erneuern. In den Seitenwänden befinden sich je drei Nischen, in denen Kaiserstatuen oder Statuen der wichtigsten pompejanischen Politiker aufgestellt gewesen sein müssen. An der Rückwand öffnet sich eine Apsis mit einer Nische in der Mitte. Dieses Gebäude muß die Kurie, der Versammlungsraum der Dekurionen, gewesen sein.

■ Das Comitium
Plan 2, Abb. 14

Das Gebäude des *comitium* liegt an der Südostecke des Forums. Ursprünglich bestand es aus einem umfriedeten Bezirk, der vom Forum und der Via dell'Abbondanza durch eine Pfeilerreihe abgetrennt war und dadurch an diesen beiden Seiten eine Vielzahl von Öffnungen hatte. Man hat daher angenommen, daß es sich bei diesem Gebäude um ein *comitium* handle, den Ort, an dem die Gemeindewahlen stattfanden. Die zahlreichen Eingänge, von denen fünf im Norden und fünf im Westen lagen, erlaubten einen geregelten Zutritt der Wähler vom Forum her und ihren Abgang zur Via dell'Abbondanza. Auf der Tribüne an der Südseite, die über eine Treppe zu erreichen war, hatten die Magistratsbeamten ihren Platz, denen die Durchführung der Wahlen anvertraut war. Eine kleine Pforte neben der Tribüne führt in einen Raum, in dem eine weitere, zum Forum hin offene Tribüne steht.

Die Süd- und Ostwand waren geschlossen und mit je fünf Nischen, in denen Ehrenstatuen standen, geschmückt. Die Pfeiler an der Fassade sind aus Ziegelsteinen.

Nach dem Erdbeben vermauerte man die Zugänge bis auf einen an der Nord- und zwei an der Westseite. Die Nordostecke wurde hingegen in *opus latericium* ganz neu errichtet, und dabei wurde eine der fünf an dieser Seite befindlichen Nischen beseitigt. Die Wände waren ursprünglich mit Marmor verkleidet, der Fußboden mit großen Platten, ebenfalls aus Marmor, belegt. Zum Zeitpunkt der Verschüttung war der Wiederaufbau des *comitium* noch nicht beendet.

■ Das Gebäude der Eumachia
Plan 2, Abb. 14, 17

Der Bau steht im südöstlichen Teil des Forums, die Umfassungsmauer einer Längsseite schaut zur Via dell'Abbondanza.

Die Weihung durch die Priesterin Eumachia wird in zwei Inschriften erwähnt, einmal auf dem Architrav des Portikus, der an dieser Stelle die alte Tuffkolonnade des Popidius ersetzte, ein zweites Mal auf einer Marmorplatte neben dem Seiteneingang an der Via dell'Abbondanza. Die Inschriften lauten: »*Eumachia L(uci) f(ilia) sacerd(os) publ(ica) nomine suo et M(arci) Numistri Frontonis fili chalcidicum, cryptam, porticum Concordiae Augustae Pietati sua pequnia fecit eadem dedicavit*« (»Eumachia, die Tochter des Lucius, die Priesterin – der Venus – errichtete in ihrem und ihres Sohnes, Marcus Numistrius Fronto, Namen auf eigene Kosten den Vorbau, den überdachten Umgang und den Portikus und weihte sie der Concordia und der Pietas Augusta«).

Die Eumachier waren eine alte Familie kampanischer, vielleicht auch griechischer Herkunft. Wie viele kampanische Familien verdankte sie ihren Erfolg dem Weinbau; ein guter Teil ihres Reichtums stammte jedoch aus der Amphorenherstellung in Zusammenarbeit mit der Familie der Lassii. In augusteischer Zeit muß ein Zweig der Familie nach Pompeji gezogen sein, wo die in den Inschriften erwähnte Eumachia einen Nachkommen der aus Lukanien stammenden vornehmen Familie der Numistrii heiratete. Nach dem Tod ihres Mannes war sie die Erbin eines großen Handelsunternehmens der Wollbranche. Als Angehörige einer vornehmen und reichen Familie wurde sie außerdem die Hauptpriesterin des wichtigsten Kultes im römischen Pompeji, nämlich des der Venus. Vor der Porta Nocera sieht man noch ihr prächtiges Grab, das leider seines ganzen Schmuckes beraubt ist (vgl. S. 354).

Die Weihung des Gebäudes mit der Erwähnung der Concordia und der Pietas Augusta scheint sich auf den Kaiser Tiberius und seine Mutter Livia zu beziehen. Im Jahre 22 n. Chr. gelobte der römische Senat einen Altar für die Pietas Augusta. In dieser Zeit, oder wenig später, müßte das Gebäude errichtet worden sein, da die nicht mehr erhaltene Wanddekoration aus dem Dritten Stil es verbietet, an eine zwar mögliche, aber auch aus anderen Gründen unannehmbare Weihung an Nero und seine Mutter Agrippina zu denken. Bei der Verschüttung war das Gebäude nach den Schäden, die es beim Erdbeben von 62 n. Chr. erlitten hatte, nur zum allerkleinsten Teil restauriert worden; die Beschreibung der wenigen erhaltenen Bestandteile des inneren Portikus bezieht sich also auf die Phase vor 62 n. Chr., aus der auch die Mauerungen in *opus incertum* stammen.

Der Portikus verläuft schräg zum Gebäude selber, da er, um der Einheitlichkeit willen, in einer Linie mit dem Portikus des Forums steht. Die Säulenreihe hatte eine doppelte Ordnung, unten dorische, darüber ionische Säulen aus Travertin und mit unkannelierten

17 Gebäude der Eumachia

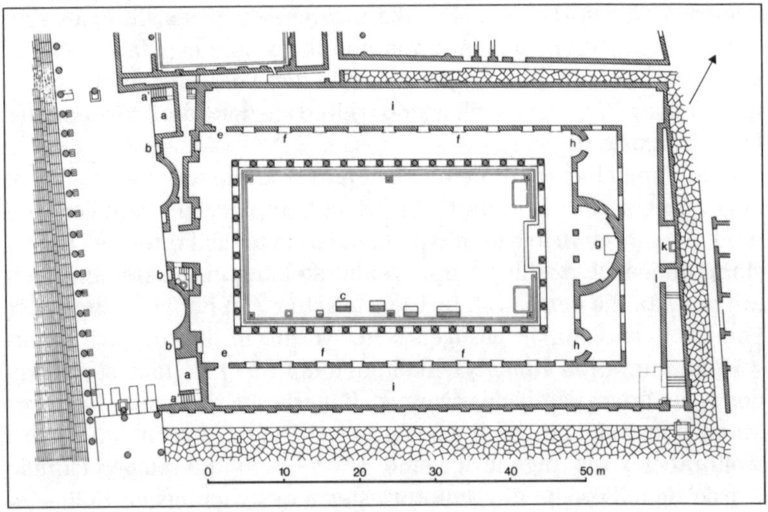

Schäften. Zu Füßen jeder Säule stand eine Statue, zur Fassade des Gebäudes gewendet. Die Interkolumnien waren höchstwahrscheinlich mit Gittern verschlossen. Nischen und Apsiden belebten die Fassade (a, b).

An der rechtwinkligen Mitteltür ist die prächtige Marmordekoration aus der ursprünglichen Bauphase erhalten. Es handelt sich um einen fortlaufenden Fries aus Akanthusranken, die von kleinen Vögeln und Insekten bevölkert werden. Der Fries stammt nach bisheriger Ansicht aus tiberianischer Zeit, also von der ersten Phase des Baus. Tatsächlich wurde die Fassade nach 62 n. Chr. mit Ziegelsteinen völlig neu aufgebaut, der wieder *in situ* angebrachte Fries erwies sich jedoch als nicht breit genug.

Zu beiden Seiten der Tür sind zwei Apsiden und zwei rechteckige Nischen (a, a) symmetrisch angelegt. Die beiden rechteckigen Nischen liegen auf einem Niveau oberhalb der Pflasterung des Forums, sie konnten über eine kleine seitliche Treppe (a', a') erreicht werden. Man hat vermutet, daß hier Versteigerungen stattfanden, an denen ein *praeco* (Auktionator) und ein *argentarius* (Bankier) teilnahmen. Die Gitter zum Verschließen des Portikus hätten dann dazu gedient, die Neugierigen während besonderer Versteigerungen fernzuhalten.

In den Wandabschnitten zwischen den großen Nischen befanden sich vier kleinere, in denen Statuen standen. Von zweien sind Bruchstücke der Sockel-Inschriften erhalten. Es handelt sich um *elogia* (Lobpreisungen) des Romulus und des Äneas, des Gründers der Stadt Rom und des Ahnherrn der *gens Iulia*. In den beiden Inschriften werden die wichtigsten Taten der beiden Helden kurz aufgezählt. Wahrscheinlich ahmten diese *elogia* die auf dem Augustus-Forum in Rom nach. Von dort stammte die Grundidee, ein Denkmal zu schaffen, das die *gens Iulia* feierte, und es mit den Statuen der Vorfahren des Kaisers Augustus und den zugehörigen *elogia* zu schmücken. Neben den Statuen der Vorfahren waren auf dem Forum auch die Standbilder derer aufgestellt, die an der Gründung des Reiches beteiligt gewesen waren. Die Verehrung für die *gens Iulia*, die Eumachia in ihrer Weihung des Gebäudes gezeigt hat, ging so weit, daß sie in der Wahl der Statuen das augusteische Programm nachahmte. Es erscheint deshalb selbstverständlich anzunehmen, daß in den vier Nischen außer den Statuen des Äncas und des Romulus auch Cäsar und Augustus aufgestellt waren. Der hier beschriebene Portikus ist das in der Inschrift erwähnte *chalcidicum*.

Hinter der Tür durchquert man einen kurzen Gang, zu dessen Seiten kleine Räume liegen: der linke war für das Wachpersonal bestimmt, im rechten dagegen führte eine Treppe zu einer Plattform, wo ein großes Terrakottagefäß stand. Hierin wurde der Urin gesammelt, den dann die *fullones* für die Bearbeitung der Wolle verwendeten. An der Rückseite des linken Raumes folgt ein äußerst unregelmäßig geformter, durch die schräge Position des Gebäudes zum Portikus entstandener Raum. Hier gibt es einen weiteren Krug für Urin und eine hölzerne Treppe, die zum Obergeschoß der Krypta führt.

Von dem Gang aus betritt man den weiten, mit einem Portikus umgebenen Hof, von dessen Ausschmückung nur ganz wenige Reste erhalten sind. Die umlaufenden Säulenreihen hatten eine korinthische Ordnung und waren aus Marmor. Nach den wenigen erhaltenen Resten, die auf die Phase vor 62 n.Chr. zurückgehen, scheint es, als sei die Kolonnade zweistöckig gewesen, mit gleichem Säulenabstand im unteren und im oberen Stockwerk. Auf der Schmalseite zur Fassade hin war der Umgang höher als an den Längsseiten. Auf der rückwärtigen Schmalseite springt er dagegen vor, wie um einen Pronaos oder ein monumentales Eingangstor zu der weiten Apsis in der Rückwand zu bilden, vor der zwei Säulen einen Giebel tragen. In der Apsis stand die Statue der Concordia Augusta (g), deren Kopf zwar nicht erhalten ist, die jedoch die Gesichtszüge der Livia getragen haben muß. An den äußeren Enden des Portikus befinden sich zwei weitere, viel kleinere Nischen (h), in denen wohl die Statuen des Tiberius und des Drusus, der beiden Söhne der Livia, aufgestellt waren. Im Hof selbst sieht man noch die entlang den Säulenreihen aufgestellten Basen, auf denen Ehrenstatuen gestanden haben müssen.

Es wurde vorgeschlagen, den in der Weihinschrift des *chalcidicum* erwähnten Sohn der Eumachia, M. Numistrius Fronto, mit dem gleichnamigen *duumvir* des Jahres 2 bis 3 n.Chr. zu identifizieren. Da dieses wichtige Amt des Numistrius Fronto sicherlich in der Inschrift erwähnt worden wäre, ist das Gebäude in diesem Fall sicherlich in die Zeit vor seiner Amtsübernahme zu datieren.

Wenn dies zutrifft, wären die motivischen Zitate vom Augustus-Forum ein Hinweis auf die äußerst schnelle Verbreitung des stadtrömischen Vorbildes. Möglicherweise handelt es sich auch um eine Anspielung auf ein anderes römisches Monument, die *Porticus Liviae*, die Tiberius und Livia im Jahr 7 v.Chr. der Concordia Augusta, der Einigkeit zwischen dem Mitgliedern der kaiserlichen Familie, gewidmet hatten. Auch der Brunnen neben dem Seiteneingang, nach dem die Via dell'Abbondanza benannt ist, zeigt eine Darstellung der Concordia mit dem Füllhorn, deren Haartracht der der Livia entspricht.

Die bisherige Datierung des Frieses mit den Akanthusranken am Eingang wäre zu überprüfen, wahrscheinlich ist auch hier die augusteische Datierung vorzuziehen.

Die Rückwand des Portikus (f), die von großen Fenstern unterteilt wird, zeigt einen Sockel mit bunten Marmorplatten und Malereien aus dem Dritten Stil. Die Fenster mußten den Kryptoportikus (i) – die in der Inschrift erwähnte Krypta – erleuchten, der den Hof an drei Seiten umgibt. Man betrat ihn durch zwei kleine Pforten (e) am westlichen Ende der beiden Längsseiten. An der Ostseite steht, in einer Nische der Rückwand, eine Statue der Eumachia (k), die von den *fullones* ihrer Herrin gestifet worden war. Neben der Nische mit der Statue – hier nur ein Abguß; das Original befindet sich im Neapler Museum – führt ein schmaler Gang (l) zur Via dell'Abbondanza.

Die Rückwand des Portikus mit der großen Apsis in der Mitte wurde nach dem Erdbeben von 62 n. Chr. vollständig erneuert, wie die Verwendung von *opus latericium*, das in Pompeji in den späteren Bauphasen vorkommt, beweist. Auch die Außenmauer an der Via dell'Abbondanza ist stark restauriert, mit ihren weiten, abwechselnd von Dreiecks- und Segmentgiebeln bekrönten Scheinfenstersn ist ihre dekorative Wirkung schlicht und elegant. – An dieser Seite steht auch der berühmte Brunnen der Abbondanza, nach der die Straße benannt wurde (vgl. S. 43).

Die Frage, wofür das Gebäude der Eumachia benutzt wurde, ist nicht leicht zu klären. Vor allem aufgrund der Tatsache, daß die *fullones* ihrer Herrin eine Statue stifteten, meinte man, der Bau könne ein riesiger Wollmarkt gewesen sein. Der Kryptoportikus hätte dann als Lagerraum gedient. Die beschränkte Anzahl von Eingängen könnte die Vermutung, das Gebäude habe vor Dieben geschützt werden müssen, plausibel machen. Trotzdem erscheint es doch recht befremdlich, daß ein so eleganter Bau, der feierlich der Concordia Augusta gewidmet und mit Statuen von Äneas und Romulus, Cäsar und Augustus, samt der Aufzählung ihrer Taten auf den Statuensockeln, ausgestattet war, nur ein einfacher Markt für den Verkauf von Wolle gewesen sein soll. Auch die Tatsache, daß hier eine von den *fullones* gestiftete Statue der Eumachia steht, hat keine besonders große Bedeutung; in einem von der Priesterin selbst errichteten Gebäude, das ziemlich sicher für die Öffentlichkeit bestimmt war, ist dies eine Selbstverständlichkeit und setzt nicht unbedingt eine Verbindung zwischen den *fullones* und dem Bau voraus.

Wenn jedoch der Vergleich mit dem Augustus-Forum nicht unangebracht erscheint, so könnte man an eine Art Basilika denken, in der Handelsgeschäfte abgewickelt wurden, also eine Art Börse. Eine solche Einrichtung am Forum, in zentraler Lage, ist eher begreiflich als ein einfacher Wollmarkt.

Eine enge Verwandtschaft läßt sich auch zwischen diesem Gebäude und der sogenannten Basilika von Herculaneum feststellen, einem Bau, in dem eine Fülle von marmornen und bronzenen Ehrenstatuen der kaiserlichen Familie und der Familie der Nonii gefunden wurde. Auch bei diesem Gebäude ist der Zweck unklar geblieben. Sollte sich eine kultische Bestimmung nachweisen lassen – ein der *gens Iulia* geweihter Kultbezirk? –, dann könnte sowohl dieses Gebäude als auch das der Eumachia, die beide einen sehr ähnlichen Grundriß haben, mit den *augustales* verbunden gewesen sein; deren Versammlungsplatz wurde in Herculaneum westlich der sogenannten Basilika gefunden. Trotzdem ist es befremdlich, daß in dem Gebäude der Eumachia nicht einmal eine Inschrift oder ein Graffito gefunden wurde, das sich auf die Augustalen bezöge.

■ Der Tempel des Vespasian
Plan 2, Abb. 18

Die Fassade nördlich vom Gebäude der Eumachia hat eine etwas seltsame Lage. Sie besteht aus Ziegelmauerwerk und muß aus Gründen der Bautechnik gleichzeitig mit dem wiederhergestellten *chalcidicum* vor dem Gebäude der Eumachia errichtet worden sein, das mit Sicherheit in die Zeit nach 62 n.Chr. zu datieren ist. Merkwürdig ist, daß die Fassade nach vorne gerückt ist und nicht parallel zu der Säulenstellung am Forum verläuft, die übrigens vor diesem Gebäude fehlt. Aber wie beim *macellum* und dem Laren-Heiligtum wird die Schrägstellung durch den nicht allzu reichlich vorhandenen Platz erzwungen.

Durch ein einfaches Tor in der Mitte der Fassade tritt man in einen Hof (F), dessen Wände aus regelmäßigen Tuffblöcken errichtet sind. Die Wände werden von vorgeblendeten Mauerstreifen gegliedert, die große Scheinfenster mit dreieckigen beziehungsweise segmentförmigen Giebeln einfassen, eine Gliederung, die der Außenmauer des Gebäudes der Eumachia an der Via dell'Abbondanza nachgebildet ist. Die Wände der Umfassungsmauern waren noch nicht verputzt. Vor dem Eingang (B) bezeichnet ein dünner Streifen die Linie, auf der einige Säulen errichtet werden sollten. Um den Hof läuft eine Rinne aus Tuff, die aus Baumaterial verschiedener Herkunft erbaut wurde. Sie muß vorübergehend dazu gedient haben, das Regenwasser abzuleiten, bis zur Fertigstellung des Marmorfußbodens, der jedoch zum Zeitpunkt der Verschüttung noch fehlte.

In der Mitte der Rückwand erhebt sich eine große, hauptsächlich aus *opus latericium* errichtete Ädikula auf einem hohen Podium. Man betritt das Heiligtum über zwei Treppen (g), die rechts und links in die Rückseite des Podiums eingeschnitten sind. Die Cella (H) ist sehr einfach: Sie hat zwei Anten an der Fassade, an ihrer Rückwand steht ein Sockel (i) für die Kultstatue. Vor der Fassade müssen vier Säulen gestanden haben (G), wobei die mittleren etwas weiter auseinander gerückt waren.

18 Tempel des Vespasian

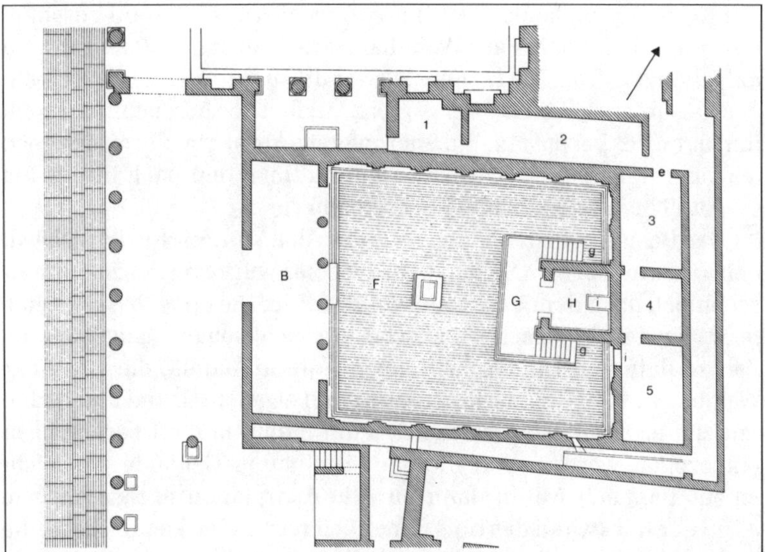

In der Mitte des Hofes steht ein Marmoraltar, dessen Kern aus *opus caementicium* (Mörtel und Steine darin) besteht, mit zwei polsterartigen Rollen darauf und Reliefs an den vier Seiten. Auf der wichtigsten, der dem Forum zugewandten Seite, ist eine Opferszene dargestellt. Ein Priester mit verhülltem Haupt bringt über einem Dreifuß ein Trankopfer dar. Hinter ihm stehen zwei Liktoren, ein Musiker, der einen Doppelaulos bläst, zwei junge Opferdiener *(camilli)* mit Gerätschaften und ein weiterer Helfer. Vor dem Priester stehen der *victimarius* (Opferdiener) mit einer zweischneidigen Axt und sein Helfer und halten den Opferstier. Hinter den Personen im Vordergrund ist ein Tempel mit vier Säulen an der Front dargestellt, bei dem es sich um die Fassade der Ädikula an der Rückwand des Hofs handeln muß.

Auf der Nord- und der Südseite des Altars sind Opfergeräte abgebildet: auf der linken Seite ein Tuch mit Fransen *(mantile)*, der Krummstab des Auguren *(lituus)* und ein Kästchen für Räucherwerk *(acerra)*; rechts eine Opferschale, ein Schöpfgefäß *(simpulum)* und ein Krug. Oberhalb von diesen Gegenständen hängt eine Girlande aus Früchten und Blumen. Auf der Seite zur Ädikula hin sind ein Kranz aus Eichenlaub und zwei kleine Lorbeerbäume dargestellt. Der Kranz aus Eichenlaub ist eine *corona civica*, wie sie auf Beschluß des römischen Senats am Wohnhaus des Augustus auf dem Palatin aufgehängt wurde. Nach Augustus war die *corona civica* ein Vorrecht der Kaiser. Auch der Lorbeer war ein Attribut des Augustus und nach ihm dann des Vespasian. Ein Stieropfer wurde nur zu Ehren des noch lebenden Kaisers dargebracht, während man den nach ihrem Tod vergöttlichten Kaisern einen Ochsen opferte.

Das Basis-Profil der linken Seite des Altars unterscheidet sich von dem der drei übrigen Seiten, d. h. der Altar wurde restauriert, wahrscheinlich nach dem Erdbeben von 62 n. Chr. Die erste, besser erhaltene Phase ist in julisch-claudische, vielleicht sogar in augusteische Zeit zu datieren. Die Inschrift der Priesterin Mamia, die von einer Weihung für den Genius des Augustus auf eigenem Grund und Boden und auf eigene Kosten berichtet, kann mithin in die Überlegungen einbezogen werden; von diesem rätselhaften Gebäude (vielleicht einem Tempel?) wären dann nur die Altarplatten übriggeblieben.

In der Rückwand des Hofs öffnet sich rechts eine kleine Tür (j), die in drei hinter dem Tempel liegende Räume (3, 4, 5) führt. Sie waren für die Aufseher des Tempels und für die des Laren-Heiligtums bestimmt, mit dem sie durch eine Tür an der Nordseite (e) und zwei weitere Räume (1, 2) Verbindung hatten.

Bei Grabungen an der Fassade des Heiligtums kamen drei parallel von Norden nach Süden verlaufende Mauerzüge und ein Fußboden aus *opus signinum* ans Licht, die auf republikanische Zeit zurückgehen könnten. Das Fehlen von Trennmauern ließ die Vermutung aufkommen, es handle sich bei diesen Mauerzügen um die Reste einer überdachten Galerie, die wie die sogenannten Getreidespeicher an der Westseite des Forums zu Handelszwecken benutzt wurde.

■ Das sogenannte Laren-Heiligtum
Plan 2, Abb. 19

Das Gebäude gehört wegen seiner komplizierten und bewegten Architektur wohl zu den interessantesten und in gewisser Weise auch rätselhaftesten öffentlichen Bauten Pompejis.

Es öffnet sich zum Forum hin auf der gesamten Breite. Auf dem Niveau des Portikus, der den Platz einfaßt, stehen acht quadratische Sockel aus Basalt. Mit Eisenstiften, von denen Reste erhalten sind, konnten darauf Marmorplatten befestigt werden. Wahrscheinlich handelt es sich um Sockel für die Säulen des nach dem Erdbeben von 62 n.Chr. noch nicht wiederaufgebauten Portikus. Dahinter betritt man einen weiten, prächtigen Raum von 18,20 Metern Breite und 19,90 Metern Tiefe. In der Mitte befinden sich die Reste eines Altars, dessen Fundamentierung noch zu sehen ist. Von dem ursprünglichen Fußboden aus *opus sectile* mit bunten, zu einem regelmäßigen geometrischen Muster angeordneten Marmorplatten sind nur noch ganz wenige Fragmente in der Mitte des Bezirks und am Fuß der Umfassungsmauer erhalten.

In der Rückwand öffnet sich eine weite Apsis mit einer rechteckigen Nische in der Mitte. In der Apsis läuft an den Mauern entlang ein hoher Sockel, auf dem Säulen standen, die einen Architrav mit rein dekorativem Charakter trugen. Der Sockel springt in der Mitte der Apsis, auf der Höhe der Nische, nach vorne; hier standen in den Ekken zwei Säulen, die einen Architrav und einen Dreiecksgiebel trugen, so daß eine Art Ädikula entstand. An der Rückwand der Nische müssen drei Kultstatuen gestanden haben.

Auch die Seitenwände weisen, nicht anders als die Rückwand, eine komplizierte Gliederung auf. Vom Eingang aus befinden sich,

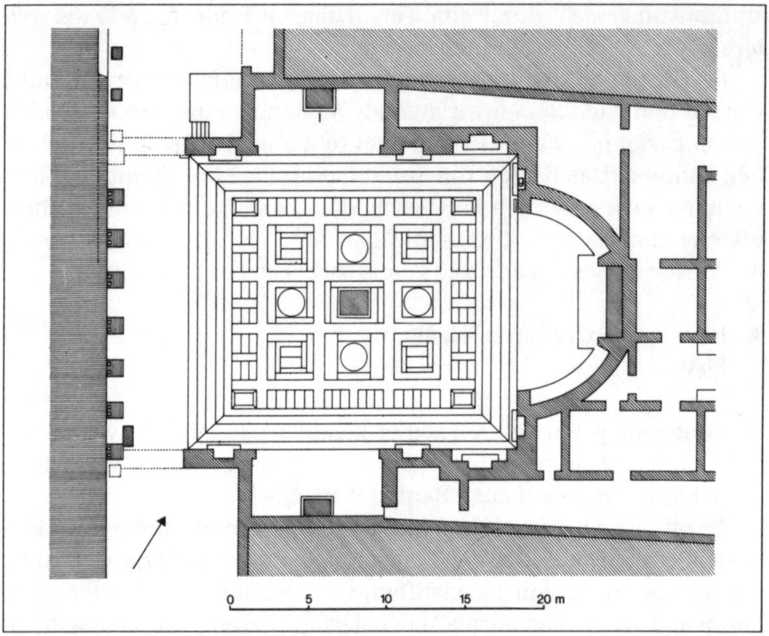

19 Sogenanntes Laren-Heiligtum

jeweils symmetrisch, rechts und links, zwei eingerahmte und von einem dreieckigen Giebel bekrönte Nischen. Dann folgen zwei weite Räume, vor deren Zugang jeweils zwei Säulen stehen, und schließlich zwei weitere, komplizierter gestaltete Nischen. Sie sind mit einem schmalen Tonnengewölbe geschlossen, in die Rückwand sind jedoch zwei rechteckige Nischen eingetieft, die von Dreiecksgiebeln bekrönt werden. Zwei weitere Nischen, die ebenfalls dreieckige Giebel haben, befinden sich neben der großen Apsis in der Rückwand des Raumes. Sowohl in den Nischen als auch in den beiden seitlichen großen Räumen müssen Kultstatuen gestanden haben. Der ganze Bezirk war mit Sicherheit nicht überdacht. Höchstwahrscheinlich schloß die Rückwand, in der sich die Apsis öffnet, mit einem großen dreieckigen Giebel ab, während um die seitlichen Mauern als Abschluß ein einfaches profiliertes Gesims geführt gewesen sein muß.

Der Bau, der mit seiner Betonung der Gegensätze von Licht und Schatten, mit der Verwendung von Nischen und vor die Wand gestellten Säulen entschieden »barocke« Züge trägt, ist wahrscheinlich neronisch. Die tragenden Bauelemente sind alle aus *opus latericium* mit verschiedenfarbigen gebrannten Ziegeln errichtet. Die übrigen Mauern sind dagegen aus besonders grobem *opus reticulatum*, mit ganz unterschiedlichen Materialien und viel Mörtel, und aus *opus incertum*. Der gesamte Bau weist keinerlei Ausbesserungen auf; das Gebäude muß 79 n. Chr. sogar noch unvollendet gewesen sein, da die Wanddekorationen, die ganz aus Marmor sein sollten, noch unvollendet waren. Jedenfalls scheint es sicher, daß der Bau zumindest vor dem Wiederaufbau der neben ihm stehenden Gebäude nach dem Erdbeben von 62 n. Chr. begonnen wurde. Unter anderem entschloß man sich, um das Gebäude errichten zu können, den Zugang von der Via del Balcone Pensile zum Forum zu schließen; an seiner Rückseite liegen noch die Trümmer der abgebrochenen Häuser, die dem neuen Staatsmonument Platz machen mußten.

Das Gebäude wurde bisher als Heiligtum der Laren, der Schutzgottheiten der Stadt, gedeutet. Auf dem berühmten Relief mit der Erdbebenszene, das im Haus des L. Caecilius Iucundus das Lararium schmückte, ist unter anderem eine *procuratio* (Sühnung) dargestellt, die neben einem großen Altar stattfindet, hinter dem man in einer Ädikula eine weibliche, in einen Mantel gehüllte Gestalt sieht. Die Zeremonie der *procuratio* besteht aus einem von der Stadt dargebrachten Sühneopfer nach großen Unglücksfällen, da diese – nach allgemeiner Überzeugung – auf schuldhaftes Verhalten zurückzuführen waren, durch das der Zorn der Götter erregt wurde. Maiuri hat den Vorschlag gemacht, in dem auf dem Relief dargestellten Altar den Altar in der Mitte des Laren-Heiligtums zu sehen. Tatsächlich war dieses Gebäude – sei es, daß es schon in neronischer Zeit, sei es, daß es erst nach 62 n. Chr. begonnen wurde – eines der ersten Bauwerke, das kultischen Zwecken diente. Es wurde noch vor seiner endgültigen Fertigstellung für offizielle Feierlichkeiten benutzt.

Die bisherige Deutung des Gebäudes als Heiligtum der *Lares Publici* scheint nach neuesten Erkenntnissen jedoch nicht mehr haltbar zu sein. Die besondere Anlage und der Reichtum der ursprünglichen Verzierung mit buntem Marmor lassen vielmehr annehmen, daß es sich wie beim benachbarten Tempel des Vespasian um ein Gebäude für den Kaiserkult handelte.

Auf keinen Fall haltbar ist der kürzlich gemachte Vorschlag, der Bau habe als öffentliche Bibliothek gedient.

■ Das Macellum
Plan 2, Abb. 20

Monumentale Gebäude, in denen Lebensmittel und andere Waren für den täglichen Gebrauch verkauft wurden, sind für Griechenland zumindest seit der Zeit Alexanders des Großen bekannt. Auch der Name dieser Märkte – *macellum* – ist griechisch. In Pompeji liegt das *macellum* an der Nordostecke des Forums, so daß es zwar eine zentrale Lage hatte, zugleich aber das normale Leben auf dem Forum nicht durch das Gedränge, das hier sicherlich herrschte, gestört wurde. Bei der Entdeckung meinten die Ausgräber, es handle sich bei den zwölf Sockeln aus Tuff, die in der Mitte des Hofes stehen, um Altäre, und der Bau sei eine Art Pantheon, ein mehreren Göttern zugleich geweihtes Heiligtum, gewesen. Als man aber bei späteren Ausgrabungen in den Räumen an der Nordseite Getreide und Früchte und in der Mitte des Hofes Fischgräten fand, führte dies zu der richtigen Schlußfolgerung, daß es sich bei dem Bau um einen Markt handle.

Es gibt drei Zugänge: zwei Haupteingänge, die in der Mitte der West- beziehungsweise der Nordseite liegen, und einen Nebeneingang mit einer kleinen Treppe neben der Südostecke. Die Orientierung des *macellum* weicht von der des Forums ab, da sie durch den Verlauf der Via degli Augustali und des Vico del Balcone Pensile bestimmt wird. Um diese Abweichung zu korrigieren, nimmt die Größe

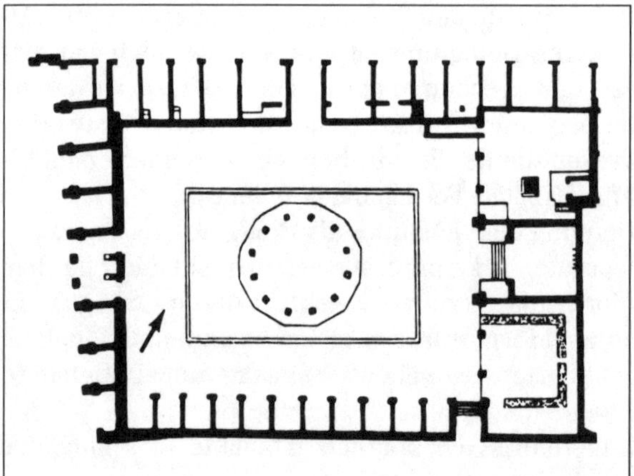

20 *Macellum*

der Läden, die an der Westseite zum Forum hin liegen, von Norden nach Süden hin ab.

Vor der Fassade stehen noch drei – allerdings stark restaurierte – Marmorsäulen vom Portikus des Forums. Sie sind, im Gegensatz zu den übrigen Säulen, korinthisch und im unteren Drittel mit einem Rundstab verziert, während der obere Teil unkanneliert ist. Auf den Kapitellen liegt noch ein Teil des Gebälks. Auch die Sockel für Ehrenstatuen, von denen je eine hinter jeder Säule stand, befinden sich noch an Ort und Stelle, allerdings ohne ihre Marmorverkleidung. Weitere Sockel für Ehrenstatuen befinden sich vor den Eckpfeilern der *tabernae* an der Vorderseite des *macellum*. Diese aus *opus incertum* errichteten Räume könnten Wechselstuben gewesen sein, doch stützt sich diese Vermutung auf keine gesicherten Daten.

Der Haupteingang des *macellum* liegt in der Mitte der Westseite. Er wird in zwei Durchgänge unterteilt von einer Ädikula mit zwei eleganten korinthischen Säulen, deren figürliche, mit Chimären geschmückte Kapitelle jedoch von der Tomba delle Ghirlande vor dem Herkulaner Tor stammen (vgl. S. 442). Von hier betritt man einen weiträumigen, ursprünglich von Portiken eingefaßten Hof. Von den Säulen fand man jedoch keinerlei Reste; wahrscheinlich waren die Wiederaufbauarbeiten nach dem Erdbeben noch nicht abgeschlossen. Bei Nachgrabungen in diesem Bezirk fand man tatsächlich die aus Travertin gearbeitete Standfläche für die Säulenreihe an der Nordseite sowie ein kleines Stück an der Westseite. Damit ist klar, daß die Säulen des Portikus noch nicht aufgestellt waren. Auch die inneren Umfassungsmauern und die Räume im Süden und im Osten gehen auf die Restaurierungen nach 62 n. Chr. zurück. Sie sind alle aus *opus incertum*, mit Ausnahme der Eckpfeiler, die aus Backsteinen und kleinen Tuffquadern in *opus listatum* gemauert sind.

Auf der Nordwestmauer blieb noch ein interessantes Beispiel einer Dekoration aus dem Vierten Stil erhalten, das offensichtlich ebenfalls aus der Zeit nach 62 n. Chr. stammt. Oberhalb des Sockels sind schwarze, mit Rot eingefaßte Felder gemalt, in deren Mitte Bilder mit mythologischen Szenen dargestellt sind: Penelope, wie sie Odysseus wiedererkennt, Io und Argus, und Medea, die über den Tod ihrer Kinder nachsinnt. Zwischen den einzelnen Wandfeldern befinden sich Architektur-Durchblicke vor weißem Hintergrund, mit perspektivisch dargestellten, grün und blaßrot gemalten Gebäuden. Die zarten architektonischen Elemente überragen die schwarzen Wandfelder und untergliedern die Oberzone in Felder, auf die vor blauem Hintergrund einzelne Figuren gemalt sind: ein Mädchen mit Opfergeräten und ein Satyr, der einen *aulos* bläst. Darüber sind auf großen Wandfeldern Stilleben mit Vögeln und Fischen gemalt in einem Stil, der der Volkskunst nahe steht. In der Mitte der Nordseite liegt ein einfacher Eingang. Die Läden öffneten sich zur Via degli Augustali hin, sie hatten keinen Hinterausgang zum *macellum*.

An der Ostseite befinden sich drei weite Räume, die gegenüber dem übrigen *macellum* erhöht liegen. In der Mitte liegt das der kaiserlichen Familie geweihte Heiligtum, das man über eine Treppe mit fünf Stufen betritt. Der sehr einfache Raum zeigt an der Rückwand einen Sockel und in den Seitenwänden vier Nischen. In denen auf der rechten Seite fand man zwei Statuen, eine weibliche und eine männliche (hier zwei Abgüsse; die Originale befinden sich im Neapler Nationalmuseum). Man hielt sie irrtümlich für Bildnisse des Marcellus und der Octavia, des Neffen und der Schwester des Augustus; es muß sich jedoch um zwei andere, noch nicht identifizierte Mitglieder der kaiserlichen Familie handeln. Man fand hier auch einen Arm mit einem Globus, der vielleicht zu einer Kaiserstatue gehörte. Die Wände sind aus *opus listatum* und *opus incertum*, die Mauern zu Seiten der Treppe dagegen aus *opus latericium*. Von dem ursprünglich vorhandenen Stucküberzug sind nur wenige Reste erhalten: die Pilaster am Haupteingang waren unkanneliert, die am Eingang zum Heiligtum dagegen mit einem Stabmuster verziert.

Der linke Raum wurde wahrscheinlich für Opfergelage zu Ehren des Kaiserhauses benutzt. Man sieht noch einen nach rechts hin gerückten niedrigen Altar, der aus zwei Marmorstufen und einer darübergelegten Basaltplatte besteht. Die Platte hat einen erhöhten Rand und in einer Ecke ein Loch; offensichtlich war dies ein Altar für Trankopfer.

Unklar ist, welche Bedeutung das mit Marmor verkleidete Podium an der Südwand hatte. Man vermutete, daß es wie die großen seitlichen Nischen am Gebäude der Eumachia den *praecones* und *argentarii* bei Versteigerungen als Standplatz diente.

Dieser Hypothese steht jedoch die anscheinend religiöse Bestimmung des Saales entgegen. Man fand hier zwei kleine Wandmalereien mit Eroten; auf dem einen Bild sind sie Wein trinkend und Lyra spielend, auf dem anderen opfernd dargestellt. In dem Raum rechts vom Heiligtum wurden Fleisch und Fisch verkauft. Wie bei dem

Raum auf der linken Seite stehen auch hier an der Fassade zwei quadratische Sockel, auf denen Säulen errichtet waren. An drei Seiten läuft ein Ladentisch herum, der in der Mitte der Ostwand unterbrochen ist. Der linke Ladentisch, der eine besondere Vorrichtung besaß, um das Wasser zu sammeln und zu dem kleinen Abwasserkanal an der Südseite hinzuleiten, muß für den Verkauf von Fischen vorgesehen gewesen sein.

An der Südseite liegt neben diesem Raum der Seiteneingang von der Via del Balcone Pensile, die durch den Bau des Laren-Heiligtums zur Sackgasse geworden war. Die Außenmauer des *macellum* zeigt an der Straßenseite bis auf die Höhe des Laren-Heiligtums, das ebenfalls unvollendet blieb, ein prächtiges *opus reticulatum* aus verschiedenfarbigen, in Reihen angeordneten Tuffsteinen, eingefaßt von Pilastern aus Ziegelsteinen. Dies ist wohl das schönste Beispiel einer Mauer aus der letzten Bauphase in Pompeji; mit ihrer feinen Buntheit bedurfte die Mauer sicherlich keines Stucküberzugs mehr. Im Innern des *macellum* folgt an der Südseite eine Reihe regelmäßig geschnittener Läden für den Verkauf von Lebensmitteln.

In der Mitte des Hofes stehen zwölf im vorigen Jahrhundert stark restaurierte Sockel aus Tuff zu einem Polygon angeordnet, das von einer niedrigen Leiste aus Marmor begrenzt wird. Nach dem Vorbild der großartigen ostgriechischen und afrikanischen *macella*, aber auch der römischen, zum Beispiel in Pozzuoli, meinte man, dies seien die Überreste eines Rundbaus oder einer *tholos* (Rundbau mit Säulenumgang) mit einem Becken und einem Brunnen. Die Grabungen Maiuris gaben jedoch Klarheit über die Funktion der Sockel und der zwölfeckigen Fläche; wie die zahlreichen Fischgräten beweisen, die in dem bis zur Mitte des Polygons führenden Abwasserkanals gefunden wurden, war der Platz für den Verkauf von Fischen bestimmt, die hier abgeschuppt und geputzt wurden. Die Sockel dienten nur als Halterung für zwölf Holzpfähle, die in die Erde gesteckt und in den Sockeln verankert waren, und die ein konisches, ebenfalls hölzernes Dach zu tragen hatten. In der Mitte des Zwölfecks, am Ende des Kanals, muß ein Brunnen gewesen sein, an dem der Fisch gereinigt wurde. Becken gab es nicht.

Der Fußboden bestand aus einem Gemisch von zerstoßenen Steinen – Ziegel, Travertin und Marmor – und Mörtel. Die kleine Leiste aus Marmor sollte verhindern, daß das Wasser aus dem mittleren Bezirk nach draußen floß.

Auch die Erforschung der Baugeschichte des Marktplatzes verdanken wir Maiuri. Das heute sichtbare, wie die Basilika um 130 bis 120 v. Chr. datierte Gebäude hatte einen Vorgängerbau von ähnlichen Ausmaßen, jedoch ohne den Rundbau in der Mitte. Auf der Nord- und der Südseite entsprach der Verlauf des ursprünglichen Portikus dem des späteren, auf der Ost- und der Westseite war er dagegen geräumiger. An der Südseite befand sich eine Reihe von *tabernae*, die weniger tief und anders eingeteilt waren. An der Ostseite schließlich lagen einige Räume mit einer schönen Wanddekoration aus dem Ersten Stil und mit einer zweiten Säulenreihe an der Vorderseite. Auch die Fassade des *macellum* entsprach nicht dem jetzigen Zustand; sie stand weiter vorne zum Forum hin. Der offene Marktplatz war mit einem sorgfältig geglätteten und festgestampften Steinpflaster bedeckt, die *tabernae* hatten dagegen einen Fußboden aus Steinsplittern und einer Mörtelschicht, in den Räumen an der Ostseite war der Mörtel mit zerriebenen Ziegelsteinen vermischt *(opus signinum)*. Auf dem unüberdachten Platz war der Bodenbelag bis 62 n. Chr. in Benutzung, in den überdachten Räumen wurde er allmählich durch *opus signinum* ersetzt.

In julisch-claudischer Zeit wurde das Gelände neu geordnet und erhielt seine jetzige Form. Die ursprünglichen Kolonnaden aus Tuff wurden beibehalten, jedoch auf der Westseite durchschnitten, um hier eine – sehr bald in Vergessenheit geratene – geheiligte Ädikula aus *opus incertum* zu errichten. Zu dieser Bauphase gehören auch die *tabernae* an der West- und der Nordseite. Der größte Teil des Gebäudes stammt jedoch, wie bereits ausgeführt wurde, aus der Zeit nach dem Erdbeben von 62 n. Chr., das zur völligen Beseitigung der Tuffkolonnaden führte.

■ Der Jupitertempel
Plan 2, Abb. 21

Der große Tempel an der Nordseite des Forums war mit Sicherheit der sogenannten Kapitolinischen Trias, also Jupiter, Juno und Minerva, geweiht. Dieser Brauch, den drei Hauptgottheiten des Olymp einen Tempel im Zentrum des städtischen Lebens zu weihen, war in der römischen Welt weit verbreitet. Im italischen Bereich gab es anscheinend eine entsprechende Tradition, die jedoch mit dem Kult des Jupiter allein verbunden war. Infolge der militärischen Eroberungen verbreitete sich der gemeinsame Kult der drei Gottheiten von Rom aus über ganz Italien. So war sicherlich der Tempel am Forum ursprünglich nur Jupiter geweiht, und erst nach 80 v. Chr. traten nach der Gründung der sullanischen Kolonie die beiden weiblichen Gottheiten hinzu.

Der Tempel hat dieselbe Orientierung wie der Portikus des Popidius; seine Entstehung geht offensichtlich auf denselben städtebaulichen Impuls in der zweiten Hälfte des 2. Jahrhunderts v. Chr. zurück. Zum Zeitpunkt der Verschüttung war noch der vollständige Wiederaufbau nach dem Erdbeben von 62 n. Chr. im Gange. Dies erklärt, weshalb nur wenige Bauelemente und keinerlei Reste von der Überdachung mit einem Giebel und Gebälk erhalten sind. Unter anderem wurde bei Ausgrabungen im 18. Jahrhundert anscheinend der Torso einer Kolossalstatue gefunden, der gerade zu einer kleineren Statue umgearbeitet wurde.

Der Tempel, der ganz aus schönem *opus incertum* erbaut ist, steht auf einem viereckigen Podium von 16,98 Meter Breite und 37 Meter Länge; bei diesem Maß ist die weite, elegante Freitreppe mit eingerechnet, die die gesamte Südseite einnimmt. Das Podium ist ebenfalls aus *opus incertum* mit Lavagestein. Es ist innen hohl, da hier eine weite *favissa* angelegt wurde, also Räume zur Unterbringung der Kultgeräte. Das Podium wurde in drei Schiffe unterteilt, deren Tonnengewölbe aus *opus incertum* errichtet sind. Der Eingang liegt an der Ostseite des Podiums.

Die von Maiuri unternommenen Grabungen im Innern des Tempels brachten Klarheit über die Bauphasen. Dabei stellte man unter anderem fest, daß die aufragenden Teile ursprünglich auf den tragenden Mauern des Podiums ruhten, um zu vermeiden, daß das gesamte Gewicht auf den Scheitel der Gewölbe drückte. In dieser frühen Phase, die wohl die des 2. Jahrhunderts v. Chr. gewesen sein dürfte, war die Treppe an der Südseite sehr viel weniger steil, sie endete an einem weiter hinten gelegenen Punkt im Pronaos, etwa auf der Höhe der beiden zweiten seitlichen Säulen. Ungefähr in der Mitte der Freitreppe muß ein Absatz gewesen sein, in dem sich der ursprüngliche Zugang zum Innern des Podiums befand.

Die Treppe der zweiten Bauphase zeigt eine besondere Form. Von unten führen zwei enge Stufenreihen empor, dazwischen ist eine geräumige Plattform errichtet, auf der der Altar stand. Darüber vereinigen sich die beiden schmalen Treppen zu einer großen, die die gesamte Breite des Tempels einnimmt. An den Außenseiten der Treppen stehen zwei Sockel für Reiterstatuen, wie sie auf dem berühmten Relief mit der Erdbebenszene vom Lararium im Haus des Caecilius Iucundus dargestellt sind.

Der Tempel hat eine Vorhalle mit sechs Säulen an der Vorder- und je vier an der Längsseite. Die Säulen sind aus Nocera-Tuff, der mit sehr feinem Stuck überzogen ist. Ihre Höhe muß etwa zwölf Meter betragen haben. Die korinthischen Kapitelle sind aus zwei Teilen gearbeitet, einige weisen Spuren von Überarbeitungen auf. An den äußeren Ecken der Cella stehen dagegen Pfeiler mit Kompositkapitellen aus Tuff, mit diagonal gestellten Voluten, die von Akanthusblättern gestützt werden. Die Säulen ruhen auf einer niedrigen, profilierten Basis des »attischen Typs«. Als man in der zweiten Bauphase die Freitreppe weiter zurücklegte, wurde für jede Säule ein rundes Fundament aus Ziegelsteinen errichtet.

In der weiten Vorhalle blieb ein Travertin-Fußboden erhalten, der auf eine Restaurierung in tiberianischer Zeit zurückgeht. Die Ausmaße der Vorhalle sind innerhalb der griechischen Sakralarchitektur unüblich, dagegen sind sie im italischen Raum, wo der Typus einer die Hauptfassade betonenden Tempelarchitektur weiter entwickelt war, durchaus gebräuchlich.

Die Cella nimmt ungefähr die Hälfte des Podiums ein. Sie ist in drei Schiffe unterteilt, wobei die beiden außerordentlich schmalen Seitenschiffe zusammen mit den davorstehenden zweistöckigen Säulenreihen eher eine Art Bühnenbild für die im Hintergrund der Cella aufgestellten Kultstatuen bilden. Die Säulen der unteren Reihe waren ionisch, aus Tuff mit einem weißen Stucküberzug und etwa 4,50 Meter hoch. Auf ihnen lag ein Architrav, der die obere Säulenreihe, von der keinerlei Reste erhalten sind, trug. Die Cella hatte ursprünglich, in der ersten Bauphase im 2. Jahrhundert v. Chr., keine Säulenreihen im Innenraum; in der Tat stehen die Säulen genau auf dem Scheitelpunkt der seitlichen Tonnengewölbe im Podium.

Die Wände waren zunächst mit einer nachgeahmten Marmorverkleidung im Ersten Stil verziert. In sullanischer Zeit wurde die Dekoration im Inneren der Cella mit Malereien im Zweiten Stil erneuert, mit großen Wandfeldern, die von vertikalen Streifen nachgeahmter Buckelquader gegliedert werden; der Sockel mit kleinen schwarzen Plättchen wurde im Dritten Stil restauriert. Den oberen Abschluß bildet ein gemaltes Gesims.

Die Basis der drei Kultstatuen im Hintergrund der Cella war für die Verkleidung mit Marmor vorbereitet und zeigt heute einen groben Bewurf. Das ursprüngliche Podium war jedoch kürzer und aus Tuff mit Halbsäulen an der Vorderseite und Dreiviertelsäulen an den Ecken. Einer neueren Hypothese zufolge kann es aufgrund der korinthischen Kapitelle nicht wie bisher in sullanische Zeit datiert werden, sondern es muß früher entstanden sein. Wenn sich diese Hypothese bestätigt, wäre der Tempel schon in seiner ersten Bauphase gegen Ende des 2. Jahrhunderts v. Chr. der Kapitolinischen Trias geweiht gewesen.

In dem Podium befinden sich drei von der Vorderseite her zugängliche Räume. Die Erweiterung geht auf eine Restaurierung in tiberianischer Zeit zurück.

Von den Kultstatuen ist nur der kolossale Marmorkopf des Jupiter erhalten, der eine Variante des Typs Otricoli zu sein scheint. Man hat wohl zu Recht vermutet, daß der Typ des Zeus Otricoli nichts anderes als eine Kopie der im römischen *capitolium* aufgestellten Kultstatue

21 Jupitertempel, Längsschnitt und Grundriß des Sockels der Kultstatue

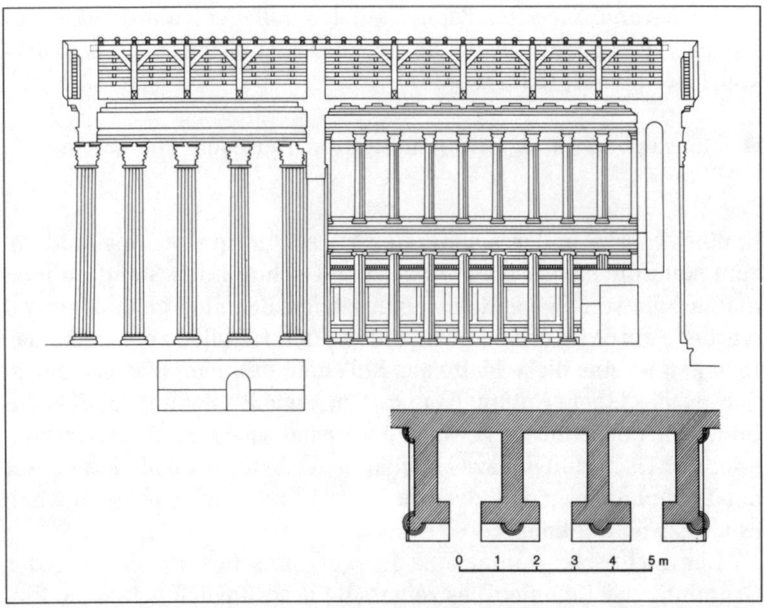

aus Gold und Elfenbein sei, ein Werk des Künstlers Apollonios, der in sullanischer Zeit lebte und wohl zu einer neoattischen, akademisch von der griechischen Skulptur des 5. und des 4. Jahrhunderts v. Chr. beeinflußten Schule gehörte. Wenn das Podium vorsullanisch ist, entfällt allerdings natürlich die Möglichkeit, die Kultstatuen mit der 83 v. Chr. datierten Gruppe auf dem Kapitol in Rom ikonographisch zu verbinden. Außer dem Kopf des Jupiter ist die Gesichtsmaske der Kultstatue der Juno erhalten. Ein kolossaler Körper, der aus einem überarbeiteten groben Relief wiedergewonnen wurde, gehört vielleicht zum Jupiter.

Die mit Stuck überzogenen Außenwände der Cella sind unten mit großen Platten und oben mit einer Nachahmung von *opus quadratum*, bei dem die Blöcke gleich hoch, aber unterschiedlich lang sind, verziert. Das Podium selbst zeigt eine Stuckdekoration mit großen Feldern und einem recht bewegten Profil, das zu einer tiberianischen Restaurierung gehört. Spuren der ersten Stuckierung mit einem ähnlichen, aber eleganter proportionierten Profil sind noch erhalten.

Bei einer Grabung, die in drei Meter Entfernung von dem aus Ziegeln gemauerten Podium vor dem Tempel durchgeführt wurde, kam eine festgemauerte, 4,30 Meter breite und 6,60 Meter lange Grundfläche aus *opus incertum* zutage, auf der wohl der früheste Altar des Tempels stand, der noch auf die Zeit zurückzuführen ist, als der Portikus des Popidius erbaut wurde.

■ Mensa ponderaria, Forum holitorium, Aerarium und Latrine
Plan 2

In einer Nische in der Trennmauer zwischen Apollotempel und Forum steht die *mensa ponderaria*, der Tisch mit den Standardhohlmaßen, die von eigens dafür eingesetzten Beamten genau geregelt wurden, um Willkürlichkeiten seitens der Händler zu verhindern. Erhalten ist eine dicke Platte aus Kalkstein mit neun Löchern darin, deren jedes einem Hohlmaß entspricht. Jede Eintiefung hat auf dem Boden ein Loch, um das gewogene Material wieder entfernen zu können. Der Tisch ruht auf zwei hochkant gestellten großen Platten. Auf der Tischplatte liegt eine zweite mit drei Eintiefungen; insgesamt gab es also zwölf Hohlmaße.

Der Eichtisch stammt aus der vorrömischen Epoche vor der Gründung der Kolonie. Dies zeigen die ursprünglich neben die Eintiefungen geschriebenen Bezeichnungen der Maße, von denen eine noch lesbar ist: *kuiniks*, was dem griechischen *choinix* entspricht. Da die oskischen Maße nicht mit den römischen übereinstimmten, paßte man in augusteischer Zeit, um 20 v. Chr., die Eintiefungen den neuen Standardmaßen an und meißelte in die Vorderseite der Platte eine Inschrift: »*A(ulus) Clodius A(uli) f(ilius) Flaccus, N(umerius) Arcaeus N(umeri) f(ilius) Arellian(us) Caledus d(uo) v(iri) i(ure) d(icundo) mensuras exaequandas ex dec(urionum) decr(eto)*« (»Aulus Clodius Flaccus, der Sohn des Aulus, und Numerius Arcaeus Arellianus, der Sohn des Numerius, *duumviri* mit Gerichtsbarkeit, ließen auf Beschluß der Dekurionen die Maßeinheiten angleichen«).

Der Portikus an der Nordwestecke des Forums mit seinen acht sorgfältig aus Ziegeln gemauerten Pfeilern an der Vorderseite war sicherlich, zusammen mit den Räumen südlich davon, das *forum holitorium*, d. h. der Gemüsemarkt. Hier wurden Getreide und getrocknetes Gemüse verkauft. Vielleicht ist seine Lage dadurch bedingt, daß die Nische mit der *mensa ponderaria* und auch das Büro des Beamten, der die Maße zu kontrollieren hatte, ganz in der Nähe lagen. Der Bau hat acht Öffnungen an der Fassade. Bei der Verschüttung im Jahre 79 n. Chr. war er noch unvollendet; die Überdachung des Portikus fehlte, an den Mauern im Innern gibt es keine Spuren von Verputz. Das *forum holitorium* wird heute als Lagerraum für archäologisches Material verwendet.

Es folgt eine große Latrine, die in den letzten Jahren der Stadt vollständig neu errichtet wurde, wie aus der Mauertechnik hervorgeht: *opus incertum* mit Bruchstücken verschiedenartigen Materials, und *opus latericium* an den Eckpfeilern, den Architraven und den Bögen der Abwasserleitung. An den drei Seiten der Latrine entlang verläuft der Kanal für die Fäkalien, darüber sind Basaltblöcke angeordnet, die die hölzernen oder gemauerten Sitze tragen sollten. Vor der Latrine befindet sich ein kleiner Eingangsraum mit einer Tür, die unmittelbar auf das Forum führt, und dessen Zweck es war, den Blick von der Straße in die Latrine zu versperren.

Bei der Verschüttung war der Bau noch nicht abgeschlossen; unter anderem fehlte noch die Verbindung mit einer Zuleitung für das Wasser, das man zum Wegspülen brauchte.

Schließlich folgen zwei unterirdische Räume mit einer kleinen Pforte zum Forum hin. Sie besteht aus Basaltblöcken, die in das Ziegelmauerwerk eingefügt sind, außerdem gibt es Spuren eines Eisengitters, mit dem die Pforte versperrt werden konnte. Die hintereinander gelegenen Räume sind überwölbt und nur schwach beleuchtet. Man nimmt an, daß sie als Lagerraum für den städtischen Geldbesitz benutzt wurden. Vielleicht entstand dieser Lagerraum aus einer Notwendigkeit als Folge des Erdbebens von 62 n. Chr.; zuvor war das *aerarium* wohl im Podium des *capitolium* untergebracht.

Über dem *aerarium* liegen zwei Räume, die sich zur Via dei Soprastanti hin öffnen. Der Fußboden dieser beiden Zimmer liegt ungefähr 1,20 Meter über dem Niveau der Straße. Dieser Unterschied ist wohl auf die räumlichen Bedingungen zurückzuführen, die durch die Gewölbe des *aerarium* entstanden; es ist jedoch wahrscheinlich, daß dies durch eine Erhöhung des Bürgersteiges ausgeglichen werden sollte. Die beiden Räume dürften einfache Läden gewesen sein.

■ Die Forums-Thermen
Plan 2, Abb. 22

Die sogenannten Forums-Thermen sind kleiner und einfacher als die Stabianer Thermen. Wie die Stabianer Thermen, so sind auch die Forums-Thermen in zwei getrennte Abteilungen untergliedert: eine für die Männer und eine für die Frauen. Die Männer-Thermen haben drei Eingänge: einen an der Via del Foro (a"), einen am Vicolo delle Terme (a') und einen dritten an der Via delle Terme (a'"). An dieser Straße liegt auch der Eingang zu den Frauen-Thermen (b). Die beiden Eingänge an der Via del Foro und am Vicolo delle Terme führen in einen nicht besonders geräumigen Hof (A) mit Portiken an der Nord-, der Ost- und der Westseite (im Hof ist jetzt das Restaurant). Neben dem Eingang am Vicolo delle Terme befindet sich eine kleine Latrine (d), deren Mauern aus *opus quasi reticulatum* auf eine Restaurierung nach 62 n. Chr. zurückzuführen sind. Am nördlichen und am westlichen Flügel des Portikus stehen dorische, mit Stuck überzogene Säulen, die auf die erste Bauphase zurückgehen. Der Ostflügel zeigt jedoch statt der Säulen eine Reihe von Arkaden aus Tuffsteinen über Pfeilern aus Ziegelmauerwerk, die in die späteste Phase der Stadt zu datieren sind. Nach dem Hof zu urteilen hat es den Anschein, als habe man beim Bau der Forums-Thermen die Stabianer Thermen in allen Einzelheiten nachahmen wollen; der knappere Raum erlaubte es trotzdem nicht, den Hof in eine Palästra umzuwandeln. Durch zwei Gänge, von denen der eine direkt von der Via delle Terme, der andere von der Nordostecke des Hofs herkommt, gelangt man in das *apodyterium* (Umkleideraum).

Im zweiten Gang (e) fand man mindestens 500 Lampen, die jetzt im Neapler Nationalmuseum aufbewahrt sind. Das *apodyterium* (B) hat in der Nordwestecke auch einen direkten Zugang zur Heizanlage. Der weite Raum hat ein Tonnengewölbe und einen Mosaikfußboden aus unregelmäßigen weißen Steinchen, die mit einem schwarzen Streifen eingefaßt sind. An den Seiten gibt es gemauerte Bänke, aber keinerlei Spuren von Nischen für die Kleider. Wahrscheinlich wurden sie hier in hölzernen Schränken aufbewahrt, die mit Nägeln an der Wand befestigt waren: man sieht noch die Löcher.

Das Licht dringt durch einen Schacht ein, der oben in die Lunette an der Südseite eingeschnitten ist, und der einst mit undurchsichtigem, in Bronze eingefaßtem Glas bedeckt war. Die Wände waren gelb bemalt. Von der Verzierung des Tonnengewölbes ist sehr wenig erhalten; hier müssen Greifen, Amphoren, Laren und Arabesken in

22 Forums-Thermen

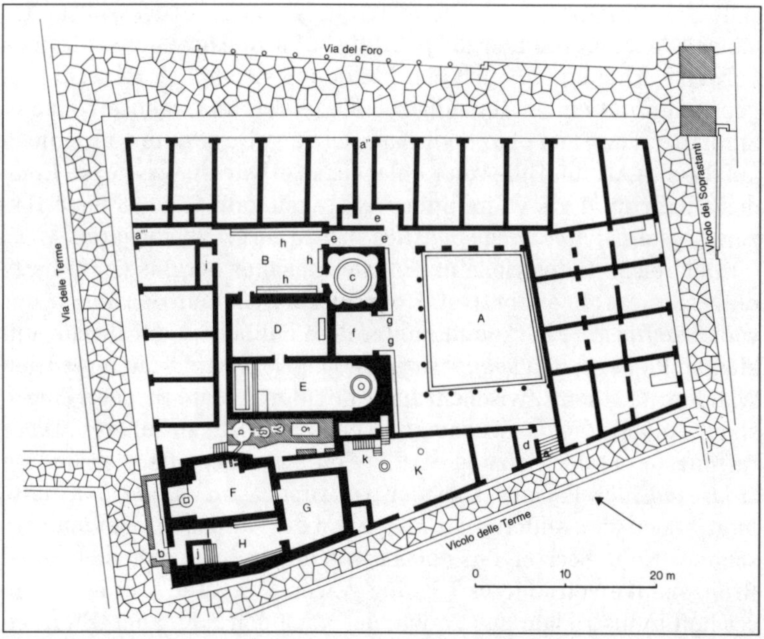

Stuck dargestellt gewesen sein. In der Mitte befindet sich eine Okeanos-Maske, unterhalb davon eine Nische für Lampen. An der Nordseite des *apodyterium* liegt ein kleiner, dunkler Raum (i), der wohl als Lagerraum für Salböl *(elaeothesium)* diente. An der Südseite dagegen, rechts von dem Durchgang zum Hof, schließt sich das besonders gut erhaltene *frigidarium* (C) an. Es ist dem der Stabianer Thermen sehr ähnlich: ein Raum mit einer runden Kuppel, mit vier apsidenförmigen Nischen in den Ecken und einer Lichtöffnung in der Kuppel. In der Mitte des Raumes ist ein rundes Becken eingetieft, mit Stufen ringsum, über die man bequem hineinsteigen, die man aber auch zum Sitzen benutzen konnte. Becken und Stufen sind aus Marmor. Die Wanddekorationen waren ähnlich wie die im *frigidarium* der Stabianer Thermen, nur weniger eindrucksvoll: die Hauptfarben waren Rot und Blau auf gelbem Grund. Auf dem Gesims zwischen Wand und Kuppel sind Stuckreliefs mit Eroten beim Wagenrennen angebracht. Wahrscheinlich war dieser Raum, wie der entsprechende in den Stabianer Thermen, ursprünglich ein *laconicum* für heiße, trokkene Luftbäder.

Man kehrt in das *apodyterium* zurück und betritt an der Westseite das *tepidarium* (D). Dieser Raum ist der eindrucksvollste der ganzen Anlage, weil hier die prächtige Stuckdekoration wenigstens teilweise erhalten ist. Auch hier handelt es sich um einen rechteckigen Raum mit einem Tonnengewölbe, jedoch im Gegensatz zu den Stabianer Thermen ohne indirekte Heizung. Der Raum wurde noch auf die alte Art mit Hilfe von Kohlebecken erwärmt, was gegen Ende des 1. Jahrhunderts v. Chr. außer Gebrauch kam, als das neue Heizungssystem der *balineae pensiles* sich zu verbreiten begann.

Der reiche Industrielle und Austernzüchter Sergius Orata hatte dieses System eingeführt (vgl. S. 63). Hierbei läßt man den Rauch, der vom *praefurnium* herkommt, unter dem Fußboden, der hierfür mit kleinen Pfeilern, den *suspensurae*, hochgelegt wird, und hinter den Wänden in einem Zwischenraum, der durch Röhren oder Ziegelsteine *(tubuli, tegulae mammatae)* gebildet wird, zirkulieren. Diese raffinierte Art der Heizung wird in den Stabianer Thermen und im *caldarium* der Forums-Thermen verwendet, im *tepidarium* hatte man jedoch eine andere Heizanlage. An der Nordseite sieht man ein schönes Kohlebecken, das ebenso wie die drei daneben stehenden Bronzebänke von Marcus Nigidius Vaccula gestiftet wurde, einem reichen Industriellen aus Capua, der auch den Stabianer Thermen ein Kohlebecken schenkte. Charakteristisch ist das Markenzeichen der Kohlebecken, nämlich eine Kuh *(vacca)*, was ganz offensichtlich auf das *cognomen* des großzügigen Industriellen anspielt.

Zur ursprünglichen, also kurz nach 80 v. Chr. entstandenen Dekoration des *tepidarium* gehören die – zum Teil zugemauerten – Wandnischen, die von Telamonen flankiert werden. Die aus Ton geformten, mit Stuck überzogenen Stützfiguren, von denen einige nackt, einige mit Tierfellen bekleidet sind, hängen stilistisch noch von Vorbildern des mittleren Hellenismus, also des 2. Jahrhunderts v. Chr., ab. Sie sind jedoch aus der gleichen Zeit wie die Telamone im Kleinen Theater, das ja gleichzeitig mit den Forums-Thermen erbaut wurde.

Über den Nischen, die vielleicht als Ablage für Salböl dienten, verläuft ein weißer Stuckfries mit Ranken. Am Gewölbe ist auf der Südseite die überaus reiche Felderdekoration erhalten. In den geometrisch geformten Feldern sind Eros mit dem Bogen, Ganymed, der vom Adler entführt wird, und Apoll auf einem Greifen dargestellt. Die beherrschenden Farbtöne sind Weiß, Violett und Blau. Die gesamte Dekoration des Gewölbes und der Rankenfries gehen auf die letzte Bauphase nach 62 n. Chr. zurück. Auch hier befindet sich in der Südwand oben eine Öffnung, durch die das Licht hereinfällt und die einst mit einer undurchsichtigen Glasplatte verschlossen war.

Durch eine Tür in der Westwand gelangt man in den letzten Raum der Männer-Thermen, das *caldarium* (Heißbad, E). Der Raum ist gut erhalten. Die goldgelb bemalten Wände werden durch porphyrrote Pilaster untergliedert, auf denen ein ebenfalls porphyrrot gemaltes Gesims ruht. Das Tonnengewölbe zeigt eine schlichte, ganz in Weiß gehaltene Stuckdekoration mit Streifen.

Die Südseite, in der das *labrum* (Becken) steht, hat die Form einer Apsis. Dieser Raum ist der einzige in den Männer-Thermen, der eine indirekte Heizung besitzt. Im Gegensatz zum *caldarium* in den Stabianer Thermen fließt hier der Heißluftstrom innerhalb der doppelten Wand, deren Zwischenraum durch *tegulae mammatae* (Warzenziegel) statt durch *tubuli* (Röhren) geschaffen wurde. Das *labrum* in der Apsis wurde für rasche kalte Waschungen verwendet. Es ist aus Marmor und steht auf einem mächtigen Sockel aus Vesuv-Lava, der mit Marmor verkleidet gewesen sein muß.

Am Beckenrand steht eine Inschrift mit Bronzebuchstaben: »*Cn. Melissaeo Cn. f. Apro, M. Staio M. f. Rufo II vir(is) iter(um) i(ure) d(icundo) labrum ex d(ecreto) d(ecurionum) ex p(equnia) p(ublica) f(a-*

ciundum) c(oerarunt). Constat HS DCCL« (»Cnaeus Melissaeus Aper, der Sohn des Cnaeus, und Marcus Staius Rufus, der Sohn des Marcus, ließen, als sie zum zweiten Mal *duumviri* mit Gerichtsbarkeit waren, das Becken auf Beschluß der Dekurionen mit öffentlichen Geldern herstellen. Es kostete 5250 Sesterzen«). Die beiden Beamten waren in den Jahren 3 bis 4 n. Chr. zum zweiten Mal *duumviri*. Der erste gehört mit Sicherheit zu einer der Familien, die in Pompeji schon vor der Gründung der sullanischen Kolonie bezeugt sind, wahrscheinlich auch der zweite. Die Inschrift erlaubt die Feststellung, daß in julisch-claudischer Zeit in den Thermen Restaurierungen und Verbesserungen vorgenommen wurden, wie sie auch in den Stabianer Thermen stattgefunden haben müssen, offensichtlich aus der Notwendigkeit heraus, die Einrichtungen entsprechend den neuen Bedürfnissen zu modernisieren. Die Aufstellung des Kohlebeckens im *tepidarium* bedeutet nicht, daß der Raum keine zentrale Heizung hatte, vermutlich bestand infolge eines Schadens (beim Erdbeben von 62 n. Chr.?) die Notwendigkeit, auf eine ältere, deshalb aber nicht weniger wirkungsvolle Heizungsmethode zurückzugreifen.

An der Nordseite schließlich ist der *alveus*, das Heißwasserbekken aus Marmor, zu dem man zwei Stufen hinaufsteigen mußte. Man schätzt, daß ungefähr zehn Personen am Beckenrand sitzen konnten. Viele zogen es jedoch vor, in der Mitte des Raumes zu bleiben, der als regelrechtes Schwitzbad *(sudatorium)* diente.

Hinter dem *caldarium* liegen an der Nordseite die *praefurnia*, wo die Kessel für die Versorgung mit heißem Wasser und heißer Luft waren (α, β, γ). Die *praefurnia* waren durch eine Anzahl von Röhren nicht nur mit dem *caldarium* der Männer-Thermen, sondern auch mit dem der Frauen-Thermen an der Nordwestecke der *insula* verbunden. Südlich der Kessel befindet sich ein Brunnenschacht (δ), aus dem die Thermen vor der augusteischen Zeit mit Hilfe eines Wasserrades und eines Sammelbeckens gespeist wurden (vgl. S. 41).

Die Frauen-Thermen hatten einen einzigen Eingang an der Via delle Terme (b). Man betritt sofort das *apodyterium* (H), in dem das Becken des *frigidarium* in den Fußboden eingelassen ist. Der Raum hat eine unregelmäßige Form. Es gibt keine Nischen zur Aufbewahrung der Kleider; wie im *apodyterium* der Männer-Thermen müssen auch hier kleine Schränke an den Mauern aufgehängt gewesen sein. Durch eine Tür in der Südwand gelangt man ins *tepidarium* (G), das jedoch eine Heizung innerhalb der doppelten Wände besitzt. Das gleiche System weist auch das von der Nordseite des *tepidarium* zugängliche, neben dem *apodyterium* gelegene *caldarium* (F) auf. Hier befindet sich das Heißwasserbecken seltsamerweise in einer Nische rechts vom Eingang. Das *labrum*, von dem nur noch die Basis erhalten ist, war dagegen in einer Nische auf der Nordseite aufgestellt.

Hinter dem *praefurnium* und den Frauen-Thermen liegt ein kleiner Hof (K) mit einem direkten Zugang vom Vicolo delle Terme aus. An der Ostseite des Hofes befinden sich einige Treppchen (k), die auf das *caldarium* der Männer-Thermen führten, von dessen Flachdach aus man einen prachtvollen Rundblick genoß. Vor den Treppen steht auf einer runden, aus Ziegelsteinen gemauerten Basis eine Säule, deren Trommeln abwechselnd aus Schichten von *opus reticulatum* und *opus latericium* bestehen. Die Säule stammt aus der Zeit nach 62 n. Chr. und muß eine Sonnenuhr getragen haben.

Die Thermen am Forum waren die einzigen, die in Pompeji schon vor der Katastrophe von 79 n. Chr. wieder in Betrieb waren, zumindest gilt dies für die Männerabteilung. Die Restaurierungen wurden hier sehr viel schneller abgeschlossen als in den Stabianer Thermen, wahrscheinlich waren die Schäden, die das Erdbeben von 62 n. Chr. hinterließ, nicht so übermäßig groß. Immerhin mußten die größeren und bedeutenderen Stabianer Thermen eine neue Wasserleitung bekommen (vgl. S. 43).

Neuere Untersuchungen deuten auf vier verschiedene Bauphasen hin. Bei der Gründung der sullanischen Kolonie fügte man auf Kosten einer zuvor bestehenden Palästra ein Schwitzbad *(laconicum)* und einen Raum, in dem man sich nach dem Sport Öl und Schmutz abschabte *(destrictorium)*, hinzu.

Eine Inschrift, die sich wohl auf die Thermen selbst bezieht, nennt die Namen der Beamten, die den Bauauftrag vergaben: »*L. Caesius C. f. d(uo) v(ir) i(ure) d(icundo), C. Occius M.f., L. Niraemius a. f. II v(iri) d(e) d(ecurionum) s(ententia) ex peq(unia) publ(ica) fac(iundum) curar(unt) prob(arunt) q(ue)*« (»Lucius Caesius, der Sohn des Caius, *duumvir* mit Gerichtsbarkeit, Caius Occius, der Sohn des Marcus, und Lucius Niraemius, der Sohn des Aulus, beide *duumviri*, ließen nach dem Willen der Dekurionen (die Thermen) erbauen und nahmen den Bau ab«). Von den drei Beamten waren die beiden letzten, obwohl sie sich als *duumviri* bezeichnen, in Wirklichkeit Ädilen, wie auch aus der Unterscheidung von Lucius Caesius bei der Aufzählung klar hervorgeht. Von keinem der drei haben wir nähere Nachrichten. Von Lucius Caesius wurde wenigstens das Grab vor der Porta Nocera gefunden, aus dem hervorgeht, daß er mit einer nicht weiter bekannten Annedia verheiratet war. Es scheint, daß die drei Beamten zu Familien gehörten, die nach 80 v. Chr. mit den römischen Siedlern nach Pompeji kamen. Es gibt keinerlei Möglichkeit, die Inschrift, die mithin in den Zeitraum zwischen 80 v. Chr. und das Ende der Republik gehört, genauer zu datieren, aber sie ist, wie bereits gesagt wurde, mit großer Wahrscheinlichkeit den Jahren unmittelbar nach der Gründung der sullanischen Kolonie zuzuweisen. In diese Zeit gehört in der Tat der Typ der Mauertechnik von *opus incertum* aus Vesuv-Lava mit Ziegelmauerwerk, das wie beim *odeion* (vgl. S. 204) an den Türeinfassungen mit Ziegelsteinen verzahnt ist.

Als in frühaugusteischer Zeit nach dem Bau des Aquädukts von Serino neue Leitungen gelegt wurden, fügte man zwei rechteckige, durch ein kleines *praefurnium* geheizte Räume hinzu und baute das *laconicum* zu einem *frigidarium* um. Die beiden *caldaria* (Heißbäder) für die Männer und die Frauen bekamen zwei rechteckige Anbauten, deren Sockel über ein *praefurnium* geheizt wurden. Diese Räume müssen *sudaria* (Schwitzbäder) gewesen sein. Die letzte Phase wird durch die Inschrift auf dem *labrum* (3–4 n. Chr.) datiert.

■ Der Tempel der Fortuna Augusta
Plan 2, Abb. 23

Der Tempel an der Kreuzung der Via del Foro und der Via di Nola wurde von Marcus Tullius auf eigene Kosten errichtet. Dies bezeugt die Inschrift auf dem Gebälk, die im Tempel selbst gefunden wurde: »*M(arcus) Tullius M. f. d(uo)v(ir) i(ure) d(icundo) tert(ium) quinq(uennalis), augur, tr(ibunus) mil(itum) a pop(ulo), aedem Fortunae August(ae) solo et peq(unia) sua*« (»Marcus Tullius, der Sohn des Marcus, der dreimal *duumvir* mit Gerichtsbarkeit war und es jetzt in seinem fünften Jahr ist, Augur und vom Volk ernannter Militärtribun, (errichtete) den Tempel der Fortuna Augusta auf seinem Grund und auf eigene Kosten«). Die Tullii sind, außer natürlich in Arpinum, der Heimat Ciceros, in mehreren Gegenden Mittelitaliens vertreten. Ein Zweig der Familie muß zur Zeit Sullas nach Pompeji gekommen sein. Die Zeit ihres größten Erfolges hatten sie jedoch unter Augustus, als Marcus Tullius nicht nur die wichtigsten Staatsämter in Pompeji bekleidete, sondern auch Augur und vom Volk gewählter Militärtribun war, ein Amt, das – abgesehen von Rom – nur für die augusteische Zeit und nur für Italien bezeugt ist. Es scheint, als habe dieses Amt, das vom Kaiser selbst verliehen wurde, den Aufstieg in den Ritterstand ermöglicht. Auf jeden Fall war es nur ein Ehrenamt, das keinerlei Aufgaben im Heer umfaßte.

Mit der Errichtung eines der Fortuna Augusta geweihten Tempels verfolgte Marcus Tullius selbstverständlich ganz bestimmte politische Zwecke, die für einen Mann, der die Gunst des Kaisers genoß, sehr klar sind. Unter anderem mußte Tullius auch das Amt der Priester schaffen, die diesen Kult verwalteten. Sie wurden zunächst nur unter den Sklaven ausgewählt, von der Zeit Caligulas an auch unter Personen aus der Unterschicht.

Aus dem Tempel selbst und aus seiner Umgebung stammen fünf Inschriften, von denen vier eine Weihung der *ministri Fortunae Augustae* tragen. Aus diesen Weihinschriften, die alle das Konsularjahr nennen, geht hervor, daß die Priester im Tempel *signa* geweiht haben. Unter *signum* kann man sowohl eine Kultstatue der Fortuna als auch, wie vermutet wurde, eine Statue des zur Zeit der Stiftung regierenden Kaisers verstehen. Wenn dies zuträfe, so bezögen sich die –

23 Tempel der Fortuna Augusta

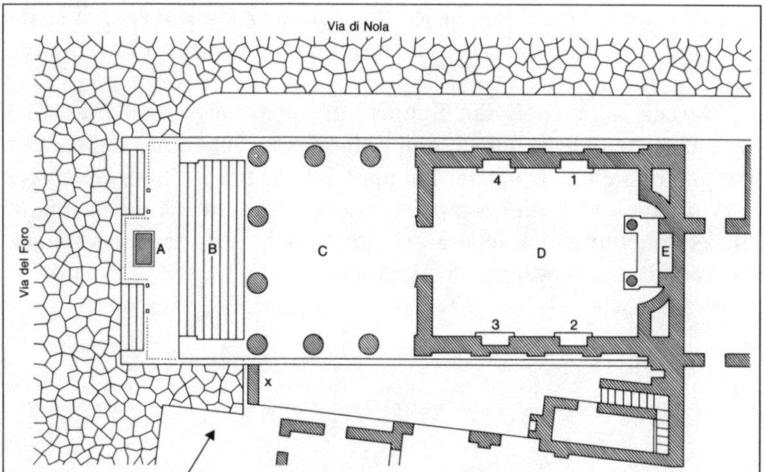

insgesamt fünf – Weihungen auf die fünf julisch-claudischen Kaiser von Augustus bis Nero. Das heißt, daß die *ministri* jeweils kurz nach der Ernennung des neuen Kaisers dessen Statue mit Genehmigung der Dekurionen im Tempel der Fortuna aufstellten. Nur bei Claudius wurde die Weihung nicht von den *ministri*, sondern von einem Mann aus dem Knechtsstand vorgenommen, nämlich von Lucius Statius Faustus, der anstelle eines *signum* zwei Sockel aus Marmor stiftete (vgl. S. 28). Seit 62 n. Chr. hatten die *ministri* keine Aufgabe mehr, da der Tempel noch nicht restauriert war. Der Portikus war noch nicht wieder aufgebaut, man hatte sogar die Inschrift auf dem Gebälk vorläufig in der Cella untergebracht.

Aus den Überresten kann man erschließen, daß der recht kleine Tempel eine Vorhalle mit vier Säulen an der Vorderseite hatte und daß er in der Gesamtanlage dem Jupitertempel nachgebildet war: Die hohe Treppe vor der Fassade (B) wird durch ein Podium unterteilt, auf dem der Altar stand (A). Die ganz aus *opus incertum* errichtete, möglicherweise nach 62 n. Chr. wiederaufgebaute Cella (D) hat an der Rückseite eine von zwei Säulen getragene Ädikula (E). Darin stand die Statue der Fortuna, die wahrscheinlich nach hellenistischem Vorbild mit einem Ruder und einem Steuer dargestellt war. In den vier seitlichen Nischen (1–4) standen männliche und weibliche Ehrenstatuen, von denen zwei bei Ausgrabungen im frühen 19. Jahrhundert entdeckt wurden. Besondere Aufmerksamkeit verdienen die korinthischen Kapitelle, die zweierlei augusteischen Phasen angehören.

Marcus Tullius ließ den Tempel auf seinem eigenen Grundstück errichten, er behielt jedoch den Geländestreifen rechts neben dem Tempel für sich, wie aus der knappen Inschrift auf einem Lavablock hervorgeht: »*M. Tulli area privata.*« Am Ende des kleinen Grundstücks errichtete man eine bescheidene Behausung mit zwei Stockwerken für den Bewacher des Tempels.

6 RUNDGANG 2

☐ Casa del Cinghiale (Haus des Ebers)
Plan 2, VIII 3, 8

Bei diesem 1816 bis 1817 ausgegrabenen Haus sind die prächtigen Fußböden noch erhalten: im Inneren Mosaiken aus schwarzen und weißen Steinchen, auf dem Bürgersteig vor der Fassade *opus signinum* mit einem netzförmigen Rautenmuster aus weißen Steinchen. Das Mosaik in den *fauces* (Eingang) stellt den Eber dar, der dem Haus seinen Namen gab. Der Eber wird hier, wie bei der Bronzegruppe aus der Casa del Citarista (I 4,25, vgl. S. 223), von zwei Jagdhunden angegriffen.

Als Besitzer des Hauses gilt ein gewisser Coelius Caldus, ein Nachkomme eines Zweiges der in Latium ansässigen Familie der Coelii. Durch Adoption erreichte dieser Zweig der Familie, der sich in Pompeji niedergelassen hatte, 52 bis 53 n. Chr. sogar das Duumvirat, und zwar in der Person des Q. Coelius Caltilius Iustus, der zu dem neuen Aufgebot, unmittelbar nach der Krise unter Claudius (vgl. S. 181) gehörte. Unser Coelius, der mutmaßliche Eigentümer dieses Hauses, übernahm seinen Namen Caldus von dem bekanntesten Zweig seiner Familie, der sogar zwei Konsuln (von 94 und 50 v. Chr.) zu seinen Mitgliedern zählte.

Offensichtlich waren die Ausbesserungen des Mauerwerks, die durch das Erdbeben von 62 n. Chr. nötig geworden waren, wenn nicht mehr im Gange, so doch erst seit kurzem abgeschlossen; das *opus mixtum* aus Ziegeln und Tuffsteinen sticht von dem alten Mauerwerk aus *opus incertum* mit Kalksteinbrocken ab. Viele Wände waren noch ohne Dekoration. Die Fußböden dagegen sind alle aus der Zeit vor dem Erdbeben, da die Ausbesserungsarbeiten über den Fußböden ausgeführt wurden. Die Mosaiken sind typisch für die erste Hälfte des 1. Jahrhunderts n. Chr., die Zeit, in der sich der neue Typus von Schwarz-Weiß-Mustern entwickelte. Die Ansammlung der verschiedensten Motive, die in diesem Haus vorhanden sind, stellt eine Art Musterbuch dieses Mosaiktyps dar.

Das Mosaik im tuskanischen Atrium ist ein Teppich aus Mäanderbändern mit doppeltem T, eingefaßt von Mauern und Türmen mit Zinnen und von einem Wellenmuster, das um das marmorne *impluvium* herumläuft. In der linken *ala* besteht die Schwelle aus Amazonenschilden, der übrige Boden aus einem Teppich von Sechsecken, denen jeweils sechs radial angeordnete Rechtecke einbeschrieben sind. Die Schwelle zum *tablinum* ist mit einem Akanthusbusch in der Mitte, dessen blühende Zweige sich nach den beiden Seiten hin entwickeln, geschmückt. Das Muster zeigt eine Art Korbgeflecht, das aus Rechtecken besteht, und in der Mitte ein kleines Quadrat, das mit einem dreiteiligen Flechtband eingefaßt ist.

Die 14 ionischen Kapitelle im Peristyl und die Anlage der Exedra (Sitznische) mit den zwei auf Sockeln stehenden Säulen in der Öffnung (wie in der Exedra des Alexander-Mosaiks in der Casa del Fauno, VI 12, 2, vgl. S. 360), deuten auf das hohe Alter dieses Hauses, das im 2. oder am Anfang des 1. Jahrhunderts v. Chr. entstanden sein muß. In dem Raum rechts von dieser Exedra sind noch Reste des Ersten und des Zweiten Stils erhalten.

□ Die Sarno-Thermen
Plan 2, VIII 2, 17

Man erreicht die Thermen über eine Treppe vom Eingang Nr. 17 an der Via delle Scuole. Von da aus steigt man durch eine prächtige Häusergruppe (Nr. 18–20) hinunter, die sich mit Mietwohnungen, Treppen und überwölbten Gängen über fünf Stockwerke hin ausbreitet, die auf drei Terrassen angeordnet sind und einen weiten Rundblick vom Südwesthang aus bieten. Der gesamte Komplex ist eine Erweiterung von zwei Atriumhäusern (18 und 20) mit einem gemeinsamen Bad für die Hausbewohner im vorletzten Kellergeschoß.

Das Bad wurde in frühclaudischer Zeit eingerichtet. Rechts befinden sich das *praefurnium*, das *caldarium* mit einer Nische und das *tepidarium*, links das *frigidarium* mit einem großen Becken. Dieser Raum ist mit der Darstellung einer Nillandschaft mit Pygmäen verziert und mit einer sehr schönen gewölbten Decke ausgestattet, die in bemalte, von Stuckrahmen eingefaßte Medaillons und Bildfelder gegliedert ist. Die sieben Räume an dem Gang mit Fenstern dienten als

Massageräume für die Frauen, denen dieses Bad anscheinend vorbehalten war; für die Männer gab es, angeschlossen an die sogenannte Palästra im Nachbarhaus Nr. 23, ein reicher ausgestattetes Bad.

☐ Die Palästra
Plan 2, VIII 2, 23

Der unüberdachte Hof mit einem Mosaikfußboden und Wandmalereien, auf denen Athleten dargestellt sind (weshalb die Anlage den Namen »Palästra« erhielt), ist eher eine Art Wandelhalle. Er gehört zu den angrenzenden Speise- und Ruheräumen und zu der Latrine des Männerbades, das hier in frühclaudischer Zeit (zwischen 30 und 40 n. Chr.) eingerichtet wurde. Es war der vierte Umbau dieses Hauses, das auf die Tuff-Zeit zurückgeht. Die *caupona* mit der dazugehörigen Küche im Haus Nr. 24 servierte Getränke für die Gäste des Bades, die sich – wie ein schlüpfriges Graffito bezeugt – im Hinterzimmer auch sonst austoben konnten. Die Mietwohnungen im ersten Stock waren über eine eigene Treppe (Nr. 22) zu erreichen.

Die Baderäume im Hintergrund des Hofes öffneten sich zu dem reizvollen Rundblick auf Berge und Meer.

Im *praefurnium* wurde ein wichtiger Fund gemacht: zwei Wachstäfelchen aus dem Jahre 61 n. Chr., die zusammen mit Silbergerät von insgesamt fast drei Kilogramm in ein Tuch gewickelt waren. Sie beziehen sich auf die Besitzerin des Gebäudekomplexes, Poppaea Note, eine Freigelassene des Priscus. Es handelt sich um den Verkauf von zwei Sklaven namens Simplex und Petrinus an Didicia Margaris zum Preis von 2000 Sesterzen, mit einem Vorschuß von 1450 Sesterzen.

Das Beispiel eines öffentlichen Badebetriebes, der von einer Frau geleitet wurde, erinnert an die *praedia* der Iulia Felix.

☐ Casa delle Pareti rosse (Haus der roten Wände)
Plan 3, VIII 5, 37

Das erste Zimmer links vom Atrium enthält eines der feinsten Beispiele von Malereien des Vierten Stils. Die Wände sind rotgrundig, auf der linken ist in der Mitte ein Bild mit Polyphem und Galatea, auf der rechten eines mit Mars und Venus und auf der Rückwand eines mit Phrixos auf dem Widder dargestellt.

■ Das Foro Triangolare und der Dorische Tempel
Plan 3, Abb. 24

Das Gelände, auf dem der Dorische Tempel steht, ist keineswegs die höchste Erhebung in der Stadt; das Forum beispielsweise ist höher gelegen. Das Charakteristische des sogenannten Foro Triangolare (»Dreieckiges Forum«) besteht jedoch darin, daß es auf der Spitze eines Lavahügels liegt, dessen steile Wände senkrecht zur Ebene hin abfallen. Von hier aus genoß man einen prächtigen Blick auf die Küste. Dies konnte auch pompejanischen Beamten nicht entgangen sein: Als im 2. Jahrhundert v. Chr. die städtebauliche Neuordnung dieses Gebietes erfolgte, beschloß man, an der Südwestseite, eben zum Meer hin, keine Kolonnaden zu bauen.

Der Haupteingang liegt an der Nordseite, wo sich die Propyläen zur Via del Tempio d'Iside hin öffnen. Wegen der unregelmäßigen Form des heiligen Bezirks ist der Eingang an der Nordseite, der ungefähr der oberen Ecke eines Dreiecks (daher der moderne Name des

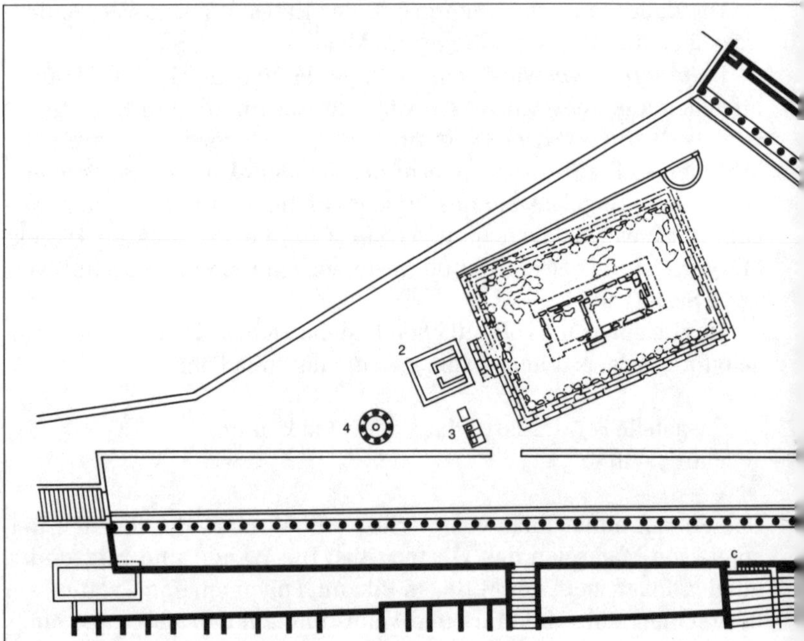

Forums) entspricht, nicht sehr breit. Man hat daher einen Portikus davorgesetzt mit sechs ionischen Tuffsäulen sowie zwei ionischen Halbsäulen an den Anten, die wie der Architrav ebenfalls aus Tuff bestehen. In der Mauer hinter der Kolonnade öffnen sich zwei verschieden große Türen. Vor den Säulen der Propyläen steht ein Brunnen.

Die aus *opus incertum* errichtete Rückwand des Portikus wurde nach dem Erdbeben von 62 n. Chr. weitgehend restauriert. Ursprünglich konnte man den heiligen Bezirk nur durch eine einzige Tür erreichen, und zwar durch die kleinere, die schräg in die Wand geschnitten war, um so die Eintretenden unmittelbar zur Ostseite des Portikus, zwischen dem Theater und dem Dorischen Tempel, zu leiten. Später wurde die große, in der Achse des Portikus gelegene Türöffnung angelegt.

Man betritt also den heiligen Bezirk, der an drei Seiten – die Nordseite allerdings ist nur sehr kurz – von Portiken eingefaßt ist. Die Säulen sind dorisch, der Architrav ist in zwei Bänder untergliedert, das obere ist ein Metopen-Triglyphen-Fries. Die Proportionen der Tuff-

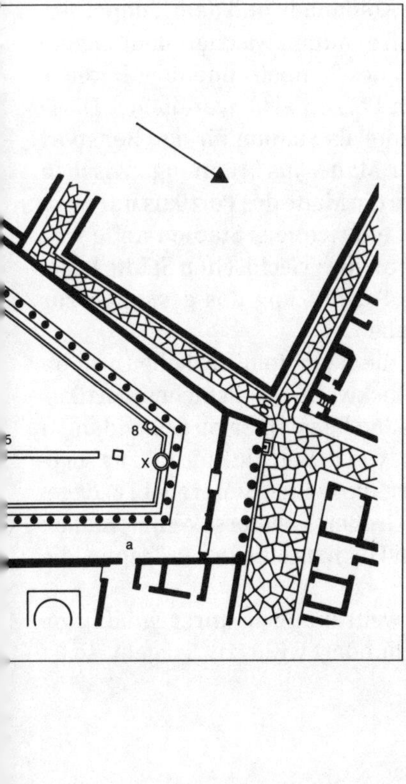

24 Das Foro Triangolare und der Dorische Tempel

säulen sind viel schlanker als die der Säulen am Forum, die ja eine zweite Säulenordnung zu tragen hatten, was hier nicht der Fall war.

Obwohl es keine Weihinschriften gibt, erscheint es in Analogie zum Forum und der sogenannten Samnitischen Palästra doch klar, daß auch diese Portiken in der zweiten Hälfte des 2. Jahrhunderts v. Chr., also in sammnitischer Zeit, geplant und errichtet wurden. Zweifellos aus hellenistischer Zeit sind auch die strenge, geometrische Raumgliederung des Platzes und die kluge Verschmelzung des gesamten, aus dem heiligen Bezirk, den Theatern und dem Quadriportikus bestehenden Viertels zu einem einheitlichen städtebaulichen Komplex.

Die Anzahl der Säulen betrug insgesamt 95. Am Fuß der mittleren Säule des nördlichen Portikus befand sich ein Brunnen (x), von dem noch die zierliche Stützsäule aus Marmor erhalten ist; das Wasser floß aus einem Rohr, das durch die Säule führte. Daneben steht ein mit Marmor verkleideter Sockel (8) für eine Statue, die dem Neffen des Augustus, Marcellus, geweiht war: *»M. Claudio C. f. Marcello patrono«* (»Dem Schutzherren Marcus Claudius Marcellus, dem Sohn des Caius«). Zwischen der östlichen Kolonnade und dem Tempel verlief eine Mauer (5). Sie diente der Trennung zwischen dem eigentlichen heiligen Bezirk, dem *temenos* des Tempels, und dem Bereich, der bei Theatervorstellungen in den Pausen als Foyer diente. Diese besonders ausgeführte Ostseite könnte als Stadion für den Reitsport eingerichtet worden sein, mit dieser Mauer als Trennung zwischen den Rennbahnen *(spina)*. Auch wenn die Maße des Portikus nur etwa die Hälfte dessen betragen, was für ein richtiges Stadion nötig war, hatte der Wunsch nach Angleichung an die griechischen Städte hellenistischer Zeit die Pompejaner zur Ausnutzung des gesamten zur Verfügung stehenden Raumes getrieben.

Eine Mauer aus *opus incertum*, die nach dem Erdbeben von 62 n. Chr. erneuert wurde, diente als Rückwand des östlichen Portikus und trennte den heiligen Bezirk von den benachbarten Gebäuden. In dieser Mauer öffnen sich drei Türen, von denen die eine (a) zur sogenannten Samnitischen Palästra führt, die beiden anderen (b, c) dagegen zu dem äußeren Halbrund des Großen Theaters. Weiter südlich beginnt an der Rückwand desselben Portikus eine breite Treppe, die zum Quadriportikus hinunterführt.

Wenn auch die Neuordnung der weiträumigen, unregelmäßig geformten Platzanlage auf das 2. Jahrhundert v. Chr. zurückgeht, so ist doch der Tempel in der Mitte sehr viel älter. Seine Orientierung – von Nordwesten nach Südosten – ist nicht gerade kanonisch. Von seinem Grund- und Aufriß weiß man nur sehr wenig, da der Bau in völlig zerstörtem Zustand aufgefunden wurde. Außerdem haben Umbauten und Restaurierungen in der Antike und der Neuzeit die ursprüngliche Anlage völlig entstellt.

Der Unterbau liegt unmittelbar auf dem Fels auf. Um die Niveau-Unterschiede auszugleichen, ist die Anzahl der Stufen an den einzelnen Seiten des Tempels unterschiedlich. Die Stufen sind mit Gebäudeschutt, vor allem Tuff und Kalkstein, auf einem Bett von *opus caementicium* erbaut. Dabei wurden auch Gesimsfragmente und Säulenschäfte verwendet, die möglicherweise von der samnitischen Bauphase stammen. Anscheinend wurde der gesamte Stylobat des Tempels in späterer Zeit völlig erneuert, wobei die Stücke, die von dem alten Bau noch vorhanden waren, an Ort und Stelle blieben. Dazu gehören unter anderem die Sockel von zwei ionischen Säulen an der östlichen Längsseite sowie Reste einer dritten, außerdem ein Stück der östlichen Cellamauer.

Auf der Grundlage dieser wenigen Elemente hat man immer wieder versucht, den Grundriß des Tempels zu bestimmen, ohne sich dessen bewußt zu sein, daß man nicht einmal die genauen Maße des Stylobats kennt. Bei der Rekonstruktion, die als die überzeugendste galt, sollten sieben Säulen an den Schmal- und elf an den Längsseiten stehen, nach einem Kanon, der in der griechischen Kunst unvorstellbar ist. Aber auch die Hypothese von einem Tempel mit sechs Säulen verträgt sich nicht mit dem irrationalen – und ungriechischen – Entschluß, das mittlere Interkolumnium an der Fassade sehr viel breiter auszuführen als die seitlichen.

Die erhaltenen Kapitelle aus Sarnokalk haben einen sehr flachen Echinus. Sie erinnern an die Kapitelle der Tavole Palatine, einen Tempel in Metapont, der in die Zeit um 520 v. Chr. zu datieren ist. Von den erhaltenen Säulenschäften sind heute nur noch einige Bruchstücke aus Nocera-Tuff mit 18 Kanneluren vorhanden. Sie müssen auf einen Wiederaufbau oder eine Restaurierung in späterer Zeit zurückgehen. Die Cella lag unmittelbar auf dem Fels. Aufgrund der erhaltenen Reste kann man darauf schließen, daß sie eine Vorhalle mit Anten hatte, zwischen denen möglicherweise Säulen standen. Vielleicht war die Cella auch tiefer. Außerhalb der Achse befand sich ein Tuffsockel in Form eines Kegelstumpfs, der vielleicht eine Kultstatue trug.

In der Umgebung des Tempels wurden zahlreiche Architektur-Terrakotten gefunden, die noch nicht ausreichend untersucht sind. Man hat sie bisher in vier, den angenommenen Bauphasen des Tempels entsprechende Gruppen eingeteilt: die beiden ersten, vom Ende des 6. und dem Anfang des 5. Jahrhunderts, müßten annähernd gleichzeitig sein, die dritte, neuerdings in Frage gestellte dürfte aus dem 4. und die vierte aus dem 2. Jahrhundert v. Chr. stammen. Wie zu erwarten, weisen sie alle starke Verwandtschaft zu den Architektur-Terrakotten aus Capua und Cumae auf; möglicherweise wurden sie zum guten Teil in einer dieser Städte hergestellt.

Zur ersten Gruppe könnte man wohl die Fragmente einer Giebeldekoration aus Terrakotta rechnen, die vielleicht zwei einander zugewandte Schlangen darstellte; zur letzten Gruppe gehören einige Antefixe mit Köpfen der Gottheiten, denen der Tempel wohl geweiht war, nämlich Minerva und Herkules, der hier ohne Bart dargestellt ist. Auf einer langgestreckten Basis an der Ostseite muß eine Terrakotta-Gruppe gestanden haben, einige Bruchstücke davon, die zur Darstellung eines Hirschs gehören, sind erhalten.

Aufgrund der wenigen erhaltenen Reste läßt sich zusammenfassend feststellen, daß der Dorische Tempel während der zweiten Hälfte des 6. Jahrhunderts v. Chr. aus Sarnokalk errichtet und schließlich, nachdem er verfallen war, im 2. Jahrhundert v. Chr. erneuert wurde, vermutlich im Zusammenhang mit der Neuordnung des gesamten Bezirks. Diese letzte Erneuerung betraf wahrscheinlich nur die Cella des Tempels, die Peristase muß völlig eingestürzt gewesen sein. Zwischen den Anten der Vorhalle müssen Säulen mit korinthischen Kapitellen gestanden haben, von denen eines in der Nähe gefunden wurde.

Der Tempel bleibt eines der am wenigsten bekannten Bauwerke in Pompeji. Kürzlich wurde die Metope mit der Bestrafung des Ixion, die zuvor immer ins 4. Jahrhundert v. Chr. datiert worden war, insbesondere aufgrund der Form der Triglyphen, mit der Wiederherstellung des Gebäudes im 2. Jahrhundert v. Chr. verbunden. Eine Phase im 4. Jahrhundert v. Chr., die man bisher vermutet hatte, wäre dann auszuschließen. Die außerhalb der Achse stehende Basis der Kultstatue setzt wohl voraus, daß es eine weitere, symmetrisch entsprechende Basis, mithin also den Kult von zwei Gottheiten gab.

Vor der Hauptfassade des Tempels steht an der Südostseite ein seltsamer Bau (2). Er besteht aus einer rechteckigen äußeren Umfassungsmauer mit einer Öffnung zum Tempel hin und einer zweiten, dieser einbeschriebenen Einfassung, die aus einem niedrigen, ebenfalls zum Tempel hin geöffneten Mäuerchen besteht. Die Bedeutung dieser beiden Einfriedungen ist unklar; man hat daran gedacht, daß sie ein Grab umschlossen, weil es außerhalb der Porta Ercolano eine ähnliche, mit Sicherheit sepulkrale Anlage – das Grab des Terentius Felix – gibt. Man könnte vermuten, daß es sich um das Grab des vermeintlichen Gründers von Pompeji, der als Heros verehrt wurde, handle.

Ebenfalls vor dem Tempel stehen bei der rechten Ecke drei Altäre aus Tuffblöcken (3), von denen zwei auf demselben Fundament ruhen; der dritte ist jünger. Nicht weit von den Altären ist ein Rundbau (4) zu sehen, der aus sieben dorischen Tuffsäulen und dem darüberliegenden Gebälk besteht. Dazwischen befindet sich ein in die Lava geschnittener Brunnenschacht, ähnlich wie der vor der Porta Vesuvio (vgl. S. 40).

Wie aus einer Inschrift hervorgeht, die in den Architrav gemeißelt ist, war die dorische *tholos* das Werk eines samnitischen *meddix* namens Numerius Trebius: »*Ni(umsis) Trebiis Tr(ebieís) med(díss) túv (tíks) aamanaffed*« (»Numerius Trebius, der Sohn des Trebius, förderte als *meddix tuticus* den Bau«). Die *gens Trebia* erfreute sich bis in die letzten Jahre Pompejis hinein eines beachtlichen Erfolges. Sie war wohl am Handel mit dem *garum* beteiligt, einer berühmten und sehr gesuchten Fischsauce.

Bei der Nordwestecke des Tempels errichtete man eine halbrunde, von geflügelten Löwenklauen getragene Sitzbank (*schola*) aus Stein und dahinter eine Sonnenuhr, bei der die Inschrift mit der Widmung erhalten ist; sie war das Werk des Lucius Sepunius Sandilianus und des Marcus Herennius Epidianus, also derselben Bürger, denen die Aufstellung einer Sonnenuhr vor dem Apollotempel verdankt wird. Die Sitzbank steht auf der Substruktion der nordwestlichen Ecke des Tempels, ein Zeichen dafür, daß der Tempel zum Zeitpunkt der Errichtung dieser *schola* schon verfallen war.

Aber wem war dieser heilige Bezirk geweiht? Bei dieser Frage hilft eine Inschrift weiter, die auf einen Tuffpfeiler in der Nähe der Kreuzung von Via dei Teatri und Via del Tempio d'Iside gemalt ist. Sie muß auf die Zeit des Bundesgenossenkrieges, als Sulla die Stadt belagerte, zurückgehen: »*Eksuk amvíannud eítuns ampt tríbud túv(tíkad) ampt Meherv (...)*« (»Hier gehen die durch, die zu dem öffentlichen Gebäude beim Tempel der Minerva gehen ...«). Der Tempel war demnach der Minerva geweiht. Die außerhalb der Achse stehende Basis der Kultstatue und die Antefixe, auf denen Herkules- und Minerva-Köpfe dargestellt sind, lassen jedoch vermuten, daß der Tempel beiden Gottheiten, die in Kampanien besonderes Ansehen genossen, gemeinsam geweiht war.

■ Das Theater

Abb. 25, 26

Die Lage des Großen Theaters an den Abhängen des Bergrückens, auf dem der Dorische Tempel mit seinem weiten Portikus steht, ist besonders bezeichnend. Wie überall in der griechischen und der griechisch beeinflußten Welt liegt das Theater in unmittelbarer Nähe eines Heiligtums, als ob durch diese enge Verbindung die im wesentlichen sakrale Bedeutung der Aufführungen bekräftigt werden sollte. Auch wenn in hellenistischer Zeit der religiöse Gehalt der Theateraufführungen fast völlig verlorengegangen war, so folgte man doch weiterhin der Tradition und erbaute die Theater immer in der Nähe von Tempeln.

Das sogenannte Teatro Grande in Pompeji hat, trotz der ständigen Umbauten, sein im wesentlichen griechisches Aussehen bewahrt. Wie die meisten griechischen Theater ist es an einen Berghang gebaut und benutzt so das natürliche Gefälle, ohne künstliche Substruktionen aus Stein zu benötigen. Außerdem ist hier die *orchestra* (Tanzplatz) noch unverändert erhalten; sie hatte ursprünglich die Form eines Hufeisens und nicht die weiter verbreitete Halbkreisform, wie sie in der römischen Architektur üblich ist, allerdings ebenfalls vermittelt durch den griechischen Bereich (siehe das Theater von Metapont aus dem 3. Jahrhundert v. Chr.).

In seiner jetzigen Form geht das Theater auf umfangreiche Restaurierungen in augusteischer Zeit zurück. Dies bezeugt eine Inschrift, die in zwei vollständigen und einem fragmentarischen Exemplar erhalten ist: »*M. M. Holconii Rufus et Celer cryptam, tribunalia, theatrum s(ua) p(ecunia)*« (»Marcus Holconius Rufus und Marcus Holconius Celer erbauten den überdachten Gang, die Logen und sämtliche Sitzreihen auf eigene Kosten«).

Die *gens Holconia* gehörte in augusteischer Zeit zu den bedeutendsten pompejanischen Familien; wie man weiß, verdankte sie ihr

Ansehen und ihren Reichtum dem Weinbau. Sowohl M. Holconius Rufus als auch M. Holconius Celer bekleideten wichtige politische Ämter, die auf anderen, ebenfalls ihre Freigebigkeit bezeugenden Inschriften in Pompeji erwähnt werden. Der ältere der beiden war M. Holconius Rufus, der 3 bis 2 v. Chr. zum vierten Mal *duumvir* war. Die Restaurierung des Theaters muß auf diese Zeit zurückgehen, da ihm vor seinem fünften Duumvirat eine Statue im Theater selbst errichtet

25 Theater

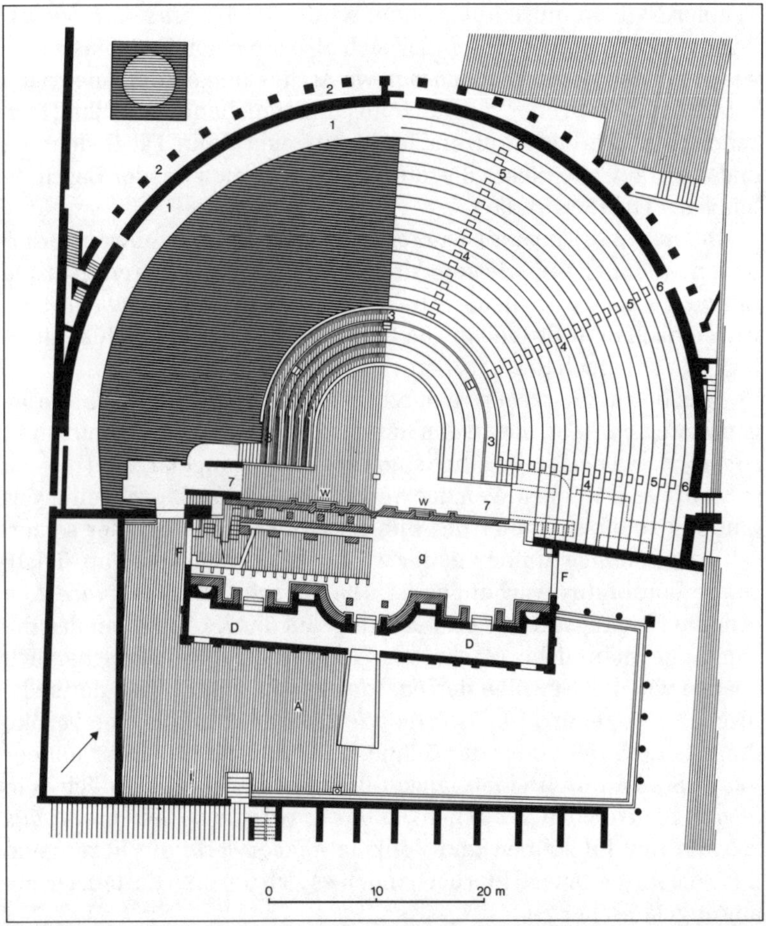

wurde. 13 bis 14 n. Chr. erhielt auch sein Bruder Celer eine Statue im Theater.

Für M. Holconius Rufus wurde außerdem ein *bisellium* gestiftet, ein Sitz, der ausschließlich von hervorragenden Persönlichkeiten, wie etwa den Dekurionen, benutzt werden durfte; dieses *bisellium* stand in der Mitte der untersten Sitzreihe, wo sich auch eine Inschrift mit Bronzebuchstaben befand.

Der Architekt, der diese Restaurierungen durchführte, war Marcus Artorius Primus, der auf einer Inschrift an der Mauer beim östlichen Zugang der *orchestra* (hier eine Kopie, das Original ist im Neapler Nationalmuseum) genannt wird: »*M. Artorius M. l(ibertus) Primus, architectus*«. Es handelt sich also um einen Freigelassenen, wie es bei den Römern üblich war, wo Architekten oft dem niedrigen Stand angehörten oder von daher abstammten; handwerkliche Tätigkeiten galten als entwürdigend für einen freien Mann. Die Bedeutung und die Tragweite dieser Restaurierungen werden bei der Beschreibung des Theaters erklärt.

Das gesamte Theater ist aus *opus incertum* erbaut, obwohl die erhaltenen Mauern mindestens dreierlei Phasen angehören. Nur die Bühne, die so, wie sie heute erhalten ist, aus *opus latericium* besteht, wurde nach dem Erdbeben von 62 n. Chr. völlig neu errichtet, auch hier gibt es jedoch Reste früherer Phasen.

Man betritt die *orchestra* durch zwei überdachte Zugänge, die sogenannten *parodoi*, die an den Rändern der *cavea* (Zuschauerraum) liegen (7). Die beiden Zugänge sind vom Foro Triangolare und der Via di Stabia zu erreichen. Von der westlichen *parodos* besteht eine Verbindung zu einem hinter der Bühne gelegenen Hof (A), der seinerseits durch einige Stufen mit der weiten Treppe, die vom Foro Triangolare herabführt, verbunden ist. Die einfache, aus *opus incertum* erbaute Eingangstür zur *parodos* zeigt auf dem Schlußstein des Bogens eine männliche Maske aus Nocera-Tuff, die wahrscheinlich ebenso wie das Gewölbe der *parodos* zu einer Bauphase der sullanischen Zeit gehört. Die östliche *parodos* hat ebenfalls eine Verbindung zu dem Hof hinter der Bühne, außerdem ist sie direkt von der Via di Stabia durch einen langen überdachten Gang nördlich vom *odeion* zu erreichen. Die Innenwände der *parodoi* bestehen aus *opus mixtum* mit Tuffsteinen und Retikulat-Mauerwerk, die Ecken sind aus Ziegeln gemauert; hierbei handelt es sich um eine Restaurierung aus augusteischer Zeit.

Von der Fläche der *orchestra* aus hat man einen vollständigen Überblick über die *cavea*, an der in neuerer Zeit Restaurierungen vorgenommen wurden, um hier im Sommer Theaterstücke aufführen zu können. Die *cavea* wird durch ringförmige Gänge (3, 5, 6) in drei Abschnitte unterteilt, in die *ima, media* und *summa cavea*. Die *media* und die *summa cavea* sind ihrerseits durch sechs radial verlaufende Gänge (4), die sogenannten *kerkides*, in fünf Abteilungen untergliedert. Von der *summa cavea*, die beim Erdbeben von 62 n.Chr. fast völlig zerstört wurde, ist auf dem Abschnitt an der Ostmauer des Foro Triangolare noch ein kleiner Teil erhalten, der allerdings zur Zeit der Borbonen weitgehend restauriert wurde. Die Stufen ruhen auf einem ringförmigen Gang mit einem Tonnengewölbe (1); dabei muß es sich um die *crypta* der augusteischen Inschrift handeln. In einer früheren Phase hatte das Theater also keine *summa cavea*, zumindest aber lag diese über keiner *crypta*.

Die Errichtung von Stufen über dem Gewölbe der *parodoi* gehört sicherlich nicht zur ersten Bauphase, sondern ist einer späteren Erneuerung zuzurechnen. Daß es sich um eine Neuerung handelt, ergibt der Vergleich mit anderen griechisch beeinflußten Theatern, in denen die *parodoi* nie überdacht sind. Außerdem brachten Ausgrabungen, die innerhalb der *cavea*, nördlich von der westlichen *parodos*, durchgeführt wurden, die Reste einer Mauer ans Licht, mit der die *cavea* abgestützt wurde *(analemma)*, und die an einer früheren *parodos* lag, die eben deshalb ohne Überdachung gewesen sein muß. Die Untersuchung dieser Reste hat gezeigt, daß die *cavea* in der ersten Bauphase mindestens zwölf Meter kürzer war. Man nimmt an, daß die Erweiterung und Überdachung der *parodoi* auf eine Restaurierung zurückgeht, die gleich nach der Gründung der sullanischen Kolonie unternommen wurde, wohl unter dem Einfluß des benachbarten eleganten *odeion*, das in jenen Jahren erbaut wurde.

In augusteischer Zeit veränderte man die *parodoi* erneut, wie die Inschrift bezeugt, diesmal jedoch, um anstelle der auf dem Gewölbe aufliegenden Stufen einige Logen zu gewinnen, die sogenannten *tribunalia*; sie waren Ehrengästen vorbehalten, die von hier den direkten Blick auf die Bühne hatten. Die *tribunalia* waren über eine gedeckte Treppe zu erreichen, deren Eingang am äußersten Rand der Bühne, neben den *parodoi* liegt. Vielleicht sollte den bevorzugten Zuschauern auf diese Weise das unvermeidliche Gedränge an den Hauptausgängen erspart bleiben.

Die *ima cavea* mit ihren vier Sitzreihen war für die Dekurionen reserviert. Die sehr viel größere *media cavea* hat 20 Sitzreihen, deren unterste wahrscheinlich den Innungen vorbehalten waren. Die unterste Reihe der *media cavea* bietet die beste Sicht auf die Bühne; aus diesem Grund war hier der Platz für Marcus Holconius Rufus reserviert worden. Die *summa cavea* schließlich besitzt nicht mehr als vier Sitzreihen. Sowohl die *media* als auch die *summa cavea* konnten über einige Eingänge auf der Höhe des Foro Triangolare erreicht werden. Hier kann man hinter der großen Ostmauer, in der sich drei Durchgänge öffneten, noch die strahlenförmige äußere Konstruktion des Theaters sehen mit einer doppelten Ordnung von Bögen (2), die in der unteren Reihe aus kleinen Tuffquadern, in der oberen aus *opus incertum* mit Ziegelsteinen bestehen. Die Arkaden der unteren Reihe gewähren den Zugang zur *crypta* (1); sie sind auf Grund der Mauertechnik wie die Nordtüren der Großen Palästra (vgl. S. 331f.) in augusteische Zeit zu datieren. Eine Treppe, die an die Rückmauer des Foro Triangolare gebaut ist, führt zu dem Umgang in der oberen Arkade, von der man die *summa cavea* erreichte.

Die *orchestra* hat die Form eines Hufeisens, dem man einen Kreis einbeschreiben könnte, der die Ränder der *cavea* nicht überschneiden würde. Die Vorderseite der Bühne, das *proskenion*, liegt bei dem jetzigen Zustand unmittelbar auf den Mauern der *parodoi* und bildet so mit dem Theater einen einzigen Baukörper. Es zeigt zwei Treppchen (w), die den Schauspielern den Zugang auf die Bühne ermöglichten. Die rechteckigen Nischen neben den Treppchen und die halbrunde in der Mitte waren anscheinend, wie ein Wandgemälde zeigt, für die Ordnungshüter vorgesehen.

Das *proskenion* war knapp einen Meter hoch. Hinter seiner Vorderseite sind Einlassungen für Holzbalken sichtbar, die in regelmäßigen Abständen aufgestellt waren, und zwar in einer Art Kanal, der nicht besonders breit war. Hier befand sich der Vorhang, der am Schluß der Vorstellung und während der Pausen – im Gegensatz zum modernen System – nicht von oben herabgelassen, sondern von unten heraufgezogen wurde. Dahinter folgt die weite Bühnenfläche (g), die durch zwei breite Türen an den beiden Seiten (F) zu erreichen war.

Im Hintergrund erhebt sich die *scaenae frons* (Bühnenfront), deren heute sichtbare Reste auf eine Restaurierung nach 62 n. Chr. zurückgehen. Die Bühnenfront muß zweistöckig gewesen sein, sie war der Fassade eines fürstlichen, mit Statuen geschmückten Palasts

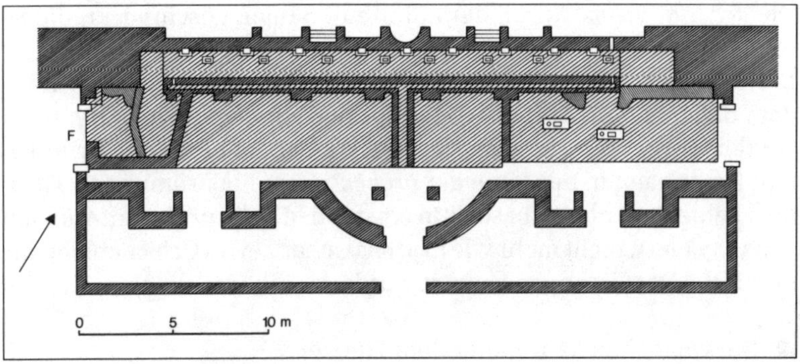

26 Theater, Grundriß der *scaenae frons*

nachgebildet. Der Mittelteil besteht aus einer Apsis, in den Seitenteilen sind Nischen eingetieft. Säulen und kleinere Nischen, die die farbige Wirkung des Ganzen noch unterstrichen, vervollständigten den prächtigen Schmuck der Fassade. In der Bühnenwand öffnen sich drei Türen, die in einen weiten Raum (D) führen, der möglicherweise als Umkleideraum verwendet wurde. Von hier aus konnte man durch drei weitere Türen in den Hof gelangen.

Im Verlauf der Ausgrabungen, die zu wiederholten Malen an der Bühne durchgeführt wurden, konnte ihre Geschichte seit dem ersten, fest gemauerten Bau, der wahrscheinlich auf das 2. Jahrhundert v. Chr. zurückgeht, rekonstruiert werden. Das erste Bühnengebäude war einfacher als das jetzige und stand vielleicht mit der *orchestra* auf einer Höhe. Die Bühnenfront, die in einer geraden Linie verlief, besaß an beiden Seiten trapezförmige Vorbauten, die sogenannten *paraskenia*. In der Bühnenwand waren fünf Türen, von denen drei unmittelbar in die *orchestra* und zwei in die beiden *paraskenia* führten. Das Bühnengebäude bestand aus einem engen Gang mit fünf Türen in der Außenseite. Aufgrund der Untersuchungen an der *scaena* des Theaters von Pietrabbondante, das von demselben Prototyp abzuhängen scheint, kann man annehmen, daß der Gang in fünf Räume unterteilt war; von den Trennmauern gibt es im Theater von Pompeji jedoch keinerlei Spuren.

In einer zweiten Phase, vielleicht nach der Gründung der sullanischen Kolonie, beseitigte man die *paraskenia* und vermauerte einige Türen, zwei in der Bühnenwand und vier in der rückwärtigen Mauer.

Die *scaenae frons* wurde daraufhin mit Säulen geschmückt, die jeweils zu seiten der drei verbliebenen Türen und an den Enden der Bühnenfront standen. Bei den Grabungen fand man außerdem unter dem Boden der *orchestra* rechteckige und runde, mit *opus signinum* verkleidete Becken, die sicherlich mit Wasser gefüllt waren. Brunnen und Nymphäen in der Mitte der *orchestra* sind bei römischen Theatern keine Seltenheit; diese Sitte entstand, als die *orchestra* von den Schauspielern nicht mehr wie in archaischer Zeit in Griechenland für szenische Darbietungen benutzt wurde.

■ Der Quadriportikus hinter dem Theater
Abb. 27

Nach Vitruv mußte jedes Theater mit einem großen Portikus ausgestattet sein, in dem sich die Zuschauer während der Pausen zwischen den oft sehr lange dauernden Darbietungen ergehen konnten. In Italien kamen die Portiken unter dem Einfluß griechisch-hellenistischer Prototypen in Gebrauch. Auch in diesem Fall ist es so, daß der – sehr gut erhaltene – Portikus von Pompeji eines der ältesten Beispiele dieser Art ist; erst später folgten dann die prächtigen Portiken am Pompejus-Theater in Rom, ausgestattet mit Gärten, Kanälen und Brunnen. Der Portikus in Pompeji ist sehr viel einfacher: ein Viereck, das von 74 dorischen, mit Stuck überzogenen Tuffsäulen eingefaßt wird, deren unteres Drittel unkanneliert ist.

Trotz der Verbindung mit dem Theater zeigt er eine abweichende Orientierung; es ist deshalb zu vermuten, daß die Anlage mit den Portiken ursprünglich ein Gymnasium für die sportliche und musikalische Bildung der jungen Pompejaner war. Die Räume entlang den Säulengängen und die spätere Umwandlung in eine Gladiatorenkaserne würden sich so besser erklären.

Der Haupteingang liegt bei der Nordostecke (3). Der Eingangsraum hat an der Vorderseite drei ionische Säulen, sie stehen in einer Linie mit den Säulen an der Ostseite des kleinen, hinter der Bühne des Theaters gelegenen Hofes. Ursprünglich stand auch an der Südseite eine Säulenreihe, die dann jedoch beim Bau der Räume an der Nordseite des Quadriportikus beseitigt wurde. Der Portikus konnte sowohl durch den Gang, der das Theater und das *odeion* voneinander trennt, als auch durch einen Durchgang (2) hinter der Bühne des *odeion*, der unmittelbar auf die Via di Stabia führte, erreicht werden.

Der Portikus war für die Passanten also auch an den Tagen zugänglich, an denen keine Vorstellungen im Theater stattfanden. In der letzten Bauphase jedoch, nach dem Erdbeben von 62 n. Chr., wurden beide Durchgänge geschlossen. Als der Quadriportikus aus bisher unbekannten Gründen in einen *ludus gladiatorius* (Trainingslager für Gladiatoren) umgewandelt wurde, vermauerte man den einen Zugang und versperrte den anderen durch eine Tür.

An der Westecke der Nordseite führt eine schöne Treppe unmittelbar zum Foro Triangolare. Der spätere Umbau der Nordseite des Quadriportikus hat die bühnenmäßige Wirkung des Komplexes zum Teil zerstört. Nach 62 n. Chr. fügte man am Ende der breiten Treppe

27 Quadriportikus hinter dem Theater (sogenannte Gladiatorenkaserne)

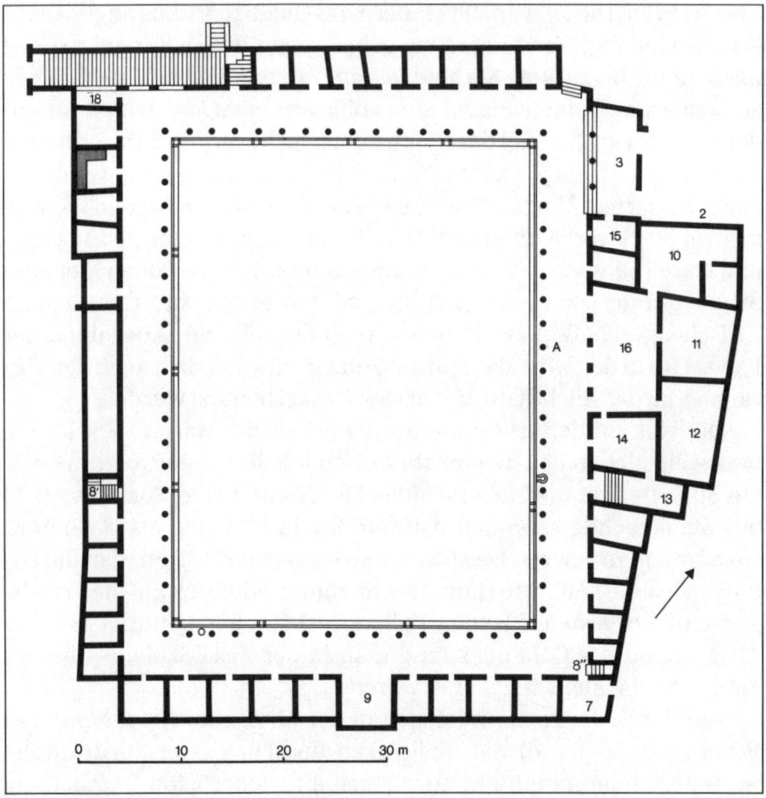

einige Stufen hinzu, um sie mit dem kleinen Hof hinter der Bühne zu verbinden. Ursprünglich wurde die Treppe bei offiziellen Feierlichkeiten benutzt; diesen Weg nahmen die Prozessionen der städtischen Würdenträger bei besonders wichtigen Anlässen. Der Zug kam vom Foro Triangolare, stieg die breite Treppe hinunter und führte an der Nordseite des Quadriportikus entlang, um dann bei der Ostseite des kleinen Hofes (A) abzubiegen und in das Theater als den eigentlichen Schauplatz einzutreten. Nachdem die Säulenreihe an der Nordseite beseitigt worden war, mußte die Prozession einen anderen Weg nehmen, nämlich durch die Via del Tempio d'Iside und die Via Stabia.

Ursprünglich waren die Mauern des Quadriportikus wie die des *odeion* aus sorgfältig bearbeiteter Vesuv-Lava in *opus incertum* erbaut. Der Bau muß wohl in die ersten Jahrzehnte des 1. Jahrhunderts v. Chr., wenn nicht überhaupt in die gleiche Zeit wie das *odeion* datiert werden. Die jetzt an die Mauern des Quadriportikus angebauten Räume sind dagegen jünger; sie gehen so gut wie sicher auf die Zeit nach 62 n. Chr. zurück. Sie sind in *opus mixtum* mit Tuff- und Ziegelsteinen erbaut, einige Pfeiler sind völlig aus *opus latericium*. Außerdem war ein großer Teil der Räume noch nicht verputzt, darunter die Exedra (9) und einige andere Zimmer. Der nördliche Flügel war durch einen hölzernen Umgang, der über drei Treppchen zu erreichen war, in zwei Stockwerke unterteilt. Die Zimmer hatten niedrige Eingänge und waren sehr klein; nur mit Mühe konnten zwei Personen hier zum Schlafen unterkommen. Auch die anderen Seiten waren mit einem Zwischengeschoß in zwei Stockwerke unterteilt, mit Ausnahme der Exedra (9) in der Mitte der Südseite und wahrscheinlich auch des Vorraumes an der Küche (16), der als Speisesaal benutzt wurde.

Die vier mittleren Räume an der Westseite waren verschüttet, man weiß nicht recht, aus welchen Gründen. Der kleine Raum 18 war ein Stall, da hier die Skelette eines Pferdes und eines Mannes, wohl des Stallknechts, gefunden wurden. Raum 8' diente als Gefängnis. Hier fand man eiserne Fesseln, die so konstruiert waren, daß die Gefangenen eine gebückte Haltung einnehmen oder sich auf die Erde legen mußten, also auf keinen Fall aufrecht stehen konnten. Bei der Ausgrabung des Gebäudes fand man in der Zelle Skelette von vier Männern, die nicht angekettet waren.

Auf der Südseite befindet sich in der Mitte eine Art *tablinum* in Form einer Exedra (9), die mit Fresken aus dem Vierten Stil dekoriert ist, unter anderem mit der auch sonst oft wiederholten Darstellung von Mars und Venus als Liebespaar auf der Rückwand. Auf den Seitenwänden sind Gladiatorenwaffen dargestellt, wie sie sich auch an der Vorderseite der sogenannten *schola armaturarum* (vgl. S. 303) finden. In dem Raum an der Ecke (7) entdeckte man außer Gladiatorenwaffen auch die Reste zweier Holzkisten mit goldbestickten Gewändern darin, vielleicht Paradekostüme der Gladiatoren.

Die Mitte der Ostseite wird von der Küche (12), zwei Lagerräumen (10, 11) und einem großen Vorraum (16) mit vier Pfeilern an der Vorderseite, bei dem es sich um den Speisesaal handeln muß, eingenommen. Ebenfalls auf dieser Seite befinden sich zwei Treppen: die kleine (8") an der Ecke führte zu dem oberen Umgang, während die breitere Treppe (13) zu den geräumigeren und bequemeren Räumen des *lanista*, des Trainers der Gladiatoren, geführt haben muß.

Bei der nach 62 n. Chr. erfolgten Umgestaltung des Quadriportikus in eine Gladiatorenkaserne stellte man einen Wachposten neben dem Durchgang zur Via di Stabia (15) auf und verschloß den Zugang mit einer Tür.

Die Ausgräber entdeckten in mindestens zehn Räumen Gladiatorenwaffen, darunter auch einige ganz besonders prächtige, die sicherlich nur für Paraden benutzt wurden. Typisch sind die Helme mit der – wie beim Stahlhelm – nach hinten aufgebogenen Krempe und mit dem Backenschutz, der vor das Gesicht geklappt werden kann, so daß nur die mit einem dichten Metallnetz geschützten Augen verhältnismäßig unbedeckt sind. Die Helme, die Degengriffe und die Beinschienen sind mit Szenen aus der griechischen Mythologie verziert.

In zwei Räumen fand man 18 Skelette, darunter auch das einer mit Edelsteinen reich geschmückten Frau. In einem Zimmer an der Südwestecke wurde in einem Krug das Skelett eines neugeborenen Kindes gefunden. Daß der Quadriportikus nach 62 n. Chr. eine *familia gladiatoria* beherbergte, ist gewiß, doch ist schwer zu bestimmen, ob zumindest ein Flügel des Gebäudes auch von anderen, durch das Erdbeben schwer getroffenen Personen bewohnt war.

■ Das Odeion
Abb. 28

Das *odeion*, das auch als Kleines Theater bezeichnet wird, liegt neben dem großen Theater, so daß die beiden gewissermaßen einen einheitlichen Komplex bilden. Es wurde für musikalische Darbietungen benutzt, die aus akustischen Gründen ein kleineres und überdachtes Gebäude verlangten. Eine zweifach vorhandene Inschrift erwähnt die Namen zweier Beamter, die den Bau errichten ließen und die Arbeiten wenigstens zum Teil auch finanzierten: »*C. Quinctius C. f. Valg(us), M. Porcius M. f. duovir(i) dec(urionum) decr(eto) theatrum tectum fac(iundum) locar(unt) eidemq(ue) prob(arunt)*« (»Caius Quinctius Valgus, der Sohn des Caius, und Marcus Porcius, der Sohn des Marcus, vergaben die Bauarbeiten für das überdachte Theater und nahmen auch den Bau ab«). Von den beiden Beamten ist Marcus Porcius aus der Inschrift auf dem Altar, der vor dem Apollotempel steht, und von den Inschriften am Amphitheater bekannt.

Sein Kollege Caius Quinctius Valgus ist wesentlich bekannter; von ihm weiß man, daß er sich während der Diktatur Sullas außerordentlich bereicherte. Cicero erwähnt, daß er der Schwiegervater von Publius Servilius Rullus war, der als Tribun die bekannte, von Cicero in all seinen Reden heftig bekämpfte *lex agraria* (Ackergesetz) eingebracht hatte. Der Landbesitz des Caius Quinctius Valgus war unendlich groß; es scheint, als habe er ganz Hirpinia beherrscht. Hier war er Schutzherr der südlich von Benevent gelegenen Stadt Aeclanum, deren Befestigungsring er auf eigene Kosten errichten ließ. Wenige Jahre nach der Vergabe der Bauarbeiten am *odeion* finanzierte er, ebenfalls mit Marcus Porcius zusammen, die Errichtung des Amphitheaters (S. 321).

Auch wenn das *odeion* erst in sullanischer Zeit erbaut wurde, so muß es doch schon in samnitischer Zeit geplant worden sein, da es städtebaulich mit dem Großen Theater und dem Quadriportikus eine Einheit bildet. Beeinflußt wurde diese Anordnung sicherlich von der ähnlichen Anlage in Neapel, einer im übrigen für ihre Theateraufführungen und ihren musikalischen Geschmack berühmten Stadt.

Das Gebäude ist aus *opus quasi reticulatum* und *incertum* errichtet. Einige Mauerabschnitte an den *parodoi* (5) und die Türeinfassungen an der *scaenae frons* sind mit Ziegelsteinen, die mit dem übrigen Mauerwerk verzahnt sind, gemauert. Es handelt sich um einen der ältesten bisher bekannten Fälle, wo Ziegelsteine für Mauerwerk verwendet wurden. Die Datierung in sullanische Zeit ist gesichert, da auf den vorderen Wänden der Bühne im 19. Jahrhundert noch Reste von Wandmalereien aus dem Zweiten Stil zu sehen waren, die nicht später als in die Zeit Cäsars datiert werden können. In den Zentral-thermen von Cales und in den Forums-Thermen von Pompeji selbst ist eine entsprechende Verwendung von Ziegelmauerwerk schon in sullanischer Zeit belegt.

Durch die Überdachung war man gezwungen, die äußeren Flügel der *cavea* so stark zu beschneiden, daß nur die untersten Sitzreihen einen vollständigen Halbkreis bilden. Der Grundriß des *odeion* hängt von dem des Großen Theaters ab, dem er ziemlich getreu folgt bis auf einen einzigen Punkt: die *orchestra* im *odeion* hat genau die Form eines Halbkreises, nicht die eines Hufeisens; vielleicht sollte so der Raum besser umschlossen werden. Ähnlich sind die beiden Zugänge durch die überdachten *parodoi*, über denen die *tribunalia* liegen. Die privilegierten Zuschauer erreichten die *tribunalia* wie bei dem Gro-

28 *Odeion*

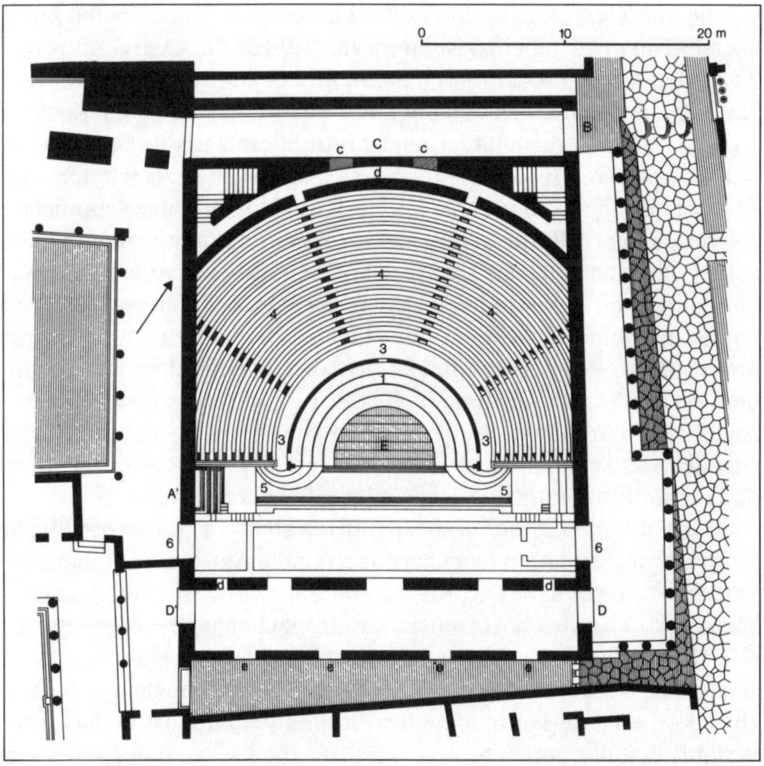

ßen Theater über einen Aufgang, der auf die Bühne führte, so daß sie beim Verlassen des Theaters die beiden breiten Durchgänge zu seiten der Bühne (6) benutzen konnten.

Die *ima cavea* besteht aus vier Reihen mit ziemlich breiten Stufen, auf denen die *bisellia* (Sitze) der Dekurionen aufgestellt werden konnten. Hinter der *ima cavea* befindet sich eine Balustrade, und dahinter der Zugang (3) zu den oberhalb davon gelegenen Stufen der *media cavea* (4), die ihrerseits in fünf keilförmige Abschnitte untergliedert ist. Der Gang zwischen der *ima* und der *media cavea* ist vom Orchester aus über vier halbrunde Stufen zu erreichen, die eine Verlängerung der *ima cavea* darstellen. Zu den obersten Sitzreihen der *media cavea* kann man auch durch zwei Gänge in der nördlichen Stützmauer der *cavea* gelangen, die direkt zu den obersten Reihen des Theaters führen. Eine *summa cavea* gibt es nicht. Die Ausstattung ist besonders elegant.

Die *analemmata*, also die Außenmauern der *cavea* an den *parodoi*, sind oben mit einem besonders vielfältig profilierten Gesims verziert. Den Abschluß der *analemmata* bilden zwei Telamone, die aus Tuff gehauen sind. Sie knien auf einer Basis und stützen ein Gesims, auf dem Schmuckelemente, vielleicht Amphoren aus Tuff, gestanden haben müssen. Eine entsprechende Ausstattung zeigt auch das Theater von Pietrabbondante (Molise). In Pompeji selbst schmücken Telamone aus Tuff, die etwas kleiner sind, das *tepidarium* der Forums-Thermen; auch sie sind in sullanische Zeit zu datieren. Außerdem endet die Balustrade zwischen der *ima* und der *media cavea* jeweils in einem Löwenbein mit Flügeln, also mit einem Schmuckmotiv, das in Pompeji zumindest bis zur augusteischen Zeit besonders verbreitet war. Die Stufen, die mit Tuffplatten verkleidet waren, zeigen ein besonderes Profil. Sie sind so gearbeitet, daß die vorne sitzenden Zuschauer nicht durch die hinter ihnen gestört wurden dank einer Eintiefung im rückwärtigen Teil der Sitzstufen.

Der Fußboden in der *orchestra* (E) besteht aus unregelmäßigen bunten Marmorplatten (darunter auch Giallo Antico und gelber afrikanischer Marmor). Er wurde von dem *duumvir* Marcus Oculatius Verus gestiftet, wie eine Inschrift mit Bronzebuchstaben bezeugt. Im 19. Jahrhundert hatte man den Namen fälschlich als Holconius gelesen und so restauriert. Der Fußboden muß auf frühaugusteische Zeit zurückgehen. Die Vorderseite des Bühnenpodiums ist einfach und verläuft in einer geraden Linie, an ihrer Rückseite ist auch hier die

Eintiefung für den Vorhang. In der Bühnenwand befinden sich in der Mitte drei große und an den Seiten zwei kleinere Türen (d). Sie führen zu einem Raum, der vier Türen in der Außenmauer (e) und zwei an den Schmalseiten (D, D') besitzt; vermutlich diente er als Umkleideraum.

Das *odeion* in Pompeji ist eines der am besten erhaltenen Beispiele für ein Gebäude, das für musikalische Aufführungen bestimmt war. Wie bereits gesagt, ist seine Gestaltung von den Vorbildern früherer Theaterbauten beeinflußt. Daß es einen Prototyp gegeben haben muß, geht aus der Tatsache hervor, daß sowohl das Theater von Pietrabbondante als auch ein vor einigen Jahren in Sarno entdecktes Theater in ihrer Anlage entsprechende Merkmale aufweisen.

■ Die samnitische Palästra
Plan 3

Die Inschrift über die Stiftung dieses Gebäudes ist erhalten, sie ist in oskischer Sprache abgefaßt, was im Zusammenhang mit dem Mauerwerk aus *opus incertum* und den schlanken, dorischen Tuffsäulen eine Datierung in die zweite Hälfte des 2. Jahrhunderts v. Chr. erlaubt, also in die Zeit der großen städtebaulichen Neuordnung.

Die Inschrift lautet: *»V(ibis) Aaderans V(ibieís) eítiuvam, paam vereiiaí Púmpaiianaí trístaamentud deded, eísak eítiuvad V(ibis) Viínikiís M(a)r(aheís), kvaísstur Púmpaiians, trííbúm ekak kúmbennieís tanginud, úpsannam deded ísídum prúfatted«* (»Vibius Adiranus, der Sohn des Vibius, vermachte den Pompejanern in seinem Testament Geld, mit diesem Geld ließ der pompejanische Quästor Vibius Vinicius, der Sohn des Maras, den Bau mit Erlaubnis der Versammlung errichten und nahm ihn ab«). Die in der Inschrift erwähnten *vereiiai* scheinen der lateinischen *iuventus* (Jugend) zu entsprechen. Es handelte sich jedoch wohl nicht um eine rein sportliche Vereinigung junger Athleten, wie bei der von Augustus organisierten *iuventus*, sondern um eine politische und militärische Vereinigung von *viri* (Männern) oder *milites* (Soldaten).

Das Gebäude hat einen rechteckigen Grundriß und Portiken an drei Seiten. Der östliche Portikus wurde nach dem Erdbeben von 62 n. Chr. zugunsten der Erweiterung des Isistempels abgerissen. Jetzt stehen an den beiden Längsseiten acht und an der Schmalseite fünf Säulen. Es handelt sich um dorische Säulen aus Tuff, mit gestreckten

Proportionen und einem feinen Stucküberzeug. Um den Hof führt ein kleiner Abflußkanal.

Der Eingang befindet sich an der Via del Tempio d'Iside, ungefähr in der Mitte der Nordseite. Ein weiterer Durchgang verbindet die Palästra mit dem Foro Triangolare. Genau gegenüber vom Haupteingang steht zwischen der dritten und der vierten Säule der Südseite ein Sockel aus Tuff und davor ein zweiter, kleinerer Sockel. Der größere ist über eine Treppe an der Rückseite zu erreichen; auf diesem Sockel muß eine Götterstatue gestanden haben. Auf dem kleineren müssen die Kränze niedergelegt worden sein, die den Wettkampfsiegern überreicht wurden. Nachdem der Athlet den Kranz erhalten hatte, bestieg er die kleine Treppe und bekränzte das Haupt der Gottheit.

Von der Statue wurden keine Reste gefunden. Statt dessen entdeckte man aber zu Füßen einer Säule an der Südseite eine andere Statue, und zwar eine Marmorkopie nach dem hochberühmten Doryphoros des Polyklet, die vollständigste, die überliefert ist.

An der Westseite liegen zwei Räume, von denen der eine als Umkleideraum *(destrictarium)* gedient haben muß. Auch ein Brunnen fehlte nicht; sein *labrum* (Becken) muß neben einer Säule der Nordseite rechts vom Eingang gestanden haben. Auf der Säule erkennt man noch die Eintiefung für das hier eingesetzte Wasserrohr.

Das Gebäude erscheint zweifellos etwas zu klein, um als eine Palästra im eigentlichen Sinn gelten zu können.

Wenn der Quadriportikus hinter dem Theater ein Gymnasium war, dann könnte die sogenannte Samnitische Palästra das Gymnasium für die Jüngsten gewesen sein: nach griechischer Sitte teilte man die Gymnasien nach Altersgruppen auf.

Denkbar ist auch, daß die Anlage als Versammlungsort von Vereinigungen benutzt wurde. Wenn die Via dei Teatri, was gesichert erscheint, in oskischer Zeit *via decuviare* hieß, dann könnte dieses Gebäude, das fast an der Einmündung der Straße vor den Propyläen des Foro Triangolare liegt, von Organisationen benutzt worden sein, in denen Männer und Jugendliche in *decuviae* eingeteilt waren. Die *decuvia*, die ungefähr der römischen *decuria* entspricht, stellt eine militärischen Zwecken dienende Einteilung der männlichen, wehrfähigen Bevölkerung dar. Wahrscheinlich fanden in oskischer Zeit bei religiösen Festen auch Paraden und Aufmärsche der *decuviae* statt. Dies würde nicht nur den samnitischen Namen der Straße erklären, sondern auch die Tatsache, daß die vom Forum kommenden Prozessionen noch in römischer Zeit nach altem Brauch durch die *via decuviare* zogen. Für die in augusteischer Zeit gegründete Jugendorganisation *(iuventus)* dagegen schuf man mit der Palästra am Amphitheater ein eigens hierfür errichtetes Gebäude.

■ Der Isistempel
Abb. 29

Der Eingang zum Heiligtum liegt an der Via del Tempio d'Iside, die rechtwinklig auf die Via Stabiana stößt. Der Bezirk wird im Norden von der Straße und im Süden von der gewaltigen Baumasse des Theaters begrenzt. Der erste Theaterbau muß schon vorhanden gewesen sein, als der älteste Isistempel hier errichtet wurde, und wahrscheinlich wurde hierdurch auch der Grundriß innerhalb des knappen zur Verfügung stehenden Raumes bestimmt.

Eine Inschrift über der Eingangstür (B; das Original befindet sich im Neapler Nationalmuseum, hier ein Abguß) gibt wertvolle Hinweise auf die Geschichte des Tempels: *»N(umerius) Popidius N(umeri) f(ilius) Celsinus aedem Isidis terrae motu conlapsam a fundamento p(equnia) s(ua) restituit; hunc decuriones ob liberalitatem, cum esset annorum sexs, ordini suo gratis adlegerunt«* (»Numerius Popidius Celsinus, der Sohn des Numerius, baute den Tempel der Isis, der beim Erdbeben eingestürzt war, auf eigene Kosten wieder auf; zum Dank für diese Großzügigkeit nahmen ihn die Dekurionen in ihre Versammlung auf, obwohl er nur sechs Jahre alt war«).

Der Vater des Numerius Popidius Celsinus war ein Freigelassener namens Numerius Popidius Ampliatus, der wegen seiner Herkunft aus dem Sklavenstand zwar nicht selbst *decurio* werden konnte, der jedoch seinem Sohn den Zugang zu wichtigen politschen Ämtern durch seinen Reichtum zu verschaffen gedachte.

Die Inschrift belegt also einen Wiederaufbau des Heiligtums nach dem Erdbeben von 62 n. Chr. Von der ältesten Bauphase, die noch auf das Ende des 2. oder die ersten Jahrzehnte des 1. Jahrhunderts zurückgeht, sind einige Elemente erhalten. Schon vor 105 v. Chr. war ja in Puteoli, dem heutigen Pozzuoli, ein Tempel zu Ehren des Serapis, der zusammen mit Isis verehrt wurde, errichtet worden.

Der Kult von Isis und Serapis hat zwar seinen Ursprung in der ägyptischen Religion, er wurde jedoch im 3. Jahrhundert v. Chr. von

Ptolemäus I. im ägyptischen Alexandria völlig erneuert, und zwar von einem ägyptischen Priester namens Maneton und einem Griechen namens Timotheus, einem genauen Kenner der eleusinischen Mysterienkulte. Der hellenistische Fürst verfolgte damit einen ganz klaren Plan: Er wollte versuchen, Elemente der griechischen und der ägyptischen Religion miteinander zu verschmelzen, um so einen Kult zu schaffen, der die neu entstandene politische Situation in Ägypten nach der makedonischen Eroberung und dem gleichzeitigen Zustrom griechischer Ansiedler endgültig festigen sollte. Der Isis- und der Serapiskult fand eine unverhofft rasche Verbreitung. Vor allem die unteren sozialen Schichten wurden von der Hoffnung auf ein besseres Leben in der Zukunft, wie es ihnen die neue Religion verhieß, angezogen. Die sich daraus ergebende beachtliche Stoßkraft veranlaßte die Römer dazu, die Verbreitung dieses Kultes zumindest während des ganzen 1. Jahrhunderts v. Chr. immer wieder und mit unterschiedlichem Erfolg zu verhindern. Erst nach dem Tode Cäsars im Jahre 44 v. Chr. ließen die Triumvirn Octavianus, Antonius und Lepidus in Rom einen Tempel zu Ehren der Isis und des Serapis errichten, den ersten, der »offizielleren« Charakter hatte.

Unter der Regierung des Caligula wurde der Isiskult dann in den römischen Kalender aufgenommen. Trotz alledem hatte diese Religion keinen leichten Stand, da sie zumindest bis zur Zeit Hadrians von den offiziellen Kreisen mehr oder weniger ignoriert wurde. Die Situation außerhalb Roms war nicht viel anders, obwohl hier eine größere Liberalität geherrscht haben dürfte. Es ist bezeichnend, daß in Pompeji der Tempel eines inoffiziellen Kultes so rasch wiederaufgebaut wurde, und zwar auf Kosten eines Privatmannes, der zudem von einem Freigelassenen abstammte, während die großen Tempel in Pompeji noch in Trümmern lagen. Hinzu kommt noch, daß die Dekurionen ein solches Unternehmen sogar genehmigten und den Sohn eines *homo novus*, eines Emporkömmlings aus dem Volk, in ihre Versammlung aufnahmen. Einige Gelehrte sahen in diesem Verhalten des pompejanischen Senats ein Zeichen für einen politischen Umschwung im Gefolge des Erdbebens von 62 n. Chr. und für den raschen Aufstieg der Unterschicht zur Macht.

Durch die Tür (B), die in einer Ecke der Umfassungsmauer des Heiligtums liegt, betritt man einen von Portiken eingefaßten Hof, in dessen Mitte der kleine Tempel steht. Obwohl Numerius Popidius Celsinus in der Weihinschrift sagt, er habe den Tempel von Grund auf neu errichten lassen, so ist doch sicher, daß viele Reste des früheren Baus wiederverwendet wurden, beispielsweise Säulenschäfte und korinthische Kapitelle aus Nocera-Tuff, deren Stuckierung sorgfältig erneuert wurde. Die Säulenreihen, die den Hof umschließen, sind 50 bzw. 60 oskische Fuß lang. Diese Maße lassen darauf schließen, daß mit dem ersten Bau des Heiligtums noch vor der Gründung der sullanischen Kolonie im Jahre 80 v. Chr. begonnen wurde. An der Nord- und der Südseite des Portikus standen je acht, an der Westseite sieben und an der Ostseite vier Säulen und zwei Pfeiler mit Halbsäulen. Sie haben die derbe, gedrungene Form, wie sie für die Wiederaufbauten aus der Zeit nach 62 n. Chr. charakteristisch ist, und waren mit einer dicken Stuckschicht überzogen. Das untere Drittel ist dicker als der übrige Säulenschaft, es ist nicht kanneliert, sondern mit einem Stabmuster gegliedert.

29 Isistempel

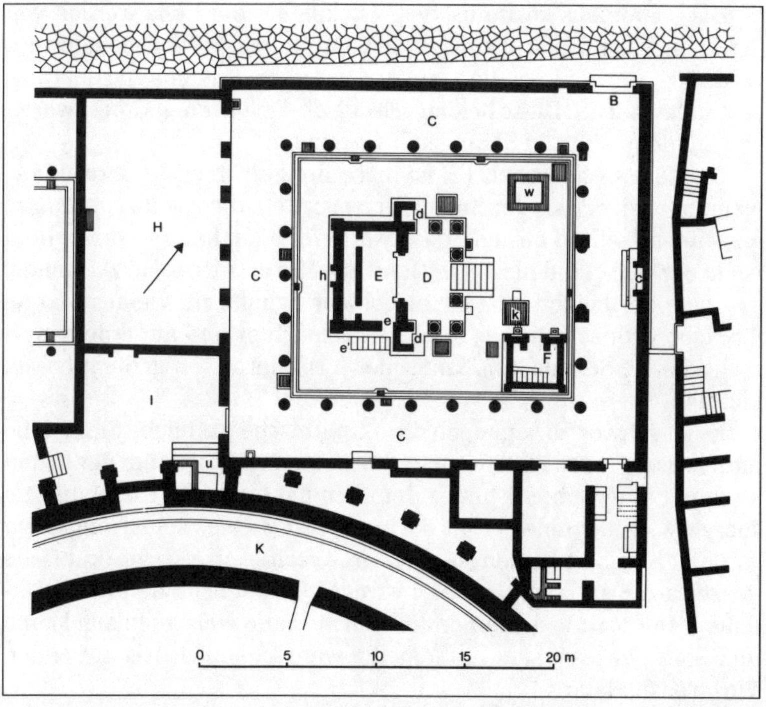

Der Tempel in der Mitte des Hofes ist vollständig aus *opus latericium* errichtet. Er hat eine sehr seltsame, quergestreckte Form, die offensichtlich kultisch bedingt ist. Jedenfalls versuchte man, die unorganische Form der Cella hinter einer geräumigen Vorhalle (D) mit vier Säulen an der Vorder- und je zwei an den Nebenseiten zu verbergen. Der gesamte Bau ruht auf einem hohen Podium, in dessen Westseite eine Treppe eingefügt ist. Dieser Zugang hat dieselbe Breite wie das mittlere Interkolumnium, das weiter ist als die seitlichen.

Die Säulen stehen auf einer niedrigen attischen Basis und haben korinthische Kapitelle; Säulen und Kapitelle sind mit Stuck überzogen. Neben der mittleren Cella und außerhalb der Säulenreihen der Vorhalle befinden sich zwei Nischen (d,d) mit korinthischen Pilastern an den Seiten und einem Giebel an der Vorderseite. Als das Gebäude noch vollständig mit phantasievollen architektonischen und figürlichen Motiven aus Stuck überzogen war, mag die Einfügung der Nischen in den mittleren Baukörper recht wirkungsvoll gewesen sein, nun ist sie jedoch völlig unorganisch und ohne Eleganz.

Die – ebenfalls korinthischen – Eckpfeiler der Cella werden von den kleineren Pilastern und den Giebeln der beiden Nischen teilweise verdeckt. Hier müssen die Statuen des Anubis und des Harpokrates gestanden haben. Diese beiden griechisch-ägyptischen Götter waren eng mit dem Isis- und Serapiskult verbunden.

Die Cella des Tempels (E) ist mehr breit als lang. An ihrer Rückwand blieb die Basis der Kultstatuen erhalten, die wie im *capitolium* aus einem Podium besteht, das zwei Öffnungen hat und innen hohl ist. In der Cella fand man eine Hand aus Marmor, zwei Holzkästchen, in einem der beiden eine kleine goldene Schale, ein kleines Glasgefäß, eine Bronzestatuette, zwei Bronzeleuchter und außerdem zwei menschliche Schädel, die kultischen Erfordernissen gedient haben könnten.

Es ist schwer zu sagen, ob die akrolithische weibliche Statue, die man zwischen den Pfeilern des *ecclesiasterion* (Kultraum der in den Mythos Eingeweihten) hinter dem Tempel fand, die Kultstatue im Tempel war oder eine Statue, die im *ecclesiasterion* selbst aufgestellt war. Der Kopf, die beiden Hände, deren rechte ein *sistrum* (kultische Rassel) aus Bronze hält, und der vordere Teil der beiden Füße sind erhalten. Die Statue, die außer aus Marmor und Holz auch aus Metall und Stoff gewesen sein muß, stellte wahrscheinlich Isis auf einem Thron sitzend dar.

An der Südseite führt ein Treppchen (e') zu einer kleinen Tür (e), durch die man in die Cella gelangt. An der Rückseite des Tempels stand in einer Nische (h) eine Bacchus-Statue; rechts und links von der Nische sind in Stuck zwei Ohren dargestellt: Symbole für die Bereitschaft des Gottes, auf die Bitten der Gläubigen zu hören. Die Statue wurde von dem Vater des Numerius Popidius Celsinus, von Numerius Popidius Ampliatus persönlich, gestiftet.

Der Tempel war weiß, die Wände wurden durch Stuckverzierungen in breite Felder untergliedert. Der schwarzgrundige Fries war mit Ranken in kräftigen Farben grün, blau und gelb bemalt. Im reich bemalten Portikus erhob sich über einem gelben Sockel mit symmetrisch dargestellten Sphingen und Delphinen die rotgrundige Wand, untergliedert durch Wandfelder mit zarten, turmartigen, von langen, ganz leichten gelben Säulchen gestützten Gebäuden. Der Sockel dieser Bauten bestand aus einem schwarzen Mittelfeld. Darüber waren Seestücke dargestellt. Die großen roten Felder trugen eine zarte Verzierung mit Girlanden und Vögeln; in der Mitte dieser Felder war jeweils ein Isis-Priester dargestellt.

Im Hof stehen außer dem Tempel weitere Bauwerke verschiedenster Art. In der Nordostecke befindet sich eine Abfallgrube (w), die mit einer Mauer eingefaßt ist. Zahlreiche kleine Altäre sind beim Tempel und sogar zwischen den Säulen aufgestellt. In der Südostecke liegt das wichtigste Gebäude, das *purgatorium* (F); wie sein Name sagt, wurde es für Reinigungszeremonien verwendet. Das kleine Gebäude war nicht überdacht, obwohl ein Gesims aus Backsteinen und der Giebel an der Fassade den Eindruck vermitteln, als sei ein Dach vorhanden gewesen. Die Fassade an der Nordseite wird durch vier Blendpfeiler mit korinthischen Kapitellen gegliedert. Der Giebel wird in der Mitte von einem Bogen durchschnitten, der dieselbe Breite hat wie die Eingangstür. Im Inneren befindet sich an der Südseite eine Treppe, die zu einem unterirdischen überwölbten Raum führt. In einer der Ecken steht eine ziemlich niedrige Basis, die einen großen Krug trug; er war mit Wasser aus dem Nil gefüllt, das man für solche Reinigungszeremonien verwendete.

Die Stuckverzierungen an der Außenseite des Heiligtums sind recht gut erhalten. In der Mitte des Giebels ist ein Gefäß dargestellt, zu dessen Seiten zwei Gestalten schweben. Der Fries darunter zeigt Priester und Priesterinnen, die sich in Gebetshaltung dem Gefäß zuwenden. Der Hintergrund des Frieses ist blau. In den Wandfeldern an der Vorderseite des *purgatorium* sind Stuckreliefs mit ägyptischen Gestalten angebracht. Unter jeder Figur befindet sich ein kleiner, in die Wand gemauerter Altar aus Tuff. An den Seitenwänden des Heiligtums sind schließlich auf der einen Seite Mars und Venus, auf der anderen Perseus und Andromeda dargestellt. Daneben befinden sich jeweils Eroten. Hinter dem *purgatorium* sind einige Räume angeordnet, die von den Priestern benutzt wurden: eine Küche, ein Eß- und ein Schlafzimmer. Zwischen dem *purgatorium* und dem Tempel steht der wichtigste Altar (k) des Heiligtums.

Hinter dem Tempel liegt an der Westseite ein weiter Raum (H) mit fünf Bögen als Zugängen. Eine Inschrift im Mosaikfußboden erwähnt zwei Brüder des Numerius Popidius Celsinus und ihre Mutter, Corelia Celsa, die zu einer in Pompeji weiter nicht bekannten Familie gehört. Der Raum war mit Fresken aus dem Vierten Stil dekoriert, fünf der insgesamt sieben großen Felder zeigten ägyptische Landschaften, die beiden anderen Szenen aus dem Io-Mythos: Io mit ihrem Bewacher Argus und Io, die in Ägypten von Isis begrüßt wird. Außerdem wurden hier ein Marmortisch, ein *sistrum*, zwei Terrakottagefäße, drei kleine Flaschen aus Glas und eine ebenfalls gläserne Schale gefunden. Der Saal muß der Versammlungsort der in die Isismysterien Eingeweihten gewesen sein *(ecclesiasterion)*; nach der Größe des Saales zu urteilen, wurden hier vielleicht auch Pantomimen mit sakralem Inhalt aufgeführt, also Szenen aus dem Mythos von Isis und Serapis; für den Kult der Demeter und Kore ist dieser Brauch sicher belegt.

Durch eine kleine Tür betrat man das Nachbarzimmer (I), das aus dem verbleibenden Raum zwischen dem Theater und der sogenannten samnitischen Palästra gewonnen wurde. Es war für Zeremonien bestimmt, deren Bedeutung nicht klar ist. An den Mauern waren auf weißem Grund in großem Format Isis, Serapis, Typhon und heilige Tiere dargestellt. Man fand hier vier hölzerne Statuen, deren Köpfe, Hände und Füße aus Marmor bestanden. Außerdem fand man nicht nur die Statuette einer ägyptischen Gottheit aus grünem Stein mit Hieroglyphen darauf, sondern auch Fragmente weiterer ägyptischer Statuetten aus Terrakotta, eine Sphinx, ebenfalls aus Terrakotta, und verschiedene Gefäße.

An der Mauer des Theaters liegt noch ein winziger Raum (u), den man über einige Stufen betritt. Der Eingang war mit einem Vorhang verdeckt. Hier wurden drei Dutzend Vasen, ein eiserner Dreifuß und mindestens 58 Lampen gefunden. Auch bei diesem Raum ist nicht klar, wofür er gebraucht wurde.

An der Westmauer des Portikus standen neben den Ecken zwei Sockel mit weiblichen Statuen von ungefähr halber Lebensgröße. Die Isis-Statue auf der rechten Seite, die mit einem *chiton* bekleidet ist, wie er in griechisch-archaischer Zeit üblich war, wurde von einem Freigelassenen namens Lucius Caecilius Phocus mit Zustimmung der Dekurionen gestiftet. Die andere Statue stellte Aphrodite dar, wie sie sich, soeben dem Bad entstiegen, die Haare auswringt. In der gleichen Ecke, jedoch an der Südwand, stand die berühmte Herme des Caius Norbanus Sorex, eines Schauspielers, der bei den Theateraufführungen die Rolle des zweiten Schauspielers innehatte *(secundarum,* sc. *partium)* und der *magister* des *Pagus Augustus Felix Suburbanus* war, also Ortsvorsteher eines großen, außerhalb der Mauern Pompejis gelegenen Wohnviertels. Plutarch erwähnt einen *archimimus* (Hauptdarsteller) namens Caius Norbanus Sorex, wahrscheinlich ein Schützling der Familie des Konsuls von 83 v. Chr., des Caius Norbanus. Der Norbanus Sorex in Pompeji, von dem eine weitere Herme im Gebäude der Eumachia aufgestellt war, könnte sein Nachkomme sein. – Die erwähnten Statuen befinden sich alle im Neapler Nationalmuseum.

An der Hauptseite des Portikus, also der östlichen, stehen in der Mitte keine Säulen, sondern – ähnlich wie in den Stabianer Thermen – zwei Pfeiler mit seitlich angebrachten Halbsäulen. Dahinter befindet sich in der Ostwand ein kleiner heiliger Schrein (c), aus dem ein Fresko stammt, das jetzt in Neapel aufbewahrt wird. Es ist eine Darstellung des Harpokrates, vor ihm steht ein ägyptischer Priester, und hinter dem göttlichen Knaben sieht man eine freie Wiedergabe des Isistempels. Unterhalb der Ädikula sind die Reste einer Holzbank erhalten.

■ Der Tempel des Zeus Meilichios

Plan 3, Abb. 30, 31

Die Benennung dieses Tempelchens beruht auf einer oskischen Inschrift, die in der Nähe der Porta di Stabia gefunden wurde und auf die straßenbauliche Neugestaltung des Gebiets um das sogenannte Foro Triangolare zu beziehen ist: *»[M(ais)?] Siuttiis M(aiieís) N(iumsis?) Púntiis [M(aiieís)?] [a]ídilis, ekak víam terem[nat]tens ant* *[pú]nttram staf[ii]anam; víu teremnatust per(ekaís?)* X. *lússu vía‹m› Púmpaiiana‹m› termnattens perek(aís?)* III *ant kaíla‹m› lúveís Meeílíkiieís; ekass víass íní via ‹m› Iúviiam íní dekkviarím, medíkeís Púmpaiianeís serevkid, imaden uupsens iú‹s›su aídilis prúfattens«* (»Die Ädilen Maius Sittius, Sohn des Maius, und Numerius Pontius, Sohn des Maius, befestigen diese Straße bis zu der Stabianer Brücke; die Straße wurde auf einer Länge von zehn *perticae* befestigt. Sie befestigten auch die *Via Pompeiana* auf einer Länge von drei *perticae* bis zum Tempel des Zeus Meilichios. Auf Anordnung des *meddix* von Pompeji bauten die Ädilen auch diese Straßen, die *Via Iovia* und die *Via decuviare* bis zum Straßenunterbau und machten auch die Bauabnahme«). Bei diesen Arbeiten war das Gebiet des Foro Triangolare mit dem Forum verbunden worden. Die *Via Pompeiana* ist die heutige Via di Stabia; der beim *odeion* gelegene kleine Tempel kann deshalb mit Sicherheit als der des Zeus Meilichios identifiziert werden.

Man weiß nicht viel von dieser geheimnisvollen Gottheit. Der Beiname »süß wie Honig« ist auch für zwei andere Gottheiten bezeugt, nämlich für Hera und Aphrodite. Im griechisch-peloponnesischen Bereich, wo dieser Kult besonders verbreitet war, galten Zeus Meilichios und seine Kultgefährtinnen – bisweilen Hera, bisweilen Aphrodite – als chthonische Unterweltsgottheiten, mit denen geheime, häufig in unterirdischen Heiligtümern durchgeführte Riten verbunden waren. Der Kult der Aphrodite – oder Hera – Meilichia ist in Pästum belegt; dies läßt vermuten, daß der Kult dieser Gottheiten auch im italischen Bereich verbreitet war, wohin er durch die Vermittlung der griechischen Kolonien in Lukanien und Kampanien gelangt war.

Der Eingang zu dem heiligen Bezirk liegt an der Ostseite, wo sich an der Via di Stabia ein nicht besonders großartig gestaltetes Tor befindet. Von da aus betritt man einen einfachen Hof (B), vor dem ein schmaler Portikus gelegen haben muß (A); dies kann aus den Ziegelsteinfundamenten von zwei Säulen und einem dorischen Kapitell aus Vesuv-Lava geschlossen werden. An diesem kleinen Portikus müssen die Restaurierungsarbeiten nach dem Erdbeben von 62 n. Chr. noch im Gange gewesen sein. Rechts vom Portikus liegt ein kleiner Raum, der wohl von den Priestern des Kultes benutzt wurde.

In der Mitte des Hofes steht ein schöner Altar aus Nocera-Tuff (C) mit zwei polsterartigen Rollen *(pulvini)* in Form ionischer Voluten und mit einem Metopen- und Triglyphenfries. Die Form des Altars, der eine überraschende Ähnlichkeit mit dem Sarkophag des Cornelius Scipio Barbatus in Rom aufweist, scheint wie jener von hellenistischen Vorbildern des griechischen Süditalien abzuhängen. Die Datierung schwankt zwischen dem 3. und dem 2. Jahrhundert v. Chr.; eine genauere Datierung ist schwierig.

Der Tempel steht im Hintergrund des Hofes auf einem hohen Podium, das von den breiten Treppenstufen des Aufgangs völlig verdeckt wird. Das Gebäude hat eine Vorhalle mit vier Säulen an der Vorder- und je zwei an den Nebenseiten. Die Cella (E) ist aus *opus quasi reticulatum* errichtet und sehr schlicht. Der Fußboden bestand aus kleinen Ziegelplatten. An der Rückseite sind die Reste des länglichen Sockels (F) erhalten, auf dem die Kultstatuen standen. Von den Säulen sind keine Spuren mehr vorhanden. Immerhin sind zwei korinthische Pfeilerkapitelle erhalten, die den Ecken der Cellafassade zuzuweisen sind, außerdem ein figürliches korinthisches Kapitell mit einem Jupiterkopf, das sehr viel kleiner ist und deshalb höchstwahrscheinlich zur Innendekoration der Cella gehörte. Das *opus quasi reticulatum* weist auf eine Datierung des Baus in die ersten Jahre nach der Gründung der sullanischen Kolonie im Jahre 80

30 Tempel des Zeus Meilichios, Aufriß des Altars
31 Grundriß des Tempels

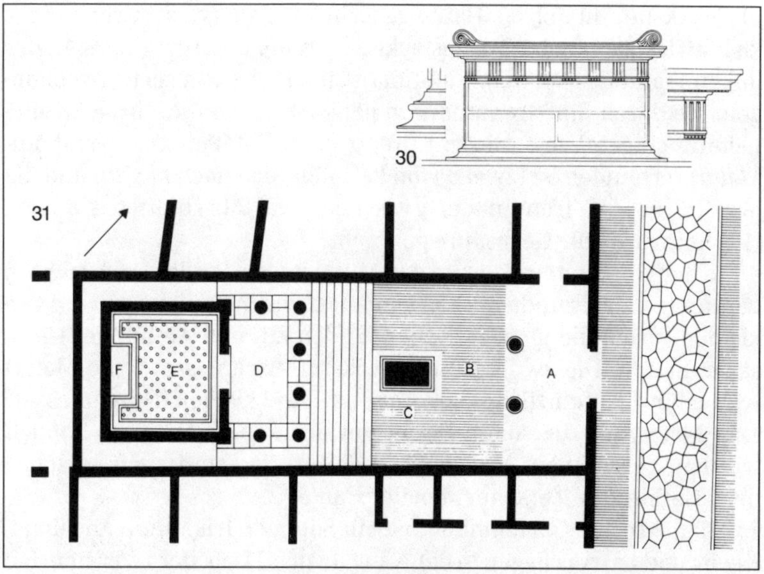

v. Chr. Auch die Kapitelle könnten aus dieser Zeit stammen; es ist jedoch nicht auszuschließen, daß sie älter sind, vielleicht noch aus dem 2. Jahrhundert v. Chr.

In der Cella fand man eine Jupiter- und eine Junostatue sowie eine Minervabüste, alle aus Terrakotta. In ihrem Stil sind sie noch hellenistisch, was gegen eine späte Datierung spricht. Die Jupiterstatue, die älter zu sein scheint, stammt vielleicht aus dem 3. Jahrhundert v. Chr., während die beiden anderen höchstwahrscheinlich jünger sind und der sullanischen Zeit zugewiesen werden können. Die Entdeckung der Statuen, die zur Kapitolinischen Trias gerechnet werden können, führte – ohne triftigen Grund – zu der Vermutung, daß nach dem Erdbeben von 62 n. Chr. der Kult der Gottheiten aus dem *capitolium* vorübergehend hierher verlegt wurde, bis die Restaurierungsarbeiten am Forum abgeschlossen waren. Die Hypothese ist nicht nur schwer beweisbar, sie ist sogar ziemlich sicher auszuschließen.

□ Officina coriariorum (Gerberei)
Plan 4, I 5, 2

Diese 1873 ausgegrabene Gerberei ist bis jetzt die einzige, die in Pompeji auszumachen war. Sie nimmt fast die gesamte *insula* 5 ein; die Werkstatt, in der die Häute gegerbt wurden, ist im Atrium eines kleinen Hauses an der Nordostecke der *insula* untergebracht. An der linken Wand des Portikus sieht man eine Reihe von sechs Abteilungen, die durch fünf Trennmauern gebildet werden. In diese ist eine Leitung eingemauert, die mit drei großen Gefäßen aus Terrakotta (*dolia*) verbunden ist (zwei davon befinden sich noch *in situ*) und die jeweils vor der Trennmauer zwischen zwei Abschnitten standen. Hierher wurde die Gerbsäure gebracht.

In der Werkstatt waren um den Mittelpfeiler, der das Dach trug, 15 geräumige, tiefe runde Becken gemauert, die mit *opus signinum* verkleidet waren und je zwei Löcher für den Zu- und Abfluß der Gerbsäure hatten. Die zwölf großen Becken (Durchmesser: 1,60 Meter) waren für die pflanzliche Gerbsäure, die drei kleinen (Durchmesser: 1,25 Meter) für die Alaun-Beize, mit der feinere Häute behandelt wurden, vorgesehen. Man fand in dieser Werkstatt auch verschiedene Geräte zum Zerschneiden der Häute.

An die rechte Gartenmauer ist ein Sommer-Triklinium angebaut, Küche und Latrine liegen in der Nähe. In den Tisch, der zwischen den gemauerten Ruhebetten steht, war das einzigartige Mosaik mit einem Totenkopf vor hellblauem Hintergrund eingelassen (jetzt im Neapler Nationalmuseum). Über dem Schädel sind ein Winkelmaß und ein Lot dargestellt; ein Schmetterling – die Seele – und ein Rad – der Fortuna oder der Nemesis (der Gerechtigkeit oder der Rache) – vervollständigen dieses symbolische Bild von der Unbeständigkeit des Lebens und dem unausweichlichen, alles gleichmachenden Tod, der Gerechtigkeit herstellt. Das Motiv erinnert an die *larva argenteam*, das silberne Gerippe, das Trimalchio seinen Tischgenossen vorführte (Petronius, SATYRICON, 34: »*Ergo vivamus, dum licet esse bene*«, »Laßt uns das Leben genießen, solange es geht«).

In der Nähe des Brunnens, dessen Bleileitung noch funktioniert, entdeckte man an der Nordostecke der *insula* unter zahlreichen anderen in die Wand gekratzten Namen auch den des M. Vesonius. Vielleicht handelt es sich hierbei um Marcus Vesonius Primus, der eine Walkerei an der Via Stabiana (VI 14, 22) betrieb.

□ Casa della Grata metallica (Haus mit dem Metallgitter)
Plan 4, I 2

Das Atrium dieses Hauses unterscheidet sich von dem üblichen Typus dadurch, daß die vier Säulen, die das Dach tragen, ionische Kapitelle haben. Außerdem ist das *compluvium* im Dach mit einem Eisengitter versperrt; man vermutet, daß es zum Schutz vor Dieben dienen sollte. Das Gitter in dem 1875 ausgegrabenen Haus ist erneuert.

Die Kapitelle datieren das Haus in die zweite Hälfte des 2. Jahrhunderts v. Chr.

□ Haus des Gladiators Actius Anicetus
Plan 4, I 3, 23

Aus der rechten Wand des Peristyls, das an drei Seiten von Portiken umgeben ist, stammt das historisch und dokumentarisch hochbedeutende Bild mit der Schlägerei im Amphitheater. Es wurde von der Wand abgenommen und ist jetzt im Neapler Museum ausgestellt. Um diese Szene mit dem Streit zwischen den Einwohnern von Pompeji und denen von Nuceria darzustellen, mußte der Maler eine ältere Dekoration, auf der Kampfspiele abgebildet waren, teilweise zerstören. Zwei kleine, ebenfalls auf eine neue Verputzschicht gemalte Bilder stellten Gladiatoren dar; sie wurden nicht abgenommen und sind heute verschwunden.

☐ Haus ohne Namen
Plan 4, I 3, 25

Gleich links von dem kleinen Hof liegt der *oecus*, dessen prächtige, an Bühnenmalereien erinnernde Dekoration mit Gottheiten in der Mitte und nackten Heroen an den Seiten noch erhalten ist. In dem danebenliegenden *cubiculum*, dem zweiten Raum an der linken Seite des Hofs, war auf dem (zerstörten) Bilde der linken Wand die Befreiung der Andromeda durch Perseus dargestellt, auf der Rückwand Kyparissos. Darüber verläuft ein schöner weißgrundiger Fries mit einem Akanthusbusch in der Mitte, aus dem eine geflügelte Gestalt emporsteigt. Diese hält eine blühende Ranke, die sich symmetrisch über die gesamte Wand entwickelt, mit wilden Tieren und jagenden Eroten dazwischen.

☐ Casa dello Scultore (Haus des Bildhauers)
Plan 3, VIII 7, 24

Man fand hier Steinmetzwerkzeuge. Aus dem Peristyl stammen die Fragmente einer Malerei mit sehr lebhaft geschilderten Nilszenen, mit tanzenden ithyphallischen Pygmäen auf einem Schiff, das aus einem riesigen ejakulierenden Phallus besteht. Ein Teil des Frieses wurde abgenommen und in ein Magazin gebracht.

☐ Casa del Citarista (Haus des Kitharaspielers),
Via Stabiana, Via dell'Abbondanza
Pläne 3, 4, I 4, 5 und 25, Abb. 32

Diese prächtige Anlage, die drei Eingänge hat (Nr. 28 an der Via del Tempio d'Iside ist ein Nebeneingang), nimmt mit ihren etwa 2700 Quadratmetern Grundfläche fast drei Viertel der gesamten *insula* ein, sie entstand im 1. Jahrhundert, zur Zeit des Zweiten Stils, durch die Zusammenlegung von zwei Häusern; daher gibt es zwei Atrien und drei Peristyle. Der untere Teil mit dem Eingang an der Via Stabiana ist älter. Das tuskanische Atrium (6) entstammt der Kalkstein-Periode, die beiden Peristyle (17 und 32) wurden in der Tuff-Zeit anstelle älterer Häuser, die abgerissen wurden, angebaut. Dieser ältere Teil des Hauses ist durch eine Treppe aus Ziegelsteinen zwischen den beiden Peristylen 17 und 56 mit dem oberen Teil verbunden. Dieses aus der Tuff-Zeit stammende Haus hat seinen Eingang an der Via dell'Abbondanza Nr. 25. Nach der Zusammenlegung wurden die Gebäude mindestens fünfmal umgebaut und mit Mosaiken und Malereien nach dem jeweils neuesten Geschmack ausgestattet. Das Haus wurde in der Zeit zwischen 1853 und 1872, mit mehreren Unterbrechungen, ausgegraben. Es heißt nach einer bronzenen Statue, die Apollo mit der Kithara darstellt, in einem Typus, wie er in Sparta verehrt wurde. Die Statue (jetzt im Neapler Nationalmuseum) war im mittleren Peristyl (17) provisorisch aufgestellt.

32 Casa del Citarista

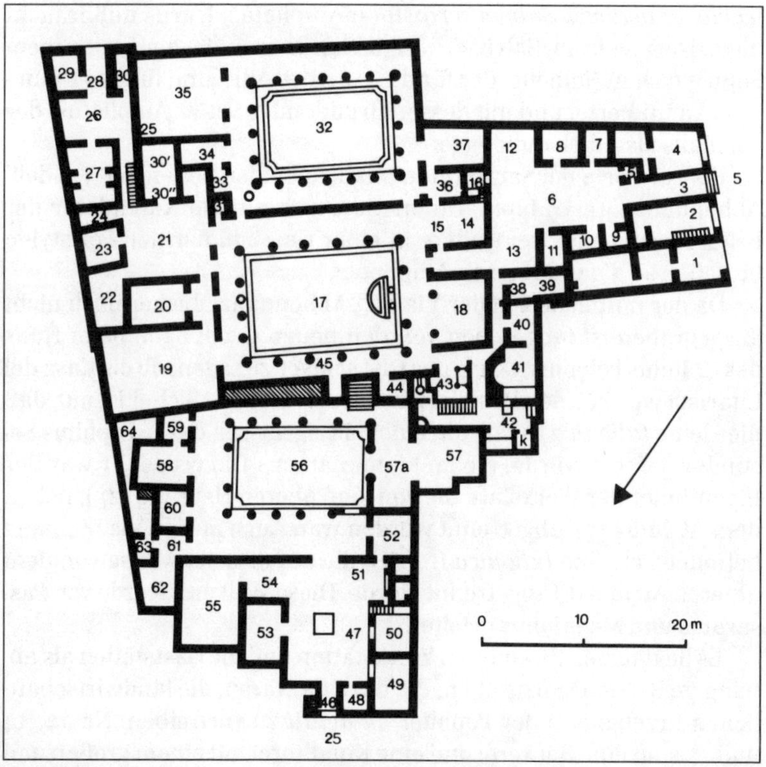

Sechs großformatige Bilder von guter Qualität wurden aus den Wänden geschnitten und ins Museum gebracht. Die Räume sind mit einem modernen Dach geschützt und dienen als Magazin für die in Pompeji gefundenen Amphoren aus Spanien, Afrika und Griechenland.

Zwei Wahlinschriften auf der Außenmauer und drei Graffiti innerhalb des Hauses könnten Hinweise auf seine Bewohner sein: Mitglieder eines aus der Unterschicht stammenden Zweiges einer der ältesten und angesehensten einheimischen Familien Pompejis, der Popidii, die in oskischer Zeit einen *meddix* gestellt hatten. Ein Graffito im Innern des Hauses begrüßt einen L. Popidius Secundus Augustianus, der – wie nicht wenige Personen niedriger Abstammung, etwa Onesimus, Iucundus und Callistus, die alle aus Pompeji stammten – in irgendeiner Weise mit dem Hof des Kaisers Nero verbunden war. Das andere Graffito hat erotischen Inhalt: *»Ampliatus, Icarus te pedicat. Salvus scripsit«* (»Ampliatus, Icarus mißbraucht dich. Dies schrieb Salvus«). Augustianus wohnte hier mit einem Sohn gleichen Namens, der für das Amt des Ädils und für das Duumvirat kandidierte, und mit dessen Bruder oder Vetter Ampliatus, der ebenfalls als Ädil kandidierte.

Bis zur Porta del Sarno findet man zu beiden Seiten der Via dell' Abbondanza 45 Wahlprogramme, die sich auf die Kandidatur der beiden beziehen; zwei weitere in einer Gasse hinter den Peristylen beziehen sich nur auf einen Ampliatus.

Da der nördliche Teil der Via dell'Abbondanza bisher noch nicht ausgegraben ist (abgesehen von den neuen Grabungen beim Haus des C. Julius Polybius, IX 13, 1–3), ist schwer zu sagen, ob die Casa del Citarista wirklich den Popidiern zuzuschreiben ist. Sicher ist nur, daß die kleine *fullonica* I 4, 26 von einem Freigelassen des L. Popidius Secundus geführt wurde, einem Mann namens Dionysius. Er war der Eigentümer der Werkstatt, die von dem oberen Haus (I 4, 25), neben dem Atrium (47), abgetrennt worden war. Auch an der Via Stabiana befindet sich eine *fullonica* (I 4, 7), die auf dieselbe Weise von dem unteren Atrium (6) abgetrennt wurde. Diese Walkerei wurde von Passaratus und Maenianus geleitet.

Es liegt nahe, die anderen Werkstätten und die Gaststätten als abhängige Betriebe anzusehen, die dazu da waren, die landwirtschaftlichen Erzeugnisse der Popidier *en detail* zu vertreiben. Nr. 12, 14 und 17 sind eine Bäckerei und eine Konditorei mit einem großen und einem kleinen Backofen sowie vier Mühlen; Nr. 11 und 15–16 sind Wirtshäuser, die hier im Zentrum des Geschäftslebens lagen, nachdem in den letzten Jahren Pompejis die Via dell'Abbondanza und die Via Stabiana ihre ursprüngliche Bedeutung wiedergewonnen hatten.

In der linken *ala* (13) des Atriums (6) wurden ein weibliches und ein männliches Porträt aus Bronze gefunden, im Peristyl (32) ein Frauenporträt aus Marmor. Die beiden im oberen Stock gefundenen männlichen Marmor-Porträts stellen wahrscheinlich Marcellus und ein weiteres Mitglied der kaiserlichen Familie dar.

Es ist bezeichnend für jene Zeit, daß die herrschaftlichen Speise- und Ruheräume alle rings um die Peristyle angelegt sind, während die Atrien und die umliegenden Zimmer den Dienern überlassen bleiben; bei den Atrien (6 und 47) fehlt sogar das *tablinum*. Nicht fehlen konnte in einem derartigen Haus im 1. Jahrhundert v. Chr. das Bad. Es war neben der Küche untergebracht und bestand aus zwei Räumen (40 und 41): einem *tepidarium* sowie einem *caldarium* mit einer Apsis für das *labrum* und einer rechteckigen Nische für das Becken, das an einen der beiden Öfen in der Küche (42) anschloß. In den letzten Jahren der Stadt war das Bad außer Betrieb. Die Latrine (k) lag in einem abgetrennten Raum, der mit einer Tür zu verschließen war – in Pompeji eine Seltenheit.

In dem mittleren Peristyl (17) standen an dem Rand des halbrunden, mit Marmor verkleideten Beckens Tiere aus Bronze, die als Springbrunnen und als Wasserspeier dienen konnten. Darunter war auch die berühmte Gruppe mit dem Eber, der von zwei Jagdhunden zerbissen wird, sowie ein laufender Löwe, ein fliehender Hirsch und eine Schlange (jetzt alle im Neapler Nationalmuseum). Das Becken ersetzte – aus wirtschaftlichen Gründen oder weil es in den letzten Jahren kein Wasser gab – einen Kanal, der das Peristyl in Längsrichtung durchzog, und den man mit Gebäudeschutt aufgefüllt hatte. Die Fenster in der gemeinsamen Wand zwischen den Peristylen 17 und 32 konnten mit hölzernen Läden verschlossen werden. Die Schwelle des breiten rückwärtigen Eingangs (28) zeigt Spurrillen von Wagenrädern, in dem weiter hinten gelegenen Stall (27) gab es Platz für vier Pferde, deren Boxen durch kleine Mauern voneinander getrennt sind.

7 RUNDGANG 3

☐ Die Weberei des Minucius
Plan 4, I 10, 8

Die 53 Webgewichte, die im Atrium dieses Hauses gefunden wurden, lassen vermuten, daß sich hier in den letzten Jahren Pompejis eine *textrina* niedergelassen hatte. Minucius, der Leiter dieses Unternehmens, war auch als Gladiator tätig; dies geht aus einer Inschrift links neben dem Eingang hervor. Auf einem der Wachstäfelchen des Bankiers Iucundus (vgl. S. 412) wird ein anderer Minucius als Zeuge benannt. Die Familie scheint sich in der Textilbranche betätigt zu haben.

Das *impluvium* aus Tuff, der Fußboden in dem *oecus* links vom Eingang und die Reste einer Stuckdekoration aus dem Ersten Stil lassen auf eine Entstehung des Hauses in vorrömischer Zeit schließen. Von den Ausbesserungen in *opus mixtum* mit Ziegeln und Kalkstein waren einige zum Zeitpunkt der Verschüttung noch nicht abgeschlossen: dies beweisen ein Korb mit Pech, der im *oecus* stand, und große Haufen von gestoßenen Ziegelsteinen und Kalk im Triklinium im hinteren Teil des Hauses.

Der langgestreckte, schlichte Raum auf der linken Seite könnte die Werkstatt gewesen sein; hier haben die Weber Rufus, Primigenius und Onesimus und die Weberinnen Gelaste und Salvilla ihre Namen hinterlassen. In dem *cubiculum* neben dem *oecus*, links vom Eingang, ist eine reizvolle Dekoration zu sehen: Mitteládikulen auf weißem Grund und von ihnen eingerahmte Landschaftsbilder, die trotz der flüchtigen Malweise sehr anmutig wirken.

☐ Haus eines Handwerkers
Plan 4, I 10, 7

Den Namen des letzten Bewohners kennt man nicht, wohl aber sein Gewerbe. Im Atrium fand man 14 eiserne Meißel, außerdem Hämmer, eine gezahnte Säge mit breitem Blatt, einen Kompaß, zwei zylindrisch geformte Bronzebehältnisse mit Schreibfedern *(thecae calamariae)*, ein anderes mit schwarzer Tinte *(atramentum)* und ein römisches Fußmaß aus Metall, das mittels eines Scharniers zusammengeklappt werden konnte. Diese Werkzeuge lassen zusammen mit den drei Truhen und dem hölzernen Schrank, den Scharnieren, Schlössern und Beschlägen, den Knochenplättchen sowie einem kleinen Wagen vermuten, daß hier ein Tischler wohnte und arbeitete. Ein Teil des Inventars wurde schon in der Antike weggeschafft, dabei wurden die Mauern an mehreren Stellen durchbrochen. Daß dieser Handwerker auch Steinmetzarbeiten ausführte, zeigen drei Marmorschwellen mit ausgemerzten Inschriften, ein Grabstein aus zweiter Hand und die gebrochenen, mit Ziegelsteinen verstärkten Löwenfüße des *cartibulum* (Tischchen im Atrium). Auch Geräte für den Ackerbau wurden gefunden.

Die Wohnung ist ein altes, aus Kalkstein errichtetes Haus, von dem die *fullonica* (Nr. 6) abgespalten wurde. Nur an der rechten Seite des Atriums liegen einige Räume, die kurz vor der Verschüttung umgebaut worden waren. Im ersten, der einen Fußboden aus großen Ziegelsteinen hat, wurde unterhalb der Treppe eine Latrine eingebaut, die mit einer Holzwand abgetrennt ist. Hier stand eine Amphore ohne Hals, die bei der Auffindung noch Spuren organischer Stoffe aufwies. Wahrscheinlich wurde hierin Urin für die benachbarte *fullonica* gesammelt. Der zweite Raum ist die *cella ostiaria* (Portiersloge), von hier konnte man durch ein kleines Fenster alle Vorgänge innerhalb des Hauses überwachen. Es folgen zwei *cubicula*, eine Vorratskammer und das *tablinum*, das häufig umgebaut worden war. Unter den zahlreichen Bronzegegenständen, die im *tablinum* gefunden wurden, waren auch ein Gong (jetzt im Antiquarium), mit dem eine *peratria* genannte Sklavin die Stunden angab, und eine Kette mit 27 Gliedern aus Bronze, Majolika und Glaspaste sowie einigen ägyptischen, aus Knochen geschnitzten Figürchen (Bes, Harpokrates, Isis und Fortuna).

Im Portikus führt auf der rechten Seite eine Treppe mit zwei gemauerten Rampen nach oben. In dem Bogen unter der Treppe ist, hinter einer Trennwand aus *opus craticium* (Fachwerk), die Küche untergebracht. Die Kochstelle ist mit Backsteinen verkleidet. Die rechte Wand zeigt zwei ineinander verschlungene Schlangen, wie sie für die Malereien in Lararien charakteristisch sind (vgl. S. 368).

Im Triklinium, dessen Eingang daneben liegt, konnte die Decke mit ihrer ursprünglichen Dekoration gerettet werden. Sie ist im Vorraum niedriger als in dem Teil des Raumes, wo die Ruhebetten aufgestellt werden sollten. Auf der Rückwand war die von Livius (XXX, 12–15) geschilderte Geschichte der karthagischen Prinzessin Sophonisba dargestellt. Sie war die Tochter des Hasdrubal, eines Generals zur Zeit des Zweiten Punischen Krieges, und die Frau des numidischen Stammesfürsten Siphax, den sie auf die Seite Karthagos gegen die Römer unter Scipio gezogen hatte. Als Siphax von Massinissa, einem Verbündeten der Römer, gefangengenommen worden war, heiratete dieser Sophonisba. Scipio wurde jedoch von dem eifersüchtigen Siphax darauf hingewiesen, welche Gefahr eine solche Verbindung für die Römer bedeuten könnte, und forderte Sophonisba als Kriegsbeute zum Geschenk. Um der Entehrung und Gefangenschaft zu entgehen, trank Sophonisba Gift und starb. Dieser Augenblick war auf dem kleinen, schon bei der Auffindung schlecht erhaltenen Bild dargestellt. Außer einer Wiederholung desselben unbekannten Originals (aus der Casa di Giuseppe II., jetzt im Neapler Nationalmuseum) gibt es aus dieser Zeit keine weiteren Darstellungen dieses Ereignisses.

In dem Triklinium an der anderen Seite des Portikus hatten sich zwei vom Schrecken überwältigte Opfer auf die Betten geworfen, das eine an ein Kissen geklammert, das andere den Kopf zwischen den Armen verborgen. Auf dem Boden lag, zu Füßen der größeren der beiden, ein Geldbeutel aus Stoff mit 24 Silbermünzen in einem Gesamtwert von 104 Sesterzen: bescheidene Ersparnisse, wenn man bedenkt, daß die Lebenshaltungskosten in Pompeji sechs Sesterzen am Tag betrugen.

Die Wandmalereien stammen wie die in dem anderen, bereits beschriebenen Triklinium aus dem späten Dritten Stil – von derselben Werkstatt, die in der Casa dei Cubicoli floreali arbeitete – und zeigen auf der linken Seite den Sturz des Ikarus. Es ist eine der zehn bisher aus Pompeji bekannten Wiederholungen dieses Themas (vgl. S. 291): unterhalb von Ikarus fliegt Dädalus, dessen Flügel noch nicht von der Nähe der Sonne geschmolzen sind, auf dem Meer fahren zwei Schiffe mit Fischern, die das Geschehen bestaunen. Auf der rechten Seite wird die Dekoration durch die Nische eines Larariums, das hier in späterer Zeit eingefügt wurde, unterbrochen. Auf der Rückwand ist Paris mit seiner Herde dargestellt, wie er im Ida-Gebirge, nicht weit von Troja, auf einem Felsblock sitzt. Im Garten sind die Abdrücke eines hölzernen Trikliniums und das Loch, das ein Pfahl der Pergola hinterließ, erhalten geblieben.

□ Bordell
Plan 4, I 10, 5

Die vornehme Casa del Menandro war anscheinend von zwei Bordellen eingerahmt. Die Treppe bei Nr. 5 führt mit elf Stufen unmittelbar in eine kleine Wohnung, nicht mehr als ein Zwischengeschoß, das man hier über den drei seitlich am Atrium der Casa del Menandro gelegenen Räumen einrichtete. Entlang der Treppe waren neben einem Phallos einige Grüße an Prima und Ianuaria mit den entsprechenden Hinweisen auf ihre Fähigkeiten angebracht. Crescens, Teucrus und Lindorus hatten hier ihre Namen eingekritzelt, während sie noch warteten oder als befriedigte Kunden.

■ Casa del Menandro (Haus mit dem Menander)
Plan 4, I 10, 4, Abb. 33

Dieses Haus, das 1930 bis 1931 ausgegraben wurde und gut erhalten ist, bietet mit seiner fast 1800 Quadratmeter großen Grundfläche eines der besten Beispiele für ein jahrhundertelang genutztes Wohnhaus der pompejanischen Oberschicht.

Man begann kurz nach 250 v. Chr. und erbaute zunächst nur das Atrium (aus Kalkstein) und die umliegenden Räume – jedoch ohne *alae* und ohne Peristyl – mit den typischen hohen, sich nach oben verjüngenden Fenster- und Türöffnungen. Ein Jahrhundert später wurde das Haus modernisiert; an der Eingangstür und am *tablinum* (8) brachte man korinthische Kapitelle aus Tuff an. Zu Anfang der augusteischen Zeit wurde es dann erweitert und in seiner Gliederung und Ausstattung tiefgreifend verändert. Damals baute man das Peristyl an. Den nötigen Raum gewann man durch den Abbruch der Häuser an der Ostseite. Sie wurden eingeebnet, und große Repräsentationsräume wurden darüber gebaut. Auf dem ursprünglichen Niveau richtete man, vom Innern des Hauses her unsichtbar, Wohnräume für Dienstboten ein. Außerdem wurde an der Westseite über einem gewölbten Keller ein eigener Trakt für Bäder und Küche angebaut, die ebenfalls gut vor den Besuchern verborgen blieben. Die Rückwand des Peristyls wurde durch eine Reihe von Nischen, deren Symmetrie-Achse nicht auf die Achse des Peristyls, sondern auf den Hauseingang bezogen ist, wie eine Bühnenfront aufgelockert. Aus dieser Phase stammen sämtliche Fußböden und ein Teil der Malereien.

Als das Haus beim Ausbruch des Vesuv im Jahre 79 n.Chr. verschüttet wurde, wurde gerade eine weitere Restaurierung an den Dächern und den Dekorationen vorgenommen. Der provisorische Ofen, der in Raum 3 eingerichtet worden war, und die sechs Amphoren ohne Hals, gefüllt mit Stuck, die im Küchentrakt (27) gefunden wurden, lassen darauf schließen, daß man gerade die Stuckierung der Wände vorbereiten wollte. Nach der Verschüttung wurde das Haus von einer Gruppe von Ausgräbern durchsucht, die mit einer Laterne und einem Pickel ausgerüstet waren. Sie starben im *oecus* (19), nachdem sie im Verlauf ihrer abenteuerlichen Schatzsuche die Wand zum Triklinium daneben (18) durchbrochen hatten. Tatsächlich fand man in diesem Haus einen wertvollen Silberschatz, der unter dem kleinen Vorraum des Bades verborgen lag.

Der Name des letzten Besitzers wurde aus einem Bronzesiegel erschlossen, das im Dienstbotentrakt auf der Schwelle zum *cubiculum* (43) gefunden wurde. Es trägt den Namen des Verwalters (*procurator*), der ein Freigelassener eines Quintus Poppaeus war, der um 40 n.Chr. das Amt des Ädils bekleidete. Dieser war der Abkömmling einer vornehmen Familie, die sich rühmen konnte, mit Poppaea Augusta, der Geliebten und späteren zweiten Frau Neros, verwandt zu sein. Derselben Familie, die auch in den Wahlprogrammen häufig vorkommt, sollen die Casa degli Amorini dorati (S. 381–384) und eine bekannte *figlina* (Ziegelei) gehört haben. Auf dem Sockel der Fassade, der mit Kritzeleien überzogen ist, erscheint auch ein Glückwunsch für Octavia, die erste Frau Neros, die 61 n.Chr. starb.

An der Vorderseite des Hauses sind Bänke für die *clientela* angebracht, die hier darauf wartete, dem Hausherrn ihre Aufwartung zu machen. Das große rechteckige *impluvium* im toskanischen Atrium ist aus Marmor, der Rand ist reich profiliert. Es stammt aus der gleichen Zeit wie die Malereien, nämlich aus dem Vierten Stil (vielleicht aus der Zeit vor 62 n.Chr.: in dem Schutt, der nach dem Erdbeben unter dem Bad aufgeschüttet worden war, finden sich auch Fragmente von Malereien aus dem Vierten Stil). Man sieht Medaillons mit dem Kopf des Zeus Ammon und Bildchen mit tragischen Masken, die man

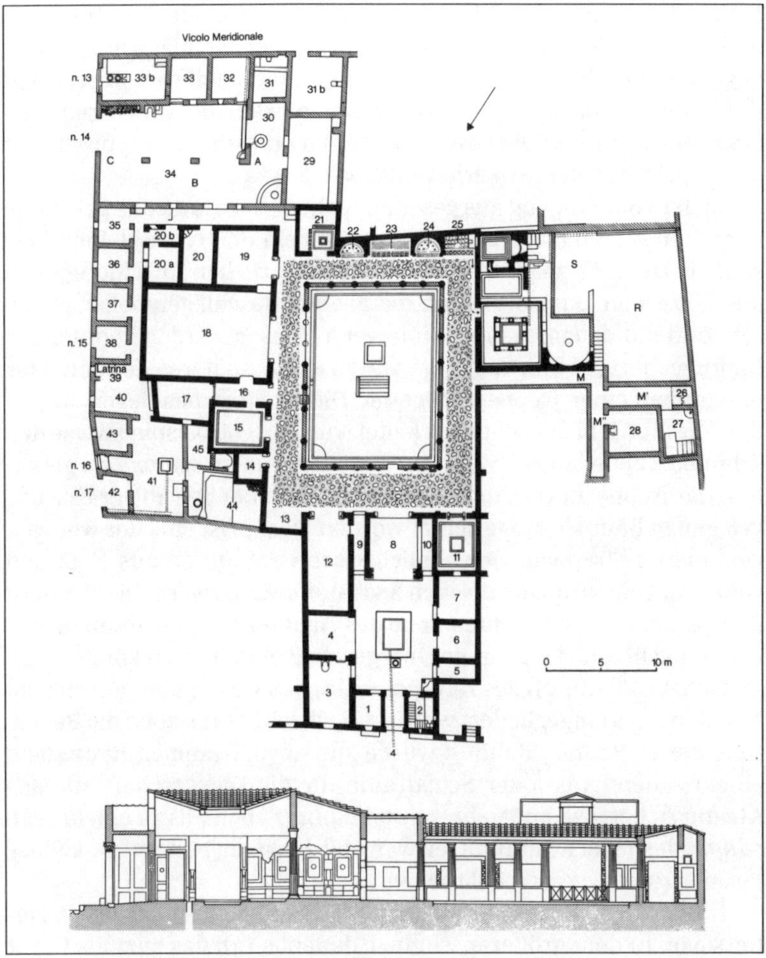

33 Casa del Menandro, Grundriß und Längsschnitt

an ihrem hohen Haaraufbau erkennt (sie werden im Vierten Stil den Satyr- und Komödienmasken vorgezogen und drücken eine engere Verbindung zum Theater aus, als sie im Zweiten oder Dritten Stil bestand). Die roten Wandfelder sind mit den gewohnten, wie gestickt wirkenden Bändern eingefaßt. Dazwischen sind Durchblicke mit Bäumen vor weißem Hintergrund eingefügt. Die Anordnung dieser

Elemente nimmt keinerlei Rücksicht auf die vorhandenen Öffnungen in der Wand; der Maler legt sein eigenes Schema einfach auf die vorgegebene Architektur. Die großen Landschaftsbilder im oberen Teil der Wand erinnern an den Zweiten Stil, für den die Anbringung solcher Motive in der Oberzone von Durchgangsräumen typisch war (z. B. im Atrium der Mysterien-Villa, vgl. S. 454).

In der vom Eingang aus gesehen rechten Ecke fand das prächtige Lararium seinen Platz, das aus zwei Giebeln und einer kleinen Ecksäule besteht. Es zeigt die Abdrücke von zierlichen Abschlußgittern aus hölzernen Leisten, die mit metallenen Beschlägen befestigt waren, und mit denen das Lararium verschlossen werden konnte. Der Raum rechts vom Eingang (2) wurde zu einem späteren Zeitpunkt für den Einbau einer Treppe verwendet. Die drei Rampen liegen auf Böden, die aus Gebäudeschutt errichtet wurden, wie beispielsweise den schönen Kapitellen, die vielleicht einmal zu einem *cenaculum* gehörten. Die Treppe führt zu dem Stockwerk, das über den an der Fassade gelegenen Räumen eingerichtet worden war. Es ist eine der wenigen gemauerten Treppen: Gewöhnlich waren die Stufen aus Holz und ruhten auf einem quadratischen Sockel aus Mauerwerk. Die Türen zu den Räumen an der rechten Seite des Atriums (5–7) wurden niedriger gemacht, um darüber ein Obergeschoß einbauen zu können, das zunächst vom Innern des Hauses zugänglich war, später jedoch dem Nachbarhaus eingegliedert wurde. Gleichzeitig sank auch die Bedeutung dieser Räume: Raum 5 wurde zur Abstellkammer, Raum 6 zu einem Aufenthalts- oder Schlafraum für die Dienerschaft, die das Atrium zu beaufsichtigen hatte, und Raum 7 ebenfalls zu einem *cubiculum*, das jedoch geräumiger war und zusätzlich durch ein kleines Fenster zum *oecus* (11) belüftet wurde.

Das Zimmer links vom Eingang (1) diente dem Aufseher als Portiersloge. In dem größeren Zimmer daneben (3), das jetzt als Lager für Fundmaterial benutzt wird, war der provisorische Ofen für die Restaurierungsarbeiten untergebracht. Die *ala* (4) konnte mit einem Vorhang geschlossen werden. Die Wände sind in jeweils zwei Felder nebeneinander unterteilt; in den schmalen, weißgrundigen Durchblicken in der Mitte sind Szenen vom Ende Trojas dargestellt. Auf der rechten Seite sieht man Laokoon und seine Söhne, die von der Schlange erwürgt werden, hinter ihm liegt der sterbende Stier, den er gerade opferte, auf dem Boden, in der Mitte der Altartisch, der bei der allgemeinen Verwirrung umgestoßen wurde, und dahinter stehen drei Gruppen von Zuschauern mit den typischen phrygischen Mützen, die unter dem Kinn festgebunden sind. Laokoon wurde dafür bestraft, daß er – vergeblich – davor warnte, das hölzerne Pferd in die Stadt Troja zu bringen, denn dadurch stellte er sich gegen das vorbestimmte Schicksal der Stadt und damit auch gegen die Gründung Roms. Gegenüber, auf der linken Wand, ist Kassandra dargestellt; auch sie hatte, auf Eingebung Apolls, das Unglück vorhergesagt, das die Trojaner erwartete, wenn sie das berüchtigte Pferd in die Stadt führten. Kassandra klammert sich an das *xoanon*, die uralte hölzerne Kultstatue der Athena, der Beschützerin Trojas, um nicht von Odysseus, der durch seinen spitzen Hut kenntlich ist, entführt zu werden. Das Drama spielt sich im Palast ihres Vaters Priamos ab, der dieser Szene betrübt zusieht und der zugleich, als eine Art Angelpunkt der Komposition, die Verbindung zu der Begegnung zwischen Menelaos und seiner Frau Helena herstellt. Menelaos zerrt die Ehebrecherin mit besitzergreifender Brutalität an den Haaren. Auf der Rückwand versucht Kassandra vergebens zu verhindern, daß das Pferd – das voller Griechen war – in die Mauern Trojas gelangt. Im Hintergrund steht, eingefaßt von einem großen Portikus, ein Tempel mit einer Freitreppe an der Vorderseite.

Die Tuffsäulen, die den Eingang zum *tablinum* (8) rahmen, sind dem Geschmack der letzten Jahre Pompejis angepaßt; die Akanthusblätter an den Kapitellen wurden abgemeißelt und alles mit farbigem Stuck überzogen, der die Kanneluren am unteren Teil der Säulen ausfüllt. Der Korridor, der an der rechten Seite entlangführte (10), wurde vermauert und zu einem Wandschrank umgebaut. Daneben fand man zahlreiche Bronze-Elemente, die zu den Pfosten und den Lehnen zweier Betten gehörten. Im Schrank fand sich ein 16teiliges Service mit großen, mittleren und kleinen Tellern, eine ungeschickte, aus einer einheimischen (kampanischen) Werkstatt stammende Nachahmung der berühmten Keramik aus Arezzo.

Auch die niedrigen Schranken, die zwischen die Säulen im Peristyl eingefügt wurden, gehen auf einen späteren Eingriff zurück. Sie bilden einen Rahmen für die Durchblicke und leiten den Blick aus den angrenzenden Räumen, in denen man das *otium* (Muße) genoß. Diesen Durchblicken ordnen sich die Säulen mit ihrer unregelmäßigen Anordnung unter: vor den Zimmern mit Aussicht auf den Garten stehen die Säulen weiter auseinander. Die Schranken sind außen mit Tiergruppen bemalt: Jagdszenen auf der Wand im Hintergrund des

Peristyls, Reiher und Pflanzen auf den drei anderen Seiten. Auf den Säulenschäften sind Efeu und Oleanderbüsche dargestellt. Gegenüber vom *tablinum* fand man, an eine dieser Säulen angelehnt, eine archaistische Marmorstatue (Höhe 1,05 Meter), die hier nur provisorisch aufgestellt war. Sie zeigt Apollo und einen Greif, der an ihm emporspringt (im Neapler Nationalmuseum).

Am Peristyl öffnet sich, rechts vom Eintretenden, der »Grüne Saal« (11) mit seinen außerordentlich feinen Malereien aus der ersten Phase des Vierten Stils. Die senkrechten schwarzen Bänder sind mit Arabesken verziert: auf der Rückwand schwebende Eroten in den Reben eines Weinstocks, der aus einer Vase emporwächst, auf den Seitenwänden ovale Medaillons mit Bildnissen im Profil, umgeben von Sphingen mit doppelten Körpern und von Zweigen mit Vögeln und dazwischen aufgehängten Tympana (Tamburinen), Lyren, Blasinstrumenten usw. Der rotgrundige Fries schildert – mit einem humoristischen Zug, wie er selten ist – die Hochzeit der Hippodameia, der Tochter des Lapithen-Königs Peirithoos in Thessalien. Zu dem Fest waren auch die Kentauren eingeladen, die, vom Wein erregt, die Braut und die Lapithen-Frauen verfolgten und entführten, die sich hier überhaupt nicht zu rühren scheinen. Der Fußboden ist älter, er besteht aus quadratischen Platten von Palombino-Marmor, die mit schmalen Schieferstreifen eingefaßt sind, und einem *emblema* aus *opus vermiculatum*. Es liegt in einer Terrakottaform und ist mit einem farbigen Flechtband eingefaßt. Es zeigt das angenehme Leben am Nil mit Villen und Portiken, Palmen und Zypressen am Ufer und einem luxuriösen Vergnügungsschiff auf dem Fluß, gerudert und gesteuert von Pygmäen. Die Schwelle ist mit einem plastisch erscheinenden Mäander geschmückt. Man fand in diesem Raum den Schaft eines Bronzekandelabers, einen Klappstuhl und ein Kästchen mit vier Gefäßen aus grünlichem, gewöhnlichem Glas.

Der humoristische Einschlag, den der Fries im *oecus* (11) zeigt, scheint von den Karikaturen beeinflußt, die man bei den Restaurierungen im Jahre 79 n. Chr. aus dem Vorraum des Bades an der rechten Seite des Peristyls gerade entfernen wollte. In diesem fortlaufenden Fries zwischen den Köpfen der davor dargestellten Hermen macht sich der Maler über die olympischen Götter lustig mit grotesken Gestalten, die klarerweise von der alexandrinischen Kunst beeinflußt sind. Der Erfinder dieser parodistischen Gattung scheint der alexandrinische Maler Antiphilos, ein Zeitgenosse Alexanders des

Großen, gewesen zu sein (Plinius, NATURALIS HISTORIA XXXV, 114). Man bezeichnete diese Malereien als *grylloi*, da die erste lächerliche Figur, die so gemalt wurde, Gryllos hieß. Auf dem Bruchstück, das auf der rechten Wand erhalten ist, erkennt man Theseus, der den Minotauros tötet (die Beischriften sind griechisch), auf der Eingangswand Aphrodite, die ihren Sohn dazu anstachelt, einen Pfeil abzuschießen. Die bunten Marmorstücke und die Einfassung des *impluvium* heben sich von der schwarzen Grundfarbe des Fußbodens ab.

Die Mauer zwischen diesem kleinen, von acht Säulen getragenen Atrium und dem daneben gelegenen Auskleideraum war bereits niedergerissen, der Fußboden aus dem Zweiten Stil blieb jedoch unangetastet. In der Mitte befand sich, eingefaßt mit einem Mäanderband, ein – nicht mehr erhaltenes – *emblema* mit zwei *strigiles* (Schabeisen) und einem *aryballos* dazwischen, einem Salbgefaß für das parfümierte Massageöl (Massagen gehörten zu den Bädern). Der *aryballos* wurde an einer Schnur am Handgelenk getragen, wie man es im Durchgang zu dem anschließenden *caldarium* sieht.

Auf der Schwelle ist ein Sklave dargestellt, der zwei Gefäße trägt, eines mit Öl und eines mit Parfüm. Unter seinem Schurz ragt der Phallos mit der pupurfarbenen Eichel hervor. Den Fußboden im *caldarium* selbst schmückt in der Mitte ein Medaillon mit einem Akanthusbüschel und einem Vogel, ringsherum schwimmen Fische, Delphine, ein Krebs, zwei negroide, ithyphallische Gestalten, von denen die eine, bewaffnet mit einem Dreizack, ein Meeresungeheuer jagt. Die halbrunde Apsis, in der das *labrum* stand (man beachte das Loch für das Wasserrohr), ist mit einem fächerartig angeordneten Muster aus zweigeteilten Schuppen ausgefüllt.

In der Lunette unter dem Tonnengewölbe sieht man eine weibliche Figur, deren Körper in Ranken endet. Die ursprüngliche Dekoration aus dem Zweiten Stil ist nur in der Apsis erhalten. Unten sind drei Szenen an einem Fluß dargestellt, darüber folgt eine Reihe von Nischen mit weiblichen Gestalten, die einfarbig weiß gemalt sind und möglicherweise Reliefs darstellen sollen. Dazwischen befinden sich Flügelwesen, deren Beine in Blättern enden. Auch die drei darüber aufgereihten Szenen mit Frauen im Bad und an einer Quelle stellen Reliefs dar. Das Gewölbe der Apsis ist mit einer Muschel aus Stuck geschmückt, das Tonnengewölbe überziehen flach gerippte Streifen.

Die anderen Dekorationen stammen aus dem Vierten Stil. Auf den breiten grünen Feldern der – doppelten, mit einem Zwischenraum versehenen – Wand sieht man kämpfende Athleten als Hinweis auf die sportlichen Übungen, die ebenfalls zum Bad gehörten. Neben der Eingangstür befindet sich die übliche runde Öffnung für das Licht, die vor allem aber der Wärmeregulierung diente: durch das Verschieben eines Ziegels wurde der Luftstrom, der durch das Lüftungsrohr nach draußen strömte, vergrößert oder verkleinert. Hinter dem kleinen Atrium lag das runde, überkuppelte *laconicum* (Schwitzbad), von dem nur der nördliche Teil erhalten ist.

Daneben führt eine Treppe, die über einen Dienstbotengang zu erreichen ist, ins Untergeschoß. Diese Räume dienen dem Ausgleich des Geländeabfalls im Bereich des Bades. Hier ist ein Ofen mit doppelter Kuppel und einem Luftraum dazwischen eingebaut, der zum Brotbacken und zum Heizen verwendet wurde, und zwar durch Luftlöcher in den Hypokausten (Warmluftheizung) des darüberliegenden *caldarium*. Die in dem Zwischenraum zirkulierende Heißluft konnte mit dem Rauch vermischt werden, und so ließ sich die Temperatur regeln. In Pompeji gibt es mehrere Beispiele für eine solche zweifache Nutzung des Ofens, beispielsweise zum Räuchern des Weines – man denke an den *fumosus Falernus*, den »rauchigen Falerner« – oder zum Trocknen von Brennholz. In der Casa del Menandro muß jedoch irgend etwas nicht richtig funktioniert haben, denn die Luftlöcher wurden geschlossen und beim *caldarium* ein neues *praefurnium* eingebaut.

In einem Korridor unter dem kleinen Atrium am Bad wurde der berühmte Silberschatz gefunden (jetzt im Neapler Nationalmuseum): ein Tafelservice, bestehend aus 118 sorgfältig gesammelten »Familienstücken«, die, eingewickelt in Wolle und schweres Leinen, in einer Holzkiste aufbewahrt und während der Renovierungsarbeiten hier gelagert wurden, vielleicht auch wegen der Abwesenheit des Hausherrn, der an jenem 24. August 79 n. Chr. wegen der Hitze in die Sommerfrische gegangen war. Das Gesamtgewicht beträgt gut 24 Kilogramm; einige Stücke, die schon geflickt oder auseinandergenommen waren, gehörten zum *argentum vetus* der Familie. In einem besonderen Schmuckkästchen wurden in derselben Kiste schwerer Goldschmuck und Münzen im Gesamtwert von 1432 Sesterzen – 23 republikanische Denare, acht kaiserzeitliche Denare und 13 Goldmünzen aus der Zeit Neros und Vespasians – aufbewahrt. Denare, die vor der neronischen Reform von 63 bis 64 n. Chr. geprägt wurden, als man das Gewicht von 3,89 Gramm auf 3,41 Gramm verringerte, wurden bei solchen Geldrücklagen bevorzugt, wie man häufiger feststellen kann. Die 1432 Sesterzen halten sich im Rahmen des durchschnittlichen Barvermögens einer reichen pompejanischen Familie, das zwischen 1000 und 3000 Sesterzen schwankt.

Auf dem Niveau der unterirdischen Räume lag ein Garten, in dem Gemüse angebaut wurde; bei der Ausgrabung fand man hier kleine Eintiefungen in regelmäßigen Abständen. Der Garten war einem Diener anvertraut, der die Familie regelmäßig mit frischem Gemüse versorgte. In der Nähe, aber auf der Höhe des Erdgeschosses, liegt auch die Küche (27), die durch eine Zwischenwand von der Latrine (26) getrennt wird. Diese diente dem Hausherrn und seiner Familie und ist vom herrschaftlichen Wohntrakt weit genug entfernt, um nicht durch ihre Gerüche lästig zu fallen, zugleich berücksichtigt sie aber auch die Größe des Trikliniums (von dem sie ebenfalls recht weit entfernt liegt).

Im rechten Flügel des Peristyls stößt man an der Rückwand auf eine rechteckige Nische, deren ursprüngliche Dekoration aus dem Zweiten Stil erhalten ist. Sie zeigt Bögen, die zum Teil verhängt sind, und dahinter einen Pinienhain mit alten, knorrigen Bäumen und phantastischen Vögeln unter einer seltsamen Beleuchtung und mit einer Freude am Bizarren, wie man sie schon bei anderen Malereien und Mosaiken in diesem Haus antraf. Sämtliche Dekorationen aus dem Zweiten Stil sind der Werkstatt zuzuschreiben, die auch im Kryptoportikus des Hauses I 6, 2 (vgl. S. 258–264) arbeitete. In die rechte Wand ist eine kleine Nische eingetieft, davor steht ein Altar für den Kult der Hausgötter. Der Abdruck, den die fünf wächsernen oder hölzernen Skulpturen in der Asche hinterließen, wurde mit flüssigem Gips ausgegossen. Man erhielt so die einzigen *imagines maiorum* (Ahnenbilder) aus Pompeji. Die jugendliche Gestalt eines *Lar domesticus* stand links von einer Reihe mit vier Ahnenbildern, kleinen Büsten – verkleinert von dem beständigen Kopieren im Laufe der Zeit –, die bei öffentlichen Opfern oder bei Begräbnissen von Familienangehörigen in der Prozession mitgetragen wurden.

Es folgt eine halbrunde Nische (24) mit einer prächtigen Landschaft neben einem *dipylon* (ein kleiner Portikus mit zwei Vorbauten) mit Venus und Eros, deren Statuen eher wie lebende Gestalten gemalt sind. In der Kuppel wachsen aus einem Akanthus zarte Zweige, die in einem so feinen Stuckrelief dargestellt sind, daß man an Silberarbeiten erinnert wird.

In der mittleren Nische an der Rückwand des Peristyls (23) sieht man auf der rechten Seite ein Porträt des Dichters Menander. Er sitzt in nachdenklicher Haltung mit einem Kranz auf dem Kopf und einer Buchrolle in der Hand. Die Identifizierung ist dadurch gesichert, daß sein Name in lateinischen Buchstaben unter dem Stuhl und oben auf der Rolle steht, in der er vielleicht gerade seine erste »Neue Komödie« liest (der Text ist hier unsicher, und das Wort *nova* steht nicht da), eine neue Theatergattung, die zur Zeit Alexanders des Großen, gegen Ende des 4. Jahrhunderts v. Chr., entstand. Sie vermied im Gegensatz zur »Alten Komödie« des Aristophanes politische Schärfe und heftige persönliche Angriffe und zeichnete die Atmosphäre ihrer Zeit feinsinnig und glaubwürdig. Die Maskentypen der Neuen Komödie erscheinen – neben den tragischen und satyresken Masken – häufig in Wandmalereien und auf Fußböden. Im vorliegenden Fall sieht man auf der linken Seite der Rückwand ein Tischchen mit drei Füßen, auf dem drei Masken liegen; zwei tragische mit hoch aufgetürmter Frisur (*onkos*), weit aufgerissenem Mund und zusammengezogenen Brauen, und eine satyreske Maske. Es ist zu erwarten, daß auf dem Tischchen auf der rechten Seite, von dem nur noch die drei Beine erhalten sind, Maskentypen der Neuen Komödie lagen. Von ihnen ist jedoch keine Spur mehr erhalten. Auf der linken, ebenfalls verlorenen Wand müßte – in symmetrischer Entsprechung – ein tragischer Dichter dargestellt gewesen sein, vielleicht Euripides, in der Mitte der Rückwand dagegen wahrscheinlich die Gestalt des Dionysos.

Das Ganze verrät ein lebhaftes Interesse für das griechische Theater. In neronischer Zeit lebte das Interesse für die Tragödie wieder auf, den Anstoß hierfür gaben die grausigen Dramen Senecas und der Geschmack des Kaisers selbst. Tatsächlich erscheinen im Vierten Stil vorwiegend tragische Masken, und zwar immer in einem Zusammenhang mit dem Theater. Im Zweiten Stil überwiegen dagegen die satyresken Masken, die in einem allgemeineren dionysischen Zusammenhang stehen. Daß Komödien Menanders im 1. Jahrhundert – wenn auch nur ausnahmsweise – aufgeführt wurden, ist sicher. Dasselbe gilt auch für Terenz' lateinische Übersetzungen und Bearbeitungen, trotz der Konkurrenz der Pantomime und der italischen *fabulae atellanae* und *praetextatae*.

In der anschließenden halbrunden Nische (22) – sie entspricht der besser erhaltenen tieferen Nische 24 – ist eine weitere Landschaft dargestellt. In ihr spielt sich das dramatische Ende des Jägers

Aktäon ab; seine plötzlich wahnsinnig gewordenen Hunde erkennen ihren Herrn nicht mehr und zerfleischen ihn zur Strafe dafür, daß er die – in der Mitte dargestellte – Jägerin Diana beleidigt hatte.

Das benachbarte *cubiculum* (21) war für zwei Betten eingerichtet; dies zeigen die beiden »Bettvorleger« im Mosaikfußboden (Zweiter Stil). Das etwas abgenutzte *emblema* liegt in einer Terrakottaform und ist mit einem Flechtband eingefaßt. Es stellt ein *symplegma* dar, eine Liebesszene zwischen einem Satyr und einer Nymphe, bei der ein kleiner Pan mit einem *pedum* (gekrümmter Stab) – der Gott der Natur, des Hirten- und Landlebens – hinter einem felsigen Berg hervor zusieht. Das Zimmer war gerade umgebaut worden, anscheinend um an den drei Wänden auf vier Regalen die Bücher unterzubringen, die der Hausherr bei seinem ausgesuchten Geschmack mit Sicherheit besaß. Daneben liegt der Zugang zum Dienstbotentrakt (oder zu einem einfachen Vorratsraum).

Im *oecus* (19) sind die Abgüsse von einigen der zwölf Raubgräber ausgestellt, die nicht lange nach der Verschüttung das Haus durchsuchten, vermutlich auf der Jagd nach Wertgegenständen, und die dabei ums Leben kamen (vgl. S. 228). Sie waren es auch, die die Mauer zum Gang und die Wände im Dienstbotentrakt und der Apsis (22) durchbrachen. Die zarten, gelbgrundigen Dekorationen stammen aus dem Vierten Stil. Die Einzelheiten sind außerordentlich fein, beispielsweise die Kentauren in den Seitenfeldern, die Mänaden- und Silensmasken mit den dionysischen Attributen, die unter den Pergolen aufgehängt sind, die Zwischenwände an diesen Pergolen, die aus *opus quadratum* gebaut und mit Zinnen bekrönt erscheinen, und die Voluten-Akrotere und miniaturistischen Friese, die den oberen Abschluß bilden. Die Figurenbilder in den Mittelfeldern sitzen etwas oberhalb der Mitte, das besser erhaltene auf der rechten Wand zeigt einen aulosblasenden kleinen Satyr und eine Nymphe.

In dem großen Triklinium (18) – mit einer Fläche von 87,5 Quadratmetern und einer Höhe von acht Metern das größte in Pompeji – gibt es nur ein einziges Fenster mit einem Giebel, das weit oben über dem Dach des Peristyls angebracht ist. Die Dekorationen ähneln denen im gelben *oecus* (19). Man sieht hier drei tiefer gelegene Räume, die ursprünglich zum Nachbarhaus gehörten. Bei der Erweiterung der Casa del Menandro wurde es einbezogen und aufgeschüttet, so daß eine 1,70 Meter hohe Terrassierung entstand. Die verschütteten Räume zeigen schöne Dekorationen aus dem Ersten Stil, mit mehrfarbigen Quadern und mit Fußböden aus feinkörnigem *opus signinum* mit einem Schuppenmuster auf der Schwelle und Mäandern auf dem Hauptfeld; alles aus der Zeit vor der Gründung der sullanischen Kolonie. Die Brüstung um das Peristyl ist vor dem Eingang zum Saal offen, so daß man zur Pergola und dem Wasserbecken in der Mitte des Gartens durchgehen kann.

Der überwölbte Gang (16) führt zu einem abgeschiedenen *cubiculum* mit schwarzen, roten und gelben, kräftig gemalten Wandfeldern und einer Vignette mit Tieren in der Mitte. Das gewöhnliche, vergröberte Ornament und die grellen Farbkontraste lassen vermuten, daß der Raum kurz vor 79 n. Chr. ausgemalt wurde. Dagegen zeigt der *oecus* (15) denselben Dekorationstyp wie die beiden Räume 18 und 19, einen sehr schönen Vierten Stil mit schwebenden Gestalten in den Seiten- und schlecht erhaltenen mythologischen Szenen in den Mittelfeldern. Der Fußboden ist älter als die Wanddekorationen, er besteht aus Schieferplatten mit einem Netzmuster aus weißen Steinchen. In dem schlichten Raum daneben (14), der jetzt als Lagerraum verwendet wird, fand man einige Weinamphoren; vielleicht diente er als Vorratsraum für das große Speisezimmer (18). Der einzige Zugang zu den Wohnräumen der Dienstboten und zu den Stallungen liegt neben der »Bibliothek« (21), von wo man eine Rampe hinabsteigt. Auf der linken Seite liegen einige Lagerräume (20 a–b) mit Amphoren; in der einen war *despumatum*, eine besondere Honigart, aufbewahrt gewesen, in anderen Wein aus Sorrent, wobei eine davon zunächst den Sorrentiner Wein von 62 n. Chr., danach aber *acet(um) alex(andrinum)*, den wegen seiner Schärfe geschätzten Essig aus Alexandria, enthielt.

Rechts befinden sich der Stall und die Remise für den Wagen *(cisium)*, der mit den originalen Eisenbändern an den Rädern nachgebaut wurde. Es gibt keinerlei Spuren von Zug- oder Lasttieren; nur das Skelett eines Wachhundes lag hier. Daß es sie gab, beweisen das Zaumzeug, die Gehänge und Fibeln aus Bronze, die man in dem kleinen Atrium bei den Dienstbotenwohnungen und dem Stall neben dem Wagen fand.

Hier im Stall waren auch die meisten, nämlich 43 der insgesamt 70 in diesem Haus gefundenen leeren und für den Rücktransport vorbereiteten Amphoren aufbewahrt. Eine trägt die Aufschrift *liquamen flos primum* (erstklassiges *garum*). In der rechten Ecke steht die Tränke, die aus der benachbarten, dem eigentlichen Stall gegenüber gelegenen Zisterne gefüllt wurde; der Freßtrog steht an der Rückwand, in der sich einige Löcher zum Festmachen der Pferde oder auch der Lasttiere befinden. Hier entdeckte man einen Amphorenhals mit der Aufschrift *(vinum) pass(um) Rhod(ium)* (Trockenbeerenauslese aus Rhodos).

Die Räume 35–40, die im Erdgeschoß wohl als Lagerräume verwendet wurden, müssen im Obergeschoß die Diener beherbergt haben. Sie hatten einen eigenen, von einem *procurator* bewachten Eingang an der Seitenstraße (Nr. 16), so daß die Familie nicht in ihrer Ruhe gestört wurde. Die Diener hatten auch eine eigene Latrine und einen Herd und verfügten über mehr oder weniger große Fenster zur Straße; Raum 38 hatte statt dessen eine Tür (Nr. 15).

Das Fehlen von Ausstattungsgegenständen ist vielleicht mit den antiken Suchgrabungen zu erklären, von denen die Mauerdurchbrüche zwischen den Räumen 35 und 37 stammen.

Auch die Wohnung des *procurator* (41–45) wurde gerade umgebaut; in den Ecken liegt Baumaterial, Amphoren mit gestoßenen Ziegeln. In einem Vorratsraum (45) wurde eine Latrine eingebaut. Immerhin erhält man nützliche Hinweise auf den Rang eines solchen Verwalters. Seinen Namen kennt man von einem Bronzesiegel mit der Aufschrift Q. Poppaei und einem Ring mit dem Namen Eros *(Erotis)*, den man für einen Sklaven oder Freigelassenen des Q. Poppaeus hält. Sein Leichnam wurde im *cubiculum* (43) gefunden, wo er auf einem luxuriösen Bett mit einem Eisenrahmen, eleganten gedrechselten Beinen aus Knochen und rot bemalten hölzernen Lehnen lag. Im gleichen Zimmer war auch ein kleines Mädchen, das auf dem Boden gefunden wurde. An den Wänden, die einfach weiß verputzt und mit einer flüchtig hingeworfenen Landschaft bemalt sind, hingen eiserne Geräte für die Landwirtschaft, darunter auch 15 verschieden große und unterschiedlich geformte Rebmesser zum Beschneiden von Rebstöcken und Bäumen. Zusammen mit den anderen 27 Instrumenten geben sie wertvolle Hinweise auf die Entwicklung der Landwirtschaft und ihre Methoden. Besonders die kleineren Betriebe waren nicht allzu sehr auf den Anbau bestimmter Erzeugnisse spezialisiert. Man fand solche Geräte überall dort, wo Leute wohnten, die ein Stück oder ein Stückchen Land besaßen oder als Taglöhner auf den Feldern arbeiteten (*operarii* oder *mercerarii*).

In dem Zimmer wurden auch zahlreiche gut gearbeitete Bronzegegenstände gefunden; unter anderem ein fast 300 Jahre alter, aus

Tarent stammender Eimer, dessen Attachen in augusteischer Zeit restauriert worden waren.

Dieser Eros hatte also das Haus oder die Landwirtschaft zu überwachen. Am Fuß des Bettes fand man eine Lederbörse mit Münzen im Wert von 527 Sesterzen, die nach denselben Kriterien wie die Rücklagen des Hausherrn gesammelt worden waren: 60 der 90 Denare stammen aus Prägungen vor der neronischen Abwertung. Die Summe, die diesem Freigelassenen oder Sklaven persönlich gehörte, entspricht mehr oder weniger dem Geldbesitz eines durchschnittlichen Pompejaners. Auf dem Marmortisch im kleinen Atrium (41), dessen Stütze aus einer dionysischen Herme besteht, fand man zwei Krüge (einer davon mit einem figürlich verzierten Henkel), einen Kochtopf mit dem Stempel *Q(uinti) Fabi Secu(ndi)* und ein Schabeisen. Über dem kleinen *impluvium* befindet sich ein *compluvium* aus Terrakotta, dessen Rahmung mit den Ranken und Köpfen als Verzierung und den Wasserspeiern in den Ecken, die hier nur mit einer einzigen Regenrinne verbunden sind (statt der üblichen vier), aus einem einzigen Stück modelliert wurde.

Neugier erregt die Empfehlung, die im Eingang auf die Wand gekritzelt wurde: »*Nucerea(e) quaeres ad Porta(m) Romana(m), in vico Venerio, Novelliam Primigeniam*«, man soll also in Nocera bei der Porta Romana nach Novellia Primigenia im Venus-Viertel fragen. »Primigenia« hießen auch in Pompeji viele Prostituierte.

Rechts von der Tür zu dem kleinen Innenhof (44) steht ein niedriges Podium für die Feuerstelle. Zwischen den verkohlten Resten der letzten Mahlzeit fand man hier einen Dreifuß und einen Rost, der darüber aufgehängt war. Eine ebenfalls hier gefundene kleine Mühle diente wohl nur zum Mahlen von Mehl für einfache Kuchen und nicht für die Herstellung von Brot.

□ Caupona (Schänke) mit Wohnung
Plan 4, I 10, 2

Neben dem Eingang zum Haus Nr. 3 liegen zwei alte *cubicula* mit Resten aus dem Ersten Stil. Aus dem einen machte man einen zur Straße hin offenen Verkaufsraum mit einem Ladentisch, in den zwei große Vorratsgefäße eingemauert sind und wo in einer Eintiefung ein kleiner Ofen zum Erhitzen des Wassers stand, mit dem der Wein vermischt wurde. Bei den Römern spielte das heiße Wasser bei der Zubereitung von Getränken eine große Rolle; dies und die Tatsache, daß es in kleineren Häusern oft keine Küche gab, erklärt die außerordentlich hohe Zahl solcher *cauponae*.

Auf die Türpfosten war ein zorniger Wortwechsel zwischen dem Weber Successus, der möglicherweise in der *textrina* des Minucius im Haus Nr. 8 derselben *insula* arbeitete, und seinem Nebenbuhler Severus gekritzelt: »*Successus textor amat coponiaes ancilla(m) nomine Hiredem, quae quidem illum non curat, sed ille rogat com(m)iseretur. Scribit rivalis. Vale.*« (»Der Weber Successus liebt das Dienstmädchen aus der Gaststätte, namens Iris, die sich um ihn nicht kümmert, aber er bittet sie um Erbarmen. Das schreibt der Rivale. Leb wohl.«) – Successus antwortet darauf: »*Invidiose, quia rumperis! Se(ct)ari noli formonsiorem et qui est homo pravissimus et bellus!*« (»Mögest du vor Neid platzen! Belästige nicht einen, der mehr vorstellt als du, der ein Teufelskerl ist und schön!«) – Dem erwidert sein Rivale: »*Dixi, scripsi. Amas Hiredem, quae te non curat. Severus Successo.*« (»Ich habe es gesagt, und ich habe es geschrieben. Du liebst die Iris, die sich um dich nicht kümmert. Severus an Successus.«) Weitere Mädchennamen (Capella, Bacchis, Prima) sind Zeugnisse dafür, daß die Prostitution sich nicht auf die Bordelle beschränkte.

□ Laden und Wohnung des Niraemius
Plan 4, I 7, 18

Aus den Funden geht nicht hervor, was in diesem Laden hergestellt oder verkauft wurde. Im Hintergrund sieht man rechts ein gemauertes Podium für die hölzerne Treppe zum oberen Stockwerk. Die Wand neben der Treppe ist aus leichtem *opus craticium* (Fachwerk) errichtet, um das Mauerwerk darunter nicht zu stark zu belasten. Die auf weißem Grund ausgeführten Malereien im Laden und im Obergeschoß, das ein großes Fenster zur Straße besitzt, sind hübsche Beispiele einer preiswerteren Ausstattung, die aber trotzdem die Feinheit und Präzision der Ornamente im Dritten Stil zeigt.

Eine erotische Kritzelei, die im Atrium zu lesen war, richtete sich an eine gewisse Nicopolis, die der Schreiber gemeinsam mit Proculus und Fructus, dem Sklaven des Holconius, besaß: »*Nicopolis futui te ego et Proculus et Fructus Holconi.*«

Im Aufenthaltsraum hinter dem Laden sind große Mitteladikulen dargestellt, während die Bildchen mit Zweigespannen, von Schwänen (auf Venus anspielend), von Widdern (auf Merkur anspielend) und von Böcken (auf Bacchus anspielend) gezogen, miniaturhaft klein sind. In den Seitenfeldern sieht man Stilleben mit Metallgefäßen. Die zarten Aufbauten in der Oberzone bestehen aus Thyrsos-Stäben, Gebälken mit verschiedenen Girlanden, gestützt von überschlanken Metallgefäßen. Belebt wird dies alles von Schwänen, Sperbern, Masken, Tympana und Trinkhörnern.

Die Dekorationen dieser Räume stehen denen im Haus des Trebius Valens (III 2, 1; vgl. S. 300–303) nahe und erinnern an das Haus des Lucretius Fronto (V 4, a; S. 417–424); sie gehören zu den spätesten Beispielen aus der Endphase des Dritten Stils.

■ Casa degli Amanti (Haus der Liebenden)
Plan 4, I 10, 11

Daß die Anlage dieses Hauses mindestens auf das 1. Jahrhundert v. Chr. zurückgeht, zeigt sich unter anderem an dem Mauerwerk der Fassade und den Profilen des *impluvium*, das noch aus *opus signinum* besteht. Die Wände im Atrium erinnern an die im Haus des Siricus (VII 1, 47; S. 394) und den Portikus des Isistempels: auch hier findet sich das Motiv einer horizontalen Ranke zwischen Ober- und Mittelzone, eine Neuerung des Vierten Stils, die es auch in Neros *Domus Aurea* in Rom gibt. Es ist deshalb sehr wahrscheinlich, daß die Dekoration des Atriums erst nach dem Erdbeben von 62 n. Chr. angebracht wurde; unter der Treppe im linken Flügel des Peristyls lagen noch zwei Amphorenböden mit farbiger Erde.

Die Stilleben und Landschaften sind von recht guter Qualität. In der Mitte der linken Wand ist ein Stilleben mit Muscheln und Fischen (Muränen und Seebarben) dargestellt, in den Seitenfeldern zwei von Myrtenzweigen eingefaßte Medaillons mit sakral-idyllischen Landschaften. Auf der Eingangswand sind zwei Medaillons mit Stilleben zu sehen: ein Keramikteller mit einem Stück Fleisch in gelber Soße, daneben ein Brot und ein Kalbskopf, bei dem ein Schlachtermesser liegt. Das *cubiculum* links von den *fauces* hat ein äußerst kompliziertes Dekorationssystem. In der rechten Wand befindet sich eine Nische, vermutlich zum Aufstellen einer Lampe. In dem Raum rechts von den *fauces* führte eine Holztreppe zum oberen Stockwerk, das sich hinter der Fassade und über der rechten Seite des Atriums erstreckte; hier waren Lagerräume und Unterkünfte für die Dienerschaft.

Der erste Raum an der rechten Seite des Atriums wurde als Wandschrank genutzt; dies ist aus den zwei Reihen quadratischer Löcher zu erschließen. Es folgt die *ala*, deren Fußboden aus *opus signinum* schon in älterer Zeit restauriert worden war. Der dritte Raum ist ein *cubiculum* mit einfachem, weißem Verputz, auf den Krokodile und Sphingen gemalt sind. Das *tablinum* fehlt, so daß man sofort ins Peristyl gelangt, das ringsum von zweistöckigen, toskanischen Säulenreihen eingefaßt wird.

In dem großen Triklinium an der linken Seite sieht man in der Mitte der Decke ein großes Achteck, in dem Mars und Venus schweben, in den Ecken Medaillons mit Idealporträts anderer Paare, und in der übrigen Fläche das gewohnte ornamentale Beiwerk: Bildchen mit Eroten, die auf Seepferden reiten, Schwäne mit Binden im Schnabel, Arabesken und springende Böcke. Das Mittelbild auf der Rückwand soll die verlassene Dido darstellen: sie sitzt auf einem Thron und umklammert das rächende Schwert. In diesem schmerzlichen Augenblick sind ihre Schwester Anna (links) und Isis-Nemesis bei ihr; diese trägt über der Stirn die aufgerichtete Kobra *(uraeus)*, das Symbol des »rächenden Schicksals«, das Äneas und die Seinen verfolgen wird. Auf der linken Wand war eine andere berühmte Verlassene dargestellt, Ariadne, die jedoch wenig später von Bacchus, der die Schlafende aufdeckt, umworben wurde.

An der Rückseite des Peristyls liegen drei kleine Säle *(oeci)*, die sich durch ihre Dekoration von den einfachen Räumen an der rechten Seite des Peristyls abheben. Sie sind anmutig ausgemalt und mit Schwellen und Böden aus *opus signinum* mit Mustern aus kleinen Kalksteinen ausgestattet. Die Mauern wurden schon in der Antike bei der Suche nach verschütteten Gegenständen durchbrochen; den Besuch dieser Ausgräber bezeugt auch die Tatsache, daß *lapilli* und Asche bis auf einige Meter über dem Erdboden durchwühlt waren. Daher fehlen auch alle Möbelstücke, die man sonst in pompejanischen Häusern findet; es sind jedoch Gegenstände aus Bronze, Knochen und Keramik vorhanden, was beweist, daß das Haus zum Zeitpunkt der Verschüttung bewohnt war.

Die flache Decke im dritten *oecus* ist mit kleinen Bildern, auf denen Eroten dargestellt sind, die auch auf den Wänden wiederholt werden, und mit einem Medaillon in der Mitte bemalt. An der Außenseite dieses *oecus* ist rechts vom Eingang auf den dunkelvioletten Hintergrund eines Bildchens mit Enten das Motto gekritzelt, das dem

Haus seinen Namen gab: »*Amantes, ut apes, vita(m) mellita(m) exigunt*« (»Die Liebenden führen, wie die Bienen, ein honigsüßes Leben«). Dem folgt der Ausruf: »*Velle(m)*« (»Wenn es so wäre!«). Auf dieselbe Wand sind Männernamen gekritzelt: C. Annius Capito, Herodotus und Camp(anus). Dies ließ – in Verbindung mit dem Namen eines Hermes links von der Tür, einer Ursa (Bärin) links vom mittleren und einer Venus links vom ersten *oecus* – vermuten, daß hier ein Bordell war. Auf einer der Säulen im Peristyl fordert ein anderes Graffito »*Move te, fellator*« (»Hau ab, du Lecker«).

Rechts hinten am Peristyl liegt, neben einer Vorratskammer mit Verbindung zur Küche, die abgetrennte Latrine.

□ Caupona des Stabulius
Plan 4, I 19, 1–2

Auf dem Pfeiler rechts vom Eingang zu seinem Lokal, das bis auf die Fassade noch unausgegraben ist, wird Stabulius, der den Übernamen *oenoclion* (griechisch »Trunkenbold«) trug, für seine Getränke gepriesen, die aus der Brust der Venus zu fließen scheinen: »*Stabulio Oenoclioni, (tu) bibis et mamillam quam tibi … ubique Venus.*«

□ Haus des L. Satrius Rufus
Plan 4, I 19, 3

Dieses Haus ist das einzige in Pompeji, an dem man bisher ein Namensschild aus Bronze fand. Die zweifach geschweifte Tafel war an einem der Türflügel befestigt. Die eingravierte Inschrift lautet: »*L. Satri Rufi, evocati Aug(usti) a commentar(iis).*« In dem Haus wohnte demnach Lucius Satrius Rufus, der sich als (Ex-)Protokollführer beim Generalstab bezeichnete. Er war selbst nicht mehr aktiv und wohl zur Aufsicht über die inhaftierten Soldaten eingesetzt. Die angesehene Familie der Satrii ist außerdem durch eine in der Casa del Fauno gefundene oskische Inschrift bezeugt.

□ Haus der Ceii
Plan 4, I 6, 15, Abb. 34

Die altertümliche, streng wirkende Fassade mit ihren für die samnitische Zeit typischen Würfelkapitellen unter dem Architrav mit dem

Zahnschnittfries ist mit einer Stuckimitation von *opus quadratum* bedeckt. Schon in der Antike wurde sie von einem – heute wiederhergestellten – Dach geschützt. Von der hohen, zweiflügeligen Tür sieht man den Zementausguß, in dem die Eisenteile miteingeschlossen sind; es handelt sich um eine Tür mit einem Fenster, das unter dem Architrav offen blieb. Aus den neun Wahlinschriften auf der Fassade wählte man die des L. Ceius aus und schrieb ihm das Haus zu.

Der Eingangsraum (a), dessen Decke zwischen den hervorragenden Balken mit vier Ornamentbändern bemalt ist, konnte an der anderen Seite mit einer weiteren Tür, die drei Flügel hatte, verschlossen werden. Sie führte in das Atrium (b) mit den vier Säulen. Das alte, aus Keramikscherben gebaute *impluvium* wurde an den Rändern allmählich mit Marmorplatten erneuert; vielleicht geschah dies im Zusammenhang mit der Ausmalung des gesamten Hauses im späten (oder imitierten) Dritten Stil vor der Mitte des 1. Jahrhunderts n. Chr. Beim Ausbruch des Vesuv baute man gerade über dem *tablinum* (d) ein Obergeschoß; das Treppenhaus und die Galerie dagegen, die aus *opus craticium* (Fachwerk) erbaut und vor die Dekorationen im Atrium gesetzt sind, waren schon fertig. Im *subscalare* (Raum unter der Treppe) lagen elf Terrakottalampen, eine Lampe aus Bronze, eine eiserne Waage und eine Bronzelaterne. Über dem vorderen Teil des Hauses lag, hinter der Fassade, ein anderes Obergeschoß, das mit dem im hinteren Teil keine Verbindung hatte. Es diente als Unter-

34 Casa dei Ceii

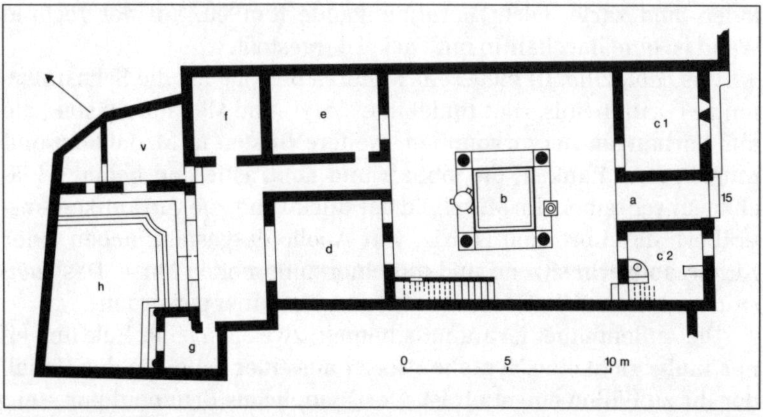

kunft für die Sklaven und war über eine Treppe links vom Eingang in der Küche über der Latrine (mit einer Sickergrube) erreichbar. Eine unbenutzte Handmühle wurde in der Küche an ihrem Platz gefunden. Im Atrium sieht man den Abguß eines Holzschrankes, der eine Schale aus Perlmutt und ein Rasiermesser mit Elfenbeingriff enthielt. Am *impluvium* stand wie üblich ein Marmortisch, getragen von drei Löwentatzen. In der Mitte des *impluvium* befindet sich ein Brunnenbecken aus Marmor, durch die Löcher am Rand der Schale konnte das überschüssige Wasser abfließen.

Im *cubiculum* (c) wurde durch den Einbau von zwei Fenstern die Wanddekoration unterbrochen. Auf derselben Wand war ein kleines Bild mit einer Dichterin, die ihre Schülerin im Kitharaspiel unterrichtet. Die Lebhaftigkeit der Farben, die banalen Ornamente und die bewegten Architekturen in den seitlichen Durchblicken offenbaren schon den Untergang des Dritten Stils, obwohl auch miniaturistische Züge und ausgesuchte Lichteffekte bei den Stilleben mit Metallgefäßen nicht fehlen.

Das *tablinum* (d) sollte gerade neu ausgestattet werden, nachdem die Decke für den Einbau des oberen Stockwerks beseitigt worden war. Das *emblema* aus wiederverwendeten rhombenförmigen Plättchen war schon angebracht und von einem Mosaik mit Ranken, die aus Krateren (Mischkrügen) aufsteigen, eingefaßt.

Das Winter-Triklinium (e) zeigt eines der eigentümlichsten Beispiele des späten Dritten Stils. Auf der linken Wand schüttet der jugendliche Bacchus Wein über eine Tigerin, eingerahmt von einer Ädikula, auf der ein Rundtempel *(tholos)* steht; in den seitlichen Ädikulen sind zarte, leicht herabhängende Ranken, auf der rechten Wand ist eine Bacchantin mit Fackel dargestellt.

Das *cubiculum* (f) bietet ein weiteres Beispiel für die Seltsamkeiten des Dritten Stils. Hier findet man Satyr- und Mänadenbüsten, die aus Vorhängen hervorkommen, weitere Büsten in Medaillons und umgebogene Ranken, die lebhaft und kontrastierend bemalte Flächen umschreiben. Im Mittelbild der Rückwand, die von antiken Ausgräbern durchbrochen wurde, war Apollo dargestellt, neben einer Kitharaspielerin sitzend und mit einer zuhörenden Muse. Das *cubiculum* an der linken Seite war zur Speisekammer geworden.

Die Außenmauer ist anmutig bemalt: zwischen einer Eule und einer Taube gießt eine Nymphe Wasser aus einer Schale in den Kanal, der ihr zu Füßen eingetieft ist. Der Nymphe als Brunnenfigur – ein weiteres Beispiel für das Zusammenspiel von Malerei und Architektur – entspricht auf der anderen Seite, am Abschluß des Kanals an der Rückwand des *viridarium*, eine geflügelte Sphinx als Stütze eines Beckens, in dem das Wasser sprudelt. Aus Gründen der Symmetrie ist die Figur auf der linken Seite der Rückwand wiederholt, so daß die beiden die Jagdszenen einrahmen. Hier jagen Wölfe Eber, eine Tigerin verfolgt zwei Widder, und unterhalb der wie ein Ufer oder Wegrand wirkenden Unterbrechung – wo man noch die Löcher vom Gerüst der Maurer und Maler (ein Hinweis auf die Nahtstellen zwischen den »Tagewerken«) sieht – hat ein Löwe einen Stier nahezu erreicht. Die seitlichen Malereien zeigen großartige Nil-Landschaften: links Pygmäen in ihrem ständigen Kampf gegen ein Nilpferd und ein Krokodil, rechts auf beiden Ufern eines Flusses Heiligtümer mit den charakteristischen ägyptisierenden Architekturformen. Rechts von dem kleinen Fenster steht ein ithyphallischer Priap, rechts von dem größeren Fenster ein Hirte in seinem Kapuzenmantel *(cucullus)*, links davon ein Votivbild *(pinax)* zwischen Trauben und Äpfeln.

□ Haus der Diadumeni
IX 1, 20, Abb. 35

Dieses große, auf die zweite Hälfte des 2. Jahrhunderts v. Chr. zurückgehende Haus weist zwei ziemlich seltene Elemente auf: ein Podium vor der Fassade, mit zwei Treppchen und einem Gitter, sowie ein korinthisches Atrium mit 16 dorischen Tuffsäulen. Die Räume am Atrium (3) sind genau symmetrisch angelegt, wie es nur selten vorkommt. Die *alae* liegen in der Mitte der Längswände und nicht wie üblich im rückwärtigen Teil des Atriums. Der Architrav über ihren weiten Öffnungen wird von zwei ionischen Säulen getragen. An den korinthisierenden Kapitellen der Eckpfeiler sind an der rechten *ala* (7) Köpfe von Bacchanten aus Stuck dargestellt, an der linken (13) ein Paar (Mars und Venus?). Das Atrium war nicht so hoch wie das in der Casa del Fauno, aber es hat die Größe eines Hofs; nur das *impluvium* erinnert an seine ursprüngliche Funktion. In diesem ganzen Bereich waren die Dekorationen aus dem Ersten Stil mit Marmor-Imitationen bis auf einige Restaurierungen aus dem Vierten Stil noch erhalten. In der rechten *ala* (7) weihten in den letzten Jahren der Stadt zwei Freigelassene namens Diadumeni den Laren und dem Genius ihres Herrn, Marcus, einen Altar, wie aus einer Marmortafel im Podium

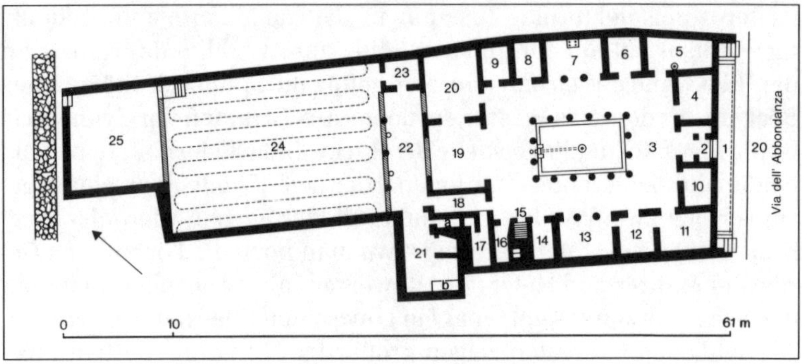

35 Casa dei Diadumeni

hervorgeht. Wahrscheinlich handelt es sich um Marcus Epidius Sabinus oder Marcus Epidius Rufus, beide aus einer alteingesessenen Familie, die ihre Herkunft bis auf den Flußgott Sarno zurückführte; sie wurden auf der Fassade und in der Nachbarschaft als Wahlkandidaten empfohlen. Auf letzteren bezieht sich das Bronzesiegel eines seiner Freigelassenen namens Italicus, während der andere von keinem geringeren als dem kaiserlichen Richter T. Suedius Clemens für das Duumvirat empfohlen worden war: bei einer Inspektionsreise wohnte er in Pompeji im Haus seines Freundes Sabinus, der ihm bei der schwierigen Aufgabe helfen mußte, die von Privatleuten illegal besetzten Ländereien zurückzugewinnen (vgl. S. 30).

□ Werkstatt des Faber ferrarius (Schmied) Iunianus
Plan 4, I 6, 12

Auf den beiden Wahlprogrammen an der Fassade wird der Name des Iunianus als Anhänger eines der Kandidaten genannt, man schrieb ihm deshalb diese Eisenwarenhandlung zu. Hier verkaufte man Geräte für die Landwirtschaft, Werkzeuge aus Eisen und aus Bronze, auch solche aus zweiter Hand. Man fand vier Pferdegebisse aus Bronze und eines aus Eisen, Teile von Pferdegeschirren, Schlösser, die Ausstattung eines Athleten mit einem Salbgefäß und zwei Schaber aus Bronze, alles an dem entsprechenden Ring aufgefädelt, vier Paar Fesseln, die mit einem doppelten Eisenring als Gelenk verbunden sind, für die Sklaven *(compedes)*, 30 einfache Schlüssel und 30 große Sensen aus Eisen, zwei halbmondförmige Sicheln für den Weinbau, 28 Rebmesser mit langem Ende, ein zylindrisches Tintenfaß mit schwarzem Pulver, zwei Waagen, weiterhin Sägen, Ketten, Ringe, und schließlich auch zwölf Terrakottalampen (daran bestand großer Bedarf; in der Casa del Menandro wurden 40 gefunden).

Angesichts der vielen Bronzegegenstände, die in einem Schrank im Atrium der benachbarten Casa dei Quadretti teatrali gelagert waren, ist es wahrscheinlich, daß Iunianus für den Herrn dieses Hauses als Angestellter arbeitete. Ein Teil der Waren, die Iunianus am Architrav seines Ladens aufhing und zum Verkauf ausstellte, kann man jetzt in den Schaukästen in I 6, 10 besichtigen. Sein Laden wurde von einem unter der Treppe auf der rechten Seite an die Wand gemalten Priap mit zwei ejakulierenden Phalloi beschützt.

□ Casa dei Quadretti teatrali (Haus der Theaterbildchen)
Plan 4, I 6, 11, Abb. 36

Von dem alten, aus samnitischer Zeit stammenden Haus wurden die beiden Läden Nr. 10 und Nr. 12 neben den *fauces* abgetrennt. Gleichzeitig wurde das Haus mit schönen Malereien aus dem späten Dritten Stil ausgestattet. Die besten befinden sich im Atrium (b). Dem Muster aus feinen, gebogenen Ranken im rotgrundigen Sockel entsprechen die breiten hellblauen Felder darüber, die wiederum untergliedert werden durch schwarze Bänder und phantastische Kandelaber darin mit Vögeln, Masken, Thyrsen, Dreifüßen und Ranken. Die Malereien waren so sehr geschätzt, daß man sie bei der Restaurierung nach dem Erdbeben von 62 n.Chr. aussparte und nur zwei Ornamentbänder (jetzt gelbgrundig) und einen Teil des Sockels auf der rechten Wand mit einer groben Nachahmung ersetzte. Die blauen Felder werden durch horizontale Streifen gegliedert, deren unübertroffene Feinheit beim Vergleich mit ähnlichen Motiven aus dem Vierten Stil sofort in die Augen springt. In der Mitte der Felder sind Bildchen mit tragischen und komischen Theaterszenen dargestellt.

Das alte Becken des *impluvium* im toskanischen Atrium war aus Tuff; später wurde es mit einer die Profilierung verdeckenden roten Stuckschicht überzogen, während der Grund unter einem Mosaik aus weißen Steinchen und wiederverwendeten Marmorplättchen verschwand. In einem der Holzschränke im Atrium fand man eine archaische Bronzestatuette eines Apollo mit dem Hirschkalb – ein ferner

Widerhall des Typus, den Kanachos in der zweiten Hälfte des 6. Jahrhunderts v. Chr. für das Heiligtum in Didyma (Kleinasien) schuf –, fünf silberne Schälchen, ferner Gegenstände aus Bronze und Glas sowie ein einzigartiges Werkzeug, das wahrscheinlich zum Glätten von Marmor oder von Mosaikfußböden diente, bestehend aus einem bereits benutzten Bimsstein in einer Bronzefassung mit Aufhängöse.

Die drei schönen Löwentatzen, die jetzt beim *impluvium* stehen, fand man im *xystus* des Nachbarhauses (I 6, 8–9), wo sie neben sechs Vorratsgefäßen und Baumaterial vorläufig gelagert waren; auch hier waren die Restaurierungsarbeiten im Gange. Das runde *cartibulum* fehlt, auf der Oberfläche der Pfoten ist der Name P. Casca Lo(n)g(us) zu lesen. Er wurde mit dem Mann identifiziert, der Cäsar im Jahre 44 v. Chr. im Senat als erster angegriffen haben soll; sein Besitz wurde konfisziert, so daß das Tischchen auf dem Umweg über den Handel nach Pompeji gelangt sein könnte. Die ebenfalls recht guten Dekorationen in den anschließenden *cubicula* sind in schlechtem Zustand, so auch die seltene Decke im Raum d, in deren Mittelfeld Venus, umgeben von Blumen, als Stuckrelief dargestellt war (jetzt herabgestürzt).

36 Casa dei Quadretti teatrali

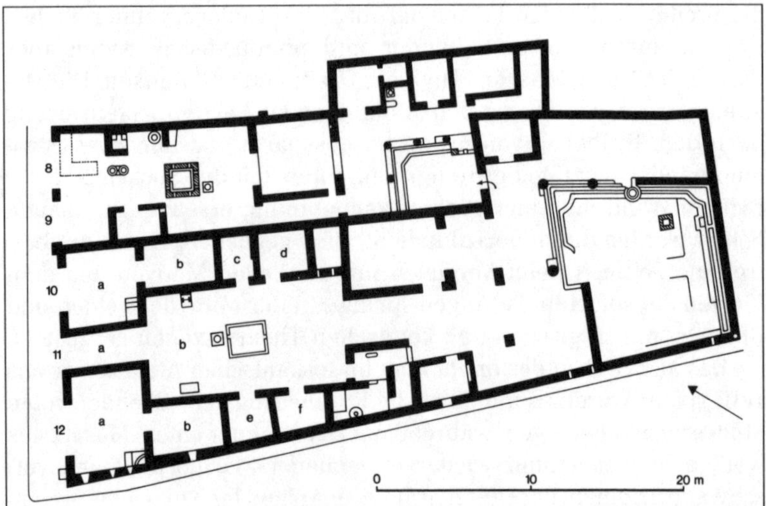

■ Fullonica (Walkerei) des Stephanus
Plan 4, I 6, 7, Abb. 37

Diese 1911 ausgegrabene und gut erhaltene Walkerei ist die einzige der vier zuletzt in Pompeji betriebenen *fullonicae*, die vollständig (sozusagen von den Grundmauern an) neu gebaut wurde. Die andern drei sind so gut es ging in alten herrschaftlichen Häusern untergebracht. Der Eingang ist hier sehr breit, wie für einen Laden, um das Kommen und Gehen der Kundschaft zu ermöglichen. Zum Zeitpunkt der Verschüttung war die aus vertikalen Tafeln bestehende Tür von außen mit zahlreichen Ketten (jetzt an der Wand rechts vom Eingang wieder hergestellt) verschlossen. Nur der Türflügel, der auf der Angel bewegt wurde, war geöffnet; in dem Raum dahinter lag ein Skelett mit Gold-, Silber- und Bronzemünzen im Wert von insgesamt 1089,5 Sesterzen: die letzten Einnahmen – die Miete einer *fullonica* betrug bei der Gemeinde 1652 Sesterzen, für das Waschen einer Tunika bezahlte man einen Denar (4 Sesterzen) – oder das Vermögen eines Flüchtlings, der hier vorbeikam und hinter der Eingangstür Schutz vor dem Lapilliregen suchte.

Die *fullonicae* waren sowohl für die Verfeinerung von Stoffen *(de tela)* zuständig, die hier von dem beim Spinnen und Weben angesetzten Fett befreit wurden, als auch für das einfache Waschen und Entflecken gebrauchter Stoffe *(ab usu)*. Besonderen Wert legten die Römer auf ihre weißen Tuniken.

Zum Abgeben der Stoffe mußten die Kunden den ersten Raum (a), in dem links vom Eingang die Presse (*torcular* oder *pressorium*) stand, und dann das dahinter gelegene Atrium (c) durchqueren. Das *impluvium* wurde zu einem Becken mit Unterteilungen umgebaut, in denen möglicherweise die feineren Stoffe gewaschen wurden. Statt des *compluvium* ist eine Lichtöffnung in dem flachen Dach; in Pompeji ist dies der einzige Fall eines Atriums mit flachem Dach: dies bot den Vorteil, daß auf der großen Terrasse darüber die Wäsche ausgebreitet werden konnte.

Hinter dem Peristyl wurden drei weitere Becken *(lacus)* gebaut, die durch Löcher im Mauerwerk und verschiedene Ebenen miteinander verbunden waren und mit Eimern oder Saugröhren entleert wurden (es gibt keinen Abfluß). Außerdem gab es fünf ovale Becken *(lacunae fullonicae)*: drei auf der linken Seite, neben einem Gefäß mit runder Öffnung, das für den Urin bestimmt war, und zwei auf der rechten mit einem anderen derartigen Gefäß. An den Becken gibt es erhöhte Verbindungswege für die Arbeiter, die auf Stufen in die Bekken steigen konnten. In den ovalen Becken wurde der Stoff mit den Füßen gestampft, in Wasser und Soda – die kurz zuvor in Gallien erfundene Seife war zu jener Zeit in Pompeji so gut wie unbekannt – oder in anderen alkalischen Substanzen, etwa Urin von Menschen oder Tieren (besonders geschätzt war der von Kamelen, den man eigens importierte).

Menschlicher Urin wurde seit der Zeit von Kaiser Vespasian in öffentlichen Latrinen, sogenannten *vespasiana*, oder auch in einfachen, halbierten Amphoren für industrielle Zwecke gesammelt. Die Verwendung seitens der *fullatores* wurde, wie die Benutzung von Wasser, besteuert (Sueton, Vespasian, 23). Aber auch schon vor Vespasian forderten die interessierten Unternehmer Passanten auf, in eigens hierfür aufgestellte Amphoren ohne Hals zu urinieren, die in den Seitenstraßen *(amphora in angiporto)* oder beim Eingang der *fullonica* standen, wie bei der des Ululitremulus (IX 13, 5) oder im Gebäude der Eumachia.

Die vom Urin hart gewordenen Stoffe wurden mit *creta fullonica* – die beste wurde von der Insel Kimolos, einer der Kykladen im ägäischen Meer, eingeführt – oder mit *terra umbrica* bearbeitet; die sardische Erde galt als weniger gut. Bei neueren chemischen Analysen wurde festgestellt, daß die in Pompeji benutzte Substanz aus Ponza kam. Danach wurden die Stoffe gestampft, um das Gewebe zu ver-

37 *Fullonica* des Stephanus

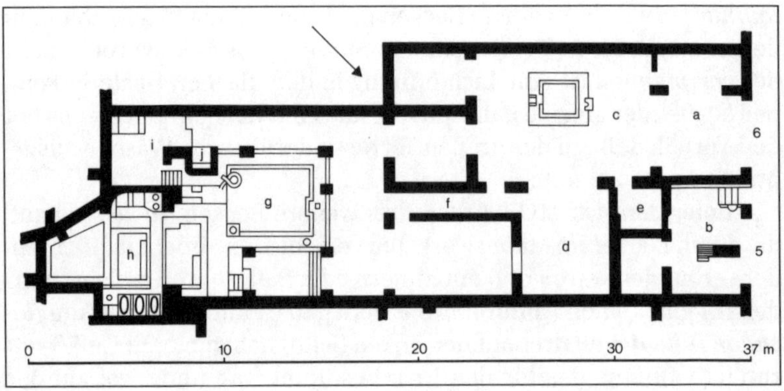

dichten und zu verfilzen, dann wieder gewaschen, um die Walksubstanzen herauszuspülen und den Stoff einlaufen zu lassen, danach wurden sie mit *aena* (Wollkratzern), die aus Dornen oder aus den Borsten eines Stachelschweins hergestellt wurden, gekämmt, um das Scheren zu erleichtern.

Weiße und doppelt gefärbte Stoffe wurden geschwefelt, um sie leuchtender zu machen. Man breitete sie über einen halbrunden Käfig *(vimea cavea)* und verbrannte darunter in einem Kohlebecken Schwefel. Danach wurden sie nochmals mit der *creta cimolia* oder der *terra umbrica* oder, wenn es sich um weiße Stoffe handelte, mit Bimsstein gehärtet und schließlich gebürstet, geschoren, befeuchtet und unter der Presse gebügelt.

Eine Treppe führt auf die Terrasse, die am Peristyl und am Atrium Loggien mit Halbsäulen hat, und wo es Luft und Wind für das Trocknen und das Bleichen in der Sonne gibt. Den *fullones* war es durch ein Gesetz gestattet, die Wäsche auf der Straße zu trocknen, eine Maßnahme, die durch die zunehmende Verstädterung notwendig geworden war.

Die *fullonica* ist insgesamt ein Beispiel industrieller Rationalisierung. In der Küche, wo das Essen für die Sklaven zubereitet wurde – die freien Arbeiter aßen daheim –, fand man eine ganze Batterie von Pfannen auf dem Herd und an der Wand und einen Rost auf einem Dreifuß. In einem abgetrennten Raum auf der linken Seite befindet sich die Latrine.

An der Schwelle zum Atrium biegt die Decke teilweise zu einem flachen Bogen um. Die Räume sind in dem üblichen Stil der letzten Jahre Pompejis ausgemalt, rotgrundig mit schwebenden Figuren wie die von vorne gesehene Personifikation des Sommers und die des Herbstes im Saal (d), die vielleicht auf die für die Walkerei ertragreichsten Jahreszeiten anspielen. Einige Wahlprogramme an der Fassade rechts vom Eingang – *»fullones universi rog(ant)«* (»Die vereinigten Walker empfehlen ...«), *»Stephanus rog(at)«* (»Stephanus empfiehlt ...«), *»Specla«* – nennen Personen, die hier arbeiteten, darunter auch Frauen (vgl. die Eroten als Walker und die *psychai* als ihre Mitarbeiter auf dem Fries im *oecus* (q) des Vettier-Hauses). Möglicherweise war Stephanus, der vielleicht aus Griechenland stammte, der Vorsteher oder der Besitzer dieses Unternehmens. Die Walker, immer auf der Höhe der politischen Ereignisse in Pompeji, treten hier als Gesamtverband *(universi)* auf, während sie sonst als

Einzelgruppen (*quactiliarii*: Hersteller von Filz, *infectores* und *offectores*: Färber usw.) firmieren. Von dem Walker Veranius Hypsaeus weiß man, daß er schon vor dem Erdbeben von 62 n. Chr. einige Verwaltungsposten bekleidete.

■ Casa del Sacello Iliaco (Haus mit dem Ilias-Schrein)
Plan 4, I 6, 4, Abb. 38–40

Die Fassade aus *opus quadratum* mit Blöcken aus Sarnokalk und der Architrav mit dem vorspringenden Gesims und einem Zahnschnittfries weisen auf den alten Adel dieses Hauses. Nach dem Erdbeben von 62 n. Chr. trennte man den Kryptoportikus ab, der zum Haus I 6, 2 (der Casa del Criptoportico) kam, ebenso die Räume rechts vom Atrium und vom Garten (siehe hierzu Abb. 38). Hier wurde die *fullonica* des Stephanus (I 6, 7) eingerichtet; wegen ihrer Gerüche keine besonders angenehme Nachbarschaft. Aus diesen Gründen war das Haus zum Zeitpunkt der Verschüttung noch im Umbau. Es bietet uns daher wichtige Hinweise auf Restaurierungs- und Freskotechniken: Man fand einen Ofen für die Vorbereitung des Kalks, den man für den Verputz brauchte, sowie Gips und Kalk, die im Garten aufgehäuft lagen.

38 Casa del Criptoportico und Casa del Sacello Iliaco

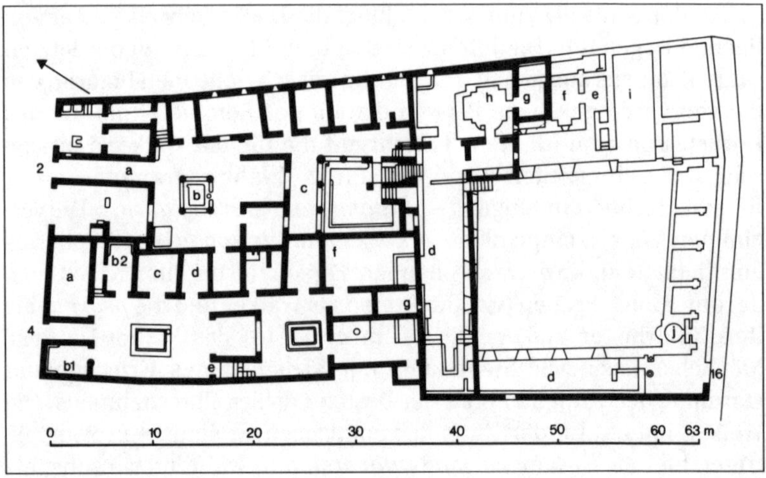

Im Triklinium (a) links vom Eingang (Abb. 38) ist die oberste feine Verputzschicht auf dem Sockel noch nicht aufgetragen, was beweist, daß die Maler von oben nach unten und auf frischem Kalk zu arbeiten pflegten. Die Mittelzone ist auf der zum Eingang hin gelegenen Seite in der Mitte mit einem *xenion* geschmückt, auf dem ein großes Bund Spargel, drei Körbchen mit Ricotta – eines davon umgestürzt – und ein gebogener Hirtenstab *(pedum)* dargestellt sind. Auf der Wand zur Straße hin bilden zwei Stilleben mit silbernem Tafelgeschirr die Gegenstücke.

Obwohl die Erneuerung der Dekorationen im *cubiculum* (b 1) westlich vom Eingang noch nicht abgeschlossen war, befand sich das Ruhebett wieder an seinem Platz. Daraus wurde gefolgert, daß nicht der Ausbruch des Vesuv im Jahr 79, sondern das Erdbeben von 62 n. Chr. die Restaurierung des Hauses unterbrach. Damit löst man zwar das Problem des hier wiederaufgestellten Bettes, schafft jedoch ein neues: es ist kaum denkbar, daß die Hausbewohner über 17 Jahre hinweg die störenden Gips- und Kalkhaufen im Garten verrotten ließen. Auch im ersten *cubiculum* (b 2) an der linken Seite des Atriums, wo das Mittelbild auf der rechten Wand noch auf den *imaginarius* (Bildermaler) wartete, steht ein ähnliches Bett. Zusammen mit den im Atrium aufgestellten Schränken, die ebenfalls mit Elfenbein eingelegt sind, und zahlreichen anderen Gegenständen beweisen die Betten, daß das Haus bewohnt wurde, obwohl die Dekorationen noch nicht fertig waren. Im zweiten *cubiculum* (c) ist die äußerst feine Dekoration schon beendet, während im dritten (d) nur die weißgrundige Oberzone ausgeführt war und die Mittelzone gerade vorbereitet wurde. *Tablinum* und Atrium sind nur grob verputzt, man sieht die Pfeiler mit dem charakteristischen *opus mixtum*.

Im sogenannten *sacellum Ilacum* (e), das rechts an der Rückwand des Atriums liegt, fehlt noch die Dekoration der Wände. Die Stuckreliefs am Gewölbe und der Fries waren zum Zeitpunkt der Verschüttung jedoch schon vollendet und konnten nach der Ausgrabung wiederhergestellt werden. In einem Medaillon in der Mitte des Gewölbes ist der Raub des Ganymed dargestellt, des schönen Hirten aus dem Ida-Gebirge bei Troja, den Zeus in Gestalt eines Adlers entführte. Dieses Medaillon wird von vier mandelförmigen Feldern mit Satyrn und Mänaden gestützt, dazwischen sind Zweigespanne, die von Panthern und Schwänen gezogen werden und auf Bacchus und Venus anspielen, und zwei Pavillons mit je einem Putto eingefügt. Die Lunette der

Rückwand zeigt ein häufig dargestelltes Motiv: die Mondgöttin Selene bei ihrem Geliebten Endymion, der wie Ganymed Schäfer war. Er liegt ermüdet von der Jagd in einer Höhle am Berg Latmos in Karien und schläft so tief, daß er den Besuch der Göttin nicht bemerkt.

Darunter folgt ein schöner blaugrundiger Fries, auf den die Figuren teils gemalt, teils aus Stuck aufgesetzt sind. Dargestellt sind die letzten Szenen aus der ILIAS; fast könnte man meinen, er solle eine Ergänzung zu dem unvollständigen Fries im Kryptoportikus (vgl. S. 259) bilden. Die Erzählung beginnt bei der zweiten Szene auf der linken Wand: Vergeblich versuchen Priamus, Hecuba und Astyanax, die über dem Stadttor von Troja stehen, Hektor zurückzurufen, einen Krieger, der, geleitet von der geflügelten Schicksalsgöttin Moira, hinwegzieht. Auf der Rückwand sind Hera und Aphrodite dargestellt (links), die dem verhängnisvollen Kampf zwischen Hektor und Achill (in der Mitte) beiwohnen. Auf der rechten Wand wird Hektors Leiche hinter Achills Wagen durch den Staub vor den Mauern Trojas geschleift. Aus dem Stadttor kommt ein Sklave mit einem der Gefäße, die Priamos dem Achill in seinem Zelt als Lösegeld anbietet. Die letzte Szene ist auf der linken Wand ganz links dargestellt: Priamos bringt, begleitet von Hermes, den toten Hektor auf einem Wagen zurück. Wahrscheinlich erklärt sich die Anordnung der Szenen aus dem Wunsch, den entscheidenden Zweikampf auf der Rückwand darzustellen, und ihn dadurch in den Mittelpunkt der Aufmerksamkeit zu rücken.

Die Küche liegt links vom Durchgang zum Garten, von dessen linker Ecke man zur Sala degli Elefanti (Elefantenzimmer; f) und zum angrenzenden *cubiculum* (g) gelangt (Abb. 39). In beiden ist noch die ursprüngliche Dekoration aus dem Zweiten Stil erhalten. Der große Raum ist in zwei durch das Fußbodenmuster deutlich getrennte Teile untergliedert. Das Mosaik im vorderen Teil besteht aus großen quadratischen Feldern mit Sternen und Rhomben darin, das im rückwärtigen Teil aus einer einfachen, von schwarzen Streifen eingefaßten weißen Fläche; dazwischen liegt eine Schwelle mit Ranken. Auch die Wanddekoration ist in den beiden Raumabschnitten unterschiedlich. Im vorderen Teil sind große Figuren dargestellt: links sitzt ein Philosoph oder Dichter vor einem Globus, dem Symbol philosophischen Denkens und kosmischer Dichtung, ihm gegenüber eine Muse, vielleicht Urania, die Muse der Astronomie. Auf der Rückwand stehen zwei Elefanten rechts und links von einem Kandelaber, beide gelenkt von Putten, die Glasgefäße halten. Gegenüber der Eingangstür sitzt Klio, die Muse der Geschichtsschreibung, mit einer Buchrolle in der Hand. – Man beachte auch das antike Graffito, das auf der linken Seite dieser Wand in den groben, von einer Restaurierung stammenden Verputz eingekratzt ist.

Durch eine kleine Tür betritt man das *cubiculum* (g). Die sehr feine, einfarbig rote Dekoration besteht aus einer phantasievollen Marmor-Inkrustation, die von Blüten und Eierstäben eingefaßt wird, aus Friesen und übereinander angeordneten Gesimsen. Im Alkoven erscheinen diese Motive plastischer dargestellt, um hier den Eindruck eines engeren Raumes zu erwecken. Über einem schrägen, plastischen Mäander – einem sehr seltenen Motiv – folgt ein dreifach untergliederter Fries: zunächst eine Ranke, dann ein Fries mit gekreuzten Schilden und zuletzt einer mit Nereiden, die auf Seepferden reiten. Weiter oben erscheinen Komödienmasken. Ein grüner Pfeiler mit aufgesetzten Rosetten unterbricht die Einfarbigkeit. Im Mosaikfußboden entspricht ihm der »Bettvorleger« mit einem Muster aus aneinandergereihten Kreisen. Im Vorraum sieht man Adler, die als Konsolen ein Gesims stützen, auf dem zwei gemalte dionysische Reliefs stehen: eines mit der schlafenden Ariadne, die auf der Insel Naxos

39 Casa del Sacello Iliaco, Sala degli Elefanti und Nachbarräume

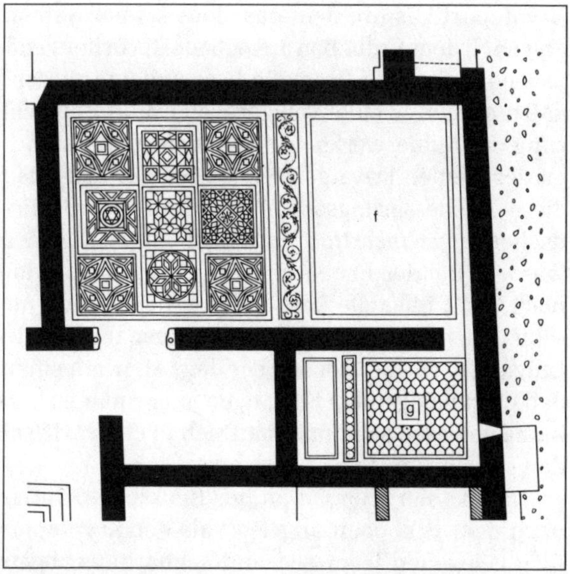

von Bacchus gefunden wird, nachdem Theseus sie verlassen hatte, da er sich in Athen nicht mit einer Ausländerin zeigen wollte, das zweite mit einem sitzenden Silen, der einem aulosspielenden Satyr lauscht. Darüber tragen Greifen, die als Konsolen dienen, ein weiteres Gesims mit *pinakes* und Statuetten.

Der Mosaikfußboden ist mit einem Muster aus Sechsecken bedeckt; das *emblema* in der Mitte, das mit Efeuranken eingefaßt war, wurde schon in der Antike entfernt, die Kassette aus Travertin, in die es eingefügt war, ist jedoch noch vorhanden.

■ Casa del Criptoportico (Haus mit dem Kryptoportikus)
Plan 4, I 6, 2, Abb. 38, 40

Das Haus wirkt heute auf den ersten Blick recht vernachlässigt und schmucklos, da es bei der Verschüttung gerade völlig umgebaut wurde. Ursprünglich war es mit dem Nachbarhaus, der Casa del Sacello Iliaco (I 6, 4) verbunden (Abb. 38) und bildete ein geräumiges Wohnhaus mit zwei Atrien und einem Garten mit Portiken aus Pfeilern und Bögen an der Talseite, wie ihn fast alle Häuser auf dem abschüssigen Gelände an dieser Seite der Via dell'Abbondanza haben. Das Haus erlitt beim Erdbeben von 62 n.Chr. schwere Schäden. Der Kryptoportikus (d), dem das Haus seinen Namen verdankt, wurde erst nach dem Erdbeben angegliedert; vorher gehörte er zur Casa del Sacello Iliaco. Die Erdstöße beschädigten diesen Komplex so sehr, daß man sich zu einer völligen Neuordnung entschloß. Die Restaurierung des Mauerwerks war bereits abgeschlossen; die Außenmauer an der kleinen Privatgasse links von der Fassade ist ein Beispiel für diese Ausbesserungsarbeiten, bei denen die Breschen im samnitischen *opus incertum* mit eingefügtem Ziegelmauerwerk geflickt wurden. Bei der Erneuerung der Wanddekoration war man jedoch noch nicht über die Vorbereitung der Wände mit groben Verputzschichten hinausgekommen. Eine Ausnahme bildet das Lararium im Umgang c, wo die Nische über dem Altar mit einer Merkurbüste und den glückbringenden Schlangen ausgemalt ist. Es dürfte kein reiner Zufall gewesen sein, daß man sich in einer wirtschaftlich kritischen Zeit so sehr um Merkur kümmerte.

Die kleinen Treppen an der Rückseite des Gartens wurden erst nach dem Erdbeben angelegt, als der Kryptoportikus mit der darüber gelegenen Terrasse vom Nachbarhaus abgetrennt und – da die

Zerstörungen zu stark waren, um den alten Glanz wiederherzustellen – als Kellerraum der bescheideneren Casa del Criptoportico angegliedert wurde. Die Gänge wurden mit Quermauern verschlossen und mit Abbruchmaterial aufgefüllt, mit Ausnahme des über die neue Treppe zugänglichen Flügels, den man als *cella vinaria* (Weinkeller) benutzte: Hier fand man ungefähr 60 Amphoren. Der Keller diente als Vorratsraum für das darüber, auf der alten Loggia angelegte Sommer-Triklinium, das von Pergolen beschattet wurde; möglicherweise war es als öffentliches Lokal eingerichtet. Man erreicht es über eine kleine Treppe im Hintergrund des Umgangs, es gab sogar eine Küche. Daß der Kryptoportikus als Keller eingerichtet wurde, war ein Glück; dadurch wurde er nicht neu ausgemalt, sondern bewahrt noch heute seine großartigen, wenn auch vernachlässigten Malereien, die schon 100 Jahre alt waren, als sie unter dem Regen von Asche und *lapilli* eingeschlossen wurden.

In samnitischer Zeit war hier lediglich ein offener Portikus, der einen Garten einfaßte. In römischer Zeit wurde er dann bis auf die schräg geschnittenen Fenster verschlossen; gleichzeitig erhöhte man das Gelände bis zu den Fenstern und schuf so einen halb unter der Erde gelegenen Portikus *(cryptoporticus)*. Die flache Decke wurde damals niedriger gesetzt, das neue Tonnengewölbe ist mit Stuckreliefs verkleidet, deren kompliziertes Muster aus quadratischen, sechseckigen und rhombenförmigen, teils zu Sternen angeordneten und mit Blumenmotiven und dekorativen Waffen ausgefüllten Feldern besteht. In der Nordwestecke ist ein Gewölbegrat unzerstört geblieben, was sehr selten vorkommt.

In den Wandmalereien aus dem Zweiten Stil zeigt sich das Bemühen um Plastizität in der rhythmischen Anordnung der Hermen, die durch verschiedenartige Girlanden miteinander verbunden sind, vor dem Hintergrund der gemalten Marmorplatten. Auf dem Sockel sieht man einen plastischen, perspektivisch dargestellten Mäander. Die Satyr- und Mänadenhermen, die allesamt ithyphallisch sind, tragen das vorkragende Gesims, auf dem das Gewölbe aufliegt. Zwischen ihren Köpfen verläuft ein Fries mit Begebenheiten aus der ILIAS in Homers Fassung und in späteren Versionen. Von den ursprünglich 50 Episoden sind nur zwölf mehr oder weniger gut erhalten. Der Fries beginnt am Haupteingang des Kryptoportikus, der an der rückwärtigen Straße lag (wenn man von der Via dell'Abbondanza kommt, im hinteren Teil des rechten Flügels).

Hier liegt das Zimmer des *ianitor* (Türhüter), der auch das kleine Schwitzbad (j) zu beaufsichtigen hatte, das über dem Ofen eingerichtet war, mit einer Apsis, durch die eine Leitung zum *labrum* führte, und einem Mosaik, auf dem zwei negroide Badende mit großen *phalloi* neben einer Amphora und zwei Delphinen dargestellt sind.

Bei diesem hinteren Eingang (16) beginnt der Fries mit Apollo, der seine die Pest bringenden Pfeile ins Lager der Griechen schießt, und setzt sich dann auf der linken Seite durch alle drei Flügel fort, um auf der Fensterseite weiterzuführen, wo er gegenüber der ersten Episode endet, bezeichnenderweise mit der Flucht des Äneas mit seinem Vater und seinem Sohn aus dem brennenden Troja, die ja zur Gründung Roms führte.

Der Fries geht auf einen hellenistischen Codex zurück, dessen Stil er getreulich wiedergibt; auch die begrenzte Höhe ist so zu erklären. Das Thema war bei den Römern sehr beliebt. Sie wollten ihre Herkunft auf Troja zurückführen, wofür sie in Vergils ÄNEIS eine Bestätigung fanden. In Rom war dieses Thema im Portikus des Philippus auf mehreren Bildern *(pluribus tavolis)* des Theoros aus Samos dargestellt. Auch in Vitruvs Aufzählung wird diese Gattung erwähnt. In neronischer Zeit wurde sie in den Kaiserpalästen Roms wiederaufgenommen, in Pompeji unter anderem in der Casa del Sacello Iliaco. Natürlich durfte auch im Haus des Trimalchio (Petronius, SATYRICON, 29 und 89) eine derartige Darstellung nicht fehlen.

Im linken Flügel (von der Via dell'Abbondanza aus gesehen) liegt der Badetrakt (e–h) mit dem großen Saal (i) davor (Abb. 38, 40). Darüber waren an der östlichen Umfassungsmauer eine Rampe und eine Treppe, über die man ursprünglich von dem höhergelegenen Haus in diesen Bereich gelangte. Der fein ausgemalte Gang, der durch schräge, hoch oben angebrachte Fenster nur indirekt beleuchtet wurde, war auch im Sommer während der heißen Tageszeit angenehm kühl, so daß man sich hier nach dem Bad ausruhen konnte.

Gleich links von dem steilen Treppchen, das man heute hinabsteigen muß, liegt das *praefurnium*, dann das *caldarium* (h) mit einem Fußboden, der auf Hypokausten ruhte, mit einer (jetzt durchbrochenen) Apsis und einem der ersten gemauerten Kreuzgewölbe. In der rechteckigen Nische, an der Seite zum *praefurnium*, muß das Becken gewesen sein. Es folgt das *tepidarium* (g), auch dieses mit Hypokausten *(hypocaustum)*, also mit einem »schwebenden« Fußboden *(suspensurae)*, jedoch weiter entfernt vom *praefurnium*. Es wurde ursprünglich von einem jetzt teilweise vermauerten Bullauge erleuchtet. Am Gewölbe und in der Lunette ist der Stuck erhalten, man sieht hier Eroten mit der Keule des Herkules, die sie aufrichten wollen.

Die Baderäume waren ursprünglich miteinander verbunden und nur durch den Vorraum oder das *apodyterium* (e) zu betreten. In diesem Raum war das Gewölbe niedriger als in den übrigen, um Platz zu lassen für die Treppe zum oberen Stockwerk. An dem engen Durchgang bei der Eingangspforte ist eine sogenannte »hellenistische Rosette« im Mosaikfußboden dargestellt. Der Mosaikteppich im Eingangsraum selbst zeigt ein textiles Muster aus rechteckigen farbigen Steinchen, die wie ein Korbgeflecht angeordnet sind, und ein Fischgrätmuster um das aus einer vielfarbigen Rose bestehende *emblema*. Eine (jetzt vermauerte) Tür führte in die Latrine.

Die Wanddekorationen gehören zu den besten Beispielen für die zweite Phase des Zweiten Stils. Hier wurde mit Erfolg versucht, den engen Raum illusionistisch zu erweitern, indem auf der rechten Wand eine symmetrisch angelegte Prachtfassade beschworen wird. Sie rahmt eine verblichene Szene zwischen zwei weißgrundigen Nischen mit Vorhallen, auf denen Karyatiden und Atlanten stehen. In diesen Nischen ist rechts die Statue des Mars und links die der Venus dargestellt. Auf beiden Seiten öffnet sich ein Bogenfenster, das von

40 Casa del Criptoportico, Badetrakt

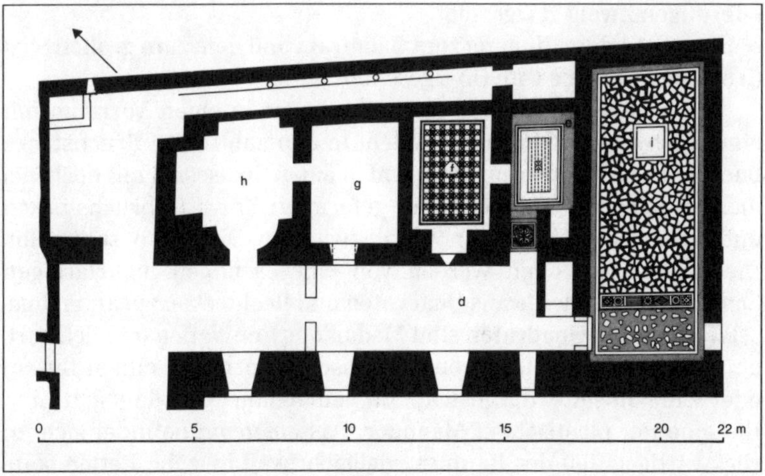

dem mittleren Baukörper halb verdeckt wird, auf eine hohe Säulenreihe; in ihr bezeichnet eine weibliche Statue, die hinter einer Brüstung steht, das menschliche Maß. Auf der linken Wand sind eine Landschaft mit einem heiligen Baum und, links von der gebogenen Tür zum *frigidarium* (f) und dem Loch für die Lampe, eine Sphinx dargestellt.

Der Fußboden im *frigidarium* (f) besteht aus schwarzen und weißen Mosaiksteinchen, die zu einem Sanduhrmuster zusammengesetzt sind. Das *emblema* in der Mitte wurde schon in der Antike entfernt; da es nicht in eine Terrakottaform eingelassen war, muß es an Ort und Stelle zusammengesetzt worden sein. Die Wände zeigen eine zweistöckige Theaterfassade mit vorspringenden Bauteilen. In der Mitte der Oberzone öffnet sich der Blick auf einen delphischen Dreifuß, auf der anderen Wand über der Tür sieht man ein ländliches Heiligtum mit einem geheimnisvollen *baitylos* (ein Meteorstein von konischer Form als symbolisches Götterbild), der nur teilweise von dem geschwungen herabhängenden Vorhang enthüllt wird. Neben diesen Durchblicken stehen Karyatiden auf Architraven, die mit Metall-Appliken sehr fein geschmückt sind, während Pfeiler und Gebälk aus geschnitztem und lebhaft bemaltem Holz zu sein scheinen. In die linke Wand ist eine rechteckige Nische eingetieft, in der ein Brunnen *(labrum)* für die Waschungen mit kaltem Wasser gewesen sein muß. Auf dem linken Pfeiler war ein großer goldener Kandelaber, gestützt von einer geflügelten Gestalt und geschmückt mit einem s-förmigen Zweig, dargestellt.

Zwischen dem Eingang zum Badetrakt und dem zum großen Saal (i) endet die Treppe vom Obergeschoß.

Der langgestreckte Saal ist untergliedert in einen Vorraum mit einem schwarzen Mosaikfußboden, in den zahlreiche Bruchstücke bunter Steine eingestreut sind, und in einen Speisesaal mit noch viel dichter gelegten, unregelmäßig geformten Travertinbruchstücken und schwarzen Mosaiksteinchen dazwischen. Die Decke ist gewölbt. Die beiden Fußböden werden von einer schönen mehrfarbigen Schwelle getrennt, die aus Quadraten und Rechtecken zusammengesetzt ist. In den Quadraten sind Medaillons mit Waffen (ein Schwert, ein Schild und ein Helm von süditalischer Form mit einem Busch) oder eine Rosette dargestellt, in den Rechtecken dagegen eine Rhombe mit plastischem Mäander. Das *emblema* befindet sich im rückwärtigen Teil des Raumes, vielleicht weil hier die Betten standen. Als der Raum seine ursprüngliche Funktion verloren hatte, wurde es herausgenommen.

Auch hier haben die Wandmalereien ein hohes künstlerisches Niveau. Auf dem vorkragenden Podium stehen die Sockel der Hermen, die wiederum eine Kassettendecke tragen. Auf dem Stuckgesims, an dem Stierprotome aus Akanthusblättern hervorragen, ruht das Gewölbe. An der Schwelle des Saales ist es mit einer Rippe verziert, die mit Frucht- und Blattgirlanden und einem darumgewundenen Band reich geschmückt ist. Hinter den Hermen ist eine schmale Girlande durchgeführt, die ebenfalls mit einem Band umwickelt und von einer s-förmigen Ranke umgeben ist. Auf den durchhängenden Bögen sitzen Vögel. Die purpurfarbenen Hermen – sie erscheinen auf Grund ihrer Farbe wie aus Porphyr – mit ihren pathetisch nach oben gerichteten Blicken sind von den Schenkeln abwärts als Pfeiler geformt, während die Brust in freier Bewegung dargestellt ist. Der Übergang ist bei den Mänaden-Hermen mit einem Tuch verdeckt, während sich die Satyr-Hermen nackt zeigen. Diese Wesen, die auf Lyra, Tympanon und Doppelaulos musizieren, beschwören eine bacchisch-mystische Atmosphäre.

Auf dem dahinter erscheinenden Metopenfries stehen *pinakes* (Bildchen, die mit vierflügeligen Klappläden verschlossen werden können), auf denen abwechselnd Stilleben *(xenia)* und bacchisch-mystische Szenen von unklarer Bedeutung dargestellt sind; man deutete den Saal deshalb auch als Versammlungsort für mystische oder sakrale Zusammenkünfte.

Auf dem ersten *pinax* links vom Eintretenden wird Ariadne, die von hinten gesehen ist, auf einem Wagen zu ihrer Hochzeit gebracht, begleitet von einer vorangehenden Doppelaulos-Bläserin. Auf der gegenüberliegenden Seite erblickt man von rechts nach links: das Gelage eines Silens; dann ein berühmtes Stilleben mit einem Hahn und einem Körbchen voller Feigen, Pflaumen und Datteln; es folgt der Abschied der Alkestis, die sich zum Kahn des Charon wendet; ein weiteres, schlecht erhaltenes Stilleben und schließlich Ariadne (links) mit der geflügelten Siegesgöttin (Mitte) vor einer Trophäe.

Interessant ist diese Wand auch wegen der in die gelbgrundige Mittelzone eingekratzten Gladiatoren *(bestiarii)*.

In den Vitrinen im Kryptoportikus sind fünf Abgüsse von den Körpern der acht Opfer ausgestellt: Von den *lapilli*, die in den Kryptoportikus eindrangen, vertrieben, waren sie im Garten ermattet zusammengebrochen und hatten versucht, ihren Kopf mit Ziegeln zu schützen. Unter ihnen sind Mutter und Tochter, die einander umschlungen halten, und der zusammengekrümmte Körper eines Mannes, der versucht, seine Beine von zwei großen eisernen Ringen zu befreien.

Einige Forscher wollten die Casa del Criptoportico T. Lucretius Carus zuweisen, dem Dichter von De rerum natura (»Über die Natur der Dinge«), der von 99 bis 55 v. Chr. lebte; aus dieser Zeit sollen auch die prächtigen Dekorationen stammen. Diese Hypothese stützt sich auf zwei voneinander unabhängige Inschriften: »Carus« in einer Bekanntmachung links vom Eingang Nr. 2, und »Lucretius« auf der Mauer gegenüber vom Hintereingang. Man muß sich jedoch vergegenwärtigen, daß diese Namen gut 130 Jahre nach dem Tod des Dichters geschrieben wurden, daß Verbindungen zu Kampanien wenig wahrscheinlich sind, daß die in Frage stehenden Malereien wenigstens 20 Jahre nach seinem Tod entstanden und daß die Familie der Lucretii erst in augusteischer Zeit nach Pompeji kam.

□ Laden des Faber aerarius (Schmied) Verus
Plan 4, I 6, 3

Neben dem Eingang öffnen sich an der Via dell'Abbondanza zwei breite Durchgänge zu den Läden. Welchem Zweck die Einrichtungen in dem linken (I 6,1) dienten, ist noch nicht bekannt; es gab ein Hinterzimmer und einen Oberstock, der sich vielleicht in dem großen Haus I 6, 2 noch weiter fortsetzte.

Rechts war der Laden des *faber aerarius* Verus, wo man das jetzt im Neapler Museum aufbewahrte *groma* (Grummet) fand. Er verkaufte Bronzegegenstände wie Kandelaber, Gefäße, vielleicht auch die große, kompliziert geformte phallische Lampe, die jetzt im Antiquarium ausgestellt ist.

□ Officina quactiliaria (Walkerei) des Verecundus
Plan 4, IX 7, 5–7

Auch von dieser Werkstatt kennt man bisher nur die reich mit Göttergestalten bemalte Fassade voller Nachrichten und Darstellungen aus dem Bereich der *ars coactiliaria*. Es handelt sich dabei um die Herstellung von Stoffen aus abgeriebenen und gepreßten Tierhaaren (etwa von Hasen) oder Wollflocken, auch aus den härteren von bereits abgezogenen Vliesen. Der Walker Vesonius Primus leitete wahrscheinlich gleichzeitig die Gerberei I 5, 2 *(officina coriariorum)*; Woll- und Lederindustrie waren demnach eng miteinander verbunden.

Die bemalte Fassade und der Eingang zur Werkstatt, der zum Zeitpunkt der Verschüttung mit einer Kette verschlossen war, wurden von einem Vordach geschützt. Der Pilaster zwischen den Eingängen Nr. 6 und Nr. 7 zeigt unterhalb von einer Venus, die von Elefanten in einem Wagen gezogen wird – ein Vorrecht von Königen –, eine volkstümliche Malerei: drei Filzarbeiter sitzen hinter niedrigen Bänken und kämmen die Wolle oder ein anderes Vlies über einem sich nach oben verbreiternden Gestell. Auf den Bänken liegen die gebogenen Werkzeuge, die Messer des *pectinarius* (der das Material kämmte), wie sie auch im Eingangsraum des gegenüberliegenden Hauses (I 7,2–3) gefunden wurden. In der Mitte steht ein großer Ofen, in dem die verdickende Substanz (vermutlich auf der Basis von Essig gewonnen) vorbereitet wurde. Aus den zwei kleinen Becken mit Schnäbeln, die auf hohen Dreifüßen stehen, wurde die Substanz wieder zurückgeschüttet, nachdem sie auf die gekämmte Wolle genügend eingewirkt hatte, die von den mit nacktem Oberkörper arbeitenden *coactiliarii* (von *cogere* »zusammenführen, verdichten«; *quactiliari* ist pompejanischer Dialekt) eingeweicht wurde. Ähnliche Öfen, um die herum ausreichend Platz für die *coactiliarii* sein mußte, fand man auch in den Werkstätten I 12, 4 und IX 3, 16. Auf der rechten Seite führt Verecundus selbst seinen Kunden ein braunes Wolltuch mit roten Längsstreifen (an diesen *clavi* erkannte man den politisch-sozialen Rang) vor.

Die hier verkaufte Kleidung muß besonders aufwendig gewesen sein, da die gewöhnlichen Gewänder zu Hause angefertigt wurden: Augustus selbst trug gern Kleider, die von seiner Frau, seiner Schwester oder seinen Nichten gewebt waren. Verecundus, der entweder ein Freigelassener oder der Sohn eines Freigelassenen war, prangt in einem weiten violetten Mantel mit Kapuze *(caracalla)* und trägt Schuhe; beides Kleidungsstücke, die aus Filz gefertigt wurden. Filz wurde auch von den Soldaten und für Pferdedecken verwendet. Ein Graffito, das an anderer Stelle (VII 2, 16) bezeugt ist, nennt einen M. Vecilius Verecundus, *vestiar(ius)*, bei dem es sich um dieselbe Person handeln könnte. Rechts vom Eingang Nr. 5 ist von einer *tunica lintea aur(ata)*, einem Untergewand aus Leinen mit eingewebten Goldfäden, die Rede. Aus dem Archiv des Bankiers L. Caecilius Iucundus weiß man, daß von einem gewissen Ptolemäus aus Alexandria Leinen eingeführt worden war; Kleidungsstücke aus Leinen oder aus Seide galten als Luxus.

Verecundus verkaufte auch Schuhe oder leichte Sandalen für den Sommer, für das Bad usw., die aus gröberem Filz *(impilia)* hergestellt wurden. Man sieht sie auf der Malerei links vom Eingang Nr. 7, unter dem Tempel des Merkur, in Schaukästen und auf kleinen Tischen ausgestellt; auf einer Bank sitzt ein Kunde und betrachtet die Ware in Anwesenheit der Inhaberin (in der Mitte).

Diese Verkaufsszene spielt sich unter dem Schutz Merkurs ab, der in prächtigen Gewändern, mit Flügelschuhen, mit einem Sack voller Geld und dem *caduceus* in der Hand aus einem kleinen Tempel gelaufen kommt. Der Bau ist italisch: er hat ein Podium mit profiliertem Gesims, Stufen an der Vorderseite, eine tiefe Vorhalle und eine *cella* aus *opus quadratum*. Zwei zierliche Säulen mit ionischen Kapitellen tragen das mit Ziegeln gedeckte Dach mit den Antefixen und den gehörnten Köpfen als Akroteren.

Etwas weiter oben ließ C. Iulius Polybius, der für das Amt des *duumvir* kandidierte, seinen Namen mit Kalk übermalen (den die neugierigen Ausgräber entfernten): Er verschmähte es, von einer gewissen Cuculla, vielleicht einer Arbeiterin im Betrieb des Verecundus, empfohlen zu werden. Polybius scheint anspruchsvoll gewesen zu sein, da er noch eine derartige *dammnatio memoriae* anordnete und an der benachbarten Schänke der Asellina (IX II, 2) den Namen der Zmyrina tilgen ließ.

Dem Tempelchen des Merkur entspricht der Triumph der Venus auf ihrem von vier Elefanten gezogenen Wagen. Die Göttin ist mit Zepter und Steuerruder dargestellt (»*quae rerum naturam sola gubernas*«, »die du allein die Natur beherrschst«; Lucretius, DE RERUM NATURA I, 22) und auf einem Schiffsschnabel stehend, da sie ja die Göttin des Meeres und Beschützerin der Seeleute war; in dieser Eigenschaft wurde sie in dem schon von ferne sichtbaren Tempel hinter der Basilika, der den Seeleuten als Orientierungspunkt diente, verehrt. Sie trägt ein schweres hellblaues Gewand und ein goldenes Diadem auf dem Kopf und wird von Eroten bekränzt, die den weißen Hintergrund ausfüllen. Links steht auf dem mit Eichenlaub geschmückten Erdball die Glücksgöttin mit dem Steuerruder des Schicksals und dem Füllhorn in der Hand, rechts der Genius der Kolonie mit verhülltem Haupt, in der *toga clavata* und ebenfalls mit einem Füllhorn; er bringt der Schutzgöttin der *Colonia Veneria Pompeianorum* aus einer Schale ein Trankopfer dar.

Weiter konnte Verecundus seinen Patriotismus und seinen Geschäftsgeist wirklich nicht treiben.

□ Officina infectoria (Färberei)
Plan 4, IX 7, 2

Auf der Schwelle dieser Werkstatt steht ein Ofen; aus einem Wahlaufruf – »*Infectores rogant*« (»Die Färber empfehlen ...«) – ist zu schließen, daß er zu einer Färberei für neue Stoffe gehört, deren Lage zwischen zwei Filzherstellern und einer Walkerei gegenüber nicht weiter erstaunt.

Der Ofen enthält einen riesigen Kessel aus Blei. Er wird von zwei im Stuckrelief dargestellten *phalloi* beschützt: der an der Vorderseite ist in einem Tempelchen mit dreistufigem Podium und phallischen Akroteren dargestellt, senkrecht erigiert und wie ein Vogel fliegend, der andere hat eine horizontale Stellung und die Form eines Fisches. Sie kommen häufig auf Öfen vor, auch auf denen der Bäcker, als Zauber gegen den bösen Blick.

□ Officina quactiliaria
Plan 4, IX 7, 1

Daß es sich um eine Werkstatt der Filzmacher handelt, bestätigt die Inschrift »*Quactiliari rogant*« (»Die Filzmacher empfehlen ...«) rechts von dem breiten Eingang an der Ecke der *insula*; Gewißheit wird man erst nach der Ausgrabung haben.

Links vom Eingang erhebt sich die feierliche, ehrfurchtgebietende *Venus pompeiana*, behängt mit Schmuck und in einen Mantel aus Filz gehüllt, so wie man eine Kultstatue im Tempel an Festtagen schmückt. Mit dem linken Arm hält sie Zepter und Steuerruder, sie stützt sich auf eine Statuette ihres Sohnes Eros, der auf einem Sockel steht und ihren Spiegel hält. Zwei schwebende Eroten bringen eine Palme und einen Kranz, die Symbole des Triumphs. Über dem Architrav sind Götterbüsten aufgereiht: (von links nach rechts) Diana mit dem Halbmond über dem Kopf, Merkur mit dem *caduceus* und dem *petasos*, einer geflügelten Kopfbedeckung, der bärtige Jupiter mit dem Zepter – in dem Loch neben seinem Kopf sind noch Reste eines geflügelten Phallos aus bemaltem Tuff, gegen den bösen Blick, wie noch an manchen Fassaden mittelalterlicher Häuser und Kirchen – und Apoll als Sonnengott mit einem Strahlenkranz. Die großen Köpfe mit den nach oben blickenden Augen haben einen pathetischen Ausdruck, sie beeindrucken durch ihre lebhaften Farben und die kraftvolle, sichere Malweise. Einige wollten in den vier Gestalten die Symbole der für die *quactiliarii* besonders günstigen Wochentage sehen, nämlich Montag, Mittwoch, Donnerstag und Sonntag.

Rechts vom Eingang erscheint die berühmte Prozession zu Ehren der Kybele, der großen kleinasiatischen Muttergottheit aus Phrygien (Anatolien). Sie ist in Gestalt einer Sitzstatue auf einem tragbaren Thron *(ferculum)* anwesend. Die Rückenlehne ist mit Sternen besetzt, da Kybele eine kosmische Sternengöttin war; auf dem Kopf trägt sie als Beschützerin ihres Volkes bei Kriegen eine Mauerkrone mit Türmen. Die *Magna Mater* wurde 206 bis 204 v. Chr. in Rom eingeführt, da sie den Sieg der Römer im Zweiten Punischen Krieg begünstigt haben soll. Über ihrem *himation* (Mantel) trägt sie ein von den Knien bis zum unteren Mantelsaum reichendes Netz, das für Orakelgottheiten charakteristisch ist. Bezeichnender für Kybele sind die zwei kleinen Löwen zu ihren Füßen, Symbole ihrer Macht über die ungebändigte Natur: Sie ist die Herrin der wilden Tiere. Das Tamburin auf ihrem linken Vorderarm spielt auf die orgiastischen Riten im Kult dieser orientalischen Göttin an. Sie wendet sich wie im Gespräch zu einer anderen mystischen Gottheit, nämlich Dionysos, der in Gestalt einer plumpen, archaisierenden Herme mit langem Bart anwesend ist; es handelt sich um eine Skulptur aus Marmor, die links von der Prozession unter einer (gemalten) Ädikula in eine kleine Nische eingefügt ist. Vielleicht war sie schon vor der Anbringung des Gemäldes in der Fassade.

Das Gefolge ist mit großer Unbefangenheit wiedergegeben, ohne besondere Rücksicht auf Kompositionsschemata oder dekorative Wirkungen; es zeigt eine unmittelbare, von der Volkskunst herkommende Realität. Die Proportionen sind eher symbolisch als der Wirklichkeit entsprechend wiedergegeben; das zeigt sich etwa, wenn man die Figuren der letzten in der Prozession mit der riesigen Dionysos-Herme, der Sitzstatue der Göttin selbst oder mit den Kandelabern und dem Altar vergleicht. Die Prozession gehört zu den Frühlingsfesten zu Ehren dieser Fruchtbarkeitsgöttin, die hier der Venus angeglichen erscheint. Die Kaiser aus dem Haus der Julier rühmten sich, durch ihren Vorfahren Äneas, den Sohn der Göttin, von ihr abzustammen. Aus diesem Grund fand der Kult der neuen phrygischen Göttin in Rom vor allem unter den *optimi* (Aristokraten) so viele Anhänger. Sie sind hier in weißen Togen mit roten Streifen dargestellt: die vier Träger neben dem *ferculum* mit dem weißen, bestickten Kultgewand – einer von ihnen mit dichtem Schnurrbart und glatt rasiertem Kinn (in der zweiten Hälfte des 1. Jahrhunderts n. Chr. die Tracht der Älteren aus den gehobenen Schichten) – halten gabelförmige Stöcke, mit denen sie bei Aufenthalten die auf ihren Schultern ruhenden hölzernen Tragestangen stützen konnten. Es folgen die drei Priester, der rechte mit dem Reliquiar in der Hand, dessen Inhalt nur die Eingeweihten kannten, und hinter ihm zwei Priesterinnen. Der Priester auf der rechten Seite zieht die Aufmerksamkeit durch sein Spiel auf dem Aulos und dem gebogenen Horn, das für den Kybelekult charakteristisch ist, auf sich. In der Mitte geht ein junger Priester. Hinter dem rechten folgen zwei Frauen, links spielen drei gallische *semiviri* (Entmannte), die nach dem Vorbild ihres Gatten Attis der Göttin ihre Fortpflanzungsfähigkeit geopfert hatten, Tympanon und Kymbala (kleine Becken). Jenseits der Ädikula mit dem Dionysos erscheinen noch zwei kleine Musikanten, einer mit Becken, der andere mit einer Syrinx (Panflöte).

Welche Funktion diese Malerei hatte, wird man erst nach zukünftigen Ausgrabungen genauer bestimmen können. Bis jetzt ist nur aus Herculaneum ein Tempel der *Mater deum* bekannt, der *motu conlapsum* (nach der Zerstörung durch das Erdbeben) im Jahre 76 n. Chr. von Vespasian wiedererrichtet worden war. Hinweise auf Kybele und Attis finden sich in pompejanischen Häusern immer wieder. Ihr Kult, der schon in republikanischer Zeit nach Kampanien gedrungen war, verbreitete sich in der Kaiserzeit rasch, nachdem Claudius ihn anerkannt und römischen Bürgern gestattet hatte, Priester zu werden. Der ekstatische Charakter der Prozessionen mit dem kakophonischen Lärmen der Kymbala und Tamburine unterschied sich nicht allzu sehr von den in Kampanien schon lange üblichen Bacchanalien, außerdem entsprach er dem orgiastischen Rausch der ebenfalls zum Priesteramt zugelassenen Frauen.

□ Caupona (Schänke) der Asellina
Plan 4, IX 11, 2

Auf dem Ladentisch ist ein Teil der hier gefundenen Gegenstände (ein fast vollständiges Service für eine Schänke und eine Imbißstube) ausgestellt: Krüge in Form eines Hahns und eines Wolfs, ein Trichter, ein Bronzekessel, der bei der Auffindung 1911 luftdicht verschlossen und mit Wasser gefüllt war. Der Herd am äußeren Ende der l-förmigen Theke, in die vier Gefäße eingemauert sind, ist mit einem Rauchabzug versehen, der aus dem Hals eines Terrakottagefäßes besteht. Am Abend wurde die *caupona* durch eine Bronzelampe mit zwei *phalloi*, einem Pygmäen und fünf Glöckchen daran erleuchtet, gleichzeitig wurde dadurch der böse Blick ferngehalten.

Im Hintergrund des Lokals sieht man die gemauerte Grundfläche der Treppe, die zu den oberen Räumen führte. Die Serviererinnen, die in den Wahlempfehlungen auf der Fassade genannt werden, dehnten ihre Dienstleistungen möglicherweise bis hierher aus. Ihre Namen deuten alle auf fremdländische Herkunft: Zmyrina (oder Ismurna, deren Name von Iulius Polybius getilgt wurde), Aegle, Maria. Asellina, die Geschäftsführerin des Lokals, scheint ihre Herrin gewesen zu sein. Auf den rechten Türpfeiler ist eine Karikatur gekritzelt: ein Mann mit einem Tierkopf und einem gigantischen Phallos, den er in der Hand hält.

□ Haus des C. Cuspius Pansa oder des Paquius Proculus
Plan 5, I 5, 1, Abb. 5, 41

Wie gewagt es ist, ein Haus aufgrund von Wahlinschriften auf der Fassade oder im Eingang zu benennen, sieht man an der doppelten Benennung, auf die man in diesem Falle in Ermangelung sicherer Daten zurückgreifen mußte. In den 28 hier gezählten Programmen kommen diese Herren dreimal vor, im Haus selbst gibt es keine anderen Hinweise außer der Abkürzung PPP auf einer der im Kryptoportikus gelagerten Amphoren. Wie solche Aufschriften zu deuten sind, ist jedoch zweifelhaft; man weiß nicht, ob sie sich auf den Hersteller, den Händler oder den Empfänger beziehen. Cuspius und Proculus waren während der letzten Jahre Pompejis beide bekannte Persönlichkeiten: Cuspius, ein Anhänger des Isiskultes – im Kryptoportikus stand auch eine *amphora* mit der Aufschrift »*Serapidis dora*« (Geschenke des Serapis) –, hatte das Amphitheater wieder aufgebaut. Paquius kandidierte für das Duumvirat. Im Vorraum des Triklinium (f) fand man einen kleinen Marmoraltar, geschmückt mit einem Taubenpärchen, für häusliche Opfer zu Ehren der Venus. Die Cuspii gehörten zur Gruppe der ersten sullanischen Siedler.

Das Haus entspricht dem alten samnitischen Typus; mit einer strengen, teilweise wiederhergestellten Fassade, die verkleinert wurde, als man die jetzt zum benachbarten Haus des Fabius oder Amandus (I 7, 2–3) gehörenden Räume abtrennte, mit dem hohen, sich nach oben verjüngenden Portal mit den Würfelkapitellen und mit dem alten *impluvium*. Der Mosaikfußboden im Eingang zeigt eine Projektion der Tür, deren Flügel mit Waffen geschützt werden – links Schild und Lanze, rechts eine Doppelaxt –, und den Wachhund. Die Schwelle besteht aus einem Fries mit zwei symmetrisch angeordneten Kentauren und einer Ziege, bei dem auch Steinchen aus Glaspaste verwendet sind.

Das Mosaik im toskanischen Atrium (b) ist die Nachahmung einer Kassettendecke mit einer Lichtöffnung in der Mitte, deren Stelle hier vom *impluvium* eingenommen wird. Jedes Feld ist mit einem anderen Motiv verziert, meist sind es Tiere (viele Vögel), bisweilen Götterattribute, und in den Bögen um das *impluvium* – passenderweise – Motive, die mit dem Meer zusammenhängen. Auffallend sind die drei Büsten (Porträts?) auf schwarzem Grund, die in der Antike bereits restauriert wurden; menschliche Figuren kommen in Schwarz-Weiß-Mosaiken nicht häufig vor. Das Mosaik gehört in die frühe Kaiserzeit;

41 Haus des Cuspius Pansa oder des Paquius Proculus

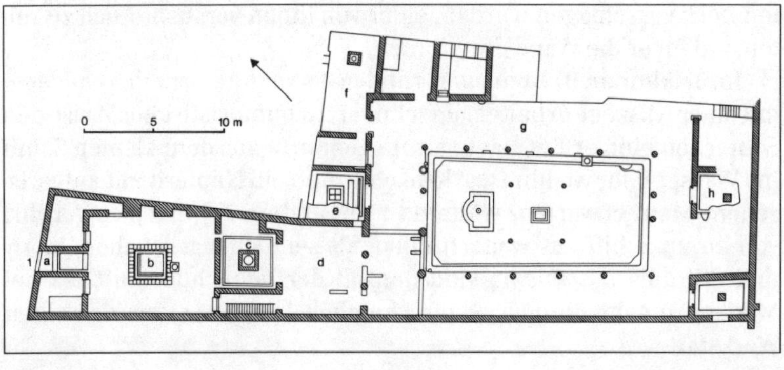

es war schon sehr verbraucht und durch einen Riß, der durch die ganze Länge geht, stark beschädigt. Auch die Verkleidung des *impluvium* war herausgerissen, einige Mosaikfragmente wurden in den Schränken im Atrium gefunden.

In den Wanddekorationen aus dem Vierten Stil sind auf der linken Wand noch zwei Stilleben erhalten (ein Teller mit einem Tintenfisch und zwei Seebarben, und ein gläsernes Tablett mit Früchten), die rechte Seite blieb unverputzt, nachdem man die beim Erdbeben von 62 n.Chr. zusammengestürzte Wand wiederaufgebaut hatte. Man war gerade dabei, in eines der seitlichen Fenster 25 Täfelchen aus *petra specularis* auf einer Fläche von 1,10 × 0,80 Meter einzusetzen.

Die Pfeiler am *tablinum* (c) waren mit unkanneliertem Stuck überzogen. Die Schwelle nimmt das Kassettenmotiv wieder auf mit gedämpften Farben und schrägen, an Holzintarsien erinnernden Motiven. Die Mitte wird betont durch eine runde Alabasterplatte, eingefaßt von einem doppelten Flechtband, von Palmetten und einem quadratischen Rahmen, der mit wilden Tieren, einem Elefanten und – in den eingeschobenen Rhomben – einem Frosch, einer Mücke, einer Maus und einer Eidechse verziert ist.

Die Wände sind im »Kandelaber-Stil« dekoriert. Rechts führte eine Holztreppe in das obere Stockwerk, wohin sich der Hausherr während der Restaurierungsarbeiten im Erdgeschoß verzogen hatte. Hier sind zwei Zimmer, von denen eines aufs Atrium geht, das andere zu der kleinen Loggia über der Nordwestseite des Peristyls, mit einem herrlichen Blick auf die Monti Lattari.

Der große Saal (d) öffnet sich mit zwei Säulen zum Peristyl, seine Dekorationen stammen aus dem späten Zweiten Stil. Im benachbarten *oecus* (e) fand man sieben junge Leute, die von der herabgestürzten Decke erschlagen wurden, einer von ihnen versuchte sich zu retten, indem er die Wand durchbrach.

Im Triklinium (f) ist in einer runden Terrakottaform das *emblema* mit einer Nilszene erhalten. Es schildert in humoristischer Weise den Schrecken einiger Pygmäen, als ihr Gefährte aus dem kleinen Schiff ins Wasser fällt, wo ihn zwei Krokodile und ein Nilpferd mit aufgerissenem Maul erwarten, während zwei andere Pygmäen ungerührt von ihrem Schiff aus weiterfischen, als sei nichts geschehen. Motiv und Stil dieses *emblema* sind dem in der benachbarten Casa del Menandro sehr ähnlich; wahrscheinlich kommt es aus derselben Werkstatt.

Das Peristyl (g), das von derselben Hand ausgemalt wurde wie die Palästra, zeigt in seiner Dekoration eine Anspielung auf die olympischen Spiele, die am 30. März, drei Tage vor den ersten *calendae* des – nach Neros Willen – *neronius* genannten April stattfinden sollten.

An der linken Seite des Peristyls kann man in tiefere Räume hinabsteigen, die den Portikus – außer an der Nordseite – unterkellern. Sie müssen ursprünglich einen schönen Kryptoportikus von dem gleichen Typus wie dem in der Casa del Criptoportico gebildet haben, mit einem Heißbad und einem Ofen; später jedoch benutzte man sie als Weinkeller und Lagerraum für landwirtschaftliche Erzeugnisse. Der breite Zugang von dem kleinen Privatweg an der Westseite aus erleichterte das Be- und Entladen. Unter den zahlreichen hier gelagerten Amphoren waren, außer der mit den *Serapidis dora*, auch eine mit Wein aus Taormina und eine mit drei Jahre gelagertem *garum* (Fischsauce).

In der Mitte des Gartens bemerkte man die Reste eines Sommer-Trikliniums unter einer Pergola mit vier Säulen, das hinter dem Bekken mit Springbrunnen und Abflußrohr eingerichtet war. Das witzige Mosaikbildchen mit dem betrunkenen Silen, der auf einem unter seinem Gewicht zusammenbrechenden Esel reitet, stammt aus dem Raum h (im Neapler Nationalmuseum).

□ Haus des Amandio oder des Fabius
Plan 4, I 7, 2–3, Abb. 42

Zwei Wahlprogramme an der Fassade, jedes mit einem anderen Namen, machen die Benennung des Hauses schwierig, und auch der Mittelweg, aus den beiden eine einzige Person zu machen, überzeugt nicht. Rückschlüsse auf den Besitzer oder Bewohner eines Hauses sollten immer mit einer gewissen Vorsicht gezogen werden, besonders wenn sie auf derartige Inschriften zurückgehen.

Die Wohnung wurde von dem größeren, aus samnitischer Zeit stammenden Nachbarhaus, dem des Paquius Proculus (I 7, 1), abgetrennt, zu dem es wohl einst als zweites Atrium (b) gehörte. Das *impluvium* zeigt noch Reste der alten Einfassung aus *opus signinum* (2. Jahrhundert v. Chr.), während das Becken mit einem weißen, schwarz eingefaßten Mosaikboden restauriert wurde. In der Mitte sieht man den Deckel der darunter gelegenen Zisterne; dies ist sehr selten, da sie sich im allgemeinen neben dem *impluvium* befindet.

Hinter ihm steht das *cartibulum*, ein graziöses, von einem Fuß gestütztes und mit zwei marmornen Löwenköpfen verziertes Tischchen. Der mit Reliefs verzierte zylindrische Eimer aus Blei diente als Trinkwasserbehälter.

Das Haus hat zwei Eingänge zur Straße. Der rechte (Nr. 2) führt in den Raum des *ostiarius* (Portier), der als Weber arbeitete; man fand hier neun Wollkämme, an denen noch Holz- und Stoffstücke hingen. Ähnliche Nebenbeschäftigungen der Portiers sind auch sonst belegt, beispielsweise im Haus des Caesius Blandus (VII 1, 40; vgl. S. 408), wo der Portier zugleich als Schuster arbeitete. Links von diesem kleinen Raum ist auf der Ostwand, rechts von der Tür, ein Liebesseufzer auf die Wand gekritzelt: »*Dulcis amor perias ita*« (»Wenn du nur stürbest, süße Liebe«).

Im Innenhof (c) wird das vom oberen Stockwerk herabfließende Regenwasser gesammelt. Ihn schmückt ein illusionistisch gemalter Brunnen *(labrum)* zwischen Oleanderbüschen mit einem Pfau und einigen Vögeln, die daran trinken. In diesem Teil des Hauses, zu dem auch das hübsche Zimmer (d) mit gewölbter Decke und weißgrundigen Malereien gehört, wurde ein großes Terrakottagefäß mit Reliefschmuck und der Aufschrift *P. Corneli Corinti servos* gefunden; danach hat man das Haus mit ebenso zweifelhaften Gründen diesem Corintus zugewiesen.

■ Haus des Priesters Amandus
Plan 4, I 7, 7, Abb. 42

Einer der vielen Aufrufe in der Via dell'Abbondanza fordert die Passanten auf, die Kandidatur des Priesters Amandus zu unterstützen; die Empfehlung steht neben der Tür dieses Hauses. An der Straße liegen verschiedene Läden mit Hinterzimmern, die im Lauf der Zeit abgetrennt wurden. Das Haus selbst stammt schon aus samnitischer Zeit, wie aus einem Malereifragment hervorgeht, das im Eingang (a) auf der rechten Seite zutage kam, als dort ein Stück Verputz abfiel. Es zeigt zwei Szenen mit Gladiatorenkämpfen und über dem rechten Gladiator, der vom Pferd aus kämpft, in oskischer Schrift den Namen *Spartacs*, der an den berühmten Gladiator dieses Namens erinnert.

Am Atrium liegen mehrere Räume, von hier aus führt eine Treppe unmittelbar in das obere Stockwerk. Daneben betritt man den Saal (b), der als Triklinium benutzt wurde, wie aus der Anordnung der

Muster hervorgeht, die mit weißen Steinchen in den Fußboden aus *opus signinum* gelegt sind. Den Platz des Tisches bezeichnet ein rundes, aus verschiedenen Marmorsorten zusammengesetztes und schon in der Antike restauriertes Feld in der Mitte. Bemerkenswert sind vor allem die prächtigen Malereien aus dem reifen Dritten Stil (um 40 n. Chr.). Von den drei großen Mittelbildern ist zweifellos das rechte am schönsten. Es schildert den Sturz des Ikarus beim Herannahen des Sonnengottes auf seinem Viergespann. Die ganze Landschaft ist vor meergrünem Hintergrund dargestellt, mit den Schiffern, die entsetzt zum Himmel blicken, den Felsklippen, die als Personifikationen zusehen, wie ein Schiffer hier den Körper des Unglückseligen findet. Die Gestalt des Dädalus fehlt leider; von ihm sieht man nur einen Flügel über der wunderbaren, mit Mauern und Türmen eingefaßten Stadt, die man in der Ferne aus der Vogelperspektive sieht. Mehrere Phasen der Erzählung sind hier zu einem Bild verschmolzen.

Dasselbe gilt auch für die anderen Bilder, von denen zwei, mit demselben meergrünen Grund, von der gleichen Hand stammen: links die Befreiung der Andromeda – der Felsen, an den sie gekettet ist, bildet den Angelpunkt der Kompositon – durch den schmachtenden Perseus; rechts Polyphem. Er liegt auf einem ähnlichen Fels und

42 Casa dell'Efebo (schwarz), Haus des Priesters Amandus (schraffiert) und Haus des Amandio oder des Fabius (Kreuzschraffur)

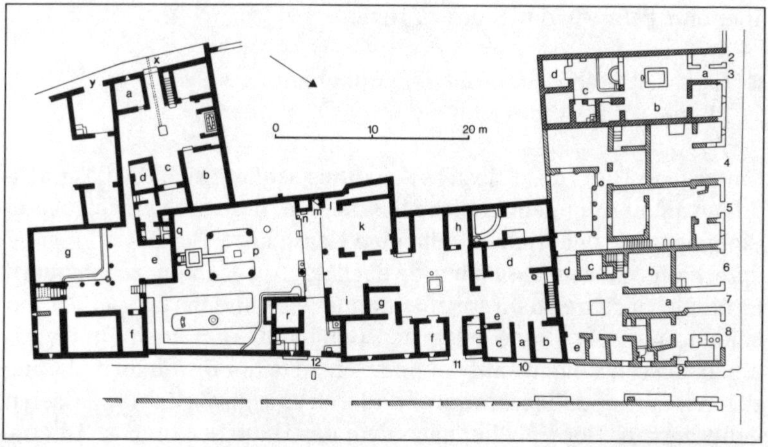

wendet sich zu Galatea, die auf dem Wasser reitet und ihr schönes Gesäß auf ihrem Delphin zeigt, in der Nähe steht ein Priapos, und in der Ferne entflieht das Schiff des Odysseus.

Das vierte Bild wurde von einer anderen Hand gemalt, mit seinen barocken Zügen kündigt es bereits den Überschwang des Vierten Stils an. Auf weißem Grund steht die mächtige Gestalt des Herakles den beeindruckten Hesperiden gegenüber, dahinter beugt sich der Baum unter der Last der berühmten goldenen Äpfel, von denen Herakles einen genommen hat, nachdem er zuvor selbst den Drachen begütigt hatte. Auf der anderen Seite der Treppe liegt ein *cubiculum* (c) mit einem Abstellraum und einer Eintiefung für das Bett, über dem die – fragmentarisch erhaltene – Dekoration die Szene schildert, wie Paris mit Hilfe der Aphrodite Helena entführte. In den außergewöhnlich glänzenden Seitenfeldern schweben *amorini*.

Von demselben Maler, der den Sturz des Ikarus malte, scheint auch die Darstellung einer Stadt am Fluß zu stammen, die sich in der rechten *ala* (d) des Atriums befindet. Von hier gelangt man in den *xystus*, der einst von einem riesigen Weinstock überschattet wurde; der Abdruck seiner Wurzeln ist noch zu sehen. Über dem Portikus an den beiden Seiten erhebt sich die Balustrade eines Balkons. Die Intimität dieses Bereiches wird heute vor allem durch die Reste der Dekoration mit den großen roten Feldern bestimmt, in denen eine kleine Gruppe von Eroten als Walker und einer als Sänger zur Kithara dargestellt sind. Er wurde in dem Graffito darunter kopiert, vermutlich von dem gleichen Schöngeist, der sich damit vergnügte, auf der Säule gegenüber eine Palme in den Stuck zu ritzen.

■ Casa dell'Efebo (Haus mit dem Epheben)
Plan 4, I 7, 11, Abb. 42

Hinter dem Haus des Priesters Amandus schließt sich die Casa dell'Efebo an, deren uneinheitliche Fassade mit den drei verschiedenen Eingängen an der leicht abfallenden Gasse liegt. Der erste Eingang unterhalb vom *cenaculum* wurde nach der Ausgrabung zugemauert. Es handelt sich um mehrere miteinander verbundene Häuser. Zu den beiden an dieser Gasse gelegenen Gebäuden kam noch ein drittes hinzu, dessen Eingang auf der anderen Seite der *insula* liegt; der Besitzer, P. Cornelius Teges, konnte dadurch eine große Zahl von Gästen beherbergen. Der Ephebe, nach dem das Haus benannt ist, ist eine

Bronzestatue nach einem griechischen Original, das zum Ständer für ein Tablett umgeformt wurde. Die Statue war sorgfältig in Leinen gepackt, um sie vor Beschädigungen zu schützen.

Der erste Eingang (Nr. 10) ist heute vermauert. Man fand ihn mit einer Querstange und einem *repagulum* (einem schräg verlaufenden Balken) fest verrammelt. Er führte in ein vollständig überdachtes Atrium *(testudinatum)* ohne *impluvium*, mit einem *tablinum* (d) und einer Treppe, die zum *cenaculum* über der Tür führte. Das Essen kam aus der neben dem Eingang Nr. 11 gelegenen Küche, die zu dem zweiten, durch eine Flügeltür abgetrennten Teil des Hauses gehört (man sieht noch die Eintiefung der Türangeln). Der erste Teil des Hauses umfaßt ein Gelaß zum Händewaschen mit einem Bronzebecken, dem seltenen Beispiel eines Waschbeckens für heißes Wasser, das in dem kleinen Hof neben dem Speiseraum der Diener (hinter d) erhitzt wurde.

Das Lararium im Atrium (e) ist anmutig bemalt mit einem opfernden Genius, einem *tibicen* (Aulosbläser) und einem *camillus* (Opferdiener) zwischen den tanzenden Laren.

Die zweite Tür (Nr. 11), durch die man heute eintritt, führt auf das der Repräsentation dienende toskanische Atrium. Nach den schlichten weißgrundigen Dekorationen zu schließen, die denen im ersten Teil des Hauses entsprechen, müssen die kleinen Räume am Atrium untergeordneten Charakter gehabt haben. Im *cubiculum* (h) ist Narziß dargestellt, der sich in sein eigenes, vom Wasser reflektiertes Spiegelbild ebenso verliebt wie die traurige Nymphe Echo. Das Bildchen ist aus Diagonalen aufgebaut, die sich bei den beiden geneigten Köpfen treffen. Gegenüber sieht man Apoll und Daphne, ein drittes Bildchen mit Venus als Fischerin ist wegen des schlechten Erhaltungszustandes der ganzen Wand nicht mehr zu erkennen. Durch die »Borten«, mit denen die einzelnen Wandfelder eingefaßt sind, sind derartige Wände als Dekorationen aus dem Vierten Stil gekennzeichnet, zum Beispiel die im *cubiculum* (f) neben dem Eingang.

Zwischen Atrium und Garten liegt ein bescheidenes Triklinium (i). Das *emblema* auf dem Fußboden zeigt Pflanzen, auf der Rückwand ist ein Stilleben mit einem Korb mit Fischen dargestellt. Der gegenüberliegende Saal (k) ist ein Triklinium für festlichere Gelage, das sorgfältig gepflegt wurde: eine Bleiplatte überdeckte das Blumenmuster aus kostbarem Marmor und bunten Glaspasten in der Mitte des Fußbodens, der dort, wo keine Betten standen, aus *opus sectile* (Marmorintarsien) bestand. Ebenso ausgesucht sind die schlanken, paradoxen Architekturen in der neronischen Wanddekoration mit ihren kühnen, bisweilen hinter durchsichtigen Schleiern sichtbaren Durchblicken. Man meint, sich in der dünnen Luft eines phantastischen Palastes zu bewegen, zwischen dessen luftigen Flügeln die Jahreszeiten schweben und auf dessen Balkonen Symbole auf den Kult des Dionysos anspielen. Innerhalb dieser großartigen bühnenähnlichen Dekorationen stehen die Bilder etwas vereinzelt; auf dem einen erkennt man die Begegnung zwischen Menelaos und Helena nach der Eroberung Trojas. Oben lief rings um das Zimmer ein Fries mit vergoldeten Figürchen, die auch auf dem prächtigen Gewölbe, das die Krönung des Saales bildet, erscheinen. Ein großer Teil der hier gefundenen Gegenstände wird im Antiquarium oder im Magazin aufbewahrt; vier seltsame Statuetten, die jeweils einen *placentarius* (Kuchenverkäufer) darstellen und auf alexandrinische Kunstwerke zurückgehen, befinden sich im Neapler Nationalmuseum.

Neben der kleinen Tür zur benachbarten *cella penaria* (Vorratskammer) halten zwei grob hingemalte Schlangen rechts und links von der Nische mit dem Lararium über dem brennenden Räucherbecken Wacht. Zum Schutz des Trikliniums waren Wände mit Fenstern zwischen die Säulen des Portikus eingezogen, der die Verbindung zum breiten Eingang für die Gäste (Nr. 12) und zur Küche und Latrine herstellte. Derselbe Eingang mit den angrenzenden Räumen wurde auch für das Sommer-Triklinium (p) benutzt. Es lag im Schatten einer Pergola, in der Mitte sprudelte ein Springbrunnen, den das *castellum aquae* (n) im Portikus speiste. An den Wänden war die Liebe zwischen Mars und Venus dargestellt.

Ringsherum prangt an den Wänden ein *paradeisos* mit wilden Tieren (q), die Seiten der gemauerten Liegen sind mit einer miniaturhaft kleinen, aber sehr ausgedehnten Nillandschaft bemalt. Sie zeigt den Fluß zur Zeit der Überschwemmung: das segenspendende Wasser umgibt im Überfluß die Heiligtümer und all die anderen Bauten und Pflanzen, die zu einer solchen Landschaft gehören. Rechts ist ein erotischer Akt dargestellt, der von den Zuschauern mit Aulosspiel und Zurufen rhythmisch begleitet wird. Die gesamte Landschaft ist erfüllt von dieser Grundstimmung der Fruchtbarkeit.

Wenn die Geselligkeit sich in den Abend zog, entzündete man die Lichter, die der hier auf einem Sockel aufgestellte Ephebe trug. Außerdem stand hier eine Bronzenymphe; der Wasserstrahl aus der Muschel, die sie vor ihrem Schoß hält, speiste den Brunnen in der Nische (o). Hinter dem *castellum aquae* versteckt und dadurch den Blicken entzogen, stand eine weitere Gottheit in ihrem Tempelchen (m). Der eigentliche Garten *(viridarium)* lag, beschützt von vier kleinen Hermen, auf der linken Seite. Das Wasser aus dem Brunnen wurde in einer Leitung gesammelt, die in der Außenmauer verschwindet, um dann in dem etwas tiefer gelegenen Haus dahinter, an der Rückseite des Peristyls, wieder zum Vorschein zu kommen.

Dies und der Türdurchbruch in der angrenzenden Mauer lassen darauf schließen, daß auch dieses Haus dem Gebäudekomplex des P. Cornelius Tages eingegliedert worden war; als der Vesuv ausbrach, hatte man mit den Umbauarbeiten zwar schon begonnen, war jedoch noch nicht sehr weit gekommen. Deshalb lagen Haufen mit Material für das Verputzen der Wände in einer Ecke der Exedra und in dem *xystus*, der zwischen den Schranken des riesigen gemalten Gartens (g) und den beiden Säulenreihen angelegt ist. Man verläßt den *xystus* durch einen engen Gang, an dem einige Nebenräume liegen. Im *cubiculum* (d), das durch eine Art Schießscharte belüftet und beleuchtet wird, sind auf schwarzem Grund Bildchen mit Paris und Helena im Gespräch dargestellt.

Das toskanische Atrium mit dem kleinen *impluvium* wird von zahlreichen Zimmern und Zimmerchen eingefaßt. Die Bilder im *tablinum* (c) zeigen den Raub des Hylas und die Liebe zwischen Mars und Venus. Das Fenster schaut auf den kleinen Hof mit dem gemalten Gartenzaun, wo eine weitere Wasserleitung vom *castellum aquae* hervorkommt, dann ungeschickt durch die Mauer geführt wird und den Fußboden im *tablinum* und in den folgenden Räumen bis hin zur Straße zerstört. Das angrenzende *triclinium* (b) besaß eine großartige Dekoration aus dem späten Dritten Stil, die von derselben Hand stammt wie die im *tablinum*, man erkennt noch einige Landschaften mit Villen am Meer.

In dem kleinen *cubiculum*, das vom Atrium durch eine hölzerne Tür in der breiten Öffnung abgetrennt wird, erinnert das Skelett eines Jungen, der hier erstickt lag, an das schreckliche Schicksal der Bewohner. Die *fauces* (x) waren zum Hintereingang geworden.

□ Casa dei Quattro stili (Haus der Vier Stile)
Plan 4, I 8, 17

Das Haus wurde 1938 und 1951 ausgegraben und ist noch nicht publiziert. Es handelt sich um ein schönes Gebäude vom Ende des 2. Jahrhunderts v. Chr., in dessen Atrium vier korinthische Tuffsäulen stehen, deren Basis mit einem umlaufenden Perlstab verziert ist. Das *impluvium* hat noch die alten Profilierungen, ist jedoch mit gestoßenem Travertin überzogen. Im *cubiculum* links vom Eingang, wo an einem Nagel im Alkoven ein Tuch mit Fransen hängt, ist die Dekoration aus dem Ersten Stil noch erhalten: Sie vervollständigt die Atmosphäre der »alten Zeit«, wie sie dieser Teil des Hauses vermittelt. Im *cubiculum* rechts vom Eingang sieht man eine interessante antike Restaurierung: eine Mänade auf einem Sockel wurde aus einer Wand geschnitten und in die ältere, aus dem Zweiten Stil stammende Dekoration eingesetzt.

Das Haus trägt seinen Namen deshalb, weil alle vier Stile der kampanischen Wanddekorationen darin vertreten sind: die Malereien im ersten *cubiculum* links im Atrium stammen aus dem Vierten Stil, das *cubiculum* links vom Eingang enthält Dekorationen des Ersten Stils, die linke *ala* und das dritte Zimmer links am Atrium sind im Zweiten, und alle übrigen Räume im Dritten Stil ausgemalt. Die doppelt eingefaßten Streifen in den Wandfeldern des dritten Zimmers links am Atrium und die geometrischen Ornamente des Sockels verraten, daß der Zweite Stil in diesem Zimmer eine Stilkopie aus der Zeit des Dritten ist. Daß in einem einzigen Haus alle vier Stile vorkommen, ist jedoch kein Einzelfall in Pompeji; es ist sogar charakteristisch für viele Häuser, unter anderem weil die verschiedenen Generationen zumindest die Repräsentationsräume dem jeweiligen Geschmack anpaßten, ganz abgesehen von der Abnutzung der Wände und den zahlreichen Renovierungen und Veränderungen, die durch Umbauten oder auch durch Unglücksfälle – beispielsweise Blitzschlag, wie hier – veranlaßt wurden. Die Nische mit dem Lararium im Atrium konnte mit einer hölzernen Tür verschlossen werden, von der noch Reste an den Eisenstiften neben der Nische erhalten sind. Hier standen eine *arula* (Altärchen) und zwei kleine Hermen aus Tuff, vielleicht die *imagines maiorum* (Ahnenbilder).

Der *oecus* an der Rückseite des Atriums ist von diesem abgetrennt, er öffnet sich mit einer Tür und zwei großen Fenstern, die aus zwei Pfeilern und dazwischengestellten Schranken bestehen. Er ist mit einer einzigartigen Dekoration aus dem Dritten Stil in kontrastierenden Farben ausgemalt, wie sie für die letzte – barocke – Phase dieses Stils typisch sind. Das kräftige Zahnschnittgesims aus dem Ersten Stil, das von den späteren Dekorateuren belassen wurde, mag den ungewohnten Metopenfries darunter angeregt haben.

Das seltsame Bild, das auf der linken Wand dargestellt war (jetzt abgenommen und im Magazin am Forum aufbewahrt), zeigt wahrscheinlich eine Szene aus einer *fabula saltica*. Bei diesen Theaterdarbietungen wurden Szenen aus der griechischen Mythologie, die von römischen Dichtern wie Lucanius und Statius zu Libretti verarbeitet wurden, als Pantomime dargestellt; dem Ballett und der Musik kam dabei besondere Bedeutung zu. Im Vordergrund steht ein junger Mann mit einem Kranz aus Weinlaub und Trauben, vielleicht ein Diener. Er hat von der Kredenz, auf der ein goldenes Service steht, einen Krug und ein Trinkhorn genommen und betrachtet die Gruppe zweier Tänzerinnen, die Helme mit einem Busch darauf tragen. Die von hinten gesehene hebt mit ihrer linken Hand ein Tierfell hoch, das eng um ihren Gürtel gelegt ist, die andere, von vorne gesehene trägt ein durchsichtiges Gewand. Ihr Waffentanz spielt sich vor einem runden (beweglichen?) Sockel ab, auf dem ein betrunkener Jüngling in einem langen Gewand von einem kleinen Sklaven mit kurzen Haaren und bartlosem Gesicht gestützt wird. Der Jüngling hält eine Binde mit Blumen, das Überbleibsel eines Gelages, in seiner rechten Hand. Dahinter sieht man zwei weitere, ebenfalls behelmte Gestalten in akrobatischen Stellungen. Die weiter entfernte klammert sich an den Hals eines Pferdes. Vielleicht stellten sie Amazonen dar. Der Theatercharakter des Ganzen wird durch die Masken, die in der Oberzone dargestellt sind, verstärkt.

In dem kleinen Hof fand man einen Ziegel, in den das Wort *fulgur* (Blitz) eingekratzt war. Er lag auf einem Haufen von Material, das vom Blitz getroffen worden war. Solche Gegenstände mußten vergraben und der Unglücksort mit einer Sühnefeier, bei der ein zweijähriges Schaf zur Besänftigung Jupiters geopfert wurde, gereinigt werden. Unter dem aufgehäuften Material waren auch Fragmente von glatten und gewölbten Ziegeln, Bruchstücke von Mörtel, mit dem sie verbunden waren, sowie Stuckfragmente aus dem Ersten Stil.

Der rückwärtige, um den *xystus* gelegene Teil des Hauses mit den Wirtschaftsräumen und einem Nebeneingang (Nr. 11) zur Gasse dahinter zeigt keine Spuren eines Blitzeinschlages. Es ist deshalb anzunehmen, daß der Blitz das Atrium oder eines der angrenzenden Zimmer traf; sie alle zeigen Restaurierungen, bisweilen nur Ausbesserungen, bei denen die Elemente aus dem Ersten Stil belassen wurden. Dies muß vor dem Erdbeben geschehen sein, da die Restaurierungen im Dritten Stil ausgeführt wurden. Das vom Blitz getroffene Material wurde im Hof vergraben, da es unter offenem Himmel in der Erde liegen mußte *(conditum)*, jedoch so, daß man es nicht sehen und nicht darüber laufen konnte.

Im Stall fand man das Skelett eines Lasttiers.

□ Thermopolium (Garküche)
Plan 5, I 8, 8

In einem der großen Gefäße *(dolia)*, die in den Ladentisch dieser Imbißstube eingemauert sind, fand man den Inhalt der Kasse. Er bestand ausschließlich aus Kleingeld: 374 Assen und 1237 Quadranten mit einem Gesamtwert von 683 Sesterzen und einem Gewicht von etwa drei Kilogramm. Es ist einer der wenigen Fälle, bei denen man so gut wie sicher sein kann, daß es sich bei dieser Summe mit all dem Kleingeld (das man nur selten unter dem Barvermögen der Flüchtenden fand) tatsächlich um die Einnahme eines Tages handelt.

Man hatte Merkur also nicht umsonst angerufen, der in dem dahinter gelegenen Lararium neben Dionysos, der die Ware besorgte, verehrt wurde; es ist einer der schönsten und am besten erhaltenen Schreine dieser Art. In einem kleinen Tempel mit korinthischen Säulchen, der in Stuck ausgeführt ist, wie es in den letzten Jahren üblich war, erscheint in einer Art Fenster der Genius des Hausherrn und gießt aus einer Schale ein Trankopfer auf einen zusammenklappbaren Dreifuß mit Opfergaben. Neben ihm stehen die Laren, darüber kriechen zwei Schlangen zu einem Altar.

Die hübsche Wohnung des Wirts war durch das Hinterzimmer, das eine rotgrundige Dekoration aus dem Dritten Stil zeigt, oder von der kleinen Seitenstraße aus durch den Eingang Nr. 9 zu betreten. Atrium und *tablinum* waren noch nicht ausgemalt. Das linke *cubiculum* zeigt eine einfache, aber geschmackvolle weißgrundige Dekoration, wie sie für Nebenräume typisch ist: mit rot gesprenkeltem Sockel (eine entfernte Nachahmung von Granit) und zarten Kandelabern im Zentrum der Mittelzone, die kleine Bilder mit Vögeln stützen.

Den besonderen Wert dieses Hauses macht das Triklinium am *xystus* aus. Die leuchtende Dekoration dieses an dem kleinen Innenhof gelegenen Raums mit den lebhaften Farbgegensätzen (Rot, Schwarz und Gelb) und der teilweisen »Durchbrechung« der Wand durch die schlichten Architekturdurchblicke gehört zum besten, was aus dem Dritten Stil erhalten ist; die Qualität entspricht den Malereien im Haus des Lucretius Fronto (V 4, a; vgl. S. 417–424); vielleicht war hier dieselbe Werkstatt tätig.

Der Sockel ist mit Pflanzen bemalt, die Mitteládikula in der mittleren Zone wird von Fenstern eingerahmt, die auf eine verkürzt wiedergegebene Säulenhalle gehen. Die Seitenfelder erscheinen als Vorhänge mit einem winzigen Bildchen in der Mitte und diagonal verlaufenden dünnen Girlanden oder Zweigen. Dahinter erhebt sich, halb verborgen von einem Tuch, das einen Teil des Durchblicks verhängt, ein Dreifuß. An den Seiten sieht man zarte silberne Kandelaber, in deren fadenförmigen Schaft Gefäße eingefügt sind, mit herabhängenden Perlenschnüren. Auf ihren Spitzen erheben sich Reiher in die Luft. Außerordentlich fein sind auch die Ornamentbänder mit den stark stilisierten Blumenmotiven. Das schöne Mittelbild auf der rechten Wand zeigt den Raub der Europa durch Zeus, der sich hierfür in einen Stier verwandelt hatte.

Im Garten ist ein Sommer-Triklinium angelegt. Eine der vielen hier gefundenen Amphoren trägt die Aufschrift *tru(ginon)*, sie enthielt demnach einen Wein, der schwarz wie Tinte war; hergestellt hatte ihn ein *Ioudaikos* (Hebräer).

Möglicherweise war im oberen Stockwerk der Versammlungsraum einer Bäckerinnung; eine Inschrift auf der Fassade »*pistores rog(ant) et cupiunt cum vicinis*« (»Die Bäcker empfehlen und wünschen zusammen mit den Nachbarn ...«) läßt dies vermuten, doch gibt es keine Bäckerei in dieser Gegend (zum einzigen Backofen an der Via dell'Abbondanza, dem des Sotericus, vgl. S. 298).

□ Zwei Webereien
Pläne 4, 5, IX 12, 1–2 und 3–5

Der schlechte Erhaltungszustand der beiden erst teilweise ausgegrabenen *textrinae*, die früher (vor dem Erdbeben?) zusammengehörten, geht auf die Bombardierung im Jahre 1943 zurück. Aus den Graffiti weiß man jedoch, daß hier im oberen Stockwerk, das Loggien mit

Fenstern und Einrichtungen für die Weber besaß, die Stoffe gewebt wurden, die man dann im Laden verkaufte.

Die Graffiti in der *taberna* (1–2) geben wertvolle Hinweise auf den Preis einer Tunika (15 Sesterzen) und den Beginn der Arbeiten: *»scri(p)si coeptum stamen decembre VII k(alendas) ianuarias«*, (»Ich habe es aufgeschrieben: das Weben begann sieben Tage vor den Kalenden des Januar«), also am 26. Dezember. Die Arbeit dürfte hauptsächlich von Frauen ausgeführt worden sein; darauf lassen die Graffiti in der Weberei des M. Terentius Eudox(s)us (VI 13, 5–9) schließen, wo neben elf Frauen- nur sieben Männernamen vorkommen. Die Textilverarbeitung galt als Frauenarbeit: Augustus forderte seine Frau, seine Schwester, seine Tochter und seine Nichten zum Spinnen auf, und häufig liest man auf Grabsteinen, die Verstorbene sei eine unermüdliche *lanifica* gewesen. Unternehmer und Arbeiter im pompejanischen Textilgewerbe waren hauptsächlich fremdländischer Herkunft. Die Wolle wurde nach der ersten Behandlung in der *officina lanifricaria* (vgl. S. 405–407) und dem Kämmen und Spinnen hier zu Stoff verarbeitet; das Färben fand vorher oder danach statt (vgl. S. 267). Zum Schluß wurden die Stoffe dann gewalkt, um den Schmutz zu entfernen, der sich beim Spinnen und Weben angesammelt hatte.

Das Gebäude selbst geht auf samnitische Zeit zurück; das Obergeschoß mit den Loggien zur Außen- und zur Innenseite und den vorgesetzten Halbsäulen aus Tuff mit Würfelkapitellen ist eines der seltenen Beispiele für *cenacula*.

■ Haus des C. Iulius Polybius oder des C. Julius Philippus
Plan 5, IX 13, 1–3

Die letzten Bewohner des stattlichen Hauses, das ein Viertel der gesamten *insula* einnimmt, entstammten einer Familie kaiserlicher Freigelassener, also einer privilegierten Schicht. Mit der Kandidatur des Polybius für das Amt des *duumvir* schaltet sie sich im 1. Jahrhundert n. Chr. erstmals in die Lokalpolitik ein. Auf der Fassade seines Hauses und in der Nachbarschaft wird seine Wahl empfohlen, weil er eine gute Brotqualität verspricht *»panem bonum fert«*. Auf C. Iulius Philippus beziehen sich ein Bronzesiegel, das in einem Schrank im Peristyl gefunden wurde, und ein Glückwunsch, der neben dem Schrein der Hausgötter im kleinen Hof bei der Küche eingeritzt ist.

Die Fassade des Hauses, das auf das 2. Jahrhundert v. Chr. zurückgeht, war im Ersten Stil gestaltet: mit hohen, sich nach oben verjüngenden Türen und einem Zahnschnitt über dem Gebälk. Hinter dem Haupteingang (Nr. 3) befindet sich ein Atrium, das ebenfalls im Ersten Stil dekoriert ist. Es zeigt eine Scheingalerie und, aus Gründen der Symmetrie, eine gemalte Tür links vom *tablinum*. Daneben fand man einen Haufen mit Kalk und Amphoren für die Ausbesserungen, die nach dem Erdbeben von 62 n. Chr. in Angriff genommen wurden. Die Ergebnisse sieht man am Sockel im Saal selbst, im Eingang und im *tablinum*; andere Teile des Hauses waren noch nicht fertig.

Durch das *tablinum* gelangt man in das zweite Atrium, dessen Fußboden aus *opus signinum* besteht. Das mit *cocciopesto*, einer Mischung aus Mörtel und Ziegelscherben, ausgekleidete *impluvium* ist an eine große Zisterne angeschlossen, da das Haus trotz seines stattlichen Aussehens keinen Anschluß an die städtische Wasserversorgung hat. Auf der linken Seite des toskanischen Atriums liegen zwei *cubicula* mit Dekorationen aus dem Zweiten beziehungsweise aus dem Vierten Stil. Der Gang daneben verbindet das Atrium mit dem kleinen Hof, an dem die Küche liegt. Neben der Küche, deren Rauch durch einen Dachziegel abzog, befindet sich ein hübsch gemaltes Lararium.

Das Peristyl hat eine einfache, aber sehr feine weißgrundige Dekoration mit Stilleben und Masken.

Eines der *cubicula* im oberen Stockwerk, südwestlich vom Peristyl, zeigt eine fast vollständig erhaltene Dekoration aus dem späten Dritten Stil; in der Mittelzone ist Dädalus dargestellt, wie er Pasiphae die von ihm entworfene hölzerne Kuh vorführt, in der Oberzone einander gegenüber Venus und Mars.

Im *viridarium* wurden die Abdrücke der Wurzeln von fünf großen Obstbäumen gefunden, darunter zwei Feigenbäume, die den Garten überschatteten und deren Zweige von Pfählen gestützt wurden. An der nicht überdachten Seite wuchsen kleinere Spalierbäume.

Das Speisezimmer hinten links hatte eine prächtige Dekoration aus dem Dritten Stil mit einer schwarzgrundigen Decke, deren Kassetten zu achteckigen Rhomben sternförmig angeordnet sind, und einem Mittelbild, das die Schleifung der Dirke darstellt. Der Stuck auf den beiden anderen Wänden war wegen der geplanten Restaurierung zum Teil bereits entfernt worden.

Das Triklinium barg hinter den mit Bronzeriegeln verschlossenen Türen einen Schatz mit Bronzegegenständen, darunter ein Ephebe als Fackelträger, bei dem es sich um eine Wiederholung des Apollo Philesios, eines vom Bildhauer Kanachos in der ersten Hälfte des 5. Jahrhundert v. Chr. geschaffenen Typus, handelt. Auch ein Tafelservice mit Krügen und Schalen gehörte dazu, außerdem ein Wasserkrug aus dem 5. Jahrhundert v. Chr. – schon damals eine regelrechte Antiquität – sowie ein spätaugusteischer Mischkrug aus getriebener Bronze mit der Darstellung von sieben Heroen, die zur (kalydonischen?) Jagd aufbrechen. Daneben gab es Kandelaberstützen, eine Lampe, einen Schemel und die Reste von drei Liegen mit bronzenen Füßen und Verzierungen. Sie standen rings um ein Feld mit bunten Marmorstücken, das in die Mitte des einfachen roten Fußbodens aus gestoßenen Ziegeln und Mörtel eingefügt ist.

□ Fullonica (Walkerei) des Fabius Ululitremulus
Plan 5, IX 13, 5

Auf die Fassade dieser noch nicht vollständig ausgegrabenen Werkstatt ist die bekannte Gruppe mit der Flucht des Äneas gemalt (rechts): seinen Vater Anchises auf den Schultern, seinen Sohn Ascanius (oder Iulus) an der Hand, fliegt er aus Troja nach Latium, wo dann Romulus, der hier bis an die Zähne bewaffnet erscheint, Rom gründen sollte (links; schlechter erhalten).

Welcher Betrieb hier untergebracht war, läßt sich aus den zahlreichen Kritzeleien schließen, die von den *fullones* (unter anderen auch von einem *atramentarius*, einem »Schwarzfärber«) angebracht wurden. Sie kannten den ersten Vers der AENEIS gut genug, um ihn zu parodieren. »*Fullones ululamque cano non arma virumque*« (»Die Walker und die Eule will ich besingen, nicht die Waffen und den Mann«).

Die Eule war als heiliger Vogel der Minerva das Wahrzeichen der von ihr besonders beschützten Walker; auf sie spielt auch der Name des Geschäftsführers an: Fabius Ululitremulus. An der Ecke hatte man eine Amphore ohne Hals aufgestellt, in der die *fullones* den Urin der Passanten sammelten.

□ Casa di Cerere (Haus der Ceres)
Plan 5, I 9, 13

Von der Tür des Haupteingangs wurde ein Abguß gemacht, der auch Teile der eisernen Verriegelung enthält; man tritt deshalb durch die Hintertür (an der Gasse) unmittelbar in den Portikus des Peristyls. Das *tablinum* ist zum Garten hin offen, an der Seite zum Atrium öffnet sich ein breites Fenster. Die schöne Schwelle besteht aus vielfarbigen Feldern. Zur Zeit des frühen Dritten Stils, als die Wände bemalt wurden, richtete man hier ein Sommer-Triklinium ein; man erkennt noch die Eintiefungen im Sockel und die Spuren, die die Betten auf dem weißen Mosaikfußboden hinterließen. In der Mitte befindet sich ein Stern aus acht Rhomben. (Die hier ausgestellte großartige Sakrallandschaft stammt aus der Oberzone des Portikus.)

Das kleine Zimmer daneben hatte ein Kreuzgewölbe. Unter der zum Teil herabgefallenen Dekoration aus dem Zweiten Stil kommt eine interessante Skizze zum Vorschein: mit Ocker ist ein korinthisches Kapitell gezeichnet, das auf jeder Wand innerhalb des rein architektonischen Systems viermal vorkommt. Angeregt durch die Spiele im nahegelegenen Amphitheater, vergnügte der Maler sich auch mit schlichten Gladiatorenskizzen.

Unter den zahlreichen in diesem Haus gefundenen Gegenständen waren auch eine kleine Terrakottabüste der Ceres, nach der das Haus benannt wurde, und vier auf Delphinen reitende Eroten aus Marmor, eine Anspielung auf Venus als Göttin des Meeres; sie bilden den einzigen Schmuck in diesem Haus, das die übertriebene Schmucksucht seiner Zeit nicht mitmachte.

Die strenge Dekoration aus dem Zweiten Stil ist fast vollständig vorhanden, allerdings in schlechtem Zustand. Sie zeigt, ähnlich der in der Mysterien-Villa, geschlossene Wände ohne Figurenbilder, abgesehen von einem großen, kaum mehr erkennbaren Figurenfries im Triklinium an der Südostecke. Auch die festen Fußböden aus pulverisierten Ziegeln oder Lava blieben erhalten.

Es handelt sich um ein gut erhaltenes, kanonisches Beispiel eines Hauses aus dem 2. und 1. Jahrhundert v. Chr., mit dem weiten Atrium, den *cubicula* rechts und links vom Eingang und den schießschartenähnlichen Fenstern in der Fassade. Das *impluvium* mit den alten Profilierungen hat einen Überzug aus *opus signinum* und ein Mäanderband (bei der Zisternenmündung ist es noch sichtbar), das dann jedoch später durch einen Mosaikstreifen mit Zickzackmuster ersetzt wurde.

■ Casa del Bell'Impluvio (Haus mit dem schönen Impluvium)
Plan 5, I 9, 1

Der Haupteingang (Nr. 1) ist wegen des Abgusses der Tür nicht zu benutzen, so daß man heute durch den Laden Nr. 2 eintritt. Das »schöne *impluvium*« im toskanischen Atrium ist an den Rändern mit Marmorplatten verkleidet, das Becken selbst ist mit bunten Marmorstücken bedeckt, die in geometrische Formen geschnitten und in ein Mosaik mit schwarzen Steinchen (dazwischen auch einige weiße) eingefügt sind. Die Einfassung ist ebenfalls gestreift und besteht aus einem Schwarz-Weiß-Mosaik mit einem Flechtband. Daß der jetzige Zustand des *impluvium* auf eine Restaurierung (vor dem Erdbeben) zurückgeht, zeigt ein Fragment aus dem Ersten Stil im ersten *cubiculum* links am Atrium. Das Haus stammt, wie die ganze *insula* 9, vom Ende des 2. Jahrhunderts v. Chr.

Das zweite *cubiculum* an der linken Seite des Atriums ist in einem warmen Rot-Ton gehalten, vom Fußboden aus *opus signinum* mit Einsprengseln von buntem Marmor, darunter auch dem sogenannten »giallo antico« aus Numidien, bis zu den roten Wänden über dem schwarzen Sockel. Die zarten Architekturen in den Ecken der Mittelzone sind Motive des Zweiten Stils, die in der Endphase des Dritten wieder aufgenommen wurden. Das einzige erhaltene Bildchen zeigt ein Liebespaar. Das tiefe *tablinum* und der links davon abgehende Raum wurden von der gleichen Werkstatt ausgemalt, die in der benachbarten Casa dei Cubicoli floreali (I 9, 5; vgl. S. 289–292) arbeitete. Die Malereien im *tablinum* sind dank moderner Restaurierung wieder zusammengefügt. Die komplizierte, mit Ornamenten überladene Mitteládikula über dem mit Pflanzen geschmückten Sockel scheint innerhalb einer Art Basilika zu stehen, eingefaßt von einem Portikus mit Schranken und Querbalken zwischen den Säulen. Auf diesen Balken stehen *imagines clipeatae* (Reliefbildnisse auf Metallschilden), die auf eine griechische Überlieferung zurückgehen; sie waren die einzig zulässige Form von Porträts, abgesehen von ganzen Statuen. In Griechenland sind die ersten *imagines clipeatae* für die Zeit um 100 v. Chr. belegt, in der Mysterien-Villa und der Villa von Oplontis wurden sie vor der Mitte des 1. Jahrhunderts v. Chr. gemalt.

Die Durchbrechung der Wand durch die perspektivische Wirkung von Säulenfluchten und solche *clipei* sind weitere Übernahmen aus dem Zweiten Stil, wie sie für die Malerei der Zeit zwischen Tiberius und Claudius (35–45 n. Chr.) typisch sind. Stilleben mit Gefäßen aus kostbarem Metall, weitere Architekturdurchblicke und die Sakrallandschaften mit Apoll und Diana in der Oberzone geben eine Vorstellung von der Vielseitigkeit und den Fähigkeiten dieser vor allem durch die Präzision der Einzelheiten überraschenden Malerwerkstatt.

Der Raum dahinter wird durch plastische, unkannelierte Lisenen gegliedert, die eingezogene Zwischenmauer ist noch unverputzt.

□ Haus des Successus
Plan 5, I 9, 3

Das Haus heißt nach dem Graffito »*puer Successus*« (»der Knabe Successus«) auf einem Bildchen im *cubiculum* links vom Atrium, dem einzigen ausgemalten Raum. Es stellt ein fettes Kind dar, das mit einer Taube in den Händen dasitzt und sich vor einer Ente fürchtet.

Die Szene steht unter dem Einfluß der mittelhellenistischen Gruppe des Bildhauers Boethos aus Kalchedon, des »Knaben mit der Gans« oder »Ganswürgers«.

■ Casa dei Cubicoli floreali
(Haus der mit Blumen ausgemalten Zimmer)
Plan 5, I 9, 5

Der Grundriß des Hauses mit den nur an einer Seite des Atrium gelegenen Zimmern – eine Besonderheit aller Atriumhäuser dieser *insula* –, die Würfelkapitelle am Eingang und die Reste aus dem Ersten Stil im ersten *cubiculum* links vom *xystus*, dies alles deutet auf das hohe Alter des Komplexes. Da der Eingang vom Abguß der Türflügel versperrt wird, betritt man das Haus heute durch den Laden Nr. 6. Das Bemerkenswerte an diesem Haus ist die einzigartige Ausmalung dreier Räume in der letzten Phase des Dritten Stils. In zweien ist der ägyptisierende Geschmack so deutlich, daß man in ihnen ein Heiligtum des Bacchus-Osiris und der Isis sehen wollte; zwischen religiösem Symbolismus und einer gewissen Vorliebe für exotische Motive ist jedoch schwer zu unterscheiden.

Im zweiten *cubiculum* links vom Atrium hat der Betrachter den Eindruck, mitten in einer weißen Pergola zu stehen, die in einem Garten mit Bäumen aufgebaut wurde: mit Oleander, Lorbeer, Myrten, Palmen und einigen Obstbäumen wie Zitronen-, Kirsch- und Meerkirschbäumen. In den mittleren Wandabschnitten zieren kleine Bilder *(pinakes)* mit dionysischen Szenen den Garten, in den seitlichen sitzende und stehende Statuen auf Sockeln, in der typischen, strengen ägyptischen Haltung, mit einer aufgerichteten Schlange *(uraeus)* im Diadem.

Die zahlreichen Tauben, Elstern, Schwalben und Amseln sollen wohl an die Ba-Vögel, die ägyptischen Symbole für die unsterbliche Seele, erinnern. Auf dem Gerüst der Pergola, die von überschlanken Vasen (auf den Seitenwänden) getragen wird, stehen Begräbnis-Urnen und zwei *pinakes*, auf denen Apis dargestellt ist, der heilige Stier aus Memphis mit dem Lebenszeichen am Halsband und der Sonnenscheibe zwischen den Hörnern. Zwei weitere *pinakes* zeigen ägyptische Opferszenen. Vom Stuckgesims hängen zwischen Masken und *oscilla* – runden Scheiben, die sich im Wind bewegten, um den bösen Blick zu verjagen – Girlanden herab. Der Hintergrund hat eine blaue Farbe, wie sie für das Ende des Dritten Stils bezeichnend ist.

Das Ganze ist ein schönes Beispiel für den ägyptisch-hellenistischen religiösen Synkretismus alexandrinischer Prägung: Bacchus, der Gott des Wachstums, der immer wieder neu geboren wird und der bisweilen auch als Stier erscheint, ist an Osiris angeglichen, einem anderen Auferstehungs- und Mysteriengott.

Im schwarzen *cubiculum*, links unter dem Portikus des *xystus*, sind im Fries über dem Sockel, der mit geometrischen Mustern verziert ist, tatsächlich Gefäße des Isiskultes dargestellt.

In den Nischen des Gartenzauns stehen Becken mit Rosengirlanden, auf der linken Wand steht darauf eine *situla* (Eimerchen mit der heiligen Milch), auf der Rückwand ein *hydreion* (heiliger Krug für das Nilwasser). Beide Gefäße sind aus Gold und reich mit Edelsteinen geschmückt. Der Henkel des *hydreion* hat die Form eines *uraeus* (Kobra), darüber ringelt sich eine andere Schlange um den Stamm eines Feigenbaums, der die Mitte des vor schwarzem Grund gemalten Obstgartens in der Mittelzone bildet. (Die Schlange wurde bei Prozessionen in einem Korb verborgen mitgeführt. Sie symbolisierte das Leben unter der Erde und den ägyptischen *uraeus*, den die Götter und Pharaonen über der Stirn trugen.) In diesem Obstgarten, den man mit einem Herbarium verglichen hat, wurden Birnen, Pflaumen, Pfirsiche, Vogelbeeren, Kirschen und Zitronen angebaut.

Auf dem Deckengewölbe reitet in der Mitte Bacchus auf einem galoppierenden Panther, umgeben von dionysischen Attributen (Masken und Musikinstrumente), die an Weinreben aufgehängt sind, von *oscilla*, Füllhörnern und schwebenden Eroten. Daß in diesen Räumen regelrechte Mysterien gefeiert wurden, ist auszuschließen. Die Gartenmalereien gehen als Typus auf den unterirdischen Saal in der Villa der Livia bei Primaporta zurück; in Pompeji fanden sie dann in den Gärten selbst weite Verbreitung, wo sie jedoch wegen der Witterungseinflüsse gewöhnlich schlecht erhalten sind. Die Malereien in diesen *cubicula* sind von relativ hoher Qualität und, da sie in einem geschlossenen Raum angebracht waren, besser erhalten.

Im schwarzen *cubiculum* ist der Alkoven etwas höher als der vordere Teil des Zimmers *(procoeton)*, dessen Fußboden aus Dreiecken besteht.

Das Triklinium neben dem zweiten *cubiculum* ist ebenfalls schwarzgrundig, wie es damals – neben rotgrundig – Mode war. Kleine gemalte Pfeiler untergliedern es in einen Vorraum und das eigentliche Triklinium für drei Betten, die um einen Tisch herum aufgestellt waren. Dieser stand auf einem Mosaik-»Teppich«, einem weißen Feld, in das mit schwarzen Steinchen ein Stern aus acht Rhomben gelegt ist, und das hier in den Fußboden aus gestoßenem Lavagestein eingesetzt wurde. Drei große Bilder unterstreichen die Bedeutung dieses Raumes. Dargestellt sind der Sturz des Ikarus auf der rechten Wand, ein Kampf zwischen zwei Kriegern auf der Rückwand, und auf der linken Wand Aktäon, der von seinen Hunden angegriffen wird. Das Bild auf der rechten Wand im Eingangsraum zeigt Dirke, wie sie vor ihren Stiefsöhnen Amphion und Zetos kniet. Die kleinen Figuren innerhalb der großen, fast leeren Landschaften sind charakteristisch für den Dritten Stil.

Die gleiche Vorliebe für das Spannungsverhältnis zwischen Groß und Klein drückt sich in den Vignetten mit den verschwimmenden Landschaften, den Metallgefäßen oder den schwebenden Gestalten in den Seitenfeldern aus. Diese werden von überlängten Pergolen unterteilt, die stilisierte Blumen und Bäume einschließen. In der Mitte befindet sich ein rautenförmiges Bildchen mit winzigen Komödienmasken. Im Fries zwischen Mittel- und Oberzone erscheinen Landschaftsbilder sowie Vögel und Gefäße, die vor einer Fensteröffnung stehen. Auf der Rückwand sieht man zwei weibliche Porträtbüsten im Profil zwischen Sphingen. In der Oberzone erheben sich schlanke Architekturen, an denen Girlanden und Tamburine aufgehängt sind, über einem Kryptoportikus. Oberhalb der Mitteladikula tragen zwei Karyatiden ein architektonisches Gebilde mit dreieckigem Grundriß.

Auf dem Pfeiler zwischen den beiden Türen ist ein Spiegel aus schwarzem Oxydian in den Verputz eingelassen. Plinius (NATURALIS HISTORIA XXXVII, 64, 97) behauptet allerdings, daß im Oxydian das Spiegelbild eher verdunkelt als reflektiert wird. Diese Art von vulkanischem Glas, mit einigen hellen Äderungen, scheint aus Sardinien zu stammen. Daneben sind einige erotische Kritzeleien: ein Kopf, der an einem Phallos saugt, und ein Lob auf *»Eupla, laxa landicosa«* (»weit und mit großer Klitoris«).

Die übrigen Räume waren noch nicht wieder ausgemalt. Die Schwelle zum *tablinum* ist mit vierzackigen Sternchen aus schwarzem und weißem Mosaik verziert, das Feld in der Mitte mit einem Muster aus Sanduhren. Im Garten hatte man, halb unter der Erde, einen Stall eingerichtet. Aus den insgesamt 100, überall im Haus gelagerten Weinamphoren ist darauf zu schließen, daß hier mit Wein gehandelt wurde. Unter der Treppe rechts vom *tablinum* wurde eine große Anzahl gefunden. Fünf davon trugen die Initialen desselben Erzeugers (SCH), sie enthielten *Fale(rnum)* oder *F(alernum) mel(litum)* (mit Honig gesüßter Falerner). In einer anderen war *Rub(rum) vinum vet(us)*: alter Rotwein.

□ Caupona des Euxinus
Plan 5, I 11, 10

Der Aufruf links vom Eingang Nr. 1, in dem (der Wirt) Euxinus, »nicht ohne Iustus«, Q. Postumius und M. Cerrinius als Ädilen empfiehlt, stammt von der Hand des Schreibers Hinnulus, der seinen Namen darunter setzte. Nur wenige Wahlempfehlungen dieser Art in Pompeji sind noch lesbar, dieses Viertel wurde jedoch erst in den 50er Jahren ausgegraben. Das Wirtshausschild stellt einen Phoenix zwischen zwei Pfauen dar (jetzt im Antiquarium, Inv. Nr. 2195) und begrüßte die Ankommenden mit dem Wunsch *»Phoenix felix et tu«* (»Der Phoenix ist glücklich, mögest du es auch sein«). Möglicherweise ist es ein Wortspiel mit dem Namen eines anderen Kandidaten namens Felix, der rechts vom Eingang zur *caupona* empfohlen wird.

Daß die Schänke mit dem dahinterliegenden Weingarten dem Euxinus gehörte, ist ziemlich sicher; immerhin fand man unter den zahlreichen Amphoren im Haus auch drei mit der Aufschrift »*Pompeiis, ad Amphitheatrum, Euxino coponi*« (»An den Gastwirt Euxinus, beim Amphitheater, in Pompeji«). Während der Spiele im Amphitheater dürfte hier der größte Andrang gewesen sein.

Die Rebstöcke im Garten waren weniger regelmäßig gepflanzt als die im Weingarten II, 5, der Wein wurde selbstverständlich in der *caupona* ausgeschenkt. Im Garten standen zwei Vorratskrüge *(dolia)* für die Gärung der schweren Weine; sie waren nicht eingegraben, während die leichten Weine dem Gärungsprozeß in eingegrabenen *dolia* unterzogen wurden (vgl. S. 448). Die *dolia* faßten 375 Liter, der jährliche Ertrag des Weingartens wird nur auf 271 Liter geschätzt.

Die Räume hinter der *caupona*, zu denen zwei Latrinen und ein Obergeschoß gehören, dienten wahrscheinlich als Unterkünfte; die *cauponae* unterhielten häufig auch Herbergen oder Bordelle. In diese Richtung deuten zwei Graffiti, die man auf der linken Gartenwand fand. Das erste, ein Distichon, stand unter einem Priap: »*Candida me docuit nigras o(d)isse puellas. Odero, si potero, si non invitus amabo*« (»Die Weiße hat mich gelehrt, die schwarzen Frauen zu hassen. Ich werde sie hassen, wenn ich kann, wenn nicht, werde ich sie lieben – gegen meinen Willen«). Diese Verse finden sich in Pompeji mehrmals. Rechts hinten im Garten stehen zwei gemauerte Altäre, einer davon unter der Nische mit den Statuetten der Laren und Penaten, auf dem andern lag noch die Asche vom letzten Opfer.

Das Haus Nr. 12, dessen Eingang an der Gasse zwischen der *insula* 11 und der *insula* 9 liegt, könnte die Wohnung des Euxinus und seiner Familie gewesen sein; eine kleine Pforte führte von hier zur *caupona*. Eines der *cubicula*, das einzige, das mit einem (modernen) Dach geschützt ist, zeigt eine Dekoration aus dem frühen Dritten Stil, dem sogenannten »Kandelaber-Stil«, von dem nur wenige Beispiele erhalten sind. Der Erhaltungszustand ist auch hier schlecht, da man schon in der Antike Nägel in die Dekoration schlug.

□ Casa degli Archi (Haus der Bögen)
Plan 5, I 17, 4

Dieses nur teilweise ausgegrabene Haus ist wegen der Bögen im *xystus* bemerkenswert. Das aus dem Hellenismus stammende Motiv erscheint in den Wandmalereien der Mysterien-Villa und als gebaute Architektur in einigen pompejanischen Peristylen des Zweiten Stils. Es sind die ersten Beispiele für eine Bauform, die in der monumentalen Architektur der späten Kaiserzeit weite Verbreitung finden sollte. Die Wände im *xystus* stellen eine Fortsetzung des Gartens dar, mit gemalten Oleanderbüschen und weißen, von Kentauren getragenen Marmorbrunnen.

☐ Casa della Nave Europa (Haus mit dem Schiff Europa)
Plan 5, I 15, 3

Das schöne, 1957 auf der Nordwand des Peristyls entdeckte Graffito mit dem Lastschiff – nach dem das Haus benannt wurde – ist mit Sicherheit das Werk eines kundigen Seemanns oder einer anderen Person, die mit den damaligen Handelsschiffen vertraut war. Am Heck ist ein Rettungsboot vertäut, der Name des Schiffes steht auf einem Schild *(tabula ansata)* neben dem Bugschnabel: Europa, was wohl auf die von Zeus in Gestalt eines Stiers entführte Königstochter anspielt.

Es wäre voreilig, aus diesem Graffito auf den Beruf des Hausherrn zu schließen; die ganze *insula* scheint einem einzigen Besitzer gehört zu haben. Dieses Haus mit seinem dorischen Peristyl und das benachbarte Atriumhaus (I 15, 1) haben eine Verbindung mit dem umfriedeten Garten dahinter. Die in den letzten Jahren hier durchgeführten japanischen Ausgrabungen werden die Baugeschichte klären. Bei den amerikanischen Grabungen, die hier im Jahr 1972 stattfanden, wurden 416 Wurzellöcher festgestellt, die bewiesen, daß sich hier ein großer und reichhaltiger Obst- und Weingarten befand.

In zwei tiefer gelegenen Beeten wurde wohl Gemüse, vielleicht Zwiebeln und Kohl, angebaut. Es gab eine ausdrücklich als *pompeiana cepa* bezeichnete Zwiebelsorte (Columella, De re rustica XII, 10, 1). Kohl galt in der Antike als Luxus; Plinius (Naturalis historia XIX, 139–141) nennt sechserlei Sorten, darunter auch den pompejanischen Kohl, und empfiehlt ihn wegen seiner Zartheit. Einen großen Teil des tiefer gelegenen Gartens nehmen die in regelmäßigen Abständen von 4,5 römischen Fuß gepflanzten Rebstöcke ein. Sie waren keine zwei Jahre alt, da sie noch nicht an Pflöcken hochgebunden werden mußten. Zwischen den Rebstöcken baute man auch Bohnen an, wovon Plinius jedoch abriet (Naturalis historia XVII, 24), da nach seiner Auffassung der Geruch des Gemüses die übrigen Pflanzen beeinträchtige.

Die Löcher im oberen Garten neben dem Haus können von alten (abgehackten?) Weinstöcken oder auch von Bäumen stammen. Unter anderem gab es einen Oliven- und einen Haselnußbaum. Zwei Zisternen sicherten die Bewässerung; die eine, die im Atriumhaus neben dem Eingang steht, fing das Regenwasser vom Dach auf, das durch einen kleinen Überlaufkanal auch unmittelbar zu den Bäumen im Garten geleitet werden konnte. Die andere stand im Peristyl und wurde ebenfalls mit Regenwasser von den Dächern gespeist. An den Umfassungsmauern entlang waren 28 grobe Tongefäße mit je vier Löchern auf dem Boden mehr oder weniger tief in die Erde eingegraben; sie dienten wahrscheinlich der Aufzucht exotischer Pflanzen, deren Samen oder Setzlinge in solche Gefäße gepflanzt wurden, in denen sich die Feuchtigkeit länger hielt als im übrigen Erdreich.

Die Einführung verschiedenster orientalischer Obstsorten erreichte ihren Höhepunkt gegen Ende des 1. Jahrhunderts n. Chr. Im Jahre 74 v. Chr. brachte Lukull die Kirsche aus Kerasus am Schwarzen Meer nach Rom, die Pfirsiche (*malum Persicum*, »persischer Apfel«) kamen aus Persien, die Aprikosen (*prunus Armeniaca*, »armenische Pflaume«) aus Armenien, und in tiberianischer Zeit führte Vitellius die Pistazien aus Syrien ein. Die Zitrone scheint von den Juden mitgebracht worden zu sein, weil sie zu ihrem Kult gehörte. Plinius behauptet, die Zitrone gedeihe nur in Medien und Persien, obwohl einige versuchten, sie in durchlöcherten Gefäßen in ihre Heimatländer einzuführen und dort heimisch zu machen (NATURALIS HISTORIA XII, 7, 16).

In den Treibhäusern, oder unter besonderen Schutzdächern, deren Spuren man an der Umfassungsmauer noch sieht, versuchte man vielleicht auch hier, Zitronen zu ziehen. Anscheinend wurde die Frucht jedoch nicht gegessen, sondern man schätzte sie als Medizin, zum Schutz »eingemotteter« Kleidungsstücke vor Insekten oder Mundspülungen (Plinius, NATURALIS HISTORIA XII, 7, 16; XXIII, 51, 105). Auch in der Wandmalerei wird sie dargestellt, beispielsweise in einem der *cubicula* der Casa dei Cubicoli floreali (I 9, 5, vgl. S. 289 bis 292).

Die zahlreichen im Haus und im Garten gefundenen Amphoren dienten möglicherweise der Lagerung des Obstes, das zum Markt gebracht werden sollte. Aus den Aufschriften, die hier und da in

Pompeji auf Amphoren gefunden wurden, weiß man, daß in ihnen Kirschen, Bohnenmehl, Oliven, Nüsse, Erbsen in Schmalz und wohl Lupinensamen eingemacht und aufbewahrt wurden. Die beiden Becken im ersten Zimmer rechts vom Peristyl (vom Eingang an der Straße aus gesehen) waren vielleicht zum Spülen der Amphoren bestimmt. Die Hunde-, Schweine-, Rinder-, Schafs- und Hühnerknochen, die man im Garten gefunden hat, stammen möglicherweise von den Haustieren, die hinten links im Garten in einem Stall gehalten wurden.

□ Garum-Fabrik der Umbricii
Plan 5, I 12, 8

Dieses Haus ohne Atrium war, jedenfalls zuletzt, als Betrieb zur Herstellung, Lagerung und zum Vertrieb der beliebten Fischsoße eingerichtet. Die wenigen Räume gruppieren sich um den Hof, dessen Malereien auf der Rückwand eine illusionistische Fortsetzung des Gartens darstellen. Im Laden Nr. 8 wurde das Endprodukt im Einzelhandel vertrieben.

Links vom Hof liegt eine kleine Küche mit einem auf weißen Grund gemalten Lararien-Bild, auf der gemauerten Herdstelle steht ein Dreifuß mit einem Gefäß darauf. Das Nachbarzimmer hat eine für den reifen Dritten Stil typische Ausmalung mit den kanonischen Farben Schwarz, Rot und Weiß und mit den außerordentlich feinen Ornamenten an den Mitteládikulen, die schöne idyllische Landschaftsbildchen einrahmen.

Die sechs großen Vorratsgefäße *(dolia)* im Hof, die mit Deckeln verschlossen waren, enthielten noch Ablagerungen der Soße. Die im dahinterliegenden Garten aufgehäuften, umgedrehten Amphoren verschiedener Form, darunter auch wiederverwendete, sollten anscheinend mit dem ebenfalls dort gefundenen Trichter wieder gefüllt werden. Einige Amphoren und Krüge tragen noch den Namen des Herstellers, A. Umbricius Scaurus, zusammen mit den Namen seiner Freigelassenen, die an dieser hochentwickelten und vielfältigen Organisation beteiligt waren. Sein *garum* hatte einen sehr guten Ruf und war auch in Rom gefragt. Die Familie besaß ein schönes Grab an der Via dei Sepolcri (Nr. 17 an der Westseite); nach dem geschäftlichen Erfolg mischte sie sich dann in neronischer Zeit auch in die Politik; damals wurde A. Umbricius Scaurus *duumvir*.

Die Mosaikeinfassung des *impluvium* im Haus VII »*ins. occ.*«, 15, zeigt in den Ecken zwei Behältnisse für *garum*, eines davon trägt die Aufschrift »*G(ari) F(los) SCOMBRI SCAURI*« (»erstklassige, aus Makrelen hergestellte Fischsoße des Scaurus«); wahrscheinlich wohnte Scaurus in diesem luxuriösen, herrlich gelegenen Haus.

Das Rezept dieser Fischsoße stammt aus dem Osten: *garon* ist das griechische Wort für die verwendete Fischsorte (Plinius, NATURALIS HISTORIA XXXII, 43, 93), der lateinische Name der Soße lautet *liquamen*.

Zum Würzen von Fleisch und Geflügel war das *garum* von den Puniern im Westen eingeführt worden. Man gewann es aus den Eingeweiden oder den Schwänzen verschiedener Fischarten, je nach der Qualität, die dann auf der *amphora* neben dem Jahr der Herstellung vermerkt wurde. Die beste Qualität hatten das *garum excellens* und der *gari flos flos*, die aus dem fetten Bauchfleisch von Thunfischen, Makrelen oder Muränen *(flos murae)* hergestellt wurden. Die Preise für solche Delikatessen waren schwindelnd hoch. Es gab jedoch auch geringere und billigere Sorten, wie aus einem Erlaß Diokletians vom Jahre 301 n. Chr. hervorgeht: ein Pfund *liquamen primum* kostete 16 Denare, *liquamen secundum* nur zwölf Denare. Für die Zubereitung wurden die Innereien zunächst in ein großes Becken oder eine offene Zisterne gefüllt und mit kleinen Fischchen und Salz (als Wirkstoff gegen Bakterien) versetzt, dann erfolgte in der Sonne die Gärung unter häufigem Umrühren und Zerstoßen, bis eine cremige Masse entstand, der *flos floris* (die beste Sorte). Diese bereits verdickte Flüssigkeit wurde mit Körben abgeschöpft und gefiltert. Der Rest bildete den *hallex* oder *faex*, der in Amphoren oder *vasa faecaria* gefüllt wurde. Der *hallex*, den man auch mit Sardellen zubereitete, war die Soße der Armen. Es gab auch eine mit Wasser gestreckte Soße *(lumpa)* und eine mit Kräutern. Die Aufschriften *MUR CAST* und *GAR CAST* wurden von einigen Wissenschaftlern als *muria casta* und *garum castum* oder *castimoniale* (rein) gedeutet, als eine Soße aus Fisch ohne Schuppen, die den Juden während der Fastenzeit vorgeschrieben gewesen sein soll. (Plinius, NATURALIS HISTORIA XXXI, 95). Das Gesetz verbietet den Juden jedoch jeden Fisch ohne Schuppen, und während der Fastenzeit aß man sowieso nicht. Dieses *liquamen castimoniale* muß für Anhänger des Isiskults oder irgendeines anderen orientalischen Ritus bestimmt gewesen sein.

□ Casa del Larario del Sarno (Haus mit dem Sarno-Lararium)
Plan 5, I 14, 7

Alle Mauern in diesem bescheidenen Haus waren noch unverputzt, mit Ausnahme der kleinen Nische und des großen Larariums im Hof, die neu ausgemalt waren: ein Beweis dafür, welche Bedeutung dem häuslichen Kult beigemessen wurde. In der Nische ist Venus dargestellt, auf einem Bett liegend, davor ein Dreifuß mit einem Glasgefäß und daneben ein Kandelaber. Auf einem herausragenden Ziegel konnten die Opfergaben abgelegt werden. Das Lararium hat eine in Pompeji wenig gebräuchliche Form. Es steht auf einem Podium, mit einem kleinen Kanal umgeben, und einem Schutzdach, und ist vollständig rot ausgemalt. In der Nische ist der Genius des Hausherrn in weißer Toga, ein Füllhorn in der linken Hand haltend, dargestellt, wie er seine rechte Hand mit der gewohnten Geste des Betenden und Opfernden zu dem rauchenden Altar ausstreckt. In der Nische waren zwei Laren-Statuetten und eine Bronzelampe aufgestellt.

An der Vorderseite des Podiums liegt der Flußgott Sarno auf eine *amphora* gestützt, aus der Wasser fließt. Auf dem Fluß schaukelt ein Schiff, das mit Waren beladen wird, die auf einer großen Waage (oben) gewogen werden. Den Transport am Ufer übernehmen zwei Esel. Die Art der Waren ist nicht leicht zu erkennen; es scheint sich um Obst oder Gemüse aus Pompeji zu handeln, wo es *aliarii, caeparii, lupinarii* und *pomarii* (Knoblauch-, Zwiebel-, Wolfsbohnen- und Obsthändler) gegeben hat. Nach Form und Farbe könnte es sich hier um eine Ladung Zwiebeln handeln.

□ Bäckerei (angeblich des Sotericus)
Plan 5, I 12, 1–2

Die einzige Bäckerei, die es in der ganzen Via dell'Abbondanza gibt, wurde wahrscheinlich erst nach dem Erdbeben von 62 n. Chr. in zwei wiederaufgebauten Häusern eingerichtet. Sie hat keinen Ladenraum, ist jedoch mit einer Wohnung verbunden, was nur bei 13 der insgesamt 31 Bäckereien (einschließlich Konditoreien) in Pompeji der Fall ist.

Die Fassade springt dort, wo der Brunnen am Rand des Bürgersteigs steht, etwas zurück. Im ersten Stock öffnet sich hier ein einzigartiges, in vier Öffnungen untergliedertes Fenster; das obere

Geschoß über der Werkstatt hat einen Balkon. Diese nur von der Wohnung aus zugängliche Werkstatt ist mit vier Mühlen verschiedener Größe ausgestattet. Bei der einen ist noch die dünne, um den gemauerten Sockel herumgelegte Platte aus Blei erhalten, in der das gemahlene Getreide gesammelt wurde. Außerdem gibt es einen schönen Backofen mit einem Wasserbehälter daneben. Es folgt das eigentliche *panificium* mit Tischen, Regalen und Knetmaschine. Ein weiterer Raum diente als Stall für die Tiere, die die Mühlen drehten, zwei enge Kammern im Hintergrund als *horreum* (Getreidespeicher) und Schlafplatz für die Sklaven.

Der Name des angeblichen Besitzers, Sotericus, findet sich nur auf der Fassade der benachbarten *caupona* und auf der des gegenüberliegenden Hauses des Trebius Valens.

□ Caupona des Sotericus
Plan 5, I 12, 3

Nach der weiblichen Büste, die einen Helm mit Busch trägt, wird die *caupona* auch als »Gasthaus zum Wahrzeichen Roms« bezeichnet. Diese Roma Virtus hatte ihre Entsprechung in einer anderen derartigen Büste an der *caupona* Nr. 5, die eine Personifikation Afrikas oder Alexandrias darstellt.

Die Theke ist auf weißem Grund mit Feldern bemalt, die eine Ziegelverkleidung vortäuschen sollen. Sie enthielt nicht die üblichen Vorratsgefäße *(dolia)* mit den Getränken; die Platte ist mit Marmorstücken bedeckt. Das *»Futui coponam«* (»Ich habe die Wirtin gefickt«), das in eine der Wahlempfehlungen des Sotericus an der Fassade eingekratzt ist, spricht eine klare Sprache; *»Valeria fel(l)as«* und Aufforderungen an eine Myrine weisen auf die üblichen Dienstleistungen der Kellnerinnen in solchen *cauponae* hin.

Der Wachhund, der auf einem der Pfeiler links von den *fauces* am *tablinum* gemalt ist, von der Straße aus gut sichtbar, erinnert an den Schrecken, den ein ähnlich naturgetreu dargestelltes Untier dem Ascyltos im SATYRICON des Petronius (29) einjagte.

Die Ausmalung des weißgrundigen *cubiculum* gegenüber erinnert, was den – hier vergröberten – Formenschatz angeht, an das Haus des Lucretius Fronto (V 4, a; vgl. S. 417–424).

□ Officina quactiliaria (Walkerei)
Plan 5, I 12, 4

Die Werkstatt besteht nur aus einem einzigen Raum mit einem ovalen Ofen in der Mitte, um den herum alle anderen Arbeiten ausgeführt werden konnten. Man nahm an, daß hier eine Walkerei war, wie sie auf der Fassade der Walkerei des Verecundus (IX 7, 5–7; vgl. S. 264–267), deren Identifizierung inschriftlich gesichert ist, ausführlich geschildert wird.

□ Caupona zum Wahrzeichen von Afrika (oder Alexandria)
Plan 5, I 12, 5

Rechts vom Eingang war eine weibliche Büste mit einem Elefantenrüssel auf dem Kopf und einem Ährenkranz um die Stirn dargestellt, links daneben ein kleiner Merkur mit dem *caduceus* und einem vollen Geldbeutel. Dieses Wahrzeichen ist jetzt verschwunden.

Haltbarer war der in einer Nische am linken Pfeiler aufbewahrte Lavastein, dem man magische Kräfte zuschrieb. Er war bei einem Vulkanausbruch vor Jahrhunderten herausgeschleudert und dann in die Nische aus Ziegelsteinen eingefügt worden als eine Art »Stein von Bethel« (*beth-el*, hebräisch: »Haus Gottes«), wie der schwarze Stein der *Magna Mater*, den die Römer aus Kleinasien auf den Palatin brachten (vgl. S. 268). Dieser ungeglättete Stein wurde vom Wirt als Wahrzeichen verwendet, das wie die Büste der Afrika oder Alexandria dem Ganzen ein orientalisches Gepräge verlieh.

□ Haus des Trebius Valens
Plan 5, III 2, 1, Abb. 43

Die breite Fassade ohne Fenster mit ihren alten Würfelkapitellen, überzogen mit Wahlaufrufen und drei später übermalten Ankündigungen für Schaustellungen, wurde bei der Bombardierung von 1943 zerstört. Das Haus gehörte dem Trebius Valens, dessen Name in elf der insgesamt 29 aufgemalten Empfehlungen vorkommt. Er entstammte einer alten sabinischen Familie, die in oskischer Zeit einen der beiden namentlich bekannten *meddices* (Magistratsbeamten) gestellt hatte und die Ziegel herstellte. Nachdem sie in römischer Zeit dem öffentlichen Leben Pompejis lange fern geblieben war, tauchte sie in den letzten Jahren wieder auf. Eine Ankündigung versprach Darbietungen im Amphitheater: *»pompa, venatio, athletae, vela«* (»Prozession, Tierhatz, Athleten und Segel zum Schutz vor den Unbilden der Witterung«). Auf dieser Fassade stand auch der rätselhafte Aufruf *»lanternari tene scalam«* (»Laternenträger, halte die Leiter fest«), den der *lanternarius* zu Füßen der Leiter schwerlich lesen konnte. Wahrscheinlich wurden diese Worte während der nächtlichen Arbeit ärgerlich ausgesprochen und von dem schläfrigen Maler versehentlich in den diktierten Text eingefügt.

Im Atrium, das von antiken Ausgräbern schon durchsucht wurde, fehlt die Ausstattung. Im ersten *cubiculum* links (l) sieht man dagegen eine hübsche Dekoration aus dem Zweiten Stil mit einem überwölbten Alkoven und einem Vorraum. Der hier eingeritzte Name Valens (*»Valens, domina essem!«*, »Valens, wenn ich deine Frau wäre!«) bestätigt die Benennung des Hauses. Ein anderes Graffito berichtet, daß Ursa (ein typischer Sklavinnen-Name) am Donnerstag, dem 23. Januar entbunden hat (*»X. K(al.) Febr(u)a(rias) Ursa peperit diem Iovis«*). Die linke *ala* (m) ist neu ausgemalt mit Vögeln und Pergolen zwischen Girlanden auf einfachem weißen Grund. Die Dekoration im *tablinum* (n) ist ähnlich, aber reicher: unter dem Giebel der Mitteladikulen sind kleine Bildchen aufgemalt, rechts ein Silen, links Bacchus

43 Haus des Trebius Valens

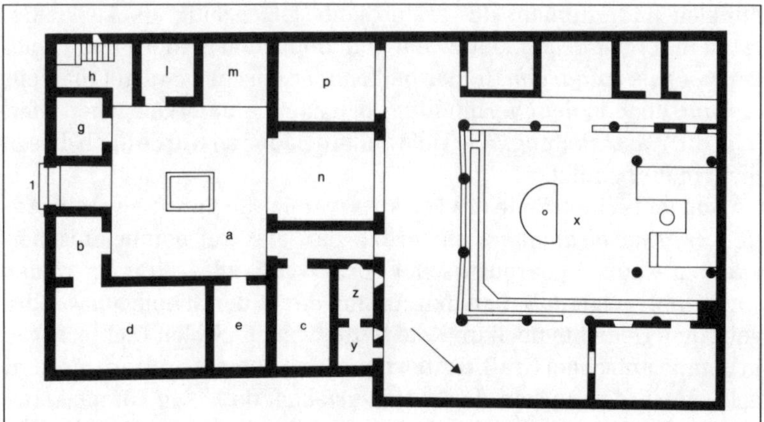

mit einer Pantherin. Über dem breiten Fenster zum Peristyl verläuft ein schöner Fries mit Ziegen, die an Weinranken und Trauben knabbern.

Im anderen *cubiculum* (e) fand man das Schmuckkästchen einer Frau mit einem Parfümfläschchen aus Achat und einem anderen aus Bergkristall, mit Haarnadeln und einem Paar goldener Ohrringe. Außerdem befand sich hier eine Bronzelampe mit dem Kopf des Zeus-Ammon mit negroiden Gesichtszügen und Widderhörnern; diese ägyptische, später hellenisierte Gottheit ist vor allem durch ihr Orakel in der Oase von Siwa bekannt, wo Alexander der Große sie um Rat fragte. Da man glaubte, sie könne den Gequälten neues Leben geben und Krankheiten vertreiben, wurde sie vor allem von Gebärenden angerufen. Der Typus war im ersten Jahrhundert n. Chr. bei Terrakottalampen verbreitet. Man vermutet, daß hier das Schlafzimmer der Hausherrin lag. Der große Saal (d) war gerade hergerichtet worden mit schwarzen Wänden, die durch Vögel, einen Panther und einen Greifen und durch zart geschmückte, bewegte Architekturen belebt werden.

Durch einen engen Gang (rechts das *praefurnium* des danebenliegenden Bades) gelangt man in das Peristyl, wo in der Südostecke vier Menschen, die vor den herabregnenden Bimssteinen und Schlacken Schutz suchten, von den Trümmern des Daches erschlagen wurden, als dieses das ständig größer werdende Gewicht nicht mehr tragen konnte. In derselben Ecke ist der Zugang zu den beiden winzigen, dunklen Baderäumen: der erste diente gleichzeitig als Auskleideraum und *tepidarium*, der zweite (mit doppelten Mauern und Hypokausten) als *caldarium*. In der halbrunden Nische erwartet man ein *labrum*, doch in dem Verbindungsloch zum dahintergelegenen Ofen fehlt die Wasserleitung. Wie viele andere Bäder, so wurde auch dieses nicht mehr benutzt.

Auf der rechten Seite des Peristyls war der Beginn von Vergils AENEIS (»*Arma virumque*«) eingeritzt; daß dies auf pompejanischen Wänden – auch in parodistischer Form (vgl. S. 286) – immer wieder vorkommt, zeigt, daß man den Anfang der in der Schule auswendig gelernten Gedichte noch im Kopf hatte. Von den vielen Dichtern, die in pompejanischem Graffiti zitiert werden, scheint Vergil am meisten gelesen worden zu sein. Es ist festzustellen, daß es in Pompeji eine gewisse literarische Kultur gab, die sich bisweilen auch mit Selbständigem äußerte und wesentlich höher stand als die in Herculaneum;

immerhin traf sich aber dort in der Villa dei Papiri ein philosophischer Zirkel, eine Einrichtung, die sich in Pompeji nicht findet.

☐ Flickschneiderei
Plan 5, III 3, 1

An dieser – noch nicht ausgegrabenen – Werkstatt stand auf der Fassade aus *opus reticulatum* folgender Wahlaufruf: »*Tigil(lus) veterarius rogat* …« (»Der Flickschneider Tigillus empfiehlt …«).

☐ Seilerwerkstatt
Plan 5, III 3, 2–5

Auf dem Balkon über der eigentlichen Werkstatt waren große Mengen von zusammengebündelten Pflanzenfasern aufgehäuft (eine Art einheimischer Bast, *ampelodesma tenax*), wie sie zur Herstellung von Seilen *(tegetes)* verwendet werden. Auf der Fassade des gegenüberliegenden Hauses werden tatsächlich die *tegettari* (Seiler) als Wahlhelfer genannt.

☐ Schola armaturarum
Plan 5, III 3, 6

Der Bau scheint in den letzten Jahren Pompejis als Versammlungsort einer militärischen Organisation errichtet worden zu sein. Bei den Ausgrabungen fand man zahlreiche Waffen, die auf hölzernen Regalen entlang den Wänden (auf einer der Wände sind noch die Einlassungen sichtbar) aufbewahrt wurden. Wo sich jetzt der geräumige Saal erstreckt, stand einst ein Privathaus, von dem man noch einige Räume an der Nordseite sieht; sogar einen Teil des Bürgersteigs nimmt der neue Bau ein. An der Vorderseite war ein großes Gitter angebracht, das man auf Grund von Abgüssen rekonstruiert hat. Auf die seitlichen Pfeiler am Eingang sind Trophäen mit Waffen und in die Türfüllungen Palmwedel gemalt, auf die trennenden Pfeiler zwischen den Regalen im Innern Kandelaber und militärische Abzeichen. Die alte Benennung des Gebäudes als *schola iuventutis* ist nicht mehr haltbar.

8 RUNDGANG 4

■ Haus des Pinarius Cerialis
Pläne 5, 6, III 4, b, Abb. 44

Etwas abseits, in einer erst teilweise ausgegrabenen Seitenstraße, wohnte der *gemmarius* (Gemmenschneider) Pinarius Cerialis, ein Priester des Herkules. Seinen Namen kennt man aus drei gemalten und zwei eingeritzten Inschriften auf der Fassade; die Benennung *acratopinon* (»der ungemischten Wein trinkt«) bedeutet ebenso wie das im Haus gefundene Opfermesser, daß er ein Priesteramt bekleidete. Das Haus gehört mit seinen 270 Quadratmetern Grundfläche zur dritten Gruppe (vgl. S. 48). Sein Grundriß ist atypisch: es hat kein Atrium, sondern die Räume sind zu beiden Seiten eines Gartens angeordnet, der von zwei Portiken mit unkannelierten, stukkierten Säulen aus Tuff und einer niedrigen Schranke dazwischen begrenzt wird.

Das Bemerkenswerte an diesem Haus ist das kleine *cubiculum* (a), das von einer prachtvollen Bühnendekoration »vergrößert« wird. Sie stammt von derselben Werkstatt, die auch im Vettier-Haus einige Räume ausmalte, und zeigt Iphigenie, wie sie aus der Tür des Artemistempels in Tauris tritt, in der linken Hand das Kultbild der Göttin, in der rechten das für die Seher charakteristische Netz. Die beiden jungen Leute auf der rechten Seite sind ihr Bruder Orestes, den sie noch nicht erkannt hat, und sein Gefährte Pylades (von hinten), beide sind Gefangene des Skythen-Königs, der auf der linken Seite sitzt, und sollen durch Iphigenies Hand der Göttin geopfert werden. Von erlesener Feinheit sind die Architekturen, die in verschiedenen Farbabstufungen wiedergegeben sind, geschmückt mit Zweigen und dünnen Girlanden, mit Kentauren und Sirenen als Akroterfiguren.

Auf der rechten Wand steht Attis an einen heiligen Baum gelehnt, mit seinem gebogenen Hirtenstab *(pedum)* in der linken und der Sichel in der rechten Hand, mit einer phrygischen Mütze und den *ana-*

xyrides (weite orientalische Hosen), die ihn als den von Kybele geliebten Hirten erkennen lassen. Er steht hier, um von den Flußnymphen aus dem Sangarios (dessen Namen auch Attis trägt) verführt zu werden; ein kleiner Eros, der ihm den Weg weist, ist das Symbol der Verführung. Attis verliebte sich in eine sterbliche Tochter des Sangarios, wurde aber von Kybele, die ihn liebte, mit Wahnsinn geschlagen. Er entmannte sich unter einer Pinie und starb. Dieses Drama wurde im März während der *tristia*, die an das Leiden und Sterben des Attis erinnern, in den Theatern aufgeführt, gefolgt von der *hilaria*, dem Fest der Auferstehung nach dem Winterschlaf dieses Vegetationsgottes. Es war von Claudius offiziell eingeführt worden, also kurz bevor diese Malerei ausgeführt wurde.

Die linke Wand ist zu stark zerstört, um die Darstellung zu erkennen. Rechts von dem großen Fenster zum Portikus folgt dann Venus, die gerade dem Bad entstiegen ist und ihre Haare auf dem Kopf verknotet, bewundert von einem kleinen ithyphallischen Pan. Auf der linken Seite betrachtet ein Hermaphrodit, der ein Bein aufstützt, sein Spiegelbild.

Im *oecus* (e 2) fand man in einer Ecke ein Kästchen mit 114 Edelsteinen, darunter auch einen Sardonyx, zahlreiche Karneole, Amethyste und Achate. 28 davon waren bearbeitet, 79 waren ohne Ver-

44 Haus des Pinarius Cerialis

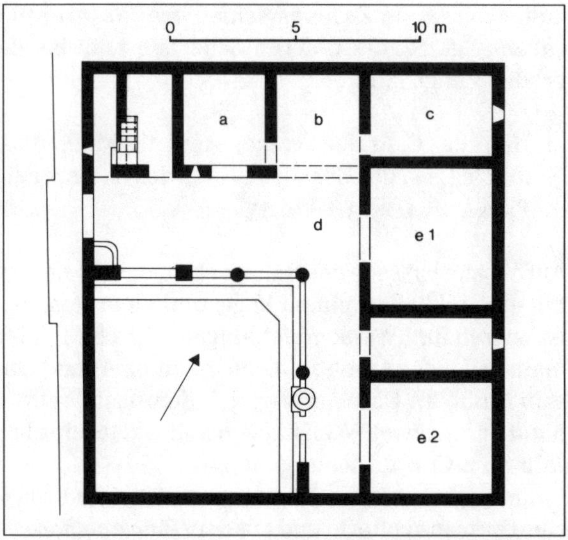

zierung oder teilweise geglättet. Dies könnte darauf hindeuten, daß Pinarius nicht nur geschnittene Gemmen oder Kameen verkaufte, sondern die Steine auch selbst bearbeitete, was durch die Entdekkung einiger Stichel bestätigt wird. In dem *oecus*, der gelb ausgemalt war, mit einem »aufgehängten« Teppich in der Mitte der Wand (zerbombt), empfing Pinarius seine Kundschaft, der schmucklose Raum neben dem Triklinium (c) diente ihm als Werkstatt. Vielleicht arbeitete er auch als Ziseleur, worauf eine Bronze-Patera mit einem Stempel auf der Rückseite des Handgriffs schließen läßt, die man im Haus des Amandus oder Fabius (I 7, 2–3) fand. Es ist interessant, den Arbeitsplatz eines solchen Handwerkers zu sehen, zumal die überlieferten Daten zur ökonomischen und sozialen Lage dieser Schicht nur spärlich sind.

□ Haus des Töpfers Zosimus
Plan 5, III 4, 1

In die linke Wand der Werkstatt war ein sogenannter *index nundinarius* geritzt, eine Auflistung der Markttage und der Marktorte in der näheren und weiteren Umgebung: samstags in Pompeji, sonntags in Nocera, montags in Atella, dienstags in Nola, mittwochs in Cumae, donnerstags in Pozzuoli und freitags in Rom und Capua. In diesem Laden verkaufte Zosimus seine *vasa faecaria* (Behältnisse für das *garum*; vgl. S. 296f.), deren Scherben man bei der Ausgrabung in großer Menge fand.

□ Haus des C. Arrius Crescens und des M. Epidius Hymenaeus
(auch: Casa del Moralista, Haus des Sittenpredigers)
Plan 5, III 4, 2–3, Abb. 45

Auf die alte Fassade des Hauses Nr. 3, dessen Kennzeichen eine Platte mit einem Phallos, einem Vogel und einer Rosette am rechten Rand ist, waren fünf Wahlempfehlungen eines M. Epidius Hymenaeus gemalt. Auf sechs Amphoren, die in seinem Haus gelagert waren, stand sein Name im Dativ; er vertrieb demnach Wein, als eine Art Großhändler. Auf zwei Wachstäfelchen des Caecilius Iucundus wird er im Jahr 56 n. Chr. als Zeuge genannt.

Im Lagerraum fand man jedoch auch ein Bronzesiegel, das C. Arrius Crescens gehörte und auf dem eine *amphora* eingeritzt war. Daraus folgerte man, daß Arrius im Nachbarhaus Nr. 2, zu dem eine Verbindungstür führt, wohnte.

Schließlich gibt es noch einen dritten Anwärter namens T. Arrius Polites, der ebenfalls Wahlempfehlungen erteilte und an den anscheinend eine weitere *amphora* adressiert war. Wahrscheinlich handelt es sich um Freigelassene der *gens Arria*, einer alten sabinischen Familie, die auf den Anbau bestimmter Produkte spezialisiert war, ein Landgut besaß, das Arrianum, außerdem noch eine Ziegelfabrik *(figlina)* und ein Haus von der Größe einer *insula* (VI 6), das sie zum Schluß vermietete.

Die drei waren mit der Familie wohl mehr oder weniger eng verbunden, waren alle im Weingeschäft tätig und bewohnten gemeinsam diese beiden Häuser mit einem Garten und einer Gesamtfläche von ca. 580 Quadratmetern.

Das Haus Nr. 2 hat ein Atrium ohne *impluvium*, das Dach war zur Straße und zur Lichtöffnung auf der Rückseite des Hauses hin geneigt. Es hatte ein geräumiges Obergeschoß, zu dem zwei Treppen vom Atrium aus hinaufführten, und das bei der Ausgrabung noch gut erhalten war (einschließlich einer bemalten Decke). Heute ist nach der Bombardierung von 1943 nur noch wenig vorhanden.

Dasselbe gilt für die wichtige oskische Inschrift, die auf der Fassade unter einer späteren Kalkschicht gefunden wurde. Sie weist auf das nächste Stadttor hin: *veru Urubla(nu)*, ein Name der bis zuletzt weiterlebte, indem sich die Bewohner dieses Viertels in ihren Wahlempfehlungen als *Urbulanenses* bezeichneten. Der Name soll von Einwanderern aus der Stadt Ulubrae in den Pontinischen Sümpfen stammen, die von der Malaria vertrieben wurden und sich im Gebiet von Pompeji niederließen. Eine andere Aufschrift kündigte Gladiatorenspiele im Amphitheater von Pozzuoli an.

Im Innern des Hauses waren Restaurierungsarbeiten im Gange, neben dem Eingang Nr. 3 findet man noch einen Haufen Kalk. Die Räume in diesem Teil sind alle unverputzt, sie wurden als *cella vinaria* (Weinlager), Wirtschafts- und Personalräume genutzt.

Bereits fertig war das Sommer-Triklinium (g), das jedoch nicht unter offenem Himmel liegt. Es hat eine schlichte, aber lebhafte Dekoration, die wegen der drei belehrenden und ermahnenden Distichen über den pickenden Vögeln einzigartig ist. Auf der rechten Wand liest man: *»Abluat unda pedes, puer et detergeat udos;/Mappa torum velet, lintea nostra cave«* (»Wasser soll die Füße abwaschen, der Diener möge sie abtrocknen; die Serviette bedecke das Polster, Hände weg von unseren Tischtüchern!«). Die Gäste wurden aufgefordert, die Ruhebetten nicht zu verschmutzen und die Wäsche nicht zu stehlen; eine durchaus berechtigte Sorge, wenn man an die entsprechenden Anspielungen bei Catull, Iuvenal und Martial denkt.

Auf der Rückwand stand: *»Lascivos voltus et blandos aufer ocellos / Coniuge ab alterius sit tibi in ore pudor«* (»Lüsterne Mienen und begehrliche Blicke wende von der Frau eines anderen ab, deine Reden seien züchtig!«), und auf der linken Seite: *»(Insanas) lites odiosaque iurgia differ / Si potes aut gressus ad tua tecta refer«* (»Vermeide Gezänk und haßerfüllte Streitereien, oder lenke deine Schritte in dein Haus zurück!«).

Die Küche lag in der Nähe, so daß die Speisen sofort serviert werden konnten; manche Forscher meinten, das Loch in der Decke habe zum schnellen und bequemen Hinaufreichen der Speisen für die Bewohner des Obergeschosses gedient. Andere gaben eine weniger prosaische Erklärung: von hier aus seien kleine Geschenke und Duft-

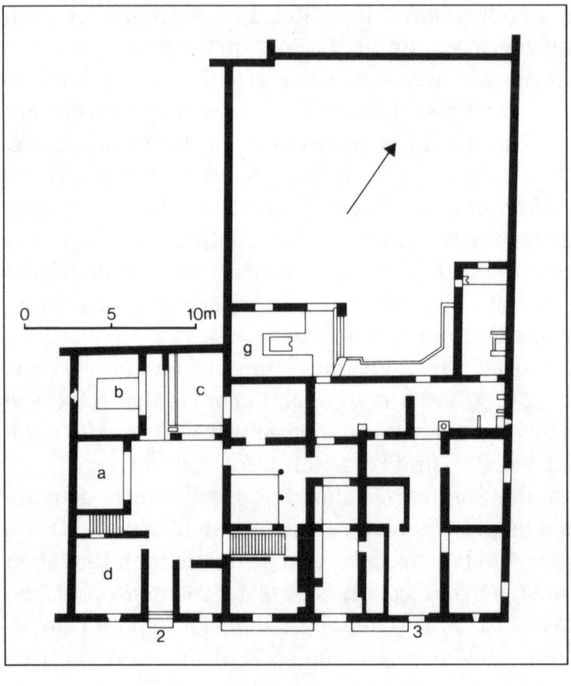

45 Casa del Moralista

wasser über die Speisenden herabgeschüttet worden, wie es Petronius (SATYRICON, 60) und Sueton (Nero, 31) beschreiben. Vom Dekkenschmuck ist nichts erhalten, dagegen konnte man den Fußboden aus den gefundenen Fragmenten fast vollständig zusammensetzen; man vermutet deshalb, daß hier ein Himmel aus Stoff (aulaeum) unter der Decke aufgehängt war. Die Ausstattung war üppig. Schalen aus Kristall und farbigem Glas, Bronzegeschirr, eine Waage, ein Kohlebecken und vier Schabeisen, ein Zaumzeug und Pferdegeschirre wurden gefunden.

Das Triklinium öffnet sich zu einem großen Garten, in dessen Mitte eine züchtige Diana-Statuette steht, mit langem *chiton* und einem vor der Brust verknoteten Mantel, wie ihn auch das pergamenische Original trug (das die traditionelle Tracht der alexandrinischen Isis beeinflußte).

□ Haus der magischen Riten
Pläne 5, 6, II 1,12

Die auf weißen Grund gemalten Darstellungen des Merkur, des Bacchus und der Venus mit einem Delphin auf der Fassade und die des Priap an der Innenseite der Eingangstür wurden vor einiger Zeit abgenommen und in die benachbarte *schola armaturarum* (III 3, 6) gebracht, um sie vor Beschädigungen zu schützen. In dem Raum links vom Eingang sind Eintiefungen für die Ruhebetten angebracht, die Wände sind mit gelben, roten und blaugrünen Feldern bemalt, darüber sind Stilleben mit Fisch, Wild und Obst.

Man fand hier zwei »magische Hände« aus Bronze, eine davon mit einem Bleisockel. Sie sind im Segensgestus dargestellt, den kleinen und den Ringfinger umgebogen, die anderen Finger ausgestreckt, wodurch göttliche Gunst angezogen und der böse Blick abgewendet wird. Die Hände gehören zu dem thrakisch-phrygischen Vegetationsgott Sabazius, der mit Bacchus und Attis, dem Geliebten der Kybele, identifiziert wurde. Sabazius scheint in Kampanien die besondere Gunst der Wöchnerinnen genossen zu haben: Von den bisher bekannten 34 Händen solcher Art wurden zehn in Kampanien gefunden. Diese beiden und die aus Herculaneum stammende Hand sind am stärksten mit Symbolen überladen, die um den auf der Handfläche thronenden Gott angeordnet sind: die Pinie des Attis, Flöten und Tamburine der Kybele und der Stab des Merkur. Auf dem

Handgelenk ist eine stillende Frau dargestellt, welche die Hilfe aller hier angerufenen Götter und glückbringenden Zeichen erhofft.

Die beiden bauchigen Amphoren, die in dem großen Portikus gefunden wurden, sind auf den Schultern mit Reliefs verziert, die sich auf ländliche Gottheiten und Naturmächte beziehen: eine Panflöte, Brot, eine Eidechse, ein Stierschädel, eine Schlange, eine Schildkröte, eine Leiter und eine Weintraube. Es handelt sich um Opfergefäße.

Hinter dem Altar öffnet sich eine Exedra mit zwei gelben Pfeilern und einem bühnenähnlichen Podium.

Auf den linken Pfeiler war *»antru(m)«* (Höhle) gekritzelt, eine Anspielung auf die ländliche Abgeschiedenheit, das Reich des Gottes Sabazius, daneben stand der Name eines Sextilius Pyrricus, der ein Theatertänzer gewesen sein soll.

In den rechten Pfeiler war die Gestalt eines tanzenden ithyphallischen Priesters eingeritzt und daneben ein Ibis. Die Exedra diente als Hintergrund für magische Riten, der Raum neben dem Eingang war eine Art Festsaal für feierliche Versammlungen und Gelage mit religiösem Charakter.

■ Haus des D. Octavius Quartio
(fälschlich auch als Haus des Loreius Tiburtinus bezeichnet)
Plan 6, II 2, 2, Abb. 46

Als das benachbarte Atriumhaus (II 2, 4) noch dazugehörte, war der gesamte Komplex mit seinen 2770 Quadratmetern, der die ganze *insula* einnahm und zwei Atrien und zwei Eingänge besaß, zu den ausgedehntesten Häusern der ersten Gruppe (vgl. S. 46 f.) zu zählen. Nach dem Erdbeben wurde das Haus Nr. 4 abgetrennt.

Die beiden *cauponae* an der Vorderseite sind mit dem übrigen Haus durch zwei Türen zum Atrium verbunden. Von hier aus konnte man auch über zwei Treppen zu den im oberen Stockwerk – in einer Höhe von sieben Metern – gelegenen Unterkünften gelangen, die in einer Loggia an der Fassade und über den am Atrium gelegenen Räumen eingerichtet waren. In unmittelbarer Nähe des Stadttors (der Porta di Sarno) und des Amphitheaters war Bedarf an Gastzimmern. Der schmale Eingang ist mit Bänken für die Kundschaft versehen, die Türflügel sind mit den Beschlägen aus Bronze und Eisen vollständig abgegossen. Das *impluvium* in dem schmucklosen toskanischen Atrium war bereits zweckentfremdet: es wurde mit Blumen und anderen Gewächsen bepflanzt, auf dem kleinen, doppelten Mäuerchen standen Basen für (nicht erhaltene) Statuetten.

Im ersten *cubiculum* links vom Atrium fand man auf dem Boden ein Bronzesiegel mit dem Namen D. Octavius Quartio, vermutlich der letzte Bewohner des Hauses.

Der Name des angeblichen Hausbesitzers Loreius Tiburtinus entstand aus der willkürlichen Verbindung von Loreius und Tiburtinus: auf den insgesamt 26 Wahlaufrufen auf der Fassade (darunter auch die Versprechung: »Ich bitte dich, Loreius, den Ceius Secundus zum *duumvir* zu machen, dann wird er dich dazu machen«) kommt der eine Name dreimal, der andere zweimal vor, jedoch immer getrennt und in verschiedenen Aufrufen.

Auf der gegenüberliegenden Fassade (III 5, 2–3) steht der Name Loreius dagegen neunmal geschrieben, es ist deshalb wahrscheinlicher, daß er dort wohnte, zumal innerhalb des Hauses II 2, 2 weder sein Name noch der des Tiburtinus vorkommen (wenn man die Beischrift »*Tiburs*« unter dem Gemälde eines Isis-Priesters außer acht läßt).

Dieses *cubiculum* war als Werkstatt eingerichtet mit einem Ofen, der entweder zum Brennen und Glasieren kleiner Gefäße oder zum Verfeinern der Farben für die gerade vorgenommene Neubemalung des Hauses vorübergehend aufgestellt worden war. Man fand hier auch eine Schale mit zwei Henkeln und einem eingedrückten Muster und unter der Treppe »nicht wenige kleine Terrakotten«. Die grob verputzten Wände zeigen noch ein Stück Gesims aus dem Ersten Stil. Die linke *ala* wurde geschlossen und in einen Durchgang zur Latrine und der dahintergelegenen Küche umgewandelt. In der rechten *ala* (b) sind in den Mittelfeldern eine fischende Venus und ein Narziß, in den Seitenfeldern nackte Kriegerstatuen dargestellt. Im oberen Fries erscheint die winzige Gestalt einer Isis-Priesterin.

Der rückwärtige Teil des Hauses ist ganz dem veränderten Geschmack des 1. Jahrhunderts n. Chr. angepaßt; die bewegte, unruhige Architektur mit den vielen kleinen Räumen, die mit fast kitschigen Feinheiten überladen sind, bildet einen starken Gegensatz zur strengen, geräumigen Anlage um das Atrium.

An das von Säulen umschlossene *viridarium* schließt sich der Raum f an, der auf der Achse des quer verlaufenden Kanals im oberen Teil des Gartens steht. Die Wandmalereien sind feiner als in den beiden weiß und gelb ausgemalten Nachbarzimmern (e und d); in der

Qualität stehen sie mit ihren winzigen Zweigen, Grotesken, Figürchen und Trophäen unter schlanken Ädikulen den neronischen Palästen in Rom nicht nach. Man hielt diesen Raum für ein Heiligtum der ägyptischen Göttin Isis, auf die viele der in diesem Haus gefundenen Gegenstände Bezug nehmen. Der einzige Hinweis hierauf könnte der rechts vom Fenster dargestellte Isis-Priester mit rasiertem Kopf und einem Leinengewand *(linigerus calvus)* sein, der ein *sistrum*, ein Eimerchen *(situla)* und einen Teller hält. Darunter steht, kaum lesbar: *»Amulius Faventinus Tiburs«* oder *»Amplus Alumnus«* (»hervorragender Schüler«, selbstverständlich der Isis) *»Tiburs«*. Möglicherweise gibt der Name Tiburs die Herkunft aus Tivoli an, während der bereits erwähnte, auf die Fassade geschriebene Name Tiburtinus nur auf die Zugehörigkeit zur Familie der Tiburti deutet.

Die Nische in der Rückwand wurde leer aufgefunden; man kann deshalb nicht feststellen, welcher Gottheit sie geweiht war. Vielleicht hatten die Bewohner die Kultgegenstände in Sicherheit gebracht. Man hat vielfach Skelette auf den Straßen gefunden, jeweils mit einer ganzen Sammlung von Gegenständen aus dem häuslichen Heiligtum, die gerettet werden sollten. An der Vorderseite sieht man unter der von Säulen getragenen Vorhalle auf der linken Seite Aktäon, der von seinen Hunden angefallen wird, während er sich in einen Hirsch verwandelt und ihm schon Hörner aus der Stirn wachsen: ein den Liebestod verklärendes Motiv. Die Medaillons im Innenraum zeigen eksta-

46 Haus des D. Octavius Quartio

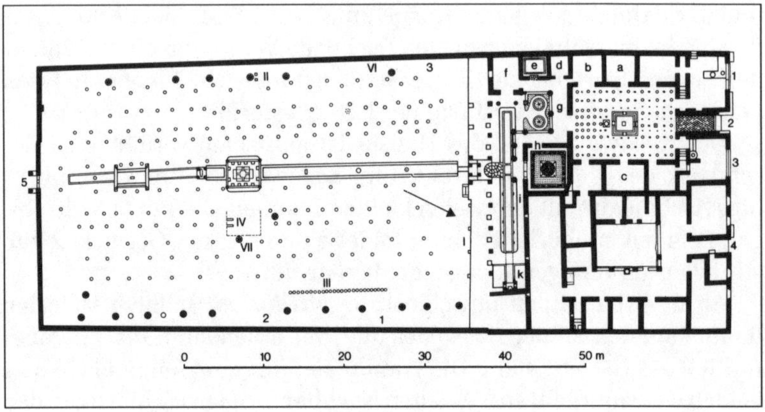

tische Satyrn und Mänaden; dem Priester ist eine Personifikation des Sommers gegenübergestellt. Wahrscheinlich handelt es sich um eine Verschmelzung der Kulte von Diana und Isis in einer bacchischen Atmosphäre. Wie Venus, so findet man auch Diana, die als Mondgöttin eine gewisse Ähnlichkeit mit Isis besaß, in Pompeji häufig in Verbindung mit dem Isis- und Serapiskult.

An der gegenüberliegenden Seite des *viridarium* öffnet sich in der Achse des längs verlaufenden Kanals im unteren Garten der *oecus* (h). Dieser Speisesaal ist mit einem einzigartigen doppelten Fries geschmückt. Der obere breitere, mit dem Zug des Herakles gegen den trojanischen König Laomedon, zeigt die Vorgeschichte des Trojanischen Kriegs, der in dem niedrigeren Fries darunter erscheint und dessen Hauptfigur Achill ist (mit lateinischen Beischriften). Der Sokkel ist marmoriert; über dem Fries sind aufgerollte, in regelmäßigen Abständen oben befestigte Tücher dargestellt, hinter denen er gerade enthüllt worden zu sein scheint. In der Mitte der Stirnwand (wenn man vom »Isis-Heiligtum« herkommt) erscheint die vom Rükken gesehene, mächtige Gestalt des Herakles, der seine Keule erhebt, um Laomedon zu töten. Darunter sieht man die Spiele am Scheiterhaufen des Patroklos, Achill vor seinem Zelt, Priamos und die Auslösung der Leiche Hektors. Auf der Südseite, links von der Tür zum Garten, greift Herakles den jungen Priamos an, der an der phrygischen Mütze als König von Troja zu erkennen ist, darunter sieht man eine Gesandtschaft griechischer Krieger bei Achill. Die Westwand zeigt die Apotheose des Herakles. Die Nordostecke wurde für den Zugang zur dahintergelegenen Latrine abgestumpft.

Auf den Außenwänden des *oecus* ist Orpheus dargestellt, der die Tiere mit seinem Leierspiel besänftigt, und Venus, die in einer Muschel auf dem Wasser fährt (eine Anspielung auf die Wasserspiele im Garten).

In dem kleinen, an drei Seiten von Portiken umgebenen *viridarium* (sie tragen das Obergeschoß) fand man einen Ibis aus Marmor und einige Statuetten aus glasiertem Ton, die ägyptische und pseudoägyptische, alexandrinische Gottheiten darstellen, darunter ein Bes und ein Pseudo-Pharao. Außerdem wurden 28 Lampen aus Terrakotta und zwei aus Bronze gefunden, von denen die eine mit einer Zeus-Ammon-Büste, die andere mit einer Lotosblüte verziert ist; möglicherweise wurden sie bei den nächtlichen Zusammenkünften der Isis-Jünger benutzt.

Die beiden in T-Form angeordneten Kanäle, die von einem Brunnen am Ostrand des Gartens gespeist werden, konnten die Überschwemmungen des befruchtenden Nils künstlich nachahmen und Blumen und Pflanzen überfluten. Und dies alles in einer Stadt, in der die Wasserversorgung nach dem Erdbeben von 62 n. Chr. schwierig geworden war! In der Gasse an der Westseite des Hauses war man gerade dabei, die Wasserleitungen zu ersetzen; die alte war schon entfernt, die neue aber noch nicht verlegt worden. Der Pfeiler, von dem aus das Wasser verteilt wurde, stand am Anfang der Gasse, an der Nordwestecke des Hauses. Hier fand man den einzigen bisher bekannten Wasserbehälter aus Blei. Die Zuleitung und Abflußleitung waren jedoch zerstört, und man fragt sich, ob und wie die Wasserspiele im Garten versorgt wurden, zumal auch die dahintergelegene Palästra mit dem großen Schwimmbecken *(natatio)* und den Latrinen ohne Wasser war.

An dem Längsarm des *euripus*, der von einer Pergola überschattet wird, standen zwölf Statuetten, von denen mindestens drei auf das Heimatland der Isis anspielen: ein bärtiger Jupiter-Serapis-Kopf, eine Sphinx und der Nil selbst (den man auch für einen Sarno gehalten hat). Andere gehören zum Umkreis des Bacchus; eine Statuette stellt den schlangenwürgenden Herakleskanben dar.

Am Anfang des Längskanals befindet sich ein *biclinium*, in dem man im Freien speisen konnte, zu seiten eines Brunnens, der von einer Ädikula überdacht wird. Die tragenden Säulchen sind aus dunkelblauem Marmor mit Kompositkapitellen aus weißem Marmor, bei denen die vier Voluten des ionischen Kapitells mit dem doppelten Akanthuskranz des korinthischen verbunden sind, ein Typus, der in Rom zu Beginn der Kaiserzeit geschaffen wurde. Die Rückwand der Apsis ist mit gelb bemalten Bimssteinchen ausgekleidet; sie sollen die rauhe Oberfläche einer Grotte nachahmen, werden jedoch durch blaue Glaspasten in einzelne Felder gegliedert. Aus der Schale, die ein kniender Satyr auf dem Kopf hielt (jetzt entfernt), floß das Wasser in den Kanal hinab.

Neben der Ädikula wiederholt sich nochmals das Thema von Liebe und Tod: links bewundert Narziß sein Spiegelbild, rechts hat sich Pyramus getötet, nachdem er den blutigen Schleier seiner Geliebten Thisbe fand, ohne zu wissen, daß es nicht ihr Blut war, sondern daß der Löwe hier seine Mahlzeit verzehrt hatte; man sieht Thisbe, die sich vor dem leblosen Körper des Pyramus durchbohrt und in der Ferne den fliehenden Löwen. Es sind Mythen, die in der Nähe von Quellen spielen, und die mit einer Verwandlung (Metamorphose) enden: Narziß wird zu der bekannten Uferblume, der Maulbeerbusch, von dem hinter dem Paar der unglücklichen Liebenden das blutige Gewand herabhängt, wird von nun an statt weißer nur noch rote Früchte tragen. Der Maler dieser unter einem einzigen Thema stehenden Dekoration hinterließ seinen Namen (Lucius) auf der rechten Ruhebank des *biclinium*: ein bescheidener Platz, der bei der Benutzung mit Kissen bedeckt wurde und nicht mehr zu sehen war.

Wo sich die beiden Kanäle vereinigen, erhebt sich eine kleine Brücke, die zu einem Halbkreis führt. Er ist mit Marmor hervorgehoben und durchlöchert, so daß die Wasserstrahlen, mit denen die Brücke und das Grün am Ufer des Kanals bewässert wurden, von hier wieder ins Wasser zurückflossen.

Über dem darunter gelegenen Nymphäum erhebt sich ein Tempelchen mit vier Säulen. Die von der Straße herkommenden Leitungen und der obere Kanal versorgten den unteren Wassergraben, der sich mit einer Länge von über 50 Metern in den unteren Teil des Gartens hineinzieht, unterbrochen von drei Becken. Eine marmorne Okeanos-Maske goß das Wasser in das Becken des unterirdischen Nymphäums, dessen Wände mit einer Muräne und anderen Fischen bemalt sind, um dadurch ein Aquarium vorzutäuschen. Die Marmorschranke, die dieses Becken umschließt, wird durch einen anderen Abfluß unterbrochen: ein kleiner ländlicher Genius, der eine Maske hält, bewacht die Stufen der darunter befindlichen Kaskade. An der Vorderseite des Nymphäums sieht man auf der linken Seite Diana, nackt, wie sie von Aktäon überrascht wurde, und auf der rechten Seite Aktäon, der von seinen Hunden zerfleischt wird. Auf den Seitenwänden waren Landschaften mit Heiligtümern der Diana und ihres Zwillingsbruders Apoll dargestellt. Entlang dem Kanal fanden die Ausgräber die Löcher, in denen die Pfähle der *ambulationes tectae* steckten: von Pergolen eingefaßte Wege zum Auf- und Abgehen *(itu et reditu)*, wie man sie auf den Gartenmalereien aus dem Dritten Stil sieht. Aus den drei anderen langen Löcherreihen auf jeder Seite geht hervor, mit welcher Regelmäßigkeit die Bäume und andere Pflanzen angeordnet waren. An den Umfassungsmauern standen mächtige Bäume mit hohem Stamm und dichtem Laubwerk (Eichen oder Platanen). Auf der Mauer befanden sich große Krüge für Zierpflanzen.

☐ Casa della Venere in conchiglia (Haus der Venus in der Muschel)
Plan 6, II 3, 3

Die nackte Venus, die auf der Rückwand des Peristyls in ihrer Muschel dahinsegelt, ist ziemlich plump gemalt; sie ist jedoch, aus einer gewissen Entfernung gesehen, nicht ohne theatralische Wirkung. In der rechten Hand hält sie einen Fächer, mit der linken das vom Wind geblähte Segel. Die Frisur zeigt die typischen flavischen Löckchen, sie trägt ein goldenes Diadem auf dem Kopf und goldene Ketten um den Hals und die Hand- und Fußgelenke. Die Dekoration, bei der die Wandfelder aus gemalten Vorhängen bestehen, nimmt auch hier keine Rücksicht auf die Architektur; nur selten waren die Freskenmaler bereit, die Symmetrie und Regelmäßigkeit ihrer Vorlagen anderen, nicht-malerischen Gegebenheiten unterzuordnen.

Auf einer in diesem Haus gefundenen *amphora* mit griechischen Aufschriften wollte man das christliche Monogramm erkennen; dieses Zeichen erschien jedoch erst zweieinhalb Jahrhunderte später in konstantinischer Zeit. Hier handelt es sich lediglich um eines der vielfältigen Zeichen, die sich auf den Inhalt, das Gewicht, die Herkunft oder Bestimmung oder auch auf die Qualität der Waren bezogen.

■ Praedia (Besitzungen) der Iulia Felix
Plan 6, II 4, 2, Abb. 47

Ein Teil dieser *praedia* wurde bereits in den Jahren 1755 bis 1757 ausgegraben, danach aber wieder verschüttet. Damals fand man die Bekanntmachung über die Vermietung (sie wurde ins Neapler Nationalmuseum gebracht): *»In praedis Iuliae Sp(urii) f(iliae) Felicis locantur balneum venerium et nongentum, tabernae, pergulae, cenacula ex idibus Aug(ustis) primis in idus Aug(ustis) sextas, annos continuos quinque. S(i) Q(uinquennium) D(ecurrerit) L(ocatio) E(rit) N(udo) C(onsensu)«* (»In den Besitzungen der Iulia, der Tochter des Spurius Felix, sind ein elegantes Bad für die besseren Kreise, Läden mit Wohnräumen darüber und Wohnungen im Obergeschoß ab kommendem August bis zum 1. August des 6. Jahres für fünf Jahre zu vermieten. Nach den fünf Jahren endet der Vertrag.«) Bei dem 1936 und 1953 ausgegrabenen Komplex kann man deutlich unterscheiden zwischen einem öffentlichen Teil mit den Eingängen Nr. 6 und Nr. 7 und dem privaten mit dem Eingang Nr. 3.

In der allgemeinen wirtschaftlichen Krise nach dem Erdbeben von 62 n. Chr. hatte sich Iulia Felix mit gutem Geschäftssinn dazu entschlossen, einen Teil ihres großen Hauses, das ein Drittel der (doppelt großen) *insula* 4 einnimmt, zu vermieten; das übrige Gelände wurde für den Gartenbau genutzt. Angesichts der zahlreichen zerstörten Häuser bestand Bedarf an Wohnraum; deshalb dürften das elegante *balneum* und die Mietwohnungen sicher Interessenten gefunden haben, ebenso wie die Schänke beim Eingang Nr. 4, zumal diese Gegend wegen der Nachbarschaft des Sarno-Tors und des Amphitheaters sehr belebt war.

Den schönsten Teil des Hauses mit den Atrien (a und d) behielt die Hausherrin jedoch für sich selbst. Aus einem dieser Zimmer (b) stammen die Wandmalereien mit Apollo und den Musen, die bei den ersten Grabungen abgenommen wurden und dann nach Paris in den Louvre gelangten.

Daß die Eigentümerin nicht knapp bei Kasse war, beweist der prächtige Portikus an der rechten Seite des Gartens, der ziemlich sicher nach dem Erdbeben entstand, mit den rechteckig geformten,

47 *Praedia* der Iulia Felix

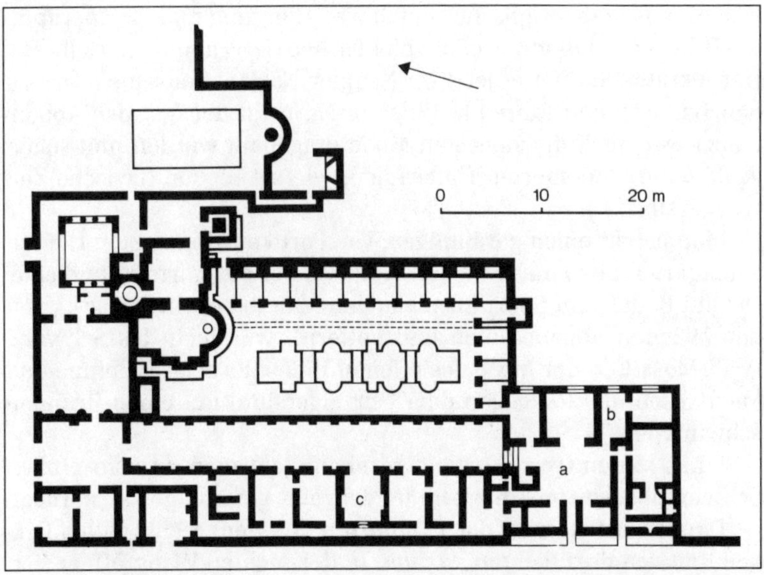

kannelierten Marmorpfeilern mit korinthischen Kapitellen. Mit ihm verbunden ist die Öffnung des Sommer-Triklinium (c), dessen luxuriöse Anlage er betont. Die Ruhebetten, der Sockel der Wände und die Nische mit der Kaskade waren mit Marmor verkleidet, der obere Teil der Wand mit einer Nillandschaft bemalt und das Gewölbe mit röhrenförmigen, porösen Kalksteinstücken bedeckt, die in eine dicke Stuckschicht eingebettet und gelb bemalt waren. Dadurch sollte der Betrachter das Gefühl bekommen, sich in einer Grotte aufzuhalten.

Das Wasser wurde von zwei Behältern, die über dem dahinterliegenden Wirtschaftsgang errichtet waren, durch zwei Röhren zu der steilen, auf einer Brücke über dem Gang angelegten Kaskade geleitet, wie in Neros *Domus Aurea* in Rom. Ein Wasserbecken in der Mitte und ein kleiner Kanal an den Wänden sorgten für die Kühlung der Ruhenden.

Auch die gegenüberliegende Wand, in der halbrunde und rechteckige Nischen hinter dem Portikus mit den stuckierten Pfeilern abwechseln, hatte eine solche Grottenverkleidung. In der Mitte des Gartens verläuft ein Kanal mit einer Reihe von Nischen und drei Marmorbrückchen.

An der Rückseite des Gartens lag ein kleiner (heute zerstörter) Raum, der als Isisheiligtum eingerichtet und mit Darstellungen von Isis, Anubis und Serapis ausgemalt war. Hier fand man den berühmten Bronzedreifuß mit drei ithyphallischen Satyrn und eine silberne Harpokrates-Statuette (jetzt im Neapler Nationalmuseum). Der zu den Baderäumen führende Eingang Nr. 6 an der Via dell'Abbondanza war nach der neuesten Mode umgebaut worden, mit schön geglätteten, gemauerten Halbsäulen, wie sie für die flavische Zeit typisch sind.

Man betritt einen geräumigen, von Portiken eingefaßten Hof mit gemauerten Sitzbänken an den Wänden, der als Warteraum diente. Die auf Bäder und Sport anspielenden Malereien wurden 1755 von den Wänden abgenommen und entfernt, wie auch das Schwarz-Weiß-Mosaik in der Mitte des offenen Hofes. Es zeigt Delphine und Meerwesen, die (entgegen dem Uhrzeigersinn) um einen Brunnen schwimmen.

Links hinten (vom Eingang gesehen) geht man zu dem großen Schwimmbecken im Freien, hinter dem eine geräumige Latrine liegt.

Danach betritt man das *frigidarium* mit dem rechteckigen Bekken und von dort das *tepidarium*. In der rechten Wand öffnet sich das enge *laconicum*, ein kleiner runder Raum mit einer Kuppel, der für türkische Bäder benutzt wurde. In der Rückwand des *frigidarium* öffnet sich die Tür zum *caldarium*, das wie *tepidarium* und *laconicum* doppelte Wände und Hypokausten hat. Das Mosaik mit der Darstellung des für die Heizung zuständigen *furnacator*, der einen Pfahl auf der Schulter trägt, muß sich in der Mitte des Fußbodens im *caldarium* befunden haben. Erstaunlich sind die breiten Fenster zum Garten, eines davon in der Apsis mit einem Entlastungsbogen darüber. Die Wirkung der Heizung wurde dadurch vermindert, doch wird die allgemeiner werdende Verwendung von Glas diese Mode beeinflußt haben.

In der *caupona* Nr. 7 gab es einen Schnellimbiß und ein Restaurant; der Laden, der mit einer Theke ausgerüstet ist, hat Verbindung zu einem Lokal mit gemauerten Ruhebetten für die Kunden.

Unter den vielen Kritzeleien in diesem Raum finden sich eine Aufforderung an einen Iulus neben einem Phallos: »*Iuli (phallum) lingis, Paccatus*« (»Leck ihn!« Unterschrieben von Paccatus) und die Erwähnung einer Reise, die eine Schwester (?) der Iulia Felix machte: »*Celerina Spuri f(ilia) Selinunti*« (»Celerina, die Tochter des Spurius, war in Selinunt«).

Links vom Eingang Nr. 10, in der Gasse zwischen den *insulae* 4 und 3, liest man noch (mit Mühe) die Verspottung eines Tausendsassas, der schon acht Berufe ausgeübt hat, aber auch 16 schaffen könnte: »*(ded)uxisti octies. Tibi superat ut (h)abeas sedecies! Coponium fecisti, cretaria fecisti, salsamentaria fecisti, pistorium fecisti, agricola fuisti, aere minutaria fecisti, propola fuisti, laguncularia nunc facis. Si cunnum linxeris, consummaris omnia*« (»Du warst Gastwirt, Töpfer, Lebensmittelhändler, Bäcker, Bauer, Handlungsreisender, Hausierer, und jetzt stellst du Flaschen her. Wenn du jetzt noch die Fotze leckst, hast du wirklich alles gemacht«).

□ Weingarten mit Sommer-Triklinien
Plan 6, II 5

Bei amerikanischen Ausgrabungen in den Jahren 1966, 1968 und 1970 wurden 2000 Löcher – etwa die Hälfte – festgestellt, die von den Wurzeln von Rebstöcken stammen.

Die Anlage war sehr regelmäßig: die Rebstöcke wurden von Pergolen gestützt *(vitis compluviata)* und standen in Abständen von vier römischen Fuß, wie es Plinius für fruchtbaren Boden riet (Naturalis historia XVII, 171; Columella, De re rustica IV, 18 schrieb dagegen fünf Fuß vor, wenn die Erde mit der Hand und sieben, wenn sie mit dem Pflug bearbeitet wurde). Der Weingarten wurde von zwei mit Pergolen beschatteten Wegen in vier Abschnitte unterteilt. Die Pfähle der Pergolen, deren Abdrücke man fand, hatten die Form eines Viertelkreises. Columella (a.a.O. IV, 18) rät zum Anlegen solcher Wege, um den Arbeitern den Zugang zur Pflege und zum Transport zu erleichtern. Man schätzt, daß der Ertrag der 4000 Rebstöcke (die Hälfte des Gartens ist noch unausgegraben) etwa 16 Tonnen Trauben oder ungefähr 9000 Liter Wein erbrachte. Die 57 Obstbäume (darunter auch Oliven), die in den größeren Löchern standen, reichen nicht aus und sind zu unregelmäßig verteilt, als daß sie den Rebstöcken als Halt gedient haben könnten. Viele Bäume waren noch klein, vielleicht sollten sie aufgepfropft werden. Möglicherweise wurde zwischen den Rebstöcken auch Gemüse angepflanzt; man fand eine Bohne.

Links von der Hintertür zum Amphitheater wurde ein Sommer-Triklinium erbaut mit einem kleinen Podium gegenüber, auf dem wohl eine Lampe aufgestellt wurde, wenn das Essen sich bis in den späten Abend hinzog.

Ein weiteres derartiges Triklinium schließt an den Raum mit der Weinpresse an. In die Bank, die an die gemeinsame Wand angebaut ist, waren fünf Amphoren ohne Hals eingemauert, um die Pfähle der Pergola darin zu verankern.

Der Lagerraum neben der Weinpresse, die der in der Mysterien-Villa entspricht (vgl. S. 452), enthält zehn Krüge *(dolia)* für die Gärung des Weins. Sie fassen 1000 Liter (oder 40 Amphoren); der Keller konnte also den gesamten Ertrag ohne Schwierigkeit lagern.

Die im Weingarten gefundenen Rinder-, Pferde- und Schweineknochen waren aufgeschlagen, um das Mark herauszusaugen; es handelt sich also um Reste von Mahlzeiten, die in den Triklinien eingenommen wurden (den Verzehr von Pferdefleisch erwähnen die antiken Quellen allerdings nicht). Man fand auch Knochen von einem Hund, einer Katze und einem Eber.

In der *caupona* an der Straßenseite (1) steht die übliche Theke mit einem treppenförmigen Aufbau für die Trinkgefäße.

□ Sommer-Triklinium
Plan 6, II 9, 7

Das anmutige Sommer-Triklinium wird von einem Dach geschützt (nach den Ausgrabungen in den Jahren 1954/55 wurde es rekonstruiert), das vier grün gemalte Säulen tragen, und ist mit zwei Brunnen in Nischen, die mit farbigem Mosaik ausgekleidet sind, versehen. Das *triclinium* und die Brunnen sind an den Seiten mit Gartenmotiven bemalt, mit einem Gitter, Brunnnenbecken, runden Vogeltränken, Oleanderbüschen und, seitlich am Tisch, einem schönen, im Profil gesehenen Pfau, der sich nach hinten umwendet.

Über jedem Brunnen befindet sich ein Wasserbehälter, der über ein gemauertes Treppchen an der Rückseite zu erreichen ist. Die hier gefundenen Leitungen und Wasserhähne aus Blei wurden nach der Ausgrabung weggeschafft. Die bewegte Mosaikdekoration knüpft an die barocke Phase des Vierten Stils an: mit einem Flechtwerk aus Zweigen auf den Pfosten und Akanthusbüscheln auf dem Giebel und in der Apsis. Ein Schwan mit einer Binde im Schnabel füllt das Apsisgewölbe, unten verläuft ein Fries mit Enten und Fischen, und an der Vorderseite sieht man zwei Delphine, eingefaßt mit der charakteristischen Borte. Aufgereihte Muscheln verschiedener Art unterstreichen den architektonischen Aufbau.

Vermutlich handelte es sich hier um eine Art Gartenrestaurant, in dem sich die Besucher des Amphitheaters erholen konnten.

■ Das Amphitheater
Plan 7

Zwei Inschriften auf Travertinplatten berichten von der Erbauung des Amphitheaters: »*C. Quinctius C. f. Valgus M. Porcius M. f. duovir(i) quinq(uennales) coloniai honoris caussa spectacula de sua peq(unia) fac(iunda) coer(arunt) et coloneis locum in perpetuom deder(unt)*« (»Caius Quinctius Valgus, der Sohn des Caius, und Marcus Porcius, der Sohn des Marcus, ließen als *duumviri quinquennales*, zu Ehren der Kolonie, auf eigene Kosten das Theatergebäude errichten und übergaben es den Einwohnern der Kolonie für immer«). Die beiden Beamten sind dieselben, die auch die Arbeiten für den Bau des *odeion* (vgl. S. 204) vergeben hatten; damals waren sie nur *duumviri*, jetzt dagegen *duumviri quinquennales*.

Die Erbauung des Amphitheaters muß deshalb nach der des *odeion* erfolgt sein, wenn auch wohl nur kurze Zeit danach. Es handelt sich demnach um das älteste gut erhaltene Gebäude für Gladiatorenspiele; in Rom wurde das erste steinerne Amphitheater von Statilius Taurus im Jahr 29 v. Chr. erbaut. Zuvor hatten die Schauspiele auf dem Forum Romanum oder dem Forum Boarium stattgefunden, in hölzernen Bauten, die leicht auf- und abgebaut werden konnten. In Kampanien muß es jedoch schon früher die ersten gemauerten Gebäude gegeben haben. Anscheinend entstanden hier die Gladiatorenspiele, die schon auf den Grabmalereien aus Capua und Pästum für das 4. Jahrhundert v. Chr. belegt sind.

Die Bezeichnung »Amphitheater« erscheint zum ersten Mal bei Vitruv, also in spätrepublikanischer Zeit. Sie scheint nicht, wie man meinen könnte, »Vereinigung zweier Theater« zu bedeuten, sondern »Raum für die Zuschauer (ϑέατρον) rund um die Arena (ἀμφί)«. In Pompeji wird das Gebäude noch mit dem Ausdruck *spectacula* bezeichnet, der in mehreren Inschriften vorkommt, auch in der bekannten augusteischen Inschrift des Aulus Clodius Flaccus, auf die später noch einzugehen sein wird.

Das Gelände im Südosten der Stadt war aus zweierlei Gründen für die Errichtung dieses riesigen Baus günstig. Es war noch unbebaut, da Pompeji sich bekanntlich nach einem zusammenhängenden Bebauungsplan von Westen nach Osten entwickelte, jenseits des weniger streng angelegten Viertels um das Forum. Die ältesten Häuser in dieser Gegend stehen sehr viel weiter westlich in der *regio* I, vielleicht hat ihre städtebauliche Anordnung die Orientierung und Lage des Amphitheaters mitbestimmt. Um zusätzliche Kosten zu sparen, wurde das Gebäude an die Stadtmauer herangebaut, so daß der Wall hinter der Befestigungsanlage ausgenutzt werden konnte, was ein weiterer Vorteil war.

Für die Nord- und die Westseite wurde dagegen eine künstliche Terrassierung angelegt und mit einer Böschungsmauer abgestützt, die wiederum von 62 Stützpfeilern verstärkt wird. Diese sind in regelmäßigen Abständen angelegt, außer bei den großen Korridoren, die an der Nord- und der Westseite in die Arena führen. Auf die Stützpfeiler wurden Arkaden mit Rundbögen gebaut, mit einem vorspringenden Gesims und einer Brustwehr, auf der ein offener Umgang den Zutritt zur *summa cavea* gewährt. Die Arkaden sind, abgesehen von denen, durch die man zur *media* und zur *ima cavea* gelangte, zugemauert. Wie im *odeion* sind die Mauern in *opus reticulatum* errichtet, die Bögen dagegen mit kleinen Quadern aus Sarnokalk. Wie aus einigen unleserlich gewordenen aufgemalten Inschriften hervorging, hatten in den zugemauerten Arkaden die fliegenden Händler ihre Plätze. Eine solche Aufschrift lautete: »*Permissu aedilium Cn. Aninius Fortunatus occup(at)*« (»Diesen Platz nimmt Cn. Aninius Fortunatus mit Erlaubnis der Ädilen ein«).

Als Zugang zum oberen Umgang erbaute man an der Nordwest- und der Nordseite zwei Treppen mit doppelten Rampen und zwei weitere mit einer einfachen Rampe an der Nord- und an der Südseite. Die Treppen sind an den äußeren Mauerring des Amphitheaters gebaut, ihr Unterbau besteht aus verschieden hohen Bögen, die so angeordnet sind, daß ihre Höhe jeweils der der Arkaden am Amphitheater entspricht. Der offene obere Umgang, der im allgemeinen acht Meter breit ist, hat einen Fußboden aus Kalkmörtel. Darüber erhebt sich ein elliptischer Tambour mit 40 offenen Arkaden. Von hier aus gelangte man durch einen überwölbten Gang *(vomitorium)* zur *summa cavea*. Jede fünfte Arkade ist höher als die übrigen und diente als Durchgang zu einem Absatz, von dem aus kleine Treppen zu einem Umgang mit hoher Brustwehr hinaufführen. Hierbei handelt es sich um die oberste Bekrönung des Amphitheaters. Hier oben, hinter der Brustwehr und über dem Gewölbe des zur *summa cavea* führenden *vomitorium*, befindet sich eine Reihe von Logen mit Trennmauern dazwischen.

Der obere Mauerring des Amphitheaters ist halb zerstört, da er nach der Verschüttung im Jahre 79 n. Chr. noch aus dem Gelände herausragte. Die Mauertechnik mit *opus listatum* aus Tuff- und Ziegelsteinen für die Eckpfeiler scheint nur wenig jünger zu sein als die in den unteren Stockwerken. Kehrt man zur Fassade des Amphitheaters zurück, so kann man mit Hilfe des Plans nicht nur das Konstruktionssystem der *ima* und der *media cavea* klar erkennen, sondern auch die Zugänge für die Zuschauer.

Unter den letzten Sitzreihen der *media cavea* verläuft ein Gang mit einem Tonnengewölbe, der nur in der kürzeren Achse unterbrochen wird. Dieser Gang, der auch *crypta* heißt, sollte einerseits den äußeren Druck der aufgeschütteten Erdmassen abfangen und andererseits den Besucherstrom zu den Sitzplätzen regeln: durch die Unterbrechung in der Mitte waren die Zuschauer gezwungen, nicht nur einem einzigen Ausgang zuzuströmen, so daß allzu großes Gedränge vermieden wurde. Die *crypta* ist durch vier leicht abschüssige Gänge – drei an der West- und einer an der Nordseite – zu erreichen, von denen die beiden äußeren unmittelbar in die Arena führen. Da hier auch Wagen durchfuhren, waren sie sorgfältig gepflastert mit unregelmäßigen, aber genau aneinandergefügten Basaltsteinen.

Der südwestliche Gang biegt zur Arena hin in einem scharfen Knick um. Warum dieser Zugang an der Westseite und nicht, wie es logisch wäre, an der Südseite gebaut wurde, erklärt ein Blick auf den Plan. Unmittelbar rechts vom Eingang, hinter der Treppe, stößt der Bau an die Befestigungsanlage, in der man keine Öffnungen anbringen konnte.

Alle Gänge und die *crypta* haben Tonnengewölbe aus *opus caementicium* und wurden nach dem Erdbeben von 62 n. Chr. restauriert. In unregelmäßigen Abständen sind starke, aus Ziegelsteinen gemauerte Bögen zur Entlastung der beschädigten Gewölbe in die Mauern eingefügt. Im Hauptgang auf der Nordseite befindet sich rechts und links je eine Nische mit einer Inschrift auf Travertin: »*C. Cuspius C. f. Pansa pater d(uo)v(ir) IIII quinq(uennalis) praef(ectus) i(ure) d(icundo) ex d(ecreto) d(ecurionum) lege Petron(ia) – C. Cuspius C. f. f(ilius) Pansa pontif(ex) d(uo)vir i(ure) d(icundo)*« (»Caius Cuspius Pansa senior, der Sohn des Caius, *duovir* mit Gerichtsbarkeit auf Beschluß der Dekurionen gemäß der *lex Petronia* – Caius Cuspius Pansa junior, der Sohn des Caius, *pontifex* und *duovir* mit Gerichtsbarkeit«).

Die Cuspier kamen wahrscheinlich mit den sullanischen Neusiedlern nach Pompeji; ihre Glanzzeit erlebten sie unter Nero, als der Vater Caius Cuspius Pansa sogar zum Praefekten ernannt wurde. Dies geschah nach der *lex Petronia*, die die Dekurionen ermächtigte, bei besonderen schwerwiegenden Ereignissen Sonderbeamte außerhalb der normalen Wahlen zu ernennen. Für die Ernennung des C. Cuspius Pansa waren vermutlich die Schwierigkeiten nach dem Erdbeben von 62 n. Chr. ausschlaggebend. Wahrscheinlich restaurierten die beiden Pansa das Amphitheater auf eigene Kosten, was auch die Aufstellung von Ehrenstatuen am Haupteingang zur Arena erklären würde.

Die beiden kleineren Gänge an der Westseite führen nur zur *crypta*. Diese hat in ihrem gesamten Verlauf 16 Bögen mit Durchgängen zur *media cavea* und 16 kleine Bögen zur *ima cavea*. Genau in der kürzeren Achse des Amphitheaters verläuft ein weiterer kleiner

Gang, der wie die beiden großen an der Nord- und an der Südseite mit einer kleinen Tür in die Arena führt. An der Außenseite endet er unter der Substruktion der Treppe an der Westseite. Aufgrund einiger Treppchen, etwa auf der Höhe der *crypta*, hat man vermutet, daß der Durchgang von den wichtigsten Magistratspersonen benutzt wurde, um die Ehrenplätze, die auf einer Plattform über der *crypta* gewesen sein müssen, bequemer erreichen zu können. Die Tür an der Arena wurde wahrscheinlich von den siegreichen Gladiatoren benutzt, um von hier auf die Plattform zu gelangen und die Preise entgegenzunehmen.

Geht man in der *crypta* weiter, so kommt man wieder zum Eingang in die Arena zurück. Kurz davor sind sowohl auf der Nord- als auch auf der Südseite zwei kleine Räume angelegt, die vielleicht als *spoliarii* dienten, wo den Verletzten Erste Hilfe geleistet wurde oder wo man die Leichen der getöteten Gladiatoren vorübergehend ablegte.

Man betritt dann die Arena durch das weite Eingangstor, einen halbkreisförmigen Bogen aus entsprechend zugeschnittenen Steinen, ohne Stützpfeiler, aber mit Pilastern, deren einfache Kapitelle von einem Profil, einem Fries und einem Perlstab bekrönt werden.

Der Bogen weist eine Eintiefung auf, in die wohl eine Marmorplatte eingelassen war. Von der Mitte der Arena aus gewinnt man eine klare Vorstellung von der besonderen Form des Amphitheaters, was um so wichtiger ist, da es sich um das erste gut erhaltene Beispiel dieser Gattung handelt. Der elliptische Grundriß ist nicht regelmäßig, da die schon vorher vorhandenen Festungsanlagen den Platz einschränkten und die Form der Ellipse an der Ostseite veränderten.

Bemerkenswert ist auch, daß man die Arena unterhalb des Straßenniveaus anlegte, um nicht allzuviel Füllmaterial für die Aufschüttung an der Westseite heranschaffen zu müssen. Rund um die Arena läuft eine 2,18 Meter hohe Brüstung mit einem Profil darauf, das dem an den *analemmata* im *odeion* ähnelt. Die beiden Haupteingänge durchschneiden die Brüstung. Sie war mit Malereien verziert, die völlig verblichen sind, die man jedoch aus Zeichnungen kennt. Die Fläche war in Felder untergliedert, entweder durch eine Siegesgöttin, die mit Palme und Kranz auf einem Globus steht, eine Herme, an deren Sockel ein Schild lehnt, oder durch einen Kandelaber mit geflochtenem Schaft und einem Schild mit einem Kopf in der Mitte. Die Felder waren mit unterschiedlichen Motiven verziert: mit einem

Schuppenmuster, mit Marmorimitation oder mit Jagdszenen wie zum Beispiel dem Kampf zwischen einem Stier und einem Molosser-Hund, die mit einem Strick zusammengebunden sind. Auch Gladiatorenszenen fehlten nicht. Am bekanntesten ist die Darstellung der Kampfvorbereitungen: In der Mitte umschreibt der Kampfrichter das Feld, in dem gekämpft werden soll. Links spielt ein Gladiator, der noch nicht vollständig ausgerüstet ist, auf einem Horn, hinter ihm halten zwei Diener Helm und Schild. Rechts steht der Kampfrichter mit dem anderen Gladiator, der einen großen gebogenen Schild hält, während ihm ein Diener Helm und Schwert reicht. Die Einfassung der Szenen bilden zwei Siegesgöttinnen mit Kränzen.

Die *cavea* wird durch Schranken aus sorgfältig geschnittenen Tuffsteinen in die drei Hauptränge untergliedert. Die *ima cavea*, die am niedrigsten ist, war den wichtigsten Persönlichkeiten der Stadt vorbehalten, wahrscheinlich entspricht die Einteilung in Sektoren einer genauen Unterscheidung der gesellschaftlichen Stellung. Vorne auf der Ostseite, auf der kürzeren Achse, ist in der zweiten Stufe eine Unterbrechung für den Sitz des *rector spectaculi* (Spielleiter). Die bedeutendsten Persönlichkeiten der Stadt, also die *duumviri* und der großzügige Veranstalter der Spiele, hatten ihre Plätze auf einer Plattform auf der Westseite.

Die *media* und die *summa cavea* werden dagegen durch kleine Treppen in 20 Sektoren unterteilt, diese werden in der *summa cavea* nochmals durch je eine weitere Treppe halbiert. Die Sitzplätze waren nicht alle gleich und sicherlich nicht alle aus Tuff. Wo man heute den grünen Abhang sieht, müssen hölzerne Sitzreihen gewesen sein; wie aus den groben Inschriften hervorgeht, die auf der Vorderseite der Brüstung in der Arena eingekratzt waren, ersetzte man sie nicht gleichzeitig, sondern stufenweise, Sektor für Sektor. Hier werden die *magistri* des *Pagus Augustus Felix Suburbanus*, eines vor den Mauern gelegenen Viertels, dessen Lage man noch nicht kennt, und insgesamt sechs *duumviri* (Aulus Atellius Celer, Lucius Saginius, Numerius Istacidius Cilix, Aulus Audius Rufus, Publius Caesetius Capito und Marcus Cantrius Marcellus) genannt, die zu verschiedenen Zeiten, aber wahrscheinlich alle in julisch-claudischer Zeit, die Sektoren der *cavea* aus den für die Spiele und die Beleuchtung vorgesehenen Mitteln errichten ließen. Die Stufen waren genauso geschnitten wie die im *odeion*, nämlich in zwei Teile untergliedert, in einen vorderen, höheren, der als Sitzfläche diente, und in einen rückwärtigen als

Durchgang. Hier fand man genügend Platz für die Füße, ohne die davor Sitzenden zu belästigen. Dieser Durchgang war leicht geneigt und diente außerdem als Abfluß für das Wasser, das in die Arena geleitet wurde.

Das Amphitheater war mit einem Segel ausgestattet, das die Zuschauer vor allzu großer Sonnenhitze schützte.

Aus den antiken Quellen kennt man auch die Beschaffenheit solcher Segel. Das im Kolosseum war aus feinstem nachtblauem Leinen mit Sternen darauf und dem Bildnis des Kaisers in der Mitte. Sicherlich war das Segel im Amphitheater von Pompeji nicht so aufwendig, doch muß es ebenfalls aus Leinen gewesen sein, das eines der leichtesten Gewebe war.

An der Brüstung der oberen Ränge waren an der Außenseite entlang der Längsachse in regelmäßigen Abständen zwei Reihen steinerner Ringe angebracht, durch die Holzbalken gesteckt wurden. Diese hielten ihrerseits große, in Streifen unterteilte und an beweglichen Seilen festgemachte Leinentücher, die von einer Seite des Amphitheaters bis zur anderen reichten. Das Sonnensegel scheint von den Besuchern besonders geschätzt worden zu sein; auf den zahlreichen gemalten Inschriften, mit denen an den Straßen Pompejis für Gladiatorenspiele geworben wird, findet sich der Zusatz »... *et vela erunt*« (»... die Sonnensegel werden aufgespannt sein«).

Bei den italischen Völkern war die Leidenschaft für Gladiatorenspiele außerordentlich stark, etwa so, wie heute die Begeisterung für den Fußball. Selbstverständlich kann man die grausame und blutdürstige Erregung durch die Kämpfe nicht mit der Begeisterung für ein Fußballspiel gleichsetzen; die Folgen konnten jedoch die gleichen sein.

Im Jahre 59 n.Chr., in dem Nero seine Mutter Agrippina tötete, kam es im Amphitheater in Pompeji zu einer Schlägerei zwischen den Pompejanern und den Einwohnern von Nuceria, die in ein Gemetzel ausartete. Das Ereignis muß großes Aufsehen erregt haben, da sogar in den ANNALES des Tacitus (XIV, 17) davon berichtet wird. Hier die Übersetzung: »Zu jener Zeit entbrannte aus nichtigem Anlaß ein wilder Kampf zwischen den Einwohnern von Nuceria und denen von Pompeji während der Gladiatorenspiele, die jener Livineius Regulus, dessen Vertreibung aus dem Senat ich bereits erwähnte, veranstaltete. Zunächst griff man sich mit Beschimpfungen an, wie es die Provinzler so machen, danach bewarf man sich mit Steinen und griff schließlich zu den Waffen, wobei die Pompejaner, bei denen die Spiele stattfanden, überlegen waren. Deshalb wurden viele verletzt nach Nuceria zurückgebracht, und viele beweinten den Tod ihrer Söhne oder Väter. Der *princeps* (Nero) übergab die Beurteilung des Vorfalls dem Senat, der Senat den Konsuln, und als sie schließlich wieder vor den Senat kam, wurden den Pompejanern für zehn Jahre derartige öffentliche Versammlungen verboten und die illegal gegründeten Vereinigungen aufgelöst. Livineius und die anderen, die den Aufruhr geschürt hatten, wurden mit Verbannung bestraft.«

Besonders auffallend ist die Tatsache, daß der banale Grund für den Streit nur der Funke gewesen sein muß, während die eigentliche Zwietracht zwischen Pompejanern und Nucerinern, deren Gründe nicht genauer festzustellen sind, sehr viel tiefer ging. Vielleicht mußte Pompeji eine Verkleinerung seiner Ländereien hinnehmen, als Nuceria im Jahr 57 n.Chr. von Nero zur Kolonie ernannt wurde; eine Schmach, die die Pompejaner nicht so leicht hinnahmen. Andererseits erweckt die Schilderung des Tacitus den Eindruck, daß der Streit – wie üblich – von Leuten geschürt wurde, die aus nicht klar ersichtlichen Gründen eingeschleust worden waren. Die Auflösung illegaler Vereinigungen und die Verbannung des Livineius lassen auf einen Machtkampf schließen, in den der Kaiser selbst, wenn auch nur mittelbar, verwickelt gewesen sein muß. Ein berühmtes Fresko, das in einem der Häuser bei den Theatern abgenommen und ins Neapler Nationalmuseum gebracht wurde, schildert die Begebenheit mit einer gewissen Eindringlichkeit, die durch die Vogelperspektive noch gesteigert wird.

Von der leidenschaftlichen Begeisterung der Pompejaner für die Gladiatorenspiele zeugen die zahlreichen auf die Häusermauern gemalten Inschriften. Bisweilen sind es Ankündigungen von Gladiatorenkämpfen wie diese: »*Cn. Allei Nigidi Mai quinq(uennalis) gl(adiatorum) par(ia) XXX et eor(um) supp(ositicii) pugn(abunt) Pompeis VIII VII VI kalendas Dec(embres). Ven(atio) erit. Maio quinq(uennali) feliciter. Paris vale*« (»30 Gladiatorenpaare, die von Cnaeus Alleius Nigidius Maius zusammen mit ihren Ersatzleuten ausgestattet wurden, werden in Pompeji am 24., 25. und 26. November kämpfen. Auch eine Tierhatz wird stattfinden. Es lebe der *duumvir quinquennalis* Maius! Hoch Paris!«). Cnaeus Alleius Nigidius Maius, ein Angehöriger der Familie der Nigidii, der aber wohl von Cnaeus (?) Alleius Nobilis, einem reichen Freigelassenen oder Sohn eines solchen, adoptiert worden war, gehörte in den letzten Jahren Pompejis zu den einflußreichsten Politikern. Im Jahr 55–56 n. Chr., einem Jahr, in dem die Steuerschätzung stattfand, war er *duumvir*, und er bekleidete als *flamen [Ti. Claudi] Caesaris Augusti* das wichtigste Priesteramt in Pompeji. Neben Aulus Suettius Certus und Decimus Lucretius Statius Valens war er einer der großzügigsten Veranstalter von Gladiatorenspielen. Festzuhalten ist jedoch, daß die Gladiatoren den Politikern im allgemeinen nicht gehörten. Es gab in Pompeji zwar Schulen und Trainingsplätze für Gladiatoren, doch gehörten die besten Kämpfer zu den kaiserlichen Schulen, von denen eine in Capua war.

Welche Pracht bei diesen Darbietungen entwickelt wurde, geht aus einer leider verlorenen, aber in einer getreuen Übertragung vorliegenden Inschrift hervor. Sie beschreibt die Paraden und Spiele, die von Aulus Clodius Flaccus, einem Magistrat der augusteischen Zeit, veranstaltet wurden: »*A(ulus) Clodius A(uli) f(ilius) Men(enia) Flaccus (duo)vir i(ure) d(icundo) ter(tium) quinq(uennalis), trib(unus) mil(itum) a populo. Primo duomviratu: Apollinarib(us), in foro pompam, tauros, taurocentas, succursores, pontarios paria III, pugiles catervarios et pyctas, ludos omnibus acruamatis pantomimisq(ue) omnibus et Pylade, et (sestertium nummum decem milia) in publicum pro duomviratu. Secundo duomviratu quinq(uennali): Apollinaribus, in foro pompam, tauros, taurarios, succursores, pugiles catervarios. Poster(o) die, solus, in spectaculis athletas par(ia) XXX, glad(iatores) par(ia) V et gladiat(ores) par(ia) XXXV, et venation(em), tauros, taurocentas, apros, ursos, cetera venatione varia cum collega. Tertio duomviratu ludos factione prima, adiectis acruamatis cum collega*« (»Aulus Clodius Flaccus, der Sohn des Aulus, aus der *tribus* Menenia, der dreimal *duumvir* mit Gerichtsbarkeit und *quinquennalis* war, vom Volk ernannter Militärtribun, organisierte folgende Spiele. In seinem ersten Duumvirat gab es bei den Feiern zu Ehren Apolls eine Parade auf dem Forum, Stiere, Stierkämpfer mit ihren Hilfskräften, drei Fechterpaare, Boxer in Gruppen und als Einzelkämpfer, Darbietungen mit Spaßmachern aller Art und mit allen Arten von Pantomimen, darunter auch dem Pylades, und dazu noch die Verteilung von 10 000 Sesterzen an das Publikum, zu Ehren des Duumvirats. Als er zum zweiten Mal *duumvir* und *quinquennalis* war, gab es bei den Apollo-Feiern wieder die Parade auf dem Forum, Stiere, Stierkämpfer mit Hilfskräften und Boxer in Gruppen. Am Tag darauf veranstaltete er ganz allein in der Arena Kämpfe zwischen 30

Athletenpaaren, zwischen fünf und schließlich 35 Gladiatorenpaaren, außerdem Kämpfe mit wilden Tieren, mit Stieren und Stierkämpfern, mit Ebern und Bären und, zusammen mit seinem Kollegen, schließlich eine Jagd auf verschiedene wilde Tiere. Im dritten Duumvirat gab es die gleichen Veranstaltungen wie beim ersten Mal und dazu noch Spaßmacher, die er zusammen mit seinem Kollegen bezahlte.«) In der Inschrift ist von Paraden auf dem Forum und Gladiatorenspielen im Amphitheater die Rede; zweifellos wurden jedoch auch im Amphitheater Paraden abgehalten, wodurch dessen Form in gewisser Weise erklärt wird, die für theatralische Aufzüge besonders geeignet war.

Die Gladiatoren selbst wurden bekanntlich unter den Sklaven und Verbrechern ausgewählt, die auf diese Weise ihre Freiheit wiederzugewinnen suchten. Ihr hartes und unmenschliches Leben wurde zum Teil wieder aufgewogen durch die Begeisterung der Massen, wie sie aus den zahlreichen Kritzeleien an den Straßen Pompejis hervorgeht. Diese Kämpfer, die ihr Leben aufs Spiel setzten, müssen ihre Wirkung auf die Frauen nicht verfehlt haben. Der Thraker Celadus galt als *»suspirium et decus puellarum«* (»Sehnsucht, Schwarm und Bewunderung der Mädchen«), den *retiarius* (Netzkämpfer) Crescens bezeichnete man als *»dominum et medicum puparum nocturnarium«* (»Herrn und Heiland der Schönen der Nacht«).

Daraus wird klar, daß die Gladiatoren, die nach der Auffassung ihrer Zeit der alleruntersten Schicht zuzurechnen waren, dieselbe kollektive Begeisterung genossen, wie sie sich heute Fußballspielern oder Kino-Stars gegenüber äußert. Doch sah die Realität des Alltagslebens ganz anders aus. Das Gefühl des ständig drohenden Todes muß wie Blei auf diesen oft noch ganz jungen Männern gelastet haben. Aus diesem Grund konnte auch der Aberglaube nicht fehlen, der für Angehörige einer nicht gerade gebildeten Schicht den einzigen Trost bot. Hiervon zeugt eine Grabinschrift, die in ihrer poetischen Schlichtheit und ihrer bitteren Moral wohl keiner weiteren Erläuterungen bedarf. Sie stammt aus Verona (CIL V 3466) und lautet in der Übersetzung: »Den Manen des Glaucus aus Modena. Er hat siebenmal gekämpft und starb beim achten Mal. Er lebte 23 Jahre und 3 Tage. Aurelia (weihte dieses Grab) ihrem lieben Mann, zusammen mit seiner Anhängerschaft. Ich rate jedem, sein Horoskop zu befragen und der Nemesis nicht zu trauen: ich habe ihr vertraut und bin dabei so betrogen worden, wie ihr es seht. Leb wohl!«

■ Die Große Palästra
Plan 7

Die Palästra nimmt einen großen Teil der *regio* II ein, vom Amphitheater wird sie nur durch den dazwischenliegenden weiten Platz getrennt. Man wählte dieses Grundstück vermutlich deshalb, weil diese Gegend der Stadt noch kaum bebaut war. Hinter den großen, nördlich davon gelegenen Häusern erstrecken sich prächtige Gärten, was bei einer dichten Besiedelung des Viertels nur schwer verständlich wäre.

Die Große Palästra hatte zweierlei Aufgaben. Einerseits fehlte in Pompeji ein großes Gebäude für die sportliche Betätigung der jungen Leute, die ganz offensichtlich die nicht besonders geräumige Palästra in den Stabianer Thermen benutzen mußten (vgl. S. 397). Die sogenannte Samnitische Palästra, die sehr klein war, wurde wohl ausschließlich von einer militärischen Vereinigung besucht; auf alle Fälle war sie völlig unzureichend.

In augusteischer Zeit kam der Beschluß des Kaisers hinzu, die jungen Leute in regelrechten Vereinen *(collegia iuvenum)* neu zu organisieren. Die Palästren, die man in jener Zeit errichtete, hatten eine wichtige Funktion in der kaiserlichen Propaganda. Die augusteische Ideologie sollte die politisch noch unerfahrenen jungen Leute durch diese Organisationen rasch für sich gewinnen. Dies erklärt die Erbauung einer solchen Palästra.

Sie ist rechteckig mit einer Länge von 141 Metern und einer Breite von 107 Metern, mit einem großen Schwimmbecken von 34,55 Meter Länge und 22,25 Meter Breite in der Mitte und einer außergewöhnlich breiten, von großen Platanen eingefaßten Straße an der Nordseite. Die Einfassung besteht aus einer hohen, ursprünglich mit Zinnen versehenen Mauer aus *opus incertum* mit zehn breiten Zugängen an der Ost-, der West- und der Nordseite. Die Südseite ist an der *agger* (Erdwall) der Befestigungsmauern angebaut.

Die Mauern des ursprünglichen augusteischen Baus waren aus Vesuv-Lava in *opus incertum* errichtet. Diese Technik sieht man an der ganzen Nordmauer, die beim Erdbeben von 62 n. Chr. eingestürzt war und noch zu Füßen der neuen (in jüngster Zeit rekonstruierten) Mauer liegt. Die anderen Mauern weisen dagegen zahlreiche Flikkungen auf, ebenfalls in *opus incertum*, aber nicht nur mit Lava-, sondern auch mit Tuff- und Kalksteinen. Die Türen an der West- und an der Ostseite sind in *opus latericium* erbaut, über der weiten rechteckigen Öffnung liegt ein Entlastungsbogen.

Die Fassaden sind innen und außen mit Halbsäulen, einem Architrav und einem Giebel darüber geschmückt. Die Kapitelle haben schlichte Profile aus Zierleisten und doppelten Ziegelsteinen.

Die Tore an der Ostseite bildeten jeweils einen kleinen, überdachten Raum, was bei Regen sehr nützlich war, da der Portikus auf dieser Seite fehlte. Die Tore gehen alle auf den Wiederaufbau während der letzten pompejanischen Bauphase zurück. Die Eingänge der augusteischen Umfassungsmauer sind an der eingestürzten Südseite jedoch noch teilweise sichtbar; zwar sind keine Giebel erhalten, doch scheinen die Grundformen ähnlich gewesen zu sein. Allerdings waren sie aus Tuff und nicht aus Ziegelsteinen.

Der Platz ist innen an drei Seiten von Portiken mit je 35 Säulen an der Nord- und der Süd- und 48 Säulen an der Westseite eingefaßt. Die aus Ziegelsteinen gemauerten Säulen gehören mit Ausnahme von denen an der Südseite zur augusteischen Phase. Bei der Auffindung waren sie zum größten Teil stuckiert, mit einem Muster aus Rundstäben als Kannelierung. Sie waren vollständig bedeckt mit eng geschriebenen Kritzeleien, die zusammen mit denen auf den Wänden der Portiken ein lebendiges Bild des Alltags in der Palästra geben. Beim Erdbeben müssen die Säulen schwer beschädigt worden sein. Bei der Restaurierung ging man so vor, daß zunächst der gemauerte Säulenschaft an der Basis freigelegt wurde. Danach hob man die geneigten Säulen mit einem System aus Holzkeilen, um dann flüssiges Blei in die Spalten zwischen den Ziegelsteinen zu gießen. Die Spuren dieser Arbeit sind auf den Säulen noch vorhanden, da man noch nicht an die Erneuerung des Stucküberzugs gegangen war, die offensichtlich Schritt für Schritt zusammen mit der Bemalung vorgenommen werden sollte. Die Säulen haben Kompositkapitelle, die aus Akanthusblättern unten und ionischen Voluten oben zusammengesetzt sind.

Die Kapitelle aus Tuff mit einem Stucküberzug sind nicht alle gleich gearbeitet, der Stuck mußte die Unterschiede ausgleichen. Auf den Wänden des Portikus sind noch beachtliche Reste von Malereien aus dem Dritten Stil erhalten.

Der Portikus liegt etwa 0,90 Meter höher als der übrige Platz, zu dem man über vier kleine Treppen an den vier Ecken und eine große Freitreppe in der Mitte der Westseite hinabsteigen konnte. In der

Mitte des westlichen Portikus sind die beiden Säulen durch Pfeiler ersetzt, an die Halbsäulen anschließen. Der Zwischenraum ist hier größer als zwischen den übrigen Säulen. Vielleicht trugen die Pfeiler einen Giebel, um so diesen Teil der Anlage hervorzuheben; hinter dem Portikus öffnen sich hier drei Räume, darunter auch ein größerer mit zwei Säulen an der Vorderseite und mit einem Sockel für eine Kultstatue. Man vermutet, daß hier der Gott verehrt wurde, dem die Palästra geweiht war, oder, was wahrscheinlicher ist, Augustus selbst als Gründer des *collegium*.

Sonst gibt es am Portikus nur noch einen einzigen weiteren Raum, die große öffentliche Latrine an der Südseite. Ihre Mauern wurden nach dem Erdbeben von 62 n.Chr. wiederaufgebaut, wofür man zum Teil die Tuffblöcke der benachbarten, ebenfalls zerstörten und unnötig gewordenen Stadtmauern verwendete. Der Raum war mit einem einfachen Schutzdach überdeckt, das Licht kam durch zwei quadratische Fenster und drei Schießscharten.

Ursprünglich muß es auch an der Ostseite einen außerhalb der Palästra gelegenen Eingang gegeben haben, so daß die Latrine auch von den Passanten in der Gegend des Amphitheaters benutzt werden konnte. Später zog man es jedoch vor, diesen Zugang zu vermauern.

In der Latrine sind sechs Blöcke aus Vesuv-Lava an den Mauern entlang über dem Abflußkanal aufgestellt, auf die dann die Marmorplatte mit den Löchern darin gelegt wurde. Ein mit dem Schwimmbecken verbundener Abflußkanal führte das abfließende Wasser in die Latrine; durch die in dem Becken enthaltene Wassermenge muß eine schnelle Reinigung dieses Raumes möglich gewesen sein.

In der Mitte der Palästra befindet sich die *natatio* (Schwimmbekken), die außerordentlich groß und, wie moderne Schwimmbecken auch, abschüssig gebaut ist, mit einer Tiefe zwischen einem Meter und 2,60 Meter. Das Wasser kam aus einem *castellum*, das an der Einmündung der Gasse zwischen den *insulae* II 1 und II 2 (westlich der *insula* des Octavius Quartio) steht. Wie bei der gesamten Wasserversorgung in dieser Gegend waren auch hier die Röhren noch nicht angeschlossen. Innerhalb der Palästra standen prachtvolle alte Platanen, die ausgegossenen Abdrücke der Wurzeln sind noch an Ort und Stelle zu sehen.

Auf den Wänden und den Säulen der Portiken hinterließen die Besucher der Palästra Kritzeleien verschiedenster Art. Kritzeleien auf den Mauern öffentlicher Gebäude oder an den Außenwänden von

Privathäusern kommen zu allen Zeiten vor; damals ergaben sich, ebenso wie heute, von selbst die Beziehungen auf das politische Leben, auf glückliche und unglückliche Liebschaften oder auf gesellschaftliche Institutionen. In der Regel schrieb man, wie immer, Schimpfworte oder obszöne Sätze.

Zu den Graffiti mit politischem Hintergrund gehört das folgende: *»Auctilius Atil(i)o sa(lutem). Case(l)lio infilicia«* (»Auctilius wünscht dem Atilius Glück, dem Casellius Unglück«). Man nimmt an, daß es sich bei diesem Casellius um Marcus Casellius Marcellus handelt, der in den letzten Jahren Pompejis für das Amt des Ädilen kandidierte. Es fehlen auch nicht die Äußerungen richtiger Aufschneider und zeitgenössischer *milites gloriosi: »Floronius benef(iciarius?) ac miles leg(ionis) VII hic fuit neque mulieres scierunt nisi paucae et (se) dederunt«* (»Floronius, *beneficiarius* und Soldat der VII. Legion, war hier; die Frauen konnten ihm bis auf wenige nicht widerstehen und gaben sich ihm hin«). Ein *beneficiarius* ist ein Soldat, der auf Grund besonderer Verdienste von mühsameren Aufgaben befreit war. Eines der Graffiti an der *schola armaturarum* (vgl. S. 303) stammt vielleicht von demselben Floronius.

Ein Lehrer hatte offensichtlich Schwierigkeiten beim Eintreiben des Unterrichtsgeldes seiner Schüler: *»Qui mihi docendi dederit mercedem / (h)abeat quod petit a Superis«* (»Wer mir meinen Unterricht bezahlt, möge erhalten, was er von den Göttern erbittet«).

An erster Stelle stehen die eindeutig obszönen Inschriften, von denen einige auch Beleidigungen enthalten: *»Iucu(n)dus male c(h)ala(t) (?)«* (»Iucundus scheißt schlecht«).

Andere verblüffen durch ihre herbe Grobheit, wie diese vielleicht von einem jungen Dienter des Aulus Attius stammende Notiz: *»VII Idus sep(tem)bres Q. Postumius rogavit A. Attium (ut) pedicar(e)m«* (»Am 7. September bat Quintus Postumius den Aulus Attius, ich solle es mit ihm treiben«). Es folgen schließlich erotische Kritzeleien, von denen einige recht schlicht sind: *»Antiochus hic mansit cum sua Cithera«* (»Antiochus verweilte hier mit seiner Cithera«). Andere sind wahre Kostbarkeiten, poetische Schöpfungen, die vielleicht unter dem Einfluß inzwischen verlorener Dichtungen stehen. *»Anima est adsueta capere sibi debita / donare. Si morem firmas, prospera vota / Venus syntrophus auget«* (»Die Seele ist gewohnt zu nehmen, was ihr gebührt, und es zu verschenken; wenn du diesen Brauch bekräftigst, wird die hohe Venus unsere Bitten erhören und uns segnen«).

■ Die Gräberstraße vor der Porta Nuceria
Plan 8

Vor der Porta Nuceria liegt einer der beiden bisher bekannten Friedhöfe entlang der Via Nuceria, die bei der Porta di Stabia die Stadt verläßt und zunächst parallel neben der Stadtmauer herläuft. Die Via di Porta Nuceria stößt senkrecht auf diese Straße, kreuzt sie und führt dann nach Süden weiter. Bei der Kreuzung fand man einen Travertinstein (*cippus*) mit einem kaiserlichen Dekret: *»Ex auctoritate imp(eratoris) Caesaris Vespasiani Aug(usti) loca publica a privatis possessa T(itus) Suedius Clemens tribunus causis cognitis et mensuris factis rei publicae Pompeianorum restituit«* (»Auf Befehl des Kaisers Caesar Vespasian Augustus gab der Tribun Titus Suedius Clemens den von Privatleuten in Besitz genommenen öffentlichen Grund und Boden der Gemeinde Pompeji wieder zurück, nachdem er die Rechtslage geprüft und Messungen durchgeführt hatte«). Derselbe Text wurde vor der Porta Ercolano und der Porta Vesuvio gefunden; die Inschriften erinnern an die neue Festlegung der Gemeindegrenzen, nachdem Gemeindegrund, offensichtlich nach dem Erdbeben von 62 n. Chr., von Privatleuten widerrechtlich besetzt worden war. Hinter dem *cippus* liegen unter einem niedrigen Schutzdach die Abgüsse von 13 nebeneinander erstickten Opfern des Vesuvausbruchs.

Die Besichtigung der Gräber beginnt an der Kreuzung, wobei zunächst die am östlichen Teil der Via Nuceria gelegenen Bauten beschrieben werden (die Numerierung entspricht Plan 8).

3: Rundbau aus *opus incertum*. Das kurze, vorkragende Gesims ist mit einem ionischen *kyma* (miteinander abwechselnde ovale und lanzettförmige Ornamente) verziert, darüber liegt ein weiterer, runder Aufbau.

Die Grabinschrift an der Fassade nennt als Eigentümer des Grabes Veia Barchilla, die Tochter des Numerius, und ihren Mann, Numerius Agrestinus Equitius Pulchrus. Letzterer war ein Angehöriger der alten *gens Equitia*, den ein Agrestinus adoptiert hatte.

Bekannter ist seine Frau, die eine Tochter oder Enkelin des Numerius Veius Barcha gewesen sein muß, der in den ersten Jahrzehnten nach der Gründung der römischen Kolonie für das Amt des *duumvir* kandidierte. Er muß ein Sohn von Freigelassenen gewesen sein; das *cognomen* Barcha scheint von einem punischen Namen hergeleitet zu sein.

Das aus spätrepublikanischer oder frühaugusteischer Zeit stammende Grab läßt auf einen beachtlichen Wohlstand seiner Besitzer schließen.

4, 6, 10, 12 und 14: Form und Mauertechnik sind bei diesen fünf Gräbern sehr ähnlich. Sie sind alle in *opus incertum* erbaut, mit *opus latericium* an den Ecken, und waren ursprünglich verputzt. Über dem Gesims folgt eine niedrige Attika, nur eines der Gräber hat statt dessen einen runden Aufbau.

20: Grab mit niedrigem Unterbau und einer Nische in der Mitte. Auf dem Podium steht ein *naiskos* (Tempelchen) mit vier Pfeilern an den Ecken, an die je vier Säulen herangeschoben erscheinen. Säulen und Pfeiler haben eine gemeinsame viereckige Basis. Die korinthischen Säulenkapitelle sind aus Marmor, der übrige Bau ist in *opus listatum* mit Ziegeln, Tuff- und Kalksteinen errichtet. Flavisch.

9 und 11: Zwei Gräber mit einfachen, von einem dreieckigen Giebel bekrönten Fassaden und einem eingefriedeten Bezirk an der Rückseite. Das eine der beiden einander sehr ähnlichen Gräber gehörte dem Aulus Veius Atticus, einem Augustalen. Wie aus der Inschrift in der Mitte des Giebels hervorgeht, bekleidete er dieses Amt 56 bis 57 n. Chr.

Auf den verputzten Wänden des anderen Grabes stehen einige in Rubriken eingeteilte Inschriften: *»C. Munatius Faustus augustal(is) et pagan(us) d(ecreto) d(ecurionum) sibi et Naevoleia Tyche coniugi«* (»Caius Munatius Faustus, der Augustale und *magister pagi*, auf Beschluß der Dekurionen, für sich und seine Frau Naevoleia Tyche«). Munatius Faustus hatte man auch ein *bisellium* (Ehrenplatz) im Theater gewährt, eine Ehre, die von den Dekurionen an Männer verliehen wurde, die sich besondere Verdienste um die Stadt erworben hatten. Etwas befremdlich wirkt es, daß sowohl er als auch seine Frau vor der Porta Ercolano ein zweites, recht aufwendiges Grab besaßen, einen Kenotaph in Form eines reich verzierten Altars. Begraben waren sie jedenfalls hier bei der Porta Nuceria, wo man in dem eingefriedeten Bezirk einen Grabstein mit dem Namen Munatius Faustus fand. Die Augustalen, in den meisten Fällen Freigelassene, gelangten durch ihre vom Kaiser ausgehende Ernennung in eine gesellschaftliche Stellung zwischen dem *ordo decurionum* und der *plebs*; häufig wurden sie, wie hier Munatius Faustus, auf öffentliche Kosten beerdigt.

Die beiden Gräber sind aus spätneronischer Zeit.

ı Wandmalerei aus
ɪm frühen Zweiten Stil
der Villa dei Misteri
ubiculum 16).

→ 2 Wandmalerei
aus dem Dritten Stil im
Thermopolium (I 8, 8).

⇉ 3 Wandmalerei
aus dem Dritten Stil im
Haus des M. Lucretius
Fronto (V 4, *tablinum* a).

← 4 Wandmalerei aus dem Vierten Stil im Haus der Vettier (VI 15, 1, *oecus* q).

→ 5 Brotverkäufer. Vandmalerei aus dem Haus VII 3, 30. Neapel, Nationalmuseum.

↓ 6 Bäckerei beim Haus des N. Popidius Priscus (VII 2, 22).

⇉ 7 Atrium der Casa delle Nozze d'Argento V 2, i).

⇇ 8 Südseite des Peristyls mit dem Menander-Porträt in der Casa del Menandro (I 10, 4).

← 9 Zwei Webereien (IX 12, 1–5) mit *cenacula* in der Fassade.

↓ 10 Die Via degli Augustali.

→ 11 Blick durch den Innenraum der Basilika.

↘ 12 Die Gräberstraße vor der Porta di Ercolano (in der Mitte Grab 9 rechts).

- 13 Blick aus
er *parodos* auf die
chestra des Großen
heaters.

14 Das Forum von
ordosten.

15 Mauer aus *opus*
ixtum.

↑ 16 Die Stadtmauer zwischen der Porta di Ercolano und der Porta Vesuvio.

← 17 Verschieden-farbiges Retikulat-Mauerwerk *(opus reticulatum)*.

↑ 18 Malerei im Garten der Casa dell'Efebo (I 7, 11).

→ 19 Marmorfußboden *(opus sectile)* im Triklinium der Casa dell'Efebo (I 7, 11).

20 Villendarstellungen aus einer Wanddekoration. Neapel, Nationalmuseum.

21 Nymphäum mit Ädikula und Kanal
im Garten der Casa di Octavius Quartio (II 2, 2).

30: Würfelförmiges Grab mit hohem Sockel. An der Fassade des eigentlichen Grabbaus stehen rechts und links zwei Antenpfeiler, an dem Giebel ist in der Spitze die kleine Inschrift für Melissaea, »*N(umerii) f(ilia)*«, und Marcus Servilius angebracht. In drei Nischen im Sockel stehen *cippi*, Grabsteine ohne bildliche Form. Das Grab ist in *opus incertum* errichtet mit Verzahnungen von Ziegelsteinschichten an den Ecken. Spätrepublikanisch.

15: Die Tür in der Mitte des Grabes hat einen Rahmen aus Travertin, rechts und links davon über hohen Podien sind Nischen, die von Halbsäulen gerahmt werden. Die Inschrift über dem Architrav nennt als Inhaber Lucius Barbidius Communis, einen Freigelassenen des Lucius und *magister* des *Pagus Augustus Felix Suburbanus* (Bürgermeister eines Vororts von Pompeji), und dessen Frau Pithia Rufilla, eine Freigelassene des Publius. Das Grab war auf Kosten des Vitalis und des Ianuarius errichtet worden, die wiederum Freigelassene des Lucius Barbidius waren. Der Bau ist aus *opus latericium* unter reichlicher Verwendung von Mörtel erbaut. Spätneronisch oder flavisch.

17: Würfelförmiges, aus Ziegelsteinen erbautes Grab mit korinthischen Säulen an den Ecken. Die Mitteltür hat eine Einfassung aus Marmor und ist in einen Bogen eingesetzt. Über dem Architrav verläuft ein Gesims aus Ziegelsteinen, das von kleinen Konsolen getragen wird, darüber folgt ein runder Aufbau aus *opus reticulatum*. Das Grab gehörte Caius Cuspius Cyrus, einem Freigelassenen des Caius, der *magister* des *Pagus Augustus Felix Suburbanus* war, seiner Frau Vesuia Iucunda und dem Caius Cuspius Salvius, einem Freigelassenen des Caius, der ebenfalls *magister* desselben Vororts war. Die beiden Männer waren möglicherweise Freigelassene der Cuspii Pansae, einer der reichsten und mächtigsten pompejanischen Familien in neronischer Zeit, aus der auch das Grab stammt.

19: Die mit Stuck überzogene und bemalte Fassade dieses Grabes wird durch vier Halbsäulen mit Rundstabkanneluren gegliedert. Die Öffnung in der Mitte wird von einem Giebel bekrönt, rechts und links davon befinden sich vermauerte Bögen mit Gartenmalereien. Der Architrav ist mit Ranken verziert, darüber folgt ein Streifen mit dreieckigen Stuckgiebeln an den Seiten. Flavisch.

Westlicher Teil der Via Nuceria:

3: Das Grab besteht aus einem Würfel mit einem runden Aufbau, an dem die Grabinschrift angebracht ist: »*L(ucius) Ceius L(ucii) l(i-*

bertus) Serapio argentarius, Helvia M(arci) f(ilia) uxor sacr(avit)« (»Lucius Ceius Serapio, Freigelassener des Lucius, Bankier. Seine Frau Helvia, Tochter des Marcus, hat es gestiftet«).

Das Grab aus *opus incertum* war ursprünglich verputzt, es dürfte aus spätrepublikanischer Zeit stammen. Der Name Serapio läßt darauf schließen, daß Ceius aus Ägypten stammte. Er ist der früheste bisher bekannte Bankier aus Pompeji; ohne Zweifel lebte er vor Caecilius Iucundus (vgl. S. 411 f.).

7: Grab aus *opus incertum* mit einem gewölbten Durchgang in der Mitte. Rechts und links drei Nischen, oberhalb der Fassade, in einer leicht zurückgesetzten Attika acht weitere Nischen. Drei davon sind mit Inschriften bezeichnet, in zweien stehen plumpe Tuffbüsten, eine männliche und eine weibliche. Die Inschriften erinnern an Publius Flavius Philoxenos und Flavia Agathea, beide Freigelassene des Publius. Vom mittleren Durchgang aus gelangt man durch zwei Türen in zwei tonnenüberwölbte Räume mit den Nischen für die Aschenurnen. Das Grab der beiden Freigelassenen stammt wohl aus cäsarischer Zeit.

9: *Naiskos*-Grab mit hohem Podium, in *opus incertum* erbaut. An der Fassade der Ädikula stehen zwei aus Ziegelsteinen gemauerte Säulen mit korinthischen Kapitellen, der Architrav ist ebenfalls aus Ziegelsteinen. Im Hintergrund des *naiskos* (Tempelchen) stehen eine männliche und eine weibliche Statue aus Tuff. Das Grab stammt noch aus republikanischer Zeit.

11: Exedra in einem Grabbezirk. Die in *opus incertum* erbaute *exedra* ist mit Platten aus Nocera-Tuff verkleidet, die Umfriedung ist ebenfalls aus *opus incertum* mit Ecken aus *opus latericium*. Vor der Umfriedung stehen einige grobe *cippi*, die den privaten Bereich abgrenzen. Wie die Inschrift auf der Umfassungsmauer verkündet, gehörte dieses Grab jener berühmten Eumachia, der Venus-Priesterin und Erbauerin des nach ihr benannten Gebäudes am Forum (vgl. S. 155–160). Der Bau stammt wohl aus tiberianischer Zeit. Zum Innenraum der Exedra, dessen Form dem Grundriß des Baus entspricht, gelangt man von der Rückseite aus; hier befinden sich die Nischen für die Urnen.

13: Grab mit hohem Podium. Das Grab ruht auf einem Sockel mit vier Nischen an der Fassade. Das Podium ist aus *opus incertum*, die Ecken sind mit kleinen Quadern aus Sarnokalk gemauert. Die Stukkierung ahmte eine Marmorverkleidung nach. Auf dem Podium steht ein *naiskos* mit vier ionischen (?), aus Ziegeln gemauerten Säulen und einer dreigeteilten Cella aus kleinen Kalk- und Tuffquadern. In jedem der drei Räume steht eine Tuffstatue, die mit einer Stuckschicht überzogen ist: in der Mitte ein Soldat, rechts ein Mann in der Toga und links eine Frau in hellenistischer Tracht mit *chiton* und *himation* (dünnes Untergewand und Mantel). In der Mitte des Podiums ist eine Marmorplatte mit der Inschrift angebracht: »*M(arcus) Octavius M(arci) f(ilius) Men(enia) et Vertia C(aiae) l(iberta) Philumina in loco communi monument(um) communem sibei postereisque sueis fecerunt*« (»Marcus Octavius, der Sohn des Marcus, aus der *tribus* Menenia, und Vertia Philumina, die Freigelassene der Caia, errichteten ein gemeinsames Grab auf gemeinsamem Grund für sich und ihre Nachkommenschaft«). Marcus Octavius war einer der ersten sullanischen Siedler, die nach Pompeji kamen; dies geht aus der Tatsache hervor, daß er neben seinen Namen den seiner römischen *tribus* (Bezirk) setzt. Das Grab stammt aus republikanischer Zeit.

17: Grab mit hohem viereckigem Podium, erbaut aus *opus caementicium* mit einer Verkleidung aus Tuff. Die Profile und die Stukkierung ahmen eine Marmorverkleidung nach. Oben führt ein elegantes Profil mit Astragalen und einem Eierstab (ionisches *kyma*) herum. Das Grab gehörte den Tillii Rufi, einem Zweig der aus Arpinum stammenden, um 50 v. Chr. nach Pompeji eingewanderten *gens* Tillia. Zwei der hier bestatteten Mitglieder waren Tribune in der von Caesar bevorzugten X. Reiterlegion. Das Grab stammt aus der Zeit der späten Republik.

23: Grab mit hohem Podium, erbaut aus *opus incertum* mit Ziegelsteinen an den Ecken. Auf dem Podium steht ein *naiskos* mit einem kleinen Giebel aus Ziegelsteinen. Im Innern der Ädikula stehen drei mit Stuck überzogene Tuffstatuen: in der Mitte eine weibliche, rechts und links männliche Statuen mit Togen. Die Umfriedung des Grabes besteht aus *opus incertum*. Das Grab gehörte Publius Vesonius Phileros, einem Augustalen und Freigelassenen der Vesonia, einer Tochter des Publius, außerdem seiner Frau und dem Marcus Orfellius Faustus, einem Freigelassenen des Marcus.

Besondere Beachtung verdient die lange Inschrift in der Mitte des Podiums, in der sich Vesonius darüber beklagt, von einem Freund ungerechtfertigt angeschuldigt worden zu sein: »*Hospes paullisper morare si non est molestum et quid evites cognosce. Amicum hunc quem speraveram mi esse ab eo mihi accusatores subiecti et indicia in-*

staurata deis gratias ago et meae innocentiae omni molestia liberatus sum; qui nostrum mentitur eum nec penates nec inferi recipiant.« (»Wanderer, verweile ein wenig, wenn es dir nicht lästig ist, und lerne kennen, was du vermeiden sollst. Dieser (der Name ist dazugeschrieben), von dem ich hoffte, er sei mein Freund, beschuldigte mich grundlos. Vor Gericht wurde ich, den Göttern und meiner Unschuld sei Dank, von allem Ärger befreit; wer mich verleumdet hat, möge weder von den Penaten noch von den unterirdischen Göttern aufgenommen werden«). Der Bau stammt wohl aus frühaugusteischer Zeit.

29: Grab mit hohem Podium aus *opus incertum* mit Ziegelsteinen an den Ecken. Auf dem Podium steht ein *naiskos* mit zwei aus Ziegelsteinen gemauerten ionischen Säulen und einer Cella aus *opus incertum* und *opus latericium*. Eine runde Marmortafel in der Mitte des Podiums erinnert an Annedia, die Tochter des Quintus, und ihren Mann Lucius Caesius, Sohn des Caius, *duumvir* mit Gerichtsbarkeit und wahrscheinlich Erbauer der zentralen Thermen. Das Grab stammt aus spätrepublikanischer Zeit.

31: Das viereckige Podium ist mit Tuff verkleidet, dessen Profilierung und Stuckierung eine Marmorverkleidung vortäuschen. Das Gesims ist mit einem ionischen *kyma* verziert, rechts und links vom Podium bewachen zwei Löwen aus Tuff das Grab. Es gehörte den Stronnii und war von dem Freigelassenen Marcus Stronnius Metinius seinen früheren Herren, die zur *tribus Papiria* gehörten, und seiner Frau Stronnia Agatarchis geweiht worden. Die *gens Stronnia* muß kurz vor oder bei der römischen Kolonisierung nach Pompeji gekommen sein. Das Grab ist eines der ältesten in Pompeji.

Die Grabungen wurden in den letzten Jahren zum Amphitheater hin fortgesetzt.Dabei fand man zwölf weitere Grabmäler aus der spätrepublikanischen und der frühkaiserzeitlichen Phase. Sie tragen die Namen von Familien *(gentes)*, die in Pompeji bereits bezeugt sind; als einziger städtischer Beamter ist der Ädil Caius Veranius Rufus, Sohn des Quintus, vertreten.

9 RUNDGANG 5

■ Casa del Fauno (Haus des Fauns)
Plan 9, VI 12, 2, Abb. 48

Beim Eintreten in den repräsentativen Teil des Hauses werden die Besucher noch heute mit *have* begrüßt, das vor dem Eingang mit bunten Steinchen in den aus gestoßener Lava bestehenden Belag des Bürgersteigs geschrieben ist.

Das Haus mit den beiden Atrien (27, 7) und den beiden Peristylen (36, 39) ist beispielhaft für die Architektur des 2. Jahrhunderts v. Chr. Es wurde in zwei Phasen über den Resten einer weitläufigen Anlage aus der ersten Hälfte des 3. Jahrhunderts v. Chr. errichtet. Dies konnte bei deutschen Schichtengrabungen nachgewiesen werden, die zwischen 1961 und 1965 im zweiten Atrium (7) und der Exedra (37) durchgeführt wurden.

Während der ersten Phase war das Haus nicht größer als sein fast vollständig abgerissener Vorgängerbau aus dem 3. Jahrhundert mit dem *hortus* (Garten). Das erste Peristyl (36) wurde in seiner jetzigen Form zu Beginn des 2. Jahrhunderts v. Chr. an der Stelle des alten *hortus* errichtet. Als in der zweiten Phase, gegen Ende des 2. Jahrhunderts v. Chr., das große Peristyl (39) angebaut wurde und das Haus die gesamte *insula* 12 mit einer Gesamtfläche von 2970 Quadratmetern einnahm (es ist eines der größten Häuser; vgl. S. 50 f.), benutzte man die Gelegenheit, das ganze Haus neu auszugestalten.

Es wurde mit Stuckdekorationen des späten Ersten Stils und mit den berühmten Mosaiken geschmückt, die aus ihm den prächtigsten Wohnbau der hellenistischen Architektur machten.

Das 1830 bis 1832 ausgegrabene Haus enthält nur noch wenig von seiner ursprünglichen Pracht. Die ganz offensichtlich alexandrinisch beeinflußten Mosaiken, deren Steinchen oft eine Seitenlänge von weniger als einem halben Millimeter haben, wurden ins Neapler Nationalmuseum gebracht, und die Stuckdekorationen aus dem Ersten Stil, die eine Marmorverkleidung vortäuschen (auf Bleiplatten angebracht, die mit Nägeln befestigt wurden), sind fast alle zerstört. Man überschreitet die Türschwelle des kurzen Vorraumes (2 c) mit den schönen Türfüllungen und den Tuffkapitellen. Die Türflügel beim Eingang zu den *fauces* (2 d) öffneten sich nach außen, um nicht gegen die auserlesene Wanddekoration der Oberzone zu stoßen. Über einem vorkragenden Gesims steht ein Tempelchen mit vier kleinen korinthischen Säulen auf Sockeln; das Ganze wurde von Konsolen in Gestalt von Löwen und Sphingen gestützt, die inzwischen verschwunden sind. Alles ist aus Stuck.

Der Fußboden im Vorraum besteht aus *opus sectile* mit Dreiecken aus buntem Kalkstein. Die Schwelle zum Atrium (27) fehlt, hier lag ein Mosaik mit tragischen Masken in einer Girlande mit Früchten und Blumen (jetzt im Neapler Nationalmuseum).

Das *impluvium* im – toskanischen – Repräsentations-Atrium ist in *opus sectile* mit farbigen Rhomben verkleidet, seine Einfassung ist aus weißem Marmor, was in der Tuff-Periode eine Ausnahme darstellt. In der Mitte sieht man eine Kopie des tanzenden Fauns aus Bronze. Einer neueren Hypothese zufolge befand sich im Atrium oberhalb der Türen eine umlaufende Scheingalerie mit ionischen Halbsäulen aus Tuff (jetzt im zweiten Peristyl gelagert).

Die beiden Läden rechts und links vom Eingang sind vom Atrium aus zugänglich. Der Laden Nr. 1, der auch eine Verbindung zu einem der seitlichen *cubicula* (5) hat, wurde möglicherweise vom *atriensis*, der Eingang und Atrium zu überwachen hatte, betrieben. Im ersten *cubiculum* (28) an der rechten Seite des Atriums lag vielleicht das eheliche Schlafzimmer, mit Platz für zwei Betten, einem *emblema* mit einem Satyr und einer Bacchantin sowie Malereien des Zweiten Stils.

Aus der rechten *ala* (30) stammt das *emblema* mit der Katze, die ein Rebhuhn frißt, aus der linken *ala* (29) das *emblema* mit den drei Tauben, die eine Kette aus einem Schmuckkästchen ziehen. Sie waren Teile eines erlesenen Fußbodenbelags aus unregelmäßigen Stükken roter und grüner Glaspaste, Travertin, farbigem Kalkstein und Oxydian.

Im *tablinum* (33) wurde auf dem Fußboden aus *opus sectile* mit perspektivisch wirkenden Würfeln das Skelett einer Frau gefunden, die gerade versuchte, ihren Schmuck (zwei schlangenförmige goldene Armbänder, jedes ein Pfund schwer, und Ringe mit eingesetzten Kameen) und die 203 Sesterzen (das Barvermögen eines durchschnittlichen Pompejaners), die im Atrium schon auf den Boden gerollt waren, in Sicherheit zu bringen.

Neben dem *tablinum* liegen zwei Triclinien. Aus dem einen (34) stammt das *emblema* mit dem Pantherreiter, aus dem anderen (35) ein *emblema* mit Fischen und anderem Meeresgetier.

Das Atrium mit den vier Säulen (7) diente als Wirtschaftsraum. Es hat keine Malereien oder Mosaiken, dafür aber Schränke, in denen Amphoren und Küchengeschirr aus Terrakotta aufbewahrt wurden, sowie zwei verschließbare Truhen.

Das *impluvium* und die korinthischen Säulen sind aus Tuff. Es gab auch ein oberes Stockwerk. An dem schmalen Gang (19) liegt der Stall (20), in dem man die Skelette von vier Menschen und zwei Rindern sowie ein eisernes Joch fand, daneben die Latrine (21), das kleine Bad mit *tepidarium* (22) und *caldarium* (23), ausgestattet mit Hypokausten und doppelten Wänden, die Küche (24) mit dem Herd, der auch das Bad beheizte, und das Triklinium (25). Im Triklinium sind die Ergebnisse der Schichtengrabung zu sehen.

In der Küche wurde der ursprüngliche Untergrund gefunden, der ebenfalls von *suspensurae* (Hypokausten) gestützt wurde, ein System, das später entfernt und weiter nach Süden verlagert wurde, wo es etwas höher liegt (22–23).

Das vordere Peristyl (36) wird von 28 Säulen aus Nocera-Tuff eingefaßt, die mit Stuck überzogen sind und einen dorischen Triglyphenfries trugen. Die ionischen Kapitelle sind mit einem kleinen

48 Casa del Fauno

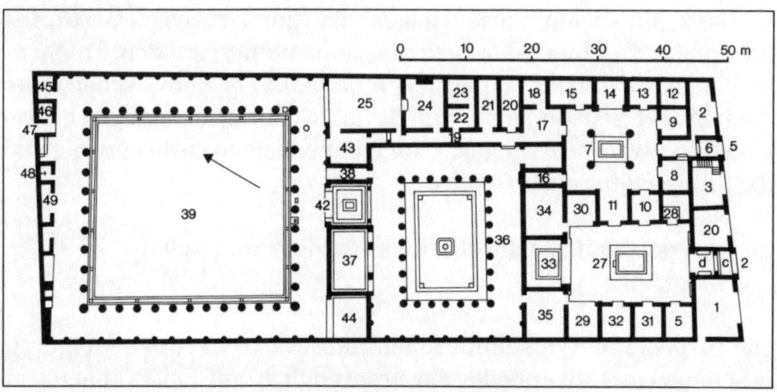

Eierstab verziert, der tief und mit scharfen Ecken in den Tuff eingeschnitten ist; sie stehen denen des Apollotempels sehr nahe und sind in die ersten Jahre des 2. Jahrhunderts v. Chr. zu datieren. Im Hintergrund liegt eine Exedra (37), vom Peristyl getrennt durch zwei Säulen auf hohen Sockeln und zwei Antenpfeiler, alle mit wunderschönen korinthischen, weiß und rot stuckierten Kapitellen.

Die Schwelle war mit dem bekannten Nil-Mosaik geschmückt, das eine Landschaft mit Enten, zwei Ibissen, einem Krokodil und einem Nilpferd, einer Schlange und einem Ichneumon (Schleichkatze) zwischen Wasserpflanzen vor dem Blauen Nil zeigt. In der Exedra selbst lag das großartige, an Ort und Stelle aus mehr als anderthalb Millionen Steinchen zusammengesetzte Mosaik, das den entscheidenden Augenblick in der Schlacht bei Issos wiedergibt: der von Alexander besiegte Perserkönig Darios wendet sich zur Flucht.

Die 48 dorischen Säulen des zweiten Peristyls sind aus dicht aneinandergefügten Formziegeln gemauert und mit Stuck überzogen. Die ionischen Kapitelle stammen aus der zweiten Hälfte des 2. Jahrhunderts; damals wurde das Haus um dieses Peristyl erweitert und mit den berühmten Mosaiken neu ausgestattet.

Aus dem *oecus* (42) stammt das stark beschädigte *emblema* mit einem Löwen. Der Mosaikteppich ist mit fortlaufenden Wellenbändern, in deren Mitte auf jeder Seite eine Palmette sitzt, eingefaßt.

Im Zimmer links davon (43) liegt unter den Wanddekorationen aus dem Ersten Stil eine Schicht Ziegel, die mit Nägeln befestigt sind; sie hatten dieselbe Aufgabe wie die Bleiplatten unter den Stuckdekorationen aus dem Ersten Stil in den übrigen Räumen, nämlich vor Feuchtigkeit zu schützen.

Ganz hinten am Garten liegen die Zimmerchen (45–46) des *hortulanus* (Gärtner), der auch die Hintertür (47) mit dem Treppenaufgang als *ostiarius* zu bewachen hatte. Die beiden Nischen links dienten als Lararium, man fand davor zwei Bronzekandelaber, zwei Dreifüße, zwei Feuerzangen, zwei Lampen, einen Lorbeerzweig und die Bronzestatue eines Genius.

□ Casa dei Capitelli figurati (Haus der Figuralkapitelle)
Plan 9, VII 4, 57

Die Türpfeiler dieses samnitischen Hauses trugen zwei mit Figuren geschmückte Tuffkapitelle, die ursprünglich mit Stuck überzogen waren (jetzt im Antiquarium, Inv. Nr. 297-4 und 298-4). Sie sind auf beiden Seiten mit den Büsten eines Paares geschmückt, eines Satyrs und einer Mänade in zärtlicher Umarmung, die aus einem Kranz von Akanthusblättern aufwachsen. Diese Kapitelle sind charakteristisch für den Hellenismus in Süditalien, sie gehören in eine Reihe ähnlicher Stücke, die seit dem Ende des 4. Jahrhunderts v. Chr. überall in Großgriechenland vorkommen. Auch das *impluvium* im toskanischen Atrium ist aus Tuff; die Zisternenmündung besteht aus Travertin.

Die ionischen Kapitelle im Peristyl sind in die Zeit um 150 v. Chr. zu datieren. An die rechte Wand mit den Halbsäulen – sie ersetzen den auf dieser Seite fehlenden Portikus – ist das Lararium gebaut.

Im hinter dem Peristyl gelegenen Flügel war »*Texe(ntis) Erati locus*« (»Platz des Webers Eratus«) in die Wand geritzt; hier hatte sich also eine Weberei niedergelassen.

□ Casa della Fontana (Haus des Brunnens)
Plan 9, VII 4, 56

Der keilförmige Grundriß dieses Hauses ist durch die Achsen der beiden Nachbarhäuser bedingt, von denen das östlich gelegene (Nr. 51) sich am Verlauf des Vicolo storto (zwischen VII 4 und VII 2 und 3) orientiert.

Dieser Nachteil wird durch die Anlage der zu seiten des Atriums gelegenen Räume und durch das Mosaik-Nymphäum, das wie eine Theaterdekoration im Hintergrund des Hauses erscheint, ausgeglichen.

Das Nymphäum besteht aus einer hohen, schmalen Ädikula, die mit einem Mosaik aus Glaspaste, mit Schwammsteinen und an den Seiten mit Fragmenten von farbigem Glas (besonders auffallend eine Platte aus Millefiori-Glas) verkleidet ist. Vier Stufen aus Cipollino-Marmor bilden innerhalb der Nische eine Kaskade. Ein marmorner Silen goß das Wasser auf die Stufen, das dann in ein rechteckiges Becken hinunterplätscherte, während vom Beckenrand aus vier marmorne Hasen Wasser spritzten. Wegen der relativ schlichten Verzierung, bei der einige Motive der (verblaßten) Malereien im *tablinum* wiederholt werden, gilt der Mosaikbrunnen als einer der ältesten in Pompeji.

□ Casa della Caccia antica (Haus der Jagd wie in alter Zeit) Plan 9, VII 4, 48, Abb. 49

Wie die anderen Häuser an der Via della Fortuna, so wurde auch dieses in den 30er Jahren des 19. Jahrhunderts ausgegraben; von den Nachbarhäusern unterscheidet es sich durch den guten Erhaltungszustand seiner Wandmalereien. Der Bau geht auf die Tuff-Zeit zurück, wie man an den aus Tuffblöcken erbauten Pfeilern mit Würfelkapitellen erkennt. Die Wandmalereien sind alle aus dem Vierten Stil und von guter Qualität.

Im zweiten *cubiculum* rechts vom Atrium sieht man links Leda mit dem Schwan zwischen Medaillons mit Büsten von Jupiter und Diana-Luna, rechts Venus als Fischerin zwischen Medaillons mit Büsten von Merkur und Apollo-Sol.

Der Sockel im *tablinum* zeigt eine nachgeahmte Marmorverkleidung, darüber sind in der Predella (unterhalb der abgenommenen

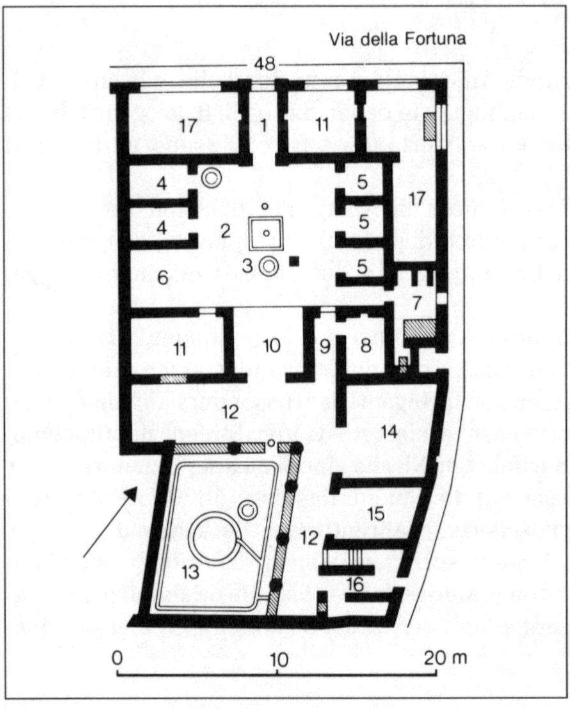

49 Casa della Caccia antica

Mittelbilder) Nil-Landschaften mit Pygmäen und rechts und links jagende Eroten dargestellt. Darüber breiten sich blaue, vom Wind geblähte – der Raum ist an zwei Seiten offen – Vorhänge aus. Dieses Motiv ist in verkleinerter Form über den Mittelbildern wieder aufgenommen, wo drei Tücher voller Früchte an feinen, parallel laufenden Schnüren zwischen Architekturelementen aufgehängt sind. Auf die Rückwand des *xystus* ist eine gebirgige Landschaft gemalt, in der noch Jagd auf wilde Tiere gemacht wird; diese Darstellung gab dem Haus seinen Namen.

In der Exedra (15) wurde aus der rechten Wand das Mittelbild mit Polyphem und Galatea abgenommen (jetzt im Neapler Nationalmuseum, Inv. Nr. 27687), geblieben sind auf der linken Wand Diana im Bad, die von Aktäon beobachtet wird, und auf der Rückwand Apollo mit einem Hirten. Die Architekturelemente daneben sind geschmückt mit Säulen, um die sich spiralförmige Zweige winden, mit Stier- und Gigantenprotomen, mit Reiterstatuen auf hohen Sockeln.

□ Casa degli Scienziati (Haus der Gelehrten)
Plan 9, VI 14, 43

An der Gartenrückwand steht einer der zwölf pompejanischen Mosaikbrunnen, verziert mit Delphinen und Schwänen. In der Mitte der Apsis ist eine weitere runde Nische eingelassen, deren Gewölbe mit einer Muschel und einem Gorgonenhaupt in der Mitte ausgeschmückt ist.

■ Haus der Vettier
Plan 9, VI 15, 1, Abb. 50

Vor der Geldtruhe an der linken Wand des Atriums wurden zwei Bronzesiegel gefunden, eines mit dem Namen A. Vetti Restituti und einer *amphora* daneben, das andere mit einem *caduceus* und dem Namen A. Vetti Convivaes. In Verbindung mit zwei Wahlempfehlungen an der Außenseite des Hauses führte dies zu der Annahme, daß die Bewohner dieses reichen Hauses dem Stand der *liberti* angehörten. Vettius Conviva, der auf einem der Wachstäfelchen des Bankiers Caecilius Iucundus als Zeuge genannt wird, war *augustalis*, was vermuten läßt, daß er zu einer Art zweitrangigem, lokalem Adel gehörte, den es neben dem eigentlichen *ordo decurionum* gab. Vor allem muß er viel Geld besessen haben, da ein Augustale verpflichtet war, für öffentliche Aufgaben eine *summa honoraria* zu bezahlen. Die Vettier müssen Emporkömmlinge *(novi homines)* aus den letzten Jahren Pompejis gewesen sein.

Die Ausgrabung begann im September 1894, und da das Haus sofort überdacht wurde, ist die prachtvolle Ausstattung gut erhalten.

Die doppelte Anlage mit den beiden Atrien ist alt; dies zeigen die Würfelkapitelle am Eingang, die monumentalen Ausmaße im vorderen Teil des Hauses und das *impluvium* aus Tuff im kleinen Atrium (v).

Das Haus wurde jedoch in der Mitte des 1. Jahrhunderts n. Chr., vielleicht anläßlich des Verkaufs an die Vettier, umgebaut und dann – soweit es nötig war – nach dem Erdbeben von 62 n. Chr. wiederhergestellt. Der Eingang ist in einen Vorraum (a) und die eigentlichen *fauces* (b) unterteilt. Dazwischen liegt das große Eingangstor, dessen schwere Flügel jedoch nicht immer benutzt werden mußten, da sich gleich rechts noch eine kleine Nebenpforte befindet. Die *fauces* haben dunkle Wände, von denen sich zwei einfarbige Bildchen abheben: links kämpfende Hähne, rechts ein Schaf mit den Attributen Merkurs, einer Geldbörse und einem *caduceus*.

Rechts neben dem Eingang zum Atrium ist ein Priap dargestellt, dessen gigantischer Phallos den bösen Blick hier an der Schwelle abwehren sollte. Das Gewicht seines Gliedes wird noch dadurch betont, daß es auf einer Waagschale liegt, deren Gegenstück durch einen prallen Geldbeutel beschwert wird.

In den weißen Stuck auf der linken Seite des Eingangsraumes (a) ist der Preis einer griechischen Prostituierten gekritzelt, einer Eutychis, die tüchtig und ehrenwert *(moribus bellis)* war und trotzdem nicht mehr kostete als üblich, nämlich zwei Asse, was dem Preis für zwei Krüge einfachen Weins entspricht.

Die Marmorverkleidung des tiefen *impluvium* im toskanischen Atrium fehlte fast völlig (was man sieht, ist eine moderne Restaurierung).

Die Wohnräume waren von antiken Ausgräbern schon durchsucht worden, nicht jedoch das Peristyl mit seinen Skulpturen. Die Fußböden sind im ganzen Haus ziemlich einfach: pulverisierte Lava- oder Ziegelsteine mit Mörtel vermischt. Rechts und links im Atrium stand je eine Geldtruhe auf einem eigens dafür gemauerten Sockel, der ihren Boden vor Feuchtigkeit schützen sollte. Sie waren mit Eisen beschlagen; Nägel und Ornamente sind aus Bronze.

Die Wanddekorationen sind von seltener Feinheit und Vielfalt. Im Sockel öffnen sich »Fenster«, darin erscheinen Kinder, die Opfer zu Ehren der Hausgötter darbringen; im Atrium wurden von alters her die Penaten verehrt.

Um welche Hausgötter es sich handelt, wird im Fries darüber erklärt. Hier spielen Eroten mit verschiedenen Attributen, wobei die Szenen auf den Pfeilern jeweils Gegenstücke bilden. Zu seiten des Eingangs sieht man Eroten auf Zweigespannen, gezogen von Delphinen. Darüber steht in einer Exedra mit durchbrochen gearbeiteten Schranken ein Kandelaber mit schwerem, reich mit goldenen Zweigen geschmücktem Fuß. Auf den Pfeilern zwischen (d) und (e) und zwischen (k) und (v) kämpfen Eroten, die auf Ziegenböcken reiten; der Fuß des Kandelabers ist hier mit zwei Schiffsschnäbeln verziert, an dem (als Pflanze erscheinenden) Stamm sind Greifen und die Leier des Apoll dargestellt. Auf den Pfeilern zwischen (f) und (h) und zwischen (g) und (i) sieht man einen Wagen mit Attributen des Bac-

50 Haus der Vettier

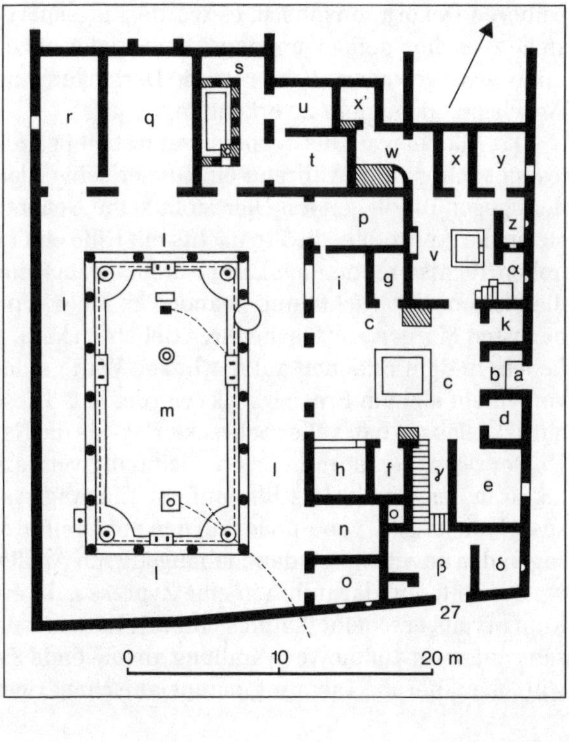

chus und einen mit denen Merkurs; der Kandelaber besteht aus drei metallischen, miteinander verflochtenen Spiralen, der goldene Fuß zeigt eine aus Ranken aufwachsende Gestalt, die zwei Panther tränkt.

Auf den Pfeilern beim Durchgang zum Peristyl sind Eroten dargestellt, die auf Venus als Göttin des Meeres hinweisen: Zügel und Peitsche in der Hand, reiten sie auf einem Krebs und einem Hummer.

Auf der Wand hinter der rechten Truhe, zwischen (v) und (g), sieht man im Sockelfries ein Opfer an die Glücksgöttin, die hinter einem Steuerruder und einem Globus sitzt. In der Predella der Mittelzone spielt eine winzige Jagdszene mit Hunden, die einen Eber und einen Hirsch angreifen, auf Diana an. Weiter oben sind ein Korb voller Gefäße und zwei Psychen dargestellt.

Völlig anders ist die Dekoration im *cubiculum* (d), wo ein fortlaufender Fries einen Weiher voller geschätzter Speisefische zeigt (Zahnfische, Seebarben, Hummer u. a.).

Auf der Rückwand findet sich eines der seltenen Beispiele für eine antike Restaurierung: das Bildchen in der Mitte stammt aus einer früheren Dekorationsphase, es wurde ausgespart und an der Nahtstelle zwischen dem eigenen und dem später hinzugefügten Verputz mit Nägeln gesichert. Leider ist die Darstellung, auf die man so viel Wert legte, nicht mehr zu erkennen.

Das Bildchen auf der rechten Wand stellt Leander dar, der im Hellespont schwimmt, während ein Diener seine Kleider bewacht. Auf dem gegenüberliegenden Ufer steht seine Geliebte Hero, eine Priesterin der Aphrodite, die ihn nachts mit Hilfe einer auf der Spitze des hohen Turms brennenden Lampe anlockte, bis einmal ein Windstoß die Flamme auslöschte und Leander im Meer ertrank. Als Hero am nächsten Morgen zur Leiche ihres Geliebten kam, nahm sie sich das Leben. In dem Bildchen auf der linken Wand entdeckt Ariadne, die von einem kleinen Eros geweckt wurde, daß Theseus sie auf Naxos zurückgelassen hat; voller Schrecken legt sie die Hand auf den Mund.

Der *oecus* (e) ist mit zarten, kleinteilig verzierten Bühnenarchitekturen ausgemalt. Das Bild auf der Eingangswand zeigt Kyparissos, einen jungen, von Apollo (auf den der Dreifuß anspielt) geliebten Jäger, der unwillentlich den Lieblingshirsch Apollos tötete. Der Gott verwandelte ihn daraufhin in eine Zypresse, deren Spitze über dem Kopf bereits erscheint (kaum sichtbar). Eine Personifikation des Felsens, die zwei auf die Verwandlung anspielende Zweige hält, schaut von oben herab. Die fünf pompejanischen Gemälde, die dieses

Thema zum Inhalt haben, sind bisher die einzigen sicher bestimmbaren Darstellungen des Kyparissos. Auf der Rückwand schauen Bacchus und Ariadne, die nun nicht mehr allein ist, einem Kampf zwischen Eros und Pan zu. In der Oberzone, die von den antiken Ausgräbern durchbrochen wurde, sind Jupiter (auf einem Thron sitzend) und seine Geliebte Leda (sitzend, mit dem Schwan) und Danae (mit offenem Gewand in Erwartung des goldenen Regens) dargestellt.

Neben dem *oecus* (e) öffnet sich ein Gang (γ) mit der Treppe zu den oberen Räumen. Unter der Treppe fand man Bronzeteile von zwei Pferdegeschirren, ein Zaumzeug mit Gebiß und eines mit dem Fabrikationsstempel *»Pilonius Fel(i)x«*. In der Tat befand sich der Stall im Raum (δ), neben dem breiten, vielleicht als Werkstatt oder Laden genutzten Nebeneingang. In der Nähe lag auch die einzige im Erdgeschoß vorhandene Latrine, nämlich in dem kleinen, jetzt von den Stufen eingenommenen Raum westlich der Tür.

Die Herrschaften selbst ließen sich, wie Petronius (SATYRICON 27, 41) berichtet, von den Dienern ein Gefäß *(matella)* oder einen Stuhl mit einem Loch *(lasanum)* bringen, um nicht in die engen Gelasse im Dienstbotentrakt hinabsteigen zu müssen. Hinter der Treppe liegt ein weiterer unzugänglicher kleiner Raum, in dem ein nicht mehr benutzter samnitischer Brunnen voller antiker Bruchstücke war.

Die Dekorationen in den *alae* sind von der gleichen Feinheit wie die im Atrium, allerdings etwas einfacher: ausgespannte Vorhänge, auf denen in der Mitte Bildchen mit Wettkampfmotiven (Kampfhähne, Preisgefäße und Palmzweige) und Medaillons mit den Köpfen von Widdern, einem Satyr und einer Medusa dargestellt sind.

Der Wirtschaftstrakt mit den Räumen für die Sklaven gruppiert sich um das kleine Atrium (v) mit dem alten *impluvium*. Er ist völlig schmucklos, abgesehen von dem prächtigen, gut erhaltenen Lararium mit zwei vorgesetzten korinthischen Halbsäulen und einem Giebel mit Stuckreliefs, die Kultgegenstände (Opferschale, Messer und Stierschädel) darstellen. In der Nische ist der Genius beim Opfer dargestellt, die *toga praetexta* über den Kopf gezogen, in den Händen eine Opferschale und ein Kästchen mit Weihrauch. Neben ihm tanzen zwei Laren.

Der Genius ist ein an die Person, etwa den Hausherrn, gebundener Dämon; der Lar dagegen ist an die Erde gebunden. Jeder Mensch hat seinen Genius – die Frauen eine Iuno –, der die Fortpflanzungskraft und seine überirdischen Werte beschützt; der Genius entsteht und stirbt zugleich mit dem Menschen und lebt in enger Verbindung mit ihm. An den Geburtstagen brachte man ihm Wein, Weihrauch, Früchte und andere unblutige Opfer (beispielsweise Kuchen) dar.

Die Schlange, die man häufig unter dem häuslichen Heiligtum gemalt findet – bisweilen zusammen mit einer weiblichen Schlange, von der sich die männliche durch das Krönchen unterscheidet –, ist dem Genius heilig als ein Symbol der Fruchtbarkeit, sie genießt auch die Achtung des Menschen. Hier bewegt sie sich auf den Altar zu, auf dem ein Ei und einige Früchte liegen. Solche Schlangen werden auch auf die Außenmauern gemalt, die dadurch beschützt sind.

Der Lar ist ursprünglich eine ländliche Gottheit; die genaue Bedeutung des Namens kennt man nicht. Wie jedes Haus seine Vesta als Hüterin des Herdes hatte, so hatte jedes Stück Land seinen Lar, den sogenannten *Lar familiaris*: er wurde von der *familia* der Diener verehrt, die auf den Feldern arbeiteten.

Anscheinend kam der Kult über diese seine Anhänger dann auch in den häuslichen Bereich. Die Laren treten auch zu zweit auf, in Pompeji sind sie häufig – wie hier – symmetrisch zu seiten des Genius angeordnet, sie sind jung und tanzen, als ob sie bei ihren fröhlichen Festen, den *laralia* oder *compitalia* (die an den Straßenkreuzungen gefeiert wurden, von *compita*), den Tanz anführen wollten. Zusammen mit ihnen findet man auch die Penaten, die als Schutzgottheiten des *penus* (Vorratskammer) das gesamte Wohl des Hauses beschützten.

In die Wand beim Eingang zum kleinen Atrium (v) ist eine (später gestrichene) Beleidigung gekritzelt, die sich an einen homosexuellen Sklaven namens Eros richtet: »*Eros cinaede*«.

Auf dem Herd in der Küche (w) stehen die hier gefundenen Dreifüße zusammen mit fünf Bronzebecken und weiterem Geschirr aus Bronze. Außerdem fand man hier zehn Gefäße und ein Becken aus Terrakotta.

Hier wurde auch der Torso einer marmornen Priap-Statue aufbewahrt, deren in zwei Stücke zerbrochener Kopf, zusammen mit dem Phallus und dem kleinen Pfeiler, auf dem ein Salbgefäß steht, im Raum (r) am Peristyl gefunden wurde. Die Statue ist jetzt im *cubiculum* (x'), das man für das Zimmer des Kochs hält, ausgestellt. Sie war im Garten als Brunnenfigur aufgestellt; das Glied ist durchbohrt.

Die drei erotischen Bildchen im *cubiculum* (x') sind, wie die in den Bordellen, nach bestem Vermögen gemalt. Bemerkenswert ist die neben der Nische dargestellte Eule; sie kann Unglück bringen und abwenden.

Hinter der rechten *ala* öffnet sich das Triklinium (p), das von den gleichen Malern ausgestaltet wurde wie das Haus des Pinarius Cerialis und das *macellum*.

Der Fußboden besteht aus einem einfachen Estrich mit Travertinbruchstücken, die in den Mörtel eingebettet sind. Der Sockel ahmt eine Marmorverkleidung nach, darüber sind in der Mitte mythologische Bilder und an den Seiten fliegende Personifikationen der Jahreszeiten und Satyrn dargestellt.

Über der Tür zur *ala* (i) hebt Pan einem Hermaphroditen das Gewand hoch und wundert sich. Dies erscheint durch Architekturdurchblicke unterbrochen, die mit Beiwerk überladen sind. In der Oberzone entwickelt sich eine Theaterarchitektur mit Gottheiten (Apollo, Fortuna, Bacchus) in der Mitte und Nymphen und Heroen an den Seiten.

Der Wert dieser Wandmalereien liegt vor allem in den Ornamenten, deren Maler den Meister der Bilder übertroffen hat. Sein virtuoses Können zeigt sich bei den Seepferden und -rindern, die unter den Bildern aus dem Sockel emporsteigen. Auf den zarten Zweigen darüber laufen Panther, Hirsche und Leoparden. Auf den Wandabschnitten unterhalb der Architekturdurchblicke wachsen einfarbig gemalte Minerva-Büsten aus Blütenkelchen, darüber stehen vor den Durchblicken querrechteckige Bilder mit Seeschlachten oder *xenia* und darüber wiederum dionysische Symbole: auf der Rückwand tragische, sonst satyreske Masken, die an einer *vannus* (bei Mysterienkulten benutzter Korb) mit Trinkhörnern und einem verhüllten Phallos lehnen. In den Architekturen erscheinen *pegasoi* und Zweigespanne als Akrotere. Die Säulen der Mitteladikulen sind mit metallischen Ranken und Reliefs (Göttergestalten, die mit Giganten kämpfen) überzogen.

Das Bild auf der linken Wand stellt Dädalus dar, wie er in seiner Werkstatt Pasiphae, der Frau des Kreterkönigs Minos, die von ihm gebaute hölzerne Kuh zeigt. Pasiphae hatte sich in einen Stier verliebt und wollte sich in dieser Verkleidung mit ihm vereinigen, wobei der Minotauros gezeugt wurde.

Das Bild auf der Rückwand erinnert an eine andere Verbindung mit schrecklichen Folgen: Ixion war in Liebe zu Hera entflammt, die von Zeus rechtzeitig durch eine Wolke ersetzt wurde, aus dieser Verbindung gingen die Kentauren hervor.

Zeus ließ Ixion mit Schlangen auf ein von Hephäst gebautes Rad binden. Hephäst ist dargestellt, wie er in Gegenwart von Hermes (er ist der Verkünder des Urteils und ähnelt Nero) und Hera, die auf einem Thron sitzt und von Isis auf die Szene hingewiesen zu werden scheint, das Rad in Bewegung setzt. Auf den Stufen sitzt eine Frau, vielleicht Nephele (Wolke); ihr Blick scheint Hermes um Gnade zu bitten.

Daß Liebesbeziehungen zwischen Göttern und Sterblichen nicht immer verhängnisvoll enden müssen, zeigt das Bild auf der rechten Wand. Hier liegt Ariadne schlafend auf einem Tigerfell, wo sie Bacchus entdeckt, während sich im Hintergrund das Schiff des Theseus eilends entfernt. Es ist die Fortsetzung der im *cubiculum* (d) geschilderten Begebenheit.

Neben diesem zu Recht berühmten »Ixion-Zimmer« schließt sich eine kleine, ganz privat wirkende Wohnung an. Sie ist um einen Innenhof mit einem kleinen Garten *(xystus)* angelegt; in den zugemauerten Interkolumnien sind Fenster mit hölzernen Rahmen und marmornen Fensterbänken angebracht.

Im Triklinium (t) befindet sich auf der Rückwand eine bruchstückhafte Darstellung von Achill auf Skyros (vgl. S. 288f.). Das Thema »Überraschung« wird in dem Bild auf der rechten Wand wiederholt; es ist eine der vier pompejanischen Darstellungen des trunkenen Herakles, der wenig später Auge, die Tochter des Königs von Arkadien, überraschen wird. Sie war Priesterin der Athena – deren heiligen *peplos* (Obergewand) sie hier gerade wäscht – geworden, um dem Orakel zu entfliehen, demzufolge ihr Sohn ihren Vater töten würde. Von Herakles überrascht, sollte sie dann die Mutter des Telephos werden. In den Seitenfeldern schweben in Medaillons die Figuren der Jahreszeiten. Das durch eine Tür verbundene Nachbarzimmer (u) ist einfach dekoriert, mit einigen schwebenden Eroten und Psychen auf weißem Grund.

Der berühmteste Malereikomplex dieses Hauses – und jener Zeit – befindet sich im *oecus* (q), der sich mit einem breiten Eingang zum Peristyl hin öffnet. (Um das empfindliche und kostbare Zinnoberrot zu schützen, hat man ihn jetzt mit Läden verschlossen, so daß man den Raum durch eine kleine Pforte in der Wand zwischen (r) und (q) betritt.)

Die Schwelle besteht aus einem Schwarz-Weiß-Mosaik mit einem Mäander; der weiße, schwarz eingefaßte Fußboden wurde schon in der Antike restauriert.

Die Mittelbilder fehlen; entweder waren sie abgenommen worden und sollten ersetzt werden, oder es waren ältere Bilder in einem hölzernen Rahmen, der allmählich verrottete, so daß sie herabfielen und zerbrachen. Die Nägel, mit denen sie befestigt waren, sind auf der Rückwand noch sichtbar.

In den Seitenfeldern sieht man lockere Gruppen göttlicher Paare (neben dem Eingang erregt jedoch ein ithyphallischer Hermaphrodit das Staunen eines Silens), in der Oberzone Dichter zwischen Musen, außerdem musizierende Bacchanten und Satyrn. Im Sockel stehen, unterhalb der Kandelaber oder Dreifüße in der Mittelzone, Priesterinnen, Amazonen, ein Bacchant und ein Satyr. Darüber sind *pinakes* (Klapptafelbildchen) eingefügt; die über den Amazonen zeigen Opfer für Diana, die anderen blumenpflückende Psychen.

In der Predella darüber findet sich in drei Abteilungen ein bemerkenswertes Verzeichnis der verschiedenen Gewerbe und Sportarten. Sie werden – mit lebhaften Gesten – von Eroten und Psychen betrieben, was zeigt, daß in den Handwerksbetrieben auch Frauen mitarbeiteten.

Rechts vom Haupteingang findet ein Wurfspiel statt.

Auf der rechten Wand sind, von rechts nach links, folgende Szenen dargestellt: Gärtner und Kranzflechter sind damit beschäftigt, Rosen auf einem Bock zu transportieren, danach wird eine größere Menge Girlanden an einen Herrn verkauft, daneben sieht man die Herstellung der an einem Gerüst befestigten Girlanden. Eine Dienerin kommt, um Girlanden für ein Opfer zu kaufen; in der Hand hält sie eine Opferschale.

Es folgen Herstellung und Verkauf duftender Öle: zunächst sieht man die Presse, die auf einem quadratischen Steinsockel steht, und zwei Eroten, die mit langen Hämmern auf die Keile zwischen den Platten schlagen. Das Öl fließt durch eine Rinne in ein Becken, eine Psyche rührt es in einem auf dem Feuer stehenden Gefäß um. Zwei ihrer Kollegen rühren ebenfalls in einem konischen Steingefäß. Auf dem Tisch stehen eine Schriftrolle – für Rechnungen oder mit Rezepten zur Zubereitung des Parfüms – und eine Waage, denn das Öl wurde nach Gewicht verkauft. In dem zweitürigen Schrank dahinter stehen Flaschen und andere Gefäße. Auf einem Schemel mit einer Fußbank davor sitzt eine Dame und beschnuppert das auf die Hand geträufelte Parfüm. Sie wird von einem Eros bedient, der eine Flasche unter dem Arm hält, hinter ihr steht ihre Dienerin mit dem Fächer.

Es folgt ein Zirkusrennen mit vier von Antilopen gezogenen Zweigespannen, die Wendemarken werden durch drei Bäume angezeigt. Die erste Biga, die zu den von Nero bevorzugten »Grünen« gehört, gewinnt den Preis, während der Lenker des zweiten Gespanns, bei dem sich die Räder gelöst haben, gestürzt ist.

Es folgt die Goldschmiedekunst: ein Ziseleur arbeitet an einem goldenen oder vergoldeten Sieb. Neben ihm steht ein viereckiger, von einem Kopf des Vulkan (des Beschützers der Schmiede und des Feuers) bekrönter Ofen. Eine Psyche facht das Feuer an und bläst in ein Wasserstoffgas-Lötrohr, um einen metallischen Gegenstand zu löten. Ein Eros, mit Reifen an den Hand- und Fußgelenken geschmückt, sitzt auf einem Schemel mit Fußbank und hämmert auf einen Anboß. In der Mitte prangt der Ladentisch mit kleinen Stellagen zum Ausstellen der Waren, wie man es in den pompejanischen *tabernae* sieht. Ein Diener beobachtet aufmerksam die Waage, während die Kundin prächtig gekleidet auf einem Stuhl sitzt, die Füße auf einem Schemel, und ruhig das Ergebnis abwartet. Hinter ihr arbeiten zwei weitere Eroten mit Hammer und Zangen an einem Amboß. Die letzte Szene auf dieser Wand ist den Walkern gewidmet und zeigt, wie in den *fullonicae* gearbeitet wurde. Die Stoffe werden sorgfältig geprüft, gegen das Licht gehalten und erst dann gefaltet. In der Mitte werden sie gekämmt, links stampfen zwei Eroten die Stoffe in einem Becken mit den Füßen, daneben steht eine *amphora* mit Urin oder der von den Walkern benutzten Erde.

Auf der Rückwand feiern rechts die Bäcker ein Fest zu Ehren ihrer Schutzgöttin Vesta, die das Feuer und damit auch den Backofen behütet. Vier Tischgenossen liegen um ein Tablett mit zwei Henkeln, auf dem Metallgefäße stehen. Rechts erscheint (kaum mehr sichtbar) der Esel, der zum Mahlen des Korns unentbehrlich war.

Bei der Weinlese sind keine Psychen zugegen. Die Rebstöcke sind an Bäumen befestigt, wie es Plinius (NATURALIS HISTORIA XIV, 10 und 13; XVII, 199), Columella (DE RE RUSTICA IV, 30) und Varro (DE AGRICULTURA I, 8, 2) raten und wie man es noch heute in Kampanien sieht. In der Mitte arbeiten zwei Eroten an einer Weinpresse (*prelum*), die von der gleichen Art ist wie die (rekonstruierte) in der Mysterien-Villa (vgl. S. 452).

In einer Wahlempfehlung auf der *caupona* gegenüber der Porta Vesuvio erscheinen *vindemitores* (Winzer), es ist jedoch nicht klar, ob eine solche Gruppe von Saisonarbeitern das ganze Jahr hindurch eine Vereinigung bildete. Die lateinischen Agronomen empfehlen jedenfalls Saisonarbeiter, da diese weniger kosten als Sklaven, die das ganze Jahr über ernährt und versorgt werden müssen, auch wenn sie krank sind.

Es folgt die logische Konsequenz der Weinlese: der Triumph des Bacchus, der auf einem von Böcken gezogenen Karren liegt. Ein ithyphallischer Pan – die einzige Gestalt im ganzen Fries, die nicht ein Eros oder eine Psyche ist – bläst auf einem Doppelaulos. Den Abschluß des Zuges bildet ein tanzender Eros, der einen großen Krater (Mischgefäß) auf der Schulter balanciert; erstaunlich und bewundernswert ist, mit welcher Meisterschaft der Maler die Bewegung wiederzugeben wußte. Die Weinhändler gießen den Wein aus Amphoren in eine Schale, die der in ein Tierfell eingehüllte, bäuerlich wirkende Wirt seinem eleganten Gast reicht.

Neuere Ausgrabungen in der unbebauten Gegend um das Amphitheater haben gezeigt, daß die *caupones* (Wirte) auch Wein aus eigenem Anbau verkauften, falls genügend Platz für einen Weingarten vorhanden war.

Auf Grund dieser Malereien wollte man in den Vettiern Weinguts- und Kellereibesitzer sehen; doch wie sollte man dann die übrigen Malereien erklären?

Im Raum (o) lagen drei gleichartige Amphoren mit Aufschriften, die jedoch – abgesehen vom Einfülldatum – die Weingärten der Arrii und der Asinii nennen, die nicht im Besitz der Vettii gewesen sein müssen. Man fand hier auch eine vierte *amphora* mit der Aufschrift *gustacium*, hierin muß ein Wein gewesen sein, der zur *gustatio* (Vorspeise) getrunken wurde, nämlich ein *vinum mulsum* (mit Honig gewürzter Wein).

Der Erotenzyklus geht zweifellos auf hellenistischen Einfluß und Formenschatz zurück; das konkrete Interesse an den Dingen des täglichen Lebens, die Charakterisierung der verschiedenen Typen – der Bauer, der Arbeiter, der vornehme Herr, der Wirt, die Dienerin usw. – und die Genauigkeit bei den Einzelheiten sind beispielhaft für den römischen Geschmack: die originale Erfindung wird nicht mehr gedankenlos nachgeahmt, sondern neu durchdacht und dem eigenen Lebensgefühl entsprechend wiedergegeben.

Die Wände des Peristyls sind in strengem Wechsel von geschlossenen Wandfeldern und Architekturdurchblicken gegliedert, wie üblich ohne Rücksicht auf das Verhältnis zur Säulenstellung. Als Mittelmotive sind abwechselnd Stilleben und Figuren dargestellt: Auf der Südwand erscheint ein Dichter oder Philosoph mit einem *scrinium*, das zwei Buchrollen enthält (der Lieblingsautor des Hausherrn, vielleicht aber auch er selbst in der Haltung eines Gelehrten), und zwischen der rechten *ala* (i) und dem *oecus* (p) die Muse Urania, die mit belehrender Geste einen Punkt auf dem Globus zeigt.

Der *oecus* (n) ist wie der entsprechende Raum an der anderen Seite (p) als Bildergalerie entworfen, allerdings ist er nicht nach Norden hin geöffnet, wie es laut Vitruv sein müßte, damit die Farben unverändert bleiben (VI, 4, 2), sondern zum Portikus und dadurch nicht unmittelbar dem Licht ausgesetzt. Auffallend sind die Seitenfelder mit den Durchblicken, in denen prachtvolle, zweistöckige Architekturen mit Pergolen erscheinen.

Die Mittelbilder erinnern an drei Begebenheiten aus der »Geschichte« Thebens, die als Warnung zu verstehen sind: wer die Ordnung der olympischen Götter nicht achtet, wird von den Söhnen des obersten Gottes bestraft. Im rechten Bild nehmen Zeton und Amphion, Söhne des Zeus und der Antiope, Rache für die Sklaverei, in der ihre Mutter jahrelang von Dirke gehalten worden war; sie binden Dirke an einen Stier, den sie dann loslassen.

Asinius Pollio, ein *homo novus* (Emporkömmling), Freund Cäsars und Konsul im Jahre 40 v. Chr., hatte aus Rhodos eine berühmte Skulpturengruppe kleinasiatischer Herkunft mit demselben Thema kommen lassen; der in den Caracalla-Thermen in Rom gefundene »Farnesische Stier« (jetzt im Neapler Nationalmuseum) ist eine stark restaurierte Kopie davon.

Auf der Rückwand wird der König Pentheus, der Dionysos beleidigt hatte, von Bacchantinnen getötet; in der Mitte oben hebt eine der Frauen gerade einen schweren Stein empor.

Schließlich gibt es – wie im *oecus* (p) bei dem Bild mit der Geschichte Ariadnes – auch eine Begebenheit mit glücklichem Ausgang: Herakles, der als ein Kind von acht Monaten die von Hera geschickten Schlangen erwürgt. Er ist ein Sohn des Zeus, der hier als Adler auf dem Altar anwesend ist, und der Alkmene, die sich erschreckt hinter ihren Mann Amphitrion flüchtet, während dieser das Kind aufheben will.

■ Castellum aquae
Plan 9, Abb. 51

Das Gebäude bei der Porta Vesuvio liegt am höchsten Punkt der Stadt, 42 Meter über dem Meer.

Hier wurde das Wasser, das über die augusteische Wasserleitung vom Serino kam, gesammelt und auf die drei Hauptleitungen verteilt.

Der viereckige Bau ist in seiner gesamten Höhe erhalten. Vor der Südseite, die zum Vicolo dei Vettii schaut, erstreckt sich eine freie Fläche, die von fünf Lavablöcken begrenzt wird.

Die Mauertechnik ist nicht bei allen Wänden gleich. Die Westseite, an der sich der Eingang befindet, besteht aus *opus reticulatum* mit groben Tuffsteinen, an den Ecken und den Rändern sind dagegen Schichten mit kleinen Tuffquadern eingefügt. Die Hauptfront an der Südseite ist aus sorgfältig überarbeitetem *opus latericium*. Drei vermauerte Bögen und vier auf Sockeln ruhende Pilaster gliedern die Wand in drei Teile. Im ersten und im dritten Bogen sitzt in der Mitte eine enge, horizontal verlaufende Lichtöffnung. Die Ostwand besteht ebenfalls aus *opus reticulatum*, an sie angebaut ist eine Mauer mit mächtigen Blöcken aus Noccra-Tuff, die zur Porta Vesuvio gehört. Wie aus dem Relief am Lararium im Haus

51 *Castellum aquae*

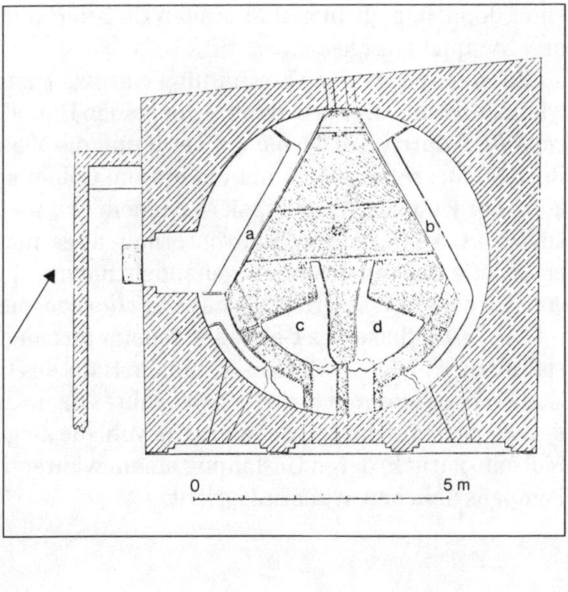

des Caecilius Iucundus hervorgeht, wurde das *castellum* beim Erdbeben von 62 n. Chr. zerstört; wahrscheinlich wurde der innere Mauerring damals so wiederaufgebaut, daß er den gefährdeten Bau an der Westseite stützen konnte. Die Nordseite ist aus sehr viel gröberem *opus incertum* erbaut.

Die Eingangstür an der Westseite ist hinter einem Mäuerchen aus *opus incertum*, das parallel zur Mauer des *castellum* verläuft, fast völlig verborgen. Die so geschützte Pforte führt in den runden Innenraum, der durch die beiden schmalen Öffnungen in der Südseite beleuchtet wird.

Auf dem Niveau der Schwelle verlaufen zwei 40 Zentimeter hohe Mauern (a, b) diagonal von Norden nach Süden. In das hierdurch entstandene Becken fließt das Wasser durch eine Öffnung an der Nordseite. Die Einmündung konnte durch eine Schleuse verschlossen werden, deren Spuren in der Mauer noch vorhanden sind. Das Wasser floß über eine Stufe und traf dann auf zwei weitere Schleusen aus Metall, von denen nur noch Spuren auf der Mauer zu sehen sind. Es brach sich an den beiden den Strom verteilenden Mäuerchen (c, d) und floß dann durch drei Öffnungen an der Südseite in die Leitungsrohre.

Oberhalb der Öffnung in der Nordseite, wo das Wasser eintrat, sitzt noch ein – nur mit Mühe erkennbares – kleines Fresko: unter einer doppelten, grünen und weißen Girlande sind ein Flußgott und drei Nymphen dargestellt.

Zum Zeitpunkt der Verschüttung war das *castellum* nicht in Betrieb. Es fehlten die Wasserrohre der beiden Hauptleitungen, die vom *castellum* durch den Vicolo dei Vettii und die Via di Stabia führten. Bei der Ausgrabung fand man in diesem Gebiet auch einen Löwenkopf, der wohl als Wasserspeier zu einem Brunnen gehört hatte. Es sind sonst keinerlei Reste davon erhalten; es muß sich jedoch um einen öffentlichen Brunnen gehandelt haben, der wahrscheinlich von der dritten Wasserleitung des *castellum* gespeist wurde.

Die erste Phase des Gebäudes scheint aus augusteischer Zeit zu stammen. Auf dem Relief am Atrium im Haus des Caecilius Iucundus ist das *castellum* vom Erdbeben des Jahres 62 n. Chr. beschädigt wiedergegeben; auf die Zeit danach geht wohl die Ziegelsteinfassade der Südseite zurück, deren Gestaltung einem während der letzten Phase Pompejis üblichen Typus entspricht.

■ Die Gräber vor der Porta Vesuvio
Abb. 52

Nördlich von der Porta Vesuvio wurden in dem kleinen bisher ausgegrabenen Stück unweit der Befestigungsanlage einige Gräber ans Licht gebracht.

j: Grab des Caius Vestorius Priscus.

Das Grab besteht aus einer hohen, gemauerten Umfriedung und einem Altar mit polsterartiger Auflage und einem würfelförmigen Sockel, in dem sich die Grabkammer befindet. Der Eingang liegt an der Nordseite.

An der Innenseite sind bedeutende Fresken erhalten: Gladiatorenkämpfe, Jagdszenen und ein Tisch, auf dem eine Fülle prächtigen Silbergeräts steht. Auch der Sockel des Altars ist bemalt: auf der Südseite ist der Verstorbene dargestellt, wie er Recht spricht. Der Altar selbst ist mit Stuckreliefs geschmückt: auf der Ost- und der Westseite zwei halbnackte tanzende Mänaden, auf der Nordseite ein sitzender Satyr mit einem Trinkhorn in der Hand, gestützt auf eine *amphora*, und auf der Südseite zwischen zwei Karyatiden, die Kandelaber tra-

52 Gräber vor der Porta Vesuvio

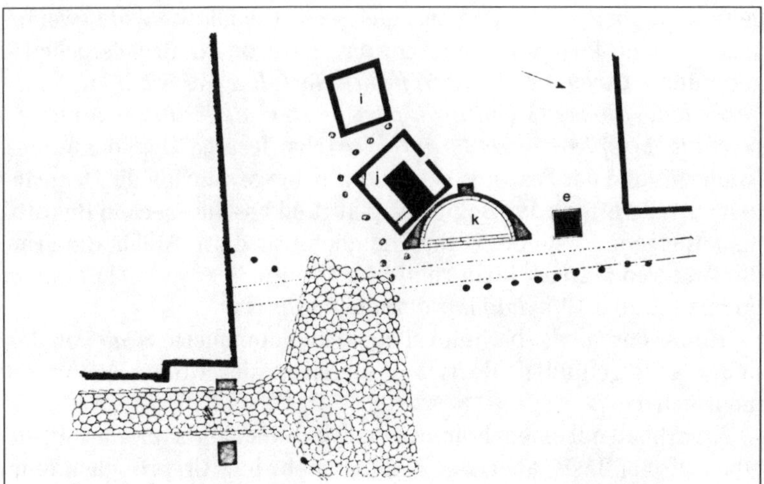

gen, die Inschrift: *»C(aio) Vestorio Prisco aedil(i); vixit annis XXII, locus sepulturae datus et in funere HS MM d(ecreto) d(ecurionum). Mulvis Prisca mater p(ecunia) s(ua)«* (»Dem Ädilen Caius Vestorius Priscus. Er lebte 22 Jahre. Der Begräbnisplatz wurde ihm auf Beschluß der Dekurionen zusammen mit 2000 Sesterzen für das Begräbnis gewährt. Mulvia Prisca, seine Mutter, errichtete das Grab auf eigene Kosten«). Der junge Mann, der 75 bis 76 n. Chr. Ädil geworden war, starb wahrscheinlich während seiner Amtszeit. Er hatte das *cognomen* (Familienname) seiner Mutter geerbt.

i: Grab mit rautenförmig angelegter Umfriedung, deren Südseite von einem kleinen, mit breiten vorkragenden Bändern eingefaßten Giebelchen bekrönt wird.

Auf den Ecken der Umfassungsmauer stehen vier kleine Türme. Die Grabinschrift ist in der Mitte des Giebelchens angebracht: *»M(arco) Veio Marcello vivo; locus monumenti d(ecreto) d(ecurionum)«* (»Dem Marcus Veius Marcellus zu seinen Lebzeiten; der Platz für das Grabdenkmal wurde ihm auf Beschluß der Dekurionen überlassen«). Zum Zeitpunkt der Verschüttung war das Grab noch nicht fertiggestellt. Marcus Veius Marcellus ist sonst nicht bekannt. In die Ostmauer ist *»Cornelius Sulla«* gekritzelt.

k: Grab in Form einer halbrunden Exedra *(schola)*.

Den Abschluß des Tuffgrabes bilden rechts und links zwei geflügelte Löwenbeine, daneben befinden sich zwei Plinthen, die zwei Inschriften aus Marmor trugen. Eine davon wurde – in Bruchstücken – gefunden: *»[Ar]elliae N(umeri) f(iliae) Tertullae Vei Frontonis; huic decurion(es) locum sepulturae post mortem dederunt et funus ex p(ecunia) p(ropria) decre(verunt)«* (»Arellia Tertulla, der Tochter des Numerius und der Frau des Veius Fronto; ihr gewährten die Dekurionen nach dem Tode den Begräbnisplatz und beschlossen ein Begräbnis auf eigene Kosten«). Wahrscheinlich war diese Arellia die Frau des Auguren Marcus Stlaborius Veius Fronto, der zweimal *duumvir* und 25 bis 26 n. Chr. *duumvir quinquennalis* war.

Hinter der *schola* befindet sich eine unkannelierte Säule; ob das in der Nähe gefundene dorische Kapitell zu dieser Säule gehört, ist nicht sicher.

l: Grabbau mit einem hohen Sockel und einer Tuffsäule darauf, die eine attische Basis, aber kein Kapitell mehr hat. Ursprünglich muß sie eine Marmorvase getragen haben wie das Grab der Aesquillia Polla (vgl. S. 428).

Auf dem Sockel, der aus Tuff und *opus incertum* errichtet und mit Stuck verkleidet war, befindet sich an der Vorderseite eine Marmorinschrift: »*Septumiae L(uci) f(iliae) d(ecreto) d(ecurionum) locus sepulturae publice datus et in funere HS MM. Antistia P(ubli) f(ilia) Prima filia fecit*« (»Septumia, der Tochter des Lucius, wurde auf Beschluß der Dekurionen der Begräbnisplatz öffentlich gewährt und für das Begräbnis 2000 Sesterzen. Errichtet von Antistia Prima, der Tochter des Publius«). Unter der Platte wurde ein Graffito in den frischen Verputz geschrieben, dessen zart-erotischer Ton von der feierlichen Grabinschrift absticht: »*Sic tibi semper florere, Sabina, / Contingat forma ‹e› sisque puella diu*« (»Möge es dir immer beschieden sein zu blühen wie jetzt, Sabina, deine Schönheit und Jugend seien von langer Dauer«).

Rechts von der Straße vor der Porta Vesuvio stand ein weiterer *cippus* mit dem Dekret des Titus Suedius Clemens (vgl. S. 335).

■ Casa dell'Ara massima (Haus mit dem Bild der Ara Maxima) Plan 9, VI 16, 15

An der Straßenseite unterscheidet sich das Haus nicht von den vielen anderen dieser Art mit den beiden Läden (oder *cubicula*) neben den *fauces* und dem bescheidenen toskanischen Atrium um das quadratische, mit zwei Abflüssen zur Straße versehene *impluvium*.

Das anschließende *tablinum* ist jedoch zu winzig, um einen eigenständigen Raum abzugeben, von den beiden seitlichen *fauces* ist der eine nur ein Wandschrank, der andere hat keinen Ausgang. Das Haus, dem nur ein enger, keilförmiger Platz zur Verfügung steht, besitzt kein Peristyl.

Auch die prächtige Dekoration auf der Rückwand des Atriums dient eindeutig dazu, die mangelnde räumliche Tiefe zu verschleiern. Das Becken im *tablinum*, das keine Verbindung mit dem *impluvium* besitzt, scheint eigens dafür geschaffen zu sein, da es klein ist, läßt es die Umgebung größer erscheinen, was besonders für die Dekoration des *tablinum* selbst mit seinen winzigen Blumenmotiven gilt.

Die Pfeiler rechts und links vom *tablinum* sind in der Sockelzone mit gemalten Fenstern durchbrochen, in denen Masken stehen; der Sockel im *tablinum* zeigt eine Marmor-Imitation. Die Mittelzone besteht aus streng symmetrisch angeordneten, sich überschneidenden

Ranken, die von Vögeln, Greifen, *pegasoi*, geflügelten Gestalten und Schnecken bevölkert werden. Die Pfeiler sind rotgrundig, das Innere des *tablinum* ist dagegen weiß mit roten Rändern. Die Farbtöne sind hier heller, die Pinselstriche leichter, die Ranken zarter, alles wirkt leicht und durchsichtig; die außerordentlich feinen, perspektivisch dargestellten Architekturen steigern die Tiefenwirkung.

In den seitlichen Predellen sieht man Jagdszenen, auf der Rückwand dagegen zwischen zwei Ziegenböcken einen Kentauren, der auf seinem Kopf die gesamte, aus blühenden Ranken bestehende Einfassung des Mittelfeldes balanciert. In der Mitte ist ein von zwei Konsolen getragener *pinax* (Klapptafelbild) mit Narziß dargestellt, von dem man gerade noch das Spiegelbild im Wasser erkennt. Mit seinem durch diagonale Linien bestimmten Aufbau unterbricht das Bildchen die im übrigen fast symmetrische Dekoration. Über dem oberen Gesims verläuft ein Fries mit naiv dargestellten Blumen.

In der Oberzone, in die das niedrige *tablinum* nicht einbezogen ist, ragt eine Konsole hervor, die genauso aussieht wie die unter dem *pinax*. Ohne Zweifel trug sie einmal eine Statue oder ein wirkliches, an die Wand gelehntes Bild. Statt dessen ist hier ein Fenster gemalt, durch das man in eine Landschaft mit einem heiligen Baum hinter einer *schola* (halbrunde Einfassung) blickt. Dieses Fenster ist in eine bühnenartige Architektur mit zwei vorgeschobenen Baukörpern an den Seiten eingesetzt, in denen jeweils eine Frau dargestellt ist, wie sie die Stufen des mit Statuen, *imagines clipeatae* und Masken ausgestatteten Podiums herabsteigt. Zwischen diesen Bauten ist über der Landschaft in der Mitte ein Vorhang gespannt.

Ein weiteres Beispiel aus dem Vierten Stil, um den es sich hierbei handelt, bietet das offene Triklinium an der linken Seite des Atriums. Der schwarze Sockel ist mit Sumpfpflanzen und Tieren geschmückt, die Mittelzone darüber wird durch Architekturelemente in drei Felder geteilt, von denen das mittlere gelb, die beiden seitlichen rot sind. Die Medaillons in den Seitenfeldern spielen auf die Funktionen dieses Speisesaals an und zeigen Lebensmittel, wie sie auch auf den *xenia* (vgl. S. 423) dargestellt werden. In den Mittelbildern sieht man auf der linken Wand Ariadne, die von einer Bacchantin entdeckt wird, und auf der rechten den schlafenden Endymion, den Selene zärtlich betrachtet.

Die Architekturdurchblicke zeigen übereinandergestellte, mit Girlanden behangene Loggien mit Pfauen auf den Balkonen und

Okeanos-Masken an dem Gebälk zwischen den beiden Stockwerken. Anspielungen auf den dionysischen Bereich finden sich in den Panthern mit Trinkhörnern oberhalb der Gebälke, den Schalen mit zugedecktem Phallos und den weiter oben dargestellten Theatermasken.

Der anschließende Raum hat eine einfarbig gelbe, gröbere Dekoration aus dem Vierten Stil mit einer Reihe von Bildern und Medaillons. Die Medaillons zeigen Frauenporträts, die Bilder nochmals Selene und den schlafenden Endymion (verblaßt), die Entdeckung der Ariadne, die von Hypnos (Schlaf) geweckt wird, Venus und Mars als Liebespaar und die Szene mit Herkules bei der *Ara Maxima* in Rom (die eher wie eine akademische Studie männlicher Akte wirkt).

■ Casa degli Amorini dorati (Haus der vergoldeten Putten)
Plan 9, VI 16, 7, Abb. 53

Obwohl der Eingang und das Atrium bescheiden sind, war die Casa degli Amorini dorati doch eines der schönsten Häuser Pompejis, was nicht an der Ausdehnung, sondern an der großartigen Gestaltung innerhalb des Hauses lag. Aus einigen Graffiti schloß man, daß es der *gens Poppaea* gehörte, einer reichen pompejanischen Familie, die möglicherweise durch Poppaea mit Nero verschwägert war (vgl. S. 228).

In den beiden *cubicula* (C und D) zu seiten der *fauces* (A; durch Malereien mit Vögelchen belebt) sind noch Reste der Dekorationen aus dem Ersten Stil erhalten, so das vorkragende Zahnschnittgesims, das bei der späteren Ausmalung unberührt blieb. Die Räume selbst waren damals zweifellos schon der Dienerschaft überlassen.

Das Atrium wurde in jener Zeit eine Art Eingangsraum, der dazu einlud, dem verlockenden Durchblick in die vom Licht durchfluteten Innenräume zu folgen.

Die Schwelle zum *tablinum* (E) zeigt eine Reihe von Bildfeldern; in den mittleren sind *rhyta* (Trinkhörner) dargestellt. Das Fußbodenmosaik ist fast völlig erhalten, ebenso ein Teil der Wandmalereien mit dem Zusammentreffen des Trojaners Paris und der schönen, von einem Eros begleiteten Helena im Palast des Menelaos.

Vom Peristyl (F) aus, dessen Fußboden aus *opus signinum* mit weißen und farbigen Marmorplättchen verziert ist, betritt man gleich links einen großen Repräsentationsraum (G). In der Mitte des

Mosaikfußbodens ist eine große Rosette dargestellt; die sorgfältig ausgeführten Wandmalereien stammen aus der ersten Phase des Dritten Stils. Das Bild auf der rechten Wand zeigt Achill in seinem Zelt mit Briseis und Patroklos, das auf der Rückwand Jason, der sich vor seiner Flucht mit Medea Pelias vorstellt, und das auf der linken Wand den Besuch der Thetis in der Werkstatt des Hephäst, bei dem sie neue Waffen für ihren Sohn Achilles erwirbt. Diese Wand wurde in späterer Zeit mit einer Imitation des Dritten Stils erneuert.

Von hier aus genoß man den Blick auf den gepflegten, von Säulen eingefaßten Garten mit seinen Beeten, den Hermen und Marmortafeln mit dionysischen Motiven. In der Mitte befindet sich ein Wasserbecken, das mit blauem Stuck verkleidet ist und an dessen Rand eine Reihe kleiner Tierplastiken steht (ein Hund, der einen Eber anspringt und ihn ins rechte Ohr beißt, ein Hase und ein Hund, der einen Vogel frißt). Sie sind alle dem Becken zugewendet. Das Ganze zeugt von erlesenem Geschmack, der Wertschätzung kostbarer Dinge in einer geistigen Atmosphäre, die mitgeprägt wird durch die zwischen den Säulen aufgehängten Masken und das *oscillum*, das sich unter dem Giebel der überhöhten Rückseite im Wind bewegt, um das Böse zu vertreiben. Wenn man nach links weitergeht, kommt man zu einem kleinen Heiligtum in der Ecke (d), das den drei ägyptischen Gott-

53 Casa degli Amorini dorati

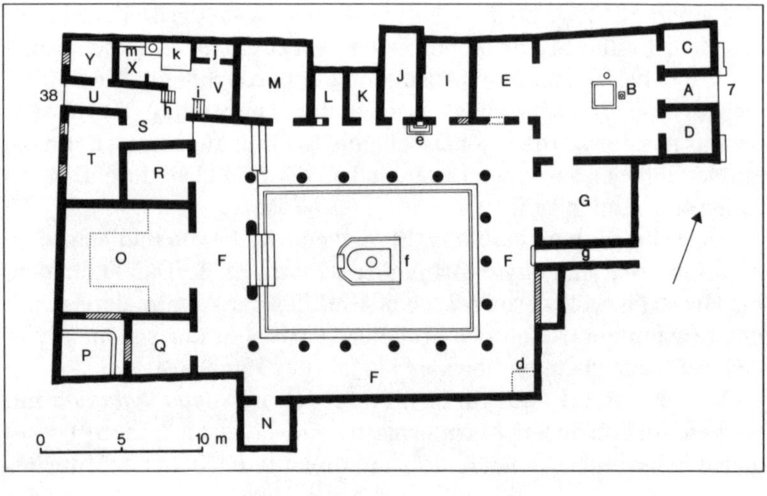

heiten Harpokrates, Isis und Serapis geweiht ist, zusammen mit dem Gott Anubis (rechts, mit einem Hundekopf).

Die Gottheiten sind auf gelbem Grund dargestellt, oberhalb der beiden umeinander gewundenen Schlangen, die sich zu dem gemalten Altärchen hin bewegen.

In dem entsprechenden gelben Feld sieht man Gegenstände des Isis-Kults: ein *sistrum*, Körbchen, Opferschale und *situla* (Eimerchen mit der heiligen Milch), die von der heiligen Schlange *(uraeus)* eifersüchtig bewacht werden. In dem gegenüberliegenden Portikus ist auch ein traditionelles Lararium (e) eingerichtet; das Ganze verrät einen in religiöser Hinsicht recht buntscheckigen und synkretistischen Geschmack.

Im vorderen Teil des Portikus waren in Augenhöhe Oxydianspiegel in den Verputz eingefügt, im linken Portikus sind es Marmorreliefs von beachtlicher Qualität mit Masken, die mit dem Theatercharakter der gesamten Umgebung in Einklang stehen. Ein anderes Relief zeigt die aus einer Grotte getretene Venus Pompeiana mit einem Eros und einem Weihrauchgefäß, wieder ein anderes einen tanzenden Satyr mit einem *thyrsos* in der Hand. Bewundernswert an diesem neuattischen Werk sind die Wiedergabe der Anatomie und die rötliche Farbe der Haare, der Brauen und des Bartes, der zur rechten Schulter gebogen ist. Glücklicherweise ist die Figur bis zum Ansatz der Beine erhalten.

Am Ende dieser Seite des Portikus, die an ein Museum erinnert, öffnet sich ein Zimmer (N) mit einer zusätzlichen Lichtöffnung über der Tür und einer fast einfarbigen Dekoration. Auf gelbem Grund sind Ranken mit rotem Hintergrund dargestellt, Bildchen mit sehr lebendigen weiblichen Porträts, Stilleben, Landschaften und Jagdszenen. Hervorzuheben ist eine idyllische Landschaft mit einem heiligen Baum, einer Vase und einem Priap.

Das *cubiculum* (Q), das in der linken Ecke des rückwärtigen Portikus abgeteilt ist, war nach Meinung einiger Forscher ein Frauengemach; dies wird aus der kleinteiligen Dekoration der weißgrundigen Wände geschlossen, auf denen Jahreszeiten dargestellt sind, und aus dem kleinen abgeschlossenen und den Blicken entzogenen Garten (P).

Dies ist durchaus möglich. Interessanter aber ist an diesem Zimmer, daß ein Teil des Gewölbes mit weißen Stuckreliefs und grünen und blauen Feldern zwischen rotgrundigen, figürlich verzierten Medaillons erhalten ist. Sehr schön sind auch die mit

Sumpfpflanzen und Enten bemalten Lunetten. Im entsprechenden *cubiculum* (R) zeigt sich eine Vorliebe für Themen, die mit der Liebe zusammenhängen: Venus als Fischerin, Leda mit dem Schwan, Diana, die von Aktäon beobachtet wird. Die hervorragenden Frauenporträts in den Seitenfeldern tragen die gleiche neronische Lockenfrisur wie die Göttinnen.

Auch hier ist die vielfarbige Stuckdecke erhalten mit den Kassetten aus weißem Stuck, verziert mit Kreisen, Vielecken und Quadraten, deren Bildmotive unter anderem auch auf den dionysischen Kult anspielen.

Das Triklinium (O) zwischen diesen beiden *cubicula* ist unverputzt; es war nach dem Erdbeben von 62 n. Chr. noch nicht wieder instandgesetzt worden.

In der anderen Ecke des Peristyls waren die Nebenräume mit der Küche (X) und der Treppe zum oberen Stockwerk, von dem kaum Reste vorhanden sind.

An der Nordseite des Peristyls liegen ein weiteres Zimmer (M), zwei *apothecae* oder Abstellräume (L und J) und dazwischen eine Latrine (K).

Es folgt gegenüber vom Brunnen der Hausaltar (e) für die traditionellen Götter. Man fand zwei Larenstatuetten aus Bronze sowie Statuetten von Jupiter, Juno, Minerva und Merkur, die auf den Stufen des kleinen Tempels aufgereiht standen. Dieser hat ein Podium mit gemalter Marmorverkleidung, Säulchen aus kostbarem Marmor und prächtige Verzierungen aus Stuck; ein Beispiel dafür, wieviel die reichen Bürger für den häuslichen Kult aufwendeten.

Neben dem Lararium öffnet sich die Tür zu dem *cubiculum* (I), dem das Haus seinen Namen verdankt: die »vergoldeten Putten«, die auf ein Goldblech ziseliert und hinter einer kleinen Glasscheibe angebracht wurden, wahrscheinlich eine alexandrinische Arbeit (jetzt im Neapler Nationalmuseum), beschützen hier das große Ehebett im Alkoven. Der Raum ist betont intim, mit einem einheitlichen Blümchenmuster, das die gesamte Mittelzone überzieht. Der Sockel ist mit einer Marmorverkleidung bemalt, die Tür- und Fensterlaibungen stellen Holz dar; hier sieht man Brandspuren von der heißen Asche, die nach dem Vesuvausbruch das Haus füllte.

□ Casa del Labirinto (Haus mit dem Labyrinthmosaik)
Plan 9, VI 11, 10

Das Haus mit den zwei Atrien – einem mit vier Säulen und einem toskanischen – entstammt der Tuff-Zeit.

Es gibt eine Bäckerei mit drei Mahlsteinen, vier Terrakottabekken, einem Ofen, einem Getreidespeicher und einem Stall, außerdem ein Bad mit Dekorationen aus dem Dritten Stil. Bad und Bäckerei liegen hinter dem Atrium im Wirtschaftstrakt und waren zu privatem Gebrauch bestimmt. Die Mosaiken und Malereien in den Repräsentationsräumen hinter dem Peristyl sind charakteristisch für die erste Phase des Zweiten Stils.

Der korinthische *oecus* mit den zehn Säulen ist einer der wenigen solcher Räume, die in jener Zeit in Pompeji gebaut wurden. Das *emblema* im Raum links daneben zeigt Theseus, der den Minotauros tötet. Das Bild ist in einen Mosaikteppich eingefügt, der ein Labyrinth darstellt (daher der Name des Hauses).

Neben der Tür zu dem Gang, der rechts am *tablinum* vorbeiführt, sieht man im Fenster zum Peristyl eine Terrakottaplatte mit sechs bogenförmigen Öffnungen.

□ Caupona (Schänke)
Plan 9, VI 10, 1–2

Die *caupona* an der Ecke (1) hat für ihre Kundschaft noch einen kleinen Gastraum, der mit 13 volkstümlich-realistischen Bildchen geschmückt ist. Zwei davon zeigen erotische Szenen, unter anderem zwei Seiltänzer, die einen sexuellen Annäherungsversuch vorführen (mit fünf weiteren Bildchen verschwunden), die anderen stellen Szenen in einer Schänke dar.

Die Beischriften zu diesen Bildern sind wertvolle Zeugnisse für die Alltagssprache. Ein Kunde fordert den Kellner auf: *»Da fridam pusillum«* (»Gib mir ein wenig frisches Wasser«), ein anderer: *»Adde calicem Setinum«* (»Noch einen Becher Wein aus Sezze«). Über den Kunden, die mit den typischen Reisemänteln mit Kapuzen *(cuculli)* bekleidet sind, hängen Würste, Zwiebeln und andere Lebensmittel.

Der andere Raum, rechts hinten, scheint stundenweise vermietet worden zu sein. Er war ebenfalls mit Wandmalereien ausgeschmückt: mit einer fischenden Venus sowie Polyphem und Galatea.

Von hier führte eine Treppe in den oberen Stock. Im benachbarten Wohnhaus des Gastwirts (Nr. 2) fand man fünf Skelette von reich geschmückten Frauen, vermutlich die Prostituierten aus der *caupona*.

□ Casa dell'Ancora (Haus mit dem Anker)
Plan 9, VI 10, 7

Das Haus heißt nach dem Anker, der auf dem Mosaikfußboden am Eingang dargestellt ist. Es ist das einzige Haus, bei dem der Garten ein Stockwerk tiefer liegt, umgeben von einem Portikus mit Pfeilern und Bögen; später vermauerte man die Bögen, so daß ein Kryptoportikus entstand, der aber nicht – wie in der Casa del Criptoportico – unter der Erde lag.

□ Casa della Fontana grande (Haus mit dem großen Brunnen)
Plan 13, VI 8, 22

Die Strenge der alten, mit Buckelquadern aus Tuff erbauten Fassade bildet einen starken Kontrast zu der anmutigen Mosaiknische an der Rückwand des Gartens. An den Pfeilern zu seiten dieses großen Brunnens sind tragische Masken angebracht. Der Eros mit dem Delphin aus Bronze ist durch eine Nachbildung ersetzt.

□ Casa della Fontana piccola (Haus mit dem kleinen Brunnen)
Plan 13, VI 8, 23

Der »kleine Brunnen« steht zwischen prächtigen Landschaftsmalereien. Das Wasser fließt aus einer marmornen Silensmaske, die beiden Statuetten, ein Eros und ein Fischer, sind durch Abgüsse ersetzt. Die Marmorstufe am *tablinum* ist an der Vorderseite mit einem Relief verziert, einer Zeus-Ammon-Maske zwischen Blüten.

□ Casa dei Dioscuri (Haus der Dioskuren)
Plan 9, VI 9, 6

Dieses Haus besitzt eines der vier korinthischen Atrien, die in Pompeji erhalten sind; dieses hier hat zwölf Tuffsäulen.

Die Wanddekorationen stammen von derselben Werkstatt, die im Vettier-Haus (vgl. S. 363–374) gearbeitet hat. Die ansehnlichsten

Malereien (wie die Dioskuren am Eingang) wurden ins Neapler Nationalmuseum gebracht; im Peristyl, das erst später an den älteren Kern des Hauses angebaut wurde, sind noch schöne Malereien zu sehen: ausgebreitete Vorhänge, aufgehängt an leichten Architekturen, mit dazwischengefügten Stilleben.

□ Casa di Meleagro (Haus mit dem Meleager)
Plan 9, VI 9, 2, Abb. 54

Beim Eingang war ursprünglich ein – inzwischen verblaßtes – Bild von Meleager und Atalante zu sehen.
Das *cartibulum* (Tisch im Atrium, 7) ist besonders reich geschmückt: die beiden Stützen aus Marmor sind außen mit geflügelten Greifen und einem Füllhorn, innen mit einer von Ranken eingefaßten *imago clipeata* (Rundschild mit Porträt) verziert.

54 Haus des Meleager

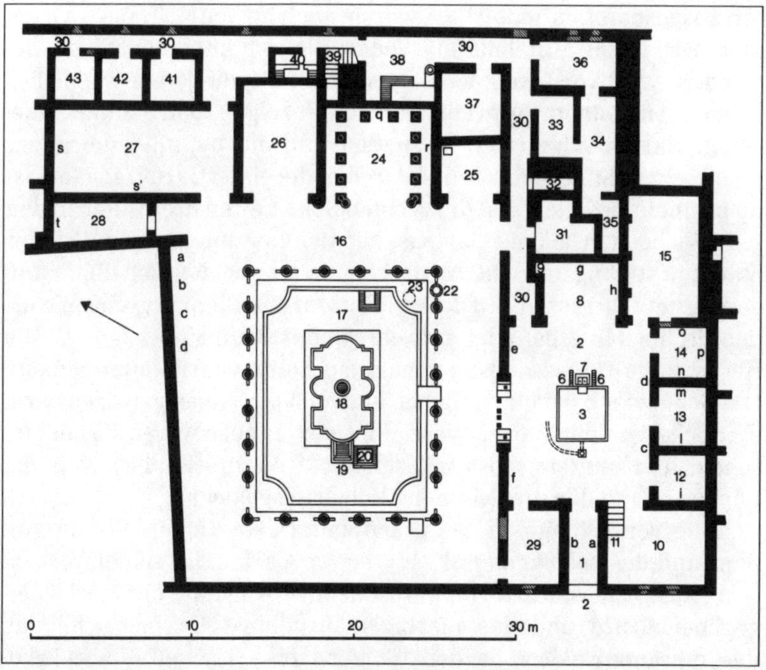

Am Peristyl gibt es einen korinthischen *oecus* (24), einen Saal mit Säulenreihen vor den Wänden.

□ Casa di Apollo (Haus des Apoll)
Plan 13, VI 7, 23

Das Siegel, das man 1830 in diesem 1811 bis 1840 (mit Unterbrechungen) ausgegrabenen Haus fand, trägt den Namen des A. Here(n)nuleius Communis: dieser Mann wird auf den Wachstäfelchen des Bankiers Caecilius Iucundus (vgl. S. 412) dreimal als Zeuge genannt; möglicherweise war er im Handel tätig.

Man benannte das Haus nach Apollo, da man hier eine Bronzestatuette des Gottes fand und er auch in den Malereien mehrfach dargestellt ist.

Neben dem Eingang zum *tablinum* stehen zwei mit Marmor verkleidete Sockel, einer für die Statuette des Apollo, der andere für einen jugendlichen Faun, der eine Hirschkuh jagt. Im *tablinum* sieht man noch die Wandmalereien mit den zwischen zarten Architekturen ausgespannten Teppichen, wie sie auch im Vettier-Haus vorkommen. Das kleine Mittelbild mit Venus, die sich in einem Spiegel betrachtet, wird von zwei Medaillons eingefaßt, die je ein weibliches Brustbild mit einem Putto auf der Schulter zeigen. Den dahinter gelegenen Garten schmücken Statuetten und ein pyramidenförmiger Brunnen mit Stufen; von den Malereien, die einen Garten zeigten, ist nichts mehr erhalten. Auf der rechten Seite führen drei Stufen in den tiefer gelegenen Teil des Gartens, der sich bis zum inneren Wall der Stadtbefestigung hinzieht. An drei Seiten erstreckten sich höher aufgeschüttete Terrassen, auf denen Pflanzen und Blumen gezogen wurden. In der Mitte befindet sich ein rundes Brunnenbecken. An die rückwärtige Umfassungsmauer ist ein Sommer-Triklinium gebaut. Das Schutzdach hat einen Giebel, der von vier Säulen getragen wird; ihr Sockel war mit Marmor verkleidet, weiter oben waren sie mit Muscheln und buntem Mosaik geschmückt. Wahrscheinlich war die Rückwand mit den drei Nischen ähnlich ausgekleidet.

Eine Vorstellung von den prächtigen Dekorationen gibt die Außenwand des *cubiculum* links hinten am Garten mit seiner Verkleidung aus Bruchstücken von porösem Sarnokalk, die mit Zierleisten gegliedert wird, und einem farbigen Mosaikbild. Es stellt Achill dar, der in Frauenkleidern bei den Töchtern des syrischen Königs Lykomedes versteckt war, um nicht am Trojanischen Krieg teilnehmen zu müssen, und der hier von Odysseus entdeckt wird. Deidamia, eine der Königstöchter, sieht der Szene erschreckt zu. Wegen der bewegten, aus Schrägen aufgebauten Komposition war die Szene im Vierten Stil sehr beliebt; sie findet sich zehnmal in pompejanischen Malereien dieser Stilstufe.

Zwei weitere Mosaikbilder – Achill, der im Streit um Briseis sein Schwert gegen Agamemnon zieht, und die drei Grazien – wurden aus den Gartenwänden entfernt und nach Neapel gebracht. Die Vorderseite des *cubiculum* war mit einer Landschaft bemalt, in der unter einem heiligen Baum in einer halbrunden Exedra *(schola)* ein Gelage stattfand (verblaßt).

Der Innenraum mit den beiden Alkoven wird durch eine illusionistische Bühnendekoration erweitert. Vor ihr ist Apollo dargestellt, der als Sonnengott auf einem Thron sitzt und eine Fackel hält; er entscheidet als Schiedsrichter den Streit zwischen dem Abendstern *(Hesperus)* und dem Planeten Venus, der den Streit gewinnt. Als Sterngottheiten tragen sie alle einen Nimbus um den Kopf. Auf der rechten Wand entscheidet Apollo den musikalischen Wettstreit zwischen Minerva, die einen Aulos bläst, sich selbst, der die Lyra spielt, und dem phrygischen Silen Marsyas, der den von Minerva verschmähten und weggeworfenen Aulos blies. Im linken Alkoven wird Marsyas, der sich rühmte, den Gott der Musik zu übertreffen, zur Strafe gehäutet. Die Oberzone ist nur grob verputzt; vielleicht war hier ein Teppich aufgehängt, dessen verkohlte Reste angeblich gefunden wurden.

Unter den Fundstücken aus diesem Haus war ein Bronzebehältnis mit chirurgischen Instrumenten.

10 RUNDGANG 6

■ Bäckerei (mit dem Haus des N. Popidius Priscus verbunden)
Plan 10, VII 2, 22

Wahrscheinlich war N. Popidius Priscus, der im Nachbarhaus Nr. 20 wohnte, an dem Betrieb geschäftlich beteiligt, der vielleicht von einem seiner Freigelassenen geleitet wurde; im Hintergrund der Bäkkerei führt eine Tür von der Werkstatt in das Wohnhaus. Da es kein Ladenlokal gibt, wurde entweder *en gros* oder durch Hausierer verkauft. Über letztere geben einige Graffiti Auskunft, die außen an der Umfassungsmauer des Apollotempels gefunden wurden: *»Verecunnus libarius huic«* und *»Pudens libarius«*, Verecunnus und Pudens, beides Kuchenverkäufer, hatten hier ihre festen Plätze.

Anscheinend wurde das Brot bei den Römern erst vom 2. Jahrhundert v. Chr. an allgemein gebräuchlich; vorher benutzte man das Mehl zur Herstellung des *puls* (Mehlbrei). Die Zubereitung des Brotes, einschließlich des Getreidemahlens, war ursprünglich Hausfrauenarbeit. Später wurde sie von den Bäckergehilfen übernommen, die *pistores* genannt wurden, da sie das Getreide mahlen mußten *(pinsere)*: eine schwere Arbeit, die man auch Gefangenen übertrug. In Pompeji waren es vor allem die Esel, die den *catillus* drehen mußten: einen bikonischen, ausgehöhlten Lavastein in der Form einer Sanduhr. Der *catillus* saß auf einem konischen Block, der auf einem grob gemauerten Sockel befestigt und mit einem Behältnis aus Holz oder Blei versehen war. Das Korn wurde in die obere Aushöhlung der Mühle geschüttet und fiel von da in die untere, wo es von dem ständig in Bewegung befindlichen *catillus* zermahlen wurde. Der Fußboden um die Mühle ist, ebenso wie viele Straßen, mit Basaltlava gepflastert, um den Tieren das Laufen zu erleichtern, die an den durch die schmalste Stelle der *catilli* geführten Balken festgebunden waren. Die Esel waren billiger als die Sklaven und leisteten mehr, vor allem wenn sie Scheuklappen trugen und von einem Sklaven angetrieben wurden.

Die Mühlen sind aus poröser, aber widerstandsfähiger Lava; man verwendete erst die vom Vesuv, später die von Roccamonfina nördlich von Falerno. Diese Steinsorte war nicht nur haltbar, sie verunreinigte auch nicht das Mehl mit Steinchen. Hier sind vier solcher Mühlen aufgereiht; diese Anzahl entspricht ungefähr dem Durchschnitt in den insgesamt 73 pompejanischen Bäckereien.

An der rechten Wand sieht man vier grob gemauerte Stützen für Tische, auch eine kleinere Mühle ist hier aufgestellt.

Der Backofen, der eine konische Kuppelhaube hat, ist aus *opus caementicium* mit einer Schicht aus Kalk und Tonscherben. Er steht in einer quadratischen Räucherkammer mit einem Rauchabzug, um durch die ständige Zirkulation der Luft die Verbrennung anzuregen. In der aus Ziegelsteinen gemauerten, gebogenen Vorderseite ist eine Öffnung zur Regulierung des Feuers und zum Backen des Brotes angebracht; zwischen der Vorderseite und dem Ofen selbst liegt der Zwischenraum für den Kamin.

Neben dem Ofen befand sich der Sockel für ein Gefäß mit Wasser, das zum Befeuchten der halbgaren Brote, die dadurch eine helle Kruste bekommen sollten, oder zum Abkühlen der Brotschaufel benutzt wurde. Die Backöfen wurden mit Holz geheizt. Das Abstrahlen der Wärme verhinderte eine Sandschicht unter dem Ofen und auf der Kuppel des Backofens. Die Öffnung ist häufig aus Lavaplatten, da sie das Anstoßen der Bäckerschaufel besser aushielten. Man konnte den Ofen mit einem eigenen Tor verschließen.

In der Bäckerei VI 6, 17–21 war über dem Ofen eine Travertinplatte mit dem Relief eines Phallos und der Beischrift »*hic habitat felicitas*« (»das Glück wohnt hier«) angebracht (jetzt im Neapler Nationalmuseum). Der Phallos, der als Zauber gegen das Böse wirkt, war als Symbol für die Zeugungskraft der Natur zugleich mit dem Brot verbunden.

In der Bäckerei des Modestus (VII 1, 36) fand man in dem verriegelten Backofen 81 runde, in je acht Abschnitte geteilte, verkohlte Brote (einige davon sind heute im Neapler Nationalmuseum ausgestellt).

Im Antiquarium wird ein tragbarer Backofen aus Ton (*klibanos*) für feineres Brot (*panis clibaniceus*) aufbewahrt. In einer Aufstellung der Ausgaben, die in der *caupona* IX 7, 24–25 an die Wand gekritzelt ist, unterschied man *pane(m) puero* (Brot für den Diener) von dem übrigen Brot; wahrscheinlich wurde das schlechtere Brot für den Diener aus den Rückständen der *siligo* (Schrotmehl) gebacken.

Der Raum links vom Ofen wurde als Lagerraum für die fertigen Brote verwendet, daneben lag wahrscheinlich das *horreum* (Kornspeicher).

Bisher kennt man aus Pompeji noch keine öffentlichen oder städtischen Kornkammern; anscheinend wurde das Korn in den Bauernhäusern auf dem Lande aufbewahrt und dann unmittelbar zu den Bäckern gebracht, und zwar von den *saccarii*, privaten Lastträgern, die sich auch an den politischen Wahlen beteiligten. In den Bäckereien selbst gibt es nur wenige *dolia* (Vorratsgefäße), in denen solche Vorräte gewöhnlich gelagert wurden, auch von irgendeiner anderen Lagerhaltung sind keine Spuren vorhanden. Das Getreide wurde demnach offen oder in Säcken aufbewahrt. Das gemauerte Becken in der einen Ecke des Portikus diente zum Waschen des Getreides.

□ Haus des N. Popidius Priscus
Plan 10, VII 2, 20

Daß dieses Haus dem Numerius Popidius Priscus gehörte, geht mit ziemlicher Sicherheit aus einem 1863 gefundenen Siegel und zwei Graffiti im Eingang (»Numerius«) hervor sowie aus einer oskischen Inschrift auf einer Travertinplatte, die den Namen eines Vorfahren trägt, »Mr. Pu(pi)diis Mr. púm(paii)a(ns)«, und die in einem der Räume am Peristyl auf dem Fußboden wiederverwendet worden war. (Zur Familiengeschichte der Popidier vgl. S. 128, 222). Die Anlage geht auf die Tuff-Zeit zurück; im Raum rechts vom *tablinum* blieben Reste der Stuckdekoration aus dem Ersten Stil erhalten. Gleich nach der Verschüttung von 79 n.Chr. begann die Plünderung des Hauses, damals wurde im Eingang »δομυς περτουσα« an die Wand gekritzelt, was als »durchlöchertes Haus« interpretiert wird, als ein Haus, das von den Schatzgräbern schon durchsucht wurde.

An der linken Seite des Peristyls, das quer zur Achse des übrigen Hauses liegt, führen zehn Stufen in ein unterirdisches Lararium mit zwei Bogennischen: die eine ist ausgemalt mit einem opfernden Genius vor einem Altar, die andere mit zwei Laren.

Im Bereich des Hauses fand man zahlreiche Marmorplatten, mit denen die Fußböden erneuert werden sollten (sie gehören nicht, wie behauptet wurde, zur Werkstatt eines Steinmetzen): Platten von Cipollino und Serpentino, zwei aus Griechenland stammenden Marmorarten, und Pavonazzetto aus Kleinasien. Man entdeckte auch zwei Pferde (eines davon fünf Jahre alt und von orientalischer Rasse) sowie die Reste eines Wagens.

□ Haus des Spurius Mesor
Plan 10, VII 3, 29

Der Name des Besitzers wird aus einer (fast völlig verschwundenen) Inschrift erschlossen, die mit weißen Steinchen in das *opus signinum* auf der Schwelle des Triklinium am *xystus* gelegt war. Daß es sich um den Namen des Mosaizisten handelt, ist nicht anzunehmen (vgl. S. 92); außerdem es es kein Mosaik. M. Spurius Mesor war, wie sein *cognomen* Mesor *(=mensor?)* vermuten lassen könnte, möglicherweise Landvermesser; er war Mitglied oder Freigelassener einer einheimischen pompejanischen Familie, die in vorrömischer Zeit einige Bedeutung hatte.

Das 1867 ausgegrabene Haus ist bemerkenswert wegen seiner sehr guten, beide Phasen des Dritten Stils vertretenden Malereien.

An Ort und Stelle sind nur wenige Reste belassen; ein Teilstück einer Wand wurde ins Neapler Nationalmuseum gebracht.

□ Haus des Marcus Lucretius
Plan 10, IX 3, 5

Der Name des vermuteten Eigentümers wurde einem Bildchen entnommen, das sich in einem Raum links vom Garten befand. Es stellt ein *instrumentum scriptorium* (vollständige Schreibausrüstung) und einen Brief dar, der an Marcus Lucretius, Priester des Mars und Dekurio in Pompeji adressiert ist. Im *tablinum* fehlen die auf Tafeln gemalten Bilder, die anderen wurden, ebenso wie das oben erwähnte Bildchen, nach Neapel gebracht.

Bei dem Mosaikbrunnen an der Rückseite des Gartens kam das Wasser aus einer marmornen Silenstatuette. Neben dem Becken standen etwa zehn Marmorstatuetten von Tieren, Satyrn und Dionysos. Das Leitungssystem ist fast unbeschädigt einschließlich der Wasserhähne.

☐ Haus des P. Vedius Siricus
Plan 10, VII 1, 25, 47, Abb. 55

Ein Siegel mit dem Namen Siricus, Wahlempfehlungen an den Außenseiten und Graffiti im Innern des Hauses lassen darauf schließen, daß dieser aus zwei Wohnungen mit toskanischen Atrien bestehende Komplex dem Publius Vedius Siricus gehörte, der 60 n. Chr. *duumvir* war (vor diesem Datum ist die Familie in Pompeji nicht aufgeführt) und der mit dem Kandidaten für das Amt des *duumvir quinquennalis* im Jahre 75 n. Chr. identisch sein könnte.

Die Impluvien der beiden Atrien waren in der Kaiserzeit mit einer »modern« profilierten Verkleidung aus weißem Marmor erneuert worden. Im Eingang Nr. 47 am Vicolo Lupanare liest man *»salve lucru(m)«* (»gegrüßt seist du, Gewinn«) mit weißen Steinchen in den Fußboden aus *opus signinum* an der Schwelle zum Atrium (3) geschrieben. In der Exedra (10) links vom Atrium zerfällt eines der

55 Haus des Vedius Siricus

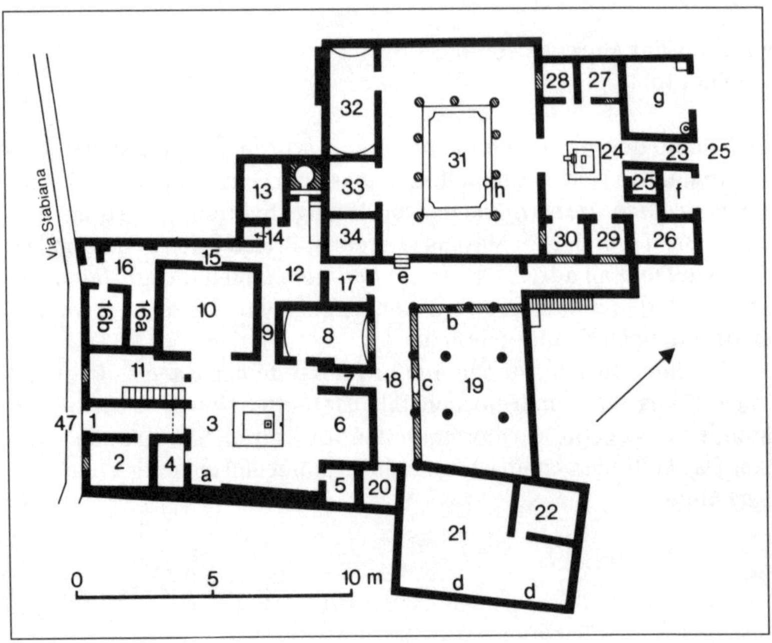

prächtigsten Beispiele des Vierten Stils aus der Zeit nach dem Erdbeben. Die drei Mittelbilder, neben denen Architekturen dargestellt sind, zeigen den Bau der Mauern Trojas (links), Thetis, die in der Werkstatt des Vulkan neue Waffen für ihren Sohn Achill besorgt (rechts), und Herkules, der zur Strafe für den Raub des delphischen Dreifußes am Hof der Lydier-Königin Omphale dienen muß, die ihn schließlich heiratet (Rückwand).

□ Werkstatt des L. Livius Firmus
Plan 10, IX 1, 5

Das Wahrzeichen dieser Werkstatt ist eine Tuffplatte, die rechts vom Eingang in den aus Ziegeln gemauerten Pfeiler eingefügt ist. Sie zeigt im Relief einige Werkzeuge unter dem Schutz eines Phallos (in der Mitte). Welches Handwerk damit betrieben wurde, läßt sich nicht feststellen; man dachte an einen Schmied, doch ist diese Hypothese kaum zu begründen. Die Zuweisung an L. Livius Firmus stützt sich auf ein hier gefundenes Siegel. Er war von Geburt frei (er hat drei Namen) und gehörte zu einer Familie sullanischer Siedler.

□ Werkstatt eines Lignarius (Tischler)
Plan 3, IX 1, 14

In die schöne Fassade mit Spiegeln von farbigem *opus reticulatum* aus gelben und roten Terrakottawürfeln, in der sich links der Eingang zur Werkstatt öffnet, ist eine Terrakottaplatte eingefügt. Sie zeigt im Relief einige Werkzeuge (Zange und Hammer) und einen Phallos als Schutz gegen das Böse.

■ Die Stabianer Thermen
Plan 10, Abb. 56

Die Thermen sind die ältesten in Pompeji; die erste Bauphase geht wohl auf das Ende des 4. Jahrhunderts zurück. Die Trapezform der Palästra kann wohl ebenfalls auf diese Zeit zurückgeführt werden; an der Ost- und der Nordseite verliefen Straßen, an der Westseite lag ein *heredium*, ein Garten, auf dem wenig später ein elegantes Haus vom Typ der *domus* errichtet wurde, das die unregelmäßige Form des früheren Gartens beibehielt. Die Trennmauer zwischen diesem Haus und der Palästra verlief etwas östlich von der jetzigen Fassade der *natatio* (D). Bei den Ausgrabungen kamen nur spärliche Überreste ans Licht. Es wurde vermutet, dieser Verlauf der Umfassungsmauer folge seinerseits dem der frühesten, wahrscheinlich im 5. Jahrhundert v. Chr. errichteten Befestigungsanlage von Pompeji.

Wenn dies zutrifft, so könnte auch auf Grund anderer Indizien angenommen werden, daß der ursprüngliche Kern Pompejis am Forum und in der Gegend der *regio* VII lag.

Die Stabianer Thermen erhielten ihren modernen Namen von der Via di Stabia, die an der Ostseite entlangführte. Wie die Mehrzahl der öffentlichen Bauten Pompejis geht auch dieses Gebäude in seiner Anlage auf das 2. Jahrhundert v. Chr. zurück, auf jene große städtebauliche Erneuerung der wirtschaftlichen und politischen Zentren der Stadt. In einem kleinen Raum im Nordflügel der Thermen fand man eine Inschrift, die von neuen Einrichtungen und Restaurierungen berichtet. Da diese kurze Zeit vor der Gründung der sullanischen Kolonie vorgenommen wurden, müssen die Thermen 80 v. Chr. im großen und ganzen schon ihre endgültige Gestalt gehabt haben. Die Inschrift lautete: »*C. Uulius C. f. P. Aninius C. f. II v(iri) i(ure) d(icundo) laconicum et destrictarium faciund(um) et porticus et palaestr(am) reficiunda locarunt ex d(ecreto) d(ecurionum), ex ea pequnia, quod eos e lege in ludos aut in monumento consumere oportuit, faciun(da) coerarunt eidemque probaru(nt)*« (»Die beiden *duumviri* mit Gerichtsbarkeit C. Uulius, Sohn des Caius, und Publius Aninius, Sohn des Caius, vergaben auf Beschluß der Dekurionen den Auftrag für die Errichtung des Schwitzbades und des *destrictarium* und für die Wiederherstellung der Portiken und der Palästra, und zwar von dem Geld, das ihnen gesetzlich zur Verwendung für Spiele oder ein Bauwerk zur Verfügung stand; sie ließen die Arbeiten durchführen und nahmen selbst den Bau ab«). Sowohl die Uulii als auch die Aninii waren sullanische Siedler; die Inschrift scheint, auch wegen einiger altertümlicher lateinischer Formen, auf die ersten Jahre der *Colonia Veneria Cornelia* zurückzugehen. Wie die Säulen des ursprünglichen Portikus aus dem 2. Jahrhundert v. Chr. aussahen, ist nicht mehr feststellbar, auch die Ausmaße und die Gründe für die Restaurierungen sind kaum zu bestimmen.

Man betritt die Thermen an der Südseite durch eine Tür an der Via dell'Abbondanza (A). An der Westseite gibt es noch einen kleineren Zugang vom Vicolo del Lupanare (H).

Nach Durchschreiten des Eingangsraums hat man einen weiten Hof (C) vor sich. Er ist an drei Seiten von Portiken umgeben, deren dorische Säulen ein gedrungenes Aussehen haben: sie wurden bei den Restaurierungen nach 62 n.Chr. mit einer dicken Stuckschicht überzogen, die ihre Form veränderte. Ursprünglich waren sie schlanker und nur mit einer dünnen Stuckschicht bedeckt, die Kannelierung bestand aus Rundstäben, wie sie auch bei der zweiten Stuckierung vorhanden ist. Wie in vielen anderen Fällen, hat auch hier das untere Drittel der Säule einen größeren Durchmesser als der übrige Schaft.

Vor dem Eingang stehen – wie beim Isistempel (S. 209–215) – statt der Säulen zwei Pfeiler, an die jeweils zwei Halbsäulen anschließen. Aus Gründen der Symmetrie wiederholt sich diese Anordnung auch an der Nordseite, die allerdings hinter den Pfeilern keinerlei Öffnung aufweist. Der große Hof diente als Sportplatz; es ist sogar wahrscheinlich, daß der Bau ursprünglich als Palästra mit ange-

56 Stabianer Thermen

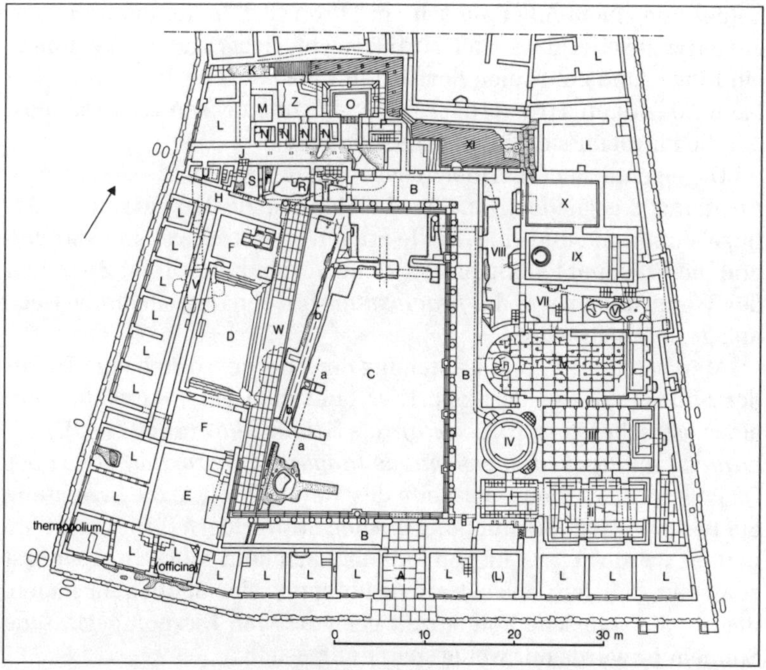

schlossenem Bad, den kleinen Räumen an der Nordseite, benutzt wurde, und daß erst im 2. Jahrhundert v. Chr. eine Erweiterung mit dem Bau der eigentlichen Thermen an der Ostseite nötig erschien. In der Mitte der Westseite liegt hinter einem niedrigen Mäuerchen das Schwimmbecken (D) *(natatio)*, zu dem man durch die beiden Räume (F, E) an den Schmalseiten gelangte. Hier waren ebenfalls Becken, in denen sich die Athleten vielleicht vor dem Sprung in das Schwimmbecken erst einmal abwuschen. Auf den Wänden waren Fresken mit Gartenmalereien. Neben dem südlichen der beiden Räume liegt an der Ecke zum südlichen Portikus ein großer Raum (E), dessen Zweck umstritten ist, der jedoch wahrscheinlich als Umkleideraum diente. Er hatte eine Tür zum Portikus und eine weitere zum Nachbarraum (F).

Die hohe Außenmauer dieser beiden Räume zeigt an der Seite zur Palästra eine prächtige Stuckdekoration, die nach Meinung einiger Forscher aus der letzten pompejanischen Bauphase, also der Zeit nach 62 n. Chr., stammt. In die prachtvolle bühnenartige Dekoration aus dem Vierten Stil sind einige Bildfelder aus farbigem Stuck eingesetzt. Über dem breiten Türbogen ist Jupiter dargestellt, der mit dem Zepter und einem Adler auf seinem Thron sitzt, in der unteren Zone ein Satyr, der Herakles ein Getränk reicht, Hylas und die Nymphen, ein Ringer und ein Athlet, der sich mit dem Schabeisen reinigt. Die Mauer des Raums (F) nördlich vom Schwimmbecken zeigt Dädalus, der die Flügel für sich und Ikarus schmiedet.

Die eigentlichen Thermen liegen an der Ostseite. Sie sind in zwei Abteilungen gegliedert, eine für die Männer, die den gesamten Südflügel einnimmt, und eine für die Frauen im Nordflügel. Die Männer- und die Frauenabteilung hatten keine Verbindungstüren. Zwischen den Trennwänden war das *praefurnium* mit den Kesseln für die Heizanlage untergebracht.

Man betritt die Männerabteilung der Thermen durch eine Tür an der Südostecke des Portikus. Hier fand man eine Sonnenuhr mit einer oskischen Inschrift: *»M(a)r(a)s Atiniís M(a)r(aheís) kvaísstur, eítiuvad múltasíkad, kúmbennieís tangi[n(ud)] aamanaffed«* (»Der Quästor Maras Atinius, der Sohn des Maras, förderte die Errichtung auf Beschluß der Versammlung mit den Strafgeldern«).Die erste Sonnenuhr wurde 263 v. Chr. von Catania nach Rom gebracht, aber erst 164 v. Chr. ließ der Censor Marcius Philippus eine Sonnenuhr bauen, die für die römische Sonnenzeit geeignet war. Die pompejanische Sonnenuhr wurde nur wenig später aufgestellt.

Der Durchgangsraum (I) hat ein Tonnengewölbe. Rechts liegen einige kleine Zimmer (L), die vielleicht für die Diener eingerichtet waren, die hier auf ihre Herrschaft warteten. Die Räume hatten ursprünglich einen Ausgang zur Via dell'Abbondanza, der später vermauert wurde. An der linken Seite des Durchgangs liegt ein runder Kuppelsaal mit einer Lichtöffnung in der Mitte und mit einem großen Becken anstelle des Fußbodens (IV). In den Ecken sind vier halbrunde Nischen. Die Wände waren mit Gartenmalereien geschmückt, die Kuppel stellte einen gestirnten blauen Nachthimmel dar. Aus einem Brunnen in einer kleinen Nische der Nordwand floß ein Wasserstrahl in das Becken hinab. Der runde Raum war das *frigidarium*, in dem die kalten Bäder genommen wurden. Nach seiner Erbauung, wohl in den ersten Jahren der sullanischen Kolonie, diente dieser Raum einem anderen Zweck, nämlich Bädern in heißer, trockener Luft, die mit Hilfe von Glutpfannen erzeugt wurde. Dieser Raumtyp wird bei Vitruv als *laconicum* bezeichnet. Nach einer neuen Hypothese handelt es sich hierbei um das *laconicum*, das C. Uulius und P. Aninius errichten ließen, und das dann später in ein *frigidarium* umgewandelt wurde, wie es auch bei den Forums-Thermen geschah. Das in der Inschrift erwähnte *destrictarium*, der Raum, in dem man sich mit dem Schabeisen reinigte, hätte dahinter gelegen, wo es dann der Apsis des *caldarium* (V) weichen mußte.

Vom Eingangsraum (I) aus gelangt man durch eine breite Tür in der Ostwand ins *apodyterium* (II), den Umkleideraum. An den Wänden entlang verläuft eine gemauerte Bank, an der Nord- und der Südwand sind Nischen zum Ablegen der Kleider angebracht. Der Eingangsraum und das *apodyterium* sind mit Stuckreliefs verziert, in den einzelnen Feldern erscheinen Nymphen, Eroten, Waffen und Rosetten. Die Lunetten über dem Eingang und auf der Rückwand schmückt eine Stuckdekoration im Typus des Vierten Stils mit Satyrn und Eroten. Die Mauern waren weiß mit einem roten Sockel, die Stuckreliefs auf den Gewölben dagegen bunt; an mehreren Stellen sind noch Reste der ursprünglichen Farbenpracht zu sehen.

Die zahlreichen Restaurierungen in *opus latericium* aus der letzten Bauphase Pompejis erlauben eine Datierung der darüber angebrachten Stuckdekorationen in spätneronische oder flavische Zeit. Es ist jedenfalls seltsam, daß zum Zeitpunkt der Verschüttung die Restaurierung der beiden Räume noch nicht abgeschlossen war. Der Fußboden aus grauen Marmorplatten in der Mitte und Basaltblöcken an den Wänden entlang war noch nicht fertig, vor allem aber fehlten die Wasserleitungen.

Die beiden anschließenden Räume, die man durch eine Tür in der Nordwand des *apodyterium* betritt, sind in noch schlechterem Zustand.

Man kommt zunächst in das *tepidarium* (III), das mäßig geheizt war, um die Badenden nicht zu plötzlich der Hitze des *caldarium* (V) auszusetzen. Die Heißluft, die vom *praefurnium* (VI) ausging, zirkulierte unter dem erhöhten, von gemauerten Pfeilern *(suspensurae)* getragenen Fußboden und an den Mauern entlang. Der schlechte Zustand des *tepidarium*, das nach dem Erdbeben noch nicht wieder restauriert war, erlaubt immerhin einen Einblick in das Heizungssystem. An der rechten Schmalseite befindet sich ein Becken für lauwarme Bäder.

In dem winzigen Hof dahinter lag ein zusätzliches *praefurnium*, das dazu gedient haben soll, beim Ingangsetzen der Anlage den Luftzug zu verstärken und, falls nötig, das Wasser im Becken erst einmal anzuwärmen.

Der wichtigste Raum ist das *caldarium* (V). Rechts steht das Becken für die heißen Bäder, in der gegenüberliegenden Apsis das *labrum* für schnelle kalte Abwaschungen, eine runde Marmorschale auf einer kleinen Säule. Der Raum wurde durch eine runde Öffnung in der Apsis nur schwach erleuchtet. Über dem Becken für die Kaltbäder sind drei Nischen, in denen Statuen gestanden haben müssen. Man sieht noch die rechteckigen, in die Wand eingefügten Röhren, durch die der heiße Rauch zog.

Das Frauenbad hatte ursprünglich keine Verbindung mit der Palästra, die von den Männern allein benutzt wurde. Man konnte das *apodyterium* für die Frauen (XI) nur durch zwei lange Gänge erreichen, von denen der eine an der Via del Lupanare, der andere an der Via di Stabia beginnt.

Heute gelangt man durch eine Tür unter dem östlichen Portikus, nördlich vom Eingang der Männer-Thermen, zunächst in einen Gang (VIII), bei dem es sich vielleicht um einen Teil des kurz nach 80 v. Chr. gebauten und später beseitigten *destrictarium* handelt.

Das *apodyterium* (XI) ist der besterhaltene Raum in den Frauen-Thermen. Der Fußboden besteht aus roten, rautenförmig geschnittenen Ziegeln. Die Wandnischen sind aus Tuff, die Wände einfach weiß verputzt, mit einer Zierleiste unterhalb der Lunetten an den Schmalseiten. Da es innerhalb der Frauen-Thermen kein *frigidarium* gab, baute man in späterer Zeit ein Becken für kaltes Wasser hinzu.

Vom *apodyterium* (XI) geht man zunächst ins *tepidarium* (X) und von dort ins *caldarium* (IX), die in der Anlage den entsprechenden Räumen der Männer-Thermen ähneln, mit dem Unterschied, daß es im *caldarium* keine Apsis gibt. Das *labrum*, das aus einer runden Marmorschale mit einer gemauerten Stütze besteht, ist gut erhalten. Bemerkenswert ist vor allem das – hier gut sichtbare – System, mit dem das Wasser in dem Becken an der Ostseite erhitzt wurde. In den darunter gelegenen Hypokausten war ein kleiner Bronzebehälter von halbzylindrischem Querschnitt, der durch eine Öffnung mit dem Boden des Beckens verbunden war. Der untere Boden dieses Behälters *(testudo)* war der starken Hitze, die vom *praefurnium* kam, ausgesetzt und nur wenig niedriger angebracht als das Becken selbst, so daß das kalte Wasser aus dem Becken in den Behälter floß, dort erwärmt wurde und wegen des Temperatur-Unterschiedes von selbst wieder nach oben geleitet wurde.

An den Wänden des *caldarium* sind mehrere Bronzeleitungen für Einzelbäder angebracht.

An der Nordwestecke der Palästra lag der Raum (T) für den Aufseher der Thermen. Das Fenster zur Palästra hat eine schöne Stuckverzierung. In diesem Zimmer fand sich ein elegantes Kohlebecken aus Bronze mit einer Inschrift des Marcus Nigidius Vaccula. Man hat ihn fälschlich mit einem Nasennius Nigidius Vaccula in Verbindung gebracht, der von den Wachstäfelchen des Caecilius Iucundus her bekannt ist und der vor 54 n.Chr. gestorben war. Da die Thermen ursprünglich mit Kohlebecken geheizt wurden – und dieses System in den Thermen am Forum ja noch in Gebrauch war –, schlug man für die Umstellung des Heizsystems ein Datum vor, das ungefähr dem Mannesalter des Nasennius Nigidius Vaccula entspricht, nämlich 20 n.Chr. Diese Hypothese bricht zusammen, wenn man annimmt, daß es zwei Vaccula gegeben hat. Jedenfalls scheint Marcus Nigidius Vaccula aus einer steinreichen Familie zu stammen, die Bronzewerkstätten in Capua besaß, und ihm verdankt man die Bänke und das Bronzebecken in den Forums-Thermen (vgl. S. 178f.).

Neben dem Zimmer des Aufsehers liegt ein zur Palästra hin offener Raum (R), von dem man vermutet, daß er für Ballspiele bestimmt war *(sphairisterion)*. Auf dem Fußboden kann man noch die Bleiröhren sehen, in denen das Wasser zur Latrine geleitet werden sollte.

Rechts neben dem Zimmer des Aufsehers tritt man in einen engen, schlecht beleuchteten Gang (J), an dessen Nordseite einige kleine Räume (N) aufgereiht sind, die ursprünglich für Einzelbäder benutzt wurden. Dies ist der älteste Teil der Thermen, dessen früheste Phase auf das Ende des 6. Jahrhunderts v. Chr. zurückgeht. Die Benutzung einzelner Baderäume ist sehr selten, eine ähnliche Anlage, die aus dem 5. Jahrhundert v. Chr. stammt, gibt es beispielsweise in Olympia. Ohne Zweifel ist die pompejanische Anlage eine der ältesten und interessantesten in Italien.

Im dahinter gelegenen Raum (Z) befindet sich ein großer, viereckiger Brunnen, einer der ältesten in Pompeji. Ursprünglich stand er wohl unter offenem Himmel an der Straße, die zum Osttor der Stadt führte, und wurde später an die Thermen angeschlossen. Das Wasser, das mit einem Schöpfrad heraufgezogen wurde, schüttete man in ein großes Becken und leitete es von da in die Thermen.

Weiter nördlich richtete man später eine große Latrine (O) mit einem wirksamen Spülungssystem ein. Wenn man zum Gang zurückkehrt, so trifft man links auf einen Raum (U), von dem einige Stufen in einen unterirdischen Gang führen. Nach einer scharfen Biegung gelangt man in einen unregelmäßig geformten Raum (V), der genau unter dem Schwimmbecken der Palästra in den Tuff gehauen ist. Dieser später als Lager verwendete Raum war ursprünglich höchstwahrschein ein unterirdisches Grab aus dem 6. oder 5. Jahrhundert v. Chr.

Bei Ausgrabungen konnte untersucht und geklärt werden, was sich vor der Anlage der Palästra und der zugehörigen Bäder in dieser Gegend befand. Wo jetzt der Gang (J) ist, verlief von Osten nach Westen eine vom Forum herkommende, mit der Via Marina verbundene Straße. Im 6. Jahrhundert v. Chr. lag das Gebiet außerhalb der Stadtgrenze und wurde als Begräbnisplatz benutzt, wie das unterirdische Grab und Bruchstücke von Bucchero-Vasen, die Grabbeigaben sein könnten, beweisen. Bei einer Erweiterung Pompejis erbaute man nördlich von der Straße einige Häuser aus Vesuv-Lava. Die Innenseite einer solchen, noch ziemlich gut erhaltenen Fassade ist im Haus des Siricus (VII 1, 47), unmittelbar nördlich der Nordmauer des Frauen-*apodyterium* (XI), teilweise noch sichtbar. Schon gegen Ende des 4. Jahrhunderts v. Chr. verschwand die Straße. Als dann die Bäder der Palästra erbaut wurden, mußte das Grab zum einfachen Lagerraum werden. In der Folgezeit fanden, wohl im 3. Jahrhundert,

Restaurierungen statt; unter anderem legte man einen Fußboden aus *opus signinum*.

Vom Skulpturenschmuck der Palästra ist nur eine Herme erhalten, die an der Nordmauer des Portikus steht: Hermes, in einen Mantel gehüllt, ähnlich wie die Herme beim Apollotempel.

■ Das Lupanar (Bordell)
Plan 10, VII 12, 18–20

Wie fast alle Bordelle, steht auch dieses an der Kreuzung von zwei Nebenstraßen. Es war mit zehn Bettstellen ausgerüstet, von denen sich fünf im Obergeschoß befanden, in das man vom Eingang Nr. 20 über eine hölzerne Treppe gelangte. Der Eingang war mit einer Glocke und einer Latrine versehen. Hier fand man eine – nie verzehrte – Mahlzeit mit Bohnen und Zwiebeln.

Vor den geräumigeren Zellen im Obergeschoß bot ein vorkragender Balkon mit Fenstern freien Durchgang. Die fünf Zellen im Erdgeschoß, das zwei Eingänge bei Nr. 19 und Nr. 18 hatte, konnten alle mit Holztüren geschlossen werden. Bett und Kopfteil waren gemauert, darauf lag eine kurze, widerstandsfähige Matratze – wie man sie auf den über die Zellentüren gemalten Bildern sieht, auf denen die verschiedenen Liebesspiele dargestellt sind, die man auf Nachfrage hier betreiben konnte –, trotzdem sieht man die Spuren, die die Schuhe der Besucher hier hinterließen. Neben diesen Bildern mit den verschiedenen Stellungen sieht man rechts vom Haupteingang Nr. 18 einen gemalten Priap mit zwei *phalloi*, die er mit beiden Händen stützt, in der Nähe eines Feigenbaums. Im Hintergrund befindet sich, hinter einem Mäuerchen, die Latrine für die Abteilung im Erdgeschoß.

Bis jetzt hat man in Pompeji etwa 25 Bordelle festgestellt, bei denen dreierlei Typen zu unterscheiden sind:

1) von Anfang an zu diesem Zweck errichtete, mit rationeller Raumeinteilung wie in diesem – bisher einzigen – Fall;

2) im ersten Stock eines Hauses oder einer Schänke, über einen eigenen Treppenaufgang zu erreichen: sieben;

3) aus einem einzigen Raum an der Straße bestehend, mit einem gemauerten Bett an der Rückwand: neun.

Die anderen wurden, so gut es ging, in den Häusern oder Hinterzimmern der *cauponae* eingerichtet; sie sind bisweilen nicht zweifelsfrei zu erkennen.

Dieses Bordell war, wenn auch vielleicht nicht vollständig, aber doch in der Innenausstattung erst kürzlich neu hergerichtet worden; der weiße Verputz in der ersten Zelle links ist nach den Münzen, die hier in den frischen, noch weichen Verputz gedrückt wurden, in die Zeit nach 72 n. Chr. zu datieren.

Die etwa 120 Inschriften, die auf die Wände im Erdgeschoß gekritzelt sind, häufig über andere, nicht mehr leserliche oder durchgestrichene, zeugen von der dichten Abfolge der Besuche.

Etwa die Hälfte der Prostituierten hatte griechische Namen; von einer weiß man, daß sie aus Kreta stammte, bei den anderen ist der griechische Name kein Beweis für die Herkunft aus dem Osten. Die Mädchen von dort waren jedoch wegen ihrer Schönheit und Unzüchtigkeit begehrt.

Ein eifriger Stammkunde erklärte: *»Hic eg(o) puellas multas futui«* (»Hier habe ich viele Mädchen gefickt«). Aber auch die Mädchen selbst konnten schreiben: *»Fututa sum hic«* (»Hier wurde ich gefickt«). Ein Kompliment für Myrtis (möglicherweise ein »Künstlername«: die Myrte war der Venus heilig) lautet: *»Bene felas»* (»Du nukkelst gut«). Man suchte aber nicht nur Mädchen: *»Pedicare volo«* (»Ich suche einen Knaben«).

Wer die Bordelle aufsuchte oder dort arbeitete, gehörte im allgemeinen zur Unterschicht, zu den Sklaven; die Herrschaften mischten sich nicht in den Bordellen unter ihre Diener, sondern ließen sich zu Hause bedienen oder vergnügten sich mit der eigenen Dienerschaft, was weniger auffiel.

Der Preis betrug im Durchschnitt zwei Asse (zwei Krüge gewöhnlichen Weins) für ein Mädchen oder einen Knaben, auch wenn sie *moribus bellis* (anständig) waren, es gab aber auch Preise von acht oder 16 Assen. Der gesamte Verdienst ging an den Zuhälter. Caligula belegte die Prostitution mit einer Steuer, die pro Tag den von einem Kunden bezahlten Preis betrug. Der Kaufpreis für eine gewöhnliche Prostituierte betrug 600 Sesterzen, das 750fache des Durchschnittstarifs (ein As = 0,4 Sesterzen).

Den Prostituierten war untersagt, wie die Matronen eine lange Stola zu tragen; sie konnten vor Gericht nicht als Zeugen auftreten und – seit Domitian – auch keine Vermächtnisse oder Erbschaften mehr annehmen. Diese Diskriminierung blieb auch für diejenigen bestehen, die ihren Beruf aufgegeben hatten. Nur durch Heirat konnten sie in den Rang einer *matrona* gelangen.

Im Gegensatz zu einer häufig geäußerten Meinung gab es – wie aus den Graffiti hervorgeht – durchaus schon Geschlechtskrankheiten, die allerdings nicht sehr verbreitet waren. »*Destillatio me tenet*« (»Mich hat der Tripper erwischt«). »*Accensum qui pedicat, urit mentulam*« (»Wer es mit einem *accensus* treibt, verbrennt sich sein Glied«): ein Wortspiel, da *accensus* sowohl entzündet als auch »Hilfsdiener« des Magistrats bedeutet. Ein in der Basilika gefundenes Graffito zeigt, daß man auch über die Ansteckungsgefahr bei Geschlechtskrankheiten Bescheid wußte: »*Hic ego nu(nc) futue formosa(m) fo(r)ma puella(m), laudata(m) a multis, sed lutus intus erat*« (»Hier habe ich gerade ein schönes, von vielen gepriesenes Mädchen gefickt, drinnen war alles Schlamm«).

Als Verhütungsmittel verwendete man Öl, dessen Wirkung durch das Einführen eines mit Zitrone getränkten Wollbausches noch gesteigert wurde.

Es waren Handbücher mit den verschiedenen Stellungen beim Liebesspiel im Umlauf *(schemata veneris)*, die griechische Vorbilder hatten wie etwa jene der Philainis und der Elephantis; nach diesen Abbildungen wurden wohl auch die Bilder in den Bordellen gemalt. Unter einem *coitus a tergo*, der im *lupanar* VII 9, 33 abgebildet war (Neapel, Nationalmuseum Inv. 27690), wird gebeten: »*Lente impelle*« (»Mach langsam«).

□ Officina lanifricaria (Wollspinnerei)
Plan 10, VII 12, 17

Zwischen der Tagundnachtgleiche im Frühling und der Sommersonnenwende (21. März – 22. Juni, vgl. Varro, De re rustica II, 11, 16) wurden die Schafe geschoren (oder ihnen die Haare ausgerissen), in der Zeit, in der sie zu schwitzen beginnen, am besten bei abnehmendem Mond (a.a.O. I, 37, 2). Die Verarbeitung von Wolle war in Pompeji von größter Bedeutung. Besonders nach dem Erdbeben von 62 n. Chr. betrieb man die Restaurierung und Einrichtung von Werkstätten für die verschiedenen und vielfältigen Vorgänge bei der Wollverarbeitung, das Waschen, Färben, Weben und Walken. Daß diese Restaurierungen so schnell durchgeführt wurden, geht auf die Notwendigkeit zurück, möglichst rasch die erlittenen Verluste wieder auszugleichen, und nicht auf einen wirtschaftlichen Aufschwung in den letzten Jahren der Stadt, der den Anstoß dazu gegeben hätte.

Die Wollverarbeitung ist einer der Industriezweige, die mit den großen Besitzungen verbunden sind, die in unmittelbarer Nachbarschaft Pompejis, aber auch in entfernteren Gegenden wie den *Montes Lactares* – die vielleicht wegen der vielen Schafsmilch so hießen – oder südlich von Samnium und in Apulien liegen. Dadurch war die Versorgung mit Naturwolle, die je nach Entfernung zu unterschiedlichen Zeiten ankam, gesichert; sie reichte aus, um die Betriebe in Pompeji mit Arbeit zu versorgen.

Dieser Handwerkszweig muß schon sehr lange bestanden haben, da die Samniten ihrer Herkunft nach ein Volk von Hirten mit riesigen Herden waren. Die Produktion überstieg die lokale Nachfrage bei weitem und ermöglichte dadurch die Ausfuhr auf dem Seewege.

Kleidung aus Wolle war weit verbreitet, da nur die ganz Reichen sich solche aus Leinen, Seide oder Baumwolle leisten konnten. Ein Pfund billige gefärbte Wolle kostete nur zwei bis vier Asse (1 Ass = 0,4 Sesterzen). Beim Erdbeben von 62 n. Chr. ging in der Umgebung von Pompeji eine Herde mit 600 Schafen zugrunde. In den Villen und Bauernhäusern lieferten diese Herden auch den Dünger für den Ackerbau, und in einer der Villen unterhalb von Gragnano im Sarnotal fand man eine Käserei.

Nach der Schur wurde die Wolle vom *lanilutor* gewaschen, um das Fett zu entfernen (*oesypum*: Plinius, NATURALIS HISTORIA XXIX, 35); dafür verwendete man auch Urin, wie in dieser Werkstatt in den beiden Kesseln, die man auf den Feuerstellen an der linken Wand fand (die Gerüche müssen eine nicht unbeträchtliche Belästigung für das benachbarte Bordell gewesen sein). In den beiden Becken an der Rückseite und links vom Eingang wurden die Reinigungsmittel mit Wasser herausgewaschen. Das *oesypum* lieferte, nachdem der Schmutz beseitigt war, Lanolin, das zur Schönheitspflege, aber auch als Heilmittel, beispielsweise gegen verschiedene Arten von Geschwüren, verwendet wurde (Plinius, NATURALIS HISTORIA XXIX, 37).

Der Fußboden fiel zur Straße hin ab, so daß das Wasser aus den Gefäßen auf den Feuerstellen zur Straße hin abfließen konnte. In dem Raum rechts vom Eingang, im Hof und auf dem Balkon konnte man die Wolle trocknen.

Die Bestimmung der Anlage wird bestätigt durch eine Ankündigung, die im Vicolo del Lupanare auf die Wand gemalt ist; der Hinweis auf Aufführungen, die im Amphitheater auf Kosten Neros veranstaltet werden sollten, endet mit der Klage: *»Lanifricari dormis«* (»Wollspinner, du schläfst«), als ob er sich nicht genügend über die Ankündigung solcher Darbietungen freue. Der Eigentümer wohnte wahrscheinlich im Haus Nr. 21.

Nach dem Waschen wurde die Wolle mit Eisenkratzern gekämmt und mit der Spindel gesponnen; diese Arbeit begann am 4. August in den *textrinae*. Danach wurde die Wolle gefärbt, wenn dies nicht schon vor dem Spinnen geschehen war oder sogar schon vor der Schur, an den Schafen selbst; Plinius berichtet von dem seltsamen Anblick, den die Herden gefärbter Schafe mit ihren glänzenden purpurnen oder scharlachroten Fellen boten, die aussahen, als habe sie der Luxus gezwungen, so auf die Welt zu kommen; *»velut illa sic nasci cogente luxuria«* (NATURALIS HISTORIA VIII, 197). Danach wurde gewebt und gewalkt.

☐ Casa dell' Orso (Haus des Bären)
Plan 10, VII 2, 45

Auf dem Mosaikfußboden ist unterhalb von der Begrüßung des Eintretenden *(have)* ein verwundeter Bär dargestellt, nach dem das Haus benannt wurde. Er versucht, mit den Vorderpfoten die Lanze herauszuziehen, und zersplittert sie mit den Zähnen.

Hinter dem *tablinum* folgt ein kleiner Garten, den die Wandmalereien illusionistisch verlängern. An die Rückwand ist ein Mosaikbrunnen gebaut, mit Gorgonen-Masken zwischen Rauten und schwebenden Eroten mit Trophäen auf der Vorderseite, mit einer geflügelten, aus einem Akanthusbusch aufwachsenden Gestalt im Giebel und einer Venus in der Muschel im Gewölbe der Apsis, über einem Poseidon, der sich in einem Meer von Fischen und Enten auf seinen Dreizack stützt.

In der *caupona* links vom Hauseingang, die eine Verbindung zum Atrium hat, hatte die Dienerin Hedone eine Preisliste auf die Wand gekritzelt: *»Assibus hic bibitur; dupundium si dederis, meliora bibes; quattus si dederis, vina Falerna bibes«* (»Hier trinkt man für ein As; wenn du zwei bezahlst, trinkst du Besseres; wenn du vier Asse bezahlst, trinkst du Falerner Wein«).

Die *caupona* wurde zu später Stunde auch von den *seribibi*, den nächtlichen Säufern, besucht.

□ Haus des M. Caesius Blandus
Plan 10, VII 1, 40

Marcus Caesius Blandus, dessen Name mehrfach auf die Säulen des Peristyls gekritzelt ist, war *centurio* der IX. Prätorianer-Kohorte, wie ein Graffito in der benachbarten Schuhmacherwerkstatt (Nr. 41–42) erklärt. Sein Haus geht auf die Tuff-Zeit zurück, es wurde jedoch während der zweiten Phase des Zweiten Stils völlig neu dekoriert und um ein Privatbad erweitert. Beachtlich sind die Schwarz-Weiß-Mosaiken und die Malereien im *oecus* rechts vom *tablinum* mit den Girlanden haltenden Karyatiden.

■ Die Zentral-Thermen
Pläne 10, 11, Abb. 57

Die Lage dieser Thermen, die zu den bedeutendsten in Pompeji hätten werden sollen, zeigt ganz klar, wie sich Wirtschaft und Handel allmählich vom Forum zur Via Stabiana hin verlagerten. Die 62 n. Chr. begonnenen Thermen, die eine ganze *insula* der *regio* IX einnehmen, liegen an der Kreuzung der Via di Nola mit der Via Stabiana. Die Absicht des Magistrats war offensichtlich, das große, vornehme Wohnviertel im Nordosten der Stadt mit einem modernen Thermenkomplex auszustatten. Der Bau wurde nie beendet.

Für die Thermen wurden sämtliche Häuser der *insula* abgerissen. Sogar die gegenüberliegenden Häuser auf der Südseite, jenseits des Vicolo di Tesmo, sind zerstört; vielleicht wollte man vor dem öffentlichen Bad einen freien Platz lassen.

Die Bauweise ist charakteristisch für die letzte Zeit Pompejis. Die gesamte Umfassungsmauer ist aus *opus incertum* mit Bauschutt von den abgerissenen Häusern errichtet, die Pfeiler dagegen aus *opus mixtum* mit Ziegel- und Tuffsteinen. Im Inneren wurden verschiedene Mauertechniken verwendet, um die Wände dadurch farblich lebendiger zu gestalten. Die Ostseite ist außen aus *opus latericium*. Die Südseite hat, entsprechend der Seitenmauer des *caldarium* am Hof, einen Sockel aus *opus incertum* gemischt mit *opus latericium*, die Wände sind von den Fenstern an bis zum oberen Abschluß aus *opus latericium*. Die Hauptseite an der Palästra mit den großen Fenstern besteht aus *opus latericium* mit eingesetzten Feldern von *opus reticulatum*. Dasselbe System findet sich im *apodyterium*.

Der Haupteingang (a) liegt an der Via di Nola. Links vom Eingang befinden sich zwei kleine Räume, von denen der erste wohl als Kasse, der zweite als Depot für Wertsachen diente, die hier von einem *capsarius* bewacht wurden. Dahinter führte eine Treppe ins obere Stockwerk. Weiter vorne öffnen sich zwei Türen eines großen, von kleineren Räumen eingefaßten Saales (i), der durch einen Gang mit dem Hof an der Rückseite der Thermen verbunden ist.

Auch ins *apodyterium* (p) gelangte man von hier aus. Man vermutete deshalb, daß die kleinen Räume Läden zum Verkauf von Badezubehör waren.

Das *apodyterium* (p), das man von hier aus betritt, wird durch drei große Fenster zur Palästra hin erleuchtet. An der gegenüberliegenden Rückseite ist ein Becken, das wohl für kalte Waschungen benutzt wurde. Das Becken war mit *opus signinum* verkleidet, doch sollte es wahrscheinlich eine Verkleidung aus Marmor bekommen. Das Wasser muß aus drei Leitungen, die in den drei kleinen Nischen oberhalb der drei an die Mauern stoßenden Seiten des Beckens angebracht sind, ins Becken geflossen sein. Es gibt kein *frigidarium*, das man offensichtlich für überflüssig hielt.

Vom *apodyterium* gelangt man durch zwei Türen ins *tepidarium* (q), das ebenfalls von drei Fenstern beleuchtet wird. Der Raum wurde mit dem heißen Rauch beheizt, der vom *praefurnium* aus unter dem Fußboden und in dem Zwischenraum hinter den Wänden durchzog.

An der Ostseite führt ein enger Durchgang ins *laconicum* (r), einen Kuppelraum mit vier Nischen in den Ecken und konkaven Mauern dazwischen. Drei kleine Fenster im Gewölbe beleuchten den Raum, außerdem muß es in der Mitte eine Lichtöffnung gegeben haben, die möglicherweise mit Bronze bedeckt war. Das *laconicum* wurde für Schwitzbäder in heißer, trockener Luft benutzt. Dies erklärt seine Lage zwischen *tepidarium* und *caldarium* (s) und die Art der Beheizung mit den doppelten Wänden. Die beiden entsprechenden Räume in den Stabianer Thermen und den Forums-Thermen (vgl. S. 399), die ursprünglich als *laconicum* gedient hatten, wurden offensichtlich deshalb in *frigidaria* umgewandelt, weil sie kein so wirkungsvolles Heizsystem besaßen; beide Räume müssen zunächst mit Kohlebekken erhitzt worden sein.

Vom *tepidarium* aus geht man ins *caldarium* (s), den schönsten Raum der Thermen. Die Wände sind mit einer Reihe eckiger und halbrunder Nischen belebt; nach der Vollendung des Baus sollte der

Raum wohl mit Statuen und Stuck verziert werden. Auch das *caldarium* ist großzügig beleuchtet: mit fünf Fenstern in den Nischen der Ostwand und drei großen Fenstern an der Seite zur Palästra, oberhalb des Heißwasserbeckens. An der gegenüberliegenden Seite befindet sich noch ein Heißwasserbecken. Statt des *labrum* ist in der Mitte der Südwand ein kleineres Becken angebracht. Das Heizungssystem ist dasselbe wie im *tepidarium*.

Der kleine Hof hinter den Thermen sollte wohl ein Garten werden mit einem kleinen, von Pfeilern getragenen Portikus, dessen Reste man an der Nordseite sieht. Die Arbeiten wurden nie zu Ende geführt; unter anderem fehlen noch die *praefurnia* mit den Heißwasserkesseln.

Die Thermen waren ausschließlich für Männer. Der weite Hof mit den großen, von Halbsäulen gerahmten Fenstern sollte wohl eine Palästra werden. Zum Zeitpunkt der Verschüttung war ein Schwimmbecken an der Ostseite (h) im Bau, und man arbeitete an den Querrinnen, die das Wasser entlang der Linie ableiteten, auf der später die Kolonnade stehen sollte. An der Südseite liegt ein Nebeneingang (a")

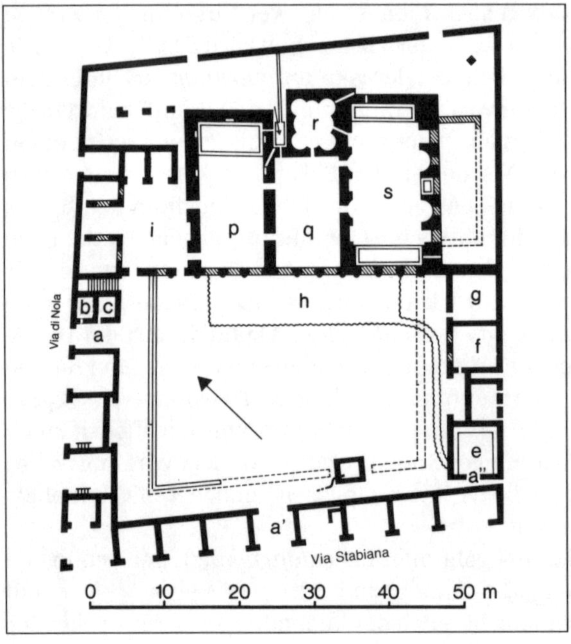

57 Zentral-Thermen

mit einer Latrine (e) daneben. Nach dem Bauplan sollte ein Kanal das Schwimmbecken mit der Latrine so verbinden, daß das abfließende Wasser aus dem Becken zur Reinigung der Latrine verwendet werden konnte. Die beiden anderen Räume auf dieser Seite (f und g) sollten wahrscheinlich Umkleideräume für die Benutzer der Palästra werden.

□ Casa di Orfeo (Haus des Orpheus)
Plan II, VI 14, 20

Im Atrium stand ein Porträt (jetzt im Antiquarium), das der *arcarius* (Schatzmeister) Anteros dem Primus gestiftet hatte. Das *cognomen* des Besitzers wird mit dem Namen *Vesonius* verbunden, der in einer Wahlempfehlung auf der Fassade der benachbarten *fullonica* (VI 14, 22), deren Leiter er war, genannt wird. Er verfügte möglicherweise auch über eine Gerberei (vgl. S. 218).

Auf die Rückwand des Gartens ist eine große Darstellung des Orpheus zwischen den wilden Tieren gemalt. Das gelbgrundige *cubiculum* dahinter ist ein typisches Beispiel für den späten Dritten Stil; weniger gut erhalten ist das ägyptisierend ausgemalte Triklinium neben dem *tablinum*. In diesem Haus wurde der angekettete Hund gefunden, dessen Abguß im Antiquarium ausgestellt ist.

□ Haus des L. Caecilius Iucundus
Plan II, V 1, 26

Auf dem Relief, das früher in den Hausaltar im Atrium eingefügt war (jetzt im Magazin), sah man die Nordseite des Forums: links den vom Erdbeben des Jahres 62 n. Chr. erschütterten Bogen, rechts das Reinigungs-Opfer. Das andere Relief, dessen Fundort unbekannt ist, war über dem Heiligtum der Hausgötter eingemauert (inzwischen wurde es gestohlen). Es zeigte aus der Vogelperspektive links das noch aufrecht stehende *castellum aquae*, rechts davon die zusammenstürzende Porta Vesuvio und ganz rechts ein Stück Mauer und einen Eselkarren.

Links vom *tablinum* steht der Abguß vom Porträt des Lucius Caecilius, das ihm sein Freigelassener Felix gestiftet hatte. L. Caecilius war der Erblasser (vielleicht der Vater oder Onkel) jenes *argentarius* (Bankier) L. Caecilius Iucundus, der das Haus 79 n. Chr. bewohnte. In einem Raum über der Exedra links am Peristyl wurde sein Archiv gefunden, das 154 Wachstäfelchen enthielt: Quittungen über Beträge, die er – zwischen 52 und 62 n. Chr. – an Leute bezahlt hatte, für die er Grundstücke, Vieh und vor allem Sklaven verkauft oder Mieten eingezogen hatte. Auch die Steuern für die Kolonie trieb er ein. Die umgesetzten Summen waren nicht besonders hoch: im Durchschnitt 8502 Sesterzen pro Vorgang. Auch die Maklergebühr war niedrig; sie betrug zwischen ein und vier Prozent.

Im *tablinum* ist eines der besten Beispiele des späten Dritten Stils, mit barocken Formen und überladen mit Ornamenten, zu sehen. Die Seitenfelder, die wie Teppiche wirken, waren mit dem vornehmen und teuren Zinnoberrot bemalt, das nach der von Vitruv (vgl. S. 99) wiedergegebenen Vorschrift aufgetragen wurde: in einer hauchdünnen Schicht auf gelbem Untergrund, der jetzt nach dem Verblassen des Zinnoberrots wieder sichtbar ist.

□ Fullonica (Walkerei) des Vesonius Primus
Plan II, VI 14, 22

Nach dem Erdbeben wurde im Peristyl dieses Hauses eine *fullonica* mit drei Becken und einer Bank eingerichtet. Sie steht an einer Wand, die schon vorher mit einem Fries nach alexandrinischen Vorbildern bemalt war, den man zu Unrecht als Fest der *fullones* gedeutet hat.

Auch im Laden Nr. 21 gibt es Becken und eine Presse für weniger schwierige Arbeiten.

□ Casa degli Epigrammi (Haus der Epigramme)
Plan II, V 1, 18

Das Haus trägt seinen Namen nach den griechischen Bildunterschriften der sakral-idyllischen Szenen, die in dem linken Zimmer am Peristyl dargestellt sind. Diese für die Entwicklung der zweiten Phase des Zweiten Stils hochwichtigen Malereien wurden bei der Bombardierung im Jahre 1943 schwer beschädigt. Auf der linken Wand schaut Aphrodite beim Ringkampf zwischen Eros und Pan zu, auf der Rückwand sieht man Fischer, die ihre Netze Pan weihen, Fischer vor Homer und ein Ziegenopfer. Die rechte Wand zeigt eine vergoldete Dionysos-Statue mit Betenden davor.

□ Taberna lusoria (Spielhölle)
Plan II, VI 14, 28

Dieses Lokal wird auch als *taberna aleariorum* (der Würfelspieler; allerdings auch schon als Knoblauchverkäufer gedeutet) bezeichnet, da an der Fassade ein Tuffrelief mit zwei Phallos-Paaren und einem Becher in der Mitte, möglicherweise ein Würfelbecher, eingemauert ist. Andere Hinweise auf die Bestimmung dieses 1943 bei der Bombardierung schwer beschädigten Lokals gibt es nicht.

■ Casa delle Nozze d'Argento (Haus der Silbernen Hochzeit)
Plan II, V 2, i

In einer Nebenstraße liegt, etwas abseits, das große, herrschaftliche Haus mit seinem monumentalen Atrium. Es wurde anläßlich der Silbernen Hochzeit des italienischen Königspaares im Jahre 1893 ausgegraben und restauriert; daher der moderne Name. Zuletzt wohnte hier Lucius Albucius Celsus, Mitglied einer alten wohlhabenden Familie aus der vorrömischen Zeit und Kandidat für das Amt des Ädil.

Das Haus entstand während der Tuff-Zeit, im 2. Jahrhundert v. Chr., wie das große rechteckige *impluvium* und die vier mächtigen korinthischen Säulen aus Nocera-Tuff, die das Dach stützen, zeigen. Das *compluvium* ist mit einer Reihe wasserspeiender Löwenköpfe und Palmetten-Antefixen geschmückt (wie das *compluvium* des Vettier-Hauses VI 15, 1). Das Haus fällt vor allem wegen seiner Ausmaße und wegen seines kanonischen Grundrisses auf, der durch spätere Umbauten nicht verändert wurde, obwohl die Höhe des Mitteltrakts dazu führte, daß in die Räume am Atrium ein oberes Stockwerk eingebaut wurde. Dies hatte eine Verkleinerung der Türen zur Folge, wodurch das Atrium etwas von seiner Strenge einbüßte.

Der Blick vom Eingang ins Atrium war unterbrochen, da hier an einem Balken, von dessen Befestigung man an den Pfeilern noch Spuren sieht, ein Vorhang aufgehängt war. Das Licht, das ins Atrium fiel, konnte durch einen weiteren Vorhang gedämpft werden: die Befestigungsringe an den roten Sockeln der beiden rückwärtigen Säulen sind erhalten. Einen weiteren Vorhang, der *tablinum* und Atrium voneinander trennte, erschließt man aus dem Fund einer runden, mit einem Schiffsschnabel verzierten Bronzeplatte, die am rechten Pfeiler befestigt war, um den Vorhang hochziehen zu können.

Im Atrium blieb der übliche Fußboden aus *opus signinum* mit regelmäßig angeordneten weißen Steinchen unverändert.

Nach den Veränderungen durch den Einbau des oberen Stockwerks (Treppe an der linken Seite, Verkleinerung der Türen) wurde die Oberzone der Wände mit einer Felderdekoration aus dem späten Zweiten Stil bemalt.

Von der Mittelzone ist aus dieser Phase nur ein Fragment auf dem geschlossenen Zugang des nicht mehr vorhandenen Ganges links vom *tablinum* erhalten. In ihrem jetzigen Zustand geht die Mittelzone auf eine dritte Erneuerung der Dekoration zurück, eine Nachahmung der zweiten mit einfach nebeneinandergesetzten schwarzen, rot eingefaßten Feldern über einem Sockel mit Pflanzen. Den Mittelpunkt des Atriums bildet der mit Marmor verkleidete Sockel an der Schmalseite des *impluvium*; aus einer Leitung floß das Wasser in das davorstehende *labrum* oder in das Marmorbecken der Zisterne. Das Leitungssystem ist teilweise erhalten.

Im *tablinum* sieht man in der Predella einige anmutige Szenen mit Eroten auf Zweigespannen und mit Tieren. Rechts vom *tablinum* verläuft der noch übriggebliebene Gang (in der Lunette Stilleben mit einer Traube), rechts daneben liegt ein Zimmer, in dessen Predella burleske Szenen mit Pygmäen erhalten sind. Vom *tablinum* und dem Gang aus blickt man bereits auf die Säulenreihen des Peristyls mit dem nahezu quadratischen Garten und den Portiken, deren Anordnung Vitruvs Vorschriften für das rhodische Peristyl (DE ARCHITECTURA VI, 7, 3) entspricht: die Sonnenseite liegt höher, so daß auch an sonnenarmen Wintertagen ein angenehmer Aufenthaltsplatz gesichert war. Der Portikus ist an dieser Seite breiter, die hohen dorischen Säulen unterscheiden sich von den übrigen achteckigen, und bei der Wanddekoration wurden hellere Töne gewählt.

Unmittelbar rechts betritt man die große Küche mit der anschließenden Latrine, die einen Wasserhahn und Dekorationen besitzt. Hinter der Küche erstreckt sich ein Garten. Von der Küche aus geht man auf dem von bunten Steinen belebten Fußboden weiter über den Bogen hinaus, der den Übergang zum rechten Flügel des Peristyls bezeichnet. Hier öffnet sich der Blick auf den quadratischen Garten, in dem einige ägyptische Fayence-Statuetten (zwei Krokodile, eine Kröte und ein Frosch) gefunden wurden. Sogar die kreuzförmige Dichtung mit Wasserhahn zur Bewässerung des Gartens ist über dem Behälter in der Ecke des Abflußkanals erhalten.

Bemerkenswert ist die Stuckverkleidung des Gebälks an der Außenseite der Portiken mit den winzigen, unruhig bewegten Tieren.

Den ersten Raum rechts am Peristyl betritt man über eine Schwelle aus schwarzem und weißem Mosaik, unter der eine Wasserleitung hindurchführt, und ist damit im Vorraum des *apodyterium*, das im Alkoven war, und des *tepidarium*, zu dem man durch eine Tür in der rechten Wand gelangt. Von dort kommt man ins *caldarium* mit einer gemalten Muschel in der Apsiswölbung, unter der das *labrum* stand, und mit Resten der doppelten Wände mit *tegulae mammatae* (»Warzenziegel«), und kleinen Pfeilern, zwischen denen unter dem Fußboden der heiße Rauch zirkulierte. Ein Schwimmbekken im anschließenden Garten vervollständigt das kleine Privatbad.

An der Rückseite des Peristyls öffnet sich eine Exedra zwischen zwei *cubicula*. Auf den Wänden der Exedra hängen Girlanden aus Blättern und Früchten zwischen den Pfeilern eines imaginären Portikus, der sich hinter einer halbhohen Trennwand noch fortzusetzen scheint. Die Anlage ist typisch für eine gewisse Strömung des Zweiten Stils, wo es eine Fülle solcher Schöpfungen gibt: mit festen, genau wiedergegebenen Architekturen, mit einer Anhäufung von Einzelheiten wie den Figuren unter dem Architrav, die diesen stützen und dabei tanzen. Auf der Rückwand liest man die obszönen Verwünschungen, mit denen die Söhne des Hauses ihren Lehrer Helenus bedachten, der sie mit vielen Ohrfeigen erzog.

Weitere Beispiele für Dekorationen des Zweiten Stils finden sich in den beiden *cubicula*. Jedes hat einen Alkoven, der durch die unterschiedliche Gliederung der Wände, des Gewölbes und des schönen Mosaikfußbodens hervorgehoben wird. Besonders sorgfältig gearbeitet ist die Schwelle des linken *cubiculum*, auf der bläuliche Weinblätter dargestellt sind, bemerkenswert ist auch der Efeu auf der Schwelle zum Alkoven.

Gegenüber dem Sommer-Triklinium, das in der Ecke neben dem Badetrakt liegt, befindet sich der *oecus tetrastylus*. Hellenistische Einflüsse zeigen sich hier in dem Gewölbe über der einen Hälfte des Saales, das von vier achteckigen, auf hohen Sockeln stehenden Säulen mit roter, Porphyr imitierender Bemalung getragen wird. Für die Malereien gilt dasselbe wie für die in der gelben Exedra, nur der Sokkel, der vom Kommen und Gehen der Gäste abgenutzt war, wurde zu einem späteren Zeitpunkt erneuert. Erlesen ist auch das Fußbodenmosaik mit den aneinanderstoßenden Kreisen. Ein weiteres schönes

Mosaik mit axionometrisch dargestellten Rauten und Mäandern befindet sich in dem letzten Raum, neben dem *tablinum*; das Zimmer war noch nicht fertig, wie man an dem groben Verputz sieht.

Der Rundgang endet mit dem großen Garten, der hinter diesem Teil des Hauses liegt. Er ist mit einer Mauer eingefriedet, in der Mitte befindet sich ein Wasserbecken und davor ein Triklinium im Freien mit gemauerten Bänken und einem Tisch. Der Garten war rundherum mit Fresken geschmückt, die heute verschwunden sind, ebenso wie das auf die Westmauer geschriebene Urteil: »*Albuci, bene nos accipis*« (»Du bewirtest uns gut, Albucius«). Erhalten sind nur die beiden einen Altar bewachenden, gewundenen Schlangen in einer kleinen, als Abstellraum benutzten Kammer in der Ecke zur Straße.

□ Casa del Toro (Haus des Stiers)
Plan II, V I, 7

Der rechte Pfeiler am Portal in der schönen, aus Blöcken von Nocera-Tuff erbauten Fassade war mit einem Figuralkapitell aus Tuff geschmückt (jetzt im Antiquarium). Es zeigte über einem Kranz von Akanthusblättern auf der Seite zum Eingang die Büste einer Bacchantin, auf der Seite zur Straße den Herkules-Knaben zwischen Schlangen. Im toskanischen Atrium wurde das *impluvium* mit einer Marmorverkleidung erneuert. Der Bronzestier auf dem hohen Sockel hinter dem *impluvium* wurde durch einen Abguß ersetzt. Von den Dekorationen aus dem Zweiten Stil mit Masken und Pygmäen ist nichts mehr erhalten.

Einzigartig ist die Rückwand des Peristyls, die durch ein Nymphäum architektonisch gegliedert wird, mit drei aus Ziegelsteinen gemauerten Nischen, in denen das Wasser über einige Stufen floß.

□ Casa della Regina Margherita (Haus der Königin Margherita)
Plan II, V 2, I

Die schönen Wandmalereien aus dem Vierten Stil sind in den beiden Räumen hinter dem Atrium noch sichtbar: im linken Jupiter und Danae mit dem Goldregen, im rechten Narziß zwischen Nymphen und Eroten.

■ Casa del Centenario (Haus der Hundertjahrfeier)
Plan 11, IX 8, 6

Das Haus wurde in der Tuff-Zeit, im 2. Jahrhundert v. Chr., erbaut mit zwei toskanischen Atrien und einem fast quadratischen Peristyl mit einem zweistöckigen Portikus im vorderen Teil. Am Anfang des 1. Jahrhunderts n. Chr. wurde das Haus umgebaut und mit Schwarz-Weiß-Mosaiken und Malereien aus dem frühen Dritten Stil (nicht mehr erhalten) – durch ein Graffito in die Zeit vor 15. n. Chr. datiert – ausgestattet. Dazu kam ein Privatbad mit Schwimmbecken.

Als letztes waren der weiße und der schwarze Saal neben dem *tablinum* erneuert worden, ebenso das Nymphäum mit dem Brunnen an der Rückseite des Gartens, und ein verschwiegenes *cubiculum* im östlichen Teil des Hauses mit zwei erotischen Szenen von guter Qualität. Aus derselben Phase stammt auch die eindrucksvolle Darstellung des bewaldeten, mit Reben bewachsenen Vesuv (jetzt im Neapler Nationalmuseum, Inv. 112 286), die aus dem Lararium am zweiten Atrium (beim Eingang Nr. 3) stammt.

Die Dienerschaft erreichte ihre Räume über einen eigenen Eingang von der westlichen Nebenstraße aus.

□ Haus des L. Sulpicius Rufus
(auch: Casa del Maiale, Haus mit dem Schwein)
Plan 11, IX 9, c

Dieses kleine Haus wurde um 40 n. Chr. mit schönen Malereien ausgestattet, die für die späte Phase des Dritten Stils charakteristisch sind: mit Kandelabern, Dreifüßen und Durchblicken auf streng symmetrische Heiligtümer (im Triklinium rechts vom Eingang) oder einem Jäger mit einer Siegesgöttin (im *cubiculum* links davon). An der Rückseite des Gartens liegt die Küche, in deren Lararium die eine Wand mit einem Aal, einem Schweinskopf, Würsten und fünf Vögeln am Spieß bemalt ist.

■ Haus des M. Lucretius Fronto
Plan 11, V 4, a, Abb. 58

Hinter der schlichten Fassade in einer erst zur Hälfte ausgegrabenen Nebenstraße der Via di Nola, die ebenfalls zu einem Stadttor führte, erwartet den Besucher eine Überraschung: eines der bescheidensten Häuser der ersten Kategorie (etwa 460 Quadratmeter; vgl. S. 46f.), dessen Dekorationen jedoch zum Besten gehören, was es aus dem späten Dritten Stil (35–45 n. Chr.) – auch in Rom – gibt.

Das 1900 ausgegrabene Haus gehörte – so scheint es – Marcus Lucretius Fronto, der zu einer der bekanntesten Familien gehörte, die sich in augusteischer Zeit in Pompeji niederließen.

In vier (jetzt verblaßten) Wandinschriften in derselben Straße wird er als *vir fortis et ho[nestus]* (tapferer und ehrenwerter Mann), als Kandidat für das Amt des Ädils und als *duumvir* und *duumvir quinquennalis* bezeichnet. Eine Bestätigung dieser nicht völlig gesicherten Benennung gibt ein Graffito mit seinem Namen im Garten des Hauses selbst.

Dieses scheint zum Zeitpunkt der Verschüttung nicht bewohnt gewesen zu sein, da alle wichtigeren Möbel und Ausstattungsgegenstände fehlten. Dagegen zeigt eine *amphora* mit Kalk, die unter der Treppe gelagert war, daß in den Räumen am Garten Restaurierungsarbeiten im Gange waren.

Der Fußboden in den *fauces* (a) steigt, wie üblich, zum Atrium hin an und ist mit einem Loch für den schrägstehenden Pfahl versehen, mit dem der Querriegel vor den Türflügeln zusätzlich verstärkt wurde. Das toskanische Atrium (b) hat eine vornehme schwarze Dekoration: einen Fußboden aus gestoßener Lava mit Marmorstücken darin und schwarze, glänzende Wände (der rote Sockel entstammt einer Restaurierung), belebt von senkrechten gelben Streifen mit Arabesken. Kleine Jagdszenen mit Hunden in verfremdenden Farben (grün) bilden die Mittelmotive der Wandfelder. Links von der Treppe ist ein langes Rohr mit einer Schnecke und einem winzigen Panther dargestellt.

Der Rand des *impluvium*, ein doppeltes Flechtband aus schwarzem und weißem Mosaik, stammt aus der gleichen Zeit wie das neue marmorne Becken mit den reich profilierten Rändern; auch die Wanddekorationen wurden damals ausgeführt. Der Mosaikrand wird unterbrochen durch den Verschluß der Zisterne, die mit dem *impluvium* verbunden ist. Das Loch im *impluvium* sitzt etwas über dem Boden, um dadurch zu vermeiden, daß Ablagerungen vom Grund des Beckens in die Zisterne geschwemmt wurden; diese wurden von dem überschüssigen Wasser durch ein Loch auf der Höhe des Beckengrundes zur Straße hin weggeschwemmt.

Das *cartibulum* (jetzt im Magazin) zeigt an einem der marmornen, auf Löwenpranken ruhenden Beine statt der Kanneluren eine langgestreckte Lyra, die auf Apoll anspielt. Das Dach mit dem *compluvium* und der obere Teil der Wände sind restauriert, der erste Stock mit dem *cenaculum* zur Straßenseite war unter dem erdrükkenden Gewicht der *lapilli* zusammengestürzt. Die 1900 durchgeführte Restaurierung war die erste dieser Art.

Links vom Eingang befindet sich der überwölbte Raum des *ostiarius* oder *ianitor* (Pförtner). Die – auf den weißen Verputz gemalten – Dekorationen sind billiger, aber nicht weniger anmutig als die in den anderen Räumen, mit denselben Jagdhunden und anderen miniaturhaften Verzierungen. Für die weißen Wände gab es auch ganz praktische Gründe; sie reflektierten das Licht, das vom *compluvium* in dieses fensterlose Kämmerchen eindrang. Unter der Treppe ist ein Loch, vermutlich für den Wachhund.

Das Winter-Triklinium (f) mit den Eintiefungen für die Ruhebetten wurde mit Malereien aus dem Vierten Stil erneuert: mit dem typischen Goldgelb, den »gestickten« Rändern mit banalisierten Blumenmotiven und den barocken, bewegten Mittelbildern. In der Mitte

58 Haus des Lucretius Fronto

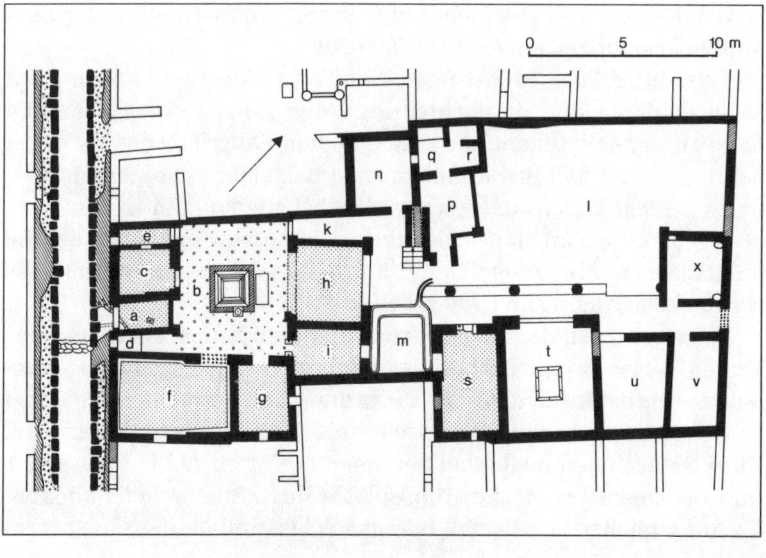

der Westwand ist links Neoptolemos dargestellt, der vom Schwert des Orest auf dem Apollo-Altar in Delphi getötet wurde, vor einem italischen Tempel (ohne seitliche Säulenstellung). Die Szene stammt aus der ANDROMACHE des Euripides. In dieser Tragödie hatte Hermione, die Tochter des Menelaos und der Helena und Verlobte des Orest, den Neoptolemos geheiratet. Als dieser sich an das delphische Orakel wandte, weil seine Frau kinderlos blieb, wurde Hermione von ihrem ehemaligen Bräutigam geraubt. Diese selten dargestellte Szene zeigt das große Interesse, das in Süditalien dem griechischen Theater entgegengebracht wurde. Der Triumph der Liebe wird durch die Eroten mit Lanze und Trophäe symbolisiert, die in den Seitenfeldern schweben. Das Bild auf der gegenüberliegenden Wand nahm das Thema der Liebe mit Mars und Venus als Liebespaar wieder auf.

Das Nachbarzimmer (g) ist im wesentlichen schwarzgrundig wie das Atrium, doch sind die Einzelheiten noch feiner; man hat hier die Möglichkeit zu einem Vergleich zwischen Drittem und Viertem Stil. Es lohnt sich, Einzelheiten wie die mit goldschmiedehaften Ornamenten geschmückten Elfenbeinsäulchen der Mittelädikulen oder die silbernen, von kleinen Masken getragenen und von geflügelten Sphingen bekrönten Kandelaber in den Mittelfeldern aus der Nähe zu betrachten. Im Fries zwischen Sockel und Mittelzone (der »Predella«) sind Stilleben mit Vögelchen, Satyrmasken und Genreszenen – Frösche, die von Reihern bedroht werden – dargestellt; unter dem Mittelfeld erscheint ein *hortus conclusus*.

Das Mittelbild auf der rechten Wand zeigt Theseus, nackt und mit Keule, dem Ariadne, die Tochter des Kreter-Königs Minos, aus Liebe den Faden reicht, damit der Held aus dem Labyrinth herausfinden kann. Ariadne hält das Knäuel, sie ist bekleidet mit einem grünen und violetten *chiton* unter einem durchsichtigen Mäntelchen. Theseus schickt sich an, den schrecklichen Minotauros zu töten, der die jungen Athener in seinem Labyrinth zerfleischt. Dieses erscheint als rechteckige Öffnung im Hintergrund.

Gegenüber auf der linken Wand sieht man Venus, auf deren Wirken die Liebe zwischen Theseus und Ariadne zurückgeht. Die halbnackte Göttin läßt sich ihre Frisur ordnen und betrachtet sich dabei in einem Spiegel, den eine Psyche mit Schmetterlingsflügeln hält. Zwei Dienerinnen helfen bei der Toilette. Der vornehme Charakter und die betont weibliche Atmosphäre des Zimmerchens könnten darauf schließen lassen, daß hier das Schlafzimmer der Hausherrin war. Doch ist dies keineswegs sicher, vor allem, wenn man das – leider sehr schlecht erhaltene – Bild über dem Eingang miteinbezieht, das eine Schlachtszene aus dem Trojanischen Krieg *(Troiana pugna)* darstellt.

Das nächste *cubiculum* (i), das nach dem Erdbeben von 62 n. Chr. mit derselben goldgelben Farbe restauriert wurde wie das Triklinium (f), zeigt die gleichen Eroten zu seiten der Mittelbilder.

Rechts ist Pero dargestellt, die ihre Scham überwunden hat und ihren Vater Kimon stillt, der sonst in seinem Gefängnis verhungert wäre. Im linken Bild sieht man Narziß – von dem es in Pompeji über 40 Bilder gibt –, der sich in sein eigenes Spiegelbild in der Quelle verliebt hat und von Nemesis, der Göttin der Gerechtigkeit, wegen seiner Fühllosigkeit gegenüber der liebenswerten Nymphe Echo bestraft wird.

Beide Szenen haben eine Moral: Narziß stirbt, weil er sich mit seinem eigenen Spiegelbild vereinigte. Das Anliegen des Bildes mit Pero wird durch ein Distichon in der oberen linken Ecke erklärt: »*Tristis inest cum pietate pudor*« (»Im Elend ringt das Mitleid mit der Scham«).

In den Medaillons links von der Tür sind ein Knabe in der Tracht Merkurs und rechts ein Mädchen dargestellt, dies läßt vermuten, daß hier das Schlafzimmer der Kinder war, die man durch ihre Porträts (?) ehrte. An der Mitteladikula sind die gewohnten Säulen durch gedrehte Kandelaber ersetzt, die im barocken Vierten Stil auffalllend bevorzugt werden.

Über dem Fenster zum *viridarium* am Garten befindet sich eine runde Lichtöffnung mit Glasresten.

Das *tablinum* (h) wird durch die beiden cremefarbenen Türpfosten *(antepagmenta)* deutlich abgesetzt, die eingetieften Spiegel sind mit Stuck überzogen, der Holz nachahmen soll. Die übrigen Türpfosten im Atrium waren wirklich aus Holz und sind deshalb verschwunden. Auf einer Höhe von 1,65 Meter ist in den *antepagmenta* ein Loch zum Befestigen der Vorhänge, hinter denen sich die Familie zurückzog. Der schlecht erhaltene Fußboden kontrastiert mit dem glänzenden Erhaltungszustand der Malereien, die Meisterwerke des reifen Dritten Stils sind; sie wetteifern mit den weit weniger gut erhaltenen im Haus des Caecilius Iucundus. Der ursprüngliche frische Glanz wird durch die moderne Behandlung mit Wachs und Benzin konserviert.

Der Sockel gibt das reich bewegte Gitter eines *hortus conclusus* wieder – ein Leitmotiv des Dritten Stils, das man schon im *cubiculum* (g) sah –, mit einer zurückspringenden Exedra, in der zwischen zwei Bänken ein Brunnen oder ein *kantharos* (zweihenkeliges Trinkgefäß) steht. Auf der Balustrade drängen sich Vögel und Pflanzen in Fülle, dagegen ist erstaunlicherweise im eigentlichen Garten überhaupt nichts dargestellt.

In der Predella erscheinen Symbole von Apollo (Lyren und Schwäne) und Dionysos (Amphoren und Panther), jeweils unter einem von dünnen Girlanden gebildeten kleinen Bogen.

Eingerahmt von einer Ädikula mit schlanken, verzierten Säulchen und einem leuchtenden Architrav mit herzförmigen Schmuckmotiven ist auf der rechten Wand der Triumph des Bacchus dargestellt, der mit Ariadne auf einem von Stieren gezogenen Wagen liegt, umgeben von seinem Gefolge: einem Silen, der auf einem Esel reitet, einem Satyr mit einem Aulos und zwei tanzenden Mänaden.

Auf der linken Wand erscheint Mars, der die Brust der Venus berührt, was schwerlich überraschend und unbemerkt geschehen konnte in diesem *gynaecaeum* voller Dienerinnen, die recht manierierte Haltungen einnehmen. Der mitten im Bild dargestellte Eros verdeutlicht die an sich schon eindeutige Szene.

Neben der Ädikula ist die Wand teilweise »durchbrochen«, hier scheint eine Exedra mit Säulen hinter der Ädikula herumgeführt zu sein. In den Seitenfeldern stehen phantastische Kandelaber. Die einen sind aus gekreuzten Füllhörnern zusammengesetzt, sie ruhen auf zwei stilisierten Vögeln und enden in Pinienzapfen, die anderen sind aus metallenen Schalen und Gefäßen zusammengesetzt, mit einem Dreifuß als Basis und einem winzigen Springbrunnen als Abschluß. Sie dienen als Staffelei für Bilder, auf denen Villen am Meer dargestellt sind, wie sie sich jeder Römer erträumte.

Diese Villenbilder sind eine neue, im Dritten Stil entstandene Gattung. Das *tablinum* des Fronto ist einer der wenigen Fälle, wo man sie noch in ihrer ursprünglichen Umgebung sehen kann; die anderen wurden zumeist ausgeschnitten und ins Neapler Museum gebracht.

Über den Kandelabern verläuft ein winziger Fries mit Arabesken: Muscheln und Lyren, die eine Maske umschließen, zwischen bunten Ornamenten mit einem Weihrauchgefäß in der Mitte. Vom Fries hängen abwechselnd Efeublätter und Eicheln wie Fransen herab. Der obere Abschluß des Wandfeldes ist wie der Rand eines aufgehängten

Teppichs dargestellt, zwischen den einzelnen Befestigungspunkten in Bögen durchhängend. Darüber folgt ein phantastischer Fries mit herabhängenden Blumen zwischen bärtigen Masken mit dicken, wulstigen Lippen.

In der Oberzone entwickelt sich eine komplizierte dreigeteilte *scaenae frons* (Bühnenfront), deren mittlerer Teil nochmals dreifach untergliedert ist. Sie erhebt sich über einem Podium, das aussieht wie ein vor- und zurückspringender Kryptoportikus. Unter dem mittleren Baukörper ist ein Bild eingefügt. Es zeigt ein Stillleben mit Fischen, die teils zusammengebunden sind, teils aus einem umgestürzten Korb herausfallen (Muränen, Oraden, Seebarben und Zahnfische).

Dieser Bildtypus wird als *xenion* (Gastgeschenk) bezeichnet; dargestellt werden die Gaben, vor allem Lebensmittel, die man den Gästen vom zweiten Tag ihres Aufenthaltes an in die *ospitalia* (Gastzimmer) schickte, wo sie sich ihr Essen dann selbst zubereiten konnten (Vitruv, De architectura VI, 7, 4).

Diese Art Stilleben ist im Dritten Stil selten, während sie im Vierten ständig vorkommt; hier wirkt sie etwas deplaciert und gewollt eingefügt.

Über dem *xenion* erhebt sich ein delphischer Dreifuß aus Silber in einer Art Atrium mit *compluvium* und zwei seitlichen Fenstern. Rechts und links sitzt ein wiederum auf Apollo anspielender Greif auf dem Architrav einer Tür, die zu den anschließenden Abschnitten mit einer Kassettendecke und seitlichem Balkon gehört. Dieser Teil der Bühne wird rechts und links von einer nach vorne führenden Reihe mit zwei kleinen ionischen Säulen hinten und einer ithyphallischen Herme (mit bekränztem Phallos) vorne eingeschlossen, von hier aus führen Stufen hinab. Von dem Gebälk zwischen dem mittleren Teil und den seitlichen Bauten hängt ein Tamburin, darüber sieht man ein Kästchen mit zwei komischen Masken, die wohl auf Dionysos anspielen.

Neuere holländische Grabungen ergaben, daß der *xystus* mit dem Portikus über einem alten abgerissenen Wohnhaus steht. Die Malereien in diesem Teil des Hauses sind aus dem Vierten Stil. Gegenüber der Küche (q) und der anschließenden Latrine (r), die einen gemeinsamen Vorraum haben (p), liegt das Triklinium (s). Seine Dekoration entspricht der Gliederung in einen Vorraum – in dem die Diener die Speisen vor dem Servieren anrichten konnten – mit flacher, in der

Mitte erhöhter Decke und einen tonnenüberwölbten Saal mit Platz für drei Ruhebetten.

Die flächige Dekoration des Raumes wird in diesem Teil durch drei Figurenbilder belebt: rechts Pyramus und Thisbe, ein Motiv aus Ovid (vgl. S. 314 f.), links der nackte, auf einen leierspielenden Silen gestützte Dionysos und an der Rückwand ein kaum erkennbares Bild.

Die Exedra (t) daneben hat eine breite Öffnung mit einer vierteiligen Tür und einer Marmorschwelle, in der Mitte des Fußbodens ist ein Rechteck mit bunten Marmorstücken eingefügt.

Hier wird eines der »Geheimnisse« der Malerei *»a fresco«* offenbar: alle Wände haben bereits ihre Felderdekoration, nur auf der rechten Wand ist die Stelle des Mittelbildes noch frei (sie liegt etwas tiefer als die fertige Oberfläche), es fehlt die letzte Stuckschicht, die von einem speziellen Bildermaler (vgl. S. 97) aufgetragen werden sollte.

Im Nachbarraum (u) wurden fünf Erwachsene und drei Kinder gefunden, die durch den Hintereingang von der Straße hereingekommen waren, um hier auf ihrer Flucht Schutz zu suchen; nach dem Einstürzen der Mauer und des Dachs wurden sie von den Trümmern erschlagen.

Die Wände im Garten (l), die jetzt unter einem Dach geschützt sind, waren ursprünglich wie alle derartigen *paradeisoi* (vgl. S. 88) ganz im Freien. Dargestellt sind wilde Tiere (Panther, Löwen, Bären), die auf mehr oder weniger zahme (Hirsch, Stier, Rinder, Pferd) Jagd machen. Vor den roten Umrahmungen sind weiße Statuen auf Sockeln dargestellt (ein tanzender Satyr, eine Nymphe, die einen Brunnen trägt usw.). Die Oberzone ist mit einem Schachbrettmuster, dessen Felder weiß, rot, grün und gelb sind, in einer an den Ersten Stil erinnernden Art verziert.

□ Die Gladiatorenkaserne
Plan II, V 5, 3

Das Haus, eine Anzahl Räume um ein Peristyl, entstand in der Zeit des Zweiten Stils als private Wohnung.

Nach einer Restaurierung in der letzten Phase, bei der die Schranken zwischen die Säulen gebaut wurden, scheint es vorübergehend als Übungsplatz für die Gladiatoren (unter denen auch ein *Samus* war) gedient zu haben; sie hinterließen hier zahlreiche Graffiti.

Die Schranken sind mit mythologischen Landschaften (Raub der Europa, Dädalus und Ikarus) und Jagdszenen bemalt. Das Triklinium im rückwärtigen Teil des rechten Portikus hat eine sehr feine Dekoration aus dem frühen Dritten Stil.

■ Haus des M. Obellius Firmus
Plan 12, IX 14, 4, Abb. 4, 59

Der letzte bekannte Bewohner dieses Hauses war jener M. Obellius Firmus, dessen Vater auf den Wachstäfelchen des Bankiers Caecilius Iucundus genannt wird.

Sein Sohn, der Ädil und *duumvir* war, wird in Wahlaufrufen auf den Wänden der Nachbarhäuser und sogar in seinem eigenen Haus empfohlen. Erst nach seinem Tod wurde das geräumige Wohnhaus verlassen, um es vollständig zu renovieren – ein Vorhaben, das jedoch nicht mehr abgeschlossen werden konnte. (Zu seinem 1975 in der benachbarten Gräberstraße vor der Porta di Nola entdeckten Grab vgl. S. 429.)

Es handelt sich um den Haustyp mit zwei Atrien, erbaut aus großen Kalksteinblöcken, die sauber geschnitten und in die Mauer von beiden Seiten so eingefügt sind, daß sie die dazwischen aufgefüllten Bruchsteine aus Lava und Kalk zusammenhalten. Die eindrucksvolle Festigkeit dieses steinernen Gefüges läßt annehmen, daß der Bau auf samnitische Zeit zurückgeht; damals wurden die Häuser vorwiegend aus Kalkstein und Lava erbaut ohne Verwendung von Tuff, der hier jedoch bei den Säulen und in den *impluvia* der Atrien und des Peristyls vorkommt. Von außen wirkt das Haus mit seiner geschlossenen Fassade und den weit oben angebrachten Fenstern ein wenig abweisend. Im Eingang (A) steigt der Fußboden etwas an, bevor man in das große Atrium (B) mit den vier Säulen und den zahlreichen hohen, sich nach oben verjüngenden Türen kommt. Die Säulen zeigen eine leichte *entasis* (Schwellung).

Im Grundriß ist das kanonische Schema beibehalten mit *alae, tablinum* usw. Es gab nicht allzuviele Veränderungen; auch der schlichte Fußboden aus gestampftem Mörtel mit Lavastaub und eingefügten weißen Steinen blieb unverändert, ohne Mosaiken. An der rückwärtigen Schmalseite des *impluvium* steht wie üblich das *cartibulum* (Tisch, Anrichte). In der Ecke gleich rechts vom Eingang befindet sich das Lararium (32), wie in herrschaftlichen Häusern üblich ein kleiner Tempel auf einem Podium. Neben der rechten *ala* (25) steht, ein mächtiges Wahrzeichen des Wohlstandes, die bronzene, unverrückbare Geldtruhe.

Das zweite toskanische Atrium (27) ist mit dem ersten durch zwei Räume mit Türen nach beiden Seiten verbunden. Es zeigt dieselbe Anordnung, ist jedoch weniger geräumig, nur die *fauces* sind hier länger, da rechts und links von ihnen zwei Läden (einer mit Hinterzimmer) liegen. Im Unterschied zum großen *tablinum* (H) sind im kleineren die Wandmalereien mehr oder weniger unbeschädigt. Sie stammen aus dem späten Zweiten Stil: wegen der Säulen, mit denen Mittel- und Oberzone in drei Felder geteilt werden, die pflanzlichen Charakter haben und zu hohen Stelen geworden sind, wegen der Friese und rechteckigen Felder in der Oberzone, die mit Blüten übersät sind.

Für ein Haus dieser Größe ist das Bad überraschend klein: zwei winzige Räume hinter einem engen Gang rechts vom bemalten *tablinum*, neben der sehr viel geräumigeren Küche (18).

Das Peristyl (1) mit dem angrenzenden Garten (2) ist dagegen so geräumig wie der vordere Teil des Hauses. Es ist vom ersten und vom zweiten Atrium aus durch verschiedene Türen zu erreichen. An der Westseite des Peristyls liegt außerdem eine Flucht von Zimmern, zu

59 Haus des Obellius Firmus

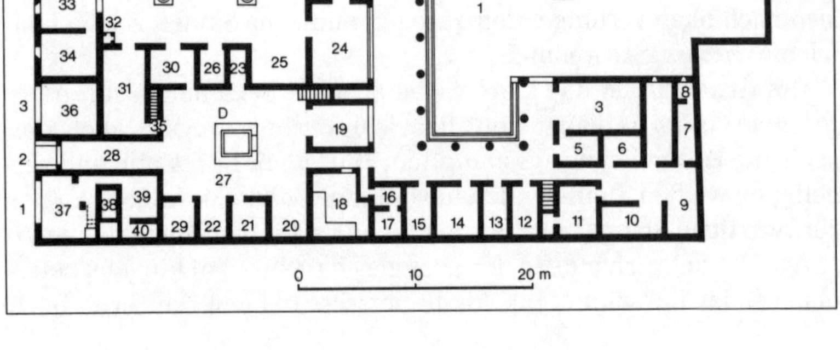

denen noch der *oecus* (3) mit verschiedenen Nebenräumen in der Südwestecke des Hauses hinzuzurechnen ist. Der Garten wird an drei Seiten von Portiken eingefaßt (auf eine der Säulen ist ein oskisches Alphabet gekritzelt).

Rechts liegt neben dem Bad ein *cubiculum* (15), das in einen Vorraum und einen überwölbten, mit größerer Sorgfalt ausgemalten Alkoven unterteilt ist. In einer der Ecken ist eine zarte, fast einfarbige gelbe Hirtenlandschaft erhalten. Im *oecus* (14) wiederholt sich das Dekorationsschema des *tablinum* (19), jedoch mit dunkleren Tönen, wodurch die vielen Graffiti mit kämpfenden Gladiatoren in der Mittelzone besser zu erkennen sind (im rechten Feld der Rückwand ein erigierter Phallos).

Zum Seitenarm des Peristyls hin öffnet sich ein weiteres *cubiculum* (5) mit einer sich verjüngenden Tür und einer äußerst feinen Dekoration, ebenfalls aus dem späten Zweiten Stil.

Es zeigt im Sockel eine (verblaßte) Sumpflandschaft und auf den beiden seitlichen Wänden des Alkovens einander gegenüber zwei *pinakes* mit geöffneten Türen, einer mit einer opfernden Frau (1982 gestohlen), der andere mit der sitzenden Kybele, die ein *tympanon* (Tamburin) unter dem Arm hält.

Die kleine Tür in der Seitenwand führt in den *oecus* (3). Über einem Podium, das von kleinen Hermen, Karyatiden, stelenförmigen Kandelabern, Adlern und aus Blättern aufwachsenden Köpfen getragen wird, erhebt sich eine Reihe schlanker, farbiger Säulen in bewegter Anordnung. Sie sind teils dorisch, aber kanneliert, teils korinthisch, mit Schuppen überzogen oder mit Reliefs geschmückt *(caelatae)*, wobei die Säulentrommeln abwechselnd Opfernde und würfelförmige Bossen zeigen.

Hinter den eingeschobenen, ziemlich hohen Wänden sieht man Apsiden, deren Wölbung sich über perspektivisch wiedergegebenen ionischen Säulenhallen erhebt, diese wiederum werden von herabhängenden Vorhängen und den Säulen der – ebenfalls räumlich dargestellten – seitlichen Vorbauten verdeckt.

Ornamente und Beiwerk füllen das Ganze, wie zum Beispiel eine junonische Gestalt vor einer Nische in der Mitte der geschlossenen Wand, auf einer Konsole stehend, oder auch die Masken und die *pinakes* im oberen Teil.

Bei den menschlichen Gestalten sind die überlängten Körper mit den kleinen Köpfen auffallend, die wie von unten gesehen wirken.

Dies gilt auch für die drei weiblichen Gestalten – Elektra mit ihren Schwestern am Grab des Agamemnon? –, die in dem Fenster auf der Rückwand erscheinen.

■ Die Gräber vor der Porta di Nola
Plan 12, Abb. 60

Vor der Porta di Nola wurden drei Gräber entdeckt, von denen zwei besondere Beachtung verdienen.

g: Grab mit halbrunder Exedra *(schola)*. Die Exedra besteht aus Nocera-Tuff, mit einer hohen, profilierten Lehne und zwei geflügelten Löwenbeinen an den Rändern.

In der Mitte unterbricht ein hohes, viereckiges Podium die *schola*, darauf stand eine ionische Tuffsäule mit vierseitigem Kapitell.

Sie trug ein Gefäß, dessen Form anscheinend den griechischen *loutrophoroi* nachempfunden ist, einem Amphorentypus, der das Wasser für die kultische Reinigung des Verstorbenen enthielt.

Um die *loutrophoros* ist an jeder Ecke des Kapitells ein Dreizack befestigt, wodurch das Nisten von Vögeln verhindert werden sollte. Die Grabinschrift auf dem Sockel lautet: »*N(umerius) Herennius N(umeri) f(ilius) Men(enia tribu) Celsus d(uo) v(ir) i(ure) d(icundo) iter(um) praef(ectus) fabr(um) Aesquilliae C(ai) f(iliae) Pollae uxori; vixit annos XXII; locus sepulturae publice datus d(ecreto) d(ecurionum)*« (»Numerius Herennius Celsus, Sohn des Numerius, Angehöriger der *tribus Menenia*, zweifacher *duumvir* mit Gerichtsbarkeit und *praefectus fabrum*, für seine Frau Aesquillia Polla, Tochter des Caius, die 22 Jahre alt wurde; der Begräbnisplatz wurde auf Beschluß der Dekurionen öffentlich gewährt«). Herennius, in augusteischer Zeit einer der bedeutendsten Männer, ist einer der wenigen, dessen militärisches Amt *(praefectus fabrum)* überliefert ist.

h: Grab mit einer halbrunden Exedra *(schola)* aus Tuff, an den Außenseiten zwei geflügelte Löwenbeine.

Hinter der *schola* steht auf einem Sockel aus *opus incertum* ein Altar, dessen Kern ebenfalls aus *opus incertum* besteht und der mit Marmorplatten verkleidet war.

Westlich der beiden als halbrunde Bänke gestalteten Gräber *(scholae)* befindet sich ein quadratisches Geviert, vielleicht ein für die Feierlichkeiten bei der Einäscherung bestimmter Bereich *(bustum)*.

Danach folgt ein Grab mit einem kleinen Giebel an der Vorderseite und einer Inschrift, die M. Obellius Firmus, den Sohn des Marcus, erwähnt. Während der letzten Jahre Pompejis bekleidete er das Amt des Ädils und war einer der wichtigsten Politiker. Als Magistrat bekam er ein Ehrenbegräbnis auf städtischem Boden und auf Kosten der Stadt (für eine Summe von gut 5000 Sesterzen). Die Bewohner des *pagus*, zu dem Obellius gehörte (vielleicht der *Pagus Augusta Felix*, vgl. S. 61), und seine *ministri* hatten ihrerseits Räucherwerk, duftende Essenzen und zwei Rundbilder (*clipei*, sicherlich sogenannte *imagines clipeatae* mit Porträts) gestiftet. Im Grabbezirk fand man eine Stele in Hermenform, das gläserne Aschenbehältnis, das Loch für die Trinkopfer und die mit Ziegeln überdeckten Reste des Scheiterhaufens.

Vor dem Grab auf der anderen Seite der Straße stehen vier Grabstelen für Prätorianer-Soldaten, die in Pompeji dienten (als Begleitung eines Mitglieds der Kaiserfamilie oder eines wichtigen römischen Politikers? Als Abgesandte, um eventuelle Tumulte im Amphitheater niederzuschlagen?) und die hier gestorben waren.

60 Gräber vor der Porta di Nola

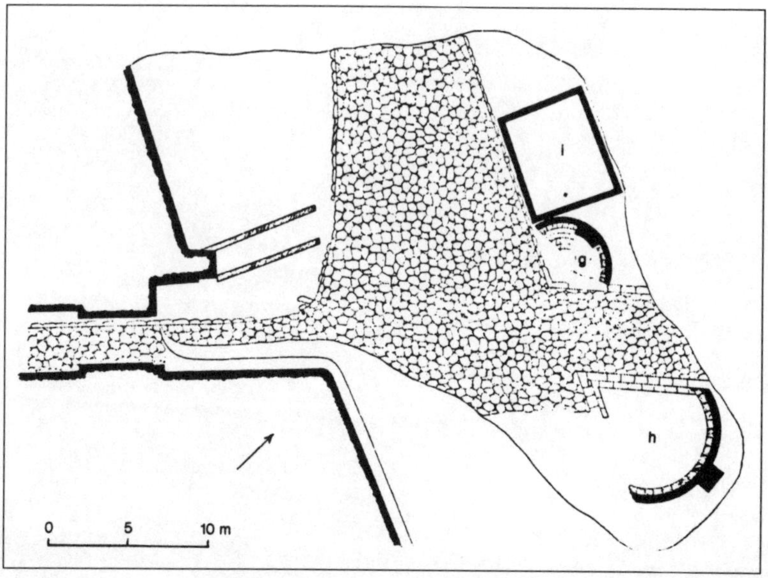

Zwei von ihnen stammten aus Este beziehungsweise aus Aquileia, ein dritter möglicherweise aus Aquinum.

An der rechten Seite zeigt eines der erhaltenen Marmorfragmente ein Relief mit einem Mysterienkorb, aus dem der Kopf einer Schlange herauskommt, vielleicht ein Hinweis auf den Kult des Dionysos Sabazios.

11 RUNDGANG 7

□ Casa del Poeta tragico (Haus des Tragödiendichters)
Plan 13, VI 8, 3, 5, Abb. 61

Der Haupteingang des Hauses (Nr. 5) wird von einem Hund bewacht, der auf dem Mosaik im Eingang dargestellt ist, mit dem Hinweis: »*cave canem*« (»Achtung vor dem Hunde«). Aus diesem Grund betritt man das Haus heute durch den Seiteneingang Nr. 3. Ein schmaler Gang (16) führt hier in den *xystus*, wo das reich gestaltete Lararium (11) in Form eines Tempelchens mit barock wirkenden Seitenteilen steht.

Es handelt sich um eines der typisch kaiserzeitlichen Häuser, deren geringere Ausmaße und intimere Atmosphäre sie von den während der samnitischen Zeit erbauten großartigen Wohnhäusern unterscheidet. Typisch sind auch die Mosaiken. Der Name des Hauses ist von einem – jetzt im Neapler Nationalmuseum befindlichen – *emblema* hergeleitet, das einen Satyr-Chor bei der Theaterprobe zeigt

61 Casa del Poeta tragico

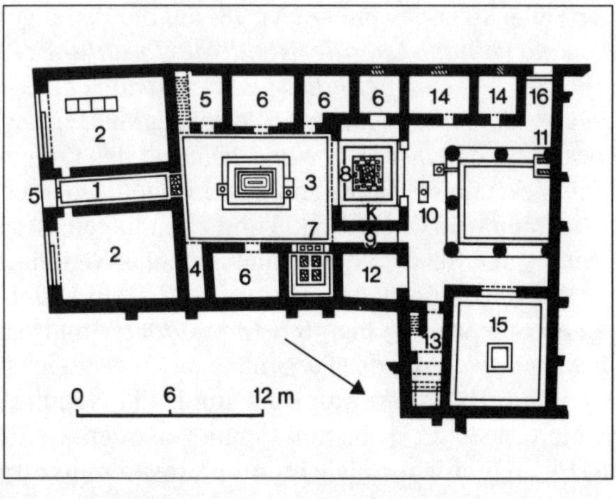

(zusammengesetzt aus Steinchen von ein bis zwei Millimeter Seitenlänge). Es ist älter als das Mäander-Mosaik, in das es hier im *tablinum* (8) eingesetzt war.

Das Bild mit Admet und Alkestis, das im *tablinum* dargestellt war, wurde ins Museum nach Neapel gebracht, ebenso die Szenen aus der ILIAS, die im Atrium dargestellt waren, wo Figurenbilder sonst nur selten vorkommen. Geblieben sind zwei der drei Bilder im *oecus* (15): auf der Rückwand die verlassene Ariadne und auf der linken Wand das »Eroten-Nest«. Sehr schön sind auch die Einrahmungen durch die seitlichen Architektur-Elemente mit Karyatiden und der Fries mit jagenden Kentauren und (verblaßten) Meeresungeheuern über dem Sockel; von letzteren sieht man nur die Vorzeichnung, die in den schon bemalten Stuck geritzt wurde.

Dieses 1824 bis 1825 ausgegrabene Haus diente E. Bulwer-Lytton als Vorbild für das Haus des Glaukos in seinem 1834 erschienenen Roman DIE LETZTEN TAGE VON POMPEJI.

□ Insula Arriana Polliana, Haus des Pansa
Plan 13, VI 6, 1

Das in seiner Anlage hellenistische Haus geht auf die Tuff-Zeit zurück. Der Bürgersteig vor dem Haus war wie der Eingang mit farbigen Steinen und Ziegelstücken gepflastert, wie es damals üblich war. Das Haus, das die gesamte *insula* einnimmt, wurde in den letzten Jahren der Stadt vermietet, wie aus einer Anzeige hervorgeht, die in der Seitenstraße (wohl bei Nr. 18) auf die Wand gemalt war: »*Insula Arriana Polliana Cn. Allei Nigidi Mai locantur ex k(alendis) Iulis primis tabernae cum pergulis suis et cenacula equestria et domus. Conductor convenito Primum Cn. Allei Nigidi Mai ser(vus)*« (»Ab 1. Juli werden in der *insula Arriana Polliana* des Cnaeus Alleius Nigidius Maius vermietet: Läden mit zugehörigem Obergeschoß, herrschaftliche Räume im Obergeschoß und Wohnungen. Der Mieter soll sich an Primus, den Sklaven des Cnaueus Alleius Nigidius Maius, wenden«).

Der reiche Besitzer wohnte zum Zeitpunkt der Verschüttung anderswo. Er war 55 bis 56 n. Chr. *duumvir* und trug den Titel eines *princeps coloniae*, der Persönlichkeiten des höchsten Ranges in der Kolonie vorbehalten war. Die Familie der Nigidii stammte aus Kampanien, sie ist in Delos und Capua vertreten. Er konnte es sich auch leisten, öffentliche Spiele im Amphitheater auszurichten.

Die ionischen Kapitelle im Peristyl datieren die Erbauung des Hauses in die Zeit zwischen 140 und 120 v. Chr.

□ Insula occidentalis, Haus des M. Fabius Rufus
Plan I, VII, 16–19

Der weitläufige Komplex entstand aus drei benachbarten, über drei Stockwerke an die Stadtmauer gebauten Häusern. Er umfaßt zwei übereinanderliegende apsidale Aussichtsräume: der obere ist mit Marmor verkleidet und grenzt an den im Hausinneren gelegenen, nicht zugänglichen und nur durch die Fenster sichtbaren Garten mit Brunnenanlage, der untere hat große Aussichtsfenster und ist mit einer schwarzgrundigen Dekoration aus dem Vierten Stil ausgemalt. Eines der Mittelbilder stellt Venus, Apollo und Dionysos dar. Hier fand man kostbare Ausstattungstücke aus Bronze: ein Tischbein in Form eines Delphins, auf dem ein Putto mit Dreizack reitet, ein Ephebe, der ein Tablett hält, die Herme eines Jünglings (vielleicht ein Porträt) und Teile von Ruhebetten.

Auch Malereien aus dem Zweiten Stil fehlen nicht, beispielsweise die Darstellung einer Venus mit einem Putto auf der Schulter, die aus einer Tempeltür tritt. In einem der Nachbarzimmer ist ein Beispiel für antike Restaurierungen erhalten: ein Malereifragment mit Masken aus dem Zweiten Stil, das in die nach dem Erdbeben von 62 n. Chr. erneuerte Dekoration eingefügt wurde und dessen Gegenstück die ältere Maskendarstellung nachahmt.

Im südlichen Teil des Untergeschosses befindet sich ein kleines, im Dritten Stil ausgemaltes Bad mit einem sakral-idyllischen Landschaftsbild und der Darstellung von Badeutensilien.

Der Fund eines Siegelrings mit dem Namen M. Fab(i) Ruf(i) und die unter anderem bei der Treppe zum Bad gefundenen Grafitti weisen den Komplex der Familie der Fabii zu.

□ Insula occidentalis, Haus der Alexander-Hochzeit
VI, 42

Im zweiten Untergeschoß gibt es einen weißgrundigen Raum mit Vignetten, die einen Dichter und eine Muse darstellen, und einen schwarzgrundigen mit dem Bild, nach dem das Haus benannt ist, und der Darstellung eines trunkenen Dionysos zwischen einem Silen und einer Mänade. Außerdem gibt es hier ein Bad mit einer kassettierten Stuckdecke.

In den überwölbten Räumen des darunterliegenden Stockwerks findet sich in einer mit buntem Mosaik ausgekleideten Nische ein Brunnen, dessen Wasser über Marmorstufen herabfällt. Die Nische mit buntem Mosaik, das einen Garten darstellt, liegt in der Achse eines Sommer-Trikliniums. Das Zimmer daneben ist ebenfalls mit einer Gartenmalerei (in der Art der Casa dei Cubicoli floreali) ausgestattet.

□ Insula occidentalis
VI, 41

Hinter dem Atrium mit den vier Säulen gelangt man zu einem im Zweiten Stil ausgemalten Raum mit schönen Scheinarchitekturen, in denen eine *tholos* (Rundbau), Masken und Nymphäen dargestellt sind. Die Dekoration wurde von den Ausgräbern im 18. Jahrhundert zum größten Teil abgenommen und befindet sich jetzt im Museum in Neapel (Inv. 8594 und 9847). Im Nachbarzimmer ist ein großformatiges Bild (Megalographie) erhalten: unterhalb einer Lampe, die von der Kassettendecke einer Apsis herabhängt, steht ein Dichter, auf der Bank daneben sieht man eine Leier und ein zylindrisches Behältnis mit Schriftrollen. Auf der anderen Wand erscheint ein Dichter mit einem Hirtenstab *(pedum)*; ein Fragment aus diesem Raum zeigt eine Karyatide mit einer dicht geflochtenen und mit einem Band umwundenen Girlande.

■ Haus des Sallustius
Plan 13, VI 2, 4, Abb. 62

Dieses Haus, das zu den ältesten aus der Tuff-Zeit gehört (3. Jahrhundert v. Chr.), hat fast genau denselben Grundriß wie die benachbarte Casa del Chirurgo (VI 1, 10), die jedoch noch älter ist.

Das Haus wurde fälschlich einem gewissen C. Sallustius zugeschrieben, dessen Empfehlung sich auf der Fassade fand. 1806 entdeckte man ein Siegel mit dem Namen des wirklichen Eigentümers A. Cossius Libanus, den man, möglicherweise irrtümlich, für einen Hebräer hält; der Name Libanus war im griechisch-römischen Bereich, vor allem in Ägypten, sehr verbreitet.

In der Tuff-Fassade öffnen sich fünf Läden und, ganz links bei Nr. 6, eine Bäckerei mit drei Mühlen (eine davon vollständig erhalten) und einem Backofen. Eine Verbindung zum Innern des Hauses haben nur die beiden Läden rechts und links vom Eingang, darunter auch die *caupona* Nr. 3, die in den letzten Jahren als Restaurant für den gesamten Komplex diente; anscheinend hatte man ein Hotel daraus gemacht, wofür die Lage in der Nähe der Porta Ercolano ja sehr günstig war. Es gab zahlreiche Schlafräume, auch im später eingebauten Obergeschoß.

Das Haus, das 1806–1809 ausgegraben und 1943 durch Bomben schwer beschädigt wurde, bekam erst vor einigen Jahren eine moderne Überdachung. So ist nicht mehr viel erhalten von der prächtigen Dekoration aus dem Ersten Stil, den farbigen, plastisch hervortretenden Quadern, den Zahnschnittgesimsen, den Türpfosten mit den seitlich überkragenden Architraven an den nach oben schmaler werdenden Türen der seitlichen *cubicula* und den kannelierten Lisenen neben den *alae* und dem *tablinum*. Am Rand des *impluvium* aus Tuff, dessen Profilierung noch den alten Stil zeigt, stand ein Hirschkalb aus Bronze.

62 Haus des Sallustius

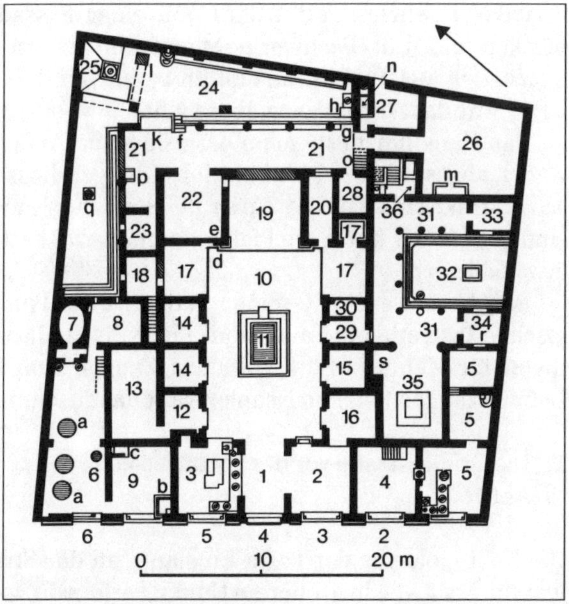

Der alte *hortus* (24) hatte zwei Portiken mit unkannelierten Säulen aus Kalkstein, die später mit Stuck überzogen und mit einer niedrigen Brüstung verbunden wurden.

Das Sommer-Triklinium (25), das in der linken Ecke unter einer Pergola eingerichtet wurde und für das man im Portikus eine Feuerstelle (p) zum Warmhalten der Speisen baute, stammt aus der Zeit des Hotelbetriebes. Ein weiteres Triklinium richtete man in dem geräumigen Saal (13) in der Nähe der *caupona* ein.

An der rechten Seite des Atriums führt ein Gang (29) in den neueren Teil des Hauses, der im 1. Jahrhundert v. Chr. angebaut wurde: ein *xystus* (31), an dem zwei Schlafzimmer (33 und 34), ein Speiseraum (35) und die Küche (36) liegen. Vielleicht war hier die Privatwohnung des Hotelbesitzers und seiner Familie.

Die Rückwand des kleinen Gartens zeigt Aktäon, der von den Hunden der Diana angegriffen wird.

□ Casa del Chirurgo (Haus des Chirurgen)
Plan 13, VI 1, 10, Abb. 63

Das Haus ist eines der wenigen ganz alten Häuser aus der Kalkstein-Periode (4. Jahrhundert v. Chr.), mit einer Fassade aus Kalksteinblöcken und mit »Fachwerk«-Mauern im Innern des Hauses. Das *impluvium* aus Tuff wurde erst im 2. Jahrhundert v. Chr. eingebaut, zuvor war das Atrium ganz überdacht.

Das Haus hat noch seine ursprüngliche Anlage der Räume bewahrt, abgesehen vom Einbau eines Obergeschosses über dem Wirtschaftstrakt (13–18). Die Türen der seitlichen *cubicula* am Atrium sind 3,55 Meter hoch, die Pfeiler am *tablinum* hatten eine Höhe von etwa 6 Metern.

Das Haus verdankt seinen Namen dem Fund von 40 chirurgischen Instrumenten aus Bronze und Eisen, darunter Sonden, Katheter für Männer und für Frauen, Zangen zum Zähneziehen und Geburtszangen (jetzt im Neapler Nationalmuseum).

■ Die Gräberstraße vor der Porta Ercolano
Abb. 64

Die Nekropole vor der Porta Ercolano, an der Straße nach Neapel, war die erste, die in größerem Umfang erforscht wurde. Die hier freigelegten Gräber gehören fast alle in die Zeit zwischen der Gründung der sullanischen Kolonie und der Verschüttung im Jahre 79 n. Chr. Einige samnitische Fossa-Gräber wurden neben dem Laden des Töpfers gefunden (29 und 30). Später entdeckte man bei der Villa delle Colonne a Mosaico weitere derartige Gräber, die jedoch alle keinerlei monumentalen Charakter haben, ganz im Gegensatz zu den römischen.

Am verbreitetsten war die Einäscherung. Die Asche wurde in Urnen aus Terrakotta, Marmor oder Glas gesammelt und in Grabnischen aufbewahrt. Einzelbestattungen waren selten; häufiger gehörten die Gräber einer Familie oder Sippe. Die Grabnischen sind dann in einem Raum, der viele Bestattungen aufnehmen konnte, an den Wänden aufgereiht. Diese Räume befanden sich im Inneren der Grabbauten, die fast immer monumentalen Charakter haben. Am häufigsten sind der Grabtypus des *naiskos* (Tempelchen) mit einem Podium oder der Altartyp, ebenfalls mit Podium.

63 Casa del Chirurgo

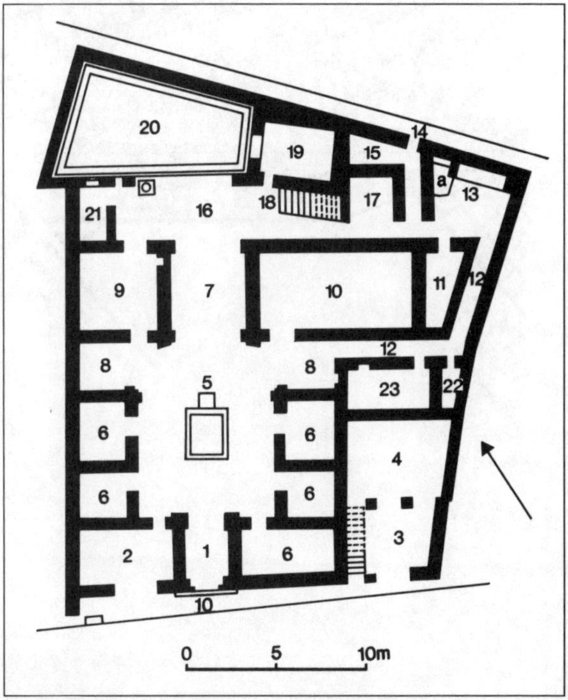

Auch dieser Typus mit einer halbrunden Sitzbank und einer Säule dahinter, in deren Sockel im allgemeinen die Aschenurne steht, war verbreitet. Ziemlich oft finden sich auch Gräber mit einer mehr oder weniger monumentalen Fassade und einem umfriedeten Bezirk dahinter, in dem meist Bäume wachsen. Die Urnen werden hier in der Erde bestattet und über ihnen kleine Pfeiler mit abgerundeter Spitze, gewissermaßen ein schematisiertes Symbol des menschlichen Hauptes, aufgestellt. Daß eine derartige Symbolik beabsichtigt war, geht aus den Fällen hervor, wo die Haare als

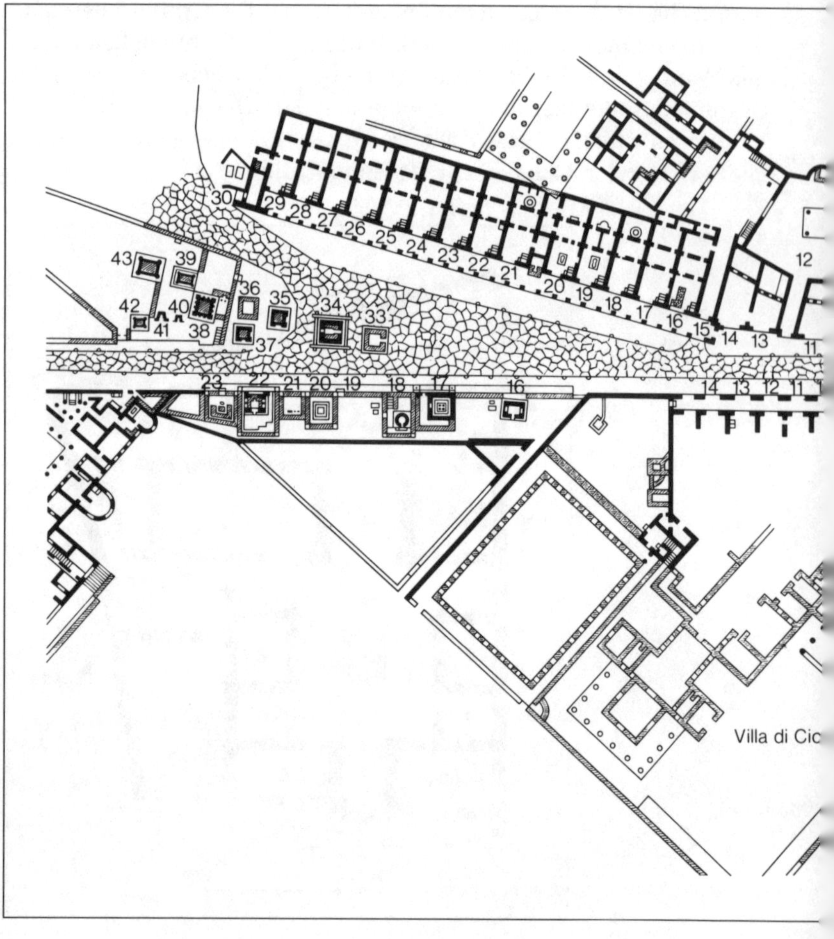

Relief angedeutet sind. Solche Symbole wurden bisweilen auch in den Grabkammern aufgestellt. Unmittelbar vor der Porta Ercolano fand man einen *cippus* aus Travertin mit der Inschrift des Titus Suedius Clemens, der als Militärtribun von Vespasian damit beauftragt wurde, das Problem der widerrechtlich von Privatleuten besetzten städtischen Ländereien zu lösen (vgl. S. 335). Danach folgen zu beiden Seiten der Straße die Grabmäler.

Die Beschreibung folgt der Numerierung der Abb. 64, die beiden Seiten werden durch den Zusatz rechts bzw. links unterschieden.

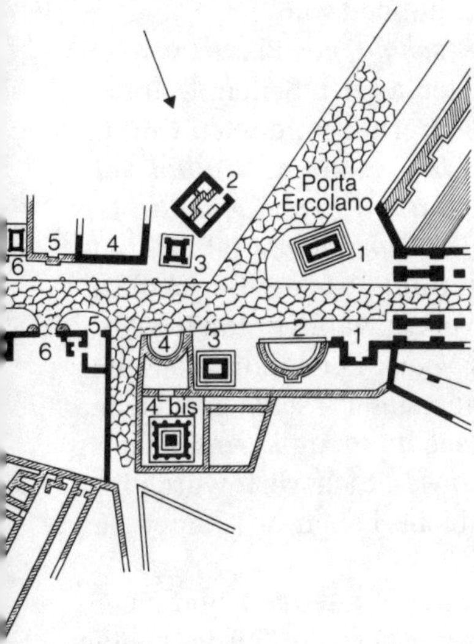

64 Gräberstraße vor der Porta Ercolano

1 links: Grab mit niedriger überwölbter Nische und seitlichen Sitzplätzen. Die Nische an der Vorderseite ist aus Tuffsteinen, die Seitenmauern sind aus *opus reticulatum.* An der Rückwand steht ein Grabstein, davor ein kleiner Altar, in dessen Sockel die Asche des Verstorbenen war. Sowohl der Altar als auch der *cippus* (Grabstein) tragen eine Inschrift: »*M(arcus) Cerrinius Restitutus, Augustalis, l(oco) d(ato) d(ecreto) d(ecurionum)*« (»Marcus Cerrinius Restitutus, Augustale; der Platz wurde ihm auf Beschluß der Dekurionen gegeben«). Das Grab war so gebaut, daß man sich hinsetzen konnte, wenn man sich hier zu Opfern für den Verstorbenen versammelte. Dieser Augustale Cerrinius Restitutus war möglicherweise der Vater des Marcus Cerrinius Vatia, der in flavischer Zeit für das Amt des Ädil kandidierte; das Grab selbst ist jedoch spätneronisch oder flavisch. Es wurde auf den freien Platz gebaut, der zwischen dem Tor und dem nächsten, sehr viel älteren Grab noch vorhanden war.

2 links: Grab mit halbrunder Exedra *(schola)* aus Platten von Nocera-Tuff mit zwei geflügelten Löwentatzen an den Seiten. Dahinter stand möglicherweise die Statue des Verstorbenen, dessen Grabinschrift an der Vorderseite der Exedra zu lesen ist: »*A(ulo) Veio M(arci) f(ilio) II vir(o) i(ure) d(icundo) iter(um) quinq(uennali), trib(uno) milit(um) ab populo ex d(ecreto) d(ecurionum)*« (»Für Aulus Veius, den Sohn des Marcus, zweimaliger *duumvir* mit Gerichtsbarkeit, *duumvir quinquennalis* und vom Volk gewählter Militärtribun, auf Beschluß der Dekurionen«). Aulus Veius, der in augusteischer Zeit lebte, war sicherlich eine der bekanntesten Persönlichkeiten der Stadt; dies zeigt die Fülle der von ihm ausgeübten Ämter, unter denen auch das des *tribunus militum a populo* war. Sicherlich wurde ihm wegen seiner Bedeutung für das öffentliche Leben in Pompeji das Grab auf Kosten der Stadt errichtet.

3 links: Altargrab mit einem Sockel aus Vesuv-Lava und einem Aufbau aus *opus incertum.* Vom Altar ist nur noch ein Teil der beiden seitlichen Polster aus Travertin erhalten. Erhalten ist auch die Grabinschrift auf zwei Lava-Blöcken an der Vorderseite des Sockels: »*M(arci) Porci M(arci) f(ilii) ex dec(urionum) decret(o) in frontem ped(es) XXV, in agrum ped(es) XXV*« (»Grab des Marcus Porcius, Sohn des Marcus, errichtet auf Beschluß der Dekurionen, mit einer Vorderseite von 25 Fuß und einer Tiefe von 25 Fuß«). Der Verstorbene dürfte mit dem Marcus Porcius identisch sein, der das *odeion* und das Amphitheater erbaute (vgl. S. 204). Andere Mitglieder dieser Familie

sind in Pompeji jedenfalls nicht nachzuweisen, denn alle entsprechenden Inschriften sind ungefähr gleichzeitig. Offen bleibt allerdings, ob dieser Porcius mit dem von Amphorenstempeln bekannten Weinhersteller Porcius identisch ist (vgl. S. 26).

4 links: Exedra aus Platten von Nocera-Tuff mit geflügelten Löwentatzen an den Seiten. Die Grabinschrift ist in die Rückenlehne eingemeißelt: »*Mamiae P(ublii) f(iliae) sacerdoti publicae; locus sepultar(ae) datus decurionum decreto*« (»Für Mamia, die Tochter des Publius, Staatspriesterin; der Begräbnisplatz wurde auf Beschluß der Dekurionen gewährt«). Die Venus-Priesterin Mamia gehörte zu einer der angesehensten, eng mit dem Kaiserhaus verbundenen Familien der augusteischen Zeit. Wie aus einer Inschrift hervorgeht, stiftete Mamia dem Augustus auf eigene Kosten und auf ihrem eigenen Grundstück einen (noch nicht gefundenen) Tempel.

4 *bis* links: Grab mit einem Rundtempelchen auf hohem Podium. Ein großer Teil des hohen, aus *opus caementicium* und Tuffsteinen erbauten, mit vorgesetzten Halbsäulen gegliederten Podiums steht noch aufrecht. Es war mit Stuck verkleidet und mit einer Marmor-Imitation bemalt.

Die Grabkammer im Innern des Podiums ist sehr schlicht, die Dekoration stammt aus dem Dritten Stil.

Auf der einen Seite sind zwei Nischen für die Asche der bedeutendsten Familienmitglieder, die drei anderen Seiten haben je zehn Nischen. Hier fand man zahlreiche pfeilerförmige Grabplatten mit rundem oberem Abschluß, schematische Nachbildungen von Köpfen. Die Inschriften darauf beziehen sich auf die *gens Istacidia*, ebenfalls eine bedeutende Familie der augusteischen Zeit. Die Istacidier müssen mit den Melissaei verwandt gewesen sein, denn man fand hier auch eine Grabplatte des Cnaeus Melissaeus Aper, der im Jahr 3 bis 4 n. Chr. *duumvir* war.

In der Mitte der Grabkammer steht ein Pfeiler, der das Dach trägt. Über dem Podium erhob sich ein Rundtempel – oder *monopteros* – mit ionischen Kapitellen (ihre Zugehörigkeit ist nicht sicher) und einem kegelförmigen Dach, bekrönt von einem Pinienzapfen. Zwischen den Säulen des Rundtempels standen die Statuen der wichtigsten Familienmitglieder.

Bemerkenswert ist, daß dieses Grab seine Fassade nicht der Gräberstraße zuwendet, sondern einer zum Meer hinunterführenden Nebenstraße. Wie es scheint, führte sie zu den heißen Quellen des

Marcus Crassus Frugus; er war 64 n.Chr. Konsul und wurde 68 n.Chr. auf Befehl Neros ermordet, nachdem er sich zuvor durch den Bau eines luxuriösen Thermalbades an der pompejanischen Küste bereichert hatte. Eine in Pompeji gefundene Inschrift belegt den von Plinius dem Älteren geschilderten Vorgang.

1 rechts: Altargrab, in dessen Grabkammer zwei mit Erde bedeckte Aschenurnen und die Reste eines Scheiterhaufens gefunden wurden, zwischen denen Bruchstücke eines schönen Kästchens mit Elfenbein-Verzierungen und eines Parfümfläschchens lagen. In einer der Urnen lag eine Augustus-Münze.

2 rechts: Umfriedeter Grabbezirk, ähnlich der Anlage vor dem Dorischen Tempel (vgl. S. 193). Das Grab gehörte Titus Terentius Felix, einem Ädil aus der *tribus Menenia*, dem römischen Stadtbezirk, aus dem alle sullanischen Siedler kamen. Wie die Inschrift berichtet, wurde ihm der Begräbnisplatz zusammen mit einer Summe von 2000 Sesterzen für den Bau auf Beschluß der Dekurionen von der Gemeinde gewährt, die übrigen Kosten bezahlte seine Frau Fabia Sabina, die Tochter des Probus Fabius. Die Aschenurne des Terentius war aus Glas und stand, mit Erde sorgfältig geschützt, unter einem kleinen gemauerten Altar an der Wand links vom Eingang. In der Urne lagen eine Münze des Augustus und eine des Claudius. Auf der rechten Seite des Bezirks teilt eine niedrigere Mauer den Platz ab, an dem die Urnen der übrigen Familienmitglieder standen. Titus Terentius Felix muß in neronischer Zeit Ädil gewesen sein; man kennt einen seiner Söhne, der wenig später ebenfalls für das Amt des Ädil kandidierte.

6 rechts: Grab mit einem hohen Podium. Es ist mit Girlanden geschmückt, die von kleinen, in regelmäßigen Abständen stehenden Pilastern mit korinthischen Kapitellen gestützt werden. Das ganze Podium und die Reliefs sind aus Nocera-Tuff, der Baukern besteht aus *opus caementicium*. Auf dem Podium stand eine Ädikula mit mindestens vier Säulen an der Vorderseite. Von den mit Chimären geschmückten Kapitellen befinden sich zwei auf den Säulchen der Ädikula vor dem *macellum*. Die Säulen trugen eine reich verzierte, in Felder gegliederte Decke aus Tuff. Das Gebälk war an der Vorderseite aus Marmor, im übrigen aus Tuff; die Verzierung besteht aus eleganten Akanthusranken. Die Platten vom Gebälk und der Decke sind unten am Podium aufgereiht. Das Grab, das zu einem der bedeutendsten in Pompeji gehört, muß aus den ersten Jahren der römischen

Kolonie stammen. Sicherlich wurden die Kapitelle mit den Chimären und die Marmorplatte mit den Ranken nicht in einer lokalen Werkstatt gearbeitet, sondern in Griechenland, vielleicht auch in einer neoattischen Werkstatt in Neapel oder Pozzuoli.

8 rechts: Grab mit einem Travertinsockel, auf dem ein – jetzt fehlender – Altar stand. In der winzigen Grabkammer fand man einige Terrakottastatuetten, darunter ein Köpfchen mit phrygischer Mütze, außerdem eine Urne aus Terrakotta und zwei aus Glas. Eine der beiden Glasurnen war das berühmte blaue, mit Eroten verzierte Glasgefäß (jetzt im Neapler Nationalmuseum). Die Technik ist dieselbe wie bei den Glaskameen: auf den blauen Glaskörper wird ein Relief aus undurchsichtigem weißem Glas aufgesetzt. Ob es in Italien eine Werkstatt gab, in der nach dieser aus Ägypten kommenden alexandrinischen Technik gearbeitet wurde, weiß man nicht. Das prächtige Gefäß dürfte aus julisch-claudischer Zeit stammen.

9 rechts: Grab mit einer hohen, halbrunden Nische und einer Sitzbank darin. Die Fassade mit dem dreieckigen Giebel und den korinthischen Eckpfeilern ist mit Stuck verziert. Das Stuckrelief im Apsisgewölbe, das anscheinend eine Muschel darstellt, ist herabgefallen. Als der Vesuv im Jahre 79 n. Chr. ausbrach, waren die Arbeiten im Innern des Grabes noch nicht abgeschlossen. Es scheint, als habe dieses Grab und das zuvor beschriebene (8 rechts) den Bewohnern der dahintergelegenen Villa delle Colonne a Mosaico gehört; unter anderem sind die Stuckverzierungen in der Villa und dem Grab Nr. 9 rechts so ähnlich, daß sie von derselben Werkstatt stammen könnten.

16 links: Unvollendetes Grab. Man fand hier einen *cippus* mit der schematisierten Darstellung eines weiblichen Kopfes und der Inschrift: *»Iunoni Tyches Iuliae Augustae Vener(iae)«* (Für die Iuno der Venus-Priesterin Tyche Iulia Augusta«). Die Iuno ist die persönliche Schutzgottheit, die jede Frau hat, sie entspricht dem Genius der Männer. Diese Tyche war eine Sklavin der Julia, der unglückseligen Tochter des Augustus; der Name bezieht sich vielleicht auf den Kult der Venus Tyche, deren Priester auch Sklaven sein konnten. Der *cippus*, der noch in augusteische Zeit zu datieren ist, scheint nicht hierher zu gehören.

17 links: Grab mit einer hohen Umfriedung, innerhalb derer ein großer Sockel mit Stufen und einem altarförmigen Aufbau steht. An dessen Vorderseite befindet sich eine interessante Inschrift: *»A(ulo)*

Umbricio A(uli) f(ilio) Men(enia tribu) Scauro, II vir(o) i(ure) d(icundo); huic decuriones locum monum(ent) et sest(ertios) MM in funere et statuam equestr(em) in foro ponendam censuerunt. Scaurus pater filio.« (»Aulus Umbricius Scaurus, dem Sohn des Aulus, *duumvir* mit Gerichtsbarkeit; für ihn genehmigten die Dekurionen den Platz für das Grabmahl, 2000 Sesterzen für das Begräbnis und die Errichtung einer Reiterstatue auf dem Forum. Scaurus der Vater für seinen Sohn«).

Die Inschrift gehörte wahrscheinlich nicht zu diesem, sondern zum folgenden Grab; sie wurde von den Restauratoren hier angebracht. Der Sohn Umbricius Scaurus war in neronischer Zeit *duumvir*, er gehörte zu einer reichen Familie, die *garum*, die berühmte Fischsoße, herstellte (vgl. S. 296). Die Grabkammer befindet sich im Podium unter dem Altar, in ihrer Mitte steht ein Pfeiler. Die Umfassungsmauer und die Stufen unter dem Altar trugen eine reiche Verzierung mit Stuckreliefs mit Gladiatorenszenen. Das Grab dürfte aus spätneronischer Zeit stammen.

18 links: Grab mit einem zylindrischen Aufbau über einem viereckigen Podium. Der Aufbau ist aus *opus latericium* und mit einer Stuckschicht überzogen, die eine Marmorverkleidung nachahmt. Die Grabkammer im Innern des Aufbaus hat eine einfache Stuckverzierung mit Kandelabern, Schwänen und Delphinen. Die Umfriedung des Bezirks wird von spitzen Türmchen bekrönt, von denen einige ebenfalls mit Stuck verziert sind. Auf dem vorderen an der rechten Seite ist eine Frau dargestellt, die eine Blumengirlande auf ein über einem Steinhaufen liegendes Skelett niederlegt.

20 links: Der Grabaltar mit den wulstförmigen Auflagen rechts und links steht auf einem niedrigen pyramidalen Aufbau mit Stufen innerhalb eines umfriedeten Grabbezirks. Altar und Stufen sind mit Marmor verkleidet. Die Vorderseite zeigt ein *bisellium* (Ehrensitz) und die Inschrift: *»C(aio) Calventio Quieto Augustalis; huic ob munificent(iam) decurionum decreto et populi conse(n)su bisellii honor datus est«* (»Dem Augustalen Caius Calventius Quietus; ihm wurde wegen seiner Freigebigkeit auf Beschluß der Dekurionen und mit Zustimmung der Bevölkerung die Ehre eines *bisellium* verliehen«). Calventius Quietus lebte in neronischer Zeit; einer seiner Söhne war in neronisch-flavischer Zeit möglicherweise Ädil und Kandidat für das Amt des *duumvir*. Das *bisellium* – wörtlich: ein Sessel von doppelter Breite – wurde besonders verdienten Männern verliehen; praktisch

war es das Recht auf einen besonders guten Platz im Theater. An den Seiten des Altars sind zwei Kränze aus Eichenlaub im Relief dargestellt, die *coronae civicae* (»Bürgerkronen«), die seit Augustus ein Symbol der kaiserlichen Herrschaft waren; ihre Darstellung auf dem Altar hängt wohl damit zusammen, daß die Augustalen vom Kaiser persönlich ernannt wurden. Auf der Umfassungsmauer stehen auch hier wieder spitze Türmchen mit Stuckreliefs, auf denen unter anderem Ödipus mit der Sphinx und Theseus, der sich nach dem Kampf mit dem Minotauros ausruht, dargestellt sind. Höchstwahrscheinlich war dieses noch aus neronischer Zeit stammende Grab, wie das folgende, ein Kenotaph.

22 links: Grab mit einem Altar, ähnlich wie 20 links. An der Vorderseite ist zwischen einem Rahmen aus Akanthusranken ein Opfer für den Verstorbenen dargestellt. Die darüber angebrachte Inschrift lautet: »*Naevoleia L(ucii) lib(erta) Tyche sibi et C(aio) Munatio Fausto Aug(ustali) et pagano, cui decuriones consensu populi bisellium ob merita eius decreverunt. Hoc monumentum Naevoleia Tyche libertis suis libertabusque et C(aii) Munati Fausti viva fecit*« (»Naevoleia Tyche, die Freigelassene des Lucius, für sich und den Augustalen und *magister pagi* Caius Munatius Faustus, dem die Dekurionen mit Zustimmung des Volkes für seine Verdienste die Ehre des *bisellium* verliehen. Dieses Monument errichtete Naevoleia Tyche noch zu ihren Lebzeiten für ihre männlichen und weiblichen Freigelassenen und für die des Caius Munatius Faustus«). Über der Inschrift ist ein kleines Porträt der Naevoleia Tyche angebracht. In den Seitenfeldern sind, wiederum zwischen Akanthusranken, das *bisellium* und ein in den Hafen einlaufendes Schiff, das Symbol der Seele, die nach Verlassen des Körpers in den Hades steigt, dargestellt. Das Grab ist mit Sicherheit ein Kenotaph; Caius Munatius Faustus und Naevoleia Tyche sind in einem weniger üppigen Grab vor der Porta Nocera begraben (vgl. S. 336). Warum zwei Gräber gebaut wurden, konnte bis heute nicht geklärt werden.

23 links: Grab in Form eines Triklinium, mit gemauerten Bänken an den Seiten und einer Umfriedungsmauer mit Türmchen. In der Mitte steht ein gemauerter Tisch und davor ein runder Altar. Das Grab wurde von dem Freigelassenen Callistus für Cnaeus Vibius Saturninus, Sohn des Quintus, gebaut, der aus der *tribus Falernia* stammte und deshalb sicher kein Pompejaner war, da diese alle zur *tribus Menenia* gehörten.

34 rechts: Grab mit hohem Podium, das mit *opus reticulatum* und mit Tuffquadern an den Ecken verkleidet war. Der Eingang zur Grabkammer im Podium ist die Nachahmung einer gewöhnlichen römischen Tür mit Bronzeverzierungen, die hier in Marmor nachgebildet ist. Die Grabkammer hat eine Lichtöffnung, eine Ädikula an der Rückwand und eine ringsumlaufende Bank, auf der Amphoren und Lampen standen. In einer der Aschenurnen fand man einen goldenen Ring mit einem Siegel, das einen Hirsch zeigt.

37 rechts: Sehr gut erhaltener Grabaltar aus Travertin mit aufgelegten seitlichen Wülsten. Wie die seitlich angebrachte Inschrift berichtet, wurde er von Alleia Decimilla, einer Priesterin der Ceres, erbaut zur Erinnerung an ihren Mann Marius Alleius Luccius Libella, der *duumvir, praefectus* und *duumvir quinquennalis* war, und dessen Tätigkeit für die Jahre 25 bis 26 n. Chr. bezeugt ist, und an ihren Sohn, der denselben Namen trug wie sein Vater und im Alter von 17 Jahren als *decurio* gestorben war. Decimillas Mann Luccius war offensichtlich von einem Alleius, vielleicht dem Vater seiner Frau, adoptiert worden. Diese außerordentlich mächtige Familie stellte in Pompeji bis in die flavische Zeit hinein Magistrate, zu ihr gehörte auch jener berühmte, ebenfalls adoptierte Alleius Nigidius Maius.

38 rechts: Tempelchen auf einem hohen Podium aus *opus incertum*, das mit Stuckreliefs verkleidet war (fast völlig verschwunden). In der Mitte waren zwischen Girlanden zwei Porträts und auf der einen Seite Flechtwerk mit zwei Öffnungen und zwei bewaffneten Reitern davor dargestellt. Das Grab war von dem Freigelassenen Menomachos für Lucius Ceius Labeo, den Sohn des Lucius, zweimaligen *duumvir* und *duumvir quinquennalis* errichtet worden, anscheinend einen Verwandten des Bankiers Ceius Serapio, der vor der Porta di Nocera begraben ist (vgl. S. 353f.). Das Grab scheint wohl aus spätrepublikanischer oder augusteischer Zeit zu stammen. In der völlig verschwundenen Ädikula waren vermutlich Statuen aus stuckiertem Tuff aufgestellt.

■ Die Villen

Bis jetzt wurden in der Umgebung Pompejis mehr als 60 Villen ausgegraben, einige davon nur teilweise, von Privatleuten und ohne angemessene wissenschaftliche Dokumentation. Viele wurden wieder zugeschüttet (auch von Lavaströmen). Die Fundgegenstände wurden verstreut oder landeten in ausländischen Sammlungen, ein Teil kam ins Neapler Museum.

Die ersten, im 3. und 2. Jahrhundert v. Chr. erbauten Landhäuser hatten nur bescheidene Ausmaße. Erst in sullanischer Zeit wurden viele davon durch einen Wohntrakt, der einen gewissen Anspruch auf Luxus verrät, erweitert; entweder um so die Anwesenheit des Eigentümers und seiner Frau zu begünstigen, die im allgemeinen wenig Lust hatten, sich aufs Land zurückzuziehen, oder um den Marktwert der Villen zu Spekulationszwecken zu steigern. Wie aus Ciceros Briefwechsel hervorgeht, gab es einen schwunghaften Handel mit Landgütern.

Die meisten dieser Villen hatten zwei Gesichter, ein herrschaftliches und ein bäuerliches *(villa urbano-rustica)*: einen vornehmen Wohntrakt, die *pars urbana*, und, davon getrennt, den landwirtschaftlichen Betrieb und die Unterkünfte der Dienerschaft *(pars fructuaria)* mit einem einzigen vierseitigen Hof innerhalb der gemeinsamen Umfassungsmauer (mit wenigen Öffnungen, aus Sicherheitsgründen).

In Kampanien gab es keine großen *latifundia*, sondern es waren gerade die kleineren und gut überschaubaren, vom Besitzer oder einem Verwalter unmittelbar geleiteten landwirtschaftlichen Betriebe, die eine optimale Ausnutzung der Arbeitskräfte sicherten.

Wo die Eigentümer ständig in den Villen lebten, erstreckte sich der Anbau auf verschiedene landwirtschaftliche Erzeugnisse: außer Wein und Öl wurden auch Getreide und Gemüse angebaut. Die beiden anderen Gruppen beschränkten sich dagegen fast ausschließlich auf die Erzeugung von Wein und Öl. Das *ergastulum* (landwirtschaftlicher Betrieb) in Gragnano umfaßte auch eine große Bäckerei und eine Käserei.

Die Villenbesitzer waren meistens aus der Gegend; ein oder zwei Villen befanden sich in kaiserlichem Besitz. Die reichste und vollständigste Villa, die man bis jetzt kennt, war die *villa rustica* in Boscoreale »alla Pisanella« (zwei Kilometer nördlich von Pompeji), deren Modell im Antiquarium ausgestellt ist. Die herrschaftliche Wohnung an der Nordseite mit Triklinium, einem aus drei kleinen Räumen bestehenden Bad, Küche, Bäckerei mit einer Getreidemühle und einem Stall nahm ein Fünftel des gesamten Komplexes ein. Der andere Teil umfaßte ein *torcular(ium)* mit zwei Hebelpressen für den Wein, das von den Schlafräumen der Dienerschaft durch die Ölpresse und die dazugehörigen Räume getrennt wurde, zu denen auch das *trapetum* zum Zerquetschen der Oliven gehörte (eine Mulde aus Lavagestein, in der sich zwei Räder, ebenfalls aus Lava, an einer horizontalen Stange drehen, die an einem vertikalen Eisenstift befestigt ist). Daneben war der Heuboden.

Der im Freien gelegene »Weinkeller« *(cella vinaria)* enthielt 84 Vorratskrüge *(dolia)*, davon 72, die bis an die Schulter in die Erde eingegraben waren, mit Wein. Andere enthielten Öl, einige auch Getreide (in einem Fall war es Hirse). In dem überdachten Gang standen fünf weitere Ölkrüge. Aus der Lagerkapazität schätzt man die Ausdehnung des Gutes auf etwa 25 Hektar (100 *iugera*).

In einem kleinen unterirdischen Raum fand man über 1000 Goldmünzen im Wert von 100000 Sesterzen, die jedoch nur zwei Drittel des jährlichen Ertrags aus der Weinerzeugung darstellen. Es ist der reichste Schatz, der bisher in dieser Gegend gefunden wurde, wobei man noch die 108 silbernen Tafelgeräte hinzurechnen muß, die hier gefunden wurden (der Bankier E. Rothschild erwarb sie, um sie anschließend dem Louvre zu schenken). Die Wandmalereien aus dem Dritten und Vierten Stil wurden vom J. Paul Getty Museum in Malibu (Kalifornien) gekauft.

Die luxuriösesten Villen lagen nördlich von Pompeji an den (damals) grünen Hängen des Vesuv, während diejenigen im Sarnotal, östlich und südlich der Stadt, ihren ursprünglichen, schlichteren Charakter länger bewahrten; das abgeschiedene Tal war von der Lage her weniger verlockend, um dort eine Villa zu errichten; die Wahl des Bauplatzes und die Anlage unterlagen allerdings auch gewissen Moden. Um die Lebensbedingungen der *familia rustica* (Gruppe der auf einem Bauernhof tätigen Sklaven) auf den *ergastula* (Bauernhöfen) – die noch schlechter waren als die der meisten anderen Sklaven – zu beleuchten, sei nur an den Eisenklotz erinnert, der im *ergastulum* der *villa rustica* in Gragnano an einem Balken auf der Erde befestigt war, und an den 14 Füße gleichzeitig gefesselt werden konnten (vgl. S. 248). Cato (DE AGRI CULTURA LVI) setzt für die Feldarbeiter eine monatliche Getreidezuteilung von vier *modii* (Scheffel) während des Winters und vierundeinhalb *modii* während des Sommers fest: 20 Pozent dessen, was die Soldaten bekamen. Dem *vilicus*, seiner Frau und dem Hirten gesteht er dagegen drei *modii* zu. Das Essen war einförmig: vier Pfund Brot am Tag für die *compediti*, die gefesselten Sklaven, und fünf Pfund, wenn sie im Weingarten arbeiten mußten; dazu gab es *maena* (billige gesalzene Sardellen) und *oleae caducae* (heruntergefallene Oliven; Cato a.a.O. LVIII), und zum Trinken einen halben Liter *lora* (Treber-Wein aus den Schalen der Trauben; Cato a.a.O. LVII). Die tägliche Arbeitszeit betrug zwölf Stunden. Man ersieht daraus, daß der Klassengegensatz zwischen den Herren und den Sklaven auf dem Land noch viel schärfer war als in der Stadt, wo die Sklaven *(familia urbana)* entschieden bessere Lebensbedingungen hatten.

□ Die Villa des Diomedes
Abb. 65

Diese 1771 bis 1784 ausgegrabene Vorstadtvilla wurde willkürlich dem M. Arrius Diomedes zugewiesen, dessen Grab gegenüber dem prächtigen, mit einem Torbau ausgestatteten Eingang (2) der Villa an der Via dei Sepolcri (Gräberstraße) liegt.

Die Villa wurde nach der Gründung der Kolonie erbaut. Wie bei Vitruv (DE ARCHITECTURA VI, 5, 3) für die Villen vorgeschrieben, liegt das Peristyl (3) gleich hinter dem Eingang. In dem Dreieck, das links

65 Villa des Diomedes

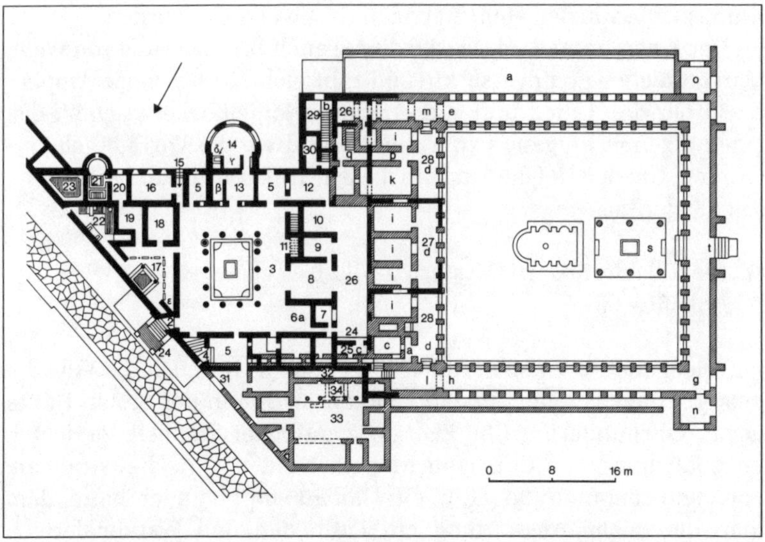

zwischen dem Peristyl und der Straße entstand, wurden die Baderäume (17–21) mit der Küche (22) und dem Wasserbehälter (23) untergebracht. Das Fenster im *tepidarium* (20) war mit vier Platten verglast. Vom Peristyl gelangte man auch in das einzigartige halbrunde *cubiculum* (14), dessen Alkoven (γ) mit einem Vorhang (von dem man die Befestigungsringe fand) geschlossen werden konnte und neben dem sich ein Waschbecken (δ) befindet. Auch das Vorzimmer (13) für den *cubicularius* (Kammerdiener) hat einen Alkoven (β).

Von dem Fenster des geräumigen Trikilinium (27) genoß man einen herrlichen Blick auf den tiefer gelegenen Teil der luxuriösen Villa. Er wurde auf einem vierseitigen Kryptoportikus errichtet, der einen Umgang mit 17 Pfeilern an jeder Seite des architektonisch gestalteten Gartens trägt.

Im Garten befand sich ein Sommer-Triklinium und davor ein Wasserbecken. Die bemalten Gewölbe in den Räumen (i) am vorderen Teil des Peristyls sind schlecht erhalten.

In der Nähe der kleinen Hintertür des Kellers unter dem Peristyl lagen, eng miteinander verklammert, die Skelette des *dominus* (Hausherr) und seines Dieners. Der Herr trug einen goldenen Ring am Finger und hielt einen silbernen Schlüssel sowie 1356 Sesterzen, ein reiches Barvermögen, in der Hand. Im Keller fand man weitere 18 Skelette von reich geschmückten Frauen mit ihren Dienern und zwei Kindern, die von den eindringenden Gasen erstickt wurden.

Der Keller unter dem Peristyl diente auch zur Lagerung von Wein. Man fand etwa 40 unversehrte und zahlreiche zerbrochene Amphoren. Über den Unterkünften der Sklaven lag ein Obergeschoß, das einen eigenen Eingang (Nr. 25) hatte und wo die Vorräte gelagert wurden. Um den Hof fand man in diesem Trakt Acker- und zahlreiche Küchengeräte.

■ Die Villa dei Misteri (Mysterien-Villa)
Abb. 66–68

Wie viele andere Villen nördlich von Pompeji war auch die Villa dei Misteri zunächst eine Vorstadtvilla. Sie wurde in der ersten Hälfte des 2. Jahrhunderts v. Chr. als herrschaftlicher Wohnsitz errichtet, im 1. Jahrhundert n. Chr. baute man noch einen Wirtschaftstrakt an, nachdem schon um 60 v. Chr. ein Umbau stattgefunden hatte, dem man die reiche Ausstattung mit Fußböden und Wandmalereien

(Phase I des Zweiten Stils) verdankt. Der Haupteingang liegt genau dem modernen Zugang (1) entgegengesetzt: Heute tritt man von der Seite des dreiseitigen Kryptoportikus ein, der auf dem abschüssigen Grundstück zur Schaffung eines erhöhten Geländes angelegt wurde, mit Zimmern, die umgeben von Portiken und einem Garten einen weiten Blick boten.

Der ursprüngliche Eingang lag an der Via Superiore, die (wenn man von der Stadt kommt) kurz vor der Villa des Diomedes von der Via dei Sepolcri abzweigt. Vor der Tür steht ein halbrunder Bogen, dem später noch ein zweiter hinzugefügt wurde. Von hier gelangt man unmittelbar ins Peristyl. Die Umkehrung der Abfolge von Atrium und Peristyl entspricht dem, was Vitruv (DE ARCHITECTURA

66 Villa dei Misteri, Grundriß mit den ältesten Bauphasen

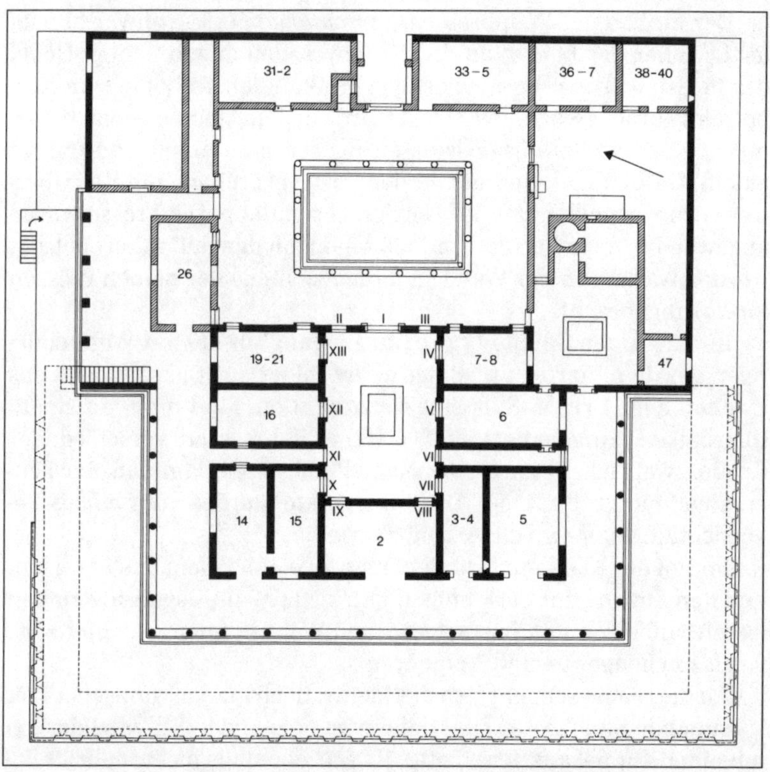

VI, 5, 3) für die *villa pseudourbana* empfiehlt. Dieser Komplex um den von 16 Tuffsäulen umgebenen, ursprünglich zweistöckigen Portikus wurde später zu Wirtschaftsräumen und Unterkünften für die Sklaven umgebaut.

Im Bereich dieser Unterkünfte (52–60), die in augusteischer Zeit in dem Dreieck zwischen der alten Fassade und der Via Superiore mit zwei Stockwerken errichtet wurden, fand man in einem der Zimmer (55) das Siegel des L. Istacidius Zosimus, eines Freigelassenen der Istacidier, einer alteingesessenen Familie; im Jahre 79 n. Chr. war er der Besitzer oder eher Verwalter *(vilicus)*, der die Restaurierungsarbeiten zu überwachen hatte, die nach dem Erdbeben von 62 n. Chr. noch im Gange waren. Ihretwegen war die Statue mit den Zügen der Livia (jetzt im Antiquarium) vorübergehend in der Nordostecke des Peristyls gelagert worden, bevor man sie wieder in der Apsis des Lararium (25) aufstellen konnte.

Der Einbau der Weinpresse im *torcularium* (48–49) war bereits fertig. Einer der beiden an den Seitenwänden angebrachten Hebel der Presse wurde rekonstruiert, sie preßten den Treber, der in Körben eingebracht wurde. Der Most wurde in dem kleinen gemauerten, mit *opus signinum* ausgekleideten Becken gesammelt und floß in einem Abflußkanal, der sich in der Ecke verbreitert, um das Übertreten zu vermeiden, an der Nordmauer entlang. Die Presse wurde angewendet, nachdem die Trauben schon mit den Füßen zerquetscht worden waren. An der Wand sind die Eisenteile der beiden Pressen (*prela*) angebracht.

In einem der Räume (32) beim Eingang, in dessen Wandmalereien aus dem Vierten Stil einige ältere Bilder aus Dekorationen des Zweiten oder Dritten Stils eingesetzt wurden, fand man, an einem Querbalken aufgehängt, fünf eiserne Rebmesser verschiedener Größe, zwei Pickel, eine Hacke, einen Pfahl, einen Hammer, eine Feuerzange und große Nägel. Die Ackergeräte wurden vom *vilicus* beaufsichtigt, der sie an die Arbeiter verteilte.

Im Hof des Küchentrakts sieht man zwei Backöfen, das Lararium und den Zugang zur geräumigen Latrine (40). Im Gegensatz zu den leeren, unbewohnten herrschaftlichen Wohnräumen war hier alles voller Küchengeräte und Amphoren.

An die Küche schließt sich das kleine, noch aus vorrömischer Zeit stammende Bad (42–44) an, mit einem *laconicum* (Schwitzbad, 44) mit einer Kuppel aus Terrakotta. Es war ebenfalls nicht mehr in Benutzung und diente als Abstellraum unter der Treppe, die ins *tepidarium* (43) eingebaut worden war.

Das kleine, ursprünglich toskanische Atrium, das als Ruheraum für die Badenden bestimmt war, wurde zu einem viersäuligen Atrium, um die Galerien des Obergeschosses zu tragen, das *impluvium* wurde in einen kleinen Garten verwandelt. Das angrenzende *cubiculum* (8) mit zwei überwölbten Alkoven, hinter denen sich ein Schrank verbirgt, zeigt Dekorationen des Zweiten Stils mit harmonisch gegliederten, illusionistischen Architekturen. Der ebenfalls illusionistisch ausgemalte *oecus* (6) zeigt eine Scheintür auf der Rück-

67 Villa dei Misteri, Grundriß

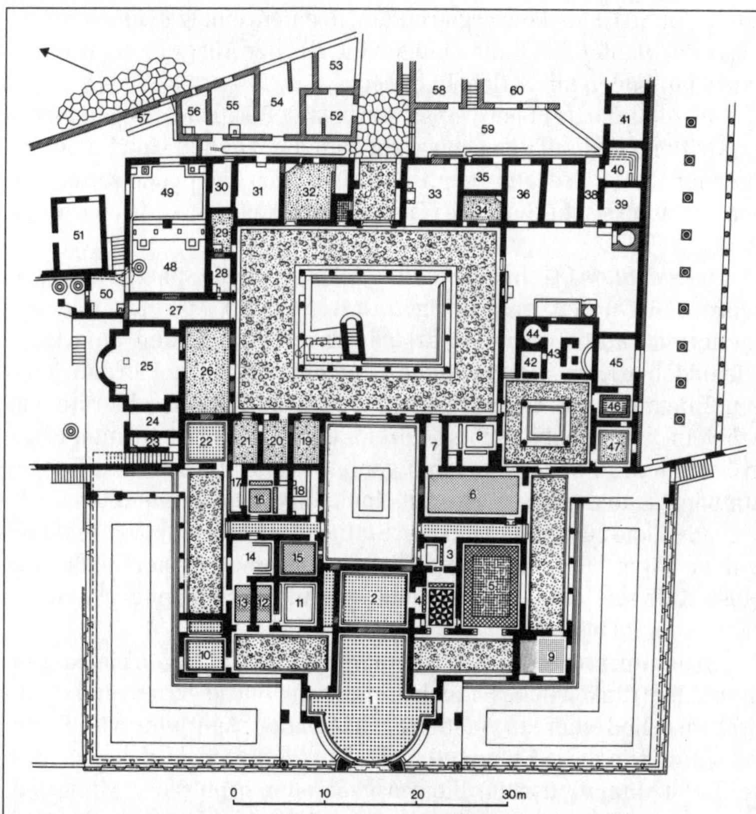

wand, die über eine alte, vermauerte Tür zum Atrium gemalt ist, und eine Säulenreihe mit einer hohen Trennwand.

Im großen toskanischen Atrium befinden sich die Reste der ältesten Landschaftsbilder, die man bis jetzt aus der Wandmalerei kennt. Diese Nil-Landschaften sitzen oberhalb der rechteckigen Eintiefungen, die von den hier eingesetzten, auf Holz gemalten Bildern stammen. Sie waren eingefaßt von einem Waffenfries, der auf den Verputz gemalt war und noch zu sehen ist. Die zinnoberrot gemalten Rauten in der Mittelzone sind schwarz verfärbt. Auf der Nordwand in einem Paneel zwischen zwei Feldern liest man über einem karikierten Kopf mit einem Lorbeerkranz noch die spöttische Beischrift »*Rufus est.*«

In dem *cubiculum* (16) mit doppeltem Alkoven ist festzustellen, wie weit entwickelt die Technik der Perspektive war: die gesamte Komposition ist auf konvergierenden, in einem einzigen Fluchtpunkt zusammenlaufenden Linien aufgebaut. Bei der Ausgrabung war der ganze Fußboden mit Zwiebeln bedeckt.

Das *tablinum* (2) bietet eines der besten Beispiele des entwickelten Dritten Stils. Auf den schwarzgrundigen Wänden sind im Sockel Pergolen, in der Predella ägyptische Figürchen und in der Mittelzone winzige dionysische Symbole (Thyrsen, Masken, Trinkhörner) dargestellt.

Im *cubiculum* (4) sind die beiden Alkoven, in die später Türen eingebrochen wurden, vom übrigen, mit gemalten Marmor-Intarsien verzierten Raum durch die Darstellung von Statuen und von Klapptafelbildchen *(pinakes)* abgehoben. Auf den *pinakes* neben dem jetzigen Eingang sind Opferszenen dargestellt: links wird Priap ein Schwein dargebracht, rechts Dionysos einige Kuchen (darunter einer in Form eines Phallos). Vor den gemalten Marmorplatten scheinen Statuen zu stehen: Dionysos, auf einen Satyr gestützt, und tanzende Mänaden, die zusammen mit den Statuen im linken Alkoven (ein tanzender Satyr, Silen mit einem Diener und eine Priesterin oder die Muse Kalliope) eine Art Überleitung zum anschließenden »Mysterien-Saal« (5) bilden.

An der Rückwand dieses Trikliniums (5) sieht man von neuem Dionysos, der trunken (eine Sandale ist ihm vom Fuß geglitten) und ekstatisch im Schoß einer thronenden Frau (Ariadne, Aphrodite oder Semele?) lehnt. Um diese Szene (VI) in der Mitte entwickeln sich, wie man vermutet, Initiationsriten dionysischer oder orphischer Mysterien, deren Deutung umstritten ist, da diese Riten ja geheim waren. Man

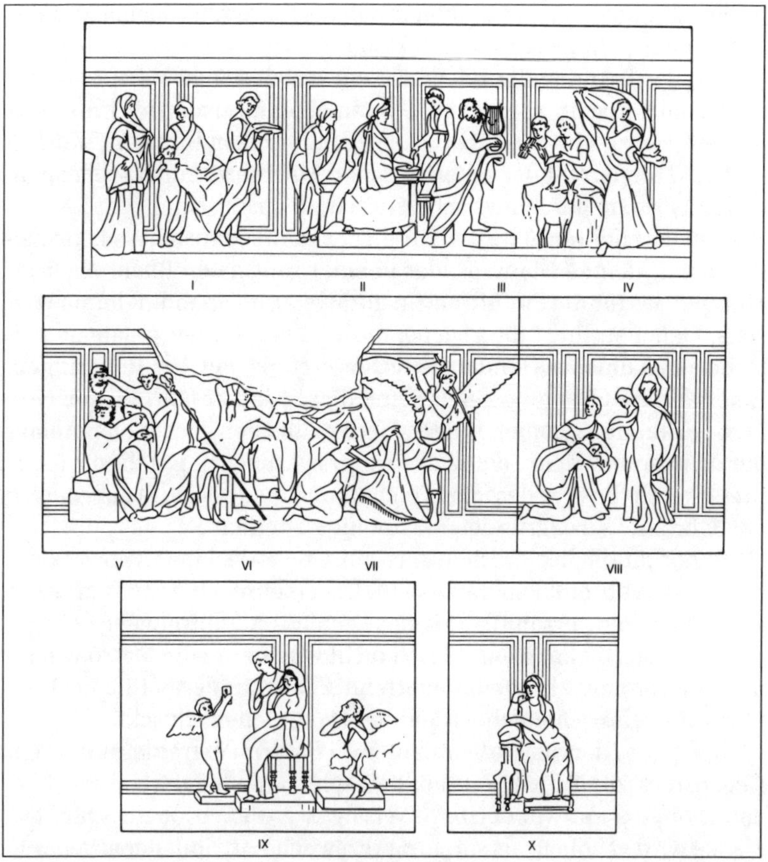

68 Schematische Darstellung des Mysterien-Frieses (mit Angabe der einzelnen Szenen)

wollte in diesen Szenen auch die Vorbereitungen zur Hochzeit der jungen Frau (IX; rechts vom Fenster) sehen, die im Beisein einer Matrone (X; auf dem Pfeiler links vom Eingang) gekämmt wird. Nach der neuesten Hypothese ruft sich die in Gedanken verloren sitzende Matrone (vielleicht die Auftraggeberin?) die Ereignisse ihrer eigenen Einführung in den Dionysoskult ins Gedächtnis zurück: die Vorbereitung zur mystischen Hochzeit in Gestalt der Semele, das Ordnen der Haare (IX) und die Einführung der knienden Gestalt, der verboten wird, der Priesterin beim Enthüllen der *cista mystica* mit dem Phallos zuzusehen.

Es ist unklar, ob der Dämon mit den schwarzen Flügeln und der Rute in der erhobenen rechten Hand die kniende Frau auspeitscht (die Rute wäre dann der Blitz der Nemesis, der Semele trifft und sie unsterblich macht) oder ob es sich um eine Furie aus der Unterwelt handelt, deren abwehrende Geste gegenüber dem Inhalt des Korbes *(vannus)* die Furcht der unterirdischen Mächte vor dem segenspendenden Prinzip der dionysischen Initiation ausdrückt.

Auf der anderen Seite der Tür erscheint die Matrone als Lehrmeisterin des kleinen Dionysos, der in einer geöffneten Buchrolle liest: Sinnbild des für die Einführung in die Mysterien unabdingbaren Wissens. Daneben führt die gleiche, diesmal von hinten gesehene Matrone eine kultische Handlung aus, unterstützt von drei Helferinnen. Einer anderen Deutung zufolge sind diese Frauen Jahreszeiten (von links: Frühling, Sommer, Winter, Herbst), die den geordneten Ablauf der Natur unter dem Schutz des Dionysos sichern. Bei dieser Interpretation ist die Lyra des Silens rechts von ihnen als die in der Abfolge der Jahreszeiten gegründete Harmonie zu deuten.

In der ländlichen Szene (IV) reicht eine Paniskin einem Zicklein die Brust, während Pan ihr zusieht. Die erschreckte Frau (VIII) wäre dann Aura, die Personifikation des Windes und unfreiwillige Mutter von Dionysos' Sohn, wenn es sich nicht wieder um die Matrone handelt, die vor den – bei den Römern im 1. Jahrhundert v. Chr. noch als überwältigend geltenden – Dionysos-Mysterien erschrickt.

Der Silen, der als Flußgottheit zwei Satyrn (V) tränkt und so ein Gegenstück zur Paniskin (IV) bildet, spielt auf eine der zahlreichen, von Dionysos auf wunderbare Weise geschaffenen Quellen hin. Die Maske wird erhoben, als sei sie das szenische Attribut der sogenannten Satyrtänze, in denen man Betrunkene nachahmte, um die Reinigung bei der Einführung in den Kult zu feiern.

Der Fußbodenbelag besteht aus Plättchen von Palombino-Marmor, eingefaßt mit Leisten aus Schiefer. In der Mitte liegen die Platten gerade, am Rand schräg, und ganz außen verläuft ein Rand mit rechteckigen weißen Mosaiksteinchen, die zu einem Korbgeflecht gelegt sind. Wie auch der Fußboden beweist, war es ein luxuriöser Saal, mit einem herrlichen Rundblick, ursprünglich von den Pfeilern des später veränderten Portikus untergliedert.

Die Mysterien, falls es sie überhaupt gab, scheuten jedenfalls nicht das Licht des Tages und die Pracht der Natur; sie, die immer wieder in der rhythmischen Abfolge der Jahreszeiten auflebt, war ja insbesondere auch der Angelpunkt und das eigentliche Mysterium des Dionysos-Mythos.

■ Die Villa von Oplontis
Abb. 69

Seit 1964 wird zwei Kilometer nördlich von Pompeji eine Villa ausgegraben, in einer Gegend, die man mit dem antiken Oplontis (im modernen Ort Torre Annunziata), einem Erholungsort am Golf von Neapel, identifiziert hat. Die Villa soll der Familie von Neros zweiter Frau Poppaea Sabina gehört haben; man fand eine Amphore mit der Aufschrift »*Secundo Poppaeae*«, also für einen Freigelassenen der Poppaea, und einen Krug mit der Aufschrift »*L. Arriani (A)mphionis*«, die sich auf eine *figlina* (Ziegelei) im Besitz der Poppaea Augusta bezieht. Hinzu kam der Fund eines weiblichen Marmor-Porträts, das angeblich die Züge der Poppaea trägt.

Vom Eingang aus sieht man die Rückseite der Villa; der – noch nicht freigelegte – vordere Teil liegt jenseits des Sarno-Kanals unter der modernen Siedlung. Über eine Treppe gelangt man in den Garten, den radial angelegte Wege zwischen Beeten und Hecken und ein breiterer, axial auf den alten Kern zuführender Weg gliedern. Der zentrale Baukörper springt zum Garten hin vor und überragt die flankierenden Portiken. Neben diesem Weg entdeckte man die Sockel der vier Kentauren-Statuetten (zwei davon weiblich) aus griechischem Marmor, die im Portikus (34) gefunden wurden. Sie waren zum Zeitpunkt der Verschüttung vorübergehend dorthin gebracht worden, zusammen mit einigen korinthischen Kapitellen und der Statuette eines Knaben, der eine Gans würgt. Die Skulpturen waren dort gelagert, um vom *marmorarius* restauriert zu werden. Seine Anwesenheit wird durch die Restaurierung des neuattischen Kraters bezeugt, der im später an der Ostseite hinzugefügten luxuriösen Wohntrakt auf der Terrasse (92) südlich vom Schwimmbecken gefunden wurde.

Im östlichen Teil des Gartens an der Rückseite der Villa stand eine Reihe von 50 hundertjährigen Platanen. Die von ihren Wurzeln hinterlassenen Hohlräume wurden mit Kalk ausgegossen. Drei weitere derartige Abdrücke von Wurzeln gehören zu Oleanderbäumen, die beim Ausbruch des Vesuvs etwa 70 bis 100 Jahre alt waren. In ihrem Schatten standen als Gartenschmuck zwei weibliche Marmor-Porträts (darunter das der sogenannten Poppaea) und zwei Kinderbildnisse (von denen eines für Nero gehalten wird).

Der ursprüngliche Kern der Villa geht auf die Mitte des 1. Jahrhunderts v. Chr. zurück. Hierauf deuten das Mauerwerk aus *opus incertum* und *opus quasi reticulatum* sowie die Wandmalereien, die in der Blütezeit des Zweiten Stils von derselben Werkstatt geschaffen wurden, die schon in der Villa des Fannius Synistor in Boscoreale gearbeitet hatte. Die ausgebauten, entlang den Wänden des großen Raumes 20 gelagerten Säulen stammen aus dem Portikus (60) neben dem Schwimmbecken. Dieser in julisch-claudischer Zeit angebaute Teil wurde zum Zeitpunkt der Verschüttung gerade renoviert. In drei der Ecken des dahintergelegenen Gartens (20), der durch gemalte Gärten und Brunnen illusionistisch erweitert wird, standen Obstbäume.

Von beachtlichen Ausmaßen ist das toskanische Atrium (5). Wo die Wand zurückzuspringen scheint, sind Scheintüren gemalt, außerdem Säulenreihen, aufgehängte Rundbilder *(imagines clipeatae)*, Becken, Körbe und Räuchergefäße aus Bronze. Die auf der Ostwand entdeckte Skizze einer Wanddekoration mit einem von Portiken umgebenen Rundbau *(tholos)*, die sich jetzt im Neapler Museum befindet, ist der verkleinerte Entwurf einer Malerei von der Art der Dekoration im *cubiculum* M der Villa des Fannius Synistor. Vielleicht wurde sie in einem noch nicht ausgegrabenen oder bei einer antiken Renovierung veränderten Raum in der Villa selbst verwirklicht.

Außerordentlich reich ist auch die Dekoration im Raum 23, eine Bühne ohne Kulissen, die zum dahintergelegenen Portikus *(porticus post scaenam)* offen ist: auf der Stirnwand sieht man eine Mitteládikula zwischen zwei ionischen Seitenflügeln, eine monochrome Landschaft, eine Komödienmaske und halbgeöffnete seitliche Türen, auf den Seitenwänden werden die beiden seitlichen Baukörper von Gefäßen bekrönt, auf dem Podium stehen Vögel, Fruchtkörbe und Räuchergefäße.

Von der anderen Seite des Atrium gelangt man in das *cubiculum* (11), dessen zwei Alkoven durch gemalte Ädikulen und Alabastersäulen erweitert scheinen. Die Dekoration des Triklinium (14) ist ein schönes Beispiel für barocke hellenistische Architektur mit Rundtempeln und geschwungenen Architraven über vergoldeten, mit spiralförmigen Ranken aus Metall und Blumen aus kostbaren Edelsteinen geschmückten Säulen, deren figürliche Kapitelle von Sphingen bekrönt werden. Im benachbarten Raum (15) erscheint ein Apollo-

Heiligtum, in dem eine Fackel an der Basis des hohen delphischen Dreifußes lehnt; man erblickt es durch eine Tür, deren Gitter sich auf einen mit Bäumen bestandenen, an drei Seiten von riesigen zweistöckigen Säulenreihen (eine ionische über einer dorischen Ordnung) eingefaßten Garten öffnet. In den seitlichen Portiken sind Hirsch-Schädel aufgehängt.

Das mit einer Fußbodenheizung *(suspensurae)* und doppelten Wänden ausgestattete *caldarium* (8) ist im Dritten Stil dekoriert, die Dekoration der später einbezogenen Nische in der Stirnwand zeigt eine Nachahmung des Dritten Stils mit Herakles im Garten der Hesperiden und einem leierspielenden Dichter darüber. Rechts vom *caldarium* befindet sich der Eingang zur Küche (7) und zu einer Treppe (10), die zum darübergelegenen Zwischengeschoß für die Dienerschaft führt. Das Brunnenbecken in der Mitte des viersäuligen Atriums (16) wird von zwei konzentrischen Mäuerchen eingefaßt; in den mit Erde aufgefüllten Zwischenraum konnten Tongefäße mit durchlöchertem Boden gestellt und bepflanzt werden.

69 Villa von Oplontis (Torre Annunziata)

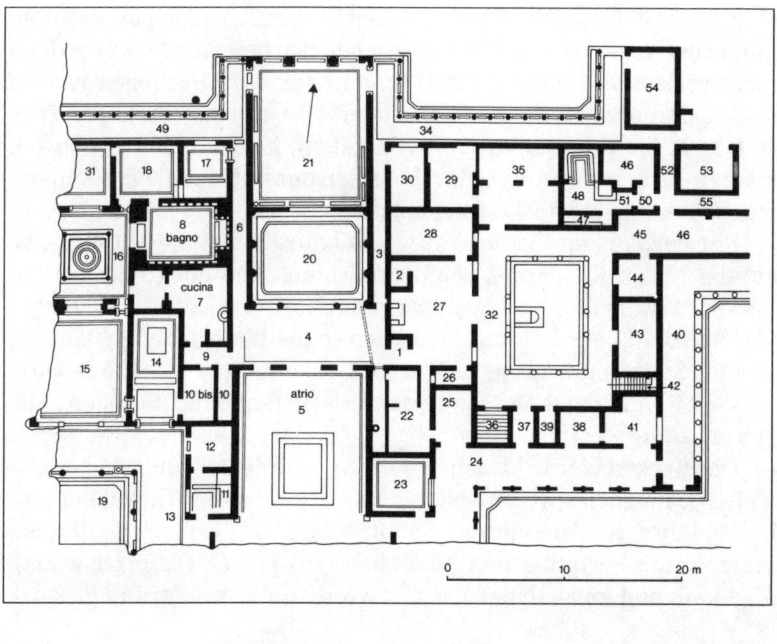

Um das Peristyl (32) auf der anderen Seite des Atriums reihen sich die Zimmer eines zweiten, größeren Dienstbotentrakts. Sie sind teilweise mit Zwischenböden für Lager- und Schlafräume ausgestattet. Der Schlafraum über dem Lager (43) wurde durch zwei in Fachwerkbauweise *(opus craticium)* errichtete Zwischenwände unterteilt. Die Dekoration des Peristyls täuscht eine Verkleidung mit weißem, grau geädertem Marmor vor. Den Garten überschatteten zwei Kastanienbäume. Auf dem Brunnen mit dem kleinen Wasserfall hatte vermutlich die im Portikus (34) gefundene Statuette des Knaben mit der Gans, eine Kopie aus griechischem Marmor nach einem mittelhellenistischen Werk des Boethos, ihren ursprünglichen Platz. Die gesamte Ausstattung der Villa – darunter die Marmorstatuette einer sandalenlösenden Aphrodite und ein kleiner Eros – war in einem Lagerraum für Vorräte und Ackergerät (35) gestapelt. Im Raum 44 fand man eine Terrakottastatuette des Attis. Das Lararium befindet sich hinter dem Raum 27, die große, durch eine gemauerte Zwischenwand unterteilte Latrine (47–48) liegt innerhalb des kleinen, aus der ersten Phase stammenden Badetrakts.

Die Weinkelter (82, 84) scheint 79 n. Chr. schon geraume Zeit außer Betrieb gewesen zu sein, ebenso die Küche, in der man keinen einzigen Topf fand. Die Villa wirkte bei ihrer Entdeckung unbewohnt, möglicherweise wegen der Renovierungsarbeiten. Sie war jedoch nicht verlassen. Immerhin hatte man nach dem Erdbeben von 62 n. Chr. Zitronenbäume gepflanzt, je einen vor jeder Säule des Peristyls (59). Sie wuchsen in großen Gefäßen, neben denen jeweils ein kleineres stand, vermutlich für den Efeu, der sich um die mit weißem Stuck überzogenen toskanischen Säulen rankte.

Der Portikus (40) ist im Vierten Stil ausgemalt; die Mittelmotive auf der Nordseite wurden von den borbonischen Ausgräbern (1839 bis 1840) entfernt. Der Gang hinter dem Nord- und Südflügel (46, 76) verband den Dienstbotentrakt mit den später hinzugefügten Räumen um das Schwimmbecken. Auf seiner Decke ist eine gemalte Dekoration mit Blumen und Tieren in quadratischen und rechteckigen Feldern erhalten.

Das Becken wurde im Jahr 79 n. Chr. gerade um einige Meter verkleinert, möglicherweise weil der zu starke Wasserdruck den Portikus gefährdete. Aus diesem Anlaß waren die Säulen aus grauem Marmor mit korinthischen Kapitellen (aus julisch-claudischer Zeit) abgebaut und im Saal (21) gelagert worden. Der weißgrundige Portikus (60) ist in Felder mit kleinen Bildern über Gefäßen mit Pfauenfedern gegliedert, getrennt durch Thyrsosstäbe oder Schilfstengel mit Ranken, die von kleinen Vögeln, Insekten, Krokodilen oder Eidechsen bevölkert werden.

Die Wände des Apsidenraumes (78) waren in der Sockelzone mit Marmor, darüber mit Holztafeln verkleidet. Vor dieser *diaeta* liegt die Terrasse (92) mit dem Becken, in dessen Zentrum die Basis des neuattischen, durch ein eingeführtes Leitungsrohr zum Brunnen umgearbeiteten Kraters stand. Sein Relief zeigt ein Motiv aus dem Umkreis des Leochares, eines Bildhauers aus der Zeit Alexanders des Großen: nackte Krieger bei der *pyrrhica*, einem Waffentanz. In der Achse des Beckens stand am Wasser eine Marmorgruppe mit Pan, der einen sich wehrenden Hermaphroditen umarmt. An der Ostseite des Bekkens reihen sich acht Statuenbasen, hinter denen jeweils ein Oleander stand. Drei der Statuen wurden gefunden: eine geflügelte Frau (Iris, die zur Erde schwebt?), ein Jüngling und eine männliche, mit Weintrauben bekränzte Herme.

Die Räume zwischen den Portiken beim Schwimmbecken und beim Garten sind mit gelbgrundigen Gartenmalereien aus dem Vierten Stil geschmückt und bieten – vom idealen Betrachterstandpunkt in der Mitte des Raumes 69 aus gesehen – zwei symmetrische Ausblicke auf eine weit entfernte Wand mit einem gemalten Brunnen und mit Tauben, durch parallel verlaufende Wände mit großen Fenstern hindurch. Diese architektonisch-dekorative Neuheit ist ein kompliziertes Spiel mit der Natur drinnen und draußen und der durch die Perspektive auf einen Punkt bezogenen Architektur, das seine Auflösung in einer ganz und gar bühnenmäßigen Fiktion findet.

ABBILDUNGSNACHWEIS

Fotocielo, Rom: Tafel 14, Seite 144;
Scala, Antella (Florenz): alle Tafeln auf dem Umschlag sowie Tafeln 6, 20, 21;
Quelle unbekannt: Seite 129;
Mondadori, Mailand: alle anderen Tafeln.

LITERATURVERZEICHNIS

Numerierung der Häuser nach:
ESCHEBACH, H., »Die städtebauliche Entwicklung des antiken Pompeji«, Heidelberg 1970 (= Mitteilungen des Deutschen Archäologischen Instituts, Römische Abteilung, 17. Ergänzungsheft).

Bezeichnung der Innenräume nach:
SCHEFOLD, K., »Die Wände Pompejis. Topographisches Verzeichnis der Bildmotive«, Berlin 1957.

Die antiken Texte sind nach den Teubner-Ausgaben zitiert.

Pompejanische Inschriften:
»Corpus Inscriptionum Latinarum«, X I u. IV.

Literarische Quellen über Pompeji:
BUREN, A.W. VAN, »A Companion to the Study of Pompeii and Herculaneum«, Rom 1938.

BIBLIOGRAPHISCHE WERKE

FURCHHEIM, F., »Bibliografia di Pompei, Ercolano e Stabia«, Neapel [2]1891 (Nachdruck: Neapel 1972).
POEL, H.B. VAN DER, »Corpus Topographicum Pompeianum«, II–V, Rom 1977 bis 1986.

Weitere bibliographische Angaben in:
OVERBECK, J. und MAU, A., »Pompeji in seinen Gebäuden, Alterthümern und Kunstwerken«, Leipzig [4]1884.
MAU, A., »Pompeji in Leben und Kunst«, Leipzig [2]1908.
MAU, A. und DREXEL, F., »Pompeji in Leben und Kunst«, Anhang zur zweiten Auflage, Leipzig 1908.
»Pompeji. Leben und Kunst in den Vesuvstädten«, Recklinghausen 1973, (Katalog der Ausstellung in der Villa Hügel in Essen, 1973).
»Pompeii AD 79«, London 1977 (Katalog der Ausstellung in der Royal Academy of Arts in London).
»Pompéi. Travaux et envois des architectes français au XIX siècle«, Neapel 1980 (Katalog der Ausstellung Paris-Pompeji 1981).
»Pompei 1748–1980. I tempi della documentazione«, Rom 1981 (Katalog der Ausstellung Rom-Pompeji 1981).

POMPEJI-FORSCHUNG

BUREN, A.W. VAN, »The Past Decade of Pompeian Studies«, in: Classical Journal 15, 1920, S. 404 ff.
»Pompeiana. Raccolta di studi per il secondo centenario degli scavi di Pompei«, Neapel 1950.
ANDREAE, B. und KYRIELEIS, H., (Hg.), »Neue Forschungen in Pompeji«, Recklinghausen 1975.
KRAUS, T., »L'attività nel dopoguerra dell 'Istituto Archeologico Germanico a Pompei«, in: Cronache Pompeiane 2, 1976, S. 5–20.
LING, R., »Pompeii and Herculaneum: Recent Resarch and Future Prospects«, in: British Archaeological Reports Supplementary Series 41, 1978, S. 153–174.
»Cronache Pompeiane«, Rivista dell' Associazione Internazionale Amici di Pompei, 1–5, Neapel 1975–1979.
»Pompei, Herculaneum, Stabia«, 1, 1983.

»Rivista di Studi Pompeiani«, 1ff., 1987ff. (wird fortgesetzt).
KOCKEL, V., »Archäologische Funde und Forschungen in den Vesuvstädten«, I–II, in: Archäologischer Anzeiger, 1985, S. 495–571; 1986, S. 443–569.

Zusammenfassende Darstellungen:
CARRINGTON, R.C., »Pompeii«, Oxford 1936.
SPANO, G., »La Campania Felice nelle età piu remote. Pompei dalle origini alla fase ellenistica.«, Neapel 1936.
SOGLIANO, A., »Pompei nel suo sviluppo storico: Pompei preromana (dalle origini all'a. 80 a.C.)«, Rom 1937.
CONTE CORTI, E.C., »Untergang und Auferstehung von Pompeji und Herculaneum«, München 1940 (9. Aufl.: München 1978).
MAIURI, A., »Introduzione allo studio di Pompei. La città ed i monumenti pubblici«, Neapel 1949.
CIPROTTI, P., »Conoscere Pompei«, Rom 1949.
MAIURI. A., »Pompei ed Ercolano fra case ed abitanti«, Mailand [2]1959.
DERS., »Pompei«, Rom [10]1961 (=Itinerari dei Musei, Gallerie e Monumenti d'Italia, 3). Die seither erschienen Auflagen sind unveränderte Nachdrucke. In zahlreiche Sprachen übersetzt.
DELLA CORTE, M., »Case ed abitanti di Pompei«, Neapel [3]1965.
ETIENNE, R., »La vie quotidienne à Pompéi«, Paris 1966 (deutsche Ausgabe: »Pompeji. Das Leben in einer antiken Stadt«, Stuttgart 1974).
KRAUS, T. und VON MATT, L., »Lebendiges Pompeji«, Köln 1973 und 1977.
GRANT, M., »Cities of Vesuvius: Pompeii and Herculaneum«, London 1971 (deutsche Ausgabe: »Pompeji – Herculaneum: Untergang und Auferstehung der Städte am Vesuv«, Bergisch Gladbach 1978).
JASHEMSKI, W., »The Gardens of Pompeii, Herculaneum and the Villas destroyed by Vesuvius«, New York 1979.
VOS, A. und M., DE, »Pompei Ercolano Stabia«, Rom-Bari 1982.
ZEVI, F. (Hg.), »Pompei 79. Raccolta di studi per il decimonono centenario dell 'eruzione vesuviana«, Neapel 1979.

GESCHICHTE DER STADT

Zur städtebaulichen Entwicklung:
ESCHEBACH, H., »Die städtebauliche Entwicklung des antiken Pompeji«, Heidelberg 1970 (=Mitteilungen des Deutschen Archäologischen Instituts, Römische Abteilung. 17. Ergänzungsheft).
ARTHUR, P., »Problems of the Urbanization of Pompeii: Excavation 1980–81«, in: The Antiquaries Journal 66, 1986, S. 29ff.

Zum Problem der Etrusker in Pompeji:
CARRINGTON, R.C., »The Etruscans and Pompeii«, in: Antiquity 1932, S. 5ff.
BOETHIUS, A., »Gli Etruschi in Pompei«, in: Symbolae philologicae O.A. Danielsson octogenario dicatae, Uppsala 1932.
MAIURI, A., »Greci ed Etruschi a Pompei«, in: Memorie dell 'Accademia dei Lincei 1943, S. 121 ff.
SGOBBO, I., »Gli Etruschi in Pompei alla luce di un nuovo documento«, in: Rendiconti dell 'Accademia di Archeologia, Lettere e Belle Arti di Napoli, Nuova Serie 31, 1956, S. 37ff.

Zum Streit im Amphitheater:
MAIURI, A., »Pompei e Nocera«, in: Rendiconti dell'Accademia di Archeologia, Lettere e Belle Arti di Napoli, Nuova Serie 33, 1958, S. 35ff.
MOELLER, W.O., »The Riot of A.D. 59 at Pompeii«, in: Historia 19, 1970, S. 84 bis 95.

Zum Erdbeben:
ONORATO, G.O., »La data del terremoto di Pompei: 5 febbraio 62 d.C.«, in: Rendiconti dell'Accademia dei Lincei, Serie 8, Bd. 4, 1949, S. 644–661.
ANDREAU, J., »Histoire des séismes et histoire économique. Le tremblement de terre de Pompéi (62 ap. J.-C.)«, in: Annales. Économie, Sociétés, Civilisations. 2, 1974, S. 369–395.

WIRTSCHAFT UND GESELLSCHAFT

TANZER, H.H., »The Common People of Pompeii. A Study of the Graffiti«, Baltimore 1939.
ONORATO, G.O., »Iscrizioni Pompeiane. La vita pubblica: Honores et munera«. Florenz 1957.
GEIST, H., »Pompejanische Wandinschriften«, München 1960.
SAWYER, R.W., »An Analysis of the Political, Economic and Social Influence of Select Families of Colonial Pompeii«, Ann Arbor (Michigan) 1974 (Diss. University of Michigan 1972).
ANDREAU, J., »Les affairs de Monsieur Jucundus«, Rom 1974 (= Collections de l'École Française de Rome, 19).
CASTRÉN, P., »Ordo Populusque Pompeianus. Polity and Society in Roman Pompeii«, Rom 1975 (= Acta Instituti Romani Finlandiae 80).
JONGMAN, W., »The Economy and Society of Pompeii«, Amsterdam 1988 (= Dutch Monographs on Ancient History and Archaeology IV).

Handel und Gewerbe:
KLEBERG, T., »Hôtels, restaurants et cabarets dans l'antiquité romaine«, Uppsala 1957.
MOELLER, W.O., »The Wool Trade of Ancient Pompeii«, Leiden 1976.
MAYESKE, B., »Bakeries, Bakers and Bread at Pompeii: A Study in Social and Economic History« (= Diss. University of Maryland), 1972.
GASSNER, V., »Die Kaufläden in Pompeji« (= Diss. der Universität Wien), Wien 1986.

BAUGESCHICHTE UND ARCHITEKTUR

NISSEN, H., »Pompejanische Studien zur Städtekunde des Altertums«, Leipzig 1877.
SOGLIANO, A., »La necropoli preromana di Pompei«, in: Memorie della Reale Accademia di Archeologia, Lettere e Belle Arti di Napoli 2, 1911, S. 209 ff.
NOACK, F. und LEHMANN-HARTLEBEN, K., »Baugeschichtliche Untersuchungen am Stadtrand von Pompeji«, Berlin 1936.
BORELLI, L., »Le tombe di Pompei a *schola* semicircolare«, Neapel 1937.
MAIURI, A., »L'ultima fase edilizia di Pompei«, Rom 1942.
NEUERBURG, F., »L'architettura delle fontane e dei ninfei«, Neapel 1965.
GRIMAL, P., »Les jardins romains«, Paris ²1968.
HOFFMANN, A., »Ein Beitrag zum Wohnen im vorrömischen Pompeji«, Architectura 10, 1980, S. 1–14.

Wasserversorgung:
MYGIND, H., »Die Wasserversorgung Pompejis«, in: Janus 22, 1917, S. 294 bis 351.
MAIURI, A., »Pozzi e condutture d'acqua nell'antica Pompei«, in: Notizie degli Scavi 1931, S. 546–576.
PEMP, R., »Drei Wasserhebewerke Pompejis«, Würzburg 1940.
ESCHEBACH, H., »Die Gebrauchswasserversorgung des antiken Pompeji«, in: Antike Welt 10, 1979 (2), S. 3 ff.

WANDMALEREI

HELBIG, W., »Die Wandgemälde der vom Vesuv verschütteten Städte Campaniens«, Leipzig 1868.
MAU, A., »Geschichte der dekorativen Wandmalerei in Pompeji«, Leipzig 1882.
HERMANN, P. und BRUCKMANN, F., »Denkmäler der Malerei des Altertums«, München 1906.
RIZZO, G.E., »La Pittura ellenistico-romana«, Mailand 1929.
BEYEN, H.G., »Über Stilleben aus Pompeji und Herculaneum«, Den Haag 1928.
DERS., »Die pompejanische Wanddekoration vom 2. bis zum 4. Stil«, I und II 1, Den Haag 1938 und 1960.
BORDA, M., »La pittura romana«, Mailand 1958.
SCHEFOLD, K., »Die Wände Pompejis. Topographisches Verzeichnis der Bildmotive«, Berlin 1957.
DERS., »Vergessenes Pompeji«, München und Bern 1962.

Blanckenhagen, P.H. und Alexander, C., »The Paintings from Boscotrecase«, Heidelberg 1962 (= Mitteilungen des Deutschen Archäologischen Instituts, Römische Abteilung, 6. Ergänzungsheft).
Peters, W.J.T., »Landscape in Romano-Campanian Mural Painting«, Groningen 1963.
Zevi, F., »La casa Reg. IX, 5, 18–21 a Pompei e le sue pitture«, Rom 1964 (= Studi Miscellani del Seminario di Archeologia e Storia dell'Arte Greca e Romana dell'Università di Roma 5).
Lauter-Bufe, H., »Zur Stilgeschichte der figürlichen pompejanischen Fresken«, Diss. Köln 1967.
Engemann, J., »Architekturdarstellungen des frühen Zweiten Stils«, Heidelberg 1967 (= Mitteilungen des Deutschen Archäologischen Instituts, Römische Abteilung, 12. Ergänzungsheft.
Bianchi Bandinelli, R., »Roma. L'arte nel centro del potere«, Mailand 1969.
Ders., »Die römische Kunst«, München 1975.
Bruno, V.J., »Antecedents of the Pompeian First Style«, in: American Journal of Archaeology 73, 1969, S. 305–318.
Schefold, K., »La peinture pompéienne. Essai sur l'évolution de la signification«, Brüssel 1972 (= Collection Latomus 108).
Allroggen-Bedel, A., »Maskendarstellungen in der römisch-kampanischen Wandmalerei«. München 1974 (= Phil. Diss. Bochum 1970).
Fittschen, K., »Zur Herkunft und Entstehung des 2. Stils – Probleme und Argumente«, in: Hellenismus in Mittelitalien, Göttingen 1976 (= Abhandlungen der Akademie der Wissenschaften in Göttingen, Philologisch-Historische Klasse, Dritte Folge, Bd. 97), S. 539–563.
Carlàita Scagliarini, D., »Spazio e decorazione nella pittura pompeiana«, in: Palladio 13–15, 1974–1976, S. 3–44.
Vos, M., de »Primo stile figurato e maturo quarto stile negli scarichi delle macerie del terremoto del 62 d.C. a Pompei«, in: Mededelingen van het Nederlands Instituut te Rome 39, 1977, S. 29–47.
Bastet, F.L. und de Vos, M., »Proposta per una classificazione del terzo stile pompeiano«, Den Haag 1979.
Bragantini, I., de Vos, M. und Parise Badoni, F., »Pitture e pavimenti di Pompei«, I–III, Rom 1981–1986.
Laidlaw, A., »The First Style in Pompeii: Painting and Architecture«, Rom 1985.
Ehrhardt, W., »Stilgeschichtliche Untersuchungen an römischen Wandmalereien von der späten Republik bis zur Zeit Neros«, Mainz 1987.

Zur Technik der Wandmalerei:
Augusti, S., »I colori pompeiani«, Rom 1967.
Mora, P., »Proposte sulla tecnica della pittura murale romana«, in: Bollettino dell'Istituto del Restauro 1967, S. 63–84.
Barbet, A. und Allag, C. »Techniques de préparation des parois dans la peinture murale romaine«, in: Mélanges d'École Française de Rome 84, 1972, S. 935–1069.

Stuckdekorationen

Mielsch, H., »Römische Stuckreliefs«, Heidelberg 1974 (= Mitteilungen des Deutschen Archäologischen Instituts, Römische Abteilung. 21. Ergänzungsheft).
Riemenschneider, U., »Pompejanische Stuckgesimse des Dritten und Vierten Stils«, Frankfurt a.M. 1986.

Mosaiken

Blake, M.E., »The Pavements of the Roman Buildings of the Republic and Early Empire«, Rom 1930 (= Memoirs of the American Academy in Rome 8).
Pernice, E., »Pavimente und figürliche Mosaiken«, Berlin 1938 (= Die hellenistische Kunst in Pompeji, 6, hg. von F. Winter und E. Pernice).
Meyboom, P., »I mosaici pompeiani con figure di pesci«, in: Mededelingen van het Nederlands Instituut te Rome 39, 1977, S. 49–93.

GEFÄSSE UND GERÄTE

ROHDEN, H. VON, »Die Terrakotten von Pompeji«, Stuttgart 1880.
SPINAZZOLA, V., »Le arti decorative in Pompei e nel Museo Nazionale di Napoli«, Mailand 1928.
PERNICE, E., »Gefäße und Geräte aus Bronze«, Berlin 1925 (= Die hellenistische Kunst in Pompeji 4, hg. von F. WINTER und E. PERNICE).
PERNICE, E., »Hellenistische Tische, Zisternenmündungen, Beckenuntersätze, Altäre und Truhen«, Berlin 1932 (= Die hellenistische Kunst…, 5).
»Atti del II. Incontro di studio sull' ›Instrumentum domesticum‹«, Rom 1976 (= Quaderni di Cultura Materiale, 1).

RUNDGANG 1

Befestigungsanlagen:
MAIURI, A., »Studi e ricerche sulle fortificazioni di Pompei«, in: Monumenti Antichi dei Lincei 33, 1930, S. 113–286.
DERS., in: Notizie degli Scavi 1939, S. 232 ff.
KRISCHEN, F., »Die Stadtmauern von Pompeji und griechische Festungsbaukunst in Unteritalien und Sizilien«, Berlin 1941 (= Die hellenistische Kunst in Pompeji…, 7).
MAIURI, A., »Isolamento della cinta murale fra Porta Vesuvio e Porta Ercolano«, in: Notizie degli Scavi 1943, S. 275–314.
CARO, S. DE, »Nuove indagini sulle fortificazioni di Pompei«, in: Annali del Seminario di studi del mondo classico, Sezione di archeologia e storia antica, Neapel 7, 1985, S. 75 ff.
CHIARAMONTE TRERÉ, C., ROMANAZZI L. und VOLONTÉ, A.M., »Nuovi contributi sulle fortificazioni pompeiane, Mailand 1986.

Villa Imperiale:
ALLROGGEN-BEDEL, A., »Zur Datierung der Wandmalereien in der Villa Imperiale in Pompeji«, in: Bulletin van de Antieke Beschaving 50, 1975, S. 225–236.

Forum:
SOGLIANO, A., »Il Foro di Pompei«, in: Memorie dell'Accademia dei Lincei, Serie 6, Bd. 1, 1925, S. 221–272.
MAIURI, A., »Saggi nell'area del Foro di Pompei«, in: Notizie degli Scavi 1941, S. 371–404.
DERS., »Saggi negli edifici del Foro di Pompei«, in: Notizie degli Scavi 1942, S. 253–320.
CARO, S. DE, »Saggi nell'area del tempio di Apollo a Pompei«, Neapel 1986.

Basilika:
MAIURI, A., »Saggi e ricerche intorno alla Basilica«, in: Notizie dgli Scavi 1951, S. 225 ff.
OHR, K.F., »Die Basilika in Pompeji«, Karlsruhe 1973.

Gebäude der Eumachia:
SPANO, G., »L'Edificio di Eumachia di Pompei«, in: Rendiconti dell'Accademia di Archeologia, Lettere e Belle Arti di Napoli, Nuova Serie 36, 1961, S. 5 ff.
MOELLER, W.O., »The Building of Eumachia: a Reconsideration«, in: American Journal of Archaeology 76, 1972, S. 323 ff.

RUNDGANG 2

Der Dorische Tempel auf dem Foro Triangolare:
RICHARDSON JR, L., »The Archaic Doric Temple of Pompeii«, in: La Parola del Passato 194, S. 281 ff.

Theater:
MAIURI, A., »Saggi nella cavea del Teatro Grande«, in: Notizie degli Scavi 1951, S. 126 ff.

Zum Theater von Pietrabbondante:
STRAZZULLA, M.J., »Il Santuario di Pietrabbondante«, o.O. 1971, S. 18 ff.

Zum Theater in Sarno:
D'AGOSTINO, B., »in: Bollettino d'Arte 1967, S. 242.

Odeion:
SPANO, G., »Osservazioni intorno al ›Theatrum Tectum‹ di Pompei«, in: Annali dell'Istituto Superiore di Scienze e Lettere di Santa Chiara 1, 1949, S. 3 ff.
MUROLO, M., »Il cosidetto ›Odeo‹ di Pompei ed il problema della sua copertura«, in: Rendiconti dell'Accademia di Archeologia, Lettere e Belle Arti di Napoli, Nuova Serie 34, 1959, S. 89 ff.

Isis-Tempel:
ELIA, O., »Le pitture del Tempio d'Iside«, Rom 1941 (=Monumenti della Pittura Antica Scoperti in Italia. III. Pompei, 4. Faszikel).
TRAN TAM TINH, V., »Essai sur le culte d'Isis à Pompéi«, Paris 1964.

I 4, 25 Casa del Citarista:
ELIA, O., »Le pitture della Casa del Citarista«, Rom 1937 (=Monumenti della Pittura Antica Scoperti in Italia. III. Pompei, 1. Faszikel).

RUNDGANG 3

I 10, 4 Casa del Menandro:
MAIURI, A., »La Casa del Menandro e il suo tesoro di argenteria«, Rom 1933.
LING, R., »The Insula of the Menander at Pompeii: Interim Report«, in: The Antiquaries Journal 63, 1983, S. 35 ff.

I 10, 11 Casa degli Amanti:
ELIA, O., »Notizie degli Scavi 1934, S. 321–341.

I 6, 15 Casa dei Ceii:
SPINAZZOLA, V., »Pompei alla luce degli Scavi Nuovi di Via dell'Abbondanza«, I–III, Rom 1953, S. 257–281.

I 6, 7 Fullonica des Stephanus:
SPINAZZOLA, V., a.O., S. 763–785.

I 6, 2–4 Casa del Criptoportico und Casa del Sacello Iliaco:
SPINAZZOLA, V., a.O., S. 435–593 und S. 869–970.

IX 7, 5–7 Officina quactiliaria des Verecundus:
SPINAZZOLA, V., a.O. S. 189–210.

I 7, 1 Haus des Paquius Proculus:
SPINAZZOLA, V. a.O., S. 297–314.

I 7, 2–3 Haus des Amandio oder des Fabius; I 7, 7 Haus des Priesters Amandus; I 7, 11 Casa dell'Efebo:
MAIURI, A., »Le pitture delle Case di M. Fabio Amandio, del Sacerdos Amandus e di P. Cornelius Teges«, Rom 1938 (=Monumenti delle Oittura Scoperti in Italia, III. Pompei, Faszikel 2).

I 9, 13 Casa di Cerere:
VOS, M. DE, »Scavi Nuovi sconosciuti (I 9, 13): pitture e pavimenti della Casa di Cerere«, in: Mededelingen van het Nederlands Instituut te Rome 38, 1976, S. 37–75.

I 8, 17 Casa dei Quattro stili:
GALLO, A., »La casa dei quattro stili«, Neapel 1989 (=Accademia di Archeologia lettere e Belle Arti di Napoli, Monumenti VII).

I 9, 5 Casa dei Cubicoli floreali:
LE CORSU, F., »Un oratoire pompéien consacré à Dionysos-Osiris«, in: Revue Archéologique 6, 1967, S. 239–254.
SICHTERMANN, H., »Gemalte Gärten in pompejanischen Zimmern«, in: Antike Welt 5, 1974 (3), S. 41–51.

I 11, 10 Caupona des Euxinus:
JASHEMSKY, W., »The Caupona of Euxinus at Pompeii«, in: Archaeology 20, 1967, S. 37–44.

I 15, 3 Casa della Nave Europa:
JASHEMSKY, W., »The Discovery of a Market Garden Orchard at Pompeii«, in: American Journal of Archaeology 78, 1974, S. 391–404,
AOYAGI, M., »La Casa della Nave Europa a Pompei«, Tokio 1977.

III 2, 1 Haus des Trebius Valens:
SPINAZZOLA, V., a.O., S. 281–296.

RUNDGANG 4

III 4, b Haus des Pinarius Cerialis:
SPINAZZOLA, V., a.O., S. 689–709.

III 4, 2–3 Casa del Moralista:
SPINAZZOLA, V., a.O., S. 727–762.

II 2, 2 Haus des Octavius Quartio:
SPINAZZOLA, V., a.O., S. 367–421 und S. 971–1008.
MAIURI, A. und PANE, R., »La Casa di Loreio Tiburtino e la Villa di Diomede a Pompei«, Rom 1947.

Amphitheater:
GIROSI, M., »L'Anfiteatro di Pompei«, in: Memorie dell'Accademia di Archeologia, Lettere e Belle Arti di Napoli 5, 1936, S. 29 ff.
SPANO, G., »Alcune osservazioni nascenti da una descrizione dell' Anfiteatro di Pompei«, in: Annali dell'Istituto dell' Universita di Magistero di Salerno 1, 1953.

Palästra:
MAIURI, A., »Scavo della Grande Palestra«, in: Notizie degli Scavi 1939, S. 165 ff.

Die Gräberstraße vor der Porta Nuceria:
D'AMBROSIO, A. und CARO, S. DE, »Un impegno per Pompei II. Fotopiano e documentazione della necropoli di Porta Nocera«, o.O. 1983.
DERS., »La necropoli di Porta Nocera, Campagna di scavo 1983«, in: Römische Gräberstraßen, Selbstdarstellung-Status-Standard. Abhandlungen der Bayer. Akademie d. Wissenschaften, Philosophisch-historische Klasse 95, 1987, S. 199 ff.

RUNDGANG 5

VI 15, 1 Haus der Vettier:
PETERS, W.J.T., »La composizione delle pareti dipinte nella Casa dei Vetti a Pompei«, in: Mededelingen van het Nederlands Instituut te Rome 39, 1977, S. 95–128.

VI 9, 6 Casa dei Dioscuri:
RICHARDSON, L., »The Casa dei Dioscuri and its Painters«, Rom 1955 (= Memoirs of the American Academy at Rome 23).

Gräber vor der Porta Vesuvio:
SPANO, G., in: Notizie degli Scavi 1910, S. 388 ff.

RUNDGANG 6

Stabianer Thermen:
MAIURI, A., »Nuovi saggi di esplorazione nelle Terme Stabiane«, in: Notizie degli Scavi 1932, S. 507 ff.
SCHWEEN, G., »Die Beheizungsanlage der Stabianer Thermen in Pompeji«, Hamburg 1938 (= Diss. Dresden 1937).
ESCHEBACH, H., »Die städtebauliche Entwicklung des antiken Pompeji«, Heidelberg 1970 (= Mitteilungen des Deutschen Archäologischen Instituts, Römische Abteilung, 17. Ergänzungsheft). S. 41 ff.
JORIO, A., »Sistema di riscaldamento delle antiche terme pompeiane«, in: Bullettino della Commissione Archeologica Comunale di Roma 86, 1978–1979, 1981, S. 167 ff.
ESCHEBACH, H., »...›laconicum et destrictarium faciund... locarunt...‹ Untersuchungen in den Stabianer Thermen zu Pompeji«, in: Mitteilungen des Deutschen Archäologischen Instituts, Römische Abteilung 80, 1973, S. 235–242.
ESCHEBACH, H., MIELSCH, H. und DE VOS, M. UND A., »Die Stabianer Thermen in Pompeji«, Berlin 1979.

VI 1, 26 Haus des Caecilius Iucundus
ANDREAU, J., »Les affairs de Monsieur Jucundus«, Rom 1974 (= Collection de l'École Française de Rome, 19).

V 4, a Haus des Lucretius Fronto:
BASTET, F.L., »Forschungen im Hause des M. Lucretius Fronto«, in: B. Andreae und H. Kyrieleis (Hg.), Neue Forschungen in Pompeji, Recklinghausen 1975, S. 193–197.
BRUNSTING, H. »Forschungen im Garten

des M. Lucretius Fronto«, ebenda, S. 198–199.

IX 14, 4 Haus des Obellius Firmus:
Spinazzola, V., a.O., S. 335–365.

Gräber vor der Porta di Nola:
Spano, G., in: Notizie degli Scavi 1910, S. 385 ff.
Pozzi, E., »Exedra funeraria fuori Porta di Nola«, in: Rendiconti dell'Accademia di Archeologia, Lettere e Belle Arti di Napoli, Nuova Serie 35, 1960, S. 175 ff.

Rundgang 7

Die Gräberstraße vor der Porta di Ercolano:
Kockel, V., »Die Grabbauten vor dem Herkulaner Tor in Pompeji«, Mainz 1983.

Villae Rusticae:
Carrington, R.C., »Studies in the Campanian Villae Rusticae«, in: Journal of Roman Studies 21, 1931, S. 110–130.

Villa alla Pisanella in Boscoreale:
Bastet, F.L., »Villa rustica in contrada Pisanella«, in: Cronache Pompeiane 2, 1976, S. 112–143.

Villa des Diomedes:
Maiuri, A. und Pane, R., »La Casa di Loreio Tiburtino e la Villa di Diomede in Pompei«, Rom 1947.

Villa dei Misteri:
Maiuri, A., »La Villa dei Misteri«, Rom [2]1947.
Bastet, F.L., »Fabularum dispositas explicationes, in: Bulletin van de Antieke Beschaving 49. 1974, S. 206–240.

Villa in Oplontis:
Franciscis, A. de, »La Villa Romana di Oplontis«, in: La Parola del Passato 153, 1973, S. 453–466.
Ders., »La Villa Romana di Oplontis«, in: B. Andreae und H. Kyrieleis (Hg.) Neue Forschungen in Pompeji. Recklinghausen 1975. S. 9–38.
Caro, S. de, »Sculture dalla Villa di Poppea in Oplontis«, in: Cronache Pompeiane 2, 1976, S. 184–225.
Jashemski, W., »Recently Excavated Gardens and Cultivated Land of the Villas at Boscoreale and Oplontis«, in: Ancient Roman Villa Gardens, Washington D.C. 1987, S. 31 ff.
Caro, S. de, »The Sculptures of the Villa of Poppaea at Oplontis: A Preliminary Report«, ebenda, S. 77 ff.

Villa von Boscoreale:
Lehmann, Ph. W., »Roman Wall Paintings from Boscoreale in the Metropolitan Museum of Art«, Cambridge, Mass. 1953.

REGISTER

Kursiv gesetzte Seitenzahlen verweisen auf Abbildungen im Textteil.